José Abrantes

A Geometria Básica

Estudada nos Ensinos Fundamental e Médio

Teorias, demonstrações, exercícios e questões detalhadas e resolvidas de provas do ENEM, exames vestibulares e diversos concursos, com o desenvolvimento do raciocínio lógico espacial matemático

(Atende às Bases Nacionais Comuns Curriculares – BNCCs, e à reforma do Ensino Médio: Lei 13.415/2017)

A Geometria Básica – Teoria, Demonstrações, Exercícios e Questões Detalhadas e Resolvidas de Provas do ENEM, Exames Vestibulares e Diversos Concursos, com o Desenvolvimento do Raciocínio Lógico Espacial Matemático

Copyright© Editora Ciência Moderna Ltda., 2022

Todos os direitos para a língua portuguesa reservados pela EDITORA CIÊNCIA MODERNA LTDA.
De acordo com a Lei 9.610, de 19/2/1998, nenhuma parte deste livro poderá ser reproduzida, transmitida e gravada, por qualquer meio eletrônico, mecânico, por fotocópia e outros, sem a prévia autorização, por escrito, da Editora.

Editor: Paulo André P. Marques
Produção Editorial: Dilene Sandes Pessanha
Capa: Daniel Jara
Diagramação: Daniel Jara
Copidesque: Equipe Ciência Moderna

Várias **Marcas Registradas** aparecem no decorrer deste livro. Mais do que simplesmente listar esses nomes e informar quem possui seus direitos de exploração, ou ainda imprimir os logotipos das mesmas, o editor declara estar utilizando tais nomes apenas para fins editoriais, em benefício exclusivo do dono da Marca Registrada, sem intenção de infringir as regras de sua utilização. Qualquer semelhança em nomes próprios e acontecimentos será mera coincidência.

FICHA CATALOGRÁFICA

ABRANTES, José.

A Geometria Básica – Teoria, Demonstrações, Exercícios e Questões Detalhadas e Resolvidas de Provas do ENEM, Exames Vestibulares e Diversos Concursos, com o Desenvolvimento do Raciocínio Lógico Espacial Matemático

Rio de Janeiro: Editora Ciência Moderna Ltda., 2022.

1. Matemática 2. Geometria
I — Título

ISBN: 978-65-5842-142-9

CDD 510

516

Editora Ciência Moderna Ltda.
R. Alice Figueiredo, 46 – Riachuelo
Rio de Janeiro, RJ – Brasil   CEP: 20.950-150
Tel: (21) 2201-6662/ Fax: (21) 2201-6896
E-mail: lcm@lcm.com.br
www.lcm.com.br

Sobre o autor

José Abrantes é carioca, nascido no bairro do Catete em 07 de fevereiro de 1951. É engenheiro mecânico (UERJ), licenciado em Desenho (UCAM/AVM), licenciado em Matemática (UCAM/AVM), especialista (*lato sensu*) em docência do Ensino Fundamental e Médio (UCAM/AVM), especialista (*lato sensu*) em docência do Ensino Superior (FABES/ISEP), mestre, M.Sc. em tecnologia (CEFET/RJ) e doutor, D.Sc., em engenharia de produção (COPPE/UFRJ). Possuí pós-doutorado na área de Educação, pela faculdade de engenharia agrícola da Universidade Estadual de Campinas (FEAGRI/UNICAMP), pesquisando a interdisciplinaridade e pós-doutorado na faculdade de engenharia civil da Universidade Federal Fluminense (UFF), pesquisando a pedagogia/antropologia empresarial. Apresenta sete anos de experiência como projetista técnico mecânico de nível médio (1970 a 1976) e 22 anos (1977 a 1998) como engenheiro mecânico em cálculos, projetos, montagens e manutenção de fábricas. Atuou como auxiliar de ensino, entre 1974 e 1975, em cursos técnicos, no atual CEFET/RJ. Atua continuamente como professor/educador desde 1998. Lecionou, entre 1999 e 2002, em cursos Técnicos de nível médio, na FAETEC. Entre 1998 e 2015, lecionou em cursos superiores de Engenharia e Administração, nas seguintes instituições: UniverCidade, UBM, USS, MSB, UNISUAM, FRASCE, UNIABEU e FTESM. É professor associado aposentado do Colégio de Aplicação Cap/Uerj, onde foi lotado (entre 2002 e 2015) no Departamento de Matemática e Desenho - DMD. Em 2022, era professor titular efetivo, em regime de dedicação exclusiva, do Instituto de Matemática e Estatística da Universidade do Estado do Rio de Janeiro – IME/UERJ.

Estrutura e organização da Educação no Brasil

Como esse é um livro da área de Educação, entende-se ser importante mostrar como estava estruturada e organizada a Educação no Brasil em 2022, ressalvando-se como composta por duas grandes partes: Educação Básica e Ensino Superior.

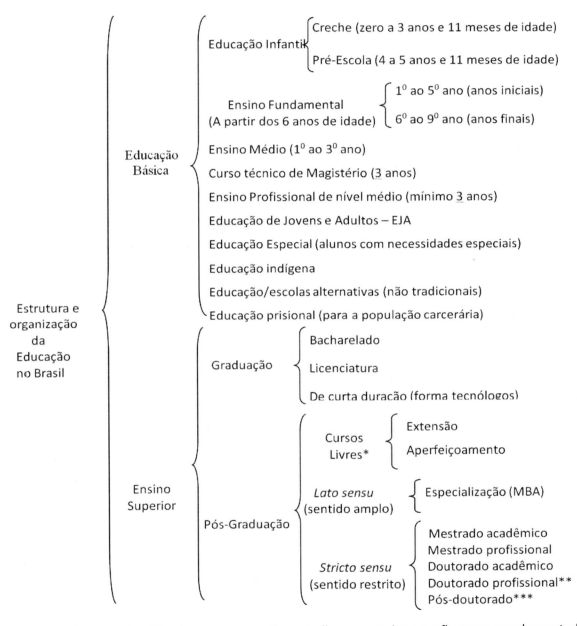

* Os cursos livres podem ser classificados em corporativos e não corporativos, e não eram regulamentados (até 2021) por nenhum órgão educacional. Os corporativos são elaborados para atender às necessidades específicas de uma determinada empresa, enquanto os não corporativos são oferecidos para o público em geral, sendo os alunos vinculados ou não a uma instituição.
** O Doutorado profissional foi instituído pela portaria do MEC, nº 389 de 23/03/2017.
*** Até 2021, não existiam regulamentações específicas para "cursos" de Pós-doutorado.

VI – A Geometria Básica

A reforma do Ensino Médio (Lei 13.415/2017, de 16 de fevereiro de 2017)

Os motivos principais para a reforma do Ensino Médio, com a Lei 13.415, homologada em 16 de fevereiro de 2017, com grandes transformações no ensino, foram:
- Em 2016, 2 milhões de jovens entre 15 e 17 anos de idade estavam fora da escola, devido necessidade de geração de renda para a família; - Dificuldade de acesso à escola; - Falta de interesse (entendia-se que, além de não oferecer qualificação profissional, o Ensino Médio era enfadonho e ultrapassado, para um mundo globalizado e digital); - Altos índices de evasão (à época, era de cerca de 40%); - Péssimos indicadores de aprendizado (IDEB), de toda a Educação Básica; - Déficit na oferta de vagas; - Falta de professores e - Baixo nível de investimento, nesse nível de ensino.

Dentre as várias transformações, destacam-se: 1) O incentivo às escolas de Ensino Médio em tempo integral (prevendo-se a eliminação dos turnos, a longo prazo). 2) Aumento gradual da carga horária de 800 para 1.000 horas por ano letivo (aumento de 25%), totalizando 3.000 horas, em todo o Ensino Médio. 3) Das 3.000 horas totais, 1.800 devem ser dedicadas ao cumprimento da Base Nacional Comum Curricular – BNCC, homologada em 14 de dezembro de 2018. 4) 1.200 horas destinadas ao conteúdo de práticas pedagógicas, previstas nos itinerários formativos, que podem aprofundar os conteúdos e as práticas de uma das área do conhecimento (previstas na BNCC), bem como da formação técnica e profissional, e até mesmo uma junção das duas possibilidades.

A reforma abriu a possibilidade de as instituições oferecerem parte da carga horária no formato à distância, dentro das seguintes percentagens (até esses valores): 20% no Ensino Médio diurno, 30% no Ensino Médio noturno e 80% na Educação de Jovens e Adultos (EJA).

A reforma também mudará os formatos de avaliação, por exemplo, do Exame Nacional do Ensino Médio – ENEM, já que, a partir da consolidação da reforma, as provas deverão contar com uma parte geral, referente aos conteúdos da BNCC, e uma parte específica, referente aos itinerários formativos e com maiores afinidades aos cursos superiores pretendidos pelos alunos.

Em 2018, previa-se que durante o ano de 2019 ocorreria a reelaboração dos currículos, a revisão dos Projetos Políticos Pedagógicos, a preparação dos gestores educacionais, e docentes, bem como o planejamento e aquisição dos novos materiais didáticos, em especial os de laboratórios. Estimava-se que as primeiras turmas do "novo" Ensino Médio começariam em 2020, formando-se em 2022. Por diversos motivos, especialmente de política educacional, há que se reconhecer que a pandemia do coronavírus, em muito prejudicou a implementação dessa reforma, altamente positiva, do ponto de vista do autor desse livro.

Apesar de todos os problemas, destaca-se que São Paulo foi o primeiro estado brasileiro a construir e homologar o novo currículo para o Ensino Médio. O "novo" currículo foi aprovado em 29 de julho de 2020, em plena pandemia, por votação unânime, pelo Conselho Estadual da Educação de São Paulo. A homologação foi anunciada na segunda-feira 3 de agosto pelo governador do estado.

O novo currículo, adotado em São Paulo, previa 12 opções de cursos, chamados de itinerários formativos, permitindo aos alunos escolher as disciplinas com as que mais se identifiquem. Previa-se que o currículo fosse implementado progressivamente, primeiro com os alunos da 1ª série do ensino médio em 2021, em 2022, para os estudantes da 2ª série e para a 3ª série em 2023.

O currículo do ensino médio paulista está estruturado em 3.150 horas, distribuídas em um período de três anos. Do montante total da carga horária, 1.800 horas são destinadas à formação básica e o restante, 1.350 horas, é referente aos itinerários formativos. Estes itinerários terão mais do que a carga mínima prevista na legislação, que é de 3 mil horas.

Na formação geral básica, os estudantes terão os componentes curriculares divididos em áreas de conhecimento como linguagens e suas tecnologias (língua portuguesa, artes, educação física e língua estrangeira); matemática; ciências humanas e sociais aplicadas (história, geografia, filosofia e sociologia); e ciências da natureza e suas tecnologias (biologia, química e física).

Na carga horária referente aos itinerários formativos, o estudante precisa escolher uma ou duas áreas de conhecimento da formação geral para aprofundar seus estudos, ou ainda, a formação técnica e profissional para se especializar.

As Bases Nacionais Comuns Curriculares – BNCCs, para os Ensinos Fundamental e Médio

As Bases Nacionais Comuns Curriculares - BNCCs são documentos de caráter normativo que definem o conjunto orgânico e progressivo de aprendizagens essenciais que todos os alunos devem desenvolver ao longo das etapas e modalidades da Educação Básica (Educação Infantil, Ensino Fundamental e Ensino Médio), de modo a que tenham assegurados seus direitos de aprendizagem e desenvolvimento, em conformidade com o que preceitua o Plano Nacional de Educação (PNE).

Em 20 de dezembro de 2017, o Ministério da Educação homologou o documento da Base Nacional Comum Curricular para a etapa do Ensino Fundamental (anos iniciais e anos finais) e em 14 de dezembro de 2018 homologou o documento da Base Nacional Comum Curricular para a etapa do Ensino Médio (dos três anos).

Ao longo da Educação Básica, as aprendizagens essenciais definidas nas BNCCs devem concorrer para assegurar aos estudantes o desenvolvimento de dez competências gerais, que consubstanciam, no âmbito pedagógico, os direitos de aprendizagem e desenvolvimento. Nas BNCCs, competências são definidas como a mobilização de conhecimentos (conceitos e procedimentos), habilidades (práticas, cognitivas e socioemocionais), atitudes e valores para resolver demandas complexas da vida cotidiana, do pleno exercício da cidadania e do mundo do trabalho.

Competências Gerais da Educação Básica

1. Valorizar e utilizar os conhecimentos historicamente construídos sobre o mundo físico, social, cultural e digital para entender e explicar a realidade, continuar aprendendo e colaborar para a construção de uma sociedade justa, democrática e inclusiva.

2. Exercitar a curiosidade intelectual e recorrer à abordagem própria das ciências, incluindo a investigação, a reflexão, a análise crítica, a imaginação e a criatividade, para investigar causas, elaborar e testar hipóteses, formular e resolver problemas e criar soluções (inclusive tecnológicas) com base nos conhecimentos das diferentes áreas.

3. Valorizar e fruir as diversas manifestações artísticas e culturais, das locais às mundiais, e também participar de práticas diversificadas da produção artístico-cultural.

4. Utilizar diferentes linguagens – verbal (oral ou visual-motora, como Libras, e escrita), corporal, visual, sonora e digital, bem como conhecimentos das linguagens artística, matemática e científica, para se expressar e partilhar informações, experiências, ideias e sentimentos em diferentes contextos e produzir sentidos que levem ao entendimento mútuo.

5. Compreender, utilizar e criar tecnologias digitais de informação e comunicação de forma crítica, significativa, reflexiva e ética nas diversas práticas sociais (incluindo as escolares) para se comunicar, acessar e disseminar informações, produzir conhecimentos, resolver problemas e exercer protagonismo e autoria na vida pessoal e coletiva.

6. Valorizar a diversidade de saberes e vivências culturais e apropriar-se de conhecimentos e experiências que lhe possibilitem entender as relações próprias do mundo do trabalho e fazer escolhas alinhadas ao exercício da cidadania e ao seu projeto de vida, com liberdade, autonomia, consciência crítica e responsabilidade.

7. Argumentar com base em fatos, dados e informações confiáveis, para formular, negociar e defender

VIII – A Geometria Básica

ideias, pontos de vista e decisões comuns que respeitem e promovam os direitos humanos, a consciência socioambiental e o consumo responsável em âmbito local, regional e global, com posicionamento ético em relação ao cuidado de si mesmo, dos outros e do planeta.

8. Conhecer-se, apreciar-se e cuidar de sua saúde física e emocional, compreendendo-se na diversidade humana e reconhecendo suas emoções e as dos outros, com autocrítica e capacidade para lidar com elas.

9. Exercitar a empatia, o diálogo, a resolução de conflitos e a cooperação, fazendo-se respeitar e promovendo o respeito ao outro e aos direitos humanos, com acolhimento e valorização da diversidade de indivíduos e de grupos sociais, seus saberes, identidades, culturas e potencialidades, sem preconceitos de qualquer natureza. 10. Agir pessoal e coletivamente com autonomia, responsabilidade, flexibilidade, resiliência e determinação, tomando decisões com base em princípios éticos, democráticos, inclusivos, sustentáveis e solidários.

A Geometria citada na BNCC, referente aos anos finais do Ensino Fundamental

A seguir são citados, para a Área Temática Geometria, os Objetos de Conhecimento e as Habilidades, para cada ano, como citados na Base Nacional Comum Curricular – BNCC, para os anos finais do Ensino Fundamental (6º ao 9º ano), homologada pelo Ministério da Educação em 20 de dezembro de 2017. Na sequência dos objetos de conhecimento, a BNCC descreve as habilidades, para cada ano, podendo ser interpretadas como parte dos conteúdos curriculares, ou seja, para cada ano as aulas devem ser preparadas e proferidas, segundo esses objetos de conhecimento e habilidades citadas na BNCC.

Ensino Fundamental	Objetos de Conhecimento e Habilidades
6º ano	**Objetos de Conhecimento**: Plano cartesiano: associação dos vértices de um polígono a pares ordenados. Prismas e pirâmides: planificações e relações entre seus elementos (vértices, faces e arestas). Polígonos: classificações quanto ao número de vértices, às medidas de lados e ângulos e ao paralelismo e perpendicularismo dos lados. Construção de figuras semelhantes: ampliação e redução de figuras planas em malhas quadriculadas. Construção de retas paralelas e perpendiculares, fazendo uso de réguas, esquadros e *softwares*. **Habilidades**: **EF06MA16**: Associar pares ordenados de números a pontos do plano cartesiano do 1º quadrante, em situações como a localização dos vértices de um polígono. **EF06MA17**: Quantificar e estabelecer relações entre o número de vértices, faces e arestas de prismas e pirâmides, em função do seu polígono da base, para resolver problemas e desenvolver a percepção espacial. **EF06MA18**: Reconhecer, nomear e comparar polígonos, considerando lados, vértices e ângulos, e classificá-los em regulares e não regulares, tanto em suas representações no plano como em faces de poliedros. **EF06MA19**: Identificar características dos triângulos e classificá-los em relação às medidas dos lados e dos ângulos. **EF06MA20**: Identificar características dos quadriláteros, classificá-los em relação a lados e a ângulos e reconhecer a inclusão e a intersecção de classes entre eles. **EF06MA21**: Construir figuras planas semelhantes em situações de ampliação e de redução, com o uso de malhas quadriculadas, plano cartesiano ou tecnologias digitais. **EF06MA22**: Utilizar instrumentos, como réguas e esquadros, ou *softwares* para

	representações de retas paralelas e perpendiculares e construção de quadriláteros, entre outros. **EF06MA23**: Construir algoritmo para resolver situações passo a passo (como na construção de dobraduras ou na indicação de deslocamento de um objeto no plano segundo pontos de referência e distâncias fornecidas, etc.).
7º ano	**Objetos de Conhecimento**: Transformações geométricas de polígonos no plano cartesiano: multiplicação das coordenadas por um número inteiro e obtenção de simétricos em relação aos eixos e à origem. Simetrias de translação, rotação e reflexão. A circunferência como lugar geométrico. Relações entre os ângulos formados por retas paralelas intersectadas por uma transversal. Triângulos: construção, condição de existência e soma das medidas dos ângulos internos. Polígonos regulares: quadrado e triângulo equilátero. **Habilidades**: **EF07MA19**: Realizar transformações de polígonos representados no plano cartesiano, decorrentes da multiplicação das coordenadas de seus vértices por um número inteiro. **EF07MA20**: Reconhecer e representar, no plano cartesiano, o simétrico de figuras em relação aos eixos e à origem. **EF07MA21**: Reconhecer e construir figuras obtidas por simetrias de translação, rotação e reflexão, usando instrumentos de desenho ou *softwares* de geometria dinâmica e vincular esse estudo a representações planas de obras de arte, elementos arquitetônicos, entre outros.
7º ano	**EF07MA22**: Construir circunferências, utilizando compasso, reconhecê-las como lugar geométrico e utilizá-las para fazer composições artísticas e resolver problemas que envolvam objetos equidistantes. **EF07MA23**: Verificar relações entre os ângulos formados por retas paralelas cortadas por uma transversal, com e sem uso de *softwares* de geometria dinâmica. **EF07MA24**: Construir triângulos, usando régua e compasso, reconhecer a condição de existência do triângulo quanto à medida dos lados e verificar que a soma das medidas dos ângulos internos de um triângulo é 180°. **EF07MA25**: Reconhecer a rigidez geométrica dos triângulos e suas aplicações, como na construção de estruturas arquitetônicas (telhados, estruturas metálicas e outras) ou nas artes plásticas. **EF07MA26**: Descrever, por escrito e por meio de um fluxograma, um algoritmo para a construção de um triângulo qualquer, conhecidas as medidas dos três lados. **EF07MA27**: Calcular medidas de ângulos internos de polígonos regulares, sem o uso de fórmulas, e estabelecer relações entre ângulos internos e externos de polígonos, preferencialmente vinculadas à construção de mosaicos e de ladrilhamentos. **EF07MA28**: Descrever, por escrito e por meio de um fluxograma, um algoritmo para a construção de um polígono regular (como quadrado e triângulo equilátero), conhecida a medida de seu lado.
	Objetos de Conhecimento: Congruência de triângulos e demonstrações de propriedades de quadriláteros. Construções geométricas: ângulos de 90°, 60°, 45° e 30° e polígonos regulares. Mediatriz e bissetriz como lugares geométricos: construção e problemas. Transformações geométricas: simetrias de translação, reflexão e rotação. **Habilidades**: **EF08MA14**: Demonstrar propriedades de quadriláteros por meio da identificação da congruência de triângulos.

X – A Geometria Básica

8º ano	EF08MA15: Construir, utilizando instrumentos de desenho ou *softwares* de geometria dinâmica, mediatriz, bissetriz, ângulos de 90°, 60°, 45° e 30° e polígonos regulares. EF08MA16: Descrever, por escrito e por meio de um fluxograma, um algoritmo para a construção de um hexágono regular de qualquer área, a partir da medida do ângulo central e da utilização de esquadros e compasso. EF08MA17: Aplicar os conceitos de mediatriz e bissetriz como lugares geométricos na resolução de problemas. EF08MA18: Reconhecer e construir figuras obtidas por composições de transformações geométricas (translação, reflexão e rotação), com o uso de instrumentos de desenho ou de *softwares* de geometria dinâmica.
9º ano 9º ano	**Objetos de Conhecimento**: Demonstrações de relações entre os ângulos formados por retas paralelas intersectadas por uma transversal. Relações entre arcos e ângulos na circunferência de um círculo. Semelhança de triângulos. Relações métricas no triângulo retângulo Teorema de Pitágoras: verificações experimentais e demonstração Retas paralelas cortadas por transversais: teoremas de proporcionalidade e verificações experimentais. Polígonos regulares. Distância entre pontos no plano cartesiano. Vistas ortogonais de figuras espaciais. **Habilidades**: EF09MA10: Demonstrar relações simples entre os ângulos formados por retas paralelas cortadas por uma transversal. EF09MA11: Resolver problemas por meio do estabelecimento de relações entre arcos, ângulos centrais e ângulos inscritos na circunferência, fazendo uso, inclusive, de *softwares* de geometria dinâmica. EF09MA12: Reconhecer as condições necessárias e suficientes para que dois triângulos sejam semelhantes. EF09MA13: Demonstrar relações métricas do triângulo retângulo, entre elas o teorema de Pitágoras, utilizando, inclusive, a semelhança de triângulos. EF09MA14: Resolver e elaborar problemas de aplicação do teorema de Pitágoras ou das relações de proporcionalidade envolvendo retas paralelas cortadas por secantes. EF09MA15: Descrever, por escrito e por meio de um fluxograma, um algoritmo para a construção de um polígono regular cuja medida do lado é conhecida, utilizando régua e compasso, como também *softwares*. EF09MA16: Determinar o ponto médio de um segmento de reta e a distância entre dois pontos quaisquer, dadas as coordenadas desses pontos no plano cartesiano, sem o uso de fórmulas, e utilizar esse conhecimento para calcular, por exemplo, medidas de perímetros e áreas de figuras planas construídas no plano. EF09MA17: Reconhecer vistas ortogonais de figuras espaciais e aplicar esse conhecimento para desenhar objetos em perspectiva.

É importante observar que, o ensino aprendizado de Geometria, em verdade, se inicia de forma intuitiva já nos primeiros anos de vida de uma criança, por exemplo, quando começa a ter percepções físicas de pequeno e grande, bem como de leve e pesado. Também se percebe o aprendizado intuitivo, quando a criança brinca com pequenos blocos coloridos, nos formatos de quadrado, triângulo e circunferência, tentando encaixa-los em buracos de uma base. Ao longo dos cinco anos iniciais do Ensino Fundamental, normalmente entre os seis e 10 anos de idade, a criança, tanto na escola, quanto na vida cotidiana, vai aumentando e enriquecendo suas percepções geométricas, de tal forma que, ao chegar ao sexto ano já demonstra significativos conhecimentos de Geometria. O livro aqui detalhado, parte desse pressuposto, ou seja, ao iniciar o sexto ano do Ensino Fundamental, normalmente aos 11 anos de idade, a criança (ou pré adolescente) já está "madura" para aprofundar seus estudos geométricos, que sempre devem estar relacionados ao desenvolvimento sócio emocional.

Uma outra análise, muito importante, é que a BNCC, do Ensino Fundamental anos finais, cita em diversas habilidades a construção física de entidades geométricas, seja com instrumentos analógicos (régua, compasso, esquadro e transferidor) ou com *softwares* (por exemplo, de Geometria Dinâmica), podendo-se entender como um direcionamento para a disciplina "Desenho Geométrico", há muitos anos só oferecida e praticada por algumas poucas escolas, sejam públicas ou privadas.

O autor desse livro, professor José Abrantes, entende que deve ser recriada a disciplina "Desenho Geométrico", a ser oferecida do 6º ao 9º ano do Ensino Fundamental, devendo ser conduzida, tanto com instrumentos analógicos como esquadros, compasso, régua e transferidor, quanto utilizando *softwares* de Geometria Dinâmica.

A Geometria citada na BNCC, referente aos três anos do Ensino Médio

A Base Nacional Comum Curricular – BNCC, para o Ensino Médio, foi homologada pelo Ministério da Educação em 14 de dezembro de 2018. A Base foi estruturada de forma a desenvolver cinco Competências Específicas e diversas Habilidades, que devem ser transformadas em conteúdos curriculares, ao longo dos três anos do Ensino Médio. A seguir, são citadas, para cada Competência Específica, as habilidades relacionadas ao estudo da Geometria.

Competência Específica 1: Utilizar estratégias, conceitos e procedimentos matemáticos para interpretar situações em diversos contextos, sejam atividades cotidianas, sejam fatos das Ciências da Natureza e Humanas, ou ainda questões econômicas ou tecnológicas, divulgados por diferentes meios, de modo a consolidar uma formação científica geral.

Habilidade - EM13MAT105: Utilizar as noções de transformações isométricas (translação, reflexão, rotação e composições destas) e transformações homotéticas para analisar diferentes produções humanas como construções civis, obras de arte, entre outras.

Competência Específica 2: Articular conhecimentos matemáticos ao propor e/ou participar de ações para investigar desafios do mundo contemporâneo e tomar decisões éticas e socialmente responsáveis, com base na análise de problemas de urgência social, como os voltados a situações de saúde, sustentabilidade, das implicações da tecnologia no mundo do trabalho, entre outros, recorrendo a conceitos, procedimentos e linguagens próprios da Matemática.

Habilidade - EM13MAT201: Propor ações comunitárias, como as voltadas aos locais de moradia dos estudantes dentre outras, envolvendo cálculos das medidas de área, de volume, de capacidade ou de massa, adequados às demandas da região.

Competência Específica 3: Utilizar estratégias, conceitos e procedimentos matemáticos, em seus campos – Aritmética, Álgebra, Grandezas e Medidas, Geometria, Probabilidade e Estatística, para interpretar, construir modelos e resolver problemas em diversos contextos, analisando a plausibilidade dos resultados e a adequação das soluções propostas, de modo a construir argumentação consistente.

Habilidade - EM13MAT306: Resolver e elaborar problemas em contextos que envolvem fenômenos periódicos reais, como ondas sonoras, ciclos menstruais, movimentos cíclicos, entre outros, e comparar suas representações com as funções seno e cosseno, no plano cartesiano, com ou sem apoio de aplicativos de álgebra e geometria.

Habilidade - EM13MAT307: Empregar diferentes métodos para a obtenção da medida da área de uma superfície (reconfigurações, aproximação por cortes etc.) e deduzir expressões de cálculo para aplicá-las em

XII – A Geometria Básica

situações reais, como o remanejamento e a distribuição de plantações, com ou sem apoio de tecnologias digitais.

Habilidade - EM13MAT308: Resolver e elaborar problemas em variados contextos, envolvendo triângulos nos quais se aplicam as relações métricas ou as noções de congruência e semelhança.

Habilidade - EM13MAT309: Resolver e elaborar problemas que envolvem o cálculo de áreas totais e de volumes de prismas, pirâmides e corpos redondos (cilindro e cone) em situações reais, como o cálculo do gasto de material para forrações ou pinturas de objetos cujos formatos sejam composições dos sólidos estudados.

Competência Específica 4: Compreender e utilizar, com flexibilidade e fluidez, diferentes registros de representação matemáticos (algébrico, geométrico, estatístico, computacional etc.), na busca de solução e comunicação de resultados de problemas, de modo a favorecer a construção e o desenvolvimento do raciocínio matemático.

Habilidade - EM13MAT404: Identificar as características fundamentais das funções seno e cosseno (periodicidade, domínio, imagem), por meio da comparação das representações em ciclos trigonométricos e em planos cartesianos, com ou sem apoio de tecnologias digitais.

Habilidade - EM13MAT407: Interpretar e construir vistas ortogonais de uma figura espacial para representar formas tridimensionais por meio de figuras planas.

Competência Específica 5: Investigar e estabelecer conjecturas a respeito de diferentes conceitos e propriedades matemáticas, empregando recursos e estratégias como observação de padrões, experimentações e tecnologias digitais, identificando a necessidade, ou não, de uma demonstração cada vez mais formal na validação das referidas conjecturas.

Habilidade - EM13MAT504: Investigar processos de obtenção da medida do volume de prismas, pirâmides, cilindros e cones, incluindo o princípio de Cavalieri, para a obtenção das fórmulas de cálculo da medida do volume dessas figuras.

Habilidade - EM13MAT505: Resolver problemas sobre ladrilhamentos do plano, com ou sem apoio de aplicativos de geometria dinâmica, para conjecturar a respeito dos tipos ou composição de polígonos que podem ser utilizados, generalizando padrões observados.

Habilidade - EM13MAT506: Representar graficamente a variação da área e do perímetro de um polígono regular quando os comprimentos de seus lados variam, analisando e classificando as funções envolvidas.

Habilidade - EM13MAT509: Investigar a deformação de ângulos e áreas provocada pelas diferentes projeções usadas em cartografia, como a cilíndrica e a cônica.

Habilidade - EM13MAT512: Investigar propriedades de figuras geométricas, questionando suas conjecturas por meio da busca de contra exemplos, para refutá-las ou reconhecer a necessidade de sua demonstração para validação, como os teoremas relativos aos quadriláteros e triângulos.

Considerações sobre a organização curricular do Ensino Médio

Além da organização das habilidades por competências, elas podem ser organizadas na elaboração de currículos em unidades temáticas, como proposto no Ensino Fundamental.

Outras unidades temáticas poderão ser organizadas, reunindo tanto as habilidades definidas na BNCC quanto outras que sejam necessárias e que contemplem especificidades e demandas próprias dos sistemas de ensino e escolas. No entanto, é fundamental preservar as ideias básicas da BNCC referentes à articulação entre os vários campos da Matemática, com vistas à construção de uma visão integrada de Matemática e aplicada à realidade. Além disso, é fundamental assegurar aos estudantes as competências específicas e habilidades relativas aos seus processos de reflexão e de abstração, que dêem sustentação a modos de pensar criativos, analíticos, indutivos, dedutivos e sistêmicos e que favoreçam a tomada de decisões orientadas pela ética e o bem comum.

Uma análise, muito importante, é que a BNCC, do Ensino Médio, cita nas Habilidades EM13MAT407 e 509, relacionadas às projeções ortogonais, conteúdos, normalmente abordados na disciplina Geometria Descritiva, há muitos anos só oferecida e praticada por algumas poucas escolas, sejam públicas ou privadas.

O livro aqui detalhado, no que se refere à Geometria do Ensino Médio, aborda conteúdos e problemas mais detalhados, especialmente com exemplos de questões que foram objetos de exames do ENEM, bem como de vestibulares e concursos diversos, inclusive para escolas e academias militares.

A grande observação que o autor tem sobre as Bases Nacionais Comuns Curriculares, bem como da reforma do Ensino Médio, é que caminha-se para uma proposta de Educação voltada, tanto à cidadania e à ética, quanto às práticas multi, inter e transdisciplinares.

O autor desse livro, professor José Abrantes, entende que deve ser recriada a disciplina "Geometria Descritiva", a ser oferecida do 1º ao 3º ano do Ensino Médio, devendo ser conduzida, tanto com instrumentos analógicos como esquadros, compasso, régua e transferidor, quanto utilizando *softwares* de Geometria Dinâmica.

Sumário

UNIDADE I - A GEOMETRIA PLANA

Capítulo 1

Conceitos geométricos primitivos. A Geometria Euclidiana. Geometrias estudadas na Educação Básica. A Geometria Dinâmica **3**
    1.1 Ponto, reta e plano. Representações 3
        1.1.1 O ponto 3
        1.1.2 A Reta e o segmento de reta 4
        1.1.3 O plano 4
    1.2 A Geometria euclidiana 4
    1.3 O que é Geometria? Quantas Geometrias existem? 5
    1.4 Detalhes da Geometria euclidiana 6
    1.5 Geometrias não Euclidianas 8
    1.6 As Geometrias estudadas nos Ensinos Fundamental e Médio 8
        1.6.1 Geometria Plana 8
        1.6.2 Geometria Espacial 9
        1.6.3 O plano cartesiano e a Geometria Analítica no Espaço R^2 (X, Y) 9
        1.6.4 Introdução à Geometria Descritiva (Espaço R^3) e às projeções ortogonais 10
    1.7 A Geometria Dinâmica 11

Capítulo 2

Linhas. Retas e ângulos. Triângulos ou triláteros **13**
    2.1 Morfologia das linhas 13
    2.2 Classificação dos segmentos de retas, quanto às posições no plano 14
    2.3 Operações sobre segmentos de retas 15
        2.3.1 Mediatrizes de segmentos de retas 15
        2.3.2 O número de ouro e a divisão áurea de um segmento 15
    2.4 Os ângulos 16
        2.4.1 Classificação dos ângulos 17
        2.4.2 Operações e representações de ângulos 17
    2.5 Os triângulos ou triláteros 18
        2.5.1 Classificação dos triângulos 18
        2.5.2 Lei angular de Tales 18
    2.6 Congruência e semelhança de triângulos 19
        2.6.1 Congruência 19
        2.6.2 Semelhança 20
    2.7 Pontos notáveis nos triângulos: circuncentro, baricentro, incentro e ortocentro 21
        2.7.1 Circuncentro (ponto C) 21
        2.7.2 Baricentro (ponto G) 22
        2.7.3 Incentro (ponto I) 23
        2.7.4 Ortocentro (ponto O) 23
        2.7.5 A reta de Euler 24
    2.8 O teorema de Pitágoras 24

XVI – Geometria Básica

2.9 Perímetro e área de triângulos 25
2.10 Unidades de medidas de comprimento e área. O sistema métrico: o metro ou m 26
2.11 Os triângulos e o Teorema de Tales 27
    2.11.1 O Teorema da bissetriz interna 28
2.12 A trigonometria nos triângulos 29
    2.12.1 Trigonometria nos triângulos retângulos 29
    2.12.2 Trigonometria nos triângulos não retângulos: lei dos senos e dos cossenos 30
2.13 Sólidos a partir de triângulos 32
2.14 Exercícios complementares resolvidos 32
2.15 Exercícios propostos (Veja respostas no Apêndice A) 44

Capítulo 3

Quadriláteros: paralelogramo, retângulo, quadrado e trapézio **49**
3.1 Definição e classificações 49
3.2 Elementos e propriedades dos quadriláteros 50
    3.2.1 Elementos 50
    3.2.2 Propriedades 50
    3.3.1 Curiosidade: a espiral de ouro 53
3.3 O retângulo de ouro 52
3.4 Perímetros e áreas dos quadriláteros 54
3.5 Sólidos a partir de quadriláteros 57
3.6 Exercícios complementares resolvidos 58
3.7 Exercícios propostos (Veja respostas no Apêndice A) 65

Capítulo 4

Circunferência e círculo **71**
4.1 Circunferência e círculo. Definições e elementos 71
4.2 Retas tangentes a uma circunferência 75
4.3 Posições relativas entre duas circunferências 76
4.4 Ângulos na circunferência 76
    4.4.1 Ângulo central 76
    4.4.2 Ângulo inscrito e suas aplicações 76
    4.4.3 Ângulo excêntrico externo e sua propriedade 78
    4.4.4 Ângulo excêntrico interno 78
    4.4.5 Ângulo de segmento 78
4.5 Comprimento ou retificação de uma circunferência 79
4.6 Demonstração da área de um círculo 80
4.7 Aplicação prática de círculos: fabricação de panelas (ou cilindros com fundos) 80
4.8 Exercícios complementares resolvidos 81

Capítulo 5

A Trigonometria no Círculo **99**
5.1 Origem das funções trigonométricas no círculo 99
5.2 Valores e gráficos das funções trigonométricas básicas e secundárias 100
5.3 Leis dos senos e dos cossenos 106
5.4 Transformações trigonométricas. (Exercícios resolvidos) 108
5.5 Funções trigonométricas inversas. Valores e gráficos 111
    5.5.1 Arco seno ($y = arcsen\ x$) 111
    5.5.2 Arco cosseno ($y = arccos\ x$) 112

Sumário – XVII

5.5.3 Arco tangente (y = arctg x) 113
5.5.4 Arco secante (y = arcsec x) 114
5.5.5 Arco cossecante (y = arccossec x) 115
5.5.6 Arco cotangente (y = arccotg x) 115
5.6 Exercícios complementares resolvidos 116
5.7 Exercícios propostos (Veja respostas no Apêndice A) 125

Capítulo 6

Polígonos: classificações, tipos e propriedades **131**
6.1 Definição e classificações 131
6.1.1 Classificação, quanto ao número de lados 131
6.1.2 Classificação quanto à forma: polígonos côncavos ou convexos 132
6.1.3 Elementos característicos dos polígonos regulares convexos 132
6.1.4 Propriedades básicas dos polígonos convexos 132
6.1.5 Polígonos inscritos e circunscritos 133
6.1.6 Polígonos estrelados 133
6.2 Perímetros, áreas e semelhanças de polígonos 134
6.3 Exercícios resolvidos 134
6.4 Exercícios propostos (Veja respostas no Apêndice A) 149

Capítulo 7

Simetria. Isometrias de: rotação, translação e reflexão. Homotetia. Ladrilhamentos e padrões geométricos. Arte Geométrica **155**
7.1 Definições e exemplos 155
7.2 As isometrias 157
7.3 Ladrilhamentos e padrões geométricos 159
7.4 Geometria artística ou "arte geométrica" 160
7.4.1 A arte geométrica, a partir de polígonos regulares e divisão do círculo 160
7.5 Exercícios resolvidos 161
7.6 Exercícios propostos (Veja respostas no Apêndice A) 163

UNIDADE II - A GEOMETRIA ESPACIAL

Capítulo 8

Poliedros e prismas **167**
8.1 Poliedros 167
8.2 Os poliedros regulares de Platão 168
8.3 Classificação dos poliedros, quanto ao número de faces. Poliedros irregulares 169
8.4 Áreas e volumes dos poliedros de Platão 169
8.4.1 O tetraedro 169
8.4.2 O hexaedro ou cubo 170
8.4.3 O octaedro 171
8.4.4 O dodecaedro 172
8.4.5 O icosaedro 173
8.5 Planificação dos poliedros de Platão 174
8.6 Um poliedro irregular, usado como bola de futebol (e também silo para grãos) 178

XVIII – Geometria Básica

8.7 Os prismas 178
    8.7.1 Área e volume dos prismas 181
    8.7.2 Planificações de prismas 182
8.8 Observações sobre unidades de volume 185
8.9 Por que os alvéolos das colmeias das abelhas são prismas hexagonais? 185
8.10 Exercícios complementares resolvidos 187
8.11 Exercícios propostos (Veja respostas no Apêndice A) 197

Capítulo 9

As pirâmides **205**
9.1 Pirâmides: definições e elementos 205
9.2 Troncos de pirâmides 205
9.3 Área da superfície de uma pirâmide 206
9.4 Volume de pirâmides 206
    9.4.1 Volumes de troncos de pirâmides 207
9.5 Planificações de pirâmides e seus troncos 209
9.6 Exercícios complementares resolvidos 210
9.7 Exercícios propostos (Veja respostas no Apêndice A) 219

Capítulo 10

Corpos redondos: cilindro, cone e esfera **223**
10.1 Cilindros circulares 223
    10.1.1 Planificação de cilindros e troncos de cilindros 224
    10.1.2 Área da superfície de um cilindro reto fechado 225
    10.1.3 Volume de cilindros 226
    10.1.4 Curiosidade: cilindros com planificação no sentido helicoidal 227
10.2 Superfície cônica. O cone 228
    10.2.1 Área da superfície dos cones retos 229
    10.2.2 Volume dos cones 230
    10.2.3 Troncos de cones 231
10.3 Esfera: definição, elementos e particularidades 233
    10.3.1 Planificação de superfícies esféricas 234
    10.3.2 Exemplo de esfera metálica, usada como tanque de armazenamento 236
    10.3.3 Volume de uma esfera 236
    10.3.4 Área da superfície de uma esfera 237
10.4 Exercícios complementares resolvidos 238
10.5 Exercícios propostos (Veja respostas no Apêndice A) 248

UNIDADE III - A GEOMETRIA ANALÍTICA NO ESPAÇO BIDIMENSIONAL (X, Y) OU ESPAÇO R^2. O PLANO E AS COORDENADAS CARTESIANAS. ESTUDO DAS RETAS

Capítulo 11

Ponto, reta e plano. Plano cartesiano. Sistema de coordenadas cartesianas (x; y). Distâncias entre pontos **255**
11.1 O ponto 255
11.2 O que é um segmento de reta? 256
11.3 O que é um plano? 256
11.4 Sistema de coordenadas cartesianas: abscissa (x) e ordenada (y) 256
11.5 Distância entre dois pontos num sistema cartesiano XY 257

11.6 Cálculo das coordenadas cartesianas do ponto médio de um segmento de reta 263
11.7 Cálculo do centroide, pelo conceito da distância entre pontos 265
    11.7.1 Centroide de um triângulo 265
11.8 Exercícios complementares resolvidos 267
11.9 Exercícios propostos (Veja Respostas no Apêndice A) 274

Capítulo 12

Estudo das retas **277**
12.1 Introdução: reta definida por dois pontos 277
12.2 Coeficiente angular, coeficiente linear e equações de uma reta 279
12.3 Análise geométrica de um sistema de equações lineares, composto por duas retas 283
    12.3.1 Sistemas de equações lineares aplicados à Engenharia de Produção Industrial 284
12.4 Distância entre um ponto e uma reta 285
12.5 Retas paralelas 285
12.6 Retas perpendiculares 287
12.7 Determinação da imagem geométrica das coordenadas cartesianas do ortocentro de um triângulo 290
    12.7.1 Imagens geométricas e cálculos analíticos sobre retas, envolvendo triângulos 290
12.8 Aplicações práticas dos conceitos de retas, tipos funções lineares e afins 296
12.9 A Regra de Sarrus aplicada ao alinhamento de três pontos (configurando uma reta), através da resolução de determinantes de 3ª ordem 299
12.10 Cálculo da área de um triângulo, utilizando determinante de 3ª ordem 300
12.11 Exercícios complementares resolvidos 300
12.12 Exercícios propostos (Veja respostas no Apêndice A) 307

UNIDADE IV - AS CURVAS CÔNICAS: CIRCUNFERÊNCIA, ELIPSE, PARÁBOLA E HIPÉRBOLE

Capítulo 13

A circunferência..**313**
13.1 Origem, definições, elementos e relações geométricas 313
13.2 Equações da circunferência, em função da posição do seu centro 314
13.3 Posições relativas entre retas e circunferências 316
    13.3.1 Exemplos de retas secantes a circunferências 317
    13.3.2 Reta tangente à circunferência 318
13.4 Interseção entre circunferências 319
13.5 Exercícios sobre polígonos inscritos e circunscritos à circunferências 321
13.6 Exercícios complementares resolvidos 324
13.7 Exercícios propostos (Veja respostas no Apêndice A) 329

Capítulo 14

A elipse...**333**
14.1 Definição, elementos e características 333
14.2 Dedução da equação da elipse com focos sobre o eixo X e centro coincidente com a origem 334
14.3 Equação da elipse com focos sobre o eixo Y, e centro coicidente com a origem 336
14.4 Equações das elipses com centros não coincidentes com a origem 337
14.5 A propriedade refletora da elipse, e suas aplicações práticas 339
14.6 Exercícios complementares resolvidos 340
14.7 Exercícios propostos (Veja respostas no Apêndice A) 347

XX – Geometria Básica

Capítulo 15

A parábola **351**
15.1 Definição e elementos 351
15.2 Equação reduzida da parábola de eixo horizontal (ou coincidente com eixo X), vértice na origem (0; 0) e cavidade voltada para a direita ($y^2 = + 4px$) 352
15.3 Equação reduzida da parábola de eixo vertical (ou coincidente com eixo Y), vértice na origem (0; 0) e cavidade voltada para cima (x2 = + 4py) 352
15.4 Equação geral e particularidades sobre a abertura (ou cavidade) de uma parábola 353
15.5 Principais posições de uma parábola, em relação aos eixos cartesianos X e Y, e com o vértice V coincidindo com a origem (0; 0) 353
15.6 A função do segundo grau representando uma parábola [f (x) = + ax² + bx + c] 354
    15.6.1 Características das raízes de uma equação do segundo grau (+ ax² + bx + c = 0) 354
    15.6.2 Aplicações da equação do segundo grau na Física 355
15.7 Cálculo das coordenadas cartesianas (x_V; y_V) do vértice (V) de uma parábola de eixo vertical e da ordenada (y) do ponto onde a parábola corta o eixo Y 356
15.8 Equações de parábolas com vértices não coincidentes com a origem (0; 0) 356
15.9 Propriedade refletora da parábola e suas aplicações práticas 357
15.10 Aplicações práticas de parábolas 357
15.11 Exercícios complementares resolvidos 360
15.12 Exercícios propostos (Veja respostas no Apêndice A) 370

Capítulo 16

A hipérbole..**373**
16.1 Definição e elementos 373
16.2 Dedução da equação da hipérbole, com focos sobre o eixo X e centro coincidente com a origem ($+x^2 / a^2 - y^2 / b^2 = +1$) 374
16.3 Equações da hipérbole com centro na origem e em função da posição do eixo real 374
16.4 Equações da hipérbole com focos em eixos paralelos aos eixos cartesianos X ou Y, e centro não coincidente com a origem 375
16.5 Assíntotas, abertura, excentricidade e características geométricas de uma hipérbole 375
16.6 Equações das assíntotas de uma hipérbole, com eixo real coincidente com eixo X 376
16.7 Análise da equação de uma hipérbole equilátera ($+x^2 - y^2 = a^2$) 376
16.8 Aplicações práticas das curvas hiperbólicas 376
16.9 Exercícios resolvidos 380
16.10 Exercícios propostos (Veja respostas no Apêndice A) 387

UNIDADE V - A GEOMETRIA DAS PROJEÇÕES CILÍNDRICAS ORTOGONAIS
(INTRODUÇÃO À GEOMETRIA DESCRITIVA)

Capítulo 17

A geometria das projeções cilíndricas ortogonais. Introdução à Geometria Descritiva **391**
17.1 O conceito de projeções 391
17.2 As projeções cilíndricas ortogonais, em dois planos... 393
17.3 As projeções cilíndricas ortogonais, em três e seis planos 395
    17.3.1 Conceito da planificação, a Épura, considerando o terceiro plano de projeções 396
    17.3.2 As projeções cilíndricas ortogonais em seis planos 397
17.4 As coordenadas cartesianas no sistema das três projeções cilíndricas ortogonais: abscissa, afastamento e cota 399

17.4.1 O conceito de abscissa 400

17.4.2 O conceito de afastamento 400

17.4.3 O conceito de cota 401

17.4.4 Representação de pontos, através das coordenadas cartesianas: abscissa, afastamento e cota 401

17.5 Exercícios complementares resolvidos 403

17.6 Exercícios propostos (Veja respostas no Apêndice A) 410

Apêndice A

Respostas dos exercícios propostos 415

Lista de siglas citadas no livro 435

Referências 437

UNIDADE I

A GEOMETRIA PLANA

Capítulo 1
Conceitos geométricos primitivos. A Geometria Euclidiana. Geometrias estudadas na Educação Básica. A Geometria Dinâmica

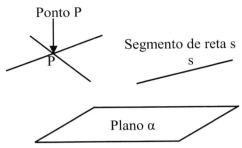

Os três elementos primitivos de Euclides

Euclides de Alexandria (300 a.C.-?) foi professor, matemático e escritor, nascido na atual Síria. *Provavelmente, estudou na Academia fundada por Platão (427 - 347 a.C.), nos subúrbios de Atenas, em 384/383 a.C. Euclides é conhecido como o "Pai da Geometria". Euclides é a versão portuguesa de uma palavra grega que significa "Boa Glória". Além de sua principal obra "Os Elementos", onde estudou o ponto, a reta e o plano, Euclides também escreveu sobre perspectivas, seções cônicas, geometria esférica e teoria dos números. Euclides, mais do que geômetra, foi um dos precursores do estudo da Matemática.*

1.1 Ponto, reta e plano. Representações

Euclides começou estudando os elementos primitivos (ponto, reta e plano) e formulou a Geometria euclidiana. Na prática da Matemática, representam-se um ponto por qualquer letra maiúscula do alfabeto (A, B, C, ...), uma reta por qualquer letra minúscula (r, s, t, ...) e um plano por letras gregas (α = alfa, β = beta, γ = gama, ...). Antes de detalhar as bases da Geometria euclidiana, é importante mostrar os conceitos dos três elementos básicos: ponto, reta e plano.

1.1.1 O ponto

Um ponto pode ser interpretado como o lugar geométrico da interseção de duas retas, tanto no plano bidimensional (X, Y), quanto no tridimensional (X, Y, Z). Também se pode interpretar um ponto como a interseção de três planos. Observe-se a figura abaixo (um hexaedro ou cubo) que, embora esteja representada na folha plana (X, Y), deste livro, dá a impressão de ser uma coisa sólida ou tridimensional (X, Y, Z).

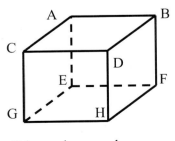

O hexaedro ou cubo

Nessa figura, cada um dos oito pontos: A, B, C, D, E, F, G, H, chamados vértices, é o resultado da interseção de três planos.
Também deve ser observado que, estes oito pontos surgem do posicionamento de seis planos: ABCD, EFGH, ACGE, BDHF, ABEF e CDGH.
Considerando essa figura como um sólido, tem-se um hexaedro ou cubo. Este sólido lembra um dado de brincar, com números de um a seis, um em cada face ou plano.

Imagine um ponto na folha desse livro? Esse ponto está num espaço bidimensional, pois o plano da folha só tem largura (X) e altura (Y). Imagine um ponto dentro de uma sala de aula? Este ponto está num espaço tridimensional (X, Y, Z), pois a sala tem volume, ou melhor: comprimento, largura e altura. Apesar de ser "simples" e não muito "valorizado", pode-se afirmar que tudo começa a partir de um ponto.

1.1.2 A Reta e o segmento de reta

Uma reta é uma linha infinita, podendo ser interpretada como a união de infinitos pontos, um a seguir do outro. Segmento de reta é a linha que representa a menor distância entre dois pontos. Marque dois pontos em uma folha qualquer, una-os com uma régua, pronto: tem-se um segmento de reta. "A menor distância entre dois pontos é um segmento de reta". Uma reta é a linha contínua que passa por infinitos pontos, no plano bidimensional (X, Y) ou no espaço tridimensional (X, Y, Z), representada por letra minúscula, é uma linha ilimitada unidimensional, ou seja, só possui comprimento. Num plano bidimensional (X, Y) uma reta pode se apresentar em três posições: horizontal, vertical e inclinada (para a esquerda ou para a direita). Uma reta também pode ser interpretada como resultado da interseção de dois planos. No espaço tridimensional uma reta pode assumir infinitas posições.

Observando a figura do hexaedro citado em 1.1.1, constata-se que, os seis planos se interceptam, dois a dois, formando 12 segmentos de retas! Quais são esses segmentos? AB, AC, AE, BD, BF, CD, CG, DH, EG, EF, FH e GH. Ainda observando a figura do hexaedro, podem ser imaginadas muitas outras retas, sobre cada um dos planos, por exemplo, unindo dois pontos, ou melhor, vértices opostos. Por exemplo: AD, BC, CH, DG, etc. Em verdade estas novas retas, que unem vértices opostos, neste caso podem ser chamadas de diagonais, já que a cada quatro vértices formou-se uma figura geométrica plana.

Quando se consideram duas ou mais retas sobre um mesmo plano, elas podem ser paralelas, perpendiculares e inclinadas. Por exemplo, no cubo citado, no plano ABCD temos os seguintes casos: AB e CD, AC e BD são retas paralelas. AC é perpendicular a AB; CD é perpendicular a BD, etc. Ainda no plano ABCD, podemos imaginar as retas inclinadas: AD e BC. Considerando-se a geometria dos poliedros, todas as retas citadas no cubo são chamadas de arestas.

1.1.3 O plano

Um plano é um elemento geométrico infinito com duas dimensões. Essa folha, desse livro, é um exemplo prático de um plano, que também pode ser expresso das seguintes formas: duas retas definem um plano e três pontos não colineares (ou seja, não alinhados) definem um plano. Analisando a figura do hexaedro, a seguir, constata-se que, realmente, existem vários planos, que passam somente por uma reta. Ainda no hexaedro, confirma-se que, um plano (ACFH) passa apenas por duas retas.

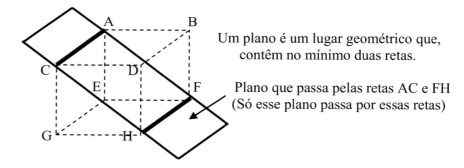

Um plano é um lugar geométrico que, contêm no mínimo duas retas.

Plano que passa pelas retas AC e FH
(Só esse plano passa por essas retas)

1.2 A Geometria euclidiana

Euclides de Alexandria (300 a.C. - ?) realizou seus primeiros estudos na cidade de Atenas, na Grécia, onde frequentou a Academia de Platão (427 - 347 a.C.), provavelmente fundada entre 384/383 a.C. Ptolomeu I Sóter (366 - 283 a. C.), nascido na Grécia, foi general de Alexandre Magno, o Grande. (356 - 323 a.C.). Ptolomeu I, como governante do Egito entre 323 a.C. à 283 a.C., convidou Euclides a estudar Matemática na academia de Alexandria, no Egito, também conhecida como "Museu". Euclides logo se destacou pela forma como ensinava Geometria e Álgebra. Essas disciplinas já eram estudadas e conhecidas pelos matemáticos anteriores a Euclides, entretanto ele fez um estudo mais amplo e profundo dos conteúdos, os organizou de forma lógica e reuniu tudo numa das maiores obras primas da Matemática chamada de "Os Elementos". Essa obra é constituída por treze livros, contemplando: Aritmética, Geometria e Álgebra.

A obra "Os Elementos" foi o primeiro método sistemático sobre a Geometria e o primeiro a falar sobre teoria dos números. Foi um dos livros mais influentes na história, tanto pelo seu método quanto pelo seu conteúdo matemático. O método consiste em assumir um pequeno conjunto de axiomas* intuitivos e, então, provar várias outras proposições ou teoremas**, a partir desses axiomas. Muitos dos resultados de Euclides já haviam sido afirmados por matemáticos gregos anteriores, porém ele foi o primeiro a demonstrar como essas proposições poderiam ser reunidas juntas, em um abrangente sistema dedutivo.

* Axioma ou postulado é uma sentença ou proposição que não é provada ou demonstrada, sendo considerada como óbvia ou como um consenso inicial necessário para a construção ou aceitação de uma teoria. Na Matemática, um axioma é uma hipótese inicial, da qual outros enunciados são logicamente derivados. Diferentemente de teoremas, axiomas não são dedutíveis e nem são demonstráveis, simplesmente porque são hipóteses iniciais. Em muitos contextos, axioma, postulado e hipótese são usados como sinônimos.

** Teorema é uma teoria demonstrável. Na Educação Básica, em especial no Ensino Fundamental, dois teoremas, relacionados aos triângulos, são estudados: o de Tales de Mileto (624 - 546 a.C.) e o de Pitágoras de Samos [570 a.C (?) - 490 a.C. (?)]. Embora esses teoremas sejam detalhados em capítulo mais à frente, é interessante citá-los. Teorema de Tales de Mileto: "Se cortarmos duas retas quaisquer por várias retas paralelas, os segmentos correspondentes determinados em ambas, são proporcionais". Teorema de Pitágoras: "Em triângulos retângulos, o quadrado da hipotenusa é igual à soma dos quadrados dos catetos".

O método de Euclides consiste em assumir um pequeno conjunto de axiomas intuitivos e, então, provar várias outras proposições (teoremas) a partir desses axiomas.

A teoria desenvolvida, através do livro de Euclides, foi uma das mais importantes da Matemática, sendo adotada como base para estudar a Geometria. A partir do final do século XIX (1801 a 1900) para o inicio do século XX (1901 a 2000) foi instituída a disciplina "Geometria Euclidiana", seguindo a axiomática instituída por Euclides, que se distingue por apresentar um espaço que não se modifica em momento algum, revela uma estrita simetria, se uma relação for verdadeira para "a" e "b" tomadas nessa ordem também será para "b" e "a" nesta ordem. Essa teoria atravessou a Idade Média (entre os séculos V e XV) e o Renascimento (entre meados do século XIV e final do XVI), como representação do conhecimento clássico, a partir da idade moderna (entre 1453, com a tomada de Constantinopla e 1789, com a revolução francesa) o modelo euclidiano foi substituído por outras geometrias.

1.3 O que é Geometria? Quantas Geometrias existem?

Geometria é uma palavra que resulta dos termos gregos *geo* (terra) e *métron* (medir), cujo significado em geral é designar propriedades relacionadas com a posição e forma de objetos no espaço. A Geometria é a área da Matemática que se dedica a questões relacionadas com forma, tamanho, posição relativa entre figuras ou propriedades do espaço, dividindo-se em várias subáreas, dependendo dos métodos utilizados para estudar os seus problemas.

Esse segmento da Matemática aborda as leis das figuras e as relações das medidas das superfícies e sólidos geométricos. São utilizadas relações de medidas como as amplitudes de ângulos, volumes de sólidos, comprimentos de linhas e áreas das superfícies.

Do ponto de vista acadêmico, especialmente quanto às disciplinas e seus conteúdos programáticos, podem ser citadas as seguintes Geometrias:

- Plana e Espacial; - Analítica; Descritiva; - Diferencial (incluindo a Geometria Simplética); - Com os números complexos; - Esférica; - Euclidiana e não Euclidiana; - Dos Fractais; - Projetiva e Geometria Projetiva Ortogonal; - Trigonometria; - Topologia; - Álgebra Linear; - Geometria Dinâmica; - Geometria Afim; - Geometria elíptica ou riemanniana - Geometria Algébrica e ainda a Geometria Artística ou Arte Geométrica.

1.4 Detalhes da Geometria euclidiana

A Geometria euclidiana tem sua base em axiomas e postulados. Para Aristóteles (384 - 322 a.C.), axiomas são verdades incontestáveis aplicadas a todas as ciências e os postulados eram verdades sobre um determinado tema, sendo assim usado por Euclides. Ao todo, são dez proposições, cinco axiomas e cinco postulados, que utilizam os conceitos de ponto, intermediação e congruência. Toda Geometria que satisfaz a todos eles é considerada euclidiana.

Os cinco axiomas de Euclides

1) Coisas que são iguais a uma mesma coisa, são iguais entre si.
2) Se iguais são adicionados a iguais, os resultados são iguais.
3) Se iguais são subtraídos de iguais, os restos são iguais.
4) Coisas que coincidem uma com a outra, são iguais.
5) O todo é maior do que qualquer uma das suas partes.

Os axiomas não são passíveis de demonstração por serem evidentemente verdadeiros. Os postulados surgem com o desenvolvimento dos axiomas e, se provados verdadeiros, são considerados teoremas.

Os cinco postulados de Euclides

1) Dados dois pontos distintos, há um único segmento de reta que os une. De forma prática, diz-se que por dois pontos passa apenas uma reta.
2) Um segmento de reta pode ser prolongado indefinidamente para construir uma reta;
3) Dados um ponto qualquer e uma distância qualquer, pode-se construir uma circunferência de centro naquele ponto e com raio igual à distância dada;
4) Todos os ângulos retos são congruentes (ou semelhantes). Observa-se que, semelhança ou congruência não significa igualdade absoluta.
Em Geometria, duas figuras são congruentes se possuem a mesma forma e tamanho, podendo estar em posições diferentes. Os triângulos a seguir são congruentes.

Esses três triângulos têm o mesmo valor, para cada lado e cada ângulo, ou seja, mesma forma e tamanho, porém estão em posições diferentes. Ou seja: são congruentes.

5) Se duas linhas intersectam uma terceira linha de tal forma que a soma dos ângulos internos em um lado é menor que dois ângulos retos, então as duas linhas devem se intersectar neste lado se forem estendidas indefinidamente. Esse postulado, também conhecido como postulado das paralelas é representado graficamente a seguir.

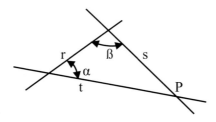

Se a soma α + ß for menor que 180°, as duas retas s e t encontram-se no ponto P.

Observa-se que, segundo a lei* angular de Tales, a soma dos três ângulos internos de um triângulo é igual a 180°.

* lei, na matemática, é um enunciado preciso e inquestionável.

O postulado 5 também pode ser entendido da seguinte forma: "dada uma reta qualquer e um ponto fora desta reta, existe uma única reta paralela à reta dada, passando por esse ponto".

As 23 definições de Euclides

Euclides fez algumas definições para que a Geometria tivesse sentido e pudesse provar suas proposições, no total foram 23 definições:

1) Ponto é aquilo de que nada é parte;
2) Linha é comprimento sem largura;
3) Extremidades de uma linha são pontos;
4) Linha reta é a que está posta por igual com os pontos sobre si mesma;
5) Superfície é aquilo que tem somente comprimento e largura;
6) Os lados de uma superfície são linhas;
7) Superfície plana é a composta por igual com retas sobre si mesma;
8) Ângulo plano é a inclinação, entre elas, de duas linhas no plano, que se tocam e não estão postas sobre uma reta;
9) Quando as linhas que contêm o ângulo são retas, o ângulo é chamado de retilíneo;
10) Quando uma reta, tendo sido alterada sobre uma reta, faça os ângulos adjacentes iguais, cada um dos ângulos é reto, e a reta que se alterou é chamada uma perpendicular àquela sobre a que se alterou;
11) Ângulo obtuso é o maior do que um reto;
12) Ângulo agudo é o menor que um reto;
13) Fronteira é aquilo que é extremidade de alguma coisa.
14) Figura é o que é contido por alguma ou algumas fronteiras;
15) Círculo é uma figura plana contida por uma linha (chamada circunferência), em relação a qual todas as retas que a encontram (até a circunferência do círculo), a partir de um ponto dos postos no interior da figura, são iguais entre si;
16) O ponto é chamado de centro do círculo;
17) Diâmetro do círculo é alguma reta traçada através do centro, e terminando, em cada um dos lados, pela circunferência do círculo, e que corta o círculo em dois;
18) Semicírculo é a figura contida tanto pelo diâmetro quanto pela circunferência cortada por ele. O centro do semicírculo é o mesmo do círculo.
19) Figuras retilíneas são as contidas por retas, por um lado, triláteras, e por três, e, por outro lado, quadriláteras, as por quatro, enquanto multiláteras, as contidas por mais do que quatro retas. Figuras multiláteras são os polígonos, onde poli significa vários e gono significa ângulo, ou seja, vários ângulos. Látero significa lado.
20) Das figuras triláteras, triângulo equilátero é o que tem os três lados iguais, triângulo isósceles, é o que tem dois lados iguais e escaleno é o que tem três lados desiguais;
21) Quanto às figuras triláteras, triângulo retângulo é o que tem um ângulo reto, obtusângulo é o que tem um ângulo obtuso e acutângulo é o que tem três ângulos agudos;
22) Quanto às figuras quadriláteras, quadrado é aquela que é tanto equilátera quanto retangular, e, por outro lado, oblongo, a que, por um lado, é retangular, e, por outro lado, não é equilátera. Losango por um lado é equilátera, e, por outro lado, não é retangular, e romboide, a que tem tantos os lados opostos quantos os ângulos opostos iguais entre si, a qual não é equilátera nem retangular; e as quadriláteras, além dessas, sejam chamadas trapézios;
23) Paralelas são retas que, estão no mesmo plano, e sendo prolongadas ilimitadamente em cada um dos lados, em nenhum se encontram. A distância entre retas paralelas é constante.

A partir desses axiomas e postulados, Euclides fez várias demonstrações. Ao longo desse livro serão detalhadas, tanto as demonstrações de Euclides, quanto as de antigos matemáticos como: Tales, Pitágoras, Aristóteles, chegando-se a outros matemáticos, e até o século XVII (1701 a 1800).

1.5 Geometrias não Euclidianas

São Geometrias baseadas num sistema axiomático distinto da Geometria euclidiana, modificando o postulado das paralelas (5º postulado). A Geometria não euclidiana postula que por um ponto exterior a uma reta passa exatamente uma reta paralela à inicial, obtendo-se as Geometrias elíptica e hiperbólica. Na Geometria elíptica não há nenhuma reta paralela à inicial, enquanto que na Geometria hiperbólica existe uma infinidade de retas paralelas à inicial que passam no mesmo ponto. Na Geometria elíptica a soma dos ângulos internos de um triangulo é maior que 180°, já na Geometria hiperbólica esta soma é menor que 180°. Na Geometria elíptica, tem-se que a circunferência de um círculo é menor do que π (pi) vezes o seu diâmetro, enquanto na hiperbólica esta circunferência é maior que π vezes o diâmetro.
O crédito pela descoberta das Geometrias não euclidianas geralmente é atribuído aos matemáticos Carl Friedrich Gauss (1777 - 1855), Nikolai Lobachevsky (1792 - 1856), Janos Bolyai (1802 - 1860) e George Friedrich Bernhard Riemann (1826 - 1866).

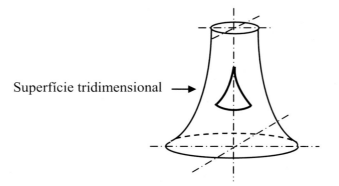

Superfície tridimensional

Nessa figura à esquerda, pode-se ter ideia de um triângulo com lados e ângulos não retilíneos. Esse é um dos exemplos de estudo da Geometria não euclidiana.

1.6 As Geometrias estudadas nos Ensinos Fundamental e Médio

No Brasil, o Ensino Fundamental compreende duas etapas: a primeira do 1º ao 5º ano, com início aos seis anos de idade, e a segunda do 6º ao 9º ano. O Ensino Médio tem três anos. Após a Educação Básica, obrigação constitucional do estado e da família, segue-se o Ensino Superior.
Observa-se que, o ensino de Geometria, do 6º ano do Ensino Fundamental, até o 3º ano do Ensino Médio é, obrigatoriamente por lei, exercido por profissionais de nível superior, com licenciatura em Matemática. Entre o 1º e o 5º do Ensino Fundamental, os professores têm formação geral e, obrigatoriamente por lei, têm que ter formação no curso superior de Pedagogia.
É importante citar que não existem definidos, de forma oficial e detalhada, quais são os conteúdos disciplinares que devem ser abordados, em sala de aula, em cada etapa e séries de Ensino. Mesmo as Bases Nacionais Comuns Curriculares – BNCCs, não especificam explicitamente, quais conteúdos devem ser trabalhados. As Bases citam diretrizes e competências esperadas, para cada etapa e série.
Em verdade, no Brasil, ao longo de décadas, criou-se toda uma cultura de quais conteúdos são abordados, em cada disciplina, variando de escola para escola e de região para região.
A seguir é feito um resumo dos tipos de Geometria estudados e detalhados ao longo dos capítulos, sendo abordadas as Geometrias: Plana, Espacial, Analítica e Descritiva. Observa-se que, ao longo dos capítulos são detalhados e resolvidos exercícios que foram objeto de provas e exames como: ENEM, vestibulares, concursos públicos e provas para órgãos federais, estaduais e municipais, bem como para acesso a escolas de formação de sargentos e oficiais das forças armadas e auxiliares.

1.6.1 Geometria Plana

É a área da Matemática que estuda o comportamento de estruturas no plano, a partir de conceitos básicos primitivos como ponto, reta e plano. Estuda o conceito e a construção de figuras planas como: triângulos, quadriláteros, circunferências, círculos, os polígonos, suas propriedades, formas, tamanhos e o estudo de suas áreas e perímetro. A Geometria Plana, no plano ou bidimensional, é a base da Geometria Espacial, que é tridimensional.

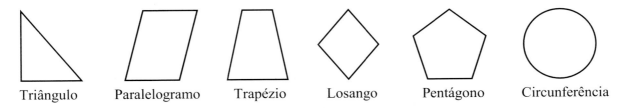

| Triângulo | Paralelogramo | Trapézio | Losango | Pentágono | Circunferência |

1.6.2 Geometria Espacial

É a área da Matemática que estuda os objetos que possuem três dimensões. Esses objetos são conhecidos como sólidos geométricos ou figuras geométricas espaciais. Nesse livro são estudados, tanto os chamados corpos redondos: cilindro, esfera e cone, quanto os poliedros, tais como: prisma, cubo, paralelepípedo e pirâmide.

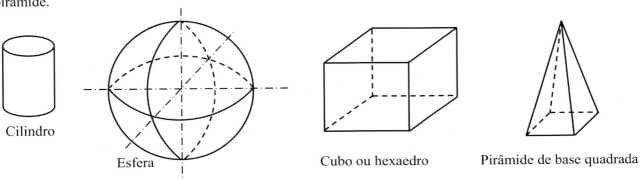

Cilindro — Esfera — Cubo ou hexaedro — Pirâmide de base quadrada

1.6.3 O plano cartesiano e a Geometria Analítica no Espaços R² (X, Y)

Geometria Analítica é a área da matemática em que é possível representar elementos geométricos, como pontos, retas, triângulos, quadriláteros e circunferências, utilizando expressões algébricas.

A Geometria Analítica tem como principal objetivo descrever objetos geométricos utilizando um sistema de coordenadas, o plano cartesiano, que consiste em dois eixos reais perpendiculares entre si. O eixo horizontal é chamado de eixo das abscissas (X), e o eixo vertical é chamado de eixo das ordenadas (Y).

Um plano é um elemento geométrico infinito com duas dimensões. Um sistema de coordenadas cartesianas corresponde a uma superfície plana bidimensional, ou seja, possui duas dimensões: comprimento (X) e largura (Y). É no plano (X, Y) que se formam e se estudam as figuras geométricas planas. Chama-se sistema de coordenadas cartesianas ou espaço cartesiano, um esquema ou diagrama reticulado que localiza pontos num determinado plano com dimensões.

A localização de um ponto, no Espaço R², pode ser indicada, por exemplo, da seguinte forma: A (+3; +5). Isso significa que o ponto A tem uma abscissa igual a +3, marcada ao longo do eixo X, bem como uma ordenada igual a +5, marcada ao longo do eixo Y. A imagem a seguir, mostra dois pontos A e B, expressos pelas suas coordenadas cartesianas.

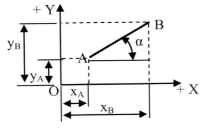

$A(x_A; y_A)$

$B(x_B; y_B)$

$|AB| = \sqrt{(x_B - x_A)^2 + (y_B - y_A)^2}$ ← Distância entre pontos A e B.

$tg\ \alpha = m = \dfrac{(y_B - y_A)}{(x_B - x_A)}$ Coeficiente angular da reta que passa por A e B.

$m(x - x_A) = y - y_A$ ← Equação da reta que passa por A e B.

1.6.4 Introdução à Geometria Descritiva (Espaço R^3) e às projeções ortogonais

Também chamada de Geometria mongeana ou método de Monge, é uma área da Matemática que tem como objetivo representar objetos de três dimensões em um plano bidimensional e, a partir das projeções (utilizando a Geometria Plana), determinar distâncias, ângulos, áreas e volumes em suas verdadeiras grandezas. Por se tratar de um livro de Geometria aplicada à Educação Básica, será feita apenas uma introdução, de forma a facilitar a resolução de problemas da Geometria Espacial. As figuras a seguir, mostram como um ponto no Espaço R^3 (X, Y, Z) e um triângulo, podem ser representado no plano XY.

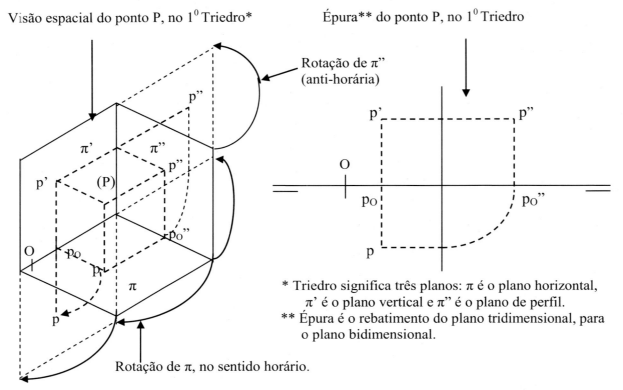

* Triedro significa três planos: π é o plano horizontal, π' é o plano vertical e π" é o plano de perfil.
** Épura é o rebatimento do plano tridimensional, para o plano bidimensional.

As figuras a seguir mostram, tanto a visão tridimensional, quanto a planificação ou épura, de um triângulo retângulo.

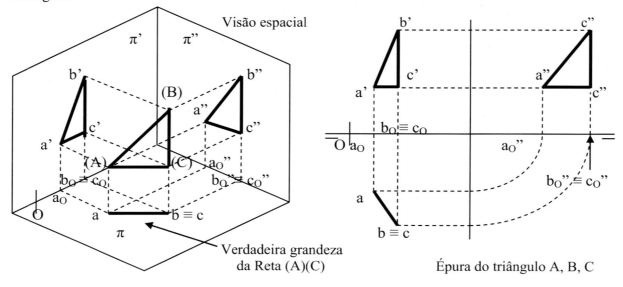

1.7 A Geometria Dinâmica

Desde a década de 1990 já foram desenvolvidos vários programas da chamada Geometria Dinâmica, que em palavras simples permite se desenhar em tela como se estivesse usando a régua e o compasso. Em 2021 os principais programas de Geometria Dinâmica eram: o *Cabri-Geometry* II e a versão plus (de origem francesa); o *The Geometers Sketchpad* – GSP (de origem americana) e o *Cinderella* (de origem alemã).
Também existiam o programa Tabulae, desenvolvido pela UFRJ, que vem sofrendo atualizações frequentes e o Geogebra (junção das palavras **Geo**metria e Ál**gebra**). O Geogebra é um aplicativo de matemática dinâmica que combina conceitos de geometria e álgebra. Sua distribuição é livre, nos termos da *General Public License*, e é escrito em linguagem Java, o que lhe permite estar disponível em várias plataformas.
O Geogebra permite realizar construções geométricas com a utilização de pontos, retas, segmentos de reta, polígonos etc., assim como permite inserir funções e alterar todos esses objetos dinamicamente, após a construção estar finalizada.
Cabri-Géomètre é um programa que permite construir todas as figuras da geometria elementar que podem ser traçadas com a ajuda de uma régua e de um compasso. Uma vez construídas, as figuras podem se movimentar conservando as propriedades que lhes haviam sido atribuídas. Essa possibilidade de deformação permite o acesso rápido e contínuo a todos os casos, constituindo-se numa ferramenta rica de validação experimental de fatos geométricos. O *Cabri-géométre* tem outros aspectos que vão muito além da manipulação dinâmica e imediata das figuras. Ele permite visualisar lugares geométricos materializando a trajetória de um ponto escolhido enquanto que um outro ponto está sendo deslocado, respeitando as propriedades particulares da figura. Ele permite também medir distâncias, ângulos e observar a evolução em tempo real durante as modificações da figura.
O *software* interativo de geometria *Cinderella* foi escrito e desenvolvido por Jürgen Richter-Gebert e Ulrich Kortenkamp. Este *software* originou-se de versões pré-comerciais do NeXTSTEP(TM), num trabalho de junção por Jürgen Richter-Gebert e Henry Crapo. O *Cinderella* possui tanto ferramentas de fácil uso e dinâmicas como também possui recursos avançados que exigem um conhecimento maior sobre suas funcionalidades. Ele permite construções geométricas simples e complexas, utilizando basicamente o mouse. Entretanto alguns dados podem ser introduzidos através do teclado. É um *software* de Geometria Dinâmica que permite a construção e manipulação de formas planas em geral, de cônicas e de fractais. Além da geometria Euclidiana, o *software* permite o trabalho com as Geometrias Hiperbólica e Esférica. Além desses programas voltados para a Geometria Dinâmica, é possível usar o AutoCAD para construções da Geometria Descritiva. Embora não possa ser considerado um programa de Geometria Dinâmica, é interessante citar que o WORD permite a execução de diversas formas geométricas, sendo ideal para introdução com alunos do Ensino Fundamental. Observa-se que, todas as imagens desse livro, foram feitas no WORD, versão 2003.

Capítulo 2
Linhas. Retas e ângulos. Triângulos ou triláteros

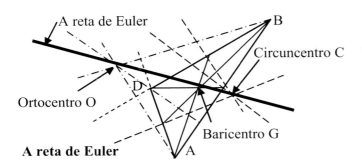

Ortocentro O = interseção das alturas.
Baricentro G = interseção das medianas.
Circuncentro C = interseção das mediatrizes.

Triângulos ou triláteros são polígonos formados por três lados e três ângulos. Lados são segmentos de reta e ângulo plano é uma medida, em geral expressa em graus, delimitada num plano, entre a interseção de duas retas inclinadas. Triângulos são classificados, tanto quanto à medida dos lados (equilátero, isósceles ou escaleno, bem como aos ângulos (acutângulo, retângulo ou obtusângulo). Especialmente utilizando os conceitos de ortocentro, baricentro, circuncentro e incentro, é possível uma série de aplicações dos triângulos, inclusive no cotidiano.

2.1 Morfologia das linhas

Quanto à forma (morfologia) as linhas podem ser classificadas como:

Linha sinuosa:

Linha curva:

Linha mista:

Linha poligonal: Aberta   Fechada
(Aqui tem-se um pentágono irregular côncavo)

A palavra poligonal, vem de polígono, onde poli são vários e gono é ângulo. Ou seja, é uma linha quebrada com vários ângulos. Polígonos são linhas poligonais fechadas.

Linha ondulada:

Linha reta (segmento de reta AB):   A ——————— B

2.2 Classificação dos segmentos de retas, quanto às posições no plano

Quanto à posição isolada, os segmentos de retas ou linhas são classificados como: horizontais, verticais e inclinadas.

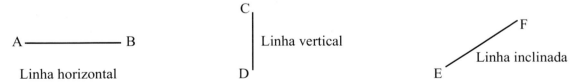

Quanto à posição relativa, as linhas são classificadas como: paralelas, perpendiculares e oblíquas.

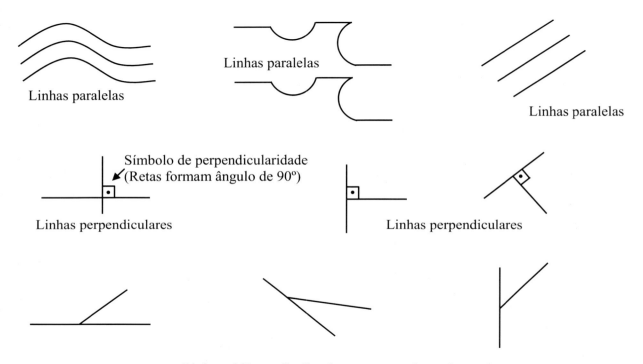

Linhas oblíquas (inclinadas, uma em relação à outra)

Exemplos de aplicações de segmentos de retas

Na prática da Matemática, os segmentos de retas são muito utilizados no estudo de polígonos.

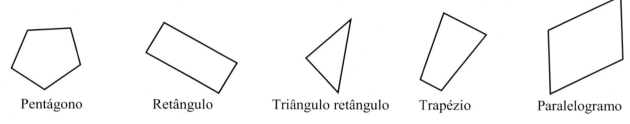

Observa-se que, propositadamente, esses polígonos foram desenhados de forma inclinada. A razão é mostrar que, dependendo do problema a ser estudado, os segmentos de retas podem se apresentar em quaisquer posições.

Baseado em Euclides, podem ser citados os seguintes quatro elementos básicos do estudo da Geometria:

• O ponto. Não tem dimensão.

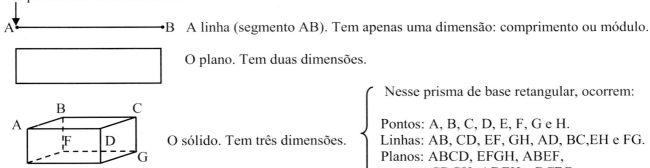

Geometricamente, esses pontos são chamados vértices, as linhas são arestas e os planos faces.

2.3 Operações sobre segmentos de retas

Basicamente, existem três operações com segmentos de retas, que têm várias aplicações práticas, em especial nos triângulos. Essas operações são: 1 – Traçado da mediatriz, com definição do ponto médio; 2 – Divisão de um segmento de reta em partes iguais e 3 – Divisão áurea de um segmento de reta.

2.3.1 Mediatrizes de segmentos de retas

Mediatriz é o lugar geométrico dos pontos equidistantes aos extremos de um segmento de reta.

$\overline{|AC|} = \overline{|BC|}$ e $\overline{|AD|} = \overline{|BD|}$

$\overline{|AM|} = \overline{|BM|}$ => M é o ponto médio do segmento de reta AB.

A mediatriz pode ser traçada, tanto com régua e compasso, ou seja, de forma analógica, quanto utilizando um *software*, como por exemplo, o GeoGebra e o Cabri Geometry.

2.3.2 O número de ouro e a divisão áurea de um segmento

Diz-se que um segmento de reta está dividido em duas partes, na razão áurea ou divina proporção, quando o todo está para uma das partes, na mesma razão em que esta parte está para a outra. Quando desta relação advém o valor 1,618034..., tem-se o denominado número de ouro. O número de ouro é representado pela letra grega ϕ, em homenagem a Fídias (480 a.C. - 450 a.C.), famoso escultor grego, por ter usado a proporção de ouro em muitos dos seus trabalhos.
Dado um segmento de reta AC tal que AC = AB + BC, quando AC/AB = AB/BC ≈ 1,618034..., tem-se o número de ouro ϕ. Esta é a divisão áurea do segmento AC.

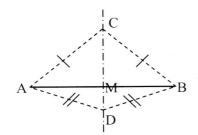

$$\phi = \frac{AC}{AB} = \frac{AB}{BC} \approx 1{,}618034\ldots$$

Existe um método gráfico para a obtenção da divisão áurea de um segmento, que consiste em dividir o mesmo em média e extrema razão. Por exemplo: Dado um segmento de reta AB, a seguir, determinar o seu segmento áureo ou a sua divisão áurea.

A solução é obtida através de seis operações gráficas: 1) Inicialmente determina-se a mediatriz de AB, que corta o segmento no ponto O, de modo que AO = OB; 2) A partir de B levanta-se uma perpendicular a AB; 3) Com centro em B e raio BO, determina-se o ponto C; 4) Traça-se o segmento CA; 5) Com centro em C e raio CB, determina-se D, sobre CA e 6) Com centro em A e raio AD, determina-se E, sobre AB. Finalmente tem-se que: AE é o segmento áureo de AB.

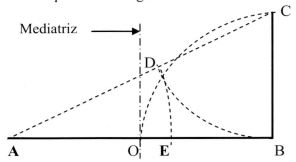

$$\phi = \frac{AB}{AE} = \frac{AE}{EB} \approx 1,618034...$$

A justificativa matemática para este método gráfico é baseada no teorema de Pitágoras (570 a.C. - 490 a.C.), aplicado ao triângulo ABC, e na equivalência de segmentos, sendo a seguir detalhada:

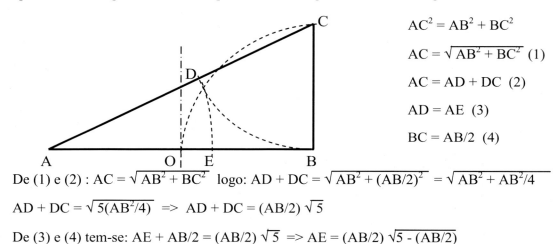

$AC^2 = AB^2 + BC^2$

$AC = \sqrt{AB^2 + BC^2}$ (1)

$AC = AD + DC$ (2)

$AD = AE$ (3)

$BC = AB/2$ (4)

De (1) e (2) : $AC = \sqrt{AB^2 + BC^2}$ logo: $AD + DC = \sqrt{AB^2 + (AB/2)^2} = \sqrt{AB^2 + AB^2/4}$

$AD + DC = \sqrt{5(AB^2/4)}$ => $AD + DC = (AB/2)\sqrt{5}$

De (3) e (4) tem-se: $AE + AB/2 = (AB/2)\sqrt{5}$ => $AE = (AB/2)\sqrt{5} - (AB/2)$

$AE = AB/2(\sqrt{5} - 1)$ ou $AB/AE = 2/(\sqrt{5} - 1)$ ou $AB/AE = 1,618034...$

O que confirma AE como segmento áureo de AB.

2.4 Os ângulos

Ângulo plano é uma medida, em geral expressa em graus, delimitada num plano, entre a interseção de duas retas inclinadas.

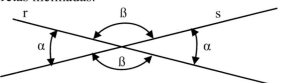

As duas retas, gerando quatro ângulos, iguais dois a dois, chamados opostos pelo vértice

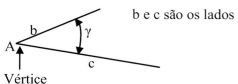

b e c são os lados

Um ângulo, como normalmente estudado

Em geral, os ângulos são expressos em graus (60º), podendo também ser usado a medida em radianos ($\pi/3$), normalmente usado em cálculos algébricos, por exemplo, no cálculo integral. Também existe o grado.

2.4.1 Classificação dos ângulos

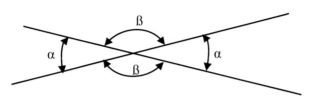
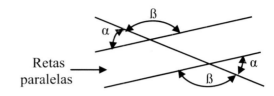

Ângulo reto: igual a 90° ou π/2   Ângulo α agudo: menor que 90°   Ângulo ß obtuso: maior que 90°

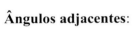
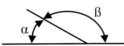

Ângulos opostos pelo vértice: 2α + 2ß = 360°   Ângulos alternos internos: α + ß = 180°

Ângulos adjacentes: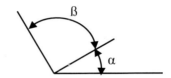

Ângulos complementares: dois ângulos complementares têm soma de 90°.

Ângulos suplementares: dois ângulos suplementares têm soma de 180°. Um ângulo de 180° é chamado de raso.

Ângulos replementares: dois ângulos replementares têm soma de 360°.

2.4.2 Operações e representações de ângulos

As quatro operações se aplicam aos ângulos, observando-se que, no que se refere à multiplicação e à divisão, só tem sentido multiplicar ou dividir um ângulo, por um escalar ou um número constante. Por exemplo, 30° vezes três é igual a 90°. Do mesmo jeito, 80° dividido por dois é igual a 40°. Quanto às adição e subtração, as operações são diretas, ou seja: 75° - 30° = 45° e 75° + 30° = 105°.

Quando expressos em graus, os ângulos podem ser escritos, tanto na forma decimal, quanto nos submúltiplos minutos e segundos. O grau é marcado com a letra "o" sobrescrita (30° = 30 graus), o minuto é uma vírgula sobrescrita (30° 18' = 30 graus e 18 minutos) e o segundo duas vírgulas sobrescritas (30° 18' 27" = 30 graus, 18 minutos e 27 segundos).
Na forma decimal, por exemplo: 35,4° ou 75,82°. Esses mesmos ângulos podem ser expressos em graus, minutos e segundos, da forma a seguir mostrada, observando-se que um grau é igual a 60 minutos e um minuto é igual a 60 segundos:

35,4° = 35° + 0,4° = 35° + (0,4 x 60)' = 35° + 24', ou seja: 35° 24' = 35 graus e 24 minutos.

75,82° = 75° +0,82° = + (0,82 x 60) = 75° + 49,2' = 75° + 49' + (0,2 x 60)" = 75° 49' 12", ou seja: 75 graus, 49 minutos e 12 segundos.

Exercício 2.4.2.1) Na figura a seguir determinar o valor de x, expressando os valores dos ângulos α e ß.

Os ângulos mostrados são do tipo alternos internos, ou seja:

$3x - 10° = 2x + 30° \Rightarrow 3x - 2x = 30° + 10° \Rightarrow x = 40°$.

Com x = 40°, os ângulos são:

α = 3x - 10° => α = 110°.
ß = 180° - 110° => ß = 70°.

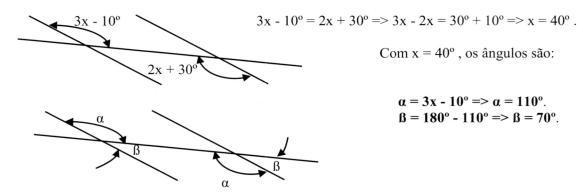

2.5 Os triângulos ou triláteros

Triângulo (três ângulos) ou trilátero (três lados) é a região plana interna delimitada pela interseção de três retas, não coincidentes, não paralelas e não perpendiculares entre si.

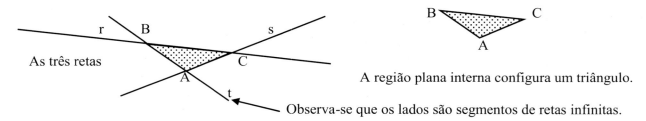

A região plana interna configura um triângulo.

Observa-se que os lados são segmentos de retas infinitas.

2.5.1 Classificação dos triângulos

Triângulos são classificados segundo os ângulos e segundo os lados.

Quanto aos ângulos
- Acutângulo → os três ângulos são agudos
- Retângulo → um ângulo é reto
- Obtusângulo → um ângulo é obtuso

Quanto aos lados
- Equilátero → os três lados têm a mesma dimensão
- Isósceles → dois lados têm a mesma dimensão
- Escaleno → os três lados têm dimensões diferentes.

Classicamente, os triângulos são representados da seguinte forma:

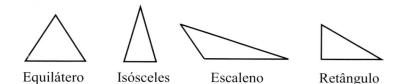

Observa-se, como será visto adiante, que em muitos casos os triângulos se apresentam em outras posições.

Equilátero   Isósceles   Escaleno   Retângulo

2.5.2 Lei angular de Tales

Segundo Tales de Mileto (624 - 546 a.C.), a soma dos ângulos internos de um triângulo é igual a 180°. Essa lei pode ser mostrada, usando-se o conceito de ângulos alternos internos.

Capítulo 2 – Linhas. Retas e ângulos. Triângulos ou triláteros – 19

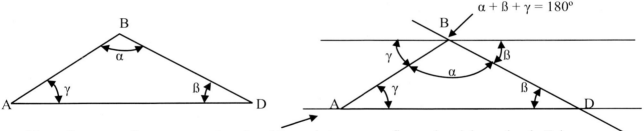

Nessa figura, configuram-se os ângulos alternos internos, confirmando a lei angular de Tales.

Exercício 2.5.2.1) determinar os valores dos ângulos do triângulo ABD, a seguir.

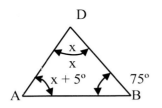

Pela lei angular de Tales: $x + x + 5° + 75° = 180°$, ou seja:

$2x = 180° - 80° \Rightarrow 2x = 100° \Rightarrow x = 50°$.

Conclusão: os ângulos são: $\widehat{A} = 55°$, $\widehat{B} = 75°$ e $\widehat{D} = 50°$.

2.6 Congruência e semelhança de triângulos

2.6.1 Congruência

Dois triângulos são congruentes se, e somente se, as medidas de seus lados e ângulos correspondentes são iguais. Para confirmar a congruência de dois triângulos, apenas três medidas precisam ser verificadas (dois lados e um ângulo ou dois ângulos e um lado). Ou seja, não é necessário confirmar que os três lados e os três ângulos são iguais. São quatro os casos que confirmam a congruência entre dois triângulos. Observa-se que: ser congruente não significa, necessariamente, estar na mesma posição.

1º - Se os três lados de um triângulo têm a mesma medida dos três lados (LLL) de outro triângulo então, esses dois triângulos são congruentes.

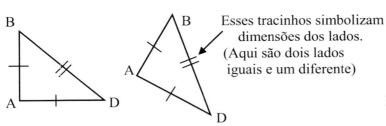

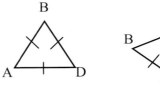

Dois triângulos retângulos isósceles congruentes. Os lados têm dimensões iguais, embora os triângulos estejam em posições diferentes e os lados não sejam de mesmas dimensões. Por óbvio, os três ângulos têm a mesma medida.

Dois triângulos equiláteros congruentes. Os três lados, dos dois triângulos são iguais, embora estejam em posições diferentes.

2º - Se dois triângulos ABD e JKM possuem um lado (L), um ângulo (A) e o outro lado (L) com medidas iguais, então ABD é congruente a JKL. Observa-se que essa ordem LAL deve ser respeitada. Triângulos que possuem dois lados (LL) e um ângulo (A) com medidas iguais, nem sempre são congruentes, já que o ângulo (A) deve estar entre os dois lados ou simbolicamente LAL.

20 – A Geometria Básica

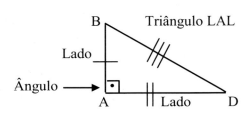
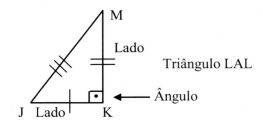

3º - Quando dois triângulos possuem um ângulo (A), um lado (L) e um ângulo (A) com medidas iguais, então os triângulos são congruentes. Observa-se que essa ordem ALA deve ser respeitada, ou seja, o lado tem que estar entre os ângulos.

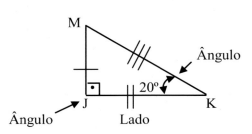
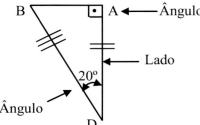

4º - Quando dois triângulos possuem um lado (L), um ângulo adjacente (A) a esse lado e um ângulo oposto (Ao) ao adjacente ao lado, então esses dois triângulos são congruentes. Observa-se que, essa ordem deve ser respeitada, pois, caso o segundo ângulo analisado, não for oposto ao considerado, não se pode afirmar que existe congruência, devendo ser feita uma análise mais detalhada.

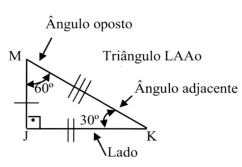
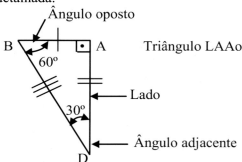

2.6.2 Semelhança

Dois polígonos, incluindo os triângulos, são semelhantes quando existe proporcionalidade entre seus lados e seus ângulos correspondentes são todos iguais. Proporcionalidade significa que, se dividirmos a medida de um lado da primeira figura pelo valor de um lado da segunda figura e o resultado for, por exemplo, o número dois, então todas as divisões entre medidas de lados da primeira figura por medidas dos lados da segunda figura terão 2 como resultado. Vejam-se os exemplos a seguir.

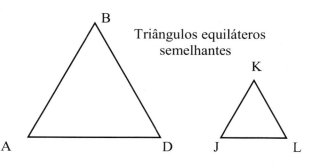
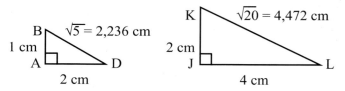

Esses dois triângulos retângulos semelhantes também têm razão de semelhança igual a dois

Capítulo 2 – Linhas. Retas e ângulos. Triângulos ou triláteros – 21

A semelhança entre triângulos também pode ser verificada, com as seguintes análises:

1ª – Dois triângulos são semelhantes se têm dois ângulos correspondentes iguais. Por óbvio, o terceiro ângulo é igual, já que a soma dos três é igual a 180°.

2ª – Se dois triângulos têm os três lados proporcionais (ou seja, na mesma razão), então são semelhantes, não precisando verificar os ângulos.

3ª – Dois triângulos que possuem dois lados proporcionais e o ângulo entre eles é congruente (igual), então esses triângulos são semelhantes.

Dois triângulos também podem ser semelhantes, mesmo estando em posições diferentes:

Exercício 2.6.2.1) Sabendo que os triângulos a seguir são semelhantes, determinar o valor do lado DE.

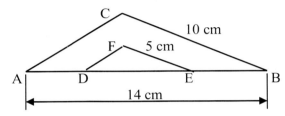

$\dfrac{BC}{EF} = \dfrac{10\ cm}{5\ cm} = 2$ ← Essa é a razão de semelhança.

Portanto: $\dfrac{AB}{DE} = 2 \Rightarrow DE = \dfrac{AB}{2} = \dfrac{14\ cm}{2} = 7\ cm$.

Conclusão: o lado DE mede 7 cm.

2.7 Pontos notáveis nos triângulos: circuncentro, baricentro, incentro e ortocentro

Esses pontos, chamados notáveis, permitem muitas análises e aplicações práticas, como mostradas adiante. Observa-se que, chamam-se cevianas aos seguintes segmentos de um triângulo: altura, bissetriz e mediana.

2.7.1 Circuncentro (ponto C)

É o ponto obtido pela interseção das mediatrizes de cada lado. A grande característica do circuncentro é que, por ele se traça uma circunferência que passa pelos três vértices. Ou seja, o circuncentro é equidistante dos vértices. Lembra-se que, mediatriz é o lugar geométrico dos pontos equidistantes aos extremos de um segmento de reta (no caso é o lado do triângulo).

$\overline{CA} = \overline{CB} = \overline{CD}$ = raio da circunferência circunscrita

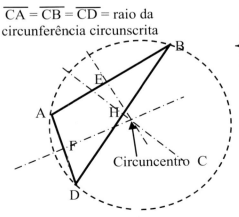

Triângulo escaleno obtusângulo, em posição não "clássica".
(Circuncentro está fora do triângulo)

$\begin{cases} E \text{ ponto médio do lado AB} \\ F \text{ ponto médio do lado AD} \\ H \text{ ponto médio do lado BD} \end{cases}$

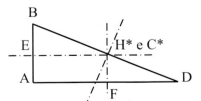

*Em triângulos retângulos, sempre o circuncentro coincide com o ponto médio da hipotenusa.

Em triângulos isósceles, portanto, acutângulo, o circuncentro sempre está no interior do triângulo.

22 – A Geometria Básica

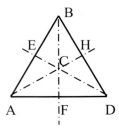

Em triângulos equiláteros, portanto acutângulos, o circuncentro está no interior do triângulo. Observa-se que, nos equiláteros, os quatro pontos notáveis coincidem no mesmo ponto.

O cálculo analítico da posição do circuncentro, bem como do raio da circunferência circunscrita, é feito com conceitos da Geometria Analítica, envolvendo a distância entre pontos e equações de retas.

2.7.2 Baricentro (ponto G)

É o ponto obtido pela interseção das medianas, relativas a cada lado do triângulo. Mediana é o segmento de reta que une um vértice ao ponto médio do lado oposto. Esse ponto G, também é conhecido como centro de equilíbrio. Ou seja, para se descobrir o baricentro, primeiro definem-se os pontos médios de cada lado, traçando as três mediatrizes. Um bom exercício prático é desenhar, num pedaço de madeira, um triângulo qualquer, de preferência um obtusângulo escaleno, traçar as mediatrizes e medianas, determinando o baricentro ou ponto G. Ao se fazer um pequeno furo no ponto G e colocar a ponta de um lápis ou caneta, comprova-se o ponto de equilíbrio, já que o triângulo fica parado e apoiado por apenas um ponto.
Observa-se que, em qualquer tipo de triângulo, o baricentro sempre se localiza no interior da figura.

E = ponto médio de AB
F = ponto médio de AD
H = ponto médio de BD

DE = mediana de AB
BF = mediana de AD
AH = mediana de BD

Propriedades da mediana
$\begin{cases} AG = 2/3\ AH \Rightarrow GH = 1/3\ AH \\ BG = 2/3\ BF \Rightarrow GF = 1/3\ BF \\ DG = 2/3\ DE \Rightarrow GE = 1/3\ DE \end{cases}$

O cálculo analítico da posição do baricentro, bem como do raio da circunferência circunscrita, pode ser feito com conceitos da Geometria Analítica, envolvendo: ponto médio de um segmento, a distância entre pontos e equações de retas.

Exercício 2.7.2.1) No triângulo a seguir, sabendo que o ângulo A vale 90° e M é o ponto médio do lado BC, pede-se calcular o valor do ângulo ß.

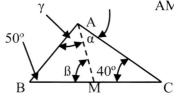

AM é a mediana do lado BC, gerando dois triângulos isósceles: ΔAMC e ΔABM.

Como os lados AM e MC são iguais o ângulo α = 40° e γ = 50°.

Como γ = 50°, ß = 80°, pois: ß + γ + 50° = 180°.

Resposta: o ângulo ß é igual a 80°.

2.7.3 Incentro (ponto I)

É o ponto obtido pela interseção das bissetrizes*, relativas a cada lado do triângulo. Pelo incentro pode-se traçar uma circunferência inscrita e tangente aos lados do triângulo.

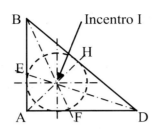

$\overline{DE}$ = bissetriz de $\overline{AB}$
$\overline{BF}$ = bissetriz de $\overline{AD}$
$\overline{AH}$ = bissetriz de $\overline{BD}$

*Bissetriz é o lugar geométrico dos pontos equidistantes aos lados de um ângulo.

O cálculo analítico da posição do incentro, bem como do raio da circunferência inscrita, pode ser feito com conceitos da Trigonometria (que é um tipo de Geometria) e da Geometria Analítica, envolvendo a distância entre pontos e equações de retas.

2.7.4 Ortocentro (ponto O)

É o ponto obtido pela interseção das alturas, relativas a cada lado do triângulo. Todo triângulo tem: três lados, três ângulos, três mediatrizes, três medianas, três bissetrizes e três alturas.
No triângulo, de qualquer tipo, altura é a distância entre um lado e o vértice oposto. Ou seja, o conceito da distância entre um ponto e um segmento de reta. Observa-se que, para determinar a distância entre um ponto e um segmento de reta, traça-se uma perpendicular ao segmento passando pelo ponto. A distância é a medida sobre a perpendicular, entre o ponto considerado e o outro ponto, onde a perpendicular intercepta o segmento de reta.
Como será mostrado a seguir, dependendo do tipo de triângulo, em especial nos obtusângulos, a determinação da altura, exige o prolongamento do(s) lado(s), retornando-se à definição de triângulo, como visto no parágrafo 4: "triângulo (três ângulos) ou trilátero (três lados) é a região plana interna delimitada pela interseção de três retas, não coincidentes, não paralelas e não perpendiculares entre si".
Dependendo do tipo de triângulo o ortocentro muda de posição, como mostrado a seguir. Como já visto, com relação aos ângulos os triângulos podem ser: retângulo (um ângulo reto), acutângulo (três ângulos agudos) ou obtusângulo (um ângulo obtuso).

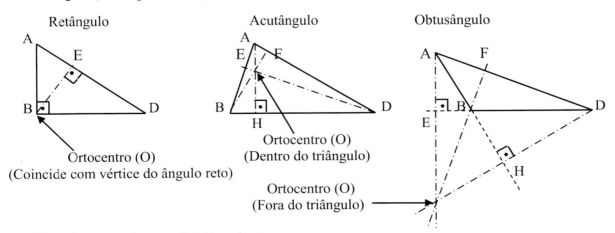

Considerando esses três tipos de triângulos tem-se:

Alturas no triângulo retângulo $\begin{cases} BD = \text{altura em relação ao lado AB (altura é o cateto BD)} \\ AB = \text{altura em relação ao lado BD (altura é o cateto AB)} \\ BE = \text{altura em relação ao lado AD (AD é a hipotenusa)} \end{cases}$

Alturas no triângulo acutângulo $\begin{cases} DE = \text{altura em relação ao lado AB} \\ AH = \text{altura em relação ao lado BD} \\ BF = \text{altura em relação ao lado AD} \end{cases}$

Alturas no triângulo obtusângulo $\begin{cases} DH = \text{altura em relação ao lado AB (com prolongamento do lado AB)} \\ BF = \text{altura em relação ao lado AD} \\ AE = \text{altura em relação ao lado BD (com prolongamento do lado BD)} \end{cases}$

2.7.5 A reta de Euler

Leonhard Paul Euler (1707-1783) demonstrou que, em triângulos escalenos e isósceles quaisquer, existe uma reta (chamada de reta de Euler) que passa pelos seguintes três pontos notáveis: Ortocentro (O), Baricentro (G) e Circuncentro (C). Como em triângulos equiláteros esses três pontos coincidem (bem como o Incentro), fica óbvio que, nesses casos, não existe a chamada reta de Euler, já que por um único ponto é possível passar-se uma infinidade de Retas. Em verdade, Euler chegou às seguintes conclusões:

Conclusão 1: existe uma reta que passa pelos seguintes pontos notáveis de triângulos escalenos e isósceles: ortocentro (O), baricentro (G) e circuncentro (C).

Conclusão 2: o baricentro (G) está localizado entre o ortocentro (O) e o circuncentro (C).

Conclusão 3: a distância entre o baricentro (G) e o ortocentro (O) é o dobro da distância entre o baricentro (G) e o circuncentro, ou seja: OG = 2(GC).

Conclusão 4: existe uma circunferência com centro no encontro das mediatrizes (ponto C) e que passa pelos três vértices de um triângulo, ou seja: CA = CB = CD.

Uma reta de Euler é mostrada no triângulo obtusângulo escaleno ABD, a seguir.

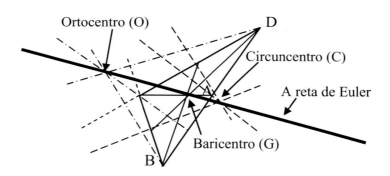

A comprovação da reta de Euler pode ser feita, tanto graficamente, quanto por cálculos de retas e suas interseções, pela Geometria Analítica.

O cálculo analítico da equação de uma reta de Euler é feito com conceitos da Trigonometria e da Geometria Analítica, envolvendo a distância entre pontos e equações de retas. Uma completa análise analítica de uma reta de Euler, é feita no livro "Geometria Analítica Aplicada" (ABRANTES, 2019, p.56 a 65).

2.8 O teorema de Pitágoras

Pela proposição de Pitágoras, que é comprovada, ou seja, um teorema, em todo triângulo retângulo, o quadrado da hipotenusa é igual à soma dos quadrados dos catetos. A seguir, mostra-se o teorema.

Considerando o triângulo ABD, onde a = hipotenusa e d e c os catetos, pelo teorema tem-se: $a^2 = b^2 + d^2$.

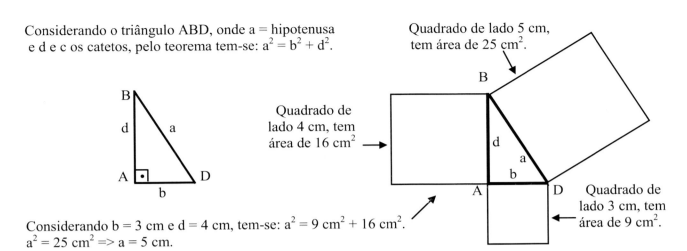

Considerando b = 3 cm e d = 4 cm, tem-se: $a^2 = 9\ cm^2 + 16\ cm^2$.
$a^2 = 25\ cm^2 \Rightarrow a = 5\ cm$.

2.9 Perímetro e área de triângulos

O perímetro de um triângulo, bem como o de qualquer polígono, é igual a soma dos seus lados. Na prática, para calcular o perímetro de um triângulo, primeiro são calculados os valores dos lados, em função dos dados disponíveis. Por exemplo, calcular o perímetro do triângulo a seguir.

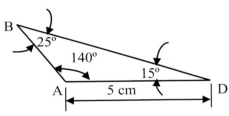

Como só se tem o valor de um dos lados, primeiro calculam-se os valores dos outros, no caso usa-se a lei dos senos ou dos cossenos, como será visto no próximo parágrafo.

A área de um triângulo é calculada pelo produto do lado pela sua altura correspondente. Observa-se que, é comum definir-se a área de um triângulo como "o produto da base pela altura", pensando-se no triângulo com um lado na horizontal. Mas e, se o triângulo estiver inclinado como a seguir? Onde está a base?

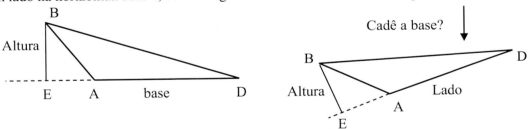

Por óbvio, a área é a mesma, chamando lado ou base. De onde vem a fórmula da área de um triângulo?

A área de um retângulo é igual ao produto dos lados.

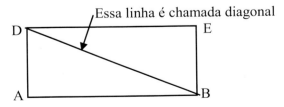

Dividindo-se o retângulo em duas partes iguais, tem-se dois triângulos, onde a área de cada um é igual ao produto de um lado (AB) pelo outro lado (AD). Ou seja, a área de cada triângulo é o produto do lado pela sua altura.

26 – A Geometria Básica

2.10 Unidades de medidas de comprimento e área. O sistema métrico: o metro ou m

O sistema métrico é um sistema de medição internacional decimalizado, que surgiu na França, durante a Revolução Francesa (1789-1799), em virtude da dificuldade de funcionamento do comércio e da indústria, devido à existência de diversos padrões de medida.

Desde os anos 1960 o Sistema Internacional de Unidades (*Système International d'Unités* em Francês, sigla SI) foi reconhecido internacionalmente como sistema métrico padrão. Unidades métricas são universalmente utilizadas em trabalhos científicos, e amplamente utilizadas em todo o mundo para fins pessoais e comerciais. Um conjunto padrão de prefixos em potências de dez podem ser usados para derivar as unidades maiores e menores das unidades de base. O metro apresenta múltiplos e submúltiplos, utilizados em função das necessidades práticas.

Unidades de comprimento ou perímetro (o metro)

Os múltiplos do metro
- Quilômetro (km) => Um quilômetro equivale a 1.000 metros: 1 km = 1.000 m.
- Hectômetro (hm) => Um hectômetro equivale a 100 metros: 1 hm = 100 m.
- Decâmetro (dam) => Um decâmetro equivale a 10 metros: 1 dam = 10 m.

Os submúltiplos do metro
- Decímetro (dm) => Um decímetro equivale dividir o metro em 10 partes iguais. 1 dm = 0,1 m.
- Centímetro (cm) => Um centímetro equivale dividir o metro em 100 partes iguais. 1 cm = 0,01 m.
- Milímetro (mm) => Um milímetro equivale dividir o metro em 1.000 partes iguais. 1 mm = 0,001 m.

Em geral, na Educação Básica, em especial na Geometria, são usadas as medidas em metros e em centímetros, embora nada impeça que sejam usadas outras, até para treinar o raciocínio lógico. A seguir é mostrada uma tabela onde visualmente se pode confirmar as equivalências e transformações. Essa tabela é muito útil, especialmente para os alunos do Ensino Fundamental.

Observa-se que existem mais submúltiplos do metro, usados para medidas de "coisas" pequenas. Existem o décimo de milímetro, o centésimo de milímetro e o milésimo de milímetro, nominado como mícron e símbolo μm. Ou seja, enquanto um milímetro é igual a um milésimo do metro, ou seja, um metro dividido por mil, o mícron é igual a um milionésimo do metro (um micrômetro), ou seja, um metro dividido por um milhão. Ainda existe o nano metro (nanômetro), símbolo nm, que equivale a dividir um metro por um bilhão. Apenas como curiosidade, cita-se que o cabelo humano, geralmente, tem de 60 a 120 micrômetros (120 μm). 120 μm = 0,120 mm. A literatura cita que, a maioria dos vírus têm diâmetro entre 20 e 300 nanômetros (20 nm = 20 dividido por um bilhão. Ou seja, pegar 20 metros e dividir por um bilhão).

km	hm	dam	m	dm	cm	mm	
6	0	0	0	0	0	0	← 6 km = 60 hm = 6.000 m = 600.000 cm.
0	5	0	0	0	0		← 0,5 km = 50 dam = 50.000 cm.
3	5	7	0	0	0	0	← 3,57 km = 35,7 hm = 357 dam = 3.570.000 mm.
957	5	0					← 957,5 km = 95.750 dam.
	2	7	3	0	5	0	← 273,05 m = 27.305 cm = 273.050 mm.
		0	0	2	5	4	← 2,54 cm = 0,254 dm = 0,0254 m.
		0	0	0	3	7	← 3,7 cm = 37 mm = 0,0037 mm.

Unidades de área: o metro quadrado ou m²

Uma área ocorre, por exemplo, quando se multiplica os lados de um retângulo. Sendo um retângulo com 13 cm de comprimento e 10 cm de largura, sua área é igual a: 13 cm x 10 cm = 130 cm². Ou seja: cento e trinta centímetros quadrados. Como produto de comprimentos, as unidades de área também têm múltiplos e submúltiplos.

Observa-se que, enquanto na unidade de comprimento "caminha-se" casa a casa decimal, na unidade de área "caminha-se" casas a casas centesimais. Por exemplo: enquanto um metro é igual a 10 dm (1 m = 10 dm), um metro quadrado é igual a 100 dm² (1 m² = 100 dm²). A exemplo da tabela de unidades de comprimento, existe a tabela de equivalências de unidades de área, a seguir mostrada.

km²	hm²	dam²	m²	dm²	cm²	mm²
06	00	00	00	00	00	00
00	50	40	00			
300	50	70	00			
			12	40	00	00
			19	73	00	00
				02	54	00
					03	70

← 6 km² = 600 hm² = 6.000.000 m².
← 0,504 km² = 504.000 dam² = 504000 m².
← 300,507 km² = 300.507.000 m².
← 12,4 m² = 124.000 cm².
← 19,73 dam² = 19.730.000 cm².
← 2,54 dm² = 254 cm² = 25.400 mm².
← 3,7 cm² = 370 mm².

Em termos práticos, especialmente no nível da Educação Básica, não tem sentido utilizar áreas com unidades menores que milímetros quadrados (mm²).

2.11 Os triângulos e o Teorema de Tales

Quando um feixe (três ou mais) de retas paralelas são "cortadas" por duas retas transversais, os segmentos formados por essa intersecção são proporcionais. Observe-se a figura a seguir, que ilustra o teorema de tales.

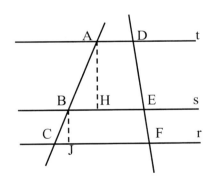

Segundo Tales: $\underline{AB} = \underline{DE}$ e $\underline{AC} = \underline{DF}$ e $\underline{AC} = \underline{DF}$.
$BCEFABDEBC$EF

Uma forma de demonstrar o teorema, para o caso de retas paralelas não equidistantes, é através da semelhança de triângulos. Nessa figura: ΔABH é semelhante ao ΔBCJ, pois os três ângulos são iguais.

Exercício 2.11.1) Na figura a seguir, considerando as retas paralelas r, s e t, bem como as retas transversais u e v, e sabendo que: AB = 2 cm, BC = 5 cm e EF = 10 cm, determinar o valor do segmento DE.

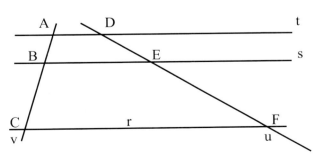

Pelo teorema de Tales:

$\underline{AB} = \underline{DE}$ => $\underline{2\ cm} = \underline{DE}$ => DE = 4 cm.
BC = EF5 cm10 cm

Conclusão: o segmento DE mede 4 cm.

Exercício 2.11.2) No triângulo ABD, determine o valor do lado AD, sabendo que o lado EF é paralelo ao lado BD. Considere: AE = 21 cm, AB = 35 cm e AF = 15 cm.

A

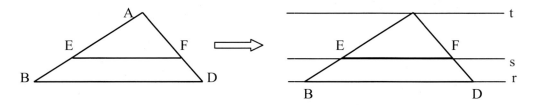

Considerando as retas r, s e t, paralelas e passando pelos vértices do triângulo, aplica-se o teorema de Tales:

$\dfrac{AE}{AB} = \dfrac{AF}{AD} \Rightarrow \dfrac{21\ cm}{35\ cm} = \dfrac{15\ cm}{AD} \Rightarrow AD = \dfrac{35\ cm \times 15\ cm}{21\ cm} \Rightarrow AD = 25\ cm.$

Conclusão: o lado AD mede 25 cm.

Exercício 2.11.3) Na figura a seguir, as retas r, s e t são paralelas e as retas u e v são transversais. Sabendo que: AB = 4 cm, BC = 6 cm, DE = (2x + 1) cm e EF = (5x - 1) cm, determinar o valor de x, ou seja, determinar as medidas dos segmentos DE e EF.

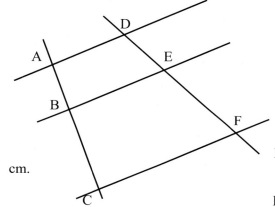

Aplicando o teorema de Tales:

$\dfrac{AB}{BC} = \dfrac{DE}{EF} \Rightarrow \dfrac{4}{6} = \dfrac{(2x+1)}{(5x-1)} \Rightarrow 4(5x-1) = 6(2x+1) \Rightarrow$

$20x - 4 = 12x + 6 \Rightarrow 8x = 10 \Rightarrow x = \dfrac{10}{8} \Rightarrow x = \dfrac{5}{4}.$

Substituindo o valor de x tem-se:

$DE = (2x + 1) \Rightarrow DE = (2 \times \dfrac{5}{4} + 1) \Rightarrow DE = \dfrac{14}{4} \Rightarrow DE = 3{,}5$ cm.

$EF = (5x - 1) \Rightarrow EF = (5 \times \dfrac{5}{4} - 1) \Rightarrow EF = \dfrac{21}{4} \Rightarrow EF = 5{,}25\ cm.$

Conclusão: os segmentos medem: DE igual a 3,5 cm e EF igual a 5,25 cm.

2.11.1 O Teorema da bissetriz interna

Como uma consequência do teorema, visto anteriormente, Tales concluiu que: "Em todo triângulo, a bissetriz de qualquer ângulo interno divide o lado oposto a ele em duas partes proporcionais, em relação aos outros dois lados". Veja-se a figura a seguir.

AE é a bissetriz do ângulo Â.

Segundo Tales: $\dfrac{BE}{ED} = \dfrac{AB}{AD}$ ou $\dfrac{AB}{BE} = \dfrac{AD}{ED}$.

Exercício 2.11.1.1) No triângulo ABD, a seguir, o perímetro é igual a 54 cm, BE é a bissetriz do ângulo Â, AE é igual a 8 cm e ED é igual a 10 cm. Determinar os valores dos lados AB e AD.

Capítulo 2 – Linhas. Retas e ângulos. Triângulos ou triláteros – 29

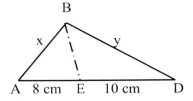

Perímetro 54 cm => x + y + 18 = 54 => x + y = 36 => x = 36 - y (I).

Aplicando o teorema da bissetriz interna tem-se:

$$\frac{x}{8} = \frac{y}{10} => 10x = 8y \text{ (II)}.$$

(I) em (II) => 10(36 - y) = 8y => 360 - 10y = 8y => 360 = 18y => y = 20 cm.

x = 36 - y => x = 36 - 20 => x = 16 cm.

Conclusão: os lados medem: AB igual a 16 cm e BD igual a 20 cm.

2.12 A trigonometria nos triângulos

A palavra tri-gono-metria, de origem grega, pode ser interpretada da seguinte forma: tri = três, gono = ângulo e metria = medida. Em síntese pode ser entendida, em português, como relações entre três ângulos, considerando-se um triângulo.

2.12.1 Trigonometria nos triângulos retângulos

Em todo triângulo retângulo, além do teorema de Pitágoras, que relaciona o quadrado da hipotenusa (a^2), com os quadrados dos catetos (b^2 e c^2), existem relações entre os lados e os ângulos, como a seguir mostradas. Observa-se que, a partir dessas relações é possível a resolução de variados problemas relacionados a triângulos, como será visto adiante.

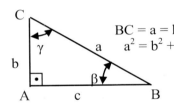

BC = a = hipotenusa; AC = b = cateto menor; AB = c = cateto maior
$a^2 = b^2 + c^2$.

As três principais relações trigonométricas são:
seno (sen); cosseno (cos) e tangente (tg).
Definidas das seguintes formas:

$\begin{cases} \text{Seno é a relação entre o cateto oposto e a hipotenusa: sen } \beta = b/a; \text{ sen } \gamma = c/a. \\ \text{Cosseno é a relação entre o cateto adjacente e a hipotenusa: cos } \beta = c/a; \text{ cos } \gamma = b/a. \\ \text{Tangente é a relação entre o cateto oposto e o adjacente: tg } \beta = b/c; \text{ tg } \gamma = c/b. \\ \text{A tangente também é definida como a relação entre seno e cosseno: tg } \beta = \text{sen } \beta/\cos \beta. \end{cases}$

Existem também as seguintes três relações inversas

$\begin{cases} \text{Secante é o inverso do cosseno: sec } \beta = 1/\cos \beta = a/b; \text{ sec } \gamma = 1/\cos \gamma = a/c; \\ \text{Cossecante é o inverso do seno: cossec } \beta = 1/\text{sen } \beta = a/b; \text{ cossec } \gamma = 1/\text{sen } \gamma = a/c; \\ \text{Cotangente é o inverso da tangente: cotg } \beta = 1/\text{tg } \beta = c/b; \text{ cotg } \gamma = 1/\text{tg } \gamma = b/c. \end{cases}$

Tanto as relações trigonométricas diretas, quanto às inversas, são tabeladas em função do ângulo, em geral expresso em graus. No passado, existiam tabelas impressas, verdadeiros livros, com uma infinidade de valores das relações trigonométricas. Já há décadas que, usando uma máquina de calcular ou acessando um computador, obtém-se quaisquer dos valores que se queira.

Exercício 2.12.1.1) No triângulo retângulo a seguir, determine os valores dos ângulos β e γ.

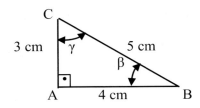

Esse é o que se chama classicamente de "triângulo pitagórico".

sen β = 3 cm/5 cm = 0,6 e cos β = 4 cm/5 cm = 0,8.
sen γ = 4 cm/5cm = 0,8 e cos γ = 3 cm/5 cm = 0,6.

A partir desses valores, como se encontram os ângulos β e γ?

Por exemplo, numa máquina ou computador, busca-se qual é o arco, cujo seno vale 0,6, para achar o valor do ângulo β. A forma de escrever essa operação é: arc sen (0,6). Consultando acha-se: arc sen (0,6) = 36,86989. Ou seja, um ângulo de 36,86989° tem seno igual a 0,6. Observa-se que, tem-se que definir se o ângulo é expresso em graus ou radianos. Em geral, na Educação Básica, trabalha-se com graus.
Ou seja: β = 36,87°. Observa-se que foi feito o arredondamento considerando-se a terceira casa decimal. Como é maior do que cinco (5), a segunda casa subiu um valor, ou seja de seis (6) para sete (7).

Esse valor de β pode ser confirmado, via cosseno, buscando-se: arc cos (0,8) = 36,86989°.
Ângulo γ => arc sen (0,8) = arc cos (0,6) = 53,13°. **Ou seja: β = 36,87 e γ = 53,13°**.

Uma forma de confirmar é somando os três ângulos: β + γ + 90° = 36,87° + 53,13° + 90° = 180°. Está certo.

Exercício 2.12.1.2) No triângulo retângulo a seguir, determine o valor dos lados AC e BC.

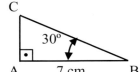

Lado AC: tg 30° = AC/AB => AC = AB x tg 30° => AC = 7 cm x 0,577 = 4,049 cm.

$BC^2 = AB^2 + AC^2$ => $BC^2 = 49 + 16,394$ => $BC^2 = 65,394$ => BC = 8,09 cm.

Conclusão: AC = 4,049 cm e BC = 8,09 cm.

2.12.2 Trigonometria nos triângulos não retângulos: lei dos senos e dos cossenos

As funções seno e cosseno também podem ser usadas em triângulos não retângulos, como a seguir mostrado.

Lei dos senos AB = c; AC = b e BC = a.

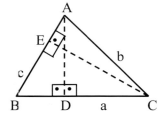

Considerando os triângulos retângulos: BCE e ACE, tem-se:

$\begin{cases} \Delta BCE: \text{sen } \widehat{B} = CE/a => CE = a \text{ sen } \widehat{B} \\ \Delta ACE: \text{sen } \widehat{A} = CE/b => CE = b \text{ sen } \widehat{A} \end{cases}$ => a sen $\widehat{B}$ = b sen $\widehat{A}$ => $\dfrac{a}{\text{sen } \widehat{A}} = \dfrac{b}{\text{sen } \widehat{B}}$ (I)

$\begin{cases} \Delta ACD: \text{sen } \widehat{C} = AD/b => AD = b \text{ sen } \widehat{C} \\ \Delta ABD: \text{sen } \widehat{B} = AD/c => AD = c \text{ sen } \widehat{B} \end{cases}$ => b sen$\widehat{C}$ = c sen $\widehat{B}$ => $\dfrac{b}{\text{sen } \widehat{B}} = \dfrac{c}{\text{sen } \widehat{C}}$ (II)

Dessas igualdades em I e II, tem-se que: $\dfrac{a}{\text{sen } \widehat{A}} = \dfrac{b}{\text{sen } \widehat{B}} = \dfrac{c}{\text{sen } \widehat{C}}$ ⇐ **Essa é a lei dos senos.**

Observa-se que a lei dos senos se aplica a todos os tipos de triângulos: acutângulo, retângulo e obtusângulo.

Exercício 2.12.2.1) No triângulo a seguir, utilizando a lei dos senos, determinar os ângulos α e ß e a sua área.

Capítulo 2 – Linhas. Retas e ângulos. Triângulos ou triláteros – 31

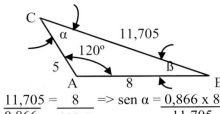

$$\frac{BC}{\text{sen } 120°} = \frac{AB}{\text{sen } \alpha} = \frac{AC}{\text{sen } ß} \Rightarrow \frac{11,705}{\text{sen } 120°} = \frac{8}{\text{sen } \alpha} = \frac{5}{\text{sen } ß}$$

sen 120° = sen 60° = √3/2 = 0,866.

$\frac{11,705}{0,866} = \frac{8}{\text{sen } \alpha} \Rightarrow$ sen $\alpha = \frac{0,866 \times 8}{11,705} \Rightarrow$ sen $\alpha = 0,59188 \Rightarrow \alpha = 36,29°$.

ß = 180° - (120° + 36,29°) => ß = 23,71°.

O cálculo da área será o produto do lado AB = 8, vezes a altura CD, sobre dois: S = (AB x CD)/2.

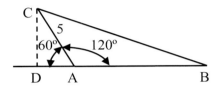

sen 60° = CD/5 => CD = 5 x sen 60° => CD = 4,33.

S = (8 x 4,33)/2 => S = 17,32 cm².

Conclusão: os ângulos são α = 36,29° e ß = 23,71°. A área do triângulo é igual a 17,32 cm².

Lei dos cossenos

Considerando os triângulos retângulos: BCD e ABD, tem-se:

AB = c   AD = m
AC = b   BD = h
BC = a

ΔBCD: $a^2 = (b + m)^2 + h^2 \Rightarrow a^2 = b^2 + m^2 + 2bm + h^2$ (I)

ΔABD: $c^2 = m^2 + h^2 \Rightarrow h^2 = c^2 - m^2 \Rightarrow$ (II)   α = 180° - $\widehat{A}$.

cos (180° - A) = m/c => m = - c cos A , já que: cos (180° - $\widehat{A}$) = - cos $\widehat{A}$ (III).

Substituindo II em I, tem-se: $a^2 = b^2 + m^2 + 2bm + \underbrace{c^2 - m^2}_{\text{igual a } h^2 \text{ de II}} \Rightarrow a^2 = b^2 + c^2 + 2bm$ (IV)

Substituindo III em IV, tem-se: $a^2 = b^2 + c^2 + 2b \underbrace{(- c \cos \widehat{A})}_{\text{igual a m de III}} \Rightarrow a^2 = b^2 + c^2 - 2bc (\cos \widehat{A})$ $\begin{cases} \text{Essa relação se} \\ \text{aplica aos três} \\ \text{lados: a, b e c.} \end{cases}$

Lei dos cossenos $\begin{cases} a^2 = b^2 + c^2 - 2bc (\cos \widehat{A}) \\ b^2 = a^2 + c^2 - 2ac (\cos \widehat{B}) \\ c^2 = a^2 + b^2 - 2ab (\cos \widehat{C}) \end{cases}$

A lei dos cossenos se aplica a todos os tipos de triângulos: acutângulo, retângulo e obtusângulo.

Exercício 2.12.2.2) Um supermercado tem um galpão de estocagem de produtos na cidade A, abastecendo uma loja na cidade B, distante 80 km de A. Esse galpão também abastece uma outra loja na cidade C, distante 110 km de A. A figura a seguir mostra a localização das três cidades, inclusive com o ângulo de 60°, como mostrado. A empresa decidiu fazer um estudo, para também abastecer a loja da cidade C, a partir da loja da cidade B, mas precisa saber a distância entre BC, para saber se compensa fazer o investimento. Baseado nesses dados e na figura a seguir, determinar a distância entre B e C.

32 – A Geometria Básica

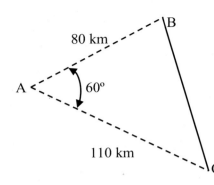

Pela lei dos cossenos tem-se: $BC^2 = AB^2 + AC^2 - (2)(AB)(AC)(\cos 60º)$.

$BC^2 = 80^2 + 110^2 - (2)(80)(110)(0,5) \Rightarrow BC^2 = 6.400 + 12.100 - 8.800 \Rightarrow$

$BC^2 = 9.700 \Rightarrow BC = 98,489$ km ou $BC = 98.489$ m.

Conclusão: a distância entre as cidades B e C é igual a 98,489 km.

Tabela com valores trigonométricos dos ângulos mais usados: 30°, 45° e 60°

	sen	cos	tg	cotg	sec	cossec
30°	0,5	$\sqrt{3}/2 = 0,866$	$\sqrt{3}/3 = 0,577$	$\sqrt{3}/4 = 0,433$	$2\sqrt{3}/3 = 1,155$	2
45°	$\sqrt{2}/2 = 0,707$	$\sqrt{2}/2 = 0,707$	1	1	$2/\sqrt{2} = 1,414$	$2/\sqrt{2} = 1,414$
60°	$\sqrt{3}/2 = 0,866$	0,5	$\sqrt{3} = 1,732$	$\sqrt{3}/3 = 0,577$	2	$2\sqrt{3}/3 = 1,155$

Observa-se que esses três ângulos, além do de 90°, são os que existem no par de esquadros. Especialmente na Arquitetura e Engenharia, sempre que possível esses são os ângulos usados, preferencialmente.

2.13 Sólidos a partir de triângulos

Embora no capítulo de prismas e pirâmides sejam mostrados todos os detalhes geométricos, é importante citar como a partir de triângulos é possível a criação de sólidos, ou seja, elementos geométricos de volume. Além da prática matemática, existem muitas aplicações reais para esses elementos. Enquanto triângulos têm duas dimensões, pirâmides e prismas têm três dimensões.

Pirâmide de base triangular
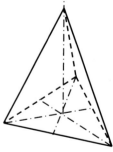

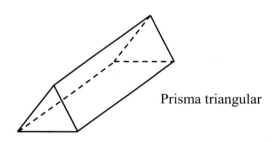
Prisma triangular

2.14 Exercícios complementares resolvidos

2.14.1) Determinar o perímetro e a área do triângulo a seguir.

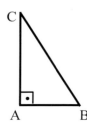

AB = 5 cm e AC = 7 cm.   Nesse caso, uma das alturas é igual ao lado AC.

Área = $(AB \times AC)/2 = (5 \times 7)/2 = 17,5$ cm².

Para calcular o perímetro, precisa-se da hipotenusa BC, calculada pelo teorema de Pitágoras, pois o triângulo é retângulo.

BC² = AB² + AC² => BC² = 25 + 49 => BC² = 74 => BC = 8,602 cm. Perímetro = 5 cm + 7 cm + 8,602 cm = 20,602 cm.

Conclusão: Perímetro igual a 20,602 cm e área igual a 17,5 cm².

2.14.2) (UERJ - 2019). No triângulo equilátero ACE, está inscrita* uma estrela de três pontas iguais, com lados AB = BC = CD = DE = EF = FA. Se o ângulo ABC é igual a 150º, determinar os ângulos FAB, BCD e DEF. (* Estar inscrita significa estar dentro).

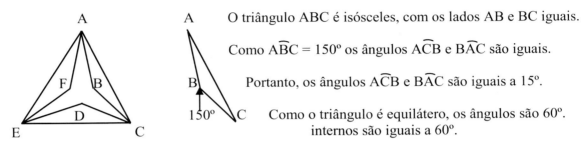

O triângulo ABC é isósceles, com os lados AB e BC iguais.

Como $A\widehat{B}C$ = 150º os ângulos $A\widehat{C}B$ e $B\widehat{A}C$ são iguais.

Portanto, os ângulos $A\widehat{C}B$ e $B\widehat{A}C$ são iguais a 15º.

Como o triângulo é equilátero, os ângulos são 60º.
internos são iguais a 60º.

Ou seja: o ângulo $F\widehat{A}B$ = 60º - 2($B\widehat{A}C$) => 60º - 2(15º) => $F\widehat{A}B$ = 30º.

Conclusão: os ângulos $F\widehat{A}B$, $B\widehat{C}D$ e $D\widehat{E}F$ são iguais a 30º.

2.14.3) Na Física, quando se quer determinar a soma de duas forças, representadas por vetores (segmento de reta com uma seta na ponta), usa-se o conceito da Regra do Paralelogramo, como a seguir mostrada. Considerando duas forças de 50 N* e 80 N*, que fazem entre si um ângulo de 60º, determinar o valor da força resultante R. (N significa Newton, que é a unidade de força no Sistema Internacional).

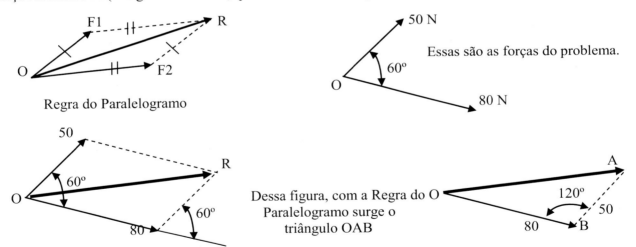

Observa-se que o valor da resultante R é um dos lados do triângulo, onde aplicando-se a lei dos cossenos, determina-se o valor de R.

OA² = 80² + 50² - (2)(80)(50)(cos 120º) => OA² = 6.400 + 2.500 + 4000 => OA² = 12.900 =>
OA = 113,578 N.

Resposta: o valor da força resultante é igual a 113,578 N.

2.14.4) (UFJF - 2020). Sabendo que, na figura a seguir o ponto A é o vértice comum dos três triângulos retângulos ABC, ACD e ADE, pede-se calcular o comprimento do segmento de reta EC.

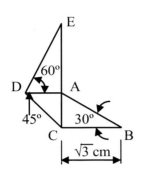

$\triangle ABC$: tg 30º = AC/$\sqrt{3}$ => AC = $\sqrt{3}$ x tg 30º => AC = $\dfrac{\sqrt{3} \times \sqrt{3}}{3}$ = 1.

$\triangle ACD$: AD = AC = 1.

$\triangle ADE$: tg 60º = AE/AD => AE = AD x tg 60º => AE = $\sqrt{3}$.

Conclusão: o segmento AE mede 1 + $\sqrt{3}$ cm ou 2,732 cm.

2.14.5) (ENEM - 2014). Uma criança deseja criar triângulos utilizando palitos de fósforos, de mesmo comprimento. Cada triângulo será construído com exatamente 17 palitos e, pelo menos, um dos lados do triângulo deve ter comprimento de seis palitos. Qual a quantidade máxima de triângulos, não congruentes, dois a dois, que podem ser criados?

Cada triângulo tem perímetro de 17 palitos. Como, pelo menos, um dos lados tem que ser igual a seis palitos, sobram 11 palitos (11 + 6 = 17). Ou seja, tem-se que estudar a combinação de lados que somam 11 palitos.

1ª combinação) 1 + 10, 2ª combinação) 2 + 9, 3ª combinação) 3 + 8, 4ª combinação) 4 + 7 e 5ª combinação) 5 + 6. A partir da 5ª combinação os números se repetem. Ou seja, essas são as combinações.
Entretanto, cada combinação tem que ser comparada com o lado de valor fixo igual a seis, pois não basta apenas a soma dos três dar 17 palitos.

1º triângulo: 1 + 10 + 6 => 6 + 1 < 10, logo não serve.

2º triângulo: 2 + 9 + 6 => 6 + 2 < 9, logo não serve.

3º triângulo: 3 + 8 + 6 => 6 + 3 > 8, logo serve.

4º triângulo: 4 + 7 + 6 => 6 + 4 > 7, logo serve.

5º triângulo: 5 + 6 + 6 => 6 + 5 > 6, logo serve.

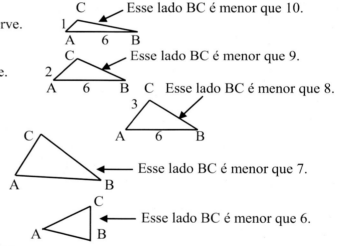

Conclusão: podem ser construídos três triângulos.

2.14.6) (ENEM - 2018). Um quebra cabeça consiste em recobrir um quadrado com triângulos retângulos isósceles, como ilustrado na figura. Uma artesã confeccionou um quebra cabeça como o descrito, de tal modo que a menor das peças é um triângulo retângulo isósceles cujos catetos medem 2 cm. Determinar o lado do grande quadrado, resultante da montagem.

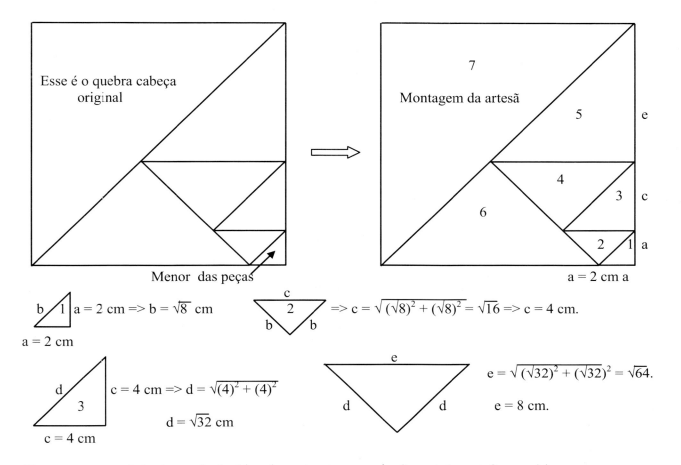

Observa-se que o lado do quadrado é igual a: a + c + e, ou seja: 2 cm + 4 cm + 8 cm = 14 cm.

Conclusão: o lado do grande quadrado é igual a 14 cm.

2.14.7) (ENEM - 2018). A inclinação de uma rampa é calculada da seguinte maneira; para cada metro medido na horizontal, mede-se x centímetros na vertical. Diz-se, nesse caso, que a rampa tem inclinação de x%, como no exemplo da figura a seguir.

A próxima figura apresenta um projeto de uma rampa de acesso a uma garagem residencial cuja base, está situada dois metros (2 m) abaixo do nível da rua, tem oito metros (8 m) de comprimento.

36 – A Geometria Básica

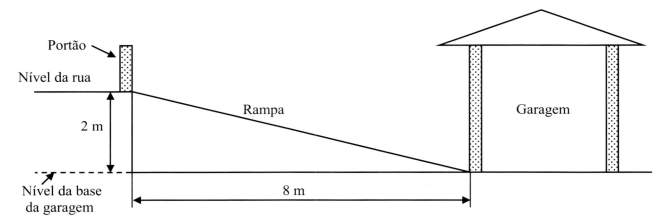

Depois de projetada a rampa, o responsável pela obra foi informado que as normas técnicas do município, onde ela está localizada, exigem que a inclinação máxima de uma rampa de acesso a uma garagem residencial seja de (no máximo) 20%. Se a rampa projetada tiver inclinação superior a 20%, o nível da garagem deverá ser alterado para ficar com a inclinação máxima permitida, mantendo-se o comprimento da rampa. Devido às normas, pergunta-se: a) A rampa projetada precisa ser modificada? B) Caso precise ser modificada, qual o tipo de modificação: rebaixada ou elevada? C) Caso necessário, de quantos centímetros tem que ser a modificação?

Inicialmente, observa-se que, a rampa projetada tem inclinação: $\frac{2 \text{ m}}{8 \text{ m}} = \frac{200 \text{ cm}}{800 \text{ cm}} = 0{,}25 \Rightarrow 0{,}25 \times 100 = 25\%$.

Ou seja, a rampa projetada, está com uma inclinação de 25%, acima da máxima exigida pelas normas de 20%.

Para ter-se a inclinação de 20% faz-se: $\frac{x \text{ cm de altura}}{800 \text{ cm de comprimento}} = 0{,}2 \Rightarrow x = 800 \text{ cm} \times 0{,}2 = 160 \text{ cm} = 1{,}6$ metros.

Conclusão: altura de 2 metros tem que ser diminuída para 1,6 metros. Portanto, o nível da garagem terá que ser elevado de 40 cm, para que entre o nível da rua e o nível da base da garagem haja 1,6 metros.

2.14.8) (CBM - MG, 2018). Raquel observa um prédio e deseja medir sua altura. Com a ajuda de um astrolábio*, ela consegue medir o ângulo entre a linha horizontal de seus olhos e o topo do prédio em questão. Em seguida, ela elaborou o esquema a seguir, para ajudá-la com os cálculos. Os olhos de Raquel estão situados no ponto P da figura, de onde ela avista o topo do prédio. Além disso, seus olhos estão a uma distância de 10 metros desse prédio e 1,6 metros do chão. Determine a altura desse prédio, considerando que Raquel e o prédio estão em um mesmo plano. (Considere sen α = $2\sqrt{2}/3$).
*Astrolábio: é um instrumento antigo, que serve para medir ângulos.

Inicialmente, refaz-se a figura, para a análise lógica.

A altura H do prédio é igual a h1 + 1,6 m.

X é a hipotenusa do triângulo PAB.

sen α = h1 / X

Como: sen α = 2√2 / 3, então:

$\frac{h1}{X} = \frac{2\sqrt{2}}{3}$ => $X = \frac{3 \times h1}{2\sqrt{2}}$.

$X^2 = \frac{9 \times h1^2}{8}$ (1)

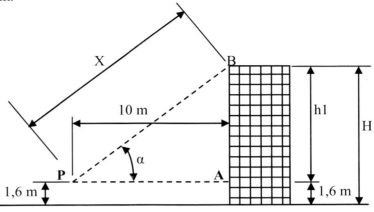

No triângulo PAB: $X^2 = AP^2 + AB^2$ => $X^2 = 100 + AB^2$. Como AB = h1, então: $X^2 = 100 + h1^2$ (2).

(1) = (2) => $\frac{9 \times h1^2}{8} = 100 + h1^2$ => $9h1^2 = 800 + 8h1^2$ => $h1^2 = 800$ => h1 = 28,28 m.

Como H = h1 + 1,6 m => H = 28,28 m + 1,6 m => H = 29,88 m.

Conclusão: a altura do prédio é igual a 29,88 metros.

2.14.9) (UERJ - 2019). A figura a seguir ilustra três circunferências de raios 1 cm, 2 cm e 3 cm, tangentes duas a duas nos pontos M, N e P. Determinar o comprimento do segmento de reta MN.

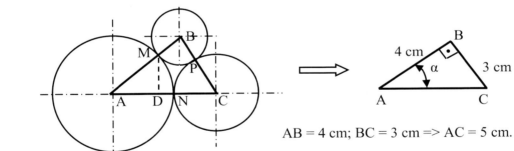

AB = 4 cm; BC = 3 cm => AC = 5 cm.

ΔABC: cos α = 4/5 = 0,8.

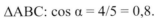

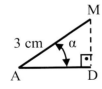

ΔAMD: cos α = AD/AM => AD = 3 cos α => AD = 3 x 0,8 => AD = 2,4 cm.

DN = 3 cm - AD => DN = 3 cm - 2,4 cm => DN = 0,6 cm.

$AM^2 = AD^2 + MD^2$ => $3^2 = 2,4^2 + MD^2$ => $MD^2 = 3,24$ => MD = 1,8 cm.

O segmento que se quer calcular é o segmento MN.

ΔDMN: $MN^2 = MD^2 + DN^2$ => $MN^2 = 1,8^2 + 0,6^2$ => $MN^2 = 3,24 + 0,36$ => $MN^2 = 3,6$ => MN = 1,897 cm.

Conclusão: o segmento MN é igual a 1,897 cm.

2.14.10) A figura a seguir mostra dois triângulos equiláteros de lado igual a 6 cm, em posições invertidas e com os incentros (I) coincidentes. Calcular a área do pequeno triângulo marcado.

Os ângulos internos de um triângulo equilátero são iguais a 60º.

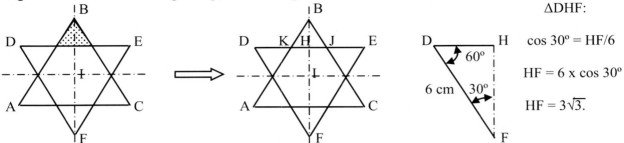

ΔDHF:

$\cos 30º = HF/6$

$HF = 6 \times \cos 30º$

$HF = 3\sqrt{3}$.

Como o lado do triângulo é igual ao raio da circunferência que passa pelos vértices, uma vez que, os vértices AFCEBD, configuram os lados de um hexágono inscrito à circunferência, então BH é igual a 6 - HF, sendo BH a altura do pequeno triângulo que se quer calcular a área.

BH = 6 - HF => BH = 6 - $3\sqrt{3}$ => BH = 0,804 cm.

ΔBHJ: tg 60º = $\dfrac{6 - 3\sqrt{3}}{HJ}$ => HJ = $\dfrac{6 - 3\sqrt{3}}{\sqrt{3}}$ => HJ = 0,464 cm. KJ = 2HJ => KJ = 0,928 cm.

(tg 60º = $\sqrt{3}$)

Área do pequeno triângulo = $\dfrac{KJ \times BH}{2}$ = $\dfrac{0,928 \text{ cm} \times 0,804 \text{ cm}}{2}$ = 0,373 cm².

Conclusão: a área do pequeno triângulo marcado é igual a 0,373 cm².

2.14.11) (UERJ - 2020) O cubo mostrado com arestas tracejadas tem lado igual a 2 cm. Unindo-se os vértices ACF, obtém-se um triângulo como desenhado em linha cheia. A projeção ortogonal do triângulo ACF, sobre o plano BCDE, gera um outro triângulo. Calcular a área desse novo triângulo.

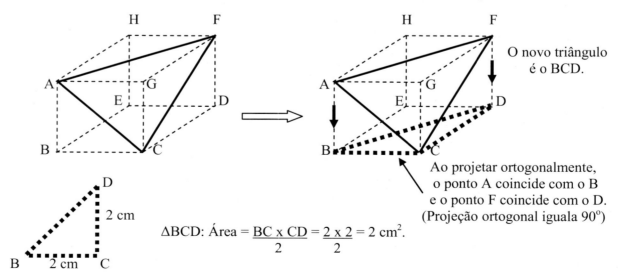

ΔBCD: Área = $\dfrac{BC \times CD}{2}$ = $\dfrac{2 \times 2}{2}$ = 2 cm².

Conclusão: o novo triângulo BCD, projeção ortogonal do triângulo ACF, tem uma área de 2 cm².

2.14.12) (UERJ - 2018). O retângulo PQRS é formado por seis quadrados cujos lados medem 2 cm. O triângulo ABC, no interior do retângulo, possui seus vértices definidos pela interseção das diagonais de três desses quadrados. Determinar a área S desse triângulo.

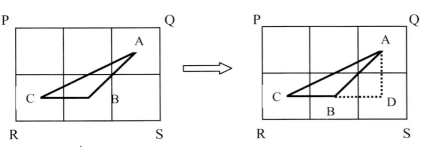

A área do triângulo é igual a:

$$S = \frac{BC \times AD}{2}$$

AD é a altura, em relação a BC.

$S = \frac{BC \times AD}{2} = \frac{2 \times 2}{2} = 2$ cm². **Conclusão: a area do triângulo é igual a 2 cm².**

2.14.13) (ENEM - 2019). Construir figuras de diversos tipos, apenas dobrando e cortando papel, sem cola s sem tesoura, é a arte do *origami* (*ori* = dobrar e *kami* = papel), que tem um significado altamente simbólico no Japão. A base do *origami* é o conhecimento do mundo por base do tato. Uma jovem resolveu construir um cisne usando a técnica do *origami*, utilizando uma folha de papel de 18 cm por 12 cm. Assim começou por dobrar a folha conforme a figura. Determinar a medida do segmento AE.

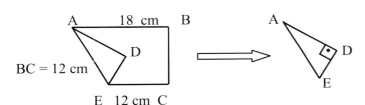

DE = 6 cm; AD = 12 cm.

$AE^2 = AD^2 + DE^2 \Rightarrow AE = \sqrt{AD^2 + DE^2} \Rightarrow$

$AE = \sqrt{144 + 36} \Rightarrow AE = 13,416$ cm.

Conclusão: o segmento AE mede 13,416 cm.

2.14.14) Considerando a figura a seguir, determinar a área do quadrilátero hachurado, dentro de um triângulo retângulo. (Observa-se que esse quadrilátero é um trapézio retângulo, estudado no capítulo 3).

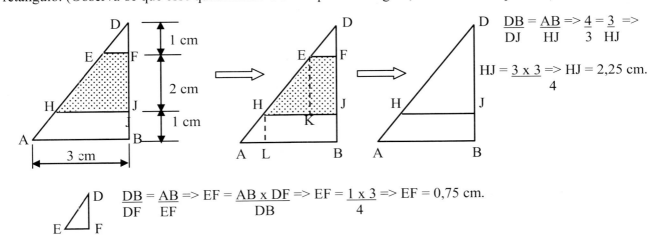

$\frac{DB}{DJ} = \frac{AB}{HJ} \Rightarrow \frac{4}{3} = \frac{3}{HJ} \Rightarrow$

$HJ = \frac{3 \times 3}{4} \Rightarrow HJ = 2,25$ cm.

$\frac{DB}{DF} = \frac{AB}{EF} \Rightarrow EF = \frac{AB \times DF}{DB} \Rightarrow EF = \frac{1 \times 3}{4} \Rightarrow EF = 0,75$ cm.

EF = KJ.   HK = HJ - KJ => HK = 2,25 - 0,75 => HK = 1,5 cm. EK = FJ = 2 cm.

Área do triângulo EHK = $\frac{HK \times EK}{2} = \frac{1,5 \times 2}{2} = 1,5$ cm².

Área do retângulo EFJK = KJ x FJ = 0,75 x 2 = 1,5 cm². Área do quadrilátero = 1,5 cm² + 1,5 cm² = 3 cm².

Conclusão: a área do quadrilátero hachurado é igual a 3 cm².

2.14.15) Determinar a localização do baricentro (G), medidas x e y, do triângulo retângulo ABD, em relação ao vértice B.

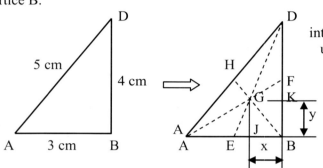

O baricentro, ponto G, é determinado pela interseção das medianas, que são os segmentos que unem um vértice ao ponto médio do lado oposto.

Observa-se que, apesar de ser definido pela interseção das três medianas, basta analisar duas dessas medianas, pois a terceira confirma.

E, F e H são pontos médios dos lados.

BE = 1,5 cm
BD = 4 cm

DE = $\sqrt{BE^2 + BD^2}$ => DE = $\sqrt{18,25}$ => DE = 4,272 cm.

Por semelhança de triângulos: $\frac{DE}{DG} = \frac{BE}{GK}$ => GK = $\frac{BE \times DG}{DE} = \frac{1,5 \times DG}{4,272}$.

Como visto no parágrafo 2.7.2: DG = $\frac{2 \times DE}{3}$ => DG = 2,848 cm.

GK = $\frac{1,5 \times 2,848}{4,272}$ => GK = x = 1 cm.

Por semelhança de triângulos: $\frac{DB}{DK} = \frac{DE}{DG}$ => DK = $\frac{DB \times DG}{DE}$ => DK = $\frac{4 \times 2,848}{4,272}$ => DK = 2,667 cm.

BK = y = DB - DK => y = 4 - 2,667 => y = 1,333 cm.

Os valores de x e y foram obtidos pela análise da mediana DE. Para confirmar será feita uma análise considerando a mediana AF, também por semelhança de triângulos.

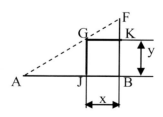

AB = 3 cm; BF = 2 cm.   AF = $\sqrt{AB^2 + BF^2}$ => AF = $\sqrt{13}$ => AF = 3,606 cm.

AG = $\frac{2 \times AF}{3}$ => AG = $\frac{2 \times 3,606}{3}$ => AG = 2,404 cm.

$\frac{AF}{AG} = \frac{AB}{AJ}$ => AJ = $\frac{AB \times AG}{AF}$ => AJ = $\frac{3 \times 2,404}{3,606}$ => AJ = 2 cm.

BJ = x = AB - AJ => x = 3 - 2 => x = 1 cm. ← Mesmo valor encontrado pela mediana DE.

$\frac{BF}{BK} = \frac{AB}{AJ}$ => BK = $\frac{BF \times AJ}{AB}$ => BK = $\frac{2 \times 2}{3}$ => BK = y = 1,333 cm. ← Mesmo valor da mediana DE.

Conclusão: o baricentro, ponto G, em relação ao vértice B, está localizado em x = 1 cm e y = 1,333 cm.

2.14.16) No triângulo retângulo ABD, determinar o valor do diâmetro da circunferência interna e tangente aos três lados.

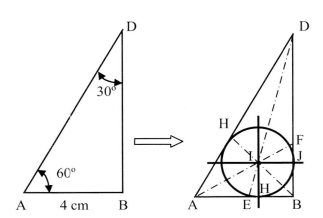
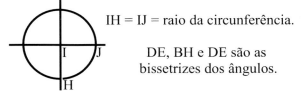

IH = IJ = raio da circunferência.

DE, BH e DE são as bissetrizes dos ângulos.

O centro I dessa circunferência é o incentro, determinado pela interseção das bissetrizes dos três ângulos. Serão utilizadas semelhanças de triângulos, para determinar os valores dos segmentos IH e IJ, que são equivalentes ao raio da circunferência pedida.

Inicialmente determinam-se os valores dos lados do triângulo ABD. Na sequência analisam-se os triângulos formados pelas bissetrizes, para calcular os segmentos IH e IJ, que são raios da circunferência. Serão calculados dois segmentos, equivalentes a duas bissetrizes de forma que, sendo iguais confirmam o raio.

AB: cos 60° = AB/AD => AD = AB/cos 60° => AD = 4/0,5 => AD = 8 cm.

$AD^2 = AB^2 + BD^2$ => BD = $\sqrt{AD^2 - AB^2}$ => BD = $\sqrt{48}$ => BD = 6,93 cm.

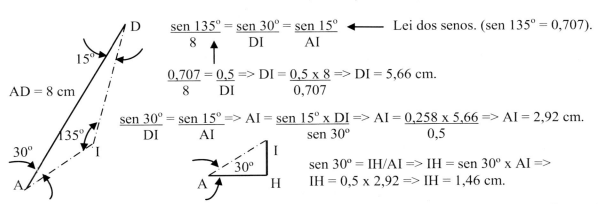

IH é o raio da circunferência. Para confirmar o valor desse raio, será feita outra análise por semelhança de triângulo, para determinar o raio IJ, que terá que ser igual a IH.

BD = 6,93 cm. Será suposto: IJ = IH = 1,46 cm:

tg 75° = BD/EB => EB = BD/tg 75° => EB = 6,93/3,73 => EB = 1,86 cm.

BD/DJ = EB/IJ => DJ = BD x IJ/EB => DJ = 6,93 x 1,46 / 1,86 => DJ = 5,43 cm.

JB = IH.

DJ + IH = 5,43 + 1,46 = 6,89 cm. JB = BD - DJ => JB = 6,89 - 5,43 => JB = 1,46 cm.

Observa-se que: IH = IJ = JB = 1,46 cm. Ou seja: o raio da circunferência é 1,46 cm e o diâmetro é 2,92 cm.

Conclusão: o diâmetro da circunferência interna e tangente aos três lados é igual a 2,92 cm.

2.14.17) Determinar a localização do ortocentro, ponto O, do triângulo obtusângulo a seguir, em relação ao vértice A, com as medidas x e y.

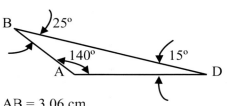

AB = 3,06 cm.
AD = 5 cm.
BD = 7,39 cm.

DE = altura em relação ao lado AB.
BF = altura em relação ao lado AD.
AH = altura em relação ao lado BD.

Para se chegar aos valores de x e y, serão resolvidos os seguintes dois triângulos auxiliares: ABF e OAF.

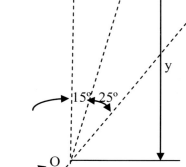

Inicialmente definem-se diversos ângulos, como indicados, para que os dois triângulos auxiliares sejam resolvidos.

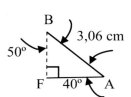

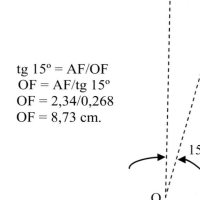

AF = 3,06 x cos 40°.
AF = 3,06 x 0,766 => AF = 2,34 cm.
BF = 3,06 x cos 50°.
BF = 3,06 x 0,642 => BF = 1,96 cm.

tg 15° = AF/OF
OF = AF/tg 15°
OF = 2,34/0,268
OF = 8,73 cm.

Observa-se que: AF = x = 2,34 cm e OF = y = 8,73 cm.
Confirma-se o valor de OF, resolvendo-se o triângulo ODF. DF = AD + AF = 7,34 cm.

$OD^2 = OF^2 + DF^2$ => $OD = \sqrt{OF^2 + DF^2}$ => $OD = \sqrt{8,73^2 + 7,34^2}$ => $OD = \sqrt{130}$ => OD = 11,4 cm.

Triângulo ODF => cos 40° = OF/OD => OD = OF/cos 40° => OD = 8,73/0,766 => OD = 11,4 cm.

Ou seja, confirmando-se o valor de OD = 11,4 cm, confirmou-se o valor de OF = y = 8,73 cm. Como DF depende de AF, que é o valor de x = 2,34 cm, ficam confirmados os valores de x e y.

Conclusão: a localização do ortocentro, ponto O, do triângulo obtusângulo ABD, em relação ao vértice A, são as medidas x = 2,34 cm e y = 8,73 cm.

2.14.18) Determinar o valor do diâmetro da circunferência que passa pelos três vértices do triângulo ABD.

AB = AD = 5 cm. BD = 8,66 cm.

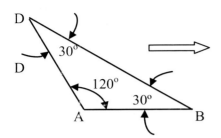

CE = mediatriz de AB.
CF = mediatriz de AD.
CH = mediatriz de BD.

Para determinar esse diâmetro, determina-se o circuncentro, ou seja, o encontro das mediatrizes. A distância entre o circuncentro C e cada vértice, é o raio da circunferência pedida.

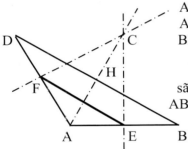

AE = EB = 2,5 cm.
AF = FD = 2,5 cm.
BH = HD = 4,33 cm.

Como s lados BD e EF são paralelos, os triângulos ABD e AEF são semelhantes.

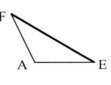

Por semelhança:

$\dfrac{BD}{EF} = \dfrac{AB}{AE} \Rightarrow \dfrac{8,66}{EF} = \dfrac{5}{2,5} \Rightarrow$

EF = 4,33 cm.

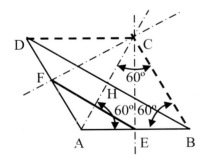

Observa-se que existem três triângulos equiláteros: ABC, ACD e CEF.

Os triângulos ABC e ACD têm lados iguais a 5 cm.
Constata-se que: CA = CB = CD, que são iguais ao raio da circunferência.

Ou seja: o diâmetro da circunferência é igual a 10 cm.

Conclusão: o diâmetro da circunferência, que passa pelos três vértices do triângulo, é igual a 10 cm.

2.14.19) (UFSM - 2003). O custo e a crise energética têm levado muitas empresas a buscarem alternativas para o fornecimento de energia elétrica. Uma fábrica, que fica localizada próxima a um rio, conseguiu autorização para instalar uma pequena hidrelétrica, que consiste em instalar uma barragem, gerar um reservatório e então, devido desnível da água, instala turbinas hidráulicas e gera sua energia. Observando a figura a seguir e admitindo que as linhas retas r, s e t sejam paralelas, determinar o comprimento da barragem.

44 – A Geometria Básica

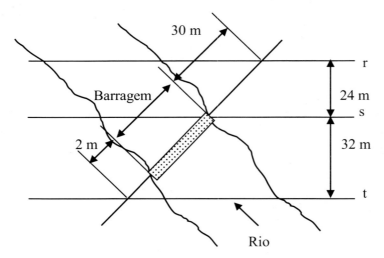

Raciocínio lógico matemático: chamando o comprimento da barragem de x e aplicando o teorema de Tales tem-se:

$\frac{30}{24} = \frac{2+x}{32} \Rightarrow 2+x = \frac{32 \times 30}{24} \Rightarrow 2+x = 40 \Rightarrow x = 38$ m.

Conclusão: o comprimento da barragem é igual a 38 metros.

2.14.20) A sombra de um prédio vertical, projetada pelo sol sobre um chão plano, mede 10 m. Nesse mesmo instante a sombra de um bastão vertical de 1 m de altura mede 0,5 m. Qual a altura do prédio?

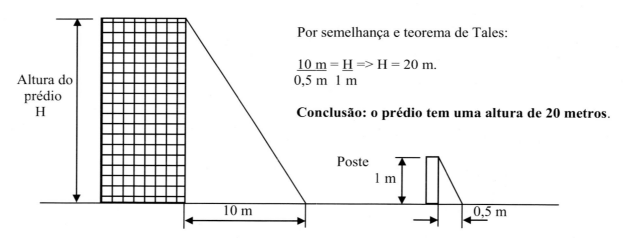

Por semelhança e teorema de Tales:

$\frac{10\,m}{0,5\,m} = \frac{H}{1\,m} \Rightarrow H = 20$ m.

Conclusão: o prédio tem uma altura de 20 metros.

2.15 Exercícios propostos (Veja respostas no Apêndice A)

2.15.1) (UNIFENAS - 2015). Sabendo que, os pontos notáveis: Baricentro (G), Incentro (I), Circuncentro (C) e Ortocentro (O), estão sobre a mesma linha num triângulo isósceles, determinar a ordem desses pontos, desde o vértice até o lado desigual.

2.15.2) (PUC - RS, 2020). Sabendo que a sala de uma casa tem a forma de um paralelepípedo, com dimensões conforme indicadas na figura, pede-se determinar o comprimento, em metros, da escada a ser colocada na sala, em posição paralela às paredes laterais.

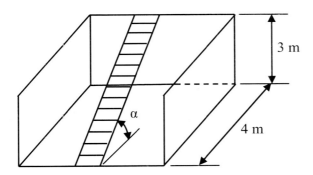

2.15.3) Em relação ao exercício anterior, determinar o ângulo α.

2.15.4) Considerando o triângulo retângulo ABC, a seguir, determinar o lado do triângulo equilátero, que tenha a mesma área do triângulo ABC.

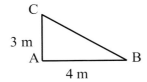

2.15.5) (ENEM - 2017). Raios de luz solar estão atingindo a superfície de um lago, formando um ângulo x com sua superfície, conforme mostrado na figura a seguir. Em determinadas condições, pode-se supor que a intensidade luminosa (I) desses raios, na superfície do lago, seja dada aproximadamente por I(x) = K.sen (x), onde K é uma constante, e supondo-se que x está entre 0° e 90°. Com essas informações, e considerando x = 30°, para quantos porcento a intensidade luminosa é reduzida, em relação ao seu valor máximo.

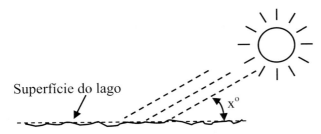

2.15.6) (UERJ - 2014). Considere uma placa retangular ABCD de acrílico, cuja diagonal AC mede 40 cm. Um estudante, para construir um par de esquadros, fez dois cortes retos nessa placa nas direções AE e AC, de modo que DÂE = 45° e BÂC = 30°. Após o corte, o estudante descartou a parte triangular CAE, restando os dois esquadros. Considerando √3 = 1,7, calcular a área do triângulo CAE.

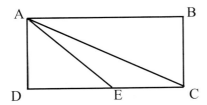

2.15.7) (CAP/UFRJ, 2012). A figura a seguir mostra um quadrado de lado 15 cm. O segmento BE mede 10 cm e o EF mede 13 cm. Determine a medida da área do triângulo AEF.

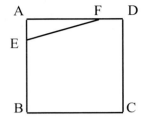

2.15.8) (CEFET - MG, 2016). A área quadrada de um sítio deve ser dividida em quatro partes iguais, também quadradas e, em uma delas, deverá ser mantida uma reserva de mata nativa (área hachurada). Sabendo que B é o ponto médio do segmento AE e C é o ponto médio do segmento EF, calcular o valor da área hachurada.

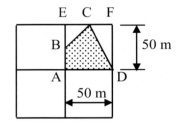

2.15.9) (CEFET - RJ, 2017). Um quadrado de lado X e um triângulo equilátero de lado Y possuem áreas de mesmo valor. Determinar a relação X/Y.

2.15.10) (PUC - Rio, 2007). A hipotenusa de um triângulo retângulo mede 10 cm e o perímetro 22 cm. Determinar a área desse triângulo.

2.15.11) (UDESC - 2009). Uma circunferência intercepta um triângulo equilátero nos pontos médios de dois de seus lados, como mostra a figura a seguir, sendo que um dos vértices do triângulo coincide com o centro da circunferência. Considerando o lado do triângulo igual a 6 cm, determinar a área da parte hachurada. (Considerar a área do círculo igual a πR^2, onde R é o raio. Utilizar $\pi = 3{,}14$).

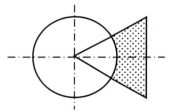

2.15.12) Determinar o diâmetro da circunferência que passa pelos vértices do triângulo a seguir.

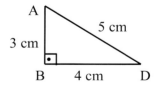

2.15.13) Determinar a distância y entre o baricentro G e o lado AD, do triângulo a seguir.

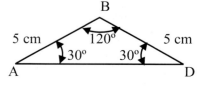
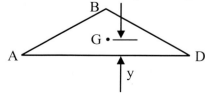

2.15.14) Determinar o diâmetro da circunferência interna e tangente aos lados do triângulo equilátero de lado igual a 6 cm.

2.15.15) Determinar a altura do triângulo ABD, em relação ao lado DB.

AD = 3 cm.
AB = 6 cm.

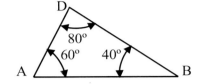

2.15.16) A partir da figura a seguir, determinar a área do triângulo BEF, considerando que ABD é um triângulo retângulo e ABE é um triângulo equilátero, de lado igual ao lado AB.

AB = 4 cm e AD = 3 cm

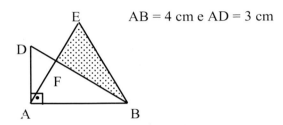

2.15.17) No triângulo equilátero ABD, a seguir, de lado igual a 6 cm, determinar a área do triângulo ADE, sabendo que o lado AB é dividido em três partes iguais.

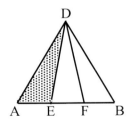

2.15.18) A figura a seguir à esquerda representa um retângulo ABCD. Supondo-se um corte no lado BD, no ponto F a 30°, determina-se o ponto E no lado AC. Com isso, divide-se o retângulo em dois trapézios retângulos. A figura à direita mostra os dois trapézios destacados, girados e montados, como mostrado. Com esses dados, pede-se determinar o ângulo α.

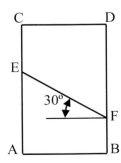 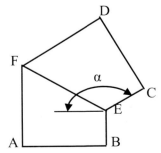

2.15.19) Na figura a seguir, composta de dois triângulos retângulos, calcular a área do triângulo EFH, sabendo que o segmento DH vale 2 cm.

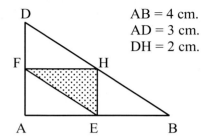

AB = 4 cm.
AD = 3 cm.
DH = 2 cm.

2.15.20) Determinar a área do triângulo ABD, sabendo que o cubo (ou hexaedro) ABDEFHJK, tem todos os lados iguais a 4 cm.

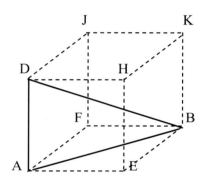

Capítulo 3
Quadriláteros: paralelogramo, retângulo, quadrado e trapézio

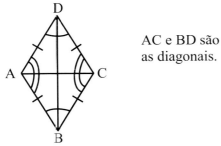

AC e BD são as diagonais.

O losango é um quadrilátero, com os quatro lados iguais, ângulos iguais, dois a dois, diagonais diferentes e que formam ângulo de 90° entre si.

Quadriláteros são polígonos de quatro lados, podendo ser regulares ou irregulares. *De forma ampla são classificados como paralelogramos (quadrado, retângulo e losango) e trapézios (retângulos, isósceles e escalenos). Além de vértices, lados e ângulos internos e externos, os quadriláteros têm um outro elemento, as diagonais, que são segmentos de reta que ligam vértices não consecutivos. Além de aplicações teóricas e práticas, os quadriláteros são muito utilizados como bases de elementos de volumes, por exemplo, como base de prismas e pirâmides.*

3.1 Definição e classificações

Quadriláteros são polígonos de quatro lados, podendo ser regulares ou irregulares. Regulares são os que têm os quatro lados e ou ângulos iguais. Ou seja, apenas o quadrado é um quadrilátero regular. Os irregulares, os demais adiante descritos, têm ângulos e ou lados não iguais. Observa-se que, a soma dos ângulos internos de um quadrilátero é igual a 360°.

Os quadriláteros podem ser classificados de acordo com a posição relativa entre seus lados. Aqueles que possuem lados opostos paralelos (dois a dois) são chamados de paralelogramos. Os quadriláteros que possuem um par de lados opostos paralelos e os outros dois não paralelos são chamados de trapézios.

Paralelogramos
- Geral → Lados e ângulos iguais dois a dois.
- Quadrado → Quatro lados e quatro ângulos iguais.
- Retângulo → Lados iguais, dois a dois e quatro ângulos iguais.
- Losango → Quatro lados iguais e ângulos iguais dois a dois.

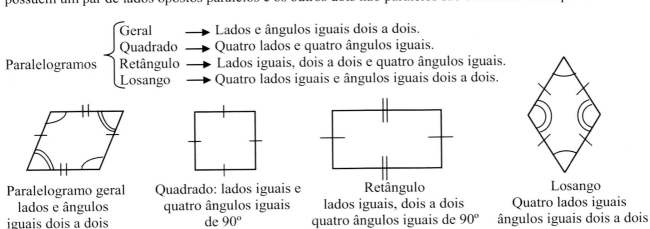

Paralelogramo geral lados e ângulos iguais dois a dois

Quadrado: lados iguais e quatro ângulos iguais de 90°

Retângulo lados iguais, dois a dois quatro ângulos iguais de 90°

Losango Quatro lados iguais ângulos iguais dois a dois

Observa-se que pode ocorrer um quadrado em posição girada de 90° (ou outro ângulo).

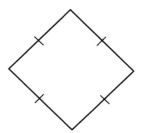

Esse é um quadrado, que foi girado de 90°. Não é um losango. Os quatro lados e os quatro ângulos são iguais, diferentemente do losango.

Trapézios
- Retângulo → Possuí dois ângulos retos (90º)
- Isósceles → Ou trapézio simétrico. Tem dois lados iguais e dois diferentes.
- Escaleno → Os quatro lados têm medidas diferentes (Por óbvio, quatro ângulos diferentes).

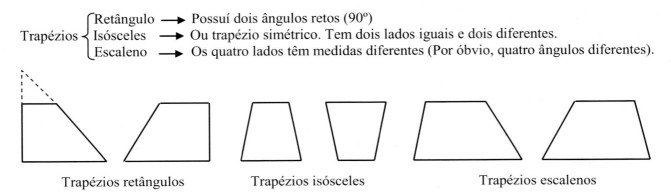

Trapézios retângulos   Trapézios isósceles   Trapézios escalenos

Observa-se que esses trapézios podem ser originados de triângulos: retângulos, isósceles e escalenos, como exemplificado no primeiro trapézio, oriundo de um corte paralelo à base de um triângulo retângulo.

3.2 Elementos e propriedades dos quadriláteros

Todo quadrilátero apresenta os seguintes elementos: lados, vértices, ângulos internos, ângulos externos e diagonais. Também têm propriedades e características, a seguir detalhadas.

3.2.1 Elementos

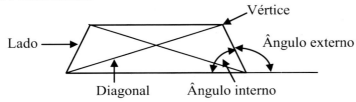

Lados: São os segmentos de reta que contornam o quadrilátero.

Vértices: São os pontos de encontro entre dois lados.

Ângulos internos: São os ângulos determinados por dois lados consecutivos de um quadrilátero.

Ângulos externos: são ângulos formados pelo prolongamento de um lado de um polígono. Um ângulo externo sempre é suplementar ao ângulo interno adjacente a ele. Ou seja, a soma dos ângulos interno e externo é igual a 180º.

Diagonais: São os segmentos de reta cujas extremidades são dois vértices não consecutivos de um polígono.

3.2.2 Propriedades

1ª A soma dos ângulos internos de um quadrilátero é igual a 360º.

2ª As diagonais de um retângulo e de um quadrado são congruentes. Ou seja, têm o mesmo comprimento. As diagonais de um quadrado são perpendiculares, interceptam-se no ponto médio e são bissetrizes dos ângulos dos vértices. As diagonais de um retângulo interceptam-se no ponto médio.

3ª As diagonais de um losango são perpendiculares e de comprimento diferentes. Num losango, as diagonais estão sobre as bissetrizes dos ângulos.

4ª O cruzamento das diagonais de um quadrilátero originam ângulos opostos pelo vértice, ou seja, iguais dois a dois.

Capítulo 3 – Quadriláteros: paralelogramo, retângulo, quadrado e trapézio – 51

5ª Em todo paralelogramo (quadrado, retângulo e losango) os lados opostos são iguais.

6ª Em todo paralelogramo, os ângulos opostos são iguais.

Exercício 3.2.1) No paralelogramo a seguir, determinar os ângulos ß.

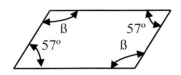

Como a soma dos ângulos internos de um quadrilátero é igual a 360°:

$$ß = \frac{360° - (57° + 57°)}{2} => ß = 123°.$$ (Em todo paralelogramo, os ângulos opostos são iguais)

Conclusão: ß = 123°.

Exercício 3.2.2) No paralelogramo do exercício anterior, considerando as medidas indicadas, determinar os comprimentos das diagonais AC e BD. (*sen 57° = +0,83867 e *cos 57° = +0,54464)

*sen 57° = 5/BC => BC = 5/sen 57° => BC = 5,96 cm.
*cos 57° = BE/5,96 => BE = 5,96 x 0,5446 => BE = 3,25 cm.

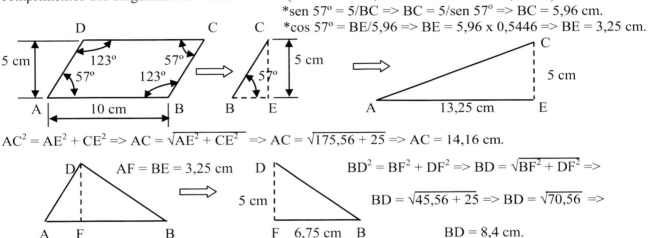

$AC^2 = AE^2 + CE^2 => AC = \sqrt{AE^2 + CE^2}$ => $AC = \sqrt{175,56 + 25}$ => AC = 14,16 cm.

AF = BE = 3,25 cm

$BD^2 = BF^2 + DF^2 => BD = \sqrt{BF^2 + DF^2}$ =>
$BD = \sqrt{45,56 + 25}$ => $BD = \sqrt{70,56}$ =>
BD = 8,4 cm.

Conclusão: as diagonais têm os seguintes comprimentos: AC = 14,16 cm e BD = 8,4 cm.

Exercício 3.2.3) Determinar o valor das diagonais do retângulo a seguir.

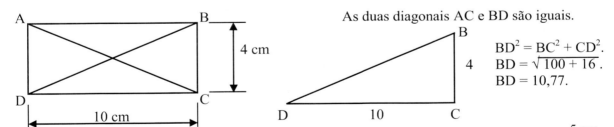

As duas diagonais AC e BD são iguais.

$BD^2 = BC^2 + CD^2.$
$BD = \sqrt{100 + 16}.$
BD = 10,77.

Conclusão: as diagonais são iguais e valem 10,77 cm.

Exercício 3.2.4) No losango à direita, calcular o valor do lado e da diagonal maior.

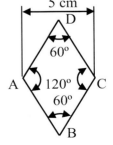

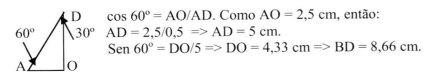

cos 60° = AO/AD. Como AO = 2,5 cm, então:
AD = 2,5/0,5 => AD = 5 cm.
Sen 60° = DO/5 => DO = 4,33 cm => BD = 8,66 cm.

Conclusão: o lado vale 5 cm e a diagonal maior vale 8,66 cm.

Exercício 3.2.5) Para o trapézio a seguir determinar: os valores dos ângulos α, ß e lados faltantes.

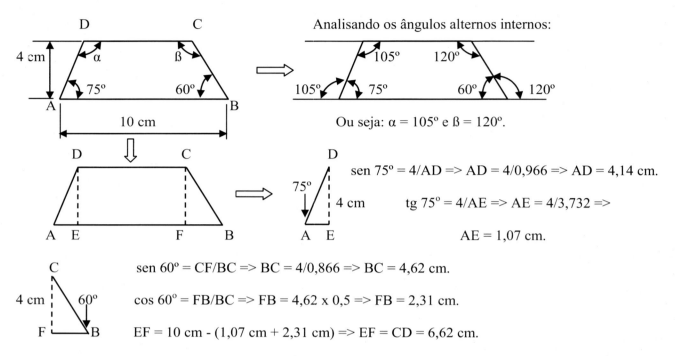

sen 60° = CF/BC => BC = 4/0,866 => BC = 4,62 cm.

cos 60° = FB/BC => FB = 4,62 x 0,5 => FB = 2,31 cm.

EF = 10 cm - (1,07 cm + 2,31 cm) => EF = CD = 6,62 cm.

Conclusão: ângulos são α = 105° e ß = 120°. Os lados são: AD = 4,14 cm, BC = 4,62 cm e CD = 6,62 cm.

3.3 O retângulo de ouro

Se um retângulo for construído com os segmentos de reta AB e AE, a seguir mostrados, ele será denominado retângulo de ouro, onde o lado maior será igual ao menor multiplicado pelo número de ouro (AB = AE . ϕ).

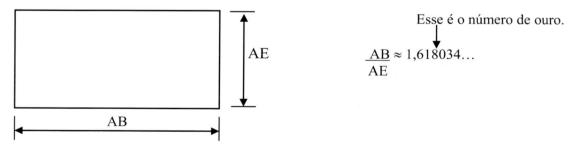

O retângulo de ouro é um objeto matemático que marca forte presença no domínio das artes, na arquitetura, na pintura, na publicidade e no projeto de produtos. Este fato não é uma simples coincidência já que muitos testes psicológicos demonstraram que o retângulo de ouro é de todos os retângulos, o mais agradável à vista. Até hoje não se conseguiu descobrir ao certo a razão de ser dessa beleza, mas a verdade é que existem inúmeros exemplos onde o retângulo de ouro aparece.

Até mesmo nas situações mais práticas do cotidiano, encontram-se aproximações do retângulo de ouro. O caso dos cartões de crédito, carteiras de identidade, carteiras de motorista, assim como a forma retangular da maior parte dos nossos livros, são exemplos de aplicações do retângulo de ouro.

Existe uma outra forma gráfica de construir um retângulo de ouro, a partir de um quadrado de lado unitário. A seguir é mostrada a sequência para a construção gráfica de um retângulo com lados iguais a 1 e 1,618034.

Capítulo 3 – Quadriláteros: paralelogramo, retângulo, quadrado e trapézio – 53

1 – Desenha-se um quadrado de lado unitário   2 – Divide-se um dos lados ao meio

3 – Traça-se uma diagonal do vértice A ao vértice B, estendendo-se a base do quadrado

4 – Usando a diagonal AB como raio, traça-se um arco, como indicado: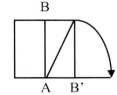

5 – Pelo ponto de interseção do arco com o segmento da base, traça-se um segmento perpendicular à base, bem como estendendo o lado superior do quadrado original, como indicado.
O retângulo CDEF é o "retângulo áureo".

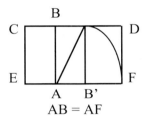
AB = AF

Essa construção gráfica, justifica-se matematicamente como:

$AB^2 = (0,5)^2 + 1^2 \Rightarrow AB = \sqrt{1,25} \Rightarrow AB = 1,118034$

Esse número vale: 1,6180339887...

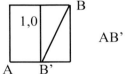
AB' = 0,5.

Como por construção geométrica: EA = 0,5, então: EF = 0,5 + 1,118034 = 1,618034.

Conclusão: o retângulo de ouro tem as seguintes dimensões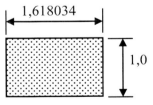

3.3.1 Curiosidade: a espiral de ouro

Um retângulo de ouro tem a propriedade de: caso subdividido num quadrado e num retângulo, o novo retângulo é também de ouro. Repetido este processo infinitamente, e unidos os vértices dos quadrados gerados, obtém-se uma espiral a qual se dá o nome de espiral de ouro. A espiral de ouro é encontrada também na natureza, em algumas flores, caracóis e conchas. A espiral de ouro, que é uma curva logarítmica*, é muito utilizada na prática em arquitetura e detalhes artísticos.
*Logarítmos estão relacionados a um número elevado a determinada potência. Em geral, os logaritmos são estudados na Álgebra, no Ensino Médio.

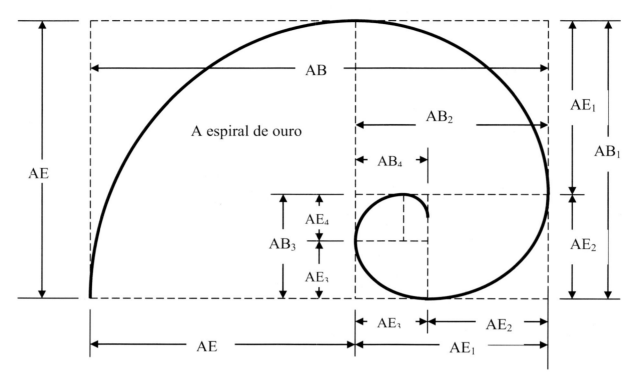

$$AB/AE = AB_1/AE_1 = AB_2/AE_2 = AB_3/AE_3 = AB_4/AE_4 = 1,618034...$$

3.4 Perímetros e áreas dos quadriláteros

Tanto no estudo da Matemática, quanto na prática, é muito importante saber calcular o perímetro e a área de quadriláteros. O perímetro de qualquer quadrilátero, é igual a soma dos seus lados. O cálculo da área de um quadrilátero varia, conforme o tipo de quadrilátero. Retângulos têm suas áreas, simplesmente multiplicando os valores de seus lados. Um retângulo de comprimento dois metros e largura 0,8 metro, tem como área: 2 m x 0,8 m = 1,6 m². A área de um quadrado é igual ao valor do seu lado elevado ao quadrado, ou seja, o valor do lado multiplicado por ele mesmo. Um quadrado de lado 12 cm, tem como área (12 cm)² = 144 cm², que é igual a 12 cm x 12 cm.

Área do paralelogramo

A área de um paralelogramo é igual ao produto da base pela altura, comprovada pela análise a seguir.

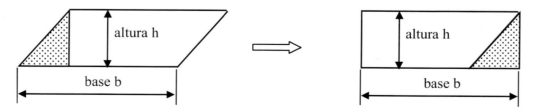

Observa-se que, ao transladar o triângulo retângulo destacado, obtém-se um retângulo, cuja área é igual ao produto da base pela altura.

Áreas dos trapézios

Como visto no parágrafo 3.1, existem três tipos de trapézios: retângulo, isósceles e escaleno. Independente do tipo, todo trapézio tem sua área dada por: S = (B + b)h/2, onde B é a base maior, b a base menor e h a altura.

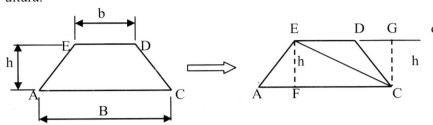

Ao traçar a diagonal CE, criam-se dois triângulos: ACE e CDE, ambos com a mesma altura h: EF = CG. A área do trapézio é igual à soma das área dos triângulos.

Área triângulo ACE = B x h ; Área do triângulo CDE = b x h .
                              2   2

Soma das áreas = B x h + b x h = (B + b) h . ← Essa é a fórmula da área de um trapézio, de qualquer tipo.
                    2   2   2

Exercício 3.4.1) Um fazendeiro quer dividir um terreno em três partes de mesma área, uma para cada um dos seus três filhos. O terreno tem o formato de um trapézio escaleno, como a seguir mostrado. Determinar as dimensões de cada uma das três partes.

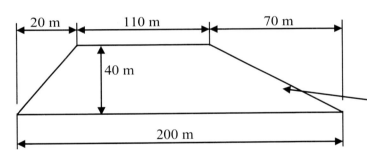

Inicialmente calcula-se a área total do trapézio.

AT = (200 + 110) x 40 => AT = 6.200 m².
           2

Área de cada parte = 6.200 = 2.066,67 m².
                         3

Observa-se que a área do triângulo maior é igual a 70 x 40 = 1.400 m². (< 2.066,67 m²).
                       2

Ou seja, um dos terrenos terá o formato retangular, área A2, e os outros dois no formato de trapézios escalenos, áreas A1 e A3.

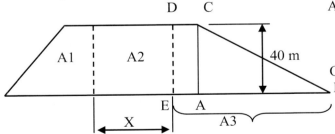

A2 = 40 m x X = 2.066,67 m² => X = 2.066,67 =>
                                         40

X = 51,67 m.

Ou seja: a área A2 é um retângulo de 40 m x 51,67 m.

Na sequência calcula-se a área do trapézio A3.

A3 = área do triângulo ABC mais a área do retângulo ACDE. Área do triângulo ABC = 1.400 m².

A área do retângulo ACDE é igual a 2.066,67 - 1.400 = 666,67 m². ← Esse retângulo tem altura de 40 m.

666,67 m² = AE x 40 m => AE = 16,67 m.

Ou seja, o trapézio de área A3 tem as seguintes dimensões:

A3 = (86,67 + 16,67) x 40 => A3 = 2.066,67 m². Está correta.
            2

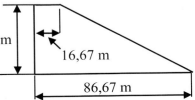

As dimensões do trapézio de área A1 são obtidas pela subtração das dimensões já conhecidas, ou seja:

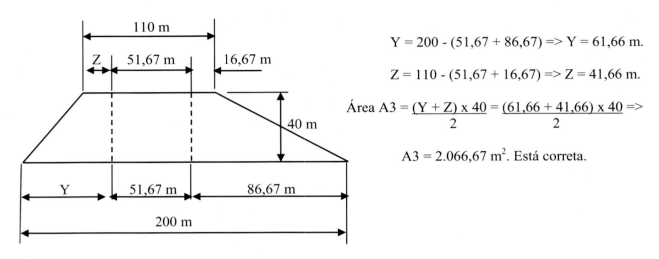

Y = 200 - (51,67 + 86,67) => Y = 61,66 m.

Z = 110 - (51,67 + 16,67) => Z = 41,66 m.

Área A3 = $\frac{(Y + Z) \times 40}{2}$ = $\frac{(61,66 + 41,66) \times 40}{2}$ =>

A3 = 2.066,67 m². Está correta.

Conclusão: os três terrenos, após a divisão, com áreas iguais a 2.066,67 m² cada, tem as dimensões:

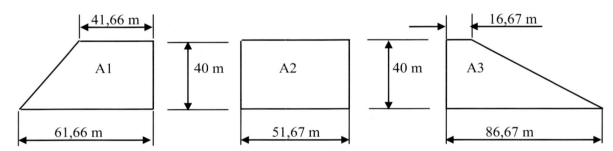

Área do losango

A área de um losango é igual ao produto das diagonais, dividido por dois (A = D x d/ 2), como a seguir mostrado.

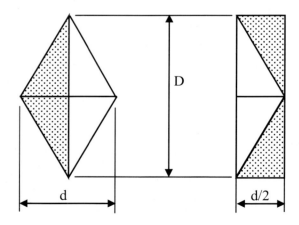

Observa-se que, recompondo a metade do losango, formada por dois triângulos retângulos, obtém-se um retângulo de dimensões D e d/2.

Como a área do losango, é equivalente à área desse retângulo, então a área do losango é igual a:

$$A = \frac{D \times d}{2}$$

Exercício 3.4.2) No losango a seguir, determinar a área do quadrilátero EFGH gerado pela união dos pontos médios de cada lado, que mede 10 cm e com ângulo Â = 150°.

AB = BC = CD = DA = 10 cm. Inicialmente, calculam-se os ângulos e os valores das diagonais. Como a soma dos ângulos internos de um losango é igual a 360°, então:

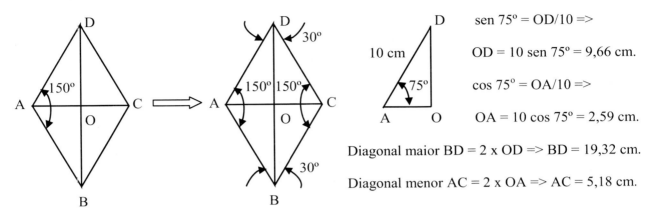

sen 75° = OD/10 =>

OD = 10 sen 75° = 9,66 cm.

cos 75° = OA/10 =>

OA = 10 cos 75° = 2,59 cm.

Diagonal maior BD = 2 x OD => BD = 19,32 cm.

Diagonal menor AC = 2 x OA => AC = 5,18 cm.

Para o cálculo das dimensões do quadrilátero EFGH, será utilizada a semelhança de triângulos.

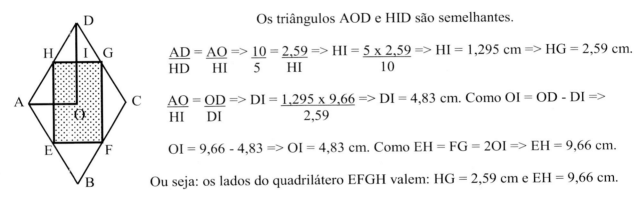

Os triângulos AOD e HID são semelhantes.

$\frac{AD}{HD} = \frac{AO}{HI}$ => $\frac{10}{5} = \frac{2,59}{HI}$ => $HI = \frac{5 \times 2,59}{10}$ => HI = 1,295 cm => HG = 2,59 cm.

$\frac{AO}{HI} = \frac{OD}{DI}$ => $DI = \frac{1,295 \times 9,66}{2,59}$ => DI = 4,83 cm. Como OI = OD - DI =>

OI = 9,66 - 4,83 => OI = 4,83 cm. Como EH = FG = 2OI => EH = 9,66 cm.

Ou seja: os lados do quadrilátero EFGH valem: HG = 2,59 cm e EH = 9,66 cm.

Conclusão: a área do quadrilátero EFGH é igual a HG x EH = 25,02 cm².

3.5 Sólidos a partir de quadriláteros

Embora no capítulo de prismas e pirâmides sejam mostrados todos os detalhes geométricos, é importante citar como a partir de quadriláteros é possível a criação de sólidos, ou seja, elementos geométricos de volume. Além da prática matemática, existem muitas aplicações reais para esses elementos. Enquanto quadriláteros têm duas dimensões, pirâmides e prismas têm três dimensões.
Pirâmides de base quadrilátera são usadas na prática, tanto como monumentos em concreto, quanto em obras de arte em bronze. Prismas de base quadrilátera são utilizados como elementos estruturais em obras de construção civil, bem como em perfis metálicos em aço. O cálculo do volume desses sólidos é fundamental, pois se precisa saber a quantidade de material que será necessária. Concreto para o monumento, bronze para a obra de arte e aço para os perfis.

58 – A Geometria Básica

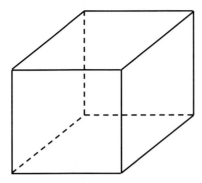

Um prisma quadrado, formando um cubo, usado, por exemplo, como caixa d'água.
Um cubo ou hexaedro, tem oito faces quadradas.

Uma pirâmide de base quadrilátera.

Um prisma retangular usado, por exemplo, como uma piscina ou placa de concreto.

No caso de caixa d'água ou piscina, o volume indica a quantidade de água contida. Lembra-se que um metro cúbico equivale a mil litros. No caso de uma placa de concreto ou uma laje, o volume multiplicado pelo peso específico do concreto, indica o peso total da placa ou laje.

3.6 Exercícios complementares resolvidos

3.6.1) Na figura a seguir o quadrado ABCD tem lado igual a 2 cm e o triângulo ACE é equilátero. Com esses dados, calcular a distância BE.

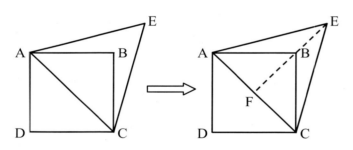

$AC^2 = AB^2 + BC^2 \Rightarrow AC = \sqrt{8} = 2\sqrt{2}$.
$AF = CF = AC/2 \Rightarrow AF = \sqrt{2}$.

$EF^2 + AF^2 = AE^2 \Rightarrow EF = \sqrt{AE^2 - AF^2} \Rightarrow$
$EF = \sqrt{(2\sqrt{2})^2 - (\sqrt{2})^2} \Rightarrow EF = \sqrt{(4 \times 2) - (2)} \Rightarrow$
$EF = \sqrt{6}$.
$BF = AF = \sqrt{2}$.

$BE = EF - BF = \sqrt{6} - \sqrt{2} = 1,04$ cm.

Conclusão: a distância BE é igual a 1,04 cm.

3.6.2) (PUC - Rio, 2017). No triângulo retângulo ABC, determinar o lado do quadrado AEDF, sabendo que AC = 4 cm e AB = 6 cm.

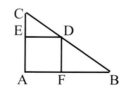

Por semelhança de triângulos: $\dfrac{AB}{ED} = \dfrac{AC}{CE}$ (I).   CE = AC - EA.

De (I): $\dfrac{6}{ED} = \dfrac{4}{4 - ED} \Rightarrow 6(4 - ED) = 4\,ED \Rightarrow 24 - 6\,ED = 4\,ED \Rightarrow$

10 ED = 24 => ED = 2,4 cm.

Conclusão: o lado do quadrado é igual a 2,4 cm.

3.6.3) (UERJ - 2019). O tangram é um quebra cabeça chinês que contém sete peças: um quadrado, um paralelogramo e cinco triângulos retângulos isósceles. Na figura a seguir, o quadrado ABCD é formado com as peças de um tangram, com as seguintes características:

NP = lado do quadrado. AM = lado do paralelogramo. CDR e ADR, bem como CNP e RST, são triângulos congruentes.

Com esses dados, determinar a razão entre a área do trapézio AMNP e a área do quadrado ABCD.

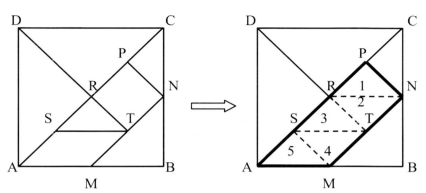

Com os dados e considerando a diagonal AC e segmento DT como trecho da diagonal BD, observa-se que o trapézio AMNP é constituído de cinco triângulos congruentes ao RNP.

Devido características desses triângulos, a diagonal AC é dividida em quatro partes iguais: AS, SR, RP e PC.

Chamando o lado do quadrado ABCD de a, sua área é: a^2.

Do triângulo ACD: $AC^2 = a^2 + a^2 \Rightarrow AC^2 = 2a^2 \Rightarrow AC = a\sqrt{2}$.

$NP = PR = \dfrac{a\sqrt{2}}{4}$

Cada um dos cinco triângulos retângulos tem as seguintes dimensões:

A área de cada um desses triângulos é: $\dfrac{\frac{a\sqrt{2}}{4} \times \frac{a\sqrt{2}}{4}}{2} = \dfrac{2a^2}{32}$

A área do trapézio AMNP = $5 \times \dfrac{2a^2}{32} = \dfrac{10a^2}{32} = \dfrac{5a^2}{16}$. Como a área do quadrado ABCD = a^2, então:

A relação entre a área do trapézio e do quadrado fica: $\dfrac{\frac{5a^2}{16}}{a^2} = \dfrac{5a^2}{16} \times \dfrac{1}{a^2} = 5/16$. (igual a).

Conclusão: a razão entre a área do trapézio AMNP e a área do quadrado ABCD é igual a 5/16 ou 0,3125. Ou seja, a área do trapézio é 31,25% da área do quadrado ABCD.

3.6.4) (UERJ - 2012). Considerando a pipa representada pela figura a seguir, determinar o comprimento total da linha representada pela soma: AB + BC + CD + DA, sabendo que: 1) AC e BD são varetas e os segmentos AB, BC, CD e DA, são trechos da linha que envolve a pipa; 2) AC e BD são perpendiculares em E; 3) Os ângulos ABC e ADC são retos e 4) Os segmentos AE e EC medem, respectivamente 18 cm e 32 cm.

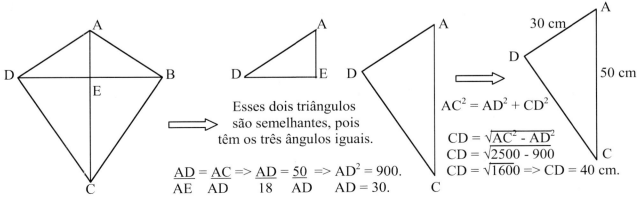

60 – A Geometria Básica

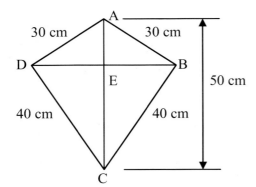

Conclusão: o comprimento total da linha é igual a 140 cm.

(Observação: apesar de ter lados iguais, dois a dois, como não tem lados paralelos, esse é um quadrilátero irregular)

3.6.5) No losango a seguir, determinar a área do quadrilátero marcado, sabendo que o lado mede 10 cm e que os pontos E e F estão no ponto médio dos lados AB e AD..

AB = BC = CD = DA = 10 cm. AE = AF = 5 cm. Inicialmente, calculam-se os ângulos e os valores das diagonais. Como a soma dos ângulos internos de um losango é igual a 360°, então:

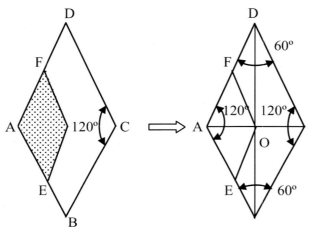

Observa-se que as linhas OE e OF são paralelas aos lados AD e CD, respectivamente. Com isso, o triângulo ACD é semelhante ao AOF, bem como os triângulos AOF e AOE são iguais.

Com essas semelhanças e igualdades, tem-se que os triângulos AOF e AOE são equiláteros de lado igual a 5 cm. Ou seja, basta calcular a área de um triângulo equilátero de lado 5 cm. O dobro dessa área é a área do quadrilátero pedido, que é um losango semelhante ao losango original.

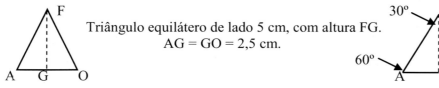

Triângulo equilátero de lado 5 cm, com altura FG.
AG = GO = 2,5 cm.

$AF^2 = AG^2 + FG^2$ =>
$FG^2 = AF^2 - AG^2$ =>
$FG = \sqrt{AF^2 - AG^2}$ =>
$FG = \sqrt{25 - 6,25}$ =>
FG = 4,33 cm.

Área do triângulo AOF = $\dfrac{AO \times FG}{2}$ = $\dfrac{5 \times 4,33}{2}$ = 10,825 cm². Á de dois triângulos = 21,65 cm².

Conclusão: a área do quadrilátero marcado é igual a 21,65 cm².

3.6.6) No trapézio a seguir, a base maior é igual ao dobro da base menor. Determinar: a) As medidas das bases, sabendo que a área do trapézio é igual a 180 cm² e b) O perímetro do trapézio, considerado isósceles.

Área = $\dfrac{(B + b) h}{2}$ = 180 cm². Fazendo b = x e B = 2x, tem-se:

180 = $\dfrac{(2x + x) 8}{2}$ => 360 = 24x => x = 15 cm. Logo 2x = 30 cm.

a) As bases medem: maior igual a 30 cm e menor igual a 15 cm.

Para calcular o perímetro precisa-se do valor dos lados inclinados, calculados a seguir.

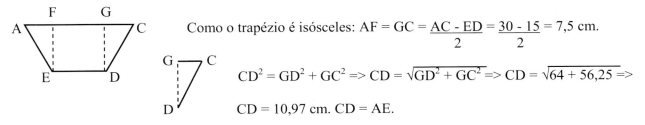

Como o trapézio é isósceles: $AF = GC = \dfrac{AC - ED}{2} = \dfrac{30 - 15}{2} = 7{,}5$ cm.

$CD^2 = GD^2 + GC^2 \Rightarrow CD = \sqrt{GD^2 + GC^2} \Rightarrow CD = \sqrt{64 + 56{,}25} \Rightarrow$ $CD = 10{,}97$ cm. $CD = AE$.

Perímetro = $AC + CD + DE + EA = 30 + 10{,}97 + 15 + 10{,}97 = 66{,}94$ cm.

b) O perímetro do trapézio é igual a 66,94 cm.

3.6.7) Sabendo que o quadrado maior, da figura a seguir, tem lado igual a 10 cm e sabendo que os outros dois quadriláteros são gerados a partir dos pontos médios dos lados, determinar a área do quadrilátero marcado.
Observa-se que, todos os triângulos gerados são retângulos.

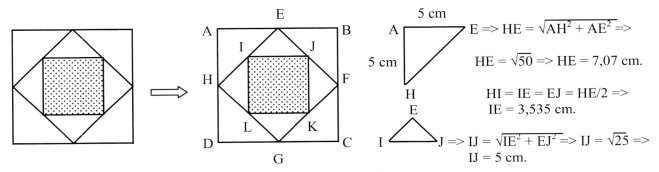

Os quadriláteros EFGH e IJKL são quadrados. **Portanto, a área do quadrado IJKL é igual a 25 cm²**.

3.6.8) Considerando o losango a seguir com lado igual a 10 cm e os ângulos indicados, calcular a área do triângulo marcado, sabendo que sua base passa pelos pontos médios dos lados inferiores do losango.

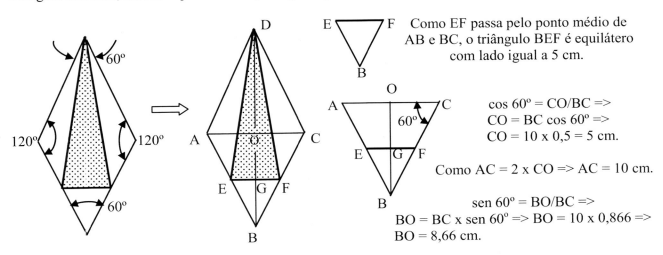

Como EF passa pelo ponto médio de AB e BC, o triângulo BEF é equilátero com lado igual a 5 cm.

$\cos 60^\circ = CO/BC \Rightarrow$
$CO = BC \cos 60^\circ \Rightarrow$
$CO = 10 \times 0{,}5 = 5$ cm.

Como $AC = 2 \times CO \Rightarrow AC = 10$ cm.

$\operatorname{sen} 60^\circ = BO/BC \Rightarrow$
$BO = BC \times \operatorname{sen} 60^\circ \Rightarrow BO = 10 \times 0{,}866 \Rightarrow$
$BO = 8{,}66$ cm.

Como os triângulos ABC e EBF são semelhantes, tem-se: $\dfrac{AC}{EF} = \dfrac{OB}{BG} \Rightarrow BG = \dfrac{OB \times EF}{AC} \Rightarrow BG = \dfrac{8{,}66 \times 5}{10} \Rightarrow$

$BG = 4{,}33$ cm. Como $OG = OB - BG \Rightarrow OG = 8{,}66 - 4{,}33 \Rightarrow OG = 4{,}33$ cm.

A altura DG do triângulo DEF é igual a OD = OB + OG => DG = 8,66 + 4,33 => DG = 13 cm.

A área do triângulo DEF é igual a $\frac{EF \times DG}{2}$ => Área = $\frac{5 \times 13}{2}$ = 32,5 cm².

Conclusão: a área do triângulo marcado é igual a 32,5 cm².

3.6.9) No trapézio isósceles a seguir, calcular a área do triângulo CDE, sabendo que AD = BC = 10,97 cm.

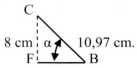

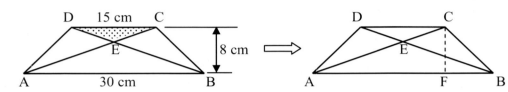

FB = $\frac{30 - 15}{2}$ = 7,5 cm.

No triângulo BCF: tg α = CF/BF = 8 cm/7,5 cm = 1,0667 => α = 46,85°. Como a soma dos ângulos internos é igual a 360°, tem-se os seguintes ângulos.

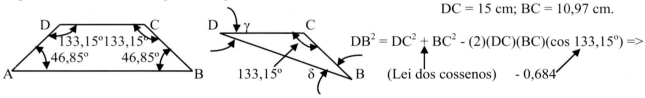

DC = 15 cm; BC = 10,97 cm.

DB² = DC² + BC² - (2)(DC)(BC)(cos 133,15°) =>
(Lei dos cossenos)   - 0,684

DB² = 225 + 120,34 + 225,10 => DB² = 570,44 => DB = 23,88 cm.

Pela lei dos senos: $\frac{DB}{sen\ 133,15°} = \frac{DC}{sen\ \delta}$ => sen δ = $\frac{sen\ 133,15° \times DC}{DB}$ => sen δ = $\frac{0,73 \times 15}{23,88}$ => sen δ = 0,459.

sen δ = 0,459 => δ = 27,32°. δ = 27,32° => γ = 180° - (133,15° + 27,32°) => γ = 19,53°.

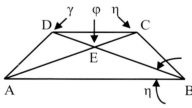

η = 46,85° - δ => η = 46,85° - 27,32° => η = 19,53°.

φ = 180° - (γ + η) => φ = 180° - (19,53° + 19,53°) => φ = 140,94°.

η = 19,53°.

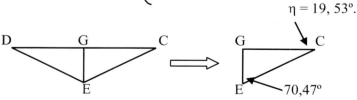

CG = 7,5 cm

tg 19,53° = EG/CG => EG = CG × tg 19,53°.
EG = 7,5 × 0,355 => EG = 2,66 cm.

Área do triângulo CDE é o dobro da área do triângulo CEG, ou seja: Área = GC × GE = 19,95 cm².

Conclusão: a área do triângulo CDE é igual a 19,95 cm².

3.6.10) No retângulo ABCD, os pontos E, F e H são pontos médios dos lados e G é o ponto de cruzamento das diagonais. Determinar a relação entre a área marcada e a área do retângulo.

Capítulo 3 – Quadriláteros: paralelogramo, retângulo, quadrado e trapézio – 63

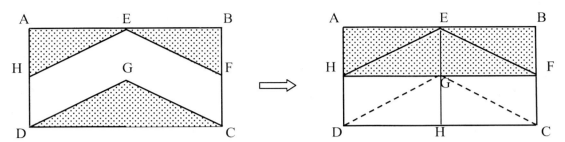

Observa-se que existem quatro triângulos retângulos iguais: AEH, BEF, HEG e FGC. A área de cada um desses triângulos equivale a um oitavo da área do retângulo ABCD. Ou seja, quatro triângulos equivalem à metade da área do retângulo. Ao rearranjar as áreas, constata-se que a área marcada é igual à metade da área do retângulo.

Conclusão: a relação entre a área marcada e a área do retângulo é igual a 0,5.

3.6.11) (UNICAMP - 2012). Um topógrafo deseja calcular as distâncias (AB e BD) entre pontos situados à margem de um riacho, como mostra a figura a seguir. O topógrafo determinou as distâncias BC = 15 m e CD = 10 m, bem como os ângulos citados na tabela, obtidos com a ajuda de um aparelho chamado teodolito. Com esses dados, determinar as distâncias AB e BD.

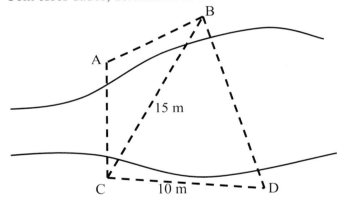

Tabela

Visada	Ângulo	Ângulo
$\widehat{ACB}$	$\pi/6$	30º
$\widehat{BCD}$	$\pi/3$	60º
$\widehat{ABC}$	$\pi/6$	30º

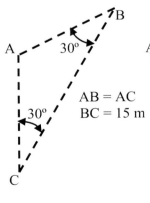

Pela lei dos cossenos: $AB^2 = AC^2 + BC^2 - (2)(AC)(BC)(\cos 30º) =>$

$AB^2 - AC^2 = 15^2 - (2)(AC)(15)(\sqrt{3}/2) => 225 = (30)(\sqrt{3}/2)AC => AC = \dfrac{225}{15\sqrt{3}} =>$

$AC = 15/\sqrt{3} => AC = \dfrac{15\sqrt{3}}{3} => AC = 5\sqrt{3}$ m, que é igual a AB.

Pela lei dos cossenos:

$BD^2 = BC^2 + CD^2 - (2)(BC)(CD)(\cos 60º) =>$
$BD^2 = 225 + 100 - (2)(15)(10)(0,5) =>$
$BD^2 = 325 - 150 => BD^2 = 175 => BD = \sqrt{7 \times 25} =>$
$BD = 5\sqrt{7}$ m.

Conclusão: as distâncias são AB = $5\sqrt{3}$ m (8,66 m) e BD = $5\sqrt{7}$ m (13,23 m).

3.6.12) (FATEC - 2012). Uma academia possui duas salas contíguas e retangulares, sendo uma para ginástica e outra para ioga. Conforme mostra a figura a seguir, para adequar o atendimento aos usuários, a academia realizou uma reforma em que a sala de ginástica foi transformada em um quadrado, aumentando o lado menor em dois metros. Após a reforma, a sala de ioga foi reduzida de 30 m² para 18 m². Com esses dados, determinar a área da antiga sala de ginástica.

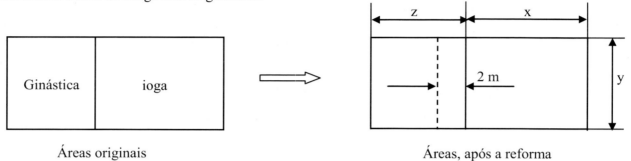

Áreas originais   Áreas, após a reforma

Considerando as dimensões após a reforma tem-se:

$\begin{cases} (x+2)y = 30 \text{ (I)} \\ xy = 18 \text{ (II)} \Rightarrow x = 18/y \end{cases}$. Substituindo (II) em (I), obtém-se:

(18/y + 2) y = 30 => 18y/y + 2y = 30 => 18 + 2y = 30 => 2y = 12 e y = 6 m.

Ou seja, a largura do grande retângulo é 6 metros. Como a sala de ginástica foi transformada num quadrado, significa que passou a ter 6 metros por 6 metros, totalizando 36 m².

Como para chegar aos 36 m², aumentou-se dois metros, significa que a sala de ginástica tinha 24 m², pois: 36 m² - (6 m x 2 m) = 36 m² - 12 m² = 24 m².

Conclusão: a antiga sala de ginástica tinha 24 m² (6 m x 4 m).

3.6.13) Losangos podem ser interpretados como constituídos de dois triângulos, em relação à diagonal menor, sendo um para cima e um para baixo. Um losango de 10 cm de lado, constituído por dois triângulos equiláteros, conforme a figura a seguir, é modificado de forma a se colocar um triângulo ao lado do outro e, com acréscimo de um segmento, obtém-se um trapézio isósceles. Com esses dados, pedem-se: a) A área do trapézio e b) A medida das suas diagonais.

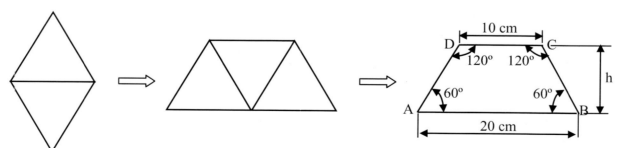

Como os triângulos são equiláteros, o lado do triângulo é igual a 10 cm, ficando o trapézio:

A área de um trapézio é igual a: S = (B + b) h , onde: B é a base maior, b a base menor e h a altura.
                                      2

Tem-se que determinar a altura do trapézio, como adiante descrito.

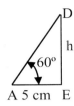

tg 60° = h/5 cm => h = 5 cm x tg 60° => h = 5 cm x 1,732 => h = 8,66 cm.

Área do trapézio = $\dfrac{(B + b) h}{2} = \dfrac{(20 + 10)\, 8{,}66}{2} = 129{,}9$ cm².

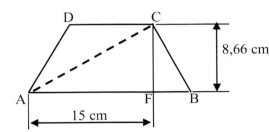

Como o trapézio é isósceles, as diagonais são iguais.

$AC^2 = AF^2 + CF^2 \Rightarrow AC^2 = 15^2 + 8{,}66^2 \Rightarrow$
$AC^2 = 225 + 75 \Rightarrow AC = \sqrt{300} \Rightarrow AC = 17{,}32$ cm.

Conclusão: a) Área do trapézio é igual a 129,9 cm² e as diagonais medem 17,32 cm, cada uma.

3.7 Exercícios propostos (Veja respostas no Apêndice A)

3.7.1) (UNEMAT – MT, 2015). Na figura a seguir ABCD é um paralelogramo, ABDE é um retângulo de área 24 cm² e D é um ponto do segmento EC. Com esses dados, calcular a área da figura ABCE.

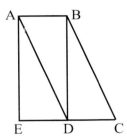

3.7.2) No losango a seguir, de lado igual a 8 cm e ângulo menor definido como 60°, é definido um quadrilátero interno, onde os pontos E e F estão localizados na metade dos segmentos AG e GC. Com esses dados pedem-se: a) O tipo do quadrilátero BEDG, b) O perímetro do novo quadrilátero e c) A área desse novo quadrilátero.

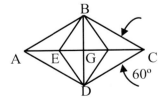

3.7.3) Considerando as dimensões do paralelogramo a seguir, determinar o tipo, o perímetro e a área do quadrilátero ABCD, quando quatro paralelogramos são posicionados como indicado.

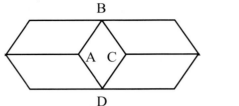
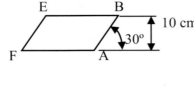

3.7.4) Determinar os ângulos do losango a seguir.

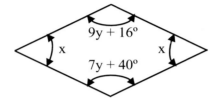

3.7.5) No retângulo a seguir, determinar os valores de x e y.

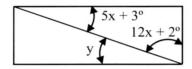

3.7.6) (ENEM - 2013). Para o reflorestamento de uma área, deve-se cercar totalmente, com tela, os lados de um terreno, exceto o lado margeado pelo rio, conforme a figura a seguir. Sabendo que cada rolo de tela, que será usado para confecção da cerca, contém 48 metros de comprimento. Qual a quantidade mínima de rolos que deve ser comprada, para cercar o terreno.

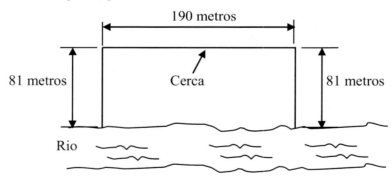

3.7.7) Um agricultor tem uma área no formato de um trapézio isósceles, como desenhado a seguir. Ele precisa plantar mudas de um tipo de arbusto frutífero, que precisa de um espaçamento mínimo de dois metros entre plantas e dois metros entre a planta e os limites do terreno, que será cercado. Considerando esses dados, qual o número máximo de arbustos que ele conseguirá plantar?

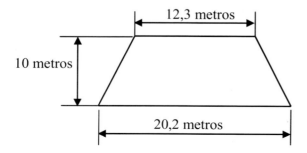

3.7.8) (ENEM - 2014). Um carpinteiro fabrica portas retangulares maciças, de tamanhos padrões. Por ter recebido de seus clientes pedidos de portas mais altas, ele aumentou sua altura em 1/8, preservando as espessuras (e usando o mesmo material). A fim de manter o custo com o material de cada porta, precisou reduzir a largura. Determinar a razão entre a largura da nova porta e a largura da porta anterior.

3.7.9) (VUNESP - 2019). Um terreno retangular ABCD, com 12 metros de comprimento, teve 2/5 de sua área total, reservada para um canteiro de hortaliças, conforme mostra a figura, onde as medidas indicadas estão em metros. Sabendo que a área do canteiro de hortaliças é 24 m², calcular a medida do lado do terreno, indicada na figura pela letra x.

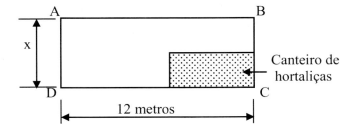

3.7.10) (ENEM - 2019). No trapézio isósceles, mostrado a seguir, M é o ponto médio do segmento BC, e os pontos P e Q são obtidos dividindo o segmento AD em três partes iguais. Pelos pontos B, M, C, P e Q são traçados segmentos de reta, determinando cinco triângulos internos ao trapézio. Com esses dados, calcular a razão entre os segmentos BC e AD, de forma que os cinco triângulos têm áreas iguais.

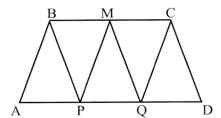

3.7.11) Considerando o trapézio isósceles, a seguir mostrado, bem como a sobreposição indicada, determinar o valor da medida AD.

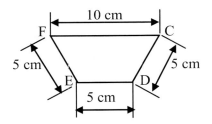 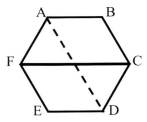

3.7.12) No trapézio a seguir, mostrado no exercício anterior, determinar a área do triângulo GED, sabendo que o ponto G está no meio do segmento FC.

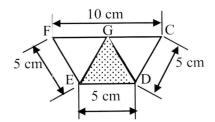

3.7.13) O losango ABCD tem lado igual a 5 cm e ângulo menor de 60°, como mostrado. Supondo seis losangos congruentes, posicionados como indicado, determinar a distância AE.

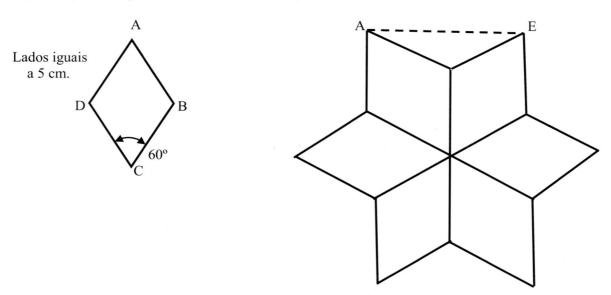

3.7.14) Um quadrado ABCD, de área 100 cm², tem em seu interior um outro quadrado EFGH, de área 36 cm². Ao unir os vértices dos dois quadrados, como mostrado, criam-se quatro outros quadriláteros. Determinar os tipos de quadriláteros, seus ângulos internos e suas dimensões.

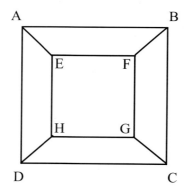

3.7.15) Dado o retângulo ABCD, de perímetro 140 m, determinar as medidas dos lados e a área do triângulo ADE, sabendo que o ponto E está localizado na metade do lado CD.

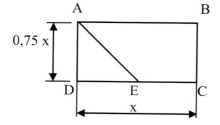

3.7.16) As figuras a seguir mostram um tanque no formato de um trapézio isósceles de profundidade 1,5 metros, que será usado como tanque de proteção e cuidados de peixes boi em tratamento, para reintrodução na natureza. A parte interna do tanque será totalmente revestida de azulejos, tanto as paredes internas, quanto o fundo. Cada azulejo, tem o formato quadrado, medindo 20 cm x 20 cm. Cada caixa tem o equivalente a 1 m² de azulejos, ou seja, cada caixa contém 25 azulejos. Determinar quantas caixas, no mínimo, devem ser compradas, considerando que para cada cem azulejos assentados, ocorre a perda de um ou por quebra ou por defeito de fábrica.

Uma vista de cima do tanque

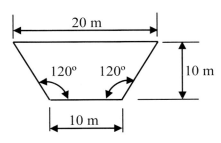

Uma vista em perspectiva do tanque

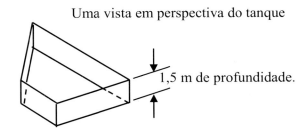

3.7.17) Na figura a seguir, determinar a área do trapézio EFGH, sabendo que os pontos E e F estão no meio dos segmentos AB e BC. O losango ABCD tem lado igual a 5 cm.

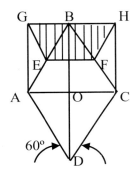

3.7.18) (UFRJ - 2010). Os 18 retângulos que compõem o quadrado a seguir, são todos congruentes. Sabendo que a área do quadrado é igual a 12 cm², determinar o perímetro de cada retângulo.

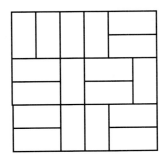

3.7.19) Uma arquiteta, proprietária de um terreno retangular de 20 m por 30 m, quer construir uma residência no formato trapezoidal, conforme a figura a seguir. Determinar o valor da medida x, de forma que a área construída ocupe 60% da área total.

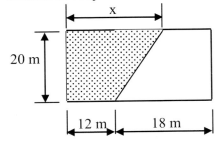

3.7.20) Na figura a seguir e à direita, calcular a área e o perímetro do triângulo EFG. A figura estrelada é obtida a partir da montagem de seis losangos de lado 5 cm e ângulo menor igual a 60°.

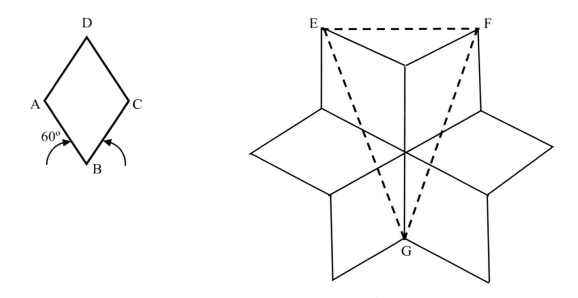

Capítulo 4
Circunferência e círculo

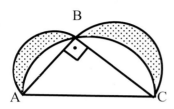

Triângulo retângulo 3 cm, 4 cm e 5 cm, com cálculo da área marcada, que envolve cálculo da área de semicírculos.

Circunferência é a linha ou perímetro, círculo é a área interna a uma circunferência. *A partir de circunferências e círculos, podem ser gerados cilindros circulares ocos ou maciços. Cilindros ocos podem ser, por exemplo, tubulações. Cilindros maciços podem ser usados, por exemplo, como pilastras de prédios. Circunferências e círculos permitem diversas análises matemáticas. Em termos da Geometria, tem-se a Trigonometria na circunferência, que permite os mais diversos cálculos, sendo uma das bases matemáticas das áreas chamadas de ciências exatas.*

4.1 Circunferência e círculo. Definições e elementos

Circunferência é o lugar geométrico dos pontos equidistantes a um determinado ponto. Ou seja, é uma linha, ou melhor, um perímetro. Círculo é a área contida no interior de uma circunferência.

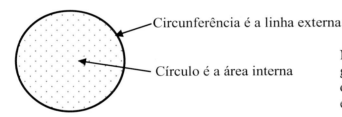

Na Geometria euclidiana, circunferência é o lugar geométrico dos pontos de um plano que equidistam de um ponto fixo. O ponto fixo é o centro e a equidistância o raio da circunferência.

Elementos principais de uma circunferência

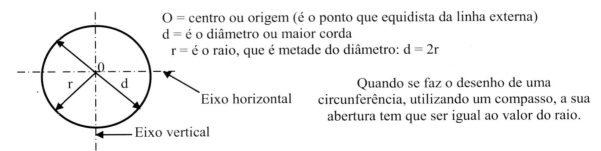

O = centro ou origem (é o ponto que equidista da linha externa)
d = é o diâmetro ou maior corda
r = é o raio, que é metade do diâmetro: d = 2r

Quando se faz o desenho de uma circunferência, utilizando um compasso, a sua abertura tem que ser igual ao valor do raio.

Elementos característicos e suas relações geométricas

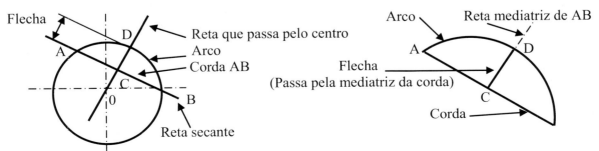

O diâmetro é a maior corda de uma circunferência, e o raio é a maior flecha. Considerando a corda AB, a flecha CD lhe é perpendicular, passando pelo seu ponto médio e pelo centro da circunferência.

Elementos característicos de um círculo

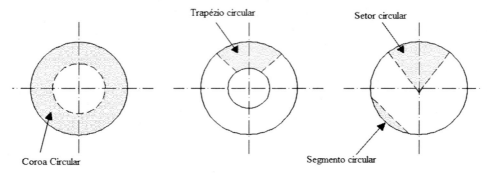

Detalhes e relações geométricas

Área do círculo: $S = \pi \cdot r^2$ ou $S = \pi \cdot d^2 / 4$

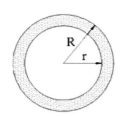

Área da coroa circular = área maior - área menor.

$$\text{Área} = \pi (R^2 - r^2)$$

Um exemplo real do conceito de coroa circular, é o seu uso como tubulação (que é um cilindro oco).

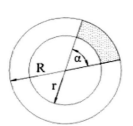

Área do trapézio circular:

$$\text{Área} = \frac{\pi \cdot (R^2 - r^2) \cdot \alpha}{360º} \quad (\alpha \text{ em graus})$$

A Arquitetura utiliza o conceito de trapézio circular, em algumas construções. *Designers* também usam esta forma geométrica, por exemplo, em móveis.

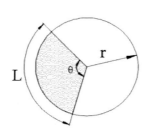

Área do setor circular (Θ é o ângulo central)

$$\text{Área} = \frac{\Theta \cdot \pi \cdot r^2}{360º} \quad (\Theta \text{ em graus})$$

Algumas válvulas, usadas em tubulações industriais, têm o seu sistema de vedação no formato de um setor circular.

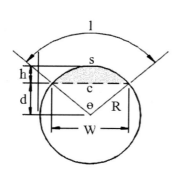

Área do segmento circular

$$\text{Área} = \frac{1}{2} \cdot R^2 \cdot \left[\frac{\pi \cdot \Theta}{180º} - \text{sen } \Theta \right] \quad (\Theta \text{ em graus})$$

Em Engenharia Mecânica, existem peças chamadas chavetas, no formato de segmento circular, do tipo Woodruff, que são usadas para unir engrenagens a eixos.

Exercício 4.1.1) Determinar as medidas da corda e da flecha de um arco, equivalente a um ângulo central (Θ) de 60°, em uma circunferência de diâmetro 20 cm.

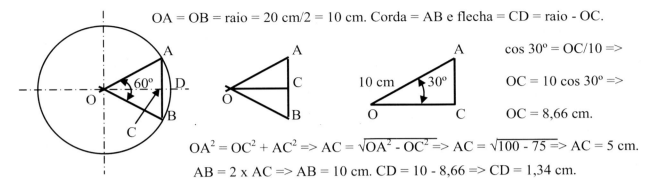

OA = OB = raio = 20 cm/2 = 10 cm. Corda = AB e flecha = CD = raio - OC.

cos 30° = OC/10 =>
OC = 10 cos 30° =>
OC = 8,66 cm.

$OA^2 = OC^2 + AC^2$ => AC = $\sqrt{OA^2 - OC^2}$ => AC = $\sqrt{100 - 75}$ => AC = 5 cm.

AB = 2 x AC => AB = 10 cm. CD = 10 - 8,66 => CD = 1,34 cm.

Conclusão: a corda é igual a 10 cm e a flecha é igual a 1,34 cm.

Exercício 4.1.2) Uma tubulação de água usa tubo plástico de diâmetro externo igual a 50 cm e diâmetro interno de 46 cm. Com esses dados, determinar a espessura do tubo, bem como a área de material plástico.

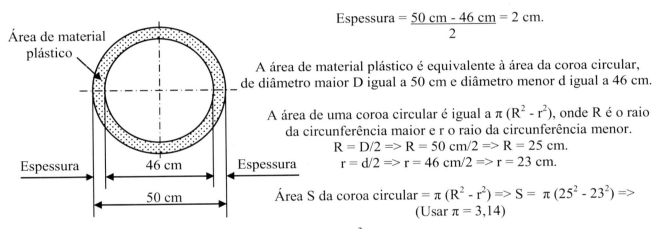

Espessura = $\dfrac{50 \text{ cm} - 46 \text{ cm}}{2}$ = 2 cm.

A área de material plástico é equivalente à área da coroa circular, de diâmetro maior D igual a 50 cm e diâmetro menor d igual a 46 cm.

A área de uma coroa circular é igual a $\pi (R^2 - r^2)$, onde R é o raio da circunferência maior e r o raio da circunferência menor.
R = D/2 => R = 50 cm/2 => R = 25 cm.
r = d/2 => r = 46 cm/2 => r = 23 cm.

Área S da coroa circular = $\pi (R^2 - r^2)$ => S = $\pi (25^2 - 23^2)$ =>
(Usar $\pi = 3{,}14$)

S = π (625 cm² - 529 cm²) => S = π (96) => S = 301,44 cm².

Conclusão: a espessura do tubo é igual a 2 cm e a área de material plástico é 301,44 cm².

Exercício 4.1.3) Um artista plástico planejou utilizar um trapézio circular, para compor um grande painel. Como o trapézio é de grandes dimensões, ele precisa saber a área do mesmo, para saber quanto gastará de resina e tinta para cobrir a área. O trapézio circular tem um ângulo central (α) de 45°, estando em uma coroa circular de diâmetro maior 10 metros e diâmetro menor 8 metros. Determinar a área do trapézio. ($\pi = 3{,}14$).

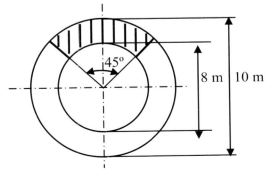

D = 10 m => R = 5 m. d = 8 m => r = 4 m.

Área do trapézio = $\dfrac{\pi (R^2 - r^2) \alpha}{360°} = \dfrac{3{,}14 (5^2 - 4^2) 45°}{360°}$ =>

Área = $\dfrac{3{,}14 (9)}{8}$ = 3,53 m².

Conclusão: a área do trapézio circular é igual a 3,53 m².

Exercício 4.1.4) Um paisagista está projetando um grande jardim no formato circular, bem no meio de uma praça, onde irá plantar gramas e flores de três cores diferentes: verde, amarelo e branco. O grande círculo do jardim tem diâmetro de 10 metros. Ele decidiu dividir as cores em três setores circulares, como a seguir mostrado. A cor verde será plantada num setor de 160° e as cores amarelo e branco em setores de 100° cada. Como as gramas e as flores são vendidas por metro quadrado, determinar a área de cada setor.
Observa-se que, como será visto no capítulo 5, uma circunferência tem 360°.

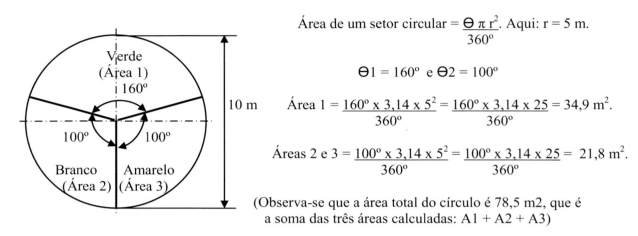

Área de um setor circular = $\dfrac{\theta \pi r^2}{360°}$. Aqui: r = 5 m.

$\theta_1 = 160°$ e $\theta_2 = 100°$

Área 1 = $\dfrac{160° \times 3,14 \times 5^2}{360°} = \dfrac{160° \times 3,14 \times 25}{360°} = 34,9$ m².

Áreas 2 e 3 = $\dfrac{100° \times 3,14 \times 5^2}{360°} = \dfrac{100° \times 3,14 \times 25}{360°} = 21,8$ m².

(Observa-se que a área total do círculo é 78,5 m2, que é a soma das três áreas calculadas: A1 + A2 + A3)

Conclusão: Os setores têm as seguintes áreas: verde = 34,9 m², branco e amarelo = 21,8 m², cada.

Exercício 4.1.5) Uma estação de tratamento de esgoto, possuí um grande separador, no formato de um tubulão de diâmetro três metros, que possuí um vertedor colocado a 80% de altura em relação ao fundo. Esse separador se mantém com água até a altura do vertedor, acima dele passam os materiais orgânicos do esgoto. Considerando a figura a seguir, determinar a relação de área entre o segmento circular (definido pelo vertedor) e a área total do tubulão de diâmetro três metros. (usar $\pi = 3,14$).

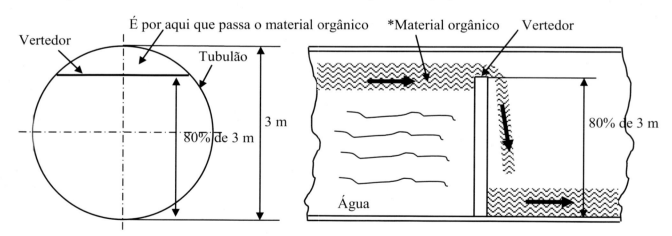

*Observa-se que o material orgânico (fezes) é mais leve do que a água, logo flutua. As vazões são calculadas, de forma que pelo vertedor só passe o material orgânico, misturado com água, que segue para um outro tanque para ser tratado.

O raio do tubulão é 3m/2 =1,5 m. 80% de 3 m = 2,4 m.

O segmento circular ocorre entre o topo do vertedor e a parede superior do tubulão, como adiante descrito.

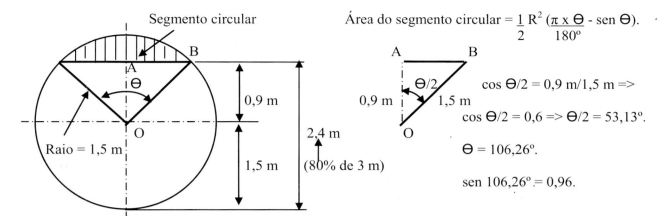

Área do segmento circular = 1 x 1,5² (3,14 x 106,26° - 0,96) = 1,5² (1,85 - 0,96) = 1,5² x 0,89 = 2 m².
                                    180°
Área do círculo do tubulão = π x R² = 3,14 x 1,5² = 7,065 m².

Relação entre a área do segmento circular e a área do tubulão = 2 m²/7,065 m² = 0,283 ou 28,3%.

Conclusão: a relação entre as áreas do segmento circular e do tubulão é igual a 0,283, ou seja: a área do segmento circular é 28,3% da área interna do tubulão.

4.2 Retas tangentes a uma circunferência

Uma reta e uma circunferência são tangentes quando se interceptam em apenas um ponto, chamado ponto de tangência. Pelo ponto de tangência, ao se traçar uma reta perpendicular à reta tangente, essa perpendicular passa pelo centro da circunferência. Pela bissetriz de um ângulo, traça-se uma circunferência tangente aos lados do ângulo. Pelo ponto médio de uma corda AB, traça-se uma reta (mediatriz de AB) perpendicular à corda e que passa pelo centro O.

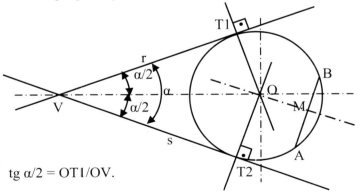

r e s são retas tangentes à circunferência.

T1 e T2 são pontos de tangências.

O é o centro da circunferência.

$\overline{VO}$ é o segmento parte da bissetriz de α.

$\overline{AB}$ é uma corda.

M é o ponto médio de $\overline{AB}$.

$\overline{OM}$ é o segmento parte da mediatriz de $\overline{AB}$.

tg α/2 = OT1/OV.

Exercício 4.2.1) Por um ponto V distante 10 cm, traça-se uma reta tangente a uma circunferência de diâmetro 10 cm, e centro O. Determinar o ângulo que a reta tangente forma com a linha que une o ponto V ao centro.

Na figura anterior, parágrafo 4.2, tem-se o triângulo VOT1, onde VO = 10 cm e OT1 é o raio da circunferência, ou seja, 5 cm. Observa-se que tg α/2 = OT1/OV => tg α/2 = 5/10 = 0,5. O ângulo cuja tangente é 0,5 é o de 26,565°.

Conclusão: a reta tangente forma com a linha que une o ponto V ao centro um ângulo de 26,565°.

4.3 Posições relativas entre duas circunferências

Duas circunferências podem assumir as seguintes posições relativas:

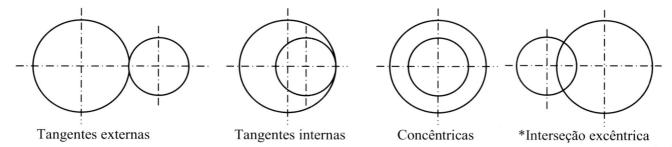

Tangentes externas   Tangentes internas   Concêntricas   *Interseção excêntrica

* Problemas que envolvem interseção excêntrica de circunferências são resolvidos com recursos da Geometria Analítica.

4.4 Ângulos na circunferência

Inicialmente, observa-se que uma volta completa em uma circunferência é equivalente a 360º.

4.4.1 Ângulo central

É todo ângulo, interno à circunferência, com vértice coincidente com o centro. Esse ângulo tem valor máximo de 360º.

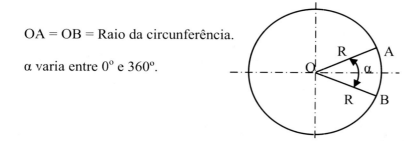

OA = OB = Raio da circunferência.

α varia entre 0º e 360º.

O conceito de ângulo central tem várias aplicações, especialmente no estudo dos polígonos inscritos e circunscritos à uma circunferência. Por exemplo, um hexágono regular inscrito, ou seja, um polígono com seis ângulos centrais iguais, tem ângulo central igual a 60º, pois: 360º/6 = 60º.

4.4.2 Ângulo inscrito e suas aplicações

Ângulo inscrito numa circunferência (ß) é o ângulo formado a partir do arco, mas com vértice sobre a circunferência. Seu valor corresponde à metade do ângulo central (α).

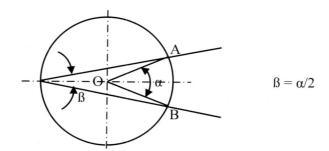

ß = α/2

Aplicações:

Todo triângulo retângulo pode ser inscrito numa circunferência, onde a hipotenusa é o diâmetro.

Capítulo 4 – Circunferência e Círculo – 77

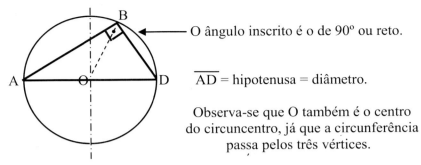

O ângulo inscrito é o de 90º ou reto.

$\overline{AD}$ = hipotenusa = diâmetro.

Observa-se que O também é o centro do circuncentro, já que a circunferência passa pelos três vértices.

Também se pode afirmar que, em todo triângulo retângulo, a mediana relativa à hipotenusa vale a metade dessa hipotenusa. Observe-se o segmento OB: é uma das medianas do triângulo ABD, bem como o raio da circunferência e, portanto, metade da hipotenusa.

Todos os ângulos inscritos (ß) de uma circunferência, sob o mesmo ângulo central (α) são iguais.

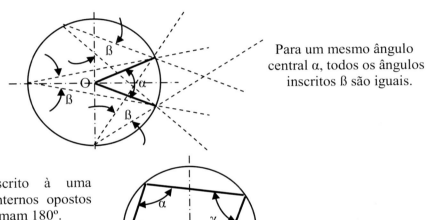

Para um mesmo ângulo central α, todos os ângulos inscritos ß são iguais.

Em todo quadrilátero inscrito à uma circunferência, os ângulos internos opostos são suplementares, ou seja, somam 180º.

α + ß = 180º e γ + δ = 180º.

α + ß + γ + δ = 360º.

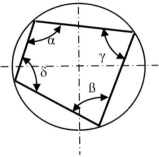

Exercício 4.4.2.1) (ENEM - 2019). Em uma pista circular delimitada por duas circunferências concêntricas (uma coroa circular), tem a circunferência interna de raio 0,3 km, onde serão colocados aparelhos de ginástica, localizados nos pontos P, Q e R, como mostrado na figura a seguir. O segmento RP é um diâmetro da circunferência interna, e o ângulo $P\widehat{R}Q$ é igual a π/5 radiano. Com esses dados calcular a distância em km que uma pessoa irá percorrer, para ir do ponto P ao ponto Q, andando pela circunferência interna, no sentido anti-horário.

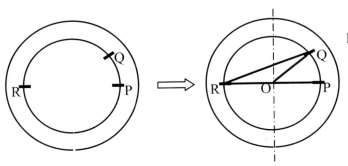

Pelo conceito de ângulo inscrito tem-se:

$P\widehat{R}Q$ = π/5 => $P\widehat{O}Q$ = 2π/5. OQ = raio = 0,3 km.

Uma volta completa, partindo de P é igual a:
2 π R = 2 π 0,3 = 0,6π km, portanto:

0,6π → 2π
x ← 2π/5

=> x = (0,6π) x (2π/5) / 2π =>

x = 0,12 π km.

Conclusão: entre os ponto P e Q, andando no sentido anti-horário, a pessoa percorrerá 0,12 π km.

4.4.3 Ângulo excêntrico externo e sua propriedade

É o ângulo cujo vértice não coincide com o centro da circunferência, sendo exterior a ela.

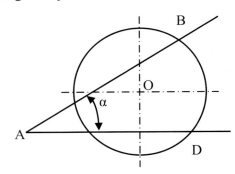 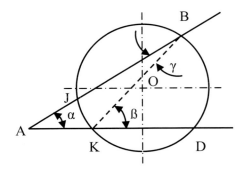

α é o ângulo excêntrico externo. ß e γ são ângulos inscritos.

ß é um ângulo externo do triângulo ABK, com vértice K.

Considerando o triângulo ABK e o ângulo ß, tem-se: ß = α + γ => α = ß - γ (1)

Como visto no parágrafo 3.4.2 (ângulo inscrito): ß = $\dfrac{\widehat{OBD}}{2}$ (2) e γ $\dfrac{\widehat{BJK}}{2}$ (3)

Substituindo (2) e (3) em (1), tem-se:

α = ß - γ => α = $\dfrac{\widehat{OBD}}{2}$ - $\dfrac{\widehat{BJK}}{2}$ => α = $\dfrac{\widehat{OBD} - \widehat{BJK}}{2}$

4.4.4 Ângulo excêntrico interno

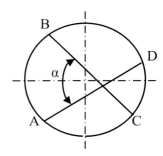

$$\alpha = \dfrac{\widehat{AB} + \widehat{CD}}{2}$$

4.4.5 Ângulo de segmento

É aquele (α) formado por uma corda e uma tangente, com o vértice no ponto de tangência.

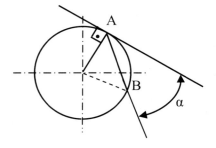

$$\alpha = \dfrac{\widehat{AB}}{2}$$

4.5 Comprimento ou retificação de uma circunferência

Retificar significa tornar reto. Aqui será analisado como se calcula a retificação de uma circunferência. Por exemplo, ao se dar uma volta completa, com uma corda, ao redor de uma pilastra de um prédio, com 30 centímetros de diâmetro, quando se "estica" a corda, qual o comprimento do segmento de reta? Esse é um dos conceitos de retificação de uma circunferência.

Supondo-se três cilindros circulares, de diâmetros 10 cm, 20 cm e 30 cm, ao se passar ao redor um barbante e ao se "esticá-lo", tem-se as seguintes medidas retas, utilizando-se uma régua metálica de precisão:

Para diâmetro 10 cm => reta = 31,41 cm.
Para diâmetro 20 cm => reta = 62,83 cm.
Para diâmetro 30 cm => reta = 94,25 cm.

Quando se divide cada comprimento (retificação) pelo diâmetro correspondente, acha-se:

Cilindro 1: 31,42 cm / 10 cm = 3,141. Observa-se que é um número ou uma constante adimensional.
Cilindro 2: 62,83 cm / 20 cm = 3,141.
Cilindro 3: 94,25 cm / 30 cm = 3,141.

Constata-se que, independentemente do valor do diâmetro, sempre, ao se dividir o comprimento ou perímetro de uma circunferência pelo seu diâmetro, sempre se acha um valor constante aproximado de 3,141.
Quanto mais precisa for a medição, essa constante se aproxima de 3,141592... A essa constante atribuiu-se a letra grega π (pi). Para cálculos acadêmicos, usa-se $\pi = 3,1416$.
Ou seja, em toda circunferência existe uma relação constante entre diâmetro e comprimento. Essa relação pode ser expressa como:

$L / D = \pi$ ou $L = \pi D$. Ou seja, se tem-se o valor do diâmetro, basta multiplica-lo por π para achar o perímetro da circunferência. Como $D = 2R$, também se escreve: $L = 2\pi R$. Observa-se que, em cálculos profissionais, por exemplo, na Engenharia, não se trabalha com raio, mas sim com diâmetro. Você não compra um tubo ou uma lata de lixo pelo raio, mas sim pelo diâmetro.

Exercício 4.5.1) Deseja-se fabricar uma lata de lixo, no formato cilíndrico circular, com altura de 50 cm e diâmetro 30 cm. Sabendo que essa lata será fabricada, a partir da curvatura de uma chapa metálica plana, pergunta-se: qual tem que ser as dimensões da chapa metálica plana?

Inicialmente, entende-se o problema na sua forma geométrica, para depois usar o raciocínio lógico e finalmente as operações matemáticas.

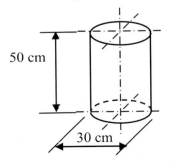

A retificação do diâmetro de 30 cm fica: L = 3,1416 x 30 cm = 94,248 cm.
A chapa plana tem que ter as seguintes dimensões:

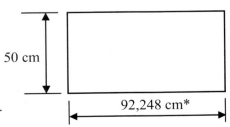

Observa-se que, o fundo é um disco circular.

* Essa medida de 92,248 cm equivale a 922, 48 mm, ou seja, na prática usa-se uma chapa com largura de 500 mm e comprimento 922,5 mm.

4.6 Demonstração da área de um círculo

A área de um círculo é igual a $\pi D^2 / 4$ ou πR^2. Essa fórmula, pode ser explicada como a seguir.

Cada arco (fatia) desse tem comprimento equivalente a 1/8 de πD. Quatro partes igual a 1/2 πD ou πR.

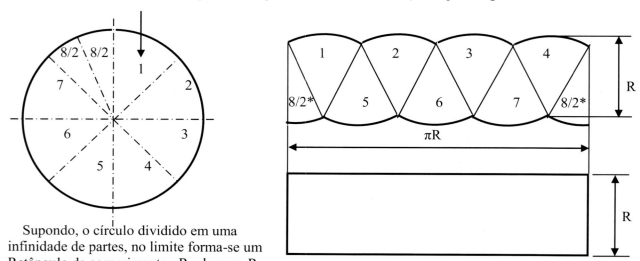

Supondo, o círculo dividido em uma infinidade de partes, no limite forma-se um Retângulo de comprimento πR e largura R.
Essa área é: $S = \pi R^2$ ou $\pi D^2 / 4$.

*O oitavo arco, foi dividido ao meio, para fechar o "retângulo".

Observa-se que, para mostrar a área de um círculo, foram usados conceitos de "infinitésimos" e "limite", que são estudados na disciplina Cálculo I.

4.7 Aplicação prática de círculos: fabricação de panelas (ou cilindros com fundos)

Placas circulares são muito utilizadas, por exemplo, na fabricação de panelas, como a seguir mostrado.

Exemplo prático de uso de placa circular

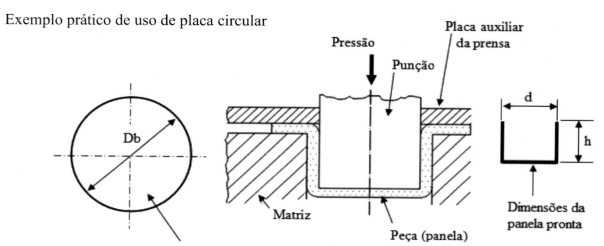

Inicialmente é cortada uma placa ou disco circular que, após prensagem, adquire o formato de um cilindro, no caso uma panela. Essa placa é chamada de "*blank*".

O corpo da panela, originalmente era uma placa metálica circular, de diâmetro maior que o do corpo da panela.

É importante observar que, na fabricação dessa panela, transforma-se uma placa circular, ou seja, bidimensional, em um cilindro oco e aberto no topo, ou seja, tridimensional. Desconsiderando possíveis abas, o diâmetro Db da placa ou disco circular pode ser calculado da seguinte forma:

Capítulo 4 – Circunferência e Círculo – 81

Db = √[d² + (4. d . h)]   {Db = diâmetro do disco ou placa circular (*blank*).
                              d = diâmetro externo da panela.
                              h = altura da panela.

Exercício 4.7.1) Determinar o diâmetro de uma chapa de aço, necessário para se fabricar um cilindro com fundo, conforme o desenho a seguir.

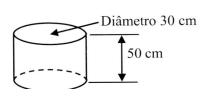
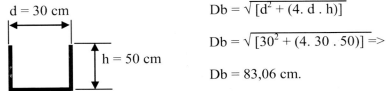

Db = √[d² + (4. d . h)]

Db = √[30² + (4. 30 . 50)] =>

Db = 83,06 cm.

Conclusão: será necessária uma chapa com 83,06 cm de diâmetro, para fabricar o cilindro solicitado.

4.8 Exercícios complementares resolvidos

4.8.1) (Mackenzie - 2009). Para realizar um evento, em um local que tem a forma de um quadrado com 60 metros de lado, foi colocado um palco em forma de um setor circular, com 20 metros de raio e 40 metros de comprimento de arco. Considerando que a ocupação média por metro quadrado é de cinco pessoas na plateia, determinar o número de pessoas que poderão estar na plateia. (Considere π = 3).

Inicialmente, faz-se um desenho para entender o problema:

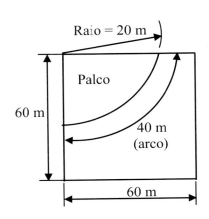

Área do local quadrado = 60 m x 60 m = 3.600 m².

O setor circular tem raio 20 m, logo sua retificação, equivalente a 360° é igual a: 2 x π x R = 2 x 3 x 20 m = 120 m.

Se 360° equivale a 120 m, então o arco de 40 m equivale a:

120 m ⟶ 360°   => x° = 40 m x 360° => x° = 120°.
40 m ⟶ x°   120 m

Ou seja, o arco de 40 metros equivale a um setor circular, com raio 20 metros e ângulo de 120°, cuja área é equivalente a um terço da área do círculo completo.

Área do círculo = π x (20 m)² = 1.200 m². Um terço desse valor é igual a 400 m², que é a área do setor circular.

A área que a plateia poderá ocupar será a diferença entre a área do quadrado e a área do setor circular.

3.600 m² - 400 m² = 3.200 m². ⟵ A seguir calcula-se quantas pessoas podem ocupar essa área.

1 m²   ⟶ 5 pessoas => x pessoas = 3.200 m² x 5 pessoas = 16.000 pessoas.
3.200 m² ⟶ x pessoas   1 m²

Conclusão: até 16.000 pessoas poderão estar na plateia.

82 – A Geometria Básica

4.8.2) (UERJ - 2015). Sabendo que uma chapa de aço com a forma de um setor circular possuí raio R e perímetro 3R, determinar a área do setor.

Perímetro do círculo = 2 x π x R.

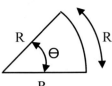

$$\begin{cases} 2\pi R \longrightarrow 360° \\ R \longrightarrow \Theta \end{cases} \Rightarrow \Theta = \frac{R \times 360°}{2\pi R} \Rightarrow \Theta = \frac{180°}{\pi}$$

Área do círculo = πR^2, que equivale a 360°, logo:
$$\begin{cases} \pi R^2 \longrightarrow 360° \\ X \longleftarrow 180°/\pi \end{cases} \Rightarrow X = \frac{180° \times \pi R^2}{\pi \cdot 360°} \Rightarrow X = \frac{180° \, R^2}{360°} \Rightarrow$$

$X = \frac{R^2}{2}$. Conclusão: a área

Conclusão: a área do setor circular é igual a $R^2/2$.

4.8.3) (UPF - 2012). Na figura a seguir, tem-se um grande círculo, onde no seu eixo horizontal colocam-se seis círculos menores, um tangente ao outro. Sabendo que a área de cada um dos pequenos círculos é a cm2, determinar a área do grande círculo, menos as área dos seis círculos menores.

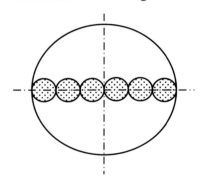

Raio do círculo maior = R, que é igual a 3d ou 6r, onde r é o raio dos círculos menores.

Área do círculo menor = πr^2. Área do círculo maior = $\pi R^2 = \pi(6r)^2$ => Área do círculo maior = $36 \pi r^2$.
Como a área de cada círculo menor é πr^2 = a, então: $36 \pi r^2 = 36a$.

Ou seja, a área do círculo maior é 36 a. Subtraindo as seis áreas menores, tem-se: $36a - 6a = 30a$ cm^2.

Conclusão: a área do grande círculo, menos as área dos seis círculos menores é igual a 30a cm^2.

4.8.4) (IME - 2010). O triângulo retângulo ABC a seguir tem os catetos AB medindo 3 cm e AC 4 cm. Os diâmetros dos três semicírculos traçados, coincidem com os vértices ABC. Com esses dados, calcular a soma das áreas marcadas, em cm^2.

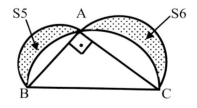

Observa-se que existem seis áreas a ser analisadas.
1 - Área do triângulo retângulo (S1).
2 - Área do semicírculo de raio BC/2 = 5 cm/2 = 2,5 cm (S2).
3 - Área do semicírculo de raio AC/2 = 4 cm/2 = 2 cm (S3).
4 - Área do semicírculo de raio AB/2 = 3 cm/2 = 1,5 cm (S4).
5 - Área marcada do lado AB (S5).
6 - Área marcada do lado AC (S6).

Observa-se que, o semicírculo que passa pelos três vértices tem seu centro no ponto médio do lado BC. Esse ponto médio sobre BC é o circuncentro do triângulo, ou seja, encontro das mediatrizes dos três lados que, no triângulo retângulo, encontra-se no ponto médio da hipotenusa.
O problema pede o cálculo da soma das áreas S5 e S6, que pode ser expressa como:

S5 + S6 = (S3 + S4) - (S2 - S1).

Área do triângulo retângulo: S1 = AB x AC / 2 = 3 cm x 4 cm / 2 => S1 = 6 cm².

Área do semicírculo S2 = π x (2,5 cm)² => S2 = 6,25π cm².
Área do semicírculo S3 = π x (2 cm)² => S3 = 4π cm².
Área do semicírculo S4 = π x (1,5 cm)² => S4 = 2,25π cm².

S5 + S6 = (S3 + S4) - (S2 - S1) => S5 + S6 = (4π cm² + 2,25π cm²) - (6,25π cm² - 6 cm²) =>
S5 + S6 = (6,25π cm²) - (0,25π cm²) => S5 + S6 = 6 cm².

Conclusão: a soma das áreas marcadas é igual a 6 cm².

4.8.5) Considerando que, uma circunferência de diâmetro 20 cm é dividida em 12 setores circulares de mesma área, pedem-se: a) A área de cada setor; b) O valor da corda de cada segmento circular gerado e c) A área do triângulo formado pela corda e o centro da circunferência. (Usar π = 3,14).

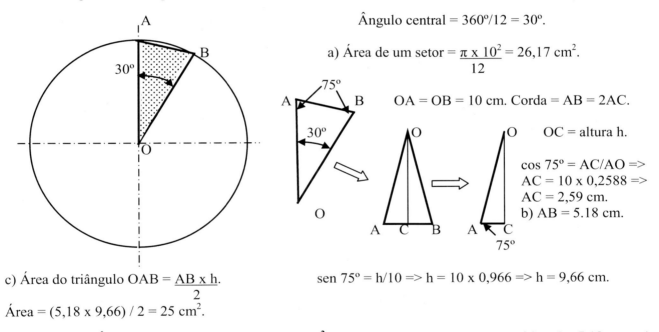

Ângulo central = 360°/12 = 30°.

a) Área de um setor = π x 10² / 12 = 26,17 cm².

OA = OB = 10 cm. Corda = AB = 2AC.

OC = altura h.

cos 75° = AC/AO =>
AC = 10 x 0,2588 =>
AC = 2,59 cm.
b) AB = 5.18 cm.

c) Área do triângulo OAB = AB x h / 2.

sen 75° = h/10 => h = 10 x 0,966 => h = 9,66 cm.

Área = (5,18 x 9,66) / 2 = 25 cm².

Conclusão: a) Área de cada setor igual a 26,17 cm²; b) A corda de cada segmento é igual a 5.18 cm e c) A área do triângulo formado pela corda e o centro da circunferência é igual 25 cm².

4.8.6) A figura a seguir mostra um bloco de granito sendo transportado com apoio de dois rolos circulares com 70 cm de diâmetro cada. Após os dois rolos darem quatro voltas completas, quantos metros (X) o bloco terá se deslocado.

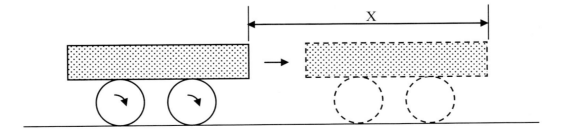

A cada volta, o deslocamento horizontal, equivalente à retificação de uma circunferência, do bloco é π x D, onde D é o diâmetro do rolo. Fazendo π = 3,14, após quatro voltas tem-se: X = 3,14 x 70 x 4 => X = 879,2 cm, iguais a 8,792 m (ou 8,792 mm).

Conclusão: o bloco terá se deslocado 8,792 metros.

4.8.7) (ENEM - 2018). A figura a seguir mostra uma praça circular, que contém um chafariz em seu centro e, em seu entorno um passeio. Os círculos que definem a praça e o chafariz são concêntricos. O passeio terá seu piso revestido com ladrilhos. Sem condições de calcular os raios, pois a área do chafariz está cheia, um engenheiro fez a seguinte medição: esticou uma trena tangente ao chafariz, medindo a distância entre dois pontos A e B, conforme a figura. Com isso obteve a medida do segmento de reta AB igual a 16 metros. Dispondo apenas dessa medida, o engenheiro calculou corretamente a medida da área do passeio. Explique como foi feito o cálculo e qual o valor da área do passeio.

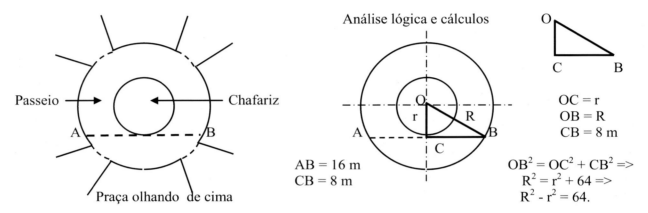

Observa-se que, a área do passeio equivale à área de uma coroa circular, onde R é o raio da circunferência maior e r é o raio da circunferência do chafariz. Ou seja: Área do passeio = π (R² - r²), como R² - r² = 64, então, a área do passeio é igual a 64 π m².

Conclusão: a área do passeio é igual a 64π m².

4.8.8) As figuras a seguir mostram detalhes de uma ferramenta metálica usada para fazer cortes em chapas de aço, de forma a se ter um triângulo equilátero. Essa ferramenta é revestida, em todas as suas superfícies, internas e externas, com um tratamento termoquímico muito caro, em função da área a ser revestida. A ferramenta em questão é um cilindro de altura 10 cm e diâmetro 6 cm, com um triângulo equilátero de lado 3 cm. O baricentro do triângulo coincide com o centro da circunferência. Com esses dados, calcular a área total a ser revestida. (Considerar π = 3,14).

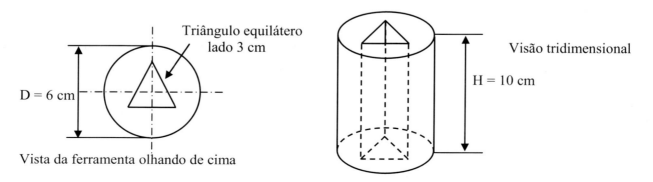

Raciocínio lógico: existem as seguintes áreas a serem calculadas:

A1 - área externa do cilindro, sendo o perímetro da circunferência, multiplicado pela altura de 10 cm.
A2 - área do triângulo.
A3 - áreas de três retângulos de lado 3 cm por 10 cm de altura.
A4 - área do círculo, diâmetro 6 cm.

Área Total: AT = (A1 + 3A3) + 2(A4 - A2).

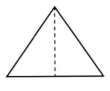
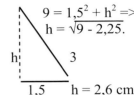

$9 = 1,5^2 + h^2 =>$
$h = \sqrt{9 - 2,25}$.
$h = 2,6$ cm.

Operações matemáticas:

A1 = π x D x B = 3,14 x 6 cm x 10 cm => A1 = 188,4 cm².
A2 = Base (lado) x Altura h => A2 = 3 cm x => A2 = 3 cm x 2,6 cm => A2 = 3,9 cm².
　　　　　2　　　　　　　　　　　2　　　　　　　2
A3 = 3 (3 cm x 10 cm) => A3 = 90 cm².
A4 = π x R² = 3,14 x 3² => A4 = 28,26 cm².

Área Total: AT = (A1 + 3A3) + 2(A4 - A2) => AT = (188,4 + 270) + 2(28,26 - 3,9) => AT = 482,76 cm².

Conclusão: a area total a ser revestida é igual a 482,76 cm².

4.8.9) A figura a seguir representa um triângulo retângulo de catetos iguais a 30 cm e 40 cm. Em cada lado é traçado um semicírculo de raio igual à metade do valor do lado. Com esses dados determinar a soma das três áreas: A1 + A2 + A3. (Considerar π = 3,14).

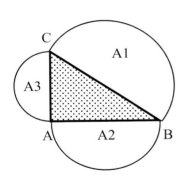

Como é um triângulo retângulo: BC² = AB² + AC² =>
BC² = (40 cm)² + (30 cm)² => BC² = 1.600 cm² + 900 cm² =>
BC² = 2.500 cm² => BC = 50 cm.

A1 = π x (25 cm)² => A1 = 1.962,5 cm².
A2 = π x (20 cm)² => A1 = 1.256 cm².　　　Área total = 3.925 cm².
A3 = π x (15 cm)² => A1 = 706,5 cm².

Observa-se que: A1² = A2² + A3².

Conclusão: a soma das três áreas é igual a 3.925 cm².

4.8.10) A figura a seguir representa o desenho de uma resistência elétrica, feita com fio de cobre de diâmetro 2 mm. A quantidade de calor gerada é diretamente proporcional ao comprimento total do fio. Com as medidas e detalhes mostrados, pede-se calcular o comprimento total de fio a ser utilizado, ou seja, o comprimento retificado entre os pontos C e D. (Considerar π = 3,14).

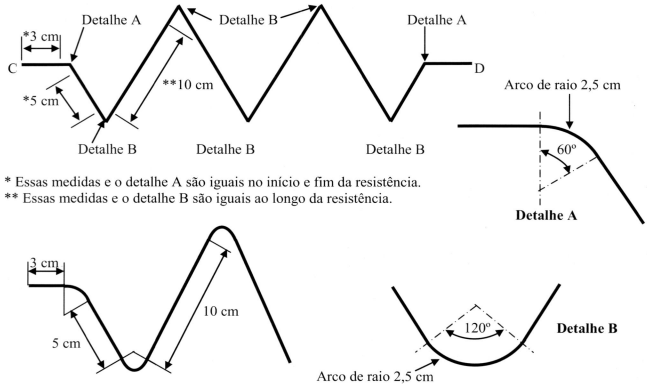

* Essas medidas e o detalhe A são iguais no início e fim da resistência.
** Essas medidas e o detalhe B são iguais ao longo da resistência.

Raciocínio lógico:

1 - Existem os seguintes trechos retos: dois de 3 cm (total de 6 cm), dois de 5 cm (total de 10 cm) e quatro trechos de 10 cm (total de 40 cm). Os trechos retos têm um total de 56 cm.
2 - Existem dois arcos de raio 2,5 cm e ângulo de 60°, bem como cinco arcos de raio 2,5 cm e ângulo de 120°, a seguir calculados.

A circunferência completa equivale a 360°, ou seja: 2 x π x r = 2 x 3,14 x 2,5 cm = 15,7 cm.

360° → 15,7 cm => x = 60° x 15,7 cm => x = 2,62 cm. São dois arcos de 60°: comprimento = 5,24 cm.
60° → x cm   360°   Arco de 60°

Os cinco arcos de 120° tem comprimento: (2 x 2,62 cm) x 5 = 26,2 cm.

Conclusão: comprimento total do fio, a ser utilizado: 56 cm + 5,24 cm + 26,2 cm = 87,44 cm.

4.8.11) (EEAR - 2016). A figura a seguir ilustra um círculo com centro em O, raio igual a 2, e uma reta r. Considerando tal figura, determinada a área da parte marcada.

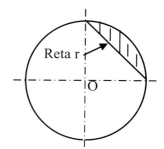

Raciocínio lógico: a área marcada pode ser entendida como a diferença entre a área de um setor circular de 90° e um triângulo retângulo isósceles de catetos iguais a 2.

Área do setor circular de 90° = $\frac{\pi \times R^2}{4} = \frac{\pi \times 2^2}{4} = \pi$.

Área do triângulo = $\frac{2 \times 2}{2} = 2$.

Conclusão: a área marcada é igual a π - 2 (ou 1,14).

4.8.12) (ENEM - 2016). A bocha é um esporte jogado em canchas, que são terrenos planos e nivelados, limitados por tablados perimétricos de madeira. O objetivo desse esporte é lançar bochas, que são bolas feitas de um material sintético, de maneira a situá-las o mais perto possível do bolim, que é uma bola menor feita, preferencialmente de aço, previamente lançada. A figura a seguir ilustra uma bocha e um bolim que foram jogados em uma cancha. Suponha que um jogador tenha lançado uma bocha, de raio 5 cm, que tenha ficado encostada no bolim, de raio 2 cm. Considere o ponto como o centro da bocha, e o ponto O como o centro do bolim. Sabe-se que A e B são os pontos em que a bocha e o bolim, respectivamente, tocam o chão da cancha, e que a distância entre A e B é igual a d. Com esses dados, determinar a razão entre d e o raio do bolim.

O triângulo OCE é retângulo.

AC = raio da bocha e OB = raio do bolim.

No triângulo OCE, a hipotenusa é 5 cm + 2 cm = 7 cm. AE = BO = raio de 2 cm. Portanto: CE = 3 cm.

No triângulo retângulo: $CO^2 = CE^2 + AB^2$ => $AB^2 = CO^2 - CE^2$ => $AB^2 = 7^2 - 3^2$ => $AB^2 = 40$ => $AB = \sqrt{40}$.

$AB = d = 2\sqrt{10}$. Relação entre d e o raio do bolim => $\dfrac{d}{OB} = \dfrac{2\sqrt{10}}{2} = \sqrt{10} = 3{,}16$.

Conclusão: a razão entre d e o raio do bolim é 3,16.

4.8.13) (EsPCEx - 2017). Sabendo que o perímetro de um triângulo equilátero, inscrito em um círculo, é 3 cm, determinar a área do círculo, em cm².

Perímetro = 3 cm => L + L + L = 3 cm => L = 1 cm.
Como o triângulo é inscrito, o raio é igual a 2/3 da altura H.

sen 60° = H/1 cm => H = sen 60° cm => H = $\dfrac{\sqrt{3}}{3}$ cm.

H = R = $\dfrac{\sqrt{3}}{3}$ cm. Área do círculo = $\pi R^2 = \pi (\sqrt{3}/3)^2$ =>

Área do círculo = $\pi (3/9) = \pi/3$ cm².

Conclusão: a área o círculo é igual a π/3 cm² (1,05 cm²).

4.8.14) (EsPCEx - 2017). Na figura a seguir, o raio da circunferência de centro O é 25/2 cm e a corda MP mede 10 cm. Determinar a medida do segmento PQ.

88 – A Geometria Básica

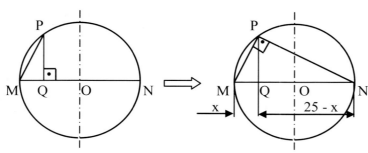

Raio = 25/2 cm => Diâmetro = 25 cm.
Diâmetro = MN = MQ + QN.
Se MQ = x => QN = 25 - x.

Observa-se que os triângulos retângulos MPQ e PQN são semelhantes.

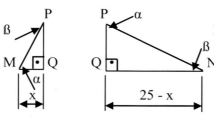

Pela semelhança: $\dfrac{PQ}{x} = \dfrac{25 - x}{PQ}$ => $PQ^2 = x(25 - x)$ => $PQ^2 = 25x - x^2$ (I).

No triângulo MPQ: $PM^2 = PQ^2 + x^2$ => $100 = PQ^2 + x^2$.
$PQ^2 = 100 - x^2$ (II)

Como (I) = (II), então: $25x - x^2 = 100 - x^2$ => $25x = 100$ => $x = 4$. Voltando ao triângulo MPQ:

$MP^2 = PQ^2 + x^2$ => $100 = PQ^2 + 16$ => $PQ^2 = 100 - 16$ => $PQ^2 = 84 = 4 \times 21$ =>
$PQ = 2\sqrt{21}$ cm.

Conclusão: o segmento PQ é igual a $2\sqrt{21}$ cm (9,17 cm).

4.8.15) (UNIFRA - 2011). A figura a seguir é formada por arcos de círculos. Com os dados indicados, determinar o perímetro e a área da parte marcada.

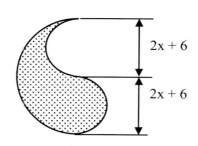

Observa-se que a área da parte côncava (ou para dentro) é igual à área da parte convexa (ou para fora). Essas partes são equivalentes a semi círculos de diâmetro d = 2x + 6. Com isso, observa-se que a área de toda a parte marcada é igual à área de um semicírculo de raio R = 2x + 6.

Área de um semi círculo = $\pi R^2 = \pi (2x + 6)^2 = \pi (4x^2 + 24x + 36)$ =>
Área do semi círculo = $4\pi (x^2 + 6x + 9)$.

O perímetro da área marcada é igual ao perímetro de uma semi circunferência de raio R = 2x + 6.
O perímetro de uma semi circunferência é: $\dfrac{2 \pi R}{2} = \pi R = \pi (2x + 6) = 2 \pi (x + 3)$.

Conclusão: o perímetro da área marcada é igual a $2 \pi (x + 3)$ e a área $4\pi (x^2 + 6x + 9)$.

4.8.16) Dado um círculo de raio 10 cm, determinar as dimensões do losango inscrito ao mesmo, cuja área seja equivalente a um terço da área do círculo. (Usar $\pi = 3,14$).

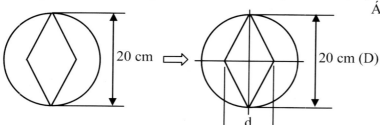

Área do círculo = $\pi (10)^2 = \pi (100) = 314$ cm².

314 cm²/3 = 104,67 cm².

Área do losango = $\dfrac{D \times d}{2} = \dfrac{20 \times d}{2} = 104,67$.

$d = \dfrac{2 \times 104,67}{20}$ => d = 10,47 cm.

Conclusão: as dimensões do losango são: diagonal maior 20 cm e diagonal menor 10,47 cm.

4.8.17) (UFRGS - 2005). Na figura a seguir, C é o centro do círculo, A é um ponto do círculo e ABCD é um retângulo com lados medindo 3 cm e 4 cm. Com esses dados, calcular a área da parte marcada. (usar $\pi = 3,14$).

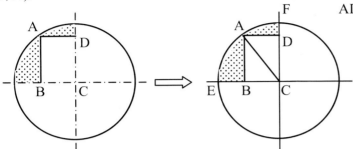

AD = BC = 3 cm; AB = CD = 4 cm => AC = 5 cm.

Ou seja, o raio do círculo é 5 cm.

A área marcada é igual a diferença entre a área do quadrante CEF e o retângulo ABCD.

Área do quadrante = $\dfrac{\pi \times (5)^2}{4}$ = 19,625 cm².

Área do retângulo = 3 cm x 4 cm = 12 cm². Área marcada = 19,625 cm² - 12 cm² = 7,625 cm².

Conclusão: a área marcada é igual a 7,625 cm².

4.8.18) Na figura a seguir, sabendo que cada circunferência tem 2 cm de diâmetro, determinar a área interna marcada. (Usar $\pi = 3,14$).

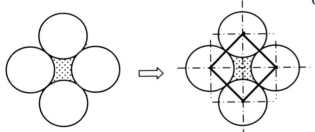

Observa-se que, no quadrado que une os quatro centros, a área marcada é igual à diferença entre a área do quadrado e as áreas de quatro setores circulares de ângulos centrais iguais a 90°.

Lado do quadrado = 2 cm => Área = 4 cm².
A área dos quatro setores circulares equivale à área do círculo de diâmetro 2 cm, raio 1 cm.

Área do círculo = $\pi \times 1^2$ = 3,14 cm². Área marcada = 4 cm² - 3,14 cm² = 0,86 cm².

Conclusão: a área marcada é igual a 0,86 cm².

4.8.19) Na figura a seguir, o diâmetro da roda menor é 4 cm e o da roda maior 8 cm. Sabendo que o centro das rodas estão afastados de 12 cm, determinar o comprimento total da corrente que circunda as duas rodas. (usar $\pi = 3,14$).

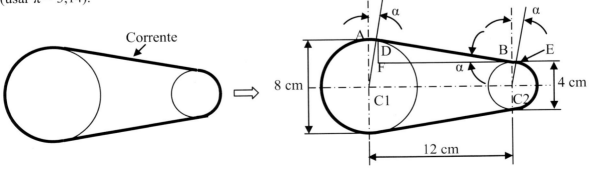

Os pontos D e E são tangentes às circunferências e, portanto, existem linhas perpendiculares às partes retas da corrente e que passam pelos centros das circunferências. O cálculo do ângulo α possibilita saber o comprimento da corrente, tanto na circunferência maior, quanto na menor. O comprimento da corrente na circunferência maior é equivalente ao arco 180° mais duas vezes α. Já na circunferência menor é equivalente ao arco 180° menos duas vezes α. A análise do ângulo α é feita pelo triângulo retângulo EFD, como a seguir.

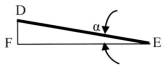

EF = 12 cm. DF = raio maior - raio menor = 2 cm.

tg α = 2/12 = 0,1666 => α = 9,46°.

Ou seja, na circunferência maior o arco da corrente é 180° + 2(9,46°) = 198,92°. Na circunferência menor, o arco da corrente é 180° - 2(9,46°) = 161,08°.

O comprimento das partes retas é igual ao dobro da distância DE, calculada pelo triângulo EFD.

$DE^2 = DF^2 + EF^2$ => $DE^2 = 4 + 144$ => $DE^2 = 148$ => DE = 12,165 cm. O dobro de DE = 24,33 cm.

Comprimento da corrente no arco 198,92°: 360° ⟶ 2 × π × 4 cm => X = $\dfrac{198,92° \times 2 \times 3,14 \times 4}{360°}$ = 13,88 cm.
198,92° ⟶ X cm

Comprimento da corrente no arco 161,08°: 360° ⟶ 2 × π × 2 cm => Y = $\dfrac{161,08° \times 2 \times 3,14 \times 2}{360°}$ = 5,62 cm.
161,08° ⟶ Y cm

Comprimento total = 24,33 cm + 13,88 cm + 5,62 cm = 43,83 cm.

Conclusão: o comprimento total da corrente que circunda as duas rodas é igual a 43,83 cm.

4.8.20) Um terreno tem formato retangular e seu dono resolveu colocar grama no setor circular cujo raio é igual a uma das laterais do terreno, conforme mostra a imagem. Sabendo que o perímetro do terreno é de 80 metros e que o lado menor é igual a 60% do lado maior, qual é a área do terreno que receberá grama? (Considerar π = 3,14).

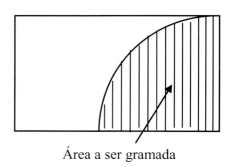

Área a ser gramada

Raciocínio lógico:

Inicialmente acham-se as dimensões do retângulo e, posteriormente, calcula-se a área do setor circular.

Fazendo lado maior igual x, o lado menor é igual a 0,6x e, então, o perímetro é: x + x + 0,6x + 0,6x = 3,2x. Como o perímetro é igual a 80 m, então: 3,2x = 80 m => x = 80 m/3,2 => x = 25 m.
Portanto: lado maior = 25 m e lado menor = 0,6x = 15 m.

O lado menor, de 15 m, é o raio do setor circular de 90°. Esse setor circular tem área equivalente a um quarto da área do círculo de raio 15 m. Logo: Área do setor = $\dfrac{\pi r^2}{4}$ => Área do setor = $\dfrac{\pi 15^2}{4}$ = $\dfrac{3,14 \times 225}{4}$ = 176,63 m².

Conclusão: a área do terreno que receberá grama é de aproximadamente 176,63 m².

4.9) Exercícios propostos (Veja respostas no Apêndice A)

4.9.1) A figura a seguir é um quadrilátero, onde estão colocadas três circunferências de diâmetro 10 cm. As circunferências são tangentes entre si e tangente aos lados do quadrilátero. Determinar as dimensões x e y. (Considerar π = 3,14).

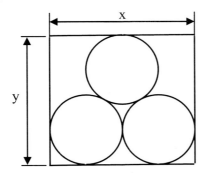

4.9.2) (FATEC - 2014). Brazuca, a bola oficial da copa do mundo de futebol de 2014, realizada no Brasil, quando completamente cheia, podia ser considerada uma esfera perfeita, com circunferência máxima de 68 centímetros. Nessas condições, determinar o raio máximo aproximado, em centímetros da bola. Considere $\pi = 3,1$.

4.9.3) Com os mesmos dados do exercício 4.9.1, determinar o diâmetro da circunferência menor, que é tangente às três circunferências maiores. (Considerar $\pi = 3,14$).

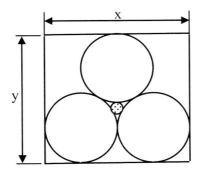

4.9.4) Considerando a area da coroa circular a seguir determiner: a) O lado do quadrado de mesma área da coroa e b) O lado do triângulo equilátero de mesma área. (Considerar $\pi = 3,14$).

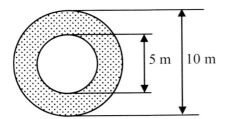

4.9.5) (UCS - 2015) A praça central de uma cidade tem forma de semicírculo. Parte da praça, em forma de triângulo isósceles, será pavimentada, como mostrado na figura abaixo. Sendo a área da parte a ser pavimentada igual a 2 km², qual é área total da praça?

Parte a ser pavimentada

4.9.6) Um zoológico planeja construir um local especial para abrigar uma família de pequenos macacos. A ideia é que os bichos ocupem um círculo com 30 metros de diâmetro, rodeada por um fosso, também circular de diâmetro 40 metros, profundidade de dois metros e com água até a altura de meio metro. Baseado nos desenhos a seguir, calcular a área total que terá que ser revestida de azulejos, sabendo que serão azulejadas, tanto o fundo do fosso, quanto as paredes circulares do fosso, da borda até o fundo. (Considerar $\pi = 3,14$).

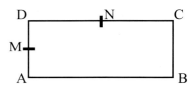

4.9.7) (FATEC - 2014). No retângulo ABCD, da figura a seguir, M é o ponto médio do lado AD e N é o ponto médio do lado DC. Determinar a área do triângulo MDN, sabendo que a área do retângulo ABCD é igual a 72 cm².

4.9.8) A figura a seguir mostra um peso de 100 kgf sendo içado por um sistema de roldanas, com diâmetro de 20 centímetros, cada uma. Quantas voltas terão que ser dadas na roldana 1, para que o peso seja içado 3,14 metros na vertical. (Usar $\pi = 3,14$).

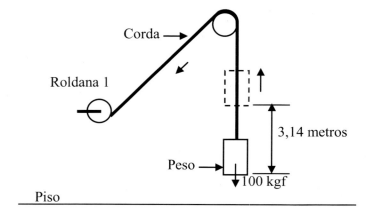

4.9.9) (ENEM - 2011). O atletismo é um dos esportes que mais se identifica com o espírito olímpico. A figura a seguir ilustra uma pista de atletismo composta por oito raias de largura total de 9,76 metros. As raias são numeradas do centro da pista para a extremidade e são constituídas de segmentos de retas e arcos de circunferência, ou seja, dois semicírculos iguais. Caso os atletas partam do mesmo ponto, dando uma volta completa na pista, em qual das raias o corredor estaria sendo beneficiado?

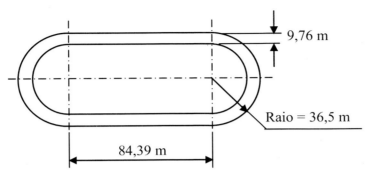

4.9.10) As figuras a seguir mostram detalhes de uma peça metálica, usada em uma máquina. Essa peça é revestida, em todas as suas superfícies, internas e externas, com um tratamento termoquímico muito caro, em função da área a ser revestida. A peça em questão é uma mistura de um prisma reto de base triangular (a partir de um triângulo equilátero de lado 5 cm) composto com um semi cilindro de comprimento 8 cm, tendo um furo circular de diâmetro 2 cm, com centro coincidente com o centro do semi círculo. Esse furo transpassa todo o comprimento de 8 cm. Calcular a área total a ser revestida. (Considerar $\pi = 3,14$).

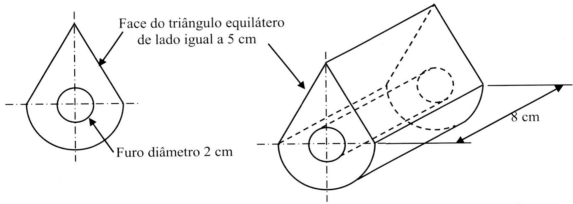

4.9.11) (EEAR - 2017). Na figura a seguir, O é o centro do semicírculo de raio 2 cm. Se A, B e C são pontos do semicírculo e vértices dos triângulos OAB e OBC, determinar a área marcada. (Considerar $\pi = 3,14$).

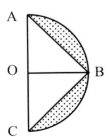

4.9.12) (CN - 2018). Na figura à direita, tem-se um triângulo equilátero, inscrito na circunferência maior e circunscrito a uma circunferência menor de raio igual a 2 cm, onde destacou-se a região com ângulo central de 120°. Com esses dados, determinar a área das regiões marcadas.

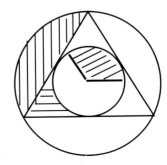

4.9.13) Um artista plástico criou uma mini escultura (que será usada como trofeu), como a seguir desenhada e detalhada. A peça é composta de uma base em madeira jacarandá, polida e lustrada, e a parte metálica é em barra chata de aço fundido banhada em ouro. Como o banho em ouro é muito caro e cobrado pelo peso em ouro utilizado, o artista precisa saber quanto gastará. O peso em ouro é calculado multiplicando-se a área total banhada pela espessura em ouro (0,5 mm). Com esses dados, e os detalhes a seguir, calcular a área total que será banhada em ouro.

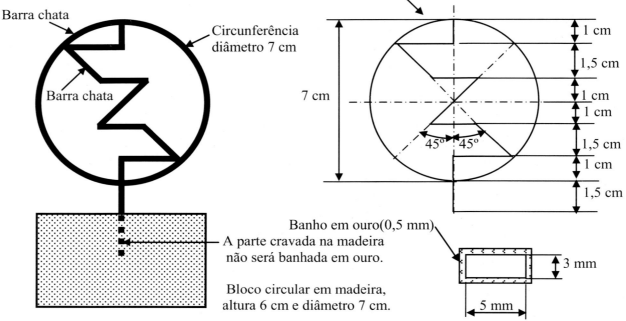

4.9.14) (PUC/RS - 2016) Uma pracinha com formato circular ocupa uma área de 100π m². No terreno dessa área, foram colocados 3 canteiros em forma de setor circular, cada um formado por um ângulo central de 30º, como na figura. Calcular a área total ocupada pelos canteiros, em m².

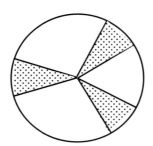

4.9.15) (PUC/RS - 2015). Em um ginásio de esportes, uma quadra retangular está situada no interior de uma pista de corridas circular, como mostra a figura. Sabendo que o raio do círculo é 5 metros e o lado menor do retângulo é 6 metros, determinar a área interior à pista circular, excedente à da quadra retangular, em m². (Observa-se que os vértices A e C estão sob a mesma linha de centro e pertencem ao círculo).

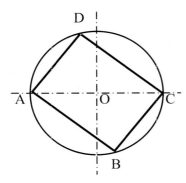

4.9.16) (UFRGS - 2015) As circunferências do desenho a seguir foram construídas de maneira que seus centros estão sobre a reta r e que uma intercepta o centro da outra. Os vértices do quadrilátero ABCD estão na interseção das circunferências com a reta r e nos pontos de interseção das circunferências. Se o raio de cada circunferência é 2, determinar a área do quadrilátero ABCD.

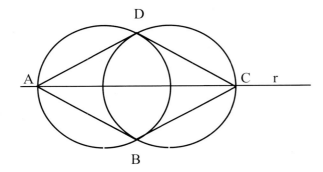

4.9.17) (ENEM - 2010) Uma fábrica de tubos acondiciona tubos cilíndricos menores dentro de outros tubos cilíndricos. A figura mostra uma situação em que quatro tubos cilíndricos estão acondicionados perfeitamente em um tubo com raio maior. Suponha que você seja o operador da máquina que produzirá os tubos maiores em que serão colocados, sem ajustes ou folgas, quatro tubos cilíndricos internos. Se o raio da base de cada um dos cilindros menores for igual a 6 cm, a máquina por você operada deverá ser ajustada para produzir tubos maiores, com qual raio da base?

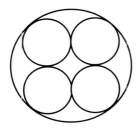

4.9.18) Uma pista de atletismo foi construída na forma circular com 6 raias, afastadas 1,5 metros, uma da outra. Um tipo de prova consiste em que os atletas dêem uma volta completa, sendo que, obviamente, todos têm que percorrer a mesma distância. Considerando que um atleta parta da raia 1, no ponto indicado na figura a seguir, determinar o ângulo α, em graus, para que todos os atletas percorram a mesma distância em metros, equivalente à uma volta completa do atleta que parte da raia 1. A raia 1 tem diâmetro 160 metros. (Considerar π = 3,14).

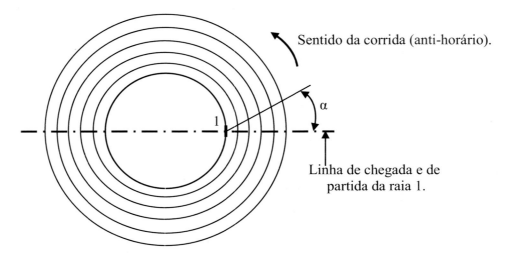

4.9.19) A figura a seguir mostra quatro circunferências de diâmetro 3 cm, tangentes entre si e tangentes aos lados do quadrilátero. Definir o tipo de quadrilátero e a sua área.

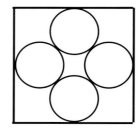

4.9.20) (CN - 2007). A figura a seguir mostra o perfil de um tambor de 25 cm de raio e uma rampa de 760π cm de comprimento. Se o tambor descer a rampa, do ponto em que está na figura, rolando sem escorregar, determinar o número de voltas inteiras que dará até atingir o chão.

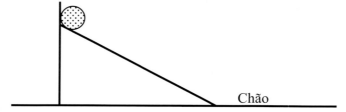

4.9.21) O desenho a seguir mostra três tubulões, de raio um metro cada, que devem ser amarrados com cintas chatas, para serem transportadas por caminhão. Determinar o comprimento total da cinta, de forma que circunde os três tubulões. (Considerar $\pi = 3,14$).

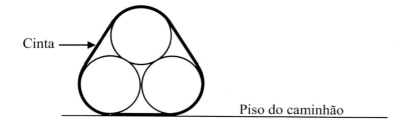

4.9.22) (EN - 2006). Na figura a seguir, sabendo que, o raio da roda menor mede 2 cm, o raio da roda maior mede 4 cm e a distância entre os centros das duas rodas mede 12 cm, determinar o comprimento da corrente que envolve e une as duas rodas.

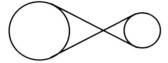

4.9.23) A figura a seguir mostra três semi círculos e uma circunferência. O semicírculo maior tem raio 8 cm, os menores têm raio 4 cm e a circunferência tem raio 1 cm. Com esses dados, calcular a área marcada. (Considerar $\pi = 3,14$).

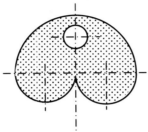

4.9.24) (AFA - 2007). Na figura a seguir, a circunferência maior tem raio 10 cm e a menor, de raio r, é tangente interna à circunferência maior e tangente aos raios OA e OB. Determinar o valor do raio r.

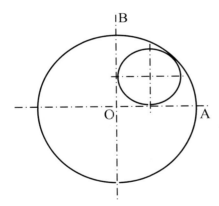

4.9.25) (UNIRIO). Uma placa cerâmica com uma decoração simétrica, conforme o desenho a seguir, é usada para revestir a parede de um banheiro. Sabendo que cada placa é um quadrado de lado 30 cm, determinar a área das partes marcadas.

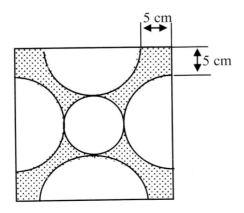

Capítulo 5
A trigonometria no círculo

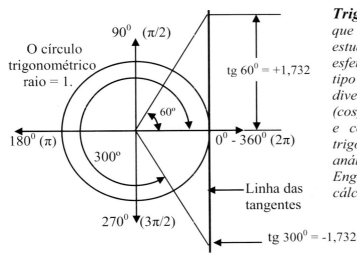

Trigonometria é uma das áreas da Geometria, *que relaciona ângulos e medidas, podendo ser estudada no triângulo retângulo, no círculo, na esfera (a trigonometria esférica) e também em um tipo de hipérbole equilátera. A trigonometria estuda diversas relações chamadas: seno (sen), cosseno (cos), tangente (tg), cotangente (cotg), secante (sec) e cossecante (cossec). Os conceitos e relações trigonométricas são fundamentais para uma série de análises e cálculos, em especial vários aplicados à Engenharia. Nesse capítulo, também são mostrados cálculos trigonométricos nos triângulos.*

5.1 Origem das funções trigonométricas no círculo

Considerando-se o círculo trigonométrico como de raio igual à unidade (r = 1), pode-se representar graficamente, tanto as três funções básicas: seno (sen), cosseno (cos) e tangente (tg), quanto as três secundárias: cossecante (cossec), secante (sec) e cotangente (cotg). Cossecante é o inverso do seno, a secante é o inverso do cosseno e a cotangente é o inverso da tangente.

O círculo a seguir mostra a imagem geométrica das seis funções trigonométricas, referindo-se a um ângulo no 1° quadrante. Observa-se que na prática profissional, em especial em cálculos de Engenharia, usam-se apenas as três funções principais: seno, cosseno e tangente, normalmente entre 0° e 90° (1° quadrante).

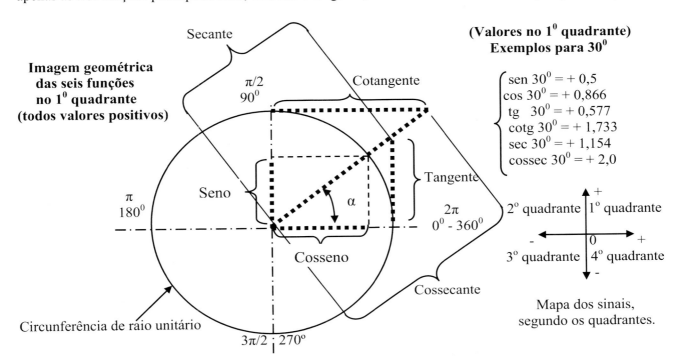

Relações trigonométricas fundamentais

$\text{sen}^2 x + \cos^2 x = 1$; $\text{tg } x = \dfrac{\text{sen } x}{\cos x}$; $\text{cotg } x = \dfrac{\cos x}{\text{sen } x}$;

$\sec x = \dfrac{1}{\cos x}$ e $\text{cossec } x = \dfrac{1}{\text{sen } x}$

5.2 Valores e gráficos das funções trigonométricas básicas e secundárias

Imagem geométrica da função seno

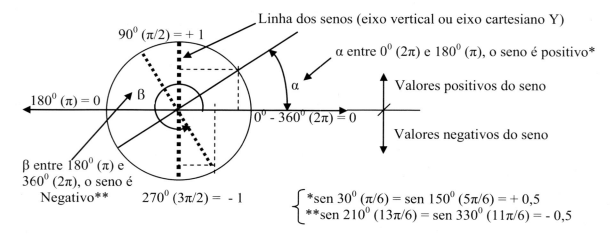

{ *sen 30^0 ($\pi/6$) = sen 150^0 ($5\pi/6$) = + 0,5
  **sen 210^0 ($13\pi/6$) = sen 330^0 ($11\pi/6$) = − 0,5

Gráfico com a variação da função seno (a senoide): y = sen x (varia de -1 a +1)

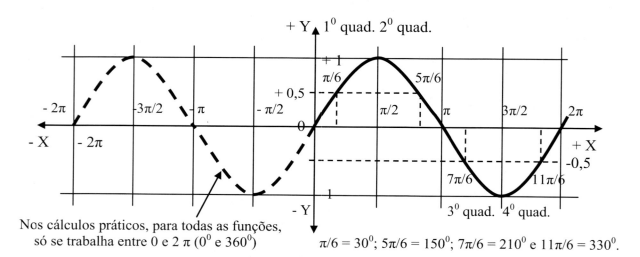

Nos cálculos práticos, para todas as funções, só se trabalha entre 0 e 2π (0⁰ e 360⁰)

π/6 = 30⁰; 5π/6 = 150⁰; 7π/6 = 210⁰ e 11π/6 = 330⁰.

Imagem geométrica da função cosseno

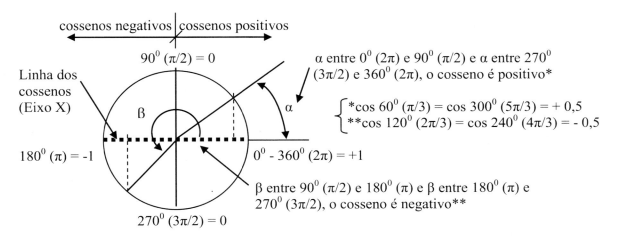

Gráfico com a variação da função cosseno (a cossenoide): y = cos x (varia de -1 a +1)

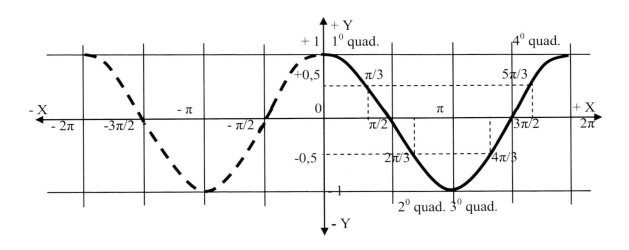

$\pi/3 = 60^0$; $2\pi/3 = 120^0$; $4\pi/3 = 240^0$; $5\pi/3 = 300^0$.

Exemplo de aplicação prática das funções seno ou cosseno, como telhas onduladas

Desde 29/11/2017, está proibida a fabricação de produtos em amianto (ou asbestos) no Brasil. Até então, caixas d'água e telhas como a mostrada a seguir, eram produzidas em amianto. Comprovadamente, a fibra de amianto, quando inalada pode causar sérias doenças pulmonares. Desde 2018, no Brasil, já eram produzidas comercialmente, telhas onduladas a partir de fibras vegetais, em especial de folhas da bananeira.

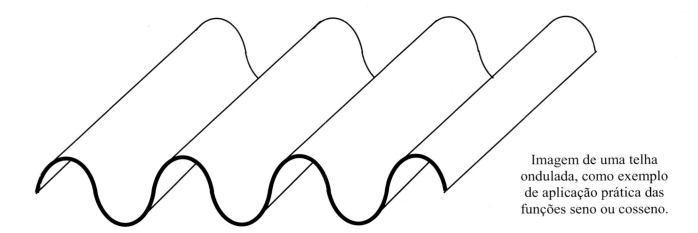

Imagem de uma telha ondulada, como exemplo de aplicação prática das funções seno ou cosseno.

Imagem geométrica da função tangente

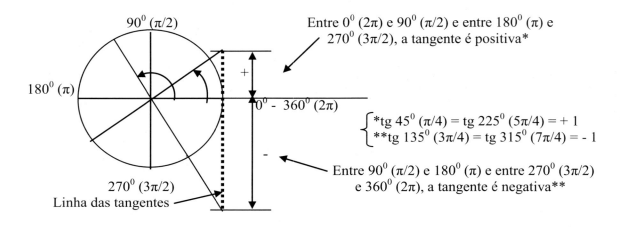

Entre $0°$ (2π) e $90°$ ($\pi/2$) e entre $180°$ (π) e $270°$ ($3\pi/2$), a tangente é positiva*

$\begin{cases} *tg\ 45°\ (\pi/4) = tg\ 225°\ (5\pi/4) = +1 \\ **tg\ 135°\ (3\pi/4) = tg\ 315°\ (7\pi/4) = -1 \end{cases}$

Entre $90°$ ($\pi/2$) e $180°$ (π) e entre $270°$ ($3\pi/2$) e $360°$ (2π), a tangente é negativa**

Gráfico com a variação da função tangente: y = tg x (varia de -∞ até +∞)

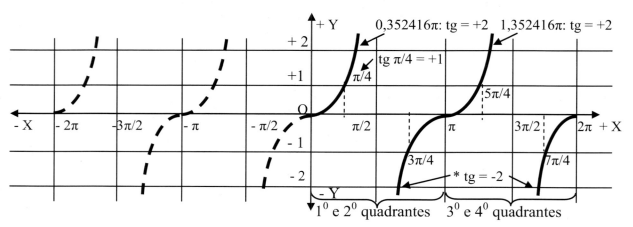

$\pi/4 = 45°$ e $5\pi/4 = 225°$ têm tg = +1. $3\pi/4 = 135°$ e $7\pi/4 = 315°$ têm tg = -1.

$\begin{cases} \text{Os ângulos } 63,434949°\ (0,352416\pi) \text{ e } 243,434949°\ (1,352416\pi) \text{ têm tangentes igual a +2.} \\ *\text{Os ângulos } 116,56506°\ (0,6475836\pi) \text{ e } 296,56506°\ (1,6475836\pi) \text{ têm tangentes igual a -2.} \end{cases}$

Exemplo de aplicação prática da função tangente, na área da Biociência

Exercício 5.2.1) A partir do gráfico da função y = tg x, com x variando entre 0 e π/2 radianos (0⁰ e 90⁰), pode-se mostrar como essa função pode ser utilizada em análises estatísticas, definindo as variáveis consideradas nos eixos X e Y, aplicadas à Biociência.

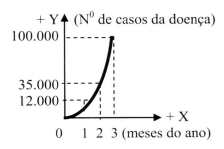

Observa-se que, considerando o 1⁰ quadrante pode-se representar a incidência de uma doença, ao longo dos meses de janeiro, fevereiro e março.

1 = janeiro; 2 = fevereiro e 3 = março

Imagem geométrica da função cossecante (inverso do seno => cossec α = 1/sen α)

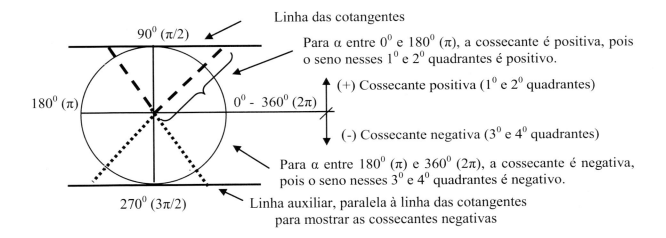

Interpretação das imagens geométricas dos módulos das cossecantes

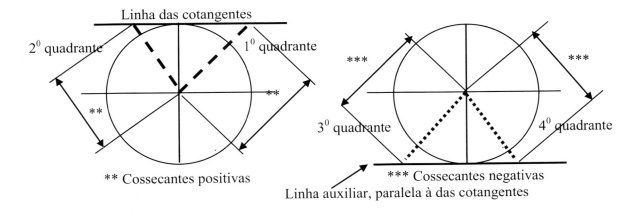

Gráfico com a variação da função cossecante: y = cossec x

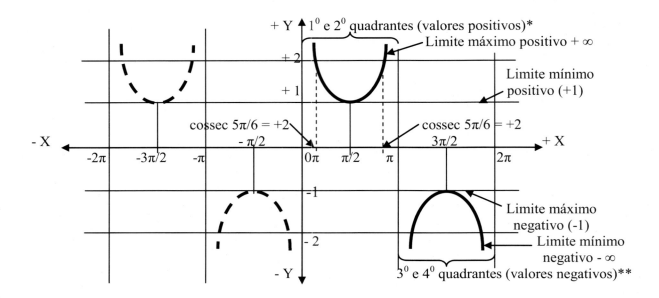

$\begin{cases} \text{sen } 30^0 \ (\pi/6) = \text{sen } 150^0 \ (5\pi/6) = + \ 0,5 => \text{*cossec } 30^0 \ (\pi/6) = \text{cossec } 150^0 \ (5\pi/6) = + \ 2. \\ \text{sen } 210^0 \ (13\pi/6) = \text{sen } 330^0 \ (11\pi/6) = - \ 0,5 => \text{**cossec } 30^0 \ (\pi/6) = \text{cossec } 150^0 \ (5\pi/6) = - \ 2. \end{cases}$

Imagem geométrica da função secante (inverso do cosseno => sec α = 1/cos α)

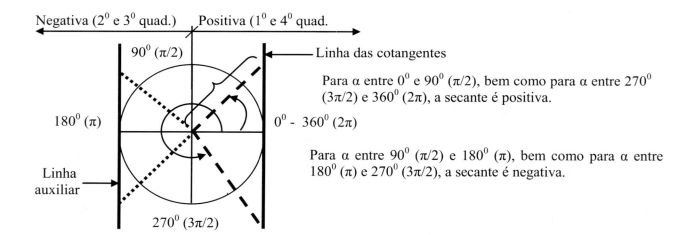

Interpretação das imagens geométricas dos módulos das secantes

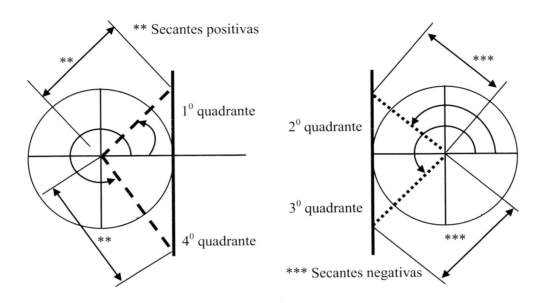

Gráfico com a variação da função secante: y = sec x

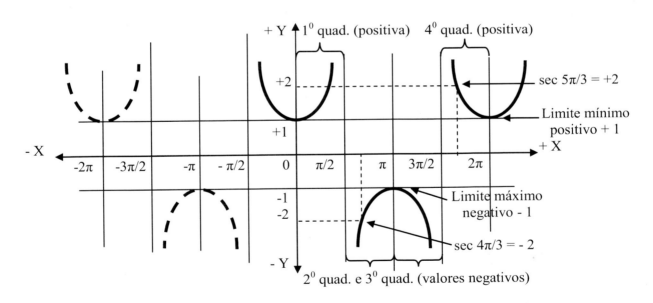

$$\begin{cases} \cos 60^0 \,(\pi/3) = \cos 300^0 \,(5\pi/3) = +\,0{,}5 \Rightarrow \sec 60^0 \,(\pi/3) = \sec 300^0 \,(5\pi/3) = +\,2. \\ \cos 120^0 \,(2\pi/3) = \cos 240^0 \,(4\pi/3) = -\,0{,}5 \Rightarrow \sec 120^0 \,(2\pi/3) = \sec 240^0 \,(4\pi/3) = -\,2. \end{cases}$$

Imagem geométrica da função cotangente (inversa da tangente => cotg α = 1/tg α)

A cotangente é positiva nos 1º e 3º quadrantes e negativa nos 2º e 4º quadrantes.

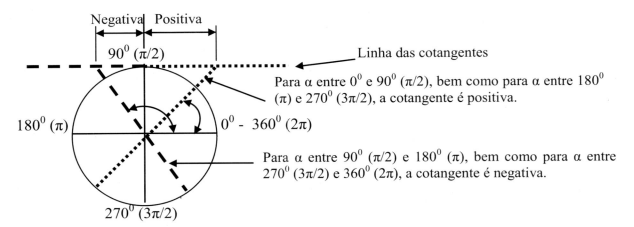

Gráfico com a variação da função cotangente: y = cotg x (varia de - ∞ até + ∞)

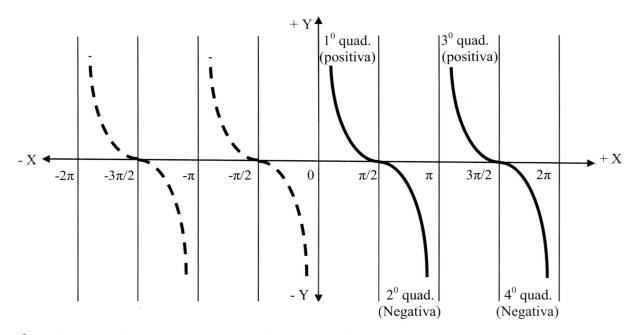

$\begin{cases} \text{tg } 30^0 = \text{tg } 210^0 = + 0{,}57735 => \text{cotg } 30^0 = \text{cotg } 210^0 = + 1{,}732 \text{ (pois, } 1 \text{ / } +0{,}57735 = + 1{,}732\text{)}. \\ \text{tg } 150^0 = \text{tg } 330^0 = - 0{,}57735 => \text{cotg } 150^0 = \text{cotg } 330^0 = - 1{,}732 \text{ (pois, } 1 \text{ / } -0{,}57735 = - 1{,}732\text{)}. \end{cases}$

5.3 Leis dos senos e dos cossenos

A trigonometria no triângulo retângulo relaciona os ângulos do triângulo com as medidas dos lados por meio de: seno, cosseno e tangente. Para triângulos acutângulos e obtusângulos são utilizadas as leis do seno ou do cosseno, que permitem o cálculo de lados e ângulos.
A lei dos cossenos tem muita utilização em cálculos vetoriais, como mostrado no exercício 5.3.1.

Considerando um triângulo qualquer, não retângulo, são válidas as relações:

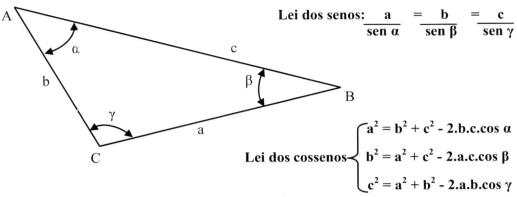

Lei dos senos: $\dfrac{a}{\operatorname{sen}\alpha} = \dfrac{b}{\operatorname{sen}\beta} = \dfrac{c}{\operatorname{sen}\gamma}$

Lei dos cossenos $\begin{cases} a^2 = b^2 + c^2 - 2.b.c.\cos\alpha \\ b^2 = a^2 + c^2 - 2.a.c.\cos\beta \\ c^2 = a^2 + b^2 - 2.a.b.\cos\gamma \end{cases}$

Exercício 5.3.1) Considerando os dois vetores $\vec{V1}$ e $\vec{V2}$, determinar o valor do vetor resultante $\vec{VR}$ da soma vetorial dos dois, bem como o ângulo Θ que o vetor resultante forma com o vetor $\vec{V1}$.

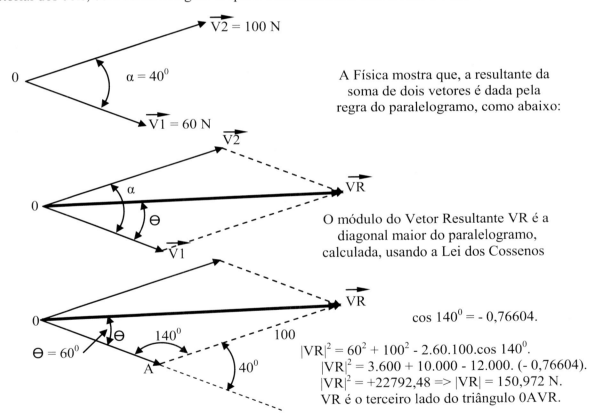

$\cos 140^0 = -0{,}76604$.

$|VR|^2 = 60^2 + 100^2 - 2.60.100.\cos 140^0$.
$|VR|^2 = 3.600 + 10.000 - 12.000.(-0{,}76604)$.
$|VR|^2 = +22792{,}48 \Rightarrow |VR| = 150{,}972$ N.
VR é o terceiro lado do triângulo 0AVR.

Aplicando de novo a Lei dos Cossenos: $AVR^2 = 0A^2 + 0VR^2 - 2.0A.0VR.\cos\Theta$.

$+AVR^2 - 0A^2 - 0VR^2 = -2.0A.0VR.\cos\Theta \Rightarrow \cos\Theta = (+AVR^2 - 0A^2 - 0VR^2)/-2.0A.0VR$.

$\cos\Theta = [(+100^2) - (60)^2 - (150{,}972)^2] / -2.(60).(150{,}972) \Rightarrow$

$\cos\Theta = +10.000 - 3.600 - 22792{,}48/-18.116{,}64 \Rightarrow \cos\Theta = -16.392{,}48/-18.116{,}64 \Rightarrow$

$\cos\Theta = +0{,}90483 \Rightarrow \Theta = 25{,}2^0$.

Resposta: O vetor resultante é $\vec{VR} = 150{,}972$ N, que faz um ângulo Θ de $25{,}2^0$ com o vetor $\vec{V1}$.

108 – A Geometria Básica

5.4 Transformações trigonométricas. (Exercícios resolvidos)

Uma vez conhecidas as funções trigonométricas principais (sen, cos e tg), bem como as secundárias (cossec, sec e cotg), é fundamental entender as várias transformações e operações com as funções trigonométricas, que muito ajudam à resolução de diversos problemas.

sen $(60^0 + 30^0)$ = sen 90^0 = +1.

sen 60^0 + sen 30^0 = (+0,866) + (+0,5) = +1, 366.

Conclusão: sen (a + b) ≠ sen a + sen b.

Seguindo o mesmo raciocínio, pode-se afirmar que:

$$\begin{cases} \text{sen (a - b)} \neq \text{sen a - sen b.} \\ \text{cos (a + b)} \neq \text{cos a + cos b.} \\ \text{cos (a - b)} \neq \text{cos a - cos b.} \end{cases}$$

Cálculo de sen (a + b):

sen (a + b) = sen a . cos b + sen b . cos a.

Exercício 5.4.1) Calcular o sen 75^0 como sen $(45^0 + 30^0)$.

sen $(45^0 + 30^0)$ = sen 45^0 . cos 30^0 + sen 30^0 . cos 45^0.

sen 45^0 = + 0,707*; cos 30^0 = + 0,866; sen 30^0 = + 0,5 e cos 45^0 = + 0,707*

sen $(45^0 + 30^0)$ = (+ 0,707) . (+ 0,866) + (+ 0,5) . (+ 0,707) = + 0,612 + 0,354. Finalmente:

sen $(45^0 + 30^0)$ = + 0,966.

*Em cálculos práticos, especialmente de Engenharia, não se deixa valor sob radical. Por exemplo: sabe-se que sen 45^0 = cos 45^0 = $+\sqrt{2}$ /2 = +1,41421 / 2 = +0,707105. Para cálculos simples, usa-se: +0,707. Raciocínio análogo é usado para frações. Por exemplo, um engenheiro não escreve que se deve cortar um pedaço de madeira com $\sqrt{13}$ m, mas sim com 3,60555 m ou 3.605,5 mm.

Cálculo de sen (a - b):

sen (a - b) = sen a . cos b - sen b . cos a.

Exercício 5.4.2) Calcular o sen 25^0 como sen $(65^0 - 40^0)$.

sen $(65^0 - 40^0)$ = sen 65^0 . cos 40^0 - sen 40^0 . cos 65^0.

sen 65^0 = + 0,906; cos 40^0 = + 0,766; sen 40^0 = + 0,643 e cos 65^0 = + 0,423.

sen $(65^0 - 40^0)$ = (+ 0,906) . (+ 0,766) - (+ 0,643) . (+ 0,423) = + 0,694 - 0,272. Finalmente:

sen $(65^0 - 40^0)$ = + 0,422.

Cálculo de cos (a + b):

cos (a + b) = cos a . cos b - sen a . sen b.

Exercício 5.4.3) Calcular o cos 65^0 como cos $(25^0 + 40^0)$.

cos (25⁰ + 40⁰) = cos 25⁰ . cos 40⁰ - sen 25⁰ . sen 40⁰.

cos 25⁰ = + 0,906; cos 40⁰ = + 0,766; sen 25⁰ = + 0,423 e sen 40⁰ = + 0,643.

cos (25⁰ + 40⁰) = (+ 0,906) . (+ 0,766) - (+ 0,423) . (+ 0,643) = + 0,694 - 0,272. Finalmente:

cos (25⁰ + 40⁰) = + 0,422.

Confirma-se que: sen 25⁰ = cos 65⁰ = + 0,422.

Cálculo de cos (a - b):

cos (a - b) = cos a . cos b + sen a . sen b.

Exercício 5.4.4) Calcular o cos 25⁰ como cos (65⁰ - 40⁰).

cos (65⁰ - 40⁰) = cos 65⁰ . cos 40⁰ + sen 65⁰ . sen 40⁰.

cos 65⁰ = + 0,423; cos 40⁰ = + 0,766; sen 65⁰ = + 0,906 e sen 40⁰ = + 0,643.

cos (65⁰ - 40⁰) = (+ 0,423) . (+ 0,766) + (+ 0,906) . (+ 0,643) = + 0,324 + 0,583. Finalmente:

cos (65⁰ - 40⁰) = cos 25⁰ = + 0,907.

Cálculo de tg (a + b):

tg (a + b) = $\dfrac{\text{tg a + tg b}}{1 - \text{tg a. tg b}}$; com a + b ≠ 90⁰ (π/2).

Exercício 5.4.5) Calcular a tg 115⁰ como tg (70⁰ + 45⁰).

tg (70⁰ + 45⁰) = $\dfrac{\text{tg 70⁰ + tg 45⁰}}{1 - \text{tg 70⁰. tg 45⁰}}$

tg 70⁰ = + 2,747 e tg 45⁰ = + 1.

tg (70⁰ + 45⁰) = $\dfrac{+ 2,747 + 1}{1 - (+2,747). (+ 1)} = \dfrac{+ 3,47}{- 2,47}$ = - 1,405. Finalmente:

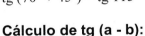

tg (70⁰ + 45⁰) = tg 115⁰ = - 1,405. Ângulos entre 90⁰ e 180⁰ e 270⁰ e 360⁰ têm tangentes negativas.

Cálculo de tg (a - b):

tg (a + b) = $\dfrac{\text{tg a - tg b}}{1 + \text{tg a. tg b}}$; com a - b ≠ 90⁰ (π/2).

Exercício 5.4.6) Calcular a tg 30⁰ como tg (70⁰ - 40⁰).

tg (70⁰ - 40⁰) = $\dfrac{\text{tg 70⁰ - tg 40⁰}}{1 + \text{tg 70⁰. tg 40⁰}}$

tg 70⁰ = + 2,747 e tg 40⁰ = + 0,839.

tg (70⁰ - 40⁰) = $\dfrac{+2,747 - (+ 0,839)}{1 + (+2,747). (+0,839)}$ = + 0,577 .

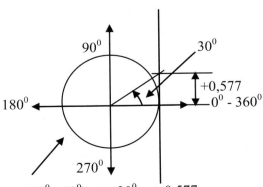

Finalmente: tg (70⁰ - 40⁰) = tg 30⁰ = + 0,577.

Fórmulas de arcos duplos tipos: sen 2a; cos 2a e tg 2a

sen 2a = 2 . sen a . cos a.

Exercício 5.4.7) Considerando a = 60°, determinar o sen 2a.

sen 2a = 2 . sen a . cos a; ou seja: sen 120° = 2 . sen 60° . cos 60°.

sen 60° = + 0,866; cos 60° = + 0,5.

sen 120° = 2(+ 0,866 . + 0,5) => + 0,866. (De fato: sen 120° = sen 60°).

$$\begin{cases} \textbf{cos 2a = 2 . cos}^2 \textbf{ a - 1} \\ \textbf{cos 2a = cos}^2 \textbf{ a - sen}^2 \textbf{ a} \\ \textbf{cos 2a = 1 - 2 . sen}^2 \textbf{ a} \end{cases}$$

Exercício 5.4.8) Considerando a = 30°, determinar cos 2a.

cos 60° = 2 . cos² 30° - 1.

cos 30° = + 0,866 => cos² 30° = + 0,75; portanto: cos 60° = 2 . (+ 0,75) - 1 = + 0,5.

cos 60° = + 0,5.

$$\textbf{tg 2a} = \frac{\textbf{2 . tg a}}{\textbf{1 - tg}^2 \textbf{ a}}$$

Exercício 5.4.9) Considerando a = 30°, determinar a tg 2a.

$$\text{tg } 60° = \frac{2 . \text{tg } 30°}{1 - \text{tg}^2 30°}$$

tg 30° = + 0,57735 => tg² 30° = + 0,333; portanto: $\text{tg } 60° = \dfrac{2 . (+ 0,57735)}{1 - (+ 0,333)} = + 1,731.$

Fórmulas de arcos metades tipos: sen a/2; cos a/2; tg a/2

$$\textbf{sen}^2 \textbf{ (a/2)} = \frac{\textbf{1 - cos a}}{\textbf{2}} => \textbf{sen a/2} = \pm\sqrt{\textbf{[(1 - cos a)/2]}}$$

Por exemplo: sen 30° = +0,5; sen² 30° = +0,25; sen 60° = +0,866; cos 60° = +0,5.

a = 60° => sen² (60°/2) = $\dfrac{1 - \cos 60°}{2}$ => sen² 30° = $\dfrac{1 - (+0,5)}{2}$ = +0,25; ou seja: sen² 30° = +0,25.

Conclusão: sen² 30° = +0,25 => sen 30° = +0,5.

$$\textbf{cos}^2 \textbf{ (a/2)} = \frac{\textbf{1 + cos a}}{\textbf{2}} => \textbf{cos a/2} = \pm\sqrt{\textbf{[(1 + cos a)/2]}}$$

Por exemplo: cos 30° = +0,866; cos² 30° = +0,75; cos 60° = +0,5; cos 60° = +0,5.

a = 60° => cos² (60°/2) = $\dfrac{1 + \cos 60°}{2}$ => cos² 30° = $\dfrac{1 + (+0,5)}{2}$ = +0,75; ou seja: cos² 30° = +0,75.

cos² 30⁰ = +0,75 => cos 30⁰ = +0,866.

tg (a/2) = (sen a/2) / (cos a/2) = ±√[(1 - cos a)/(1 + cos a)]

5.5 Funções trigonométricas inversas. Valores e gráficos

No exercício 5.3.1, no cálculo da resultante, dados dois vetores $\vec{V1}$ e $\vec{V2}$, também foi pedido o cálculo do ângulo que a resultante faz com o vetor V1. Aplicando-se a lei dos cossenos, obteve-se:

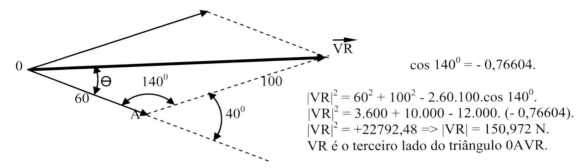

cos 140⁰ = - 0,76604.
|VR|² = 60² + 100² - 2.60.100.cos 140⁰.
|VR|² = 3.600 + 10.000 - 12.000. (- 0,76604).
|VR|² = +22792,48 => |VR| = 150,972 N.
VR é o terceiro lado do triângulo 0AVR.

Aplicando de novo a Lei dos Cossenos: AVR² = 0A² + 0VR² - 2.0A.0VR.cos Θ.

+AVR² - 0A² - 0VR² = - 2.0A.0VR.cos Θ => cos Θ = (+AVR² - 0A² - 0VR²) / - 2.0A.0VR.

cos Θ = [(+100²) - (60)² - (150,972)²] / - 2.(60).(150,972) =>

cos Θ = +10.000 - 3.600 - 22792,48/-18.116,64 => cos Θ = -16.392,48/-18.116,64 => cos Θ = +0,90483.

Ou seja, precisa-se saber qual é o arco (em graus ou radianos) cujo cosseno é igual a +0,90483.

Uma consulta a uma máquina de calcular científica, indica que: Θ = 25,2⁰.

Esse desenvolvimento pode ser entendido como da função: y = arccos Θ, onde y = +0,90483 e Θ = 25,2⁰. Nesse caso, y é a função inversa da função seno, de um ângulo Θ.

A seguir, serão mostrados e comentados os seis gráficos das funções trigonométricas inversas: arco seno, arco cosseno, arco tangente, arco cossecante, arcosecante e arcocotangente. Simbolicamente, a função inversa pode ser grafada da seguinte forma: se f(x) = +0,5, sua inversa é f⁻¹(x) = +2. Observa-se que, f⁻¹(x) não significa 1 / f(x).

5.5.1 Arco seno (y = arcsen x)

sen 0⁰ (0π) = 0 => arcsen 0⁰ = 0. sen 30⁰ (π/6) = +0,5 => arcsen 30⁰ = +0,5.

sen 60⁰ (π/3) = +0,866 => arcsen 60⁰ = +0,866. sen 90⁰ (π/2) = +1 => arcsen 90⁰ = +1.

sen 120⁰ (2π/3) = +0,866 => arcsen 120⁰ = +0,866. sen 150⁰ (5π/6) = +0,5 => arcsen 150⁰ = +0,5.

sen 180⁰ (π) = 0 => arcsen 180⁰ = 0. sen 210⁰ (7π/6) = -0,5 => arcsen 210⁰ = -0,5.

sen 240⁰ (4π/3) = -0,866 => arcsen 240⁰ = -0,866. sen 270⁰ (3π/2) = -1 => arcsen 270⁰ = -1.

sen 300⁰ (5π/3) = -0,866 => arcsen 300⁰ = -0,866. sen 330⁰ (11π/6) = -0,5 => arcsen 330⁰ = -0,5 e

sen 360⁰ (2π) = 0 => arcsen 360⁰ = 0.

Alguns valores podem ser observados no gráfico a seguir: y = arcsen x, observando-se que o domínio dessa função é de -1 a +1 e a imagem de - π/2 a + π/2.

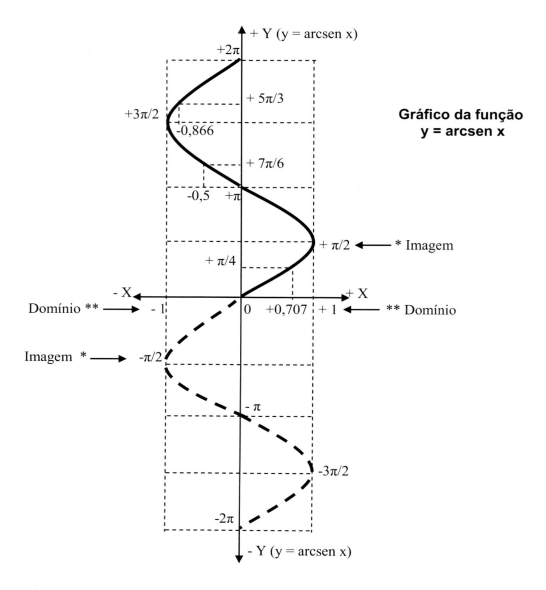

5.5.2 Arco cosseno (y = arccos x)

$\cos 0^0$ $(0\pi) = +1 \Rightarrow \text{arccos } 0^0 = +1$. $\cos 30^0$ $(\pi/6) = +0,866 \Rightarrow \text{arccos } 30^0 = +0,866$.

$\cos 60^0$ $(\pi/3) = +0,5 \Rightarrow \text{arccos } 60^0 = +0,5$. $\cos 90^0$ $(\pi/2) = 0 \Rightarrow \text{arccos } 90^0 = 0$.

$\cos 120^0$ $(2\pi/3) = -0,5 \Rightarrow \text{arccos } 120^0 = -0,5$. $\cos 150^0$ $(5\pi/6) = -0,866 \Rightarrow \text{arccos } 150^0 = -0,866$.

$\cos 180^0$ $(\pi) = -1 \Rightarrow \text{arccos } 180^0 = -1$. $\cos 210^0$ $(7\pi/6) = -0,866 \Rightarrow \text{arccos } 210^0 = -0,866$.

$\cos 240^0$ $(4\pi/3) = -0,5 \Rightarrow \text{arccos } 240^0 = -0,5$. $\cos 270^0$ $(3\pi/2) = 0 \Rightarrow \text{arccos } 270^0 = 0$.

$\cos 300^0$ $(5\pi/3) = +0,5 \Rightarrow \text{arccos } 300^0 = +0,5$. $\cos 330^0$ $(11\pi/6) = +0,866 \Rightarrow \text{arccos } 330^0 = +0,866$ e

$\cos 360^0$ $(2\pi) = +1 \Rightarrow \text{arccos } 360^0 = +1$.

Alguns valores podem ser observados no gráfico a seguir: y = arccos x, observando-se que o domínio dessa função é de -1 a +1 e a imagem de 0π a $+2\pi$.

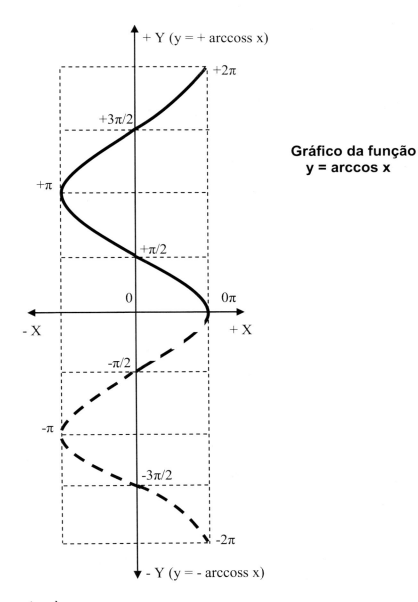

5.5.3 Arco tangente (y = arctg x)

tg 0^0 (0π) = 0 => arctg 0^0 = 0. tg 30^0 ($\pi/6$) = +0,577 => arctg 30^0 = +0,577.

tg 60^0 ($\pi/3$) = +1,732 => arctg 60^0 = +1,732. tg 90^0 ($\pi/2$) = +∞ => arctg 90^0 = +∞.

tg 120^0 ($2\pi/3$) = -1,732 => arctg 120^0 = -1,732. tg 150^0 ($5\pi/6$) = -0,577 => arctg 150^0 = -0,577.

tg 180^0 (π) = 0 => arctg 180^0 = 0. tg 210^0 ($7\pi/6$) = +0,577 => arctg 210^0 = +0,577.

tg 240^0 ($4\pi/3$) = +1,732 => arctg 240^0 = +1,732. tg 270^0 ($3\pi/2$) = -∞ => arctg 270^0 = -∞.

tg 300^0 ($5\pi/3$) = -1,732 => arctg 300^0 = -1,732. tg 330^0 ($11\pi/6$) = -0,577 => arctg 330^0 = -0,577 e

tg 360^0 (2π) = 0 => arctg 360^0 = 0.

Alguns valores podem ser observados no gráfico a seguir: y = arctg x, observando-se que o domínio dessa função é de -∞ a +∞ e a imagem de –π/2 a +π/2.

114 – A Geometria Básica

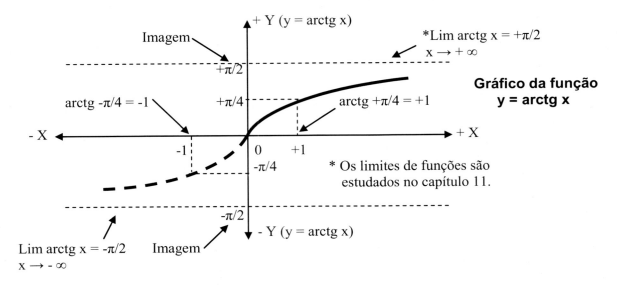

Gráfico da função y = arctg x

* Os limites de funções são estudados no capítulo 11.

5.5.4 Arco secante (y = arcsec x)

sec (0^0) $(0\pi) = +1$ => arcsec $(+1) = 0^0$. sec 30^0 $(\pi/6) = +1,1547$ => arcsec $+1,1547 = 30^0$.

sec 60^0 $(\pi/3) = +2$ => arcsec $+2 = 60^0$. sec 90^0 $(\pi/2) = +\infty$ => arcsec $+\infty = 90^0$.

sec 120^0 $(2\pi/3) = -2$ => arcsec $-2 = 120^0$. sec 150^0 $(5\pi/6) = -1,1547$ => arcsec $-1,1547 = 150^0$.

sec 180^0 $(\pi) = -1$ => arcsec $-1 = 180^0$. sec 210^0 $(7\pi/6) = -1,1547$ => arcsec $-1,1547 = 210^0$.

sec 240^0 $(4\pi/3) = -2$ => arcsec $-2 = 240^0$. sec 270^0 $(3\pi/2) = -\infty$ => arcsec $-\infty = 270^0$.

sec 300^0 $(5\pi/3) = +2$ => arcsec $+2 = 300^0$. sec 330^0 $(11\pi/6) = +1,1547$ => arctg $+1,1547 = 330^0$ e

sec 360^0 $(2\pi) = +1$ => arcsec $+1 = 360^0$.

Alguns valores podem ser observados no gráfico a seguir: y = arcsec x, observando-se que o domínio dessa função é de -∞ a -1 e de +1 a +∞. Ou seja, essa função sofre uma descontinuidade.

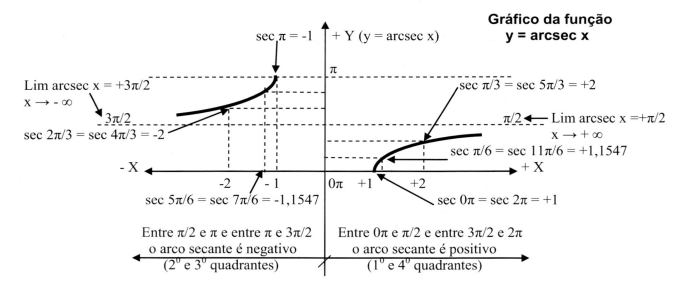

Gráfico da função y = arcsec x

5.5.5 Arco cossecante (y = arccossec x)

cossec (0^0) (0π) = +∞ => arccossec (+∞) = 0^0. cossec 30^0 ($\pi/6$) = +2 => arccossec (+2) = 30^0.

cossec 60^0 ($\pi/3$) = +1,1547 => arccossec (+1,1547) = 60^0. cossec 90^0 ($\pi/2$) = +1 => arccossec (+1) = 90^0.

cossec 120^0 ($2\pi/3$) = +1,1547 => arccossec (+1,1547) = 120^0. cossec 150^0 ($5\pi/6$) = +2 => arccossec (+2) = 150^0. cossec 180^0 (π) = -∞ => arccossec (-∞) = 180^0. cossec 210^0 ($7\pi/6$) = -2 => arccossec (-2) = 210^0.

cossec 240^0 ($4\pi/3$) = -1,1547 => arccossec (-1,1547) = 240^0. cossec 270^0 ($3\pi/2$) = -1 => arccossec (-1) = 270^0. cossec 300^0 ($5\pi/3$) = -1,1547 => arccossec (-1,1547) = 300^0. cossec 330^0 ($11\pi/6$) = -2 => arccossec (-2) = 330^0 e cossec 360^0 (2π) = +∞ => arccossec (+∞) = 360^0.

Alguns valores podem ser observados no gráfico a seguir: y = arcsec x, observando-se que o domínio dessa função é de -∞ a -1 ou de +1 a +∞. É uma função com descontinuidade.

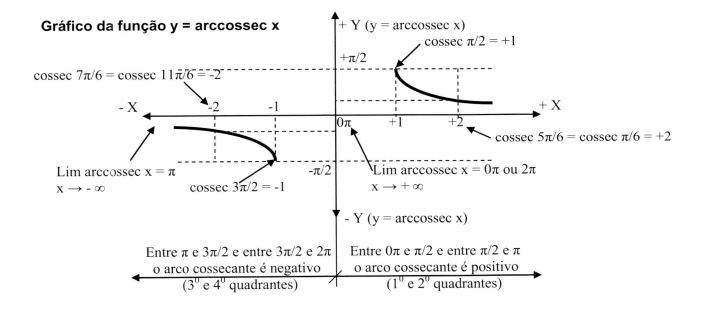

Gráfico da função y = arccossec x

5.5.6 Arco cotangente (y = arccotg x)

cotg (0^0) (0π) = +∞ => arccotg (+∞) = 0^0. cotg 30^0 ($\pi/6$) = +1,732 => arccotg (+1.732) = 30^0.

cotg 60^0 ($\pi/3$) = +0,577 => arccotg (+0,577) = 60^0. cotg 90^0 ($\pi/2$) = 0 => arccotg (0) = 90^0.

cotg 120^0 ($2\pi/3$) = -0,577 => arccotg (-0,577) = 120^0. cotg 150^0 ($5\pi/6$) = -1,732 => arccotg (-1,732) = 150^0.

cotg 180^0 (π) = -∞ => arccotg (-∞) = 180^0. cotg 210^0 ($7\pi/6$) = +1,732 => arccotg (+1,732) = 210^0.

cotg 240^0 ($4\pi/3$) = +0,577 => arccotg (+0,577) = 240^0. cotg 270^0 ($3\pi/2$) = +1,837 => arccotg (+1,837) = 270^0.

cotg 300^0 ($5\pi/3$) = -0,577 => arccotg (-0,577) = 300^0. cotg 330^0 ($11\pi/6$) = -1,732 => arccotg (-1,732) = 330^0 e cotg 360^0 (2π) = -∞ => arccotg (-∞) = 360^0.

Alguns valores podem ser observados no gráfico a seguir: y = arccotg x, observando-se que o domínio dessa função é de -∞ a +∞ e a imagem de 0π a π.

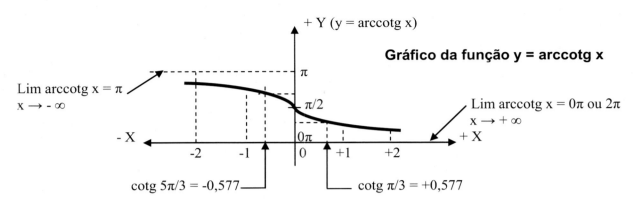

5.6 Exercícios complementares resolvidos

5.6.1) Esboçar o gráfico da função y = 3sen 2x, no intervalo entre 0^0 (0π) e 180^0 (π) comparando-o com a função y = sen x.

Baseado nas tabelas geradas, faz-se o gráfico de y = sen x (linha interrompida) e o de y = 3sen 2x (linha contínua), lembrando que para y = sen x, y varia de - 1 a + 1, que é o raio do círculo trigonométrico.

$\begin{cases} \text{Para } 0\ \pi: y = 3\text{sen } 2x = 3.0 => y = 0 \\ \text{Para } \pi/4: y = 3\text{sen } 2x = (3)(\text{sen } \pi/2) => y = +3 \\ \text{Para } \pi/2: y = 3\text{sen } 2x = (3)(\text{sen } \pi) => y = 0 \\ \text{Para } 3\pi/4: y = 3\text{sen } 2x = (3)(\text{sen } 3\pi/2) => y = -3 \\ \text{Para } \pi: y = 3\text{sen } 2x = (3)(\text{sen } 2\pi) => y = 0 \end{cases}$

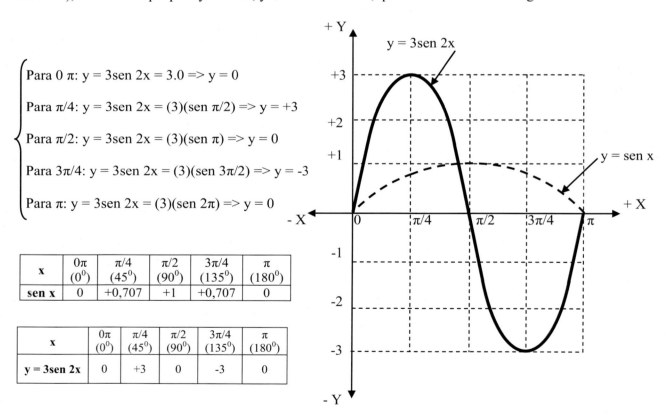

x	0π (0^0)	$\pi/4$ (45^0)	$\pi/2$ (90^0)	$3\pi/4$ (135^0)	π (180^0)
sen x	0	+0,707	+1	+0,707	0

x	0π (0^0)	$\pi/4$ (45^0)	$\pi/2$ (90^0)	$3\pi/4$ (135^0)	π (180^0)
y = 3sen 2x	0	+3	0	-3	0

5.6.2) Mostrar porque sen 20^0 é igual ao cosseno de 70^0.

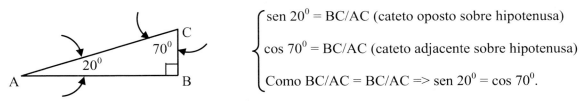

$\begin{cases} \text{sen } 20^0 = BC/AC \text{ (cateto oposto sobre hipotenusa)} \\ \cos 70^0 = BC/AC \text{ (cateto adjacente sobre hipotenusa)} \\ \text{Como } BC/AC = BC/AC \Rightarrow \text{sen } 20^0 = \cos 70^0. \end{cases}$

5.6.3) (ENEM - 2014). Em 2014 foi inaugurada a maior roda gigante do mundo, a *High Roller*, situada em Las Vegas, EUA. A figura representa um esboço dessa roda gigante, no qual o ponto A representa uma de suas cadeiras. A partir da posição indicada, em que o segmento OA se encontra paralelo ao plano do solo, rotaciona-se a *High Roller* no sentido anti-horário, em torno do ponto A. Sejam t o ângulo determinado pelo segmento OA em relação à sua posição inicial, e f a função que descreve a altura do ponto A, em relação ao solo, em função de t. Após duas voltas completas, tem-se o gráfico mostrado. Com os dados apresentados determinar a expressão da função altura.

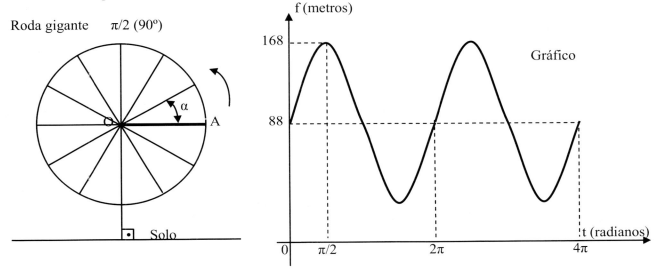

Observa-se que, à medida que o ponto A (nesse ponto α = 0°) se desloca, no sentido anti-horário e segundo uma circunferência, o segmento OA pode ser expresso como variação do seno do ângulo α. O gráfico expressa uma função senoide, modificada, onde quando α = 0°, tem-se a altura de 88 metros, quando α = π/2 (90°), no ponto máximo, tem-se 168 metros, quando α = π (180°), volta à altura de 88 metros. Continuando o giro, o ponto A passa pelo ponto mínimo (mais baixo) em α = 3π/2 (270°), voltando ao ponto inicial, com α = 0. Ou seja, trata-se de uma senoide que varia entre menos 80 metros e mais 168 metros, onde a roda gigante tem um diâmetro de 160 metros e o ponto mais baixo está a 8 metros do solo. Como senoide, tem um período igual a 2π (360°), ou seja, uma volta completa, expressando uma função contínua.

A função altura que expressa esse movimento é: f(t) = 80 sen (t) + 88.
De fato, quando t = π/2 (90°), tem-se: f(t) = 80 sen (π/2) + 88 => f(t) = (80)(+1) + 88 = 168 metros.
Quando t = 3π/2 (270°), tem-se: f(t) = 80 sen (3π/2) + 88 => f(t) = (80)(-1) + 88 = 8 metros.

Conclusão: a função altura é dada por f(t) = 80 sen (t) + 88.

5.6.4) (EsPCEx). Sendo $0 \leq x \leq 2\pi$, determinar a soma das raízes da equação: $\text{sen}^2(x) + \text{sen}(-x) = 0$.

Inicialmente, tem-se que: sen (- x) = - sen (x) e, portanto: $\text{sen}^2(x) + \text{sen}(-x) = 0 \Rightarrow \text{sen}^2(x) - \text{sen}(x) = 0$.
Ou seja, tem-se uma equação do 2º grau do tipo: $ax^2 - bx = 0$. Onde: a = +1, b = -1, c = 0 e x = arcsen.

$$x = \frac{-b \pm \sqrt{b^2 - 4ac}}{2a} \Rightarrow x = \frac{-(-1) \pm \sqrt{(-1)^2 - (4)(+1)(0)}}{2(+1)} \Rightarrow x = \frac{+1 \pm \sqrt{+1 - 0}}{+2} \Rightarrow x = \frac{+1 \pm 1}{+2} \Rightarrow x_1 = +1 \text{ e } x_2 = 0.$$

Como x = arcsen => arcsen (+1) = 90º ou π/2. arcsen (0) = 180º (π) e 360º (2π). A soma dessas raízes fica:

π/2 + π + 2π = 3π + π/2 = 7π/2.   (Observa-se que o seno ou o seno ao quadrado de um ângulo é um número).

Conclusão: a soma das raízes é igual a 7π/2 (ou 11).

5.6.5) (EEAR - 2019). Gabriel verificou que a medida de um ângulo é 3π/10 radianos. Calcular o ângulo em graus.

2π ⟶ 360º => X = (3π x 360º)/10 / 2π => X = (3π x 36º)/2π => X = 3 x 18º => X = 54º.
3π/10 ⟶ X

Conclusão: 3π/10 radianos é igual a 54º.

5.6.6) (FAMERP - 2020). A figura a seguir indica o retângulo FAME e o losango MERP, desenhados, respectivamente em uma parede e no chão, a ela perpendicular. O ângulo MÊR mede 120º, ME é igual a 2 metros e a área do retângulo FAME é igual a 12 m². Com esses dados, calcular a medida RA.

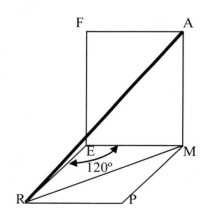

Área do retângulo FAME = 12 m² = ME x AM => 12 m² = 2 m x AM => AM = 12 m² / 2 m => AM = 6 m.

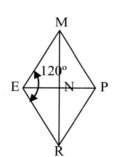

Como ME = 2m, e é um losango, então, todos os lados são iguais a 2m.

MN = MR/2.

sen 60º = MN/2 m = (MR/2) / 2 =>

√3 / 2 = (MR/2) / 2 =>

MR = (2 x 2√3)/2 => MR = 2√3 cm.

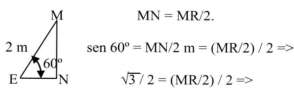

cos 30º = MN/MP => MN = MP x cos 30º => MN = (2 x √3)/2 => MN = √3.

MR = 2 x MN => MR = 2√3 m.

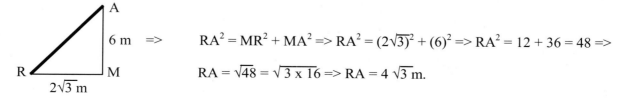

RA² = MR² + MA² => RA² = (2√3)² + (6)² => RA² = 12 + 36 = 48 =>

RA = √48 = √(3 x 16) => RA = 4√3 m.

Conclusão: a medida RA é igual a 4 √3 m (6,93 m).

5.6.7) (ENEM - 2013). As torres *Puerta* de Europa, são duas torres inclinadas uma contra a outra, construídas numa avenida de Madri, Espanha. A inclinação das torres é de 15° com a vertical e elas têm, cada uma, uma altura de 114 m (a altura é indicada na figura como o segmento AB). Estas torres são um bom exemplo de um prisma oblíquo de base quadrada e um esboço de uma delas pode ser observada na figura a seguir. Utilizando 0,26 como valor aproximado para a tangente de 15° e duas casas decimais nas operações, determinar a área mínima da base, que esse prédio ocupa na avenida.

Resposta: maior que 700 m2.

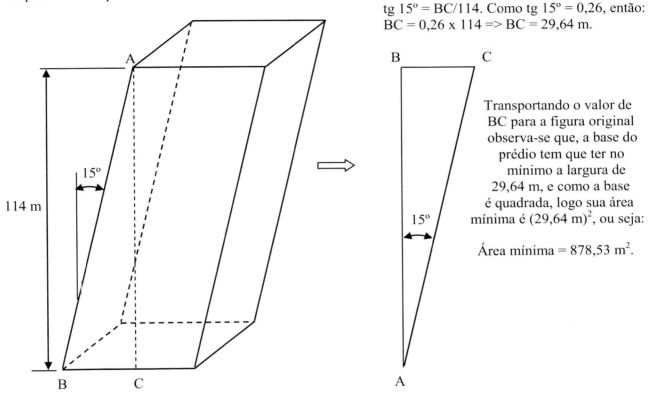

tg 15° = BC/114. Como tg 15° = 0,26, então: BC = 0,26 x 114 => BC = 29,64 m.

Transportando o valor de BC para a figura original observa-se que, a base do prédio tem que ter no mínimo a largura de 29,64 m, e como a base é quadrada, logo sua área mínima é (29,64 m)², ou seja:

Área mínima = 878,53 m².

Conclusão: a área mínima da base do prédio é igual a 878.53 m².

5.6.8) (EsPCEx). Sabendo que: tg x + sec x = m e sec x – tg x = n, determinar o produto (m).(n).

$$\begin{cases} tg\ x + sec\ x = m \\ sec\ x - tg\ x = n \end{cases}$$

$$\begin{array}{r} tg\ x + sec\ x \\ \times\ \underline{sec\ x - tg\ x} \\ - tg^2 x - sec\ x \cdot tg\ x \\ \underline{+ sec^2 x + sec\ x \cdot tg\ x} \\ + sec^2 x - tg^2 x \end{array}$$

$$+ sec^2 x - tg^2 x = \frac{1}{\cos^2 x} - \frac{sen^2 x}{\cos^2 x}$$

$sen^2 x + \cos^2 x = 1 \Rightarrow \cos^2 x = 1 - sen^2 x$, logo:

$$\frac{1}{\cos^2 x} - \frac{sen^2 x}{\cos^2 x} = \frac{1 - sen^2 x}{\cos^2 x} \Rightarrow \frac{\cos^2 x}{\cos^2 x} = 1.$$

Conclusão: o produto (m).(n) é igual a 1.

5.6.9) (UFAM). Uma escada que mede 6 metros está apoiada em uma parede vertical. Sabendo que a escada forma com o solo um ângulo α e que a distância de seu ponto de apoio até a parede, em metros, é cos α = √5/3, determinar a distância do ponto de apoio da escada até a parede.

120 – A Geometria Básica

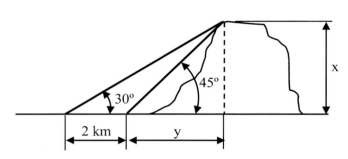 $\cos \alpha = AC/6\,m \Rightarrow AC = 6\,m \times \cos \alpha \Rightarrow AC = 6\,m \times \dfrac{\sqrt{5}}{3} \Rightarrow AC = 2\sqrt{5}\,m$

Conclusão: a distância do ponto de apoio da escada até a parede é $2\sqrt{5}$ m (4,47 m).

5.6.10) (UFJF – MG). Ao aproximar-se de uma ilha, o capitão de um navio avistou uma montanha e decidiu medir a sua altura. Ele mediu um ângulo de 30° na direção do seu cume. Depois de navegar mais 2 km, em direção à montanha, repetiu o procedimento, medindo um novo ângulo de 45°. Considerando $\sqrt{3} = 1,73$, qual o valor da altura dessa montanha, em quilômetros?

$tg\,45° = x/y \Rightarrow x = tg\,45°\cdot y.$

$tg\,30° = \dfrac{x}{2+y} \Rightarrow x = tg\,30°\cdot(2+y).$

Igualando os dois valores de x tem-se:

$tg\,45°\cdot y = tg\,30°\cdot(2+y) \Rightarrow 1\cdot y = \dfrac{\sqrt{3}}{3}\cdot(2+y) \Rightarrow$

$y = \dfrac{1,73}{3}\cdot(2+y) \Rightarrow 3y = 3,46 + 1,73y \Rightarrow 3y - 1,73y = 3,46 \Rightarrow 1,27y = 3,46 \Rightarrow y = \dfrac{3,46}{1,27} \Rightarrow y = 2,72\,km.$

Como: $x = tg\,45°\cdot y$, então: $x = 1\cdot 2,72 \Rightarrow x = 2,72\,km.$

Conclusão: a altura da montanha é de 2,72 km.

5.6.11) (PUC - SP). Se $tg(x+y) = 33$ e $tg\,x = 3$, determinar o valor de tg y.

$tg(x+y) = \dfrac{tg\,x + tg\,y}{1 - tg\,x\cdot tg\,y} = 33.$ Como $tg\,x = 3$, logo: $\dfrac{3 + tg\,y}{1 - 3\,tg\,y} = 33 \Rightarrow 3 + tg\,y = 33(1 - 3\,tg\,y) \Rightarrow$

$3 + tg\,y = 33 - 99\,tg\,y \Rightarrow 99\,tg\,y + tg\,y = 33 - 3 \Rightarrow 100\,tg\,y = 30 \Rightarrow tg\,y = \dfrac{30}{100} \Rightarrow tg\,y = +0,3.$

Conclusão: o valor de tg y = + 0,3.

5.6.12) (UFAM). Determinar o cosseno do arco de 255°.

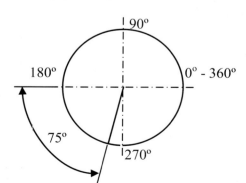

$255° = 180° + 75° \Rightarrow \cos 255° = \cos(180° + 75°).$
$\cos(x+y) = \cos x\cdot\cos y - \sen x\cdot\sen y.$
O seno e o cosseno de 180° são conhecidos, e o de 75° fica:
$\cos 75° = \cos(30° + 45°) = (\cos 30°)(\cos 45°) - (\sen 30°)(\sen 45°) \Rightarrow$
$\cos 75° = \dfrac{\sqrt{3}}{2}\cdot\dfrac{\sqrt{2}}{2} - \dfrac{1}{2}\cdot\dfrac{\sqrt{2}}{2} = \dfrac{\sqrt{6}}{4} - \dfrac{\sqrt{2}}{4} \Rightarrow \cos 75° = \dfrac{\sqrt{6} - \sqrt{2}}{4}$

$\cos(180° + 75°) = (\cos 180°)(\cos 75°) - (\sen 180°)(\sen 75°) \Rightarrow$
$\cos(255°) = (-1)\dfrac{\sqrt{6} - \sqrt{2}}{4} - (0)(\sen 75°) \Rightarrow \cos(255°) = \dfrac{\sqrt{6} - \sqrt{2}}{4}.$

Conclusão: o cosseno do arco de 255° é igual a $\dfrac{\sqrt{6} - \sqrt{2}}{4}$.

5.6.13) (AFA). Determinar o menor período da função f(x) = (sen x).(cos x).

Inicialmente faz-se uma tabela, com valores de sen (x), cos (x) e (sen x).(cos x), para se fazer o gráfico e analisar como a função produto varia, determinando-se o seu menor período.

f(x) \ x	0π	π/4	π/2	3π/4	π	5π/4	3π/2	7π/4	2π
sen x	0	+√2/2	+1	+√2/2	0	-√2/2	-1	-√2/2	0
cos x	+1	+√2/2	0	-√2/2	-1	-√2/2	0	+√2/2	+1
(sen x).(cos x)	0	+1/2	0	-1/2	0	+1/2	0	-1/2	0

Observa-se que a função produto varia de -1/2 a +1/2, repetindo valores a cada π, ou seja, no menor período. O gráfico a seguir permite uma clara visualização.

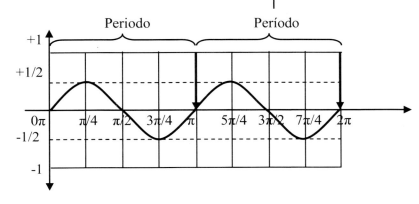

O gráfico mostra claramente que, f(x) = (sen x).(cos x), retorna ao valor inicial a cada período de π.

Conclusão: o menor período da função f(x) = (sen x).(cos x) é igual a π radianos.

5.6.14) (EsPCEx). Considerando a figura a seguir, e sabendo que cos ß = √2/2, determinar o valor de cos α.

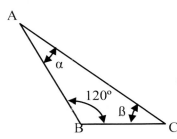

cos ß = √2/2 => ß = 45°, ou seja: α = 15°.

cos 15° = cos (45° - 30°). cos (a - b) = (cos a)(cos b) + (sen a)(sen b).

cos 15° = (cos 45°)(cos 30°) + (sen 45°)(sen 30°) = (√2/2)(√3/2) + (√2/2)(1/2) =>

cos 15° = √6 + √2 .
            4

Conclusão: na figura cos 15° é igual a √6 + √2 (0,97).
                                           4

5.6.15) (PUC - SP). No triângulo a seguir, calcular o valor de x.

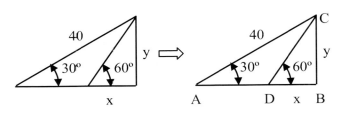

No triângulo ABC: sen 30° = y/40.
sen 30° = 1/2 => y = 40(sen 30°) => y = 20.

No triângulo DBC: tg 60° = y/x.
tg 60° = √3 e y = 20.
tg 60° = 20/x => x = 20/tg 60° =>
x = 20/√3 = 20√3 .
              x

Conclusão: no triângulo x = 20√3 (11,55).
                              3

5.6.16) (ENEM - 2014). Uma pessoa usa um programa de computador que descreve o desenho da onda sonora correspondente a um som escolhido. A equação da onda é dada, num sistema de coordenadas cartesianas, por $y = a \cdot \text{sen}[b(x + c)]$, em que os parâmetros a, b, c são positivos. O programa permite ao usuário provocar mudanças no som, ao fazer alterações nos valores desses parâmetros. A pessoa deseja tornar o som mais agudo e, para isso, deve diminuir o período da onda. Analisar e concluir, qual(is) o(s) único(s) parâmetro(s) que necessita(m) ser alterado(s).

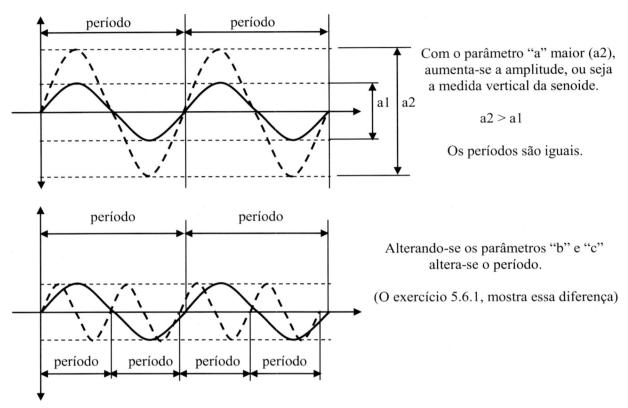

Conclusão: os únicos parâmetros que necessitam ser alterados são o "b" e o "c".

5.6.17) Considere o planeta Terra uma esfera, com raio de 6.367 km (em verdade a Terra é um geoide). Um satélite percorre uma órbita circular em torno da Terra e, em um dado instante a antena de um radar está direcionada para ele, com uma inclinação de 30° sobre a linha do horizonte, conforme mostra a figura a seguir. Se o ângulo central da Terra, entre o radar e o satélite é de 15°, determine a distância x, em quilômetros, da superfície da Terra ao satélite.

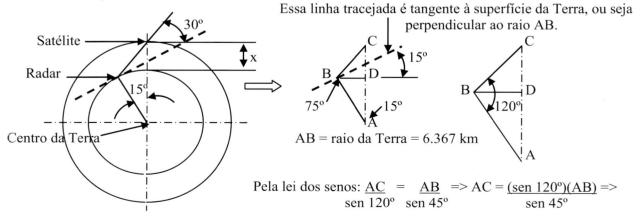

Pela lei dos senos: $\dfrac{AC}{\text{sen } 120°} = \dfrac{AB}{\text{sen } 45°} \Rightarrow AC = \dfrac{(\text{sen } 120°)(AB)}{\text{sen } 45°} \Rightarrow$

$AC = \dfrac{(\sqrt{3}/2)(6.367)}{\sqrt{2}/2} \Rightarrow AC = 7.799$ km.

A distância x é igual à diferença entre AC e o raio da Terra, portanto: x = 7.799 km – 6.367 km = 1.432 km.

Conclusão: a distância da superfície da Terra ao satélite é igual a 1.432 km.

5.6.18) Considerando o círculo trigonométrico, o ângulo indicado, que o segmento AT é tangente ao círculo e as medidas em metros, determinar o perímetro e a área do triângulo OAT.

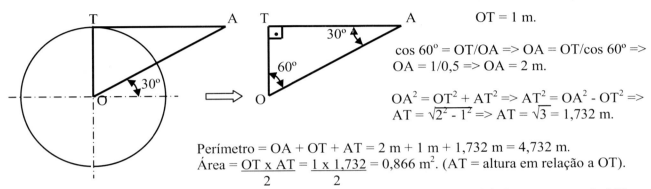

OT = 1 m.

cos 60º = OT/OA => OA = OT/cos 60º =>
OA = 1/0,5 => OA = 2 m.

$OA^2 = OT^2 + AT^2 \Rightarrow AT^2 = OA^2 - OT^2 \Rightarrow$
$AT = \sqrt{2^2 - 1^2} \Rightarrow AT = \sqrt{3} = 1{,}732$ m.

Perímetro = OA + OT + AT = 2 m + 1 m + 1,732 m = 4,732 m.
Área = $\dfrac{OT \times AT}{2} = \dfrac{1 \times 1{,}732}{2} = 0{,}866$ m². (AT = altura em relação a OT).

Observações: OT é o raio do círculo trigonométrico, AT é a cotangente de 30º e OA é a cossecante de 30º.

Conclusão: no triângulo OAT, o perímetro é igual a 4,732 m e a área é igual a 0,866 m².

5.6.19) Fazer o gráfico da função y = 3 - |sen 2x|, no intervalo [0π, 2π].

Inicialmente, faz-se uma tabela, como a seguir, para então entender e traçar o gráfico da função.

x \ y	0π	π/4	π/2	3π/4	π	5π/4	3π/2	7π/4	2π
sen x	0	+√2/2	+1	+√2/2	0	-√2/2	-1	-√2/2	0
sen 2x	0	+1	0	-1	0	+1	0	-1	0
y = 3 - |sen 2x|	+3	+2	+3	+2	+3	+2	+3	+2	+3

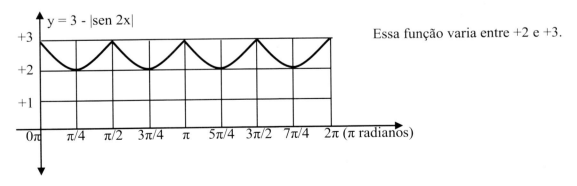

Essa função varia entre +2 e +3.

5.6.20) Considerando o gráfico da função y = cos x, e as medidas em metros, determinar o perímetro e a área do triângulo ABC, onde o vértice A é o ponto equivalente ao cosseno de π/4, vértice B é o ponto equivalente ao cosseno de π e o vértice C é o ponto equivalente ao cosseno de 2π. (Considerar π = 3,14).
Resposta: O perímetro do triângulo ABC é igual a   m e a área é igual a   m².

124 – A Geometria Básica

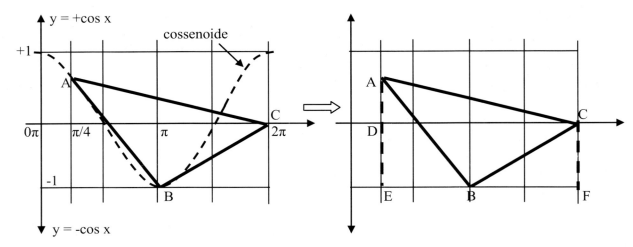

Análise e cálculo do perímetro: Os comprimentos dos três lados são determinados como hipotenusas de outros três triângulos retângulos, como a seguir:

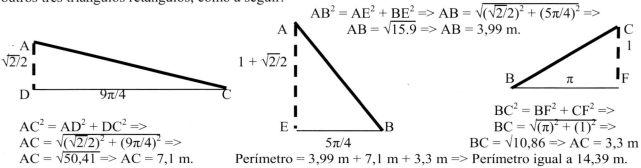

$AB^2 = AE^2 + BE^2 \Rightarrow AB = \sqrt{(\sqrt{2}/2)^2 + (5\pi/4)^2} \Rightarrow$
$AB = \sqrt{15.9} \Rightarrow AB = 3,99$ m.

$AC^2 = AD^2 + DC^2 \Rightarrow$
$AC = \sqrt{(\sqrt{2}/2)^2 + (9\pi/4)^2} \Rightarrow$
$AC = \sqrt{50,41} \Rightarrow AC = 7,1$ m.

$BC^2 = BF^2 + CF^2 \Rightarrow$
$BC = \sqrt{(\pi)^2 + (1)^2} \Rightarrow$
$BC = \sqrt{10,86} \Rightarrow AC = 3,3$ m

Perímetro = 3,99 m + 7,1 m + 3,3 m => Perímetro igual a 14,39 m.

Análise e cálculo da área: Inicialmente, analisa-se o triângulo, e uma altura, em relação a um dos lados. (AH = altura em relação a BC).

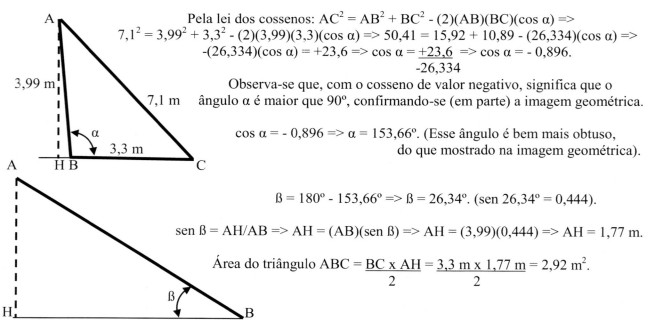

Pela lei dos cossenos: $AC^2 = AB^2 + BC^2 - (2)(AB)(BC)(\cos \alpha) \Rightarrow$
$7,1^2 = 3,99^2 + 3,3^2 - (2)(3,99)(3,3)(\cos \alpha) \Rightarrow 50,41 = 15,92 + 10,89 - (26,334)(\cos \alpha) \Rightarrow$
$-(26,334)(\cos \alpha) = +23,6 \Rightarrow \cos \alpha = \dfrac{+23,6}{-26,334} \Rightarrow \cos \alpha = -0,896$.

Observa-se que, com o cosseno de valor negativo, significa que o ângulo α é maior que 90°, confirmando-se (em parte) a imagem geométrica.

$\cos \alpha = -0,896 \Rightarrow \alpha = 153,66°$. (Esse ângulo é bem mais obtuso, do que mostrado na imagem geométrica).

ß = 180° - 153,66° => ß = 26,34°. (sen 26,34° = 0,444).

sen ß = AH/AB => AH = (AB)(sen ß) => AH = (3,99)(0,444) => AH = 1,77 m.

Área do triângulo ABC = $\dfrac{BC \times AH}{2} = \dfrac{3,3 \text{ m} \times 1,77 \text{ m}}{2} = 2,92$ m².

Conclusão: o triângulo ABC tem perímetro 14,39 m e área 2,92 m².

5.7 Exercícios propostos (Veja respostas no Apêndice A)

5.7.1) a) Faça e interprete o gráfico da função y = 1 + 2|sen x|, no intervalo 0π a 2 π, b) O valor máximo de y e c) Qual o valor de y, quando x = π/6?

5.7.2) Determinar o lado do triângulo equilátero inscrito à circunferência de diâmetro 20 cm.

5.7.3) Calcule o valor de: $\cos^2(\pi/3) - \text{sen}(\pi/6) + \text{tg}(3\pi/4)$.

5.7.4) Considerando a unidade de medida como metro e o desenho esquemático do telhado a seguir, pedem-se: a) o comprimento L dos lados inclinados e b) a altura H do telhado.

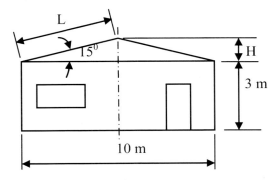

5.7.5) A figura a seguir é uma pirâmide de base quadrada, com altura 5 metros e quadrado de lado 1 metro. Considerando-a fechada também na base, pede-se calcular a área lateral de toda a pirâmide.

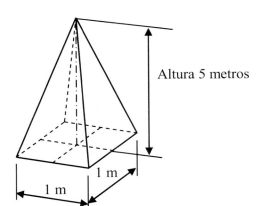

Especialmente em indústrias de mineração é comum a existência de equipamentos, com esse formato piramidal, sendo construídos em chapas de aço recortadas e soldadas. Observa-se que essa pirâmide é composta por quatro triângulos isósceles e um quadrado. Também é comum monumentos no formato piramidal, construídos em concreto.

5.7.6) (UFAM). Sabendo que os lados de um triângulo retângulo estão em progressão aritmética (PA), então pode-se afirmar que o cosseno do menor ângulo é igual a?

5.7.7) (AMAN). Um barco, navegando em linha reta, passa sucessivamente pelos pontos A, B e C. Estando o barco em A, o comandante observa um farol F, calculando o ângulo FÂC = 30°. Após navegar 4 quilômetros até B, verifica que o ângulo FB̂C = 75°. Determinar a distância entre o farol F e o ponto B.

5.7.8) Considerando a superfície poliédrica planificada, a seguir mostrada, calcular os comprimentos das arestas BE, BG e EG, bem como todos os ângulos mostrados.

Visão Espacial
(7 Planos)

AB = CD = FG = AE = CF = DG = 3 cm.

AC = BD = EF = 4 cm.

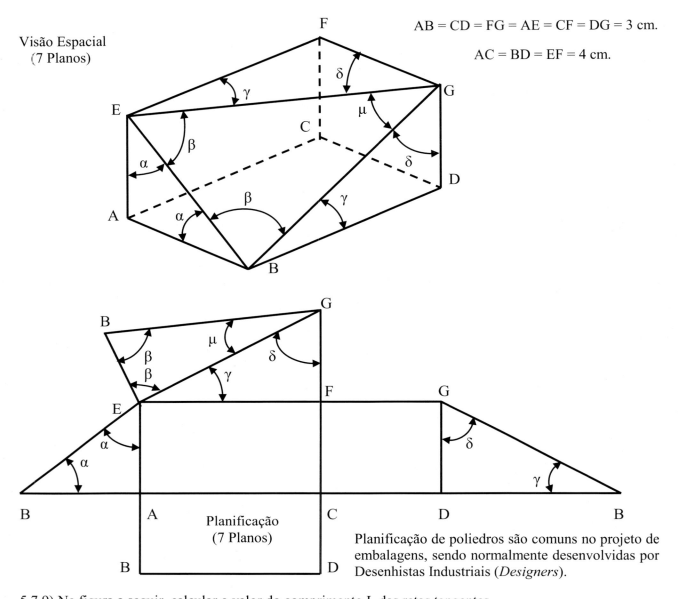

Planificação
(7 Planos)

Planificação de poliedros são comuns no projeto de embalagens, sendo normalmente desenvolvidas por Desenhistas Industriais (*Designers*).

5.7.9) Na figura a seguir, calcular o valor do comprimento L das retas tangentes.

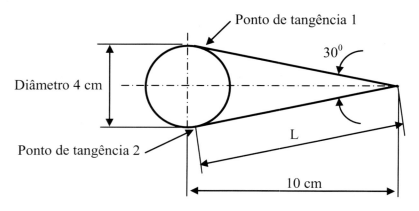

5.7.10) Um fazendeiro decidiu dividir sua propriedade em três partes, sendo uma para cada filho, ficando o filho mais velho com a maior área. A figura a seguir mostra as dimensões do terreno e como o fazendeiro fez a divisão. Calcular a área de cada parte, ou seja, a área que cada filho receberá.

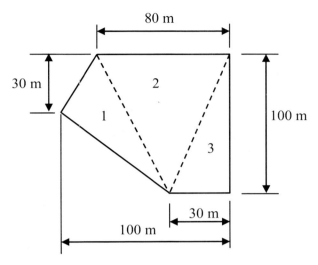

5.7.11) Considerando o círculo trigonométrico, as medidas em centímetros, os ângulos α = 60° e ß = 30°, determinar a área do segmento circular marcado.

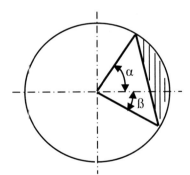

5.7.12) Considerando o círculo trigonométrico, as medidas em metros e os ângulos indicados, determinar a flecha AB.

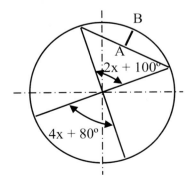

5.7.13) Considerando o gráfico da função y = sen x, e o metro como unidade de medida, determinar o perímetro do triângulo ABC, onde o vértice A é o ponto equivalente ao seno de π/4, vértice B é o ponto equivalente ao seno de 3π/2 e o vértice C é o ponto equivalente ao seno de 2π. (Considerar π = 3,14).

5.7.14) (UFAM). Na equação; sen x = +2m - 9, determine o valor de m para que a equação tenha solução, para m no domínio dos números reais.

5.7.15) Uma roda gigante tem diversas cadeiras e gira à velocidade constante no sentido horário. Sabendo que a altura "h",em metros, de uma cadeira, em relação ao solo, varia segundo a função adiante citada e que "t" é o tempo em minutos, pedem-se as alturas mínima e máxima dessa cadeira, em relação ao solo.
$h(t) = 30 + 20\cos\left[\dfrac{\pi}{3}\left(\dfrac{3t-3}{4}\right)\right]$.

5.7.16) A distância horizontal "d" percorrida por uma bola de futebol depende, entre outros fatores, da velocidade inicial e do ângulo formado pela trajetória da bola com a horizontal. Representando a velocidade inicial por "v" e o ângulo por "α", pode-se determinar a distância "d" pela equação: d = (0,1v2)(sen 2 α). Sabendo que em certo chute a bola percorreu 16,2 m, com velocidade de 18 m/s, determinar o valor do ângulo α.

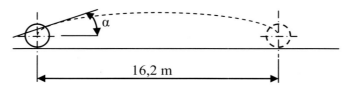

5.7.17) (UFRRJ). Um casal estava num parque e resolveu passear na roda gigante. Quando percorreram um arco de 32π/3 metros (considerar igual a 33,5 metros), a roda gigante parou inesperadamente e o telefone celular da mulher caiu verticalmente, atingindo o chão. Sabendo que o raio da circunferência da roda gigante é de 8 metros, e que a distância entre essa circunferência e o chão é de 2 metros, determine a altura aproximada da queda do telefone. (Considerar π = 3,14).

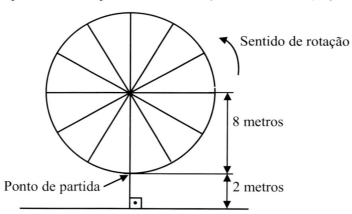

5.7.18) Um pêndulo movimenta-se como a figura a seguir. Sabendo que o seu deslocamento horizontal "d" pode ser expresso pela função d(t) = 8sen(3πt), onde "t" é o tempo em segundos, determinar a amplitude e o período do movimento desse pêndulo.

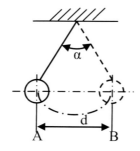

Observa-se que o período é o tempo em segundos, que o pêndulo consome, para voltar a sua posição original, no caso, ponto A, já que o pêndulo oscila entre os pontos A e B.

α é o ângulo máximo, quando o pêndulo atinge o ponto B, retornando ao ponto A.

5.7.19) (UFSCar). A figura a seguir mostra uma roda circular de raio 3 cm, que rola sobre o plano inclinado de 120° sem deslizar. Considerando a localização inicial do ponto A, no ponto R e considerando as posições de A, até atingir o ponto P, pede-se determinar o comprimento total RQ + QP da rampa.

Posição inicial

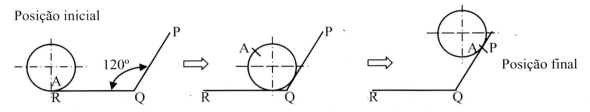

Posição final

5.7.20) (UFRN). Analisar a equação (sen x)² + 5(sen x) +6 = 0, quanto ao número de raízes possíveis.

5.7.21) (FEPESE). Determine, em graus, o ângulo no 2° quadrante, que tem a mesma tangente do ângulo 7π/4.

5.7.22) (UFPR - 2014). Determinar o ângulo, em radianos, formado pelos ponteiros de um relógio, que marca 13 horas e 30 minutos.

5.7.23) (FUNDEP - 2019). Em um sorteio, usa-se uma grande roda, dividida em 360 números, tal e qual no ciclo trigonométrico. Sabendo que, ao ser girado, após algumas voltas, o ponteiro parou no ângulo 2.190°, determinar quantas voltas a roda deu e em qual ângulo entre 0° e 360° o ponteiro parou.

5.7.24) (FUNDEP - 2019). Determinar, no círculo trigonométrico, em qual quadrante está localizado o ângulo de - $\frac{25\pi}{4}$ radianos. Qual o ângulo correspondente em gaus?

5.7.25) (UFAL). Qual o seno de um arco de medida 2.340°?

Capítulo 6
Polígonos: classificações, tipos e propriedades

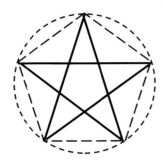

Um pentágono regular inscrito.
O pentagrama ou estrela de cinco pontas.

A palavra polígono, em português, se origina de dois termos em grego: poli, que significa vários e gono, que significa ângulo. Polígonos são figuras geométricas compostas por vários segmentos de reta ou lados. Triângulos e quadriláteros, já estudados, também são polígonos. Para além das aplicações matemáticas, os polígonos podem ser utilizados em diversas aplicações práticas, em especial na Arquitetura, Design e Engenharia.

6.1 Definição e classificações

Polígonos são figuras geométricas ou linhas poligonais planas e fechadas, formadas por segmentos de reta, chamados lados. Dividem-se em dois grupos, os convexos e os não convexos. Quando um polígono possui todos os seus lados iguais e, consequentemente, todos os ângulos internos iguais, trata-se de um polígono regular. Ainda podem ser classificados como inscritos ou circunscritos à circunferências, mas também existem os polígonos estrelados, oriundos dos polígonos regulares. Os polígonos estrelados foram inicialmente estudados pelo engenheiro e matemático francês Louis Poinsot (1777-1859) em 1809, por isso também são chamados de estrelas de Poinsot.
Os polígonos são classificados segundo o número de lados e utilizando prefixos de origem grega, como a seguir citados. Recorda-se que o termo látero significa lado. Destaca-se que os termos a seguir, são os que têm significado e interesse na Geometria, bem como aplicações práticas. Os demais devem ser citados conforme o número de lados.

6.1.1 Classificação, quanto ao número de lados

Triângulo ou trilátero => três lados. (tri = três).
Quadrilátero => quatro lados. (quadri = quatro).
Pentágono => cinco lados. (penta = cinco).
Hexágono => seis lados. (hexa = seis).
Heptágono => sete lados. (hepta = sete).
Octógono => oito lados. (octo = oito).
Eneágono => nove lados. (enea = nove).
Decágono => 10 lados. (deca = 10).
Undecágono => 11 lados. (undeca = 11).
Dodecágono => 12 lados. (dodeca = 12).
Tridecágono => 13 lados. (trideca = 13).
Quadridecágono => 14 lados. (quadrideca = 14).
Pentadecágono => 15 lados. (pentadeca = 15).
Hexadecágono => 16 lados. (hexadeca = 16).
Heptadecágono => 17 lados. (heptadeca = 17).
Octodecágono => 19 lados. (octodeca = 18).

132 – A Geometria Básica

Eneadecágono => 12 lados. (eneadeca = 19).
Icoságono => 20 lados. (icosa = 20).

Observa-se que, nas práticas das: Arquitetura, *Design* e Engenharia, normalmente são utilizados os seguintes polígonos: Triângulo, quadrilátero, pentágono, hexágono e octógono. Isso não quer dizer que outros tipos não possam ser utilizados.

6.1.2 Classificação quanto à forma: polígonos côncavos ou convexos

Quando, num polígono, dois pontos quaisquer que estão dentro do polígono se unem tendo que passar pelo lado de fora do polígono, é chamado côncavo. Um polígono só será côncavo desde que ao menos dois pontos estejam dentro dessa norma. Observa-se que a palavra côncavo também pode ser interpretada como algo que tenha uma cavidade ou reentrância. Como consequência, polígono convexo é aquele onde nenhum segmento de reta conectando dois pontos de seu perímetro passa por fora do polígono. Os pentágonos a seguir mostram uma forma prática de saber se um polígono é côncavo ou convexo.

Aqui observa-se um segmento secante, passando por fora do polígono.

Pentágono regular convexo   Pentágono irregular côncavo

6.1.3 Elementos característicos dos polígonos regulares convexos

Todo polígono convexo possuí os seguintes elementos:

Diagonal

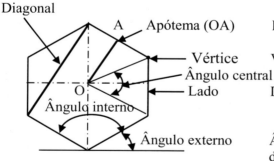

Lados: são os segmentos de reta que determinam o polígono.

Vértices: são os pontos de encontro entre dois lados.

Diagonais: segmentos de reta que ligam dois vértices não consecutivos de um polígono.

Ângulos internos: são os ângulos formados, no interior do polígono, por dois segmentos de reta adjacentes.

Ângulos externos: São os ângulos formados, no exterior de um polígono, pelo prolongamento de um lado e o lado adjacente a ele.

Ângulo central: é o ângulo de vértice no centro e lados que passam por dois vértices consecutivos.

Apótema de um polígono é o segmento de reta (OA) que parte do centro (O) da figura, formando com o lado um ângulo de 90°, ou seja, o apótema é perpendicular ao lado do polígono.

6.1.4 Propriedades básicas dos polígonos convexos

1ª – Em um polígono convexo, o número de lados é sempre igual ao número de ângulos internos e vértices.

2ª – A soma dos ângulos internos de um polígono convexo é dada pela seguinte fórmula:

$S = (n - 2)180°$. Onde S é a soma dos ângulos internos e "n" é o número de lados do polígono.

3ª – Todo polígono apresenta a soma de seus ângulos externos igual a 360°.

4ª – O número de diagonais que um polígono convexo possui é dado pela seguinte fórmula:

$d = \dfrac{n(n-3)}{2}$. Onde "d" é o número de diagonais e "n" é o número de lados do polígono.

Na fórmula, "n – 3" determina o número de diagonais que partem de um único vértice e a divisão por dois elimina a duplicidade de diagonais ocorridas em um polígono.

6.1.5 Polígonos inscritos e circunscritos

Ao se traçar uma circunferência, é possível obter um polígono inscrito, ou seja, dentro da circunferência, de forma que cada, e todos, os vértices, estão em pontos da linha da circunferência. Já um polígono circunscrito tem cada, e todos, os lados, tangentes a pontos da circunferência.

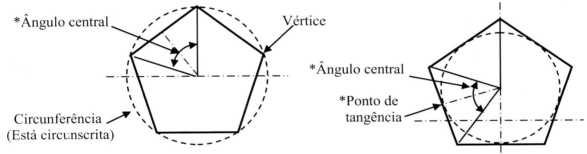

Um pentágono regular, convexo e inscrito   Um pentágono regular, convexo circunscrito
* O apótema é a bissetriz do ângulo central, e passa pelo ponto de tangência, no polígono circunscrito.

6.1.6 Polígonos estrelados

Os polígonos estrelados são obtidos a partir de polígonos inscritos (ou circunscritos), traçando-se todas as diagonais. A sequência é a seguinte: 1 - Constrói-se o polígono inscrito, a partir da definição do diâmetro da circunferência; 2 - A partir de cada vértice, traçam-se todas as diagonais; 3 - Eliminando (apagando) as linhas da circunferência e dos lados, obtém-se uma estrela e 4 - Apaga-se o polígono semelhante que surge no centro da estrela e fica-se com o polígono estrelado, ou seja, apenas uma estrela.

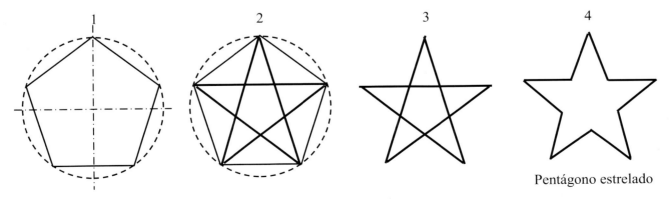

Sequência para obtenção de um pentágono estrelado, a partir de um pentágono, convexo, regular e inscrito.

6.2 Perímetros, áreas e semelhanças de polígonos

Perímetro, de qualquer polígono, é igual à soma dos comprimentos de cada lado. Ou seja, o primeiro passo para o cálculo do perímetro é o cálculo da medida de cada lado. O cálculo da área de polígonos envolve o cálculo de triângulos, relacionados ao ângulo central. Em geral, a área total de um polígono, é igual à área de um triângulo, multiplicada pelo número de áreas, relacionadas ao número de lados. Os exercícios, a seguir, mostram exemplos desses cálculos.

Polígonos semelhantes têm seus perímetros e comprimentos de suas diagonais proporcionais, e na mesma razão de proporção de seus lados.

6.3 Exercícios resolvidos

6.3.1) Considerando um pentágono, convexo, regular e inscrito a uma circunferência de diâmetro 10 cm, pedem-se: a) O valor do ângulo central; b) Os valores dos ângulos interno e externo; c) O valor do lado; d) O valor do apótema; e) O valor da área do pentágono e f) O valor do comprimento das diagonais.

a) O ângulo central é igual a 360°/5 = 72°.

Lembra-se que a soma dos ângulos centrais é igual a 360°.

b) Ângulos interno e externo.

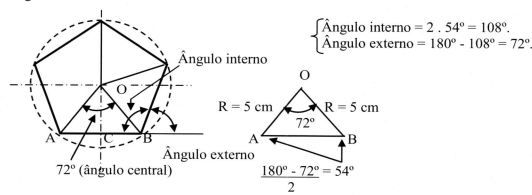

$\begin{cases} \text{Ângulo interno} = 2 \cdot 54° = 108°. \\ \text{Ângulo externo} = 180° - 108° = 72°. \end{cases}$

c) Valor do lado (AB)

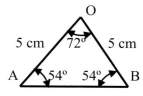

$\cos 72° = +0{,}3090$

Pela lei dos cossenos: $AB^2 = AO^2 + BO^2 - (2)(AO)(BO)(\cos 72°)$.

$AB^2 = 25 + 25 - (2)(5)(5)(+0{,}3090) \Rightarrow AB^2 = 50 - 15{,}45 \Rightarrow AB^2 = 34{,}55$.

Lado AB = 5,878 cm.

d) Valor do apótema (OC)

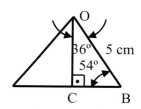

OB = 5 cm; BC = AB/2 = 2,939 cm.

$OB^2 = OC^2 + BC^2$.

$OC^2 = OB^2 - BC^2 \Rightarrow OC^2 = 25 - 8{,}634 \Rightarrow OC^2 = 16{,}366$.

Apótema = 4,045 cm.

Capítulo 6 – Polígonos: classificações, tipos e propriedades – 135

e) Área do pentágono

Observa-se que a área do pentágono é igual a cinco vezes a área de cada triângulo OAB, ou seja, referente aos cinco ângulos centrais. A área do triângulo OAB é igual ao produto do lado AB, pela sua altura OC, dividido por dois. A altura OC é igual ao apótema.

Área de cada triângulo = 4,045 . 5,878 = 23,777 cm².

Área do pentágono = 5 . 23,777 = 118,885 cm².

f) Comprimento das diagonais

O cálculo das diagonais, é perfeitamente visível e fácil, ao se analisar o desenho do pentágono com as mesmas, lembrando que o número de diagonais é dado por: d = n (n - 3) / 2 = 5 (5 - 3) / 2 = 5 diagonais.

Observa-se que as cinco diagonais, são lados maiores de cinco triângulos isósceles congruentes, onde os lados iguais são iguais ao lado do pentágono, ou seja: AB = 5,878 cm. (AB = BD = DE = EF = FA).

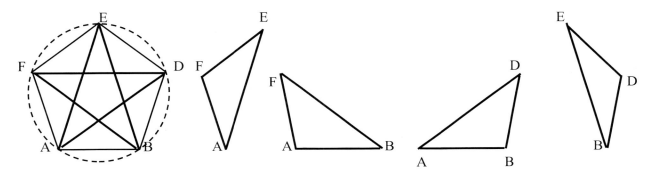

Observa-se que as cinco diagonais têm o mesmo comprimento, ou seja, basta analisar um triângulo.

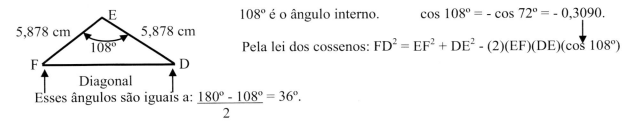

108° é o ângulo interno.   cos 108° = - cos 72° = - 0,3090.

Pela lei dos cossenos: $FD^2 = EF^2 + DE^2 - (2)(EF)(DE)(\cos 108°)$

Esses ângulos são iguais a: $\frac{180° - 108°}{2} = 36°$.

FD^2 = 34,551 + 34,551 - (2)(5,878)(5,878)(-0,309) => FD^2 = 69,102 + 21,352 => FD^2 = 90,454
=> FD = 9,511.

A diagonal é igual a 9,511 cm.

6.3.2) Baseado no exercício anterior, determinar o valor do lado do pentágono semelhante, ao pentágono inscrito, que surge no centro da figura, em função dos cruzamentos das diagonais e que, além de semelhante está na posição invertida, em relação ao pentágono inscrito. Analisar a razão de semelhança.

136 – A Geometria Básica

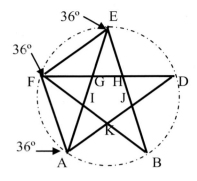

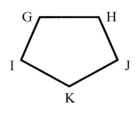

O pentágono a ser calculado é o GHIJK.

Analisando o triângulo AEF, concluí-se que o lado GI é igual à diagonal AE, menos os segmentos EG e AI, ou seja:
GI = EA - (2EG)
Para tal cálculo, será estudado o triângulo EFG.

EA = diagonal = 9,511 cm.

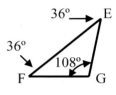

EF = lado do pentágono = 5,878 cm.   EG = FG.   cos 36° = +0,809

$EG^2 = EF^2 + FG^2 - (2)(EF)(FG)(\cos 36°)$ => $EG^2 = 34,551 + FG^2 - (9,511FG)$

Como EG = FG, então: $FG^2 = 34,551 + FG^2 - (9,511FG)$ => 9,511FG = 34,551.

FG = EG = 34,551/9,511 => EG = 3,633 cm.

GI = EA - (2EG) => GI = 9,511 - 2(3,633) => GI = 2,245 cm.

Conclusão: o lado do pentágono interno é igual a 2,245 cm.

Razão de semelhança entre os dois pentágonos. 5,878 cm / 2,245 cm = 2,618.

Observa-se que os dois pentágonos são semelhantes, pois têm o mesmo valor de ângulo interno, igual a 108°.

6.3.3) Considerando um pentágono, convexo, regular e circunscrito a uma circunferência de diâmetro 10 cm, pedem-se: a) O valor do lado e b) O valor do comprimento das diagonais.

a) Lado do pentágono

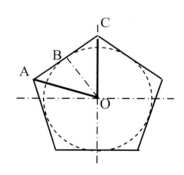

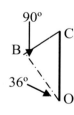

COA = ângulo central = 72° => COB = 36°.

OB = raio = 5 cm.

cos 36° = 5/OC => OC = 5/cos 36° => OC = 6,18.

$OC^2 = BO^2 + BC^2$ => $BC = \sqrt{OC^2 - BO^2}$.

BC = $\sqrt{38,192 - 25}$ => BC = 3,632 cm.

O lado do pentágono AC é o dobro de BC, portanto: AC = 7,264 cm.

Observa-se que, no exercício 5.2.1, o lado do pentágono inscrito, à essa circunferência foi de 5,878 cm.

b) Comprimento das diagonais

Capítulo 6 – Polígonos: classificações, tipos e propriedades – 137

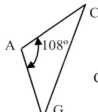

Como esse pentágono circunscrito é semelhante ao inscrito, aqui também as cinco diagonais são iguais, bastando analisar um triângulo, como a seguir.

AC = AG = 7,264 cm.

$CG^2 = AC^2 + AG^2 - (AC)(AG)(\cos 108°)$
$CG^2 = 52,766 + 52,766 - (7,264)(7,264)(-0,309)$
$CG^2 = 121,837 \Rightarrow CG = 11,038$ cm.

As diagonais têm um comprimento de 11,038 cm.

6.3.4) Sabendo-se que, num polígono regular convexo o número de lados é igual a um terço do número de diagonais, pergunta-se: quantos lados têm esse polígono?

A fórmula do número de diagonais é: d = n(n - 3)/2. Considerando n = d/3, então: d = d/3(d/3 - 3). Portanto:
                                                                                          2

$2d = d^2/9 - d \Rightarrow 3d = d^2/9 \Rightarrow 27d = d^2 \Rightarrow d = 27$. O polígono tem 27 diagonais.

Voltando à fórmula: $27 = n(n - 3)/2 \Rightarrow 54 = n^2 - 3n$ ou: $n^2 - 3n - 54 = 0$. Resolvendo essa equação do 2º grau:

n = +3 ± √9 + 216 => n = +3 ± 15 => n1 = +9 e n2 = -6. Por óbvio, só a raiz n = 9 é válida.
         2   2

O polígono pedido tem nove lados, ou seja, trata-se de um eneágono, regular e convexo, podendo ser inscrito ou circunscrito.

Verificação: d = 9(9 - 3) => d = 27. De fato, um eneágono regular e convexo tem 27 diagonais.
                  2

6.3.5) (ENEM 2015). O tampo de vidro de uma mesa quebrou e deverá ser substituído por outro que tenha a forma de um círculo. O suporte de apoio da mesa tem o formato de um prisma reto, de base em forma de um triângulo equilátero com lados medindo 30 cm. Uma loja comercializa cinco tipos de tampos de vidro circulares, com cortes padronizados, cujos raios medem: 18 cm, 26 cm, 30 cm, 35 cm e 60 cm. O proprietário da mesa deseja adquirir nessa loja, o tampo de menor diâmetro, que seja suficiente para cobrir a base superior do suporte da mesa. Qual dos cinco diâmetros padronizados satisfaz às exigências do proprietário?

Inicialmente, entende-se graficamente o problema:

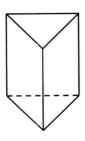 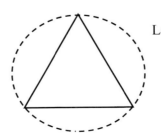 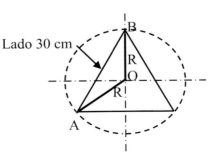

Essa é a imagem do apoio, na forma de um prisma reto

Olhando-se de cima, o tampo circular circunscreve o

Essa é a lógica do problema: determinar o valor do lado R

de base triangular equilátera.   triângulo equilátero.   num triângulo isósceles.
Ângulo central do triângulo inscrito $\cos 120° = -\cos 60° = -1/2$.
igual a 120°

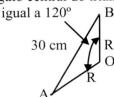

Pela lei dos cossenos: $AB^2 = AO^2 + BO^2 - (2)(AO)(BO)(\cos 120°)$

$900 = 2R^2 - (2R^2)(-1/2) \Rightarrow 900 = 2R^2 + R^2 \Rightarrow 900 = 3R^2 \Rightarrow R^2 = 300 \Rightarrow$

$R = 17,321$ cm.   **O tampo padronizado mais próximo é o de raio 18 cm**.

6.3.6) (ENEM 2012). Em exposições artísticas, é usual que obras sejam expostas sobre plataformas giratórias. Uma medida de segurança é que a base da obra esteja integralmente apoiada na plataforma. Para que se providencie o suporte adequado, no caso de uma base quadrada que será fixada sobre uma plataforma circular, o auxiliar técnico de um evento deve estimar a medida do raio R, adequada para a plataforma, em termos da medida L do lado do quadrado da base. Qual relação entre o raio R e o lado L deve ser escolhida?

Graficamente tem-se o seguinte problema:

Como é um quadrado, as diagonais formam 90°.
Ou seja, tem-se um triângulo retângulo.

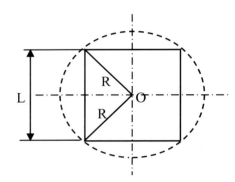
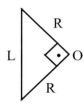

$L^2 = R^2 + R^2 \Rightarrow L^2 = 2R^2 \Rightarrow L = \sqrt{2}\,R$

A relação pode ser expressa como:

$L \geq \sqrt{2}\,R$ ou $R \geq L/\sqrt{2}$.

6.3.7) Considerando um octógono regular inscrito à uma circunferência de diâmetro 20 cm, pedem-se: a) O valor do ângulo central; b) O valor do lado; c) O perímetro e d) A área total do octógono.

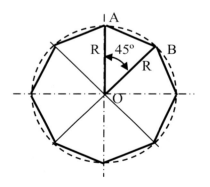

a) **Ângulo central = 360°/8 = 45°**.

b) Valor do lado AB

$AB^2 = 10^2 + 10^2 - (2)(10)(10)(\cos 45°)$

$AB^2 = 200 - 141,4 \Rightarrow AB^2 = 58,6 \Rightarrow AB = 7,655$.

Lado do octógono igual a 7,655 cm.

c) **Perímetro do octógono = 8 . 7,655 cm = 61,24 cm**.

(Observa-se que o perímetro da circunferência é igual a $\pi.20$ cm = 62,832 cm).

d) Área do octógono: é igual a oito vezes a área do triângulo OAB.

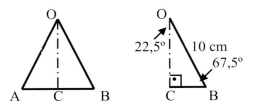

A área do triângulo é igual a: (AB x OC)/2.

sen 67,5° = OC/10 => OC = (10) (sen 67,5°) = 9,239 cm.

Área do triângulo = (7,655 x 9,239)/2 = 35,362 cm².

Área do octógono = 8 x 35,362 cm² = 282,896 cm². (Observa-se que a área do círculo é igual a π.10² cm² = 314,16 cm²).

6.3.8) Uma arquiteta decidiu fazer um canteiro de flores, no meio de uma praça, sendo o canteiro no formato de uma estrela pentagonal, inscrita numa circunferência de 10 metros. Como as flores são vendidas por área, pede-se calcular a área desse polígono estrelado pentagonal.

O problema é resolvido a partir da análise de um pentágono regular inscrito, como descrito no exercício 6.3.1. A área a ser calculada é a da estrela abaixo e à direita. O raciocínio lógico da solução envolve o cálculo da área do pequeno pentágono e de cinco triângulos isósceles.

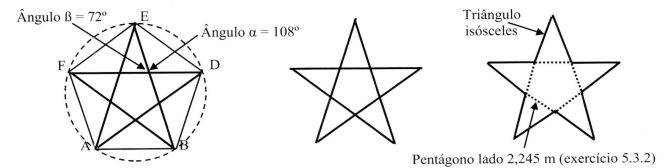

Como no exercício 6.3.1 o diâmetro era 10 cm e aqui é de 10 m, então os mesmos valores absolutos podem ser usados, apenas mudando a unidade. Por exemplo, o lado do pentágono (por exemplo, ED) foi 5,878 cm, aqui será 5,878 m. As demais medidas são: diagonais (por exemplo, FD) 9,511 m e as mostradas a seguir.

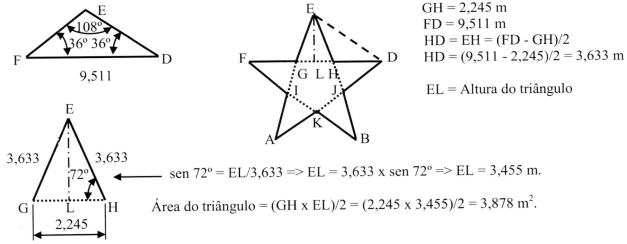

GH = 2,245 m
FD = 9,511 m
HD = EH = (FD - GH)/2
HD = (9,511 - 2,245)/2 = 3,633 m

EL = Altura do triângulo

sen 72° = EL/3,633 => EL = 3,633 x sen 72° => EL = 3,455 m.

Área do triângulo = (GH x EL)/2 = (2,245 x 3,455)/2 = 3,878 m².

Área dos cinco triângulos = 5 x 3,878 m² = 19,39 m².

Cálculo da área do pequeno pentágono central (GHIJK)

140 – A Geometria Básica

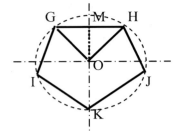

A área do pentágono é igual à área de cinco triângulos OGH.

Cada triângulo tem área = (GH x OM) /2. OM é o apótema. GH = 2,245 m.

MH = GH/2 = 1,123 m   tg 36° = 0,7265

tg 36° = MH/OM => OM = MH/tg 36°

OM = 1,546 m.

Área de cada triângulo = (2,245 x 1,546)/2 = 1,735 m². Área dos cinco triângulos igual a área do pentágono central = 8,675 m².

Área da estrela igual a soma das áreas dos cinco triângulos isósceles com a área do pentágono central.

Conclusão: Área da estrela igual a 28,065 m², que é a área de flores a ser comprada.

6.3.9) (UERJ - 2019). Três pentágonos regulares e quatro quadrados, com os mesmos valores de lados, são unidos pelos lados, conforme o desenho a seguir. As retas r e s, são perpendiculares e mediatrizes dos lados AB e FG. Supondo que a sequência de pentágonos e quadrados continuem, até que o último vértice de um pentágono coincida com o vértice A, pergunta-se quantos lados terá o polígono completo?

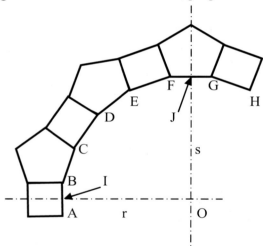

Observa-se que, entre os vértices B e F, existem quatro lados. Constata-se que metade do lado AB é igual à metade do lado FG, portanto, formando mais um lado, ou seja, cinco lados entre I e J. Como entre I e J, tem-se um quarto de uma circunferência, conclui-se que o polígono completo tem 20 lados, ou seja, é um icoságono.

6.3.10) Considerando um icoságono (polígono regular com 20 lados) inscrito à uma circunferência de diâmetro 20 cm, pergunta-se: a) Qual o valor do ângulo central? b) Qual o valor do lado do polígono? c) Qual o valor do perímetro do polígono? e d) Qual a área do polígono?

a) Ângulo central = 360°/20 = 18°.

b) Lado do polígono:

Considerando o lado FG, tem-se o triângulo:

$FG^2 = R^2 + R^2 - (2)(R)(R)(\cos 18°)$ cos 18°

$FG^2 = 10^2 + 10^2 - (2)(10)(10)(0,951)$

$FG^2 = 100 + 100 - 190,2 => FG^2 = 9,8 => FG = 3,13$ cm. **O lado do polígono é igual a 3,13 cm.**

Capítulo 6 – Polígonos: classificações, tipos e propriedades – 141

c) **Perímetro do polígono: 20 x 3,13 = 62,6 cm**. (O perímetro dessa circunferência é igual a π x 20 cm = 62,832 cm).

d) Área do polígono: para esse cálculo, tem-se que determinar a altura do triângulo OFG, que também é o apótema JO do polígono. A área do polígono é igual a 20 vezes a área do triângulo OFG.

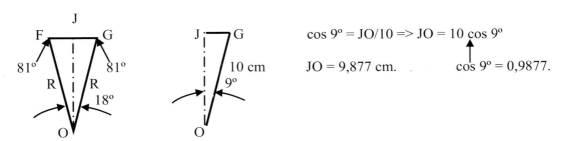

Área do triângulo OFG = (FG x JO)/2. Área do triângulo = (3,13 x 9,877)/2 = 15,458 cm².

Área do polígono igual a 20 x 15,458 = 309,16 cm². (A área do círculo é igual a π x R² = 314,16 cm²).

6.3.11) (UNIFESP - SP) Na figura, a seguir, são mostradas sete circunferências. As seis exteriores, cujos centros são vértices de um hexágono regular de lado dois (2), são tangentes à interna. Além disso, cada circunferência externa é também tangente às outras duas contíguas. Com esses dados, pede-se calcular a área hachurada dentro do hexágono.

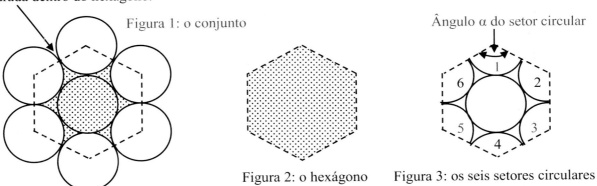

Figura 1: o conjunto   Figura 2: o hexágono   Figura 3: os seis setores circulares

Observa-se que a área da parte hachurada, destacada na figura 1, é igual à diferença entre a área do hexágono, destacada na figura 2, e a área de seis setores circulares, destacados na figura 3.

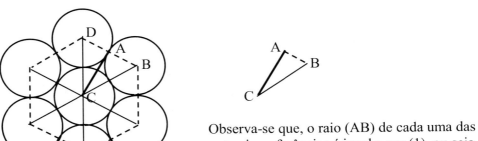

Observa-se que, o raio (AB) de cada uma das sete circunferências é igual a um (1), ou seja, metade do lado do hexágono, que é dois (2).

Inicialmente determina-se a área do hexágono. Para isso, precisa-se dividi-lo em seis triângulos equiláteros (BCD), da seguinte maneira:

142 – A Geometria Básica

A área do hexágono é igual à àrea de seis desses triângulos equiláteros.

Como são equiláteros, para calcular a área S de um desses triângulos, pode-se usar a área do triângulo equilátero, conseguida pela fórmula: $A = (L^2\sqrt{3})/4$.

Como L = 2, então: $S = (L^2\sqrt{3})/4 \Rightarrow S = (2^2\sqrt{3})/4 \Rightarrow S = (4\sqrt{3})/4 \Rightarrow S = \sqrt{3}$.

Sabendo que a área do hexágono (S_h) é igual a seis vezes a área de um triângulo equilátero, tem-se: $S_h = 6\sqrt{3}$.

Para determinar a área do setor circular, deve-se determinar seu ângulo α. Lembrando que, primeiramente, encontra-se a área de um setor circular e, depois, multiplica-se o resultado por seis, uma vez que essas áreas são todas iguais, assim como o que foi feito com o triângulo equilátero.

A soma dos ângulos internos do hexágono é: $\Sigma = (n-2)180° \Rightarrow \Sigma = (6-2)180° \Rightarrow \Sigma = 720°$.

Como o hexágono é regular, todos os seus ângulos internos são congruentes, dessa forma, cada um deles mede: 120°.

Observa-se que esse também é o ângulo do setor circular, pois o vértice de cada ângulo interno do hexágono também é o centro da circunferência. Dessa maneira, determinamos a área da circunferência (S_C) e, por regra de três, a área do setor circular (S_{SC}). $A_C = \pi \cdot r^2$. Como foi dito, o raio de qualquer circunferência nesse exercício é um (1), portanto:

$S_C = 3,14 \cdot 1^2 \Rightarrow S_C = 3,14$.

Logo, a área do setor circular é: $\dfrac{3,14}{S_{SC}} = \dfrac{360°}{120°} \Rightarrow S_{SC} = 1,05$.

Na sequência, multiplica-se a área desse setor circular por seis, pois são seis setores presentes na figura:

$S_2 = 6 \cdot 1,05 = 6,3$. Para finalizar, deve-se subtrair a área dos seis setores circulares da área do hexágono:

$S_h - A_2\ 6\sqrt{3} - 6,3 = 4,09$. Essa é a área da parte hachurada.

Portanto, a área da parte hachurada da imagem é igual a aproximadamente 4,09.

6.3.12) (ENEM - 2016) Um gesseiro que trabalhava na reforma de uma casa lidava com placas de gesso com formato de pentágono regular quando percebeu que uma peça estava quebrada, faltando uma parte triangular, conforme mostra a figura. Para recompor a peça, ele precisou refazer a parte triangular que faltava e, para isso, anotou as medidas dos ângulos x = EÂD, y = EDA e z = AÊD do triângulo ADE. Determinar as medidas x, y e z, em graus, desses ângulos.

Capítulo 6 – Polígonos: classificações, tipos e propriedades – 143

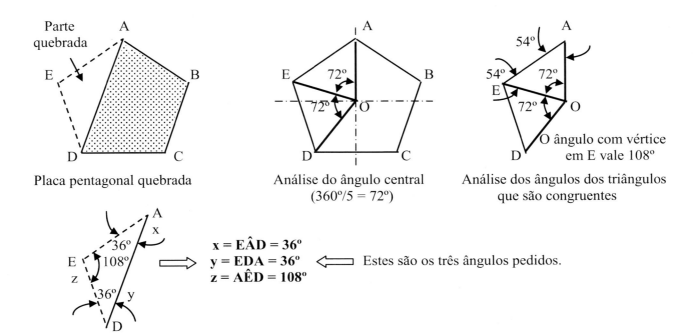

6.3.13) (ENEM - 2016) Um artista utilizou uma caixa cúbica transparente para a confecção de sua obra, que consistiu em construir um polígono IMNKPQ, no formato de um hexágono regular, disposto no interior da caixa. Os vértices desse polígono estão situados em pontos médios de arestas da caixa. Um esboço da sua obra pode ser visto na figura a seguir. Considerando as diagonais do hexágono, distintas de IK, quantas têm o mesmo comprimento de IK?

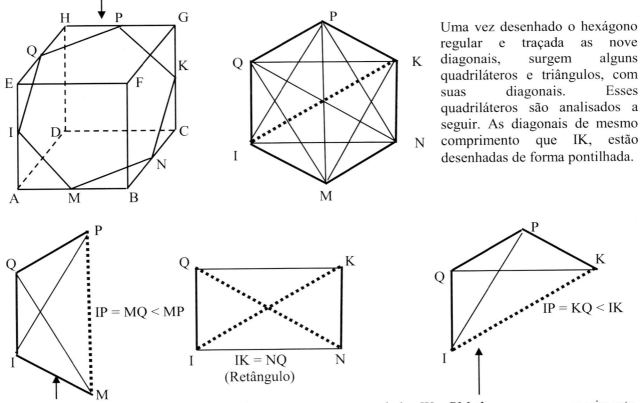

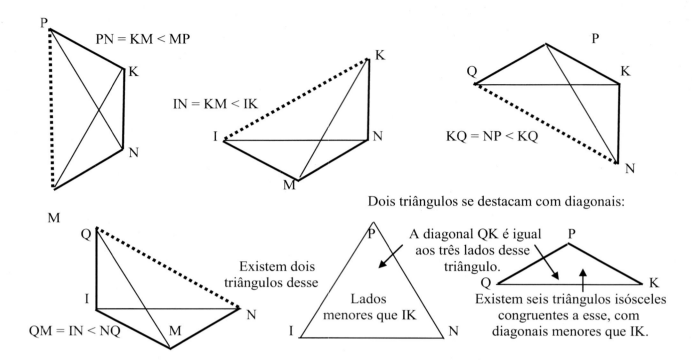

Conclusão: observa-se que no hexágono regular (em qualquer um) existem três diagonais com o mesmo comprimento, no caso elas são as: IK, MP e NQ. Como a questão é: "Considerando as diagonais do hexágono, distintas de IK, quantas têm o mesmo comprimento de IK?", ou seja, existem duas diagonais (MP e NQ) com o mesmo comprimento da diagonal IK.

6.3.14) Sabendo que um triângulo equilátero está inscrito numa circunferência de raio 10 cm, pedem-se: a) o comprimento do lado e b) a área do triângulo.

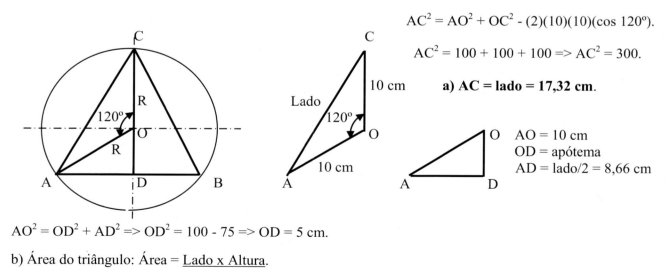

$AC^2 = AO^2 + OC^2 - (2)(10)(10)(\cos 120º)$.

$AC^2 = 100 + 100 + 100 \Rightarrow AC^2 = 300$.

a) AC = lado = 17,32 cm.

AO = 10 cm
OD = apótema
AD = lado/2 = 8,66 cm

$AO^2 = OD^2 + AD^2 \Rightarrow OD^2 = 100 - 75 \Rightarrow OD = 5$ cm.

b) Área do triângulo: Área = $\dfrac{\text{Lado} \times \text{Altura}}{2}$.

Lado = 17,32 cm. Altura = OC + OD = 10 + 5 = 15 cm.

Área = $\dfrac{17{,}32 \times 15}{2}$ = 129,9 cm². **Área = 129,9 cm².**

5.3.15) (FUVEST, 2014) Uma das piscinas do Centro de Práticas Esportivas da USP tem o formato de três hexágonos regulares congruentes, justapostos, de modo que cada par de hexágonos tem um lado em comum, conforme representado na figura abaixo. Sabendo que a distância entre lados paralelos de cada hexágono é de 25 metros, determine a alternativa que mais se aproxima da área da piscina.

a) 1.600 m²; b) 1.800 m²; c) 2.000 m²; d) 2.200 m²; e) 2.400 m²;

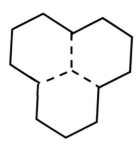

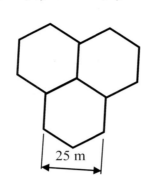

Figura da piscina

AC = 25 m

Cada hexágono tem seis triângulos equiláteros de lado igual ao raio da circunferência.

A área total da piscina é igual à área de 18 triângulos equiláteros de lado R.

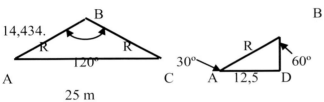

$\cos 30° = 12{,}5/R \Rightarrow R = 12{,}5/\cos 30° \Rightarrow R = 14{,}434$.

$OA^2 = h^2 + 7{,}217^2 \Rightarrow h^2 = 14{,}434^2 - 7{,}217^2 \Rightarrow h^2 = 156{,}25 \Rightarrow h = 12{,}5$ m.

Área de cada triângulo = (AB x h)/2 = (14,434 x 12,5)/2 = 90,21 m².

Área dos 18 triângulos = 18 x 90,21 m² = 1.623,83 m².

Conclusão: a alternativa que mais se aproxima é a área de 1.600 m².

6.3.16) Determinar os valores dos ângulos internos x, y e z, para o heptágono da figura à direita.

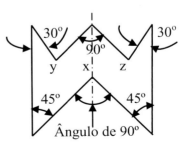

Como o ângulo externo de x é 90°, x é igual a 270° (90° + 270° = 360°).

A soma dos ângulos internos de um polígono é igual a: S = (n - 2)180°.
S = (7 - 2)180° = 900°. A soma dos ângulos conhecidos é iguala:
30° + 30° + 90° + 45° + 45° + 270° = 510°.

900° - 510° = 390°. Ou seja, os ângulos y e z são iguais e cada um vale: 390°/2 = 195°.

Conclusão: os ângulos são: x = 270°, y = 195° e z = 195°.

6.3.17) Determinar o ângulo interno de um icoságono (polígono com 20 lados).

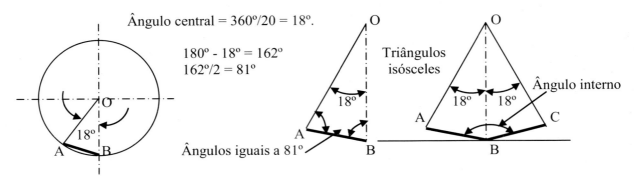

Conclusão: ângulo interno igual a 162º.

6.3.18) (UFRGS - 2018) A partir de um hexágono regular de lado unitário, constroem-se semicírculos de diâmetros também unitários, conforme indicados na figura 1 a seguir. Determinar a área da figura central hachurada.

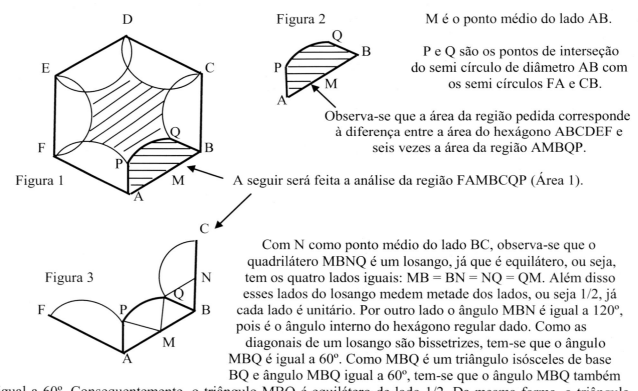

M é o ponto médio do lado AB.

P e Q são os pontos de interseção do semi círculo de diâmetro AB com os semi círculos FA e CB.

Observa-se que a área da região pedida corresponde à diferença entre a área do hexágono ABCDEF e seis vezes a área da região AMBQP.

A seguir será feita a análise da região FAMBCQP (Área 1).

Com N como ponto médio do lado BC, observa-se que o quadrilátero MBNQ é um losango, já que é equilátero, ou seja, tem os quatro lados iguais: MB = BN = NQ = QM. Além disso esses lados do losango medem metade dos lados, ou seja 1/2, já cada lado é unitário. Por outro lado o ângulo MBN é igual a 120º, pois é o ângulo interno do hexágono regular dado. Como as diagonais de um losango são bissetrizes, tem-se que o ângulo MBQ é igual a 60º. Como MBQ é um triângulo isósceles de base BQ e ângulo MBQ igual a 60º, tem-se que o ângulo MBQ também é igual a 60º. Consequentemente, o triângulo MBQ é equilátero de lado 1/2. Da mesma forma, o triângulo MAP também é equilátero de lado 1/2.

O setor circular MPQ, tem centro em M, raio 1/2 e ângulo central de 60º, uma vez que: os ângulos AMP e BMQ são iguais a 60º.

Com essas análises, conclui-se que a região da figura 2 (AMBQP ou Área 1) corresponde à soma das áreas de dois triângulos equiláteros de lado 1/2 com a soma de um setor circular de raio 1/2 e ângulo central 60º, ou seja:

Área de dois triângulos.   Área de um setor circular.

$$A1 = 2 \times \frac{(1/2)^2 \times \sqrt{3}}{4} + \frac{\pi \times (1/2)^2}{6} = \frac{\sqrt{3}}{8} + \frac{\pi}{24}.$$

Finalmente, a área da figura central hachurada no hexágono é:

Área central hachurada = $6 \times \left(\frac{1^2 \times \sqrt{3}}{4}\right) - 6 \times \left(\frac{\sqrt{3}}{8} + \frac{\pi}{24}\right) = \frac{3\sqrt{3}}{2} - \left(\frac{3\sqrt{3}}{4} + \frac{\pi}{4}\right) = \frac{3\sqrt{3}}{4} - \frac{\pi}{4} = 0{,}514.$

Área do hexágono (seis triângulos equiláteros).   Seis vezes a área do setor circular.

Conclusão: a área da figura central hachurada é igual a 0,514 unidades de área.

6.3.19) Qual polígono regular tem ângulo interno igual a 150º?

A figura a seguir mostra como se analisa o ângulo interno de um polígono regular.

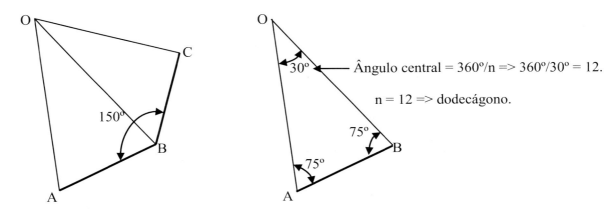

Ângulo central = 360º/n => 360º/30º = 12.

n = 12 => dodecágono.

O dodecágono é o polígono que tem ângulo interno igual a 150º.

6.3.20) (UNIFESP - 2003). Pentágonos regulares congruentes podem ser conectados lado a lado, formando uma estrela de cinco pontas, conforme destacado na figura a seguir. Determinar o valor do ângulo ß.

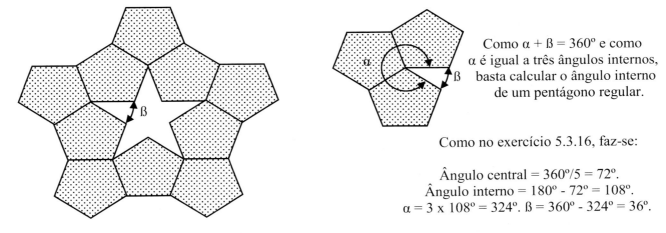

Como α + ß = 360º e como α é igual a três ângulos internos, basta calcular o ângulo interno de um pentágono regular.

Como no exercício 5.3.16, faz-se:

Ângulo central = 360º/5 = 72º.
Ângulo interno = 180º - 72º = 108º.
α = 3 × 108º = 324º. ß = 360º - 324º = 36º.

Conclusão: o ângulo ß é igual a 36º.

6.3.21) (UPF - 2009). Se os ângulos externos de um polígono regular medem 18°, qual o tipo de polígono e o seu número de diagonais?

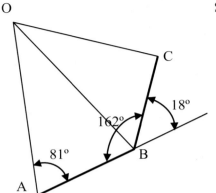

Se o ângulo externo vale 18°, então o ângulo interno vale:
180° - 18° = 162° e o ângulo central = 180° - 162° = 18°.

Ângulo central = 18° = 360°/n => n = 20 lados.

O polígono é um icoságono (20 lados).

d = n (n - 3) / 2 = 20 (20 - 3) / 2 = 170.

Conclusão: o polígono é um icoságono (20 lados), que tem 170 diagonais.

6.3.22) Na figura a seguir, os cinco quadrados são iguais, e os vértices do octógono são pontos médios dos lados dos quadrados. Se a área de cada quadrado é igual a 1 cm², qual é a área do polígono?

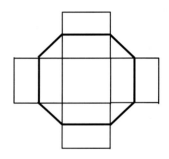

Área do quadrado igual a 1 cm², significa que o seu lado é igual a 1 cm e, portanto, o *octógono tem quatro lados iguais a 1 cm e quatro lados iguais à hipotenusa de um triângulo retângulo isósceles de catetos iguais a 0,5 cm.

Pode-se resolver, fazendo a área do octógono igual à soma das áreas de três quadrados, com a área de quatro triângulos retângulos isósceles de lado 0,5 cm e ângulos de 45°.

Área de três quadrados = 3 cm².

Área = 0,5 x 0,5 / 2 = 0,25 cm². Essa área vezes quatro = 1 cm².

*Observa-se que o octógono é irregular.

Conclusão: área do octógono igual a 4 cm².

6.3.23) Sabendo que o pentágono regular ABCDE tem lado igual a 2 cm, determinar a área do triângulo AFG.

O ângulo central do pentágono é igual a 72° (360°/5), e o ângulo interno é igual a 108°.

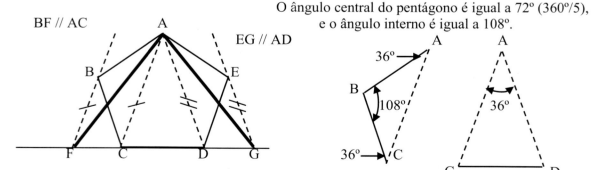
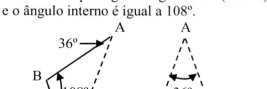
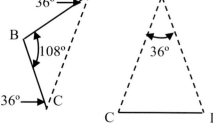

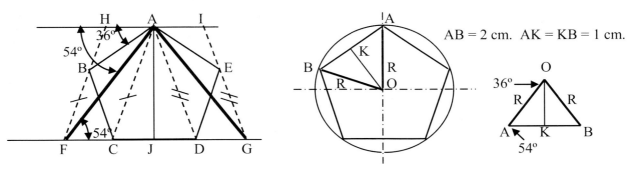

AJ é a altura do triângulo AFG, que é igual ao raio da circunferência circunscrita mais o apótema (OK) do pentágono. FJ é igual à metade da base do triângulo AFG.

No triângulo AKO, tem-se: $\cos 54° = AK/R$ ou $R = 1/\cos 54°$ => $R = 1,701$ cm.
$OA^2 = AK^2 + OK^2$ => $OK = \sqrt{OA^2 - AK^2}$ => $OK = \sqrt{(1,701)^2 - (0,5)^2}$ => $OK = 1,626$ cm.

A altura AJ é igual a $R + OK = 1,701 + 1,626 = 3,327$ cm. $\quad$ tg 54° = 0,5878.

Analisando o triângulo AFJ tem-se: tg 54° = 3,327/FJ => FJ = 3,327/tg 54° => FJ = 5,66 cm.

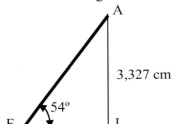

FJ = 5,66 cm => FG = 11,32 cm.

A área do triângulo AFG = (FG x AJ)/2 = (11,32 x 3,327)/2 = 18,83 cm².

Conclusão: a área do triângulo AFG é igual a 18,83 cm².

6.4 Exercícios propostos (Veja respostas no Apêndice A)

6.4.1) Determine a área de um pentágono regular circunscrito a uma circunferência de raio 4 metros e inscrito numa circunferência de raio 5 metros.

6.4.2) (UPE, 2014). A figura a seguir representa um hexágono regular de lado medindo 2 cm e um círculo cujo centro coincide com o centro do hexágono, e cujo diâmetro tem medida igual à medida do lado do hexágono.

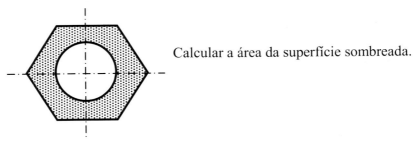

Calcular a área da superfície sombreada.

6.4.3) A figura a seguir representa um hexágono regular inscrito à uma circunferência, que é tangente aos lados de um triângulo equilátero de lado 10 cm. Com esses dados, pedem-se: a) O diâmetro da circunferência e b) A área do hexágono.

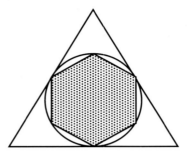

6.4.4) Sabendo que um pentágono regular de lado igual 10 cm é circunscrito a uma circunferência, pede-se o valor do diâmetro.

6.4.5) Sabendo que a figura a seguir é um hexágono regular de lado 30 cm e sabendo que a circunferência concêntrica tem raio 10 cm, pede-se determinar a área da parte sombreada.

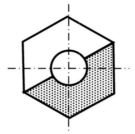

6.4.6) Determine o polígono cujo número de diagonais é igual a quatro vezes o número de lados.

6.4.7) A figura à direita é um octógono regular de lado igual a 10 cm. Internamente, imagina-se um outro octógono concêntrico e semelhante de lado 6 cm. Duas semi diagonais geram um trapézio como mostrado. Com esses dados pede-se calcular a área do trapézio.

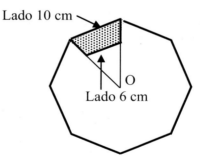

6.4.8) Considerando o octógono regular a seguir, determinar os valores dos ângulos α e ß.

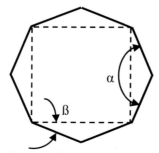

6.4.9) Um robozinho de brinquedo é programado com os seguintes movimentos: andar 30 cm30 cm em linha reta, girar 40○40○, andar mais 30 cm30 cm em linha reta, fazer o giro de 40○40○ no mesmo sentido e assim por diante. Sabendo que o movimento feito pelo brinquedo descreve um polígono regular, perguntam-se: a) Que polígono é este? b) Qual é o perímetro deste polígono?

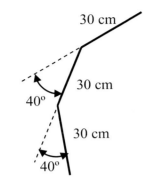

6.4.10) No polígono a seguir, determinar o valor de x.

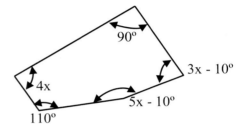

6.4.11) (NUCEP - 2019). Os hexágonos a seguir, semelhantes, têm dois vértices coincidentes, como mostrado. Sabendo que o hexágono maior tem área igual a 124,709 cm², pede-se determinar a medida do lado do hexágono menor.

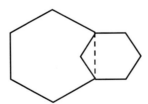

6.4.12) (F. Ruy Barbosa - Bahia). Sabendo que o número de diagonais de um octógono é o quíntuplo do número de lados de um polígono, pede-se determinar qual é o polígono.

6.4.13) (FUVEST). Considerando o pentágono a seguir, determinar o valor do ângulo α.

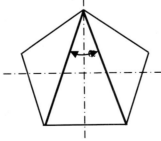

6.4.14) (UNIFOR – 2007). Os lados de um octógono regular são prolongados, até que se obtenha uma estrela. Determinar a soma dos ângulos internos dessa estrela.

6.4.15) Qual polígono regular tem ângulo interno igual a 168°?

6.4.16) Qual polígono tem a soma dos seus ângulos internos igual a 2340°?

6.4.17) A figura a seguir mostra um hexágono regular e um quadrado, com a mesma medida de lados. Nessas condições, calcular o valor do ângulo α.

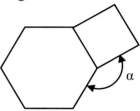

6.4.18) (FGV - 2013). Na figura a seguir, um hexágono regular de lado 1 dm, calcular a área hachurada do pentágono irregular côncavo.

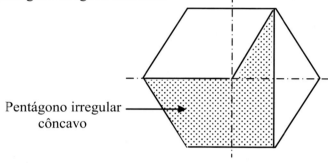

Pentágono irregular côncavo

6.4.19) (UECE – 2013). Determinar a área do polígono regular convexo circunscrito a um círculo de raio unitário e que possuí nove diagonais.

6.4.20) (USP - 2011). Na figura a seguir, calcular a área do polígono DEFGHI, sabendo que ABC é um triângulo equilátero de lado um (1,0). ACDE, AFGB e BHIC são quadrados.

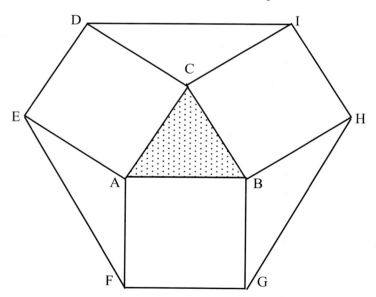

6.4.21) (UFRGS - 2015). Considerando o hexágono regular ABCDEF, no qual foi traçado o segmento FD medindo 6 cm, representado na figura a seguir, calcular a área do hexágono.

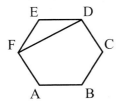

6.4.22) (PUC/RS - 2012) Para uma engrenagem mecânica, deseja-se fazer uma peça de formato hexagonal regular. A distância entre os lados paralelos é de 1 cm, conforme a figura abaixo. Determinar o lado desse hexágono mede.

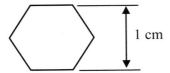

6.4.23) Determine a área de um pentágono regular circunscrito a uma circunferência de diâmetro 8 m e inscrito em uma circunferência de diâmetro 10 m.

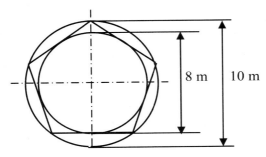

6.4.24) A figura a seguir mostra três trapézios circulares, construídos a partir da divisão de um círculo de diâmetro dois metros em dez partes iguais, com um círculo central de diâmetro um metro. Determinar a área dos três trapézios. (Considerar $\pi = 3{,}14$).

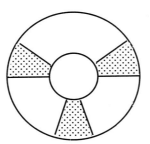

6.4.25) Na circunferência, mostrada a seguir, de diâmetro igual a 6 cm, determinar a área do quadrilátero ABCD.

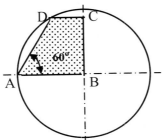

Capítulo 7
Simetria. Isometrias de: rotação, translação e reflexão. Homotetia. Ladrilhamentos e padrões geométricos. Arte Geométrica

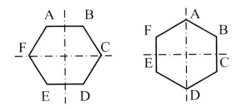

Hexágono, sofre uma rotação de 30º no sentido horário e assume outra posição. Exemplo de isometria.

A simetria *(ou semelhança) pode ser total ou parcial, como nos polígonos regulares.* ***A isometria*** *está relacionada ao movimento de figuras simétricas ou não.* ***Homotetia*** *é um tipo de transformação geométrica que altera o tamanho de uma figura, mantendo as características principais, como a forma e ângulos. Tanto a simetria, quanto a isometria, bem como a homotetia têm muitas aplicações práticas, especialmente nas Artes, Arquitetura e Engenharia. Nesse capítulo, serão estudados aspectos da simetria, isometria e homotetia, no nível da Educação Básica, ou seja, referentes aos detalhes visuais e geométricos, sem aprofundamentos matemáticos. Essas transformações permitem a criação de* ***ladrilhamentos e padrões geométricos***.

7.1 Definições e exemplos

Simetria, em termos geométricos, significa que as duas partes de uma figura são iguais, podendo ser sobrepostas, de forma que coincidam. Assimetria, por sua vez, é o contrário. Quando não existe padrão ou semelhança entre as partes, dizemos que o elemento geométrico é assimétrico. Diversos elementos geométricos são simétricos por natureza, e definição, tais e quais os a seguir, observando que, geometricamente, a simetria está relacionada aos eixos horizontal ou X e vertical ou Y.

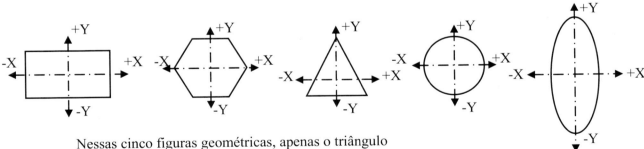

Nessas cinco figuras geométricas, apenas o triângulo
não é simétrico, em relação aos dois eixos, pois só é simétrico em relação a Y.

Isometria, em termos geométricos, está relacionada ao movimento de figuras, sem mudar dimensões.

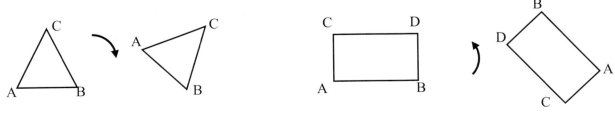

Observa-se que o triângulo sofreu uma rotação no sentido horário, enquanto o retângulo sofreu uma rotação no sentido anti-horário. Esses são exemplos de isometria de rotação.

Homotetia é um tipo de transformação geométrica que altera o tamanho de uma figura, mantendo as características principais, como a forma e ângulos. A seguir é mostrado um exemplo de homotetia, observando-se que pode ser, tanto de ampliação, quanto de redução. A homotetia também está relacionada à semelhança de figuras planas.

A figura a seguir mostra a ampliação de um hexágono, a partir do ponto F, que é o centro ou foco da homotetia. Observa-se que houve uma ampliação de duas vezes, ou seja, cada lado teve seu valor multiplicado por dois.

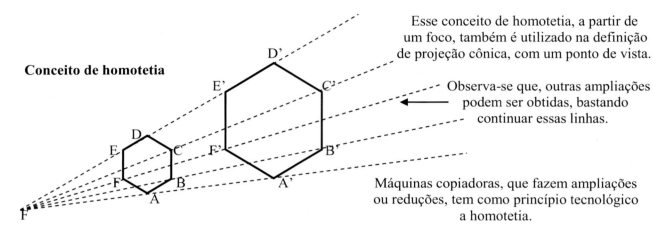

Na figura anterior, observa-se que ocorre uma homotetia de ampliação, quando se transforma o hexágono ABCDEF no A'B'C'D'E'F', ou seja de maior área. Se a transformação for pensada de forma inversa, ou seja, do hexágono de maior dimensão, para o de menor dimensão, tem-se a homotetia de redução.

Translações, rotações e reflexões são isometrias, ou seja, são transformações que preservam a distância entre dois pontos do plano. Isometrias mudam a posição do desenho, mantendo a forma e o tamanho da figura original. Como resultado, figuras obtidas a partir de isometrias são congruentes (iguais). Já nas homotetias ocorre a semelhança, ou seja mantém-se a mesma forma, mas tamanhos (e áreas) diferentes. Nas homotetias, como ocorre mudança de dimensões, existe um fator *k* constante, chamado fator de escala.

Em homotetias de ampliação o fator *k* de escala é maior do que um (2, 3, etc.), enquanto nas de redução *k* é menor do que um (1/2, 1/4, etc.). Nos desenhos técnicos da área de engenharia, usam-se, tanto escalas de ampliação, quanto as de redução. Por exemplo, para representar numa folha de papel A4, o desenho de um terreno retangular de 40 metros por 70 metros, utiliza-se uma escala de redução. Já, por exemplo, se queremos representar o detalhe da cabeça de um alfinete, então utiliza-se uma escala de ampliação.

Exemplos de homotetias, com aplicações práticas

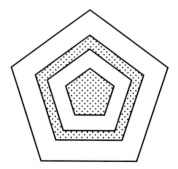
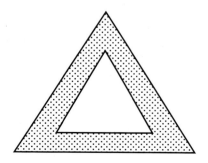

Pentágonos, usados como lajotas cerâmicas   Triângulo de sinalização

Exercício 7.1.1) Determinar a razão de semelhança de perímetro e de área (ou fator de escala), entre um hexágono regular de lado 2 cm, em relação ao hexágono regular de lado 3 cm.

Em termos gráficos, o problema pode ser visto pela figura à direita, observando-se que o foco de homotetia está fora da folha à esquerda.

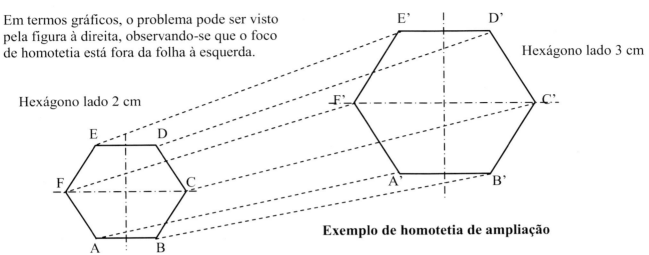

Exemplo de homotetia de ampliação

No hexágono de lado 2 cm, o perímetro é igual a 12 cm. No hexágono de lado 3 cm, o perímetro é igual a 18 cm. O fator de escala k, para os perímetros é: $k = 18$ cm$/12$ cm $=> k = 1,5$.

Para as áreas, dos hexágonos, multiplica-se por seis a área de um triângulo equilátero, de lado igual ao do hexágono:

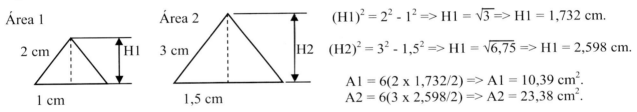

$(H1)^2 = 2^2 - 1^2 => H1 = \sqrt{3} => H1 = 1,732$ cm.

$(H2)^2 = 3^2 - 1,5^2 => H1 = \sqrt{6,75} => H1 = 2,598$ cm.

$A1 = 6(2 \times 1,732/2) => A1 = 10,39$ cm^2.
$A2 = 6(3 \times 2,598/2) => A2 = 23,38$ cm^2.

O fator de escala k, para as áreas é: $k = 23,38$ cm$^2/10,39$ cm$^2 => k = 2,25$.

Conclusão: para os hexágonos de lados 2 cm e 3 cm, os fatores de escala são: $k = 1,5$, para os perímetros e $k = 2,25$, para as áreas. Ou seja: o perímetro do hexágono maior é 50% a mais que o menor e a área é 125% maior.

7.2 As isometrias

A palavra isometria é uma junção de dois termos de origem grega: isso significa igual e metria significa medida. Ou seja, a transformação geométrica de isometria, não altera as medidas (de lados e de ângulos) de uma figura plana. As isometrias são de: rotação, translação e reflexão.

Isometria de rotação

Vértices e lados sofrem rotação, podendo ser no sentido horário (ou positiva) ou anti-horário (ou negativa). Por definição, a rotação pode ocorrer em qualquer ângulo, mas em geral, usam-se ângulos múltiplos de 45°. Conceitualmente, a isometria de rotação ocorre a partir de um centro de rotação. As figuras a seguir, mostram um exemplo de isometria de rotação, no sentido horário e com ângulos sucessivos de 45°.

A

158 – A Geometria Básica

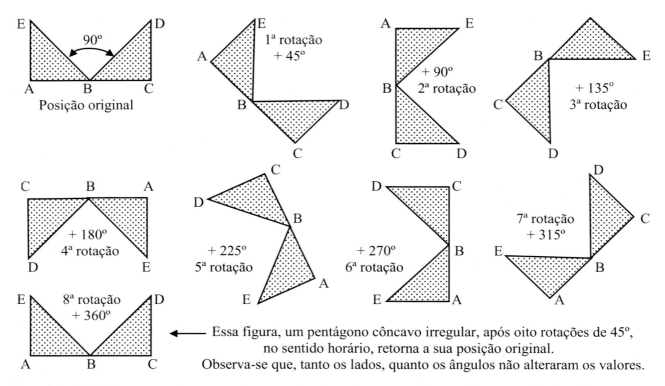

Essa figura, um pentágono côncavo irregular, após oito rotações de 45°, no sentido horário, retorna a sua posição original.
Observa-se que, tanto os lados, quanto os ângulos não alteraram os valores.

Exercício 7.2.1) Para o pentágono regular a seguir, determinar o grau de rotação no sentido horário.

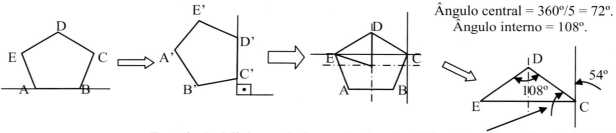

Ângulo central = 360°/5 = 72°.
Ângulo interno = 108°.

Em relação à linha vertical, esse é o ângulo (54°) original formado pelo lado CD.

Conclusão: o pentágono sofreu uma rotação de 54°, no sentido horário.

Isometria de translação

Movimentos de translação estão relacionados ao paralelismo, ou seja, a figura sofre mudança de posição, sem alterar suas medidas de lados e ângulos. Veja-se o exemplo a seguir:

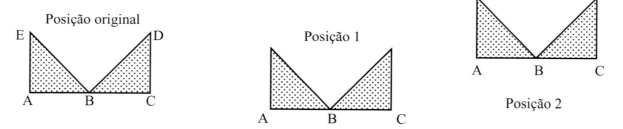

Embora em outras posições paralelas, ângulos e lados mantêm suas medidas.

Isometria de reflexão ou isometria axial

Em geometria, reflexão é uma transformação geométrica de um ponto ou uma reta, do plano que "espelha" todos os pontos em relação a um ponto, chamado centro de reflexão ou a uma reta, chamada reta ou eixo de reflexão.

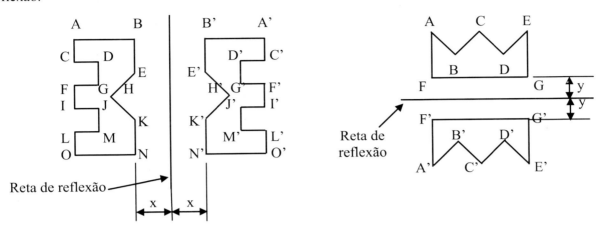

7.3 Ladrilhamentos e padrões geométricos

Baseado nos conceitos de simetria, isometria e homotetia, bem como usando tons e texturas, podem ser criadas figuras geométricas compostas, criando-se verdadeiras "obras de arte geométrica". Além de agradáveis de serem vistos, estes padrões geométricos podem ser utilizados (e são) como ladrilhos e lajotas. As figuras a seguir são alguns exemplos, podendo ser criados tantos quantos a imaginação e criatividade permitem.

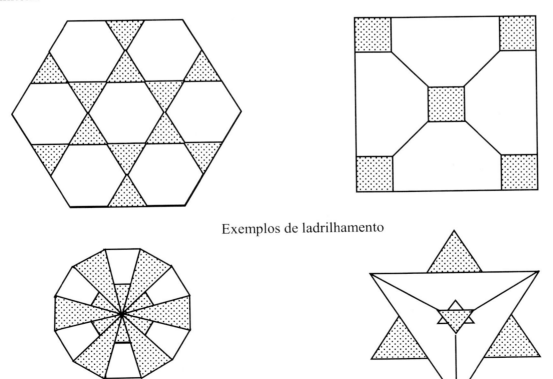

Exemplos de ladrilhamento

Exemplos de padrões geométricos (padrão é algo que se repete)

7.4 Geometria artística ou "arte geométrica"

Como o próprio nome sugere, geometria artística refere-se ao uso de elementos básicos e conceitos geométricos, de tal forma que, unidos em determinada sequência ou padrão, configura-se no que se pode chamar de "obra de arte". A imagem a seguir, feita a partir da repetição ordenada de losangos, além de poder ser considerada como um fractal, também pode ser vista como uma "obra de arte geométrica".

Muitos pintores famosos, mesmo praticando obras clássicas e ou surrealistas, em alguns trabalhos lançaram mão de elementos geométricos. Dentre os vários famosos, cabe citar Piet Mondrian (1872-1944), que produziu centenas de quadros tipicamente apenas com elementos geométricos simples, mas que, quando preenchidos e combinados com as mais diversas cores, constituíram-se em belas obras de arte, de grande valor, inclusive com ótima valorização financeira. No Brasil, tivemos e ainda temos, muitos artistas geométricos, podendo ser citados: Lygia Clark, Paulo Werneck, Geraldo de Barros, Ivan Serpa e Paulo Roberto Leal. Além de belos quadros artísticos, a arte geométrica é muito utilizada na decoração de tecidos e vários objetos domésticos.

7.4.1 A arte geométrica, a partir de polígonos regulares e divisão do círculo

A partir da construção de polígonos regulares e da divisão do círculo em partes iguais, é possível, com o uso de cores e composições gráficas geométricas, serem obtidas imagens que se transformam em belas imagens da arte geométrica. A seguir é mostrado um exemplo.

Capítulo 7 – Simetria. Isometrias de: rotação, translação e reflexão... – 161

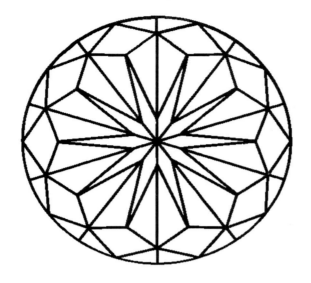

A partir dessa imagem geométrica podem ser criadas muitas obras de arte, como por exemplo, vitrais coloridos, comuns em igrejas.

7.5 Exercícios resolvidos

7.5.1) Na figura a seguir, tem-se exemplos de simetria e isometrias de dois hexágonos regulares e quatro quadrados, gerando um triângulo. Definir e justificar qual tipo de triângulo é gerado.

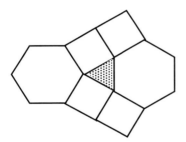

Trata-se de um triângulo equilátero, pois, seus lados são iguais aos lados dos quadrados e hexágonos que, por sua vez, são iguais.

7.5.2) Considerando uma isometria por rotação de 30°, no sentido horário, e considerando um padrão geométrico, definir qual é a figura indicada, e sua posição na sequência a seguir.

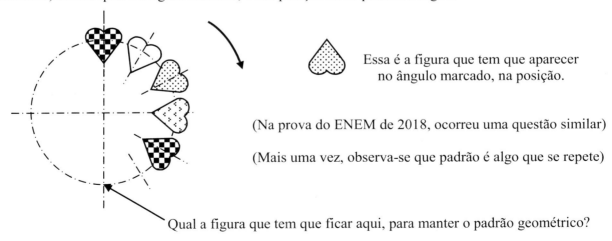

Essa é a figura que tem que aparecer no ângulo marcado, na posição.

(Na prova do ENEM de 2018, ocorreu uma questão similar)

(Mais uma vez, observa-se que padrão é algo que se repete)

Qual a figura que tem que ficar aqui, para manter o padrão geométrico?

7.5.3) A figura a seguir, mostra um losango de lado 3 cm. Considerando sua posição no plano cartesiano (X, Y), determinar a distância OD, quando o vértice D passa para x = 8 cm e o lado CD gira 60° no sentido horário, com centro de rotação no ponto C. O giro ocorre após a translação, com o ponto C fixo.

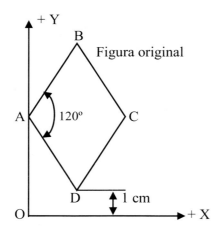

Inicialmente, definem-se as dimensões do losango, para melhor entender, como ficam essas dimensões, tanto com a translação do ponto D, quanto com a rotação do lado AB.

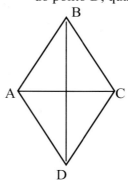
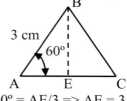

$\cos 60º = AE/3 \Rightarrow AE = 3 \times \cos 60º$.
$AE = 1,5$ cm $\Rightarrow AC = 3$ cm.
$\operatorname{sen} 60º = BE/3 \Rightarrow BE = 3 \times \operatorname{sen} 60º$.
$BE = 3 \times \dfrac{\sqrt{3}}{2}$ cm $\Rightarrow BD = 3\sqrt{3}$ cm.

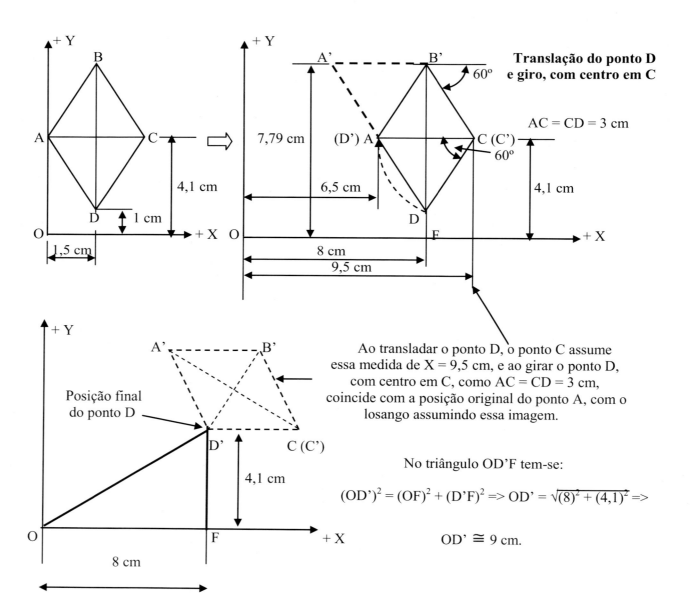

Translação do ponto D e giro, com centro em C

$AC = CD = 3$ cm

Ao transladar o ponto D, o ponto C assume essa medida de X = 9,5 cm, e ao girar o ponto D, com centro em C, como AC = CD = 3 cm, coincide com a posição original do ponto A, com o losango assumindo essa imagem.

No triângulo OD'F tem-se:

$(OD')^2 = (OF)^2 + (D'F)^2 \Rightarrow OD' = \sqrt{(8)^2 + (4,1)^2} \Rightarrow$

$OD' \cong 9$ cm.

Conclusão: após translação e rotação a distância OD' fica aproximadamente igual a 9 cm.

7.5.4) Dado o triângulo ABC, conforme a figura a seguir, fazer duas homotetias possíveis, segundo o foco F.

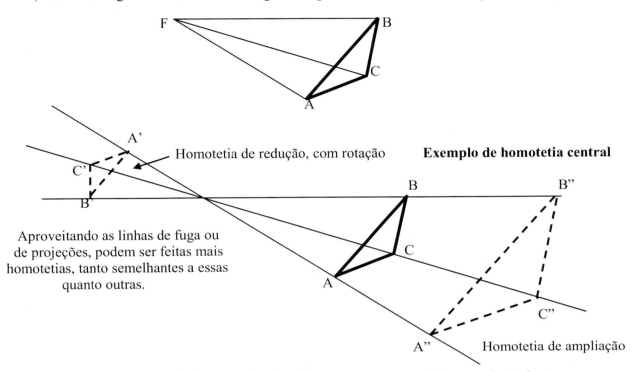

7.5.5) Dado o quadrilátero ABCD, a seguir, desenhar sua imagem simétrica em relação à reta r.

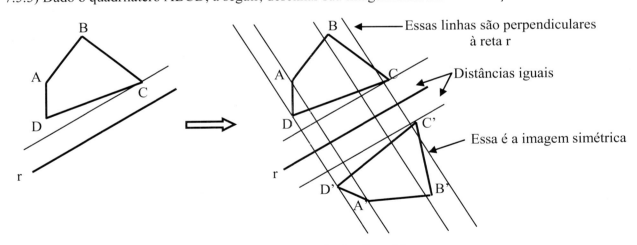

7.6 Exercícios propostos (Veja respostas no Apêndice A)

7.6.1) Considerando os pares de figuras a seguir, e os eixos, determine quais são simétricas.

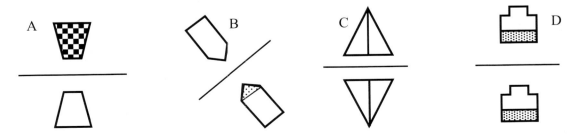

7.6.2) Dado o triângulo ABC a seguir, e o centro de rotação O, determine a simetria de rotação, segundo um ângulo de 60° no sentido anti-horário.

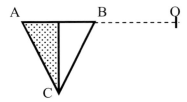

7.6.3) Considerando a figura a seguir, e o eixo r, determine a sua isométrica de reflexão.

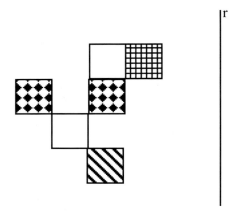

7.6.4) Considerando a figura a seguir, e o eixo r, determine sua simétrica

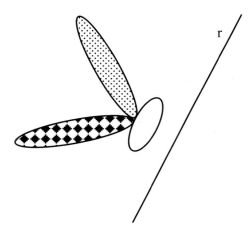

7.6.5) Considerando o trapézio retângulo ABCD, faça sua nova imagem, onde o lado BD sofre uma rotação de 30° no sentido horário, com o vértice B, permanecendo fixo, ou seja, como centro da rotação.

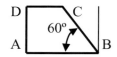

UNIDADE II
A GEOMETRIA ESPACIAL

Capítulo 8
Poliedros e prismas

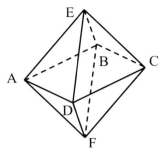

O octaedro regular é um dos cinco poliedros de Platão, composto por oito faces triangulares equiláteras. AE e AD são arestas, E e C são vértices, BCE é uma face.

Poliedro *é um sólido (três dimensões) geométrico cuja superfície é composta por um número finito de faces, cujos vértices são formados por três ou mais arestas em três dimensões: comprimento (eixo X), largura (eixo Y) e profundidade (eixo Z) em que, cada uma das faces é um polígono, regular ou irregular. Como será visto nesse e nos próximos dois capítulos, existem diversos tipos de poliedros, observando-se que prismas e pirâmides também são poliedros.* ***Prismas****, que também são poliedros, são sólidos geométricos, ou seja, tridimensionais, que possuem duas bases poligonais e várias faces laterais. Além dos estudos geométricos, poliedros e prismas, nas suas diversas formas são muito utilizados na prática, em especial na Arquitetura e Engenharia.*

8.1 Poliedros

A palavra poliedro tem origem grega, onde *poli* significa vários e *edro* significa face ou plano. Matematicamente, poliedro é um sólido (três dimensões) geométrico cuja superfície é composta por um número finito de faces, cujos vértices são formados por três ou mais arestas em três dimensões: comprimento (eixo X), largura (eixo Y) e profundidade (eixo Z) em que, cada uma das faces é um polígono. Os seus elementos mais importantes são as faces (F), as arestas (A) e os vértices (V). Na palavra polígono, também de origem grega, o termo *gono* significa ângulo, logo polígono significa vários ângulos.
Os poliedros podem ser convexos e não convexos (ou côncavos). É convexo se qualquer reta (não paralela a nenhuma de suas faces) o corta em, no máximo, dois pontos, caso contrário é não convex

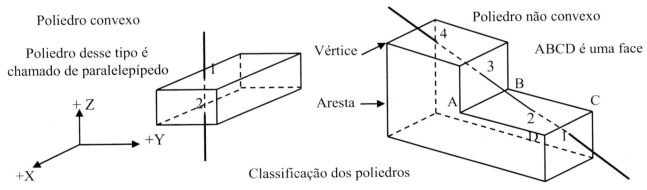

Classificação dos poliedros

Os poliedros podem ser regulares ou irregulares. Um poliedro convexo é chamado de regular se suas faces são polígonos regulares, cada um com o mesmo número de lados e, para todo vértice, converge um mesmo número de arestas. Existem nove (9) poliedros regulares que são os cinco (5) Sólidos de Platão (que são convexos) e os 4 Poliedros de Kepler-Poinsot, que, em verdade são poliedros estrelados. Os cinco poliedros de Platão são: tetraedro, hexaedro (ou cubo), octaedro, dodecaedro e icosaedro. Os quatro (4) poliedros de Kepler-Poinsot são: pequeno dodecaedro estrelado, grande dodecaedro estrelado, grande dodecaedro e icosaedro estrelado. Os poliedros, dos mais diversos tipos, regulares ou não, convexo ou não, são muito utilizados na prática, principalmente nas áreas da Arquitetura, Engenharia e Artes Plásticas. Um simples prédio de apartamento ou ainda, uma simples casa de um pavimento, são exemplos de aplicações práticas dos poliedros.

8.2 Os poliedros regulares de Platão

Platão (427 a.C. - 347 a.C.) foi um filósofo e matemático do período clássico da Grécia antiga, autor de diversos diálogos filosóficos e fundador da Academia em Atenas, a primeira instituição de educação superior do mundo ocidental. Acredita-se que seu nome verdadeiro tenha sido Arístocles. Além de ser regular e convexo, todo poliedro de Platão satisfaz, simultaneamente, às seguintes condições:

- Todas as faces têm o mesmo número de arestas.
- De cada vértice parte o mesmo número de arestas.
- A relação de Euler* é válida. (* Leonhard Paul Euler:1707-1783, matemático suíço).

A relação de Euler é dada por: $V + F = A + 2$, onde: V = número de vértices; F = número de faces e A = número de arestas.

Os poliedros de Platão têm utilizações práticas específicas, por exemplo, na Arquitetura e nas Artes. Observa-se que hexaedros ou cubos são usados como caixas d'água e tetraedros são pirâmides de base triangulares.

Nome do Poliedro / Dados	Tetraedro	Hexaedro	Octaedro	Dodecaedro	Icosaedro
N° de faces (F)	Quatro (4)	Seis (6)	Oito (8)	12	20
Formato da face	Triângulo equilátero	Quadrado	Triângulo equilátero	Pentágono	Triângulo equilátero
N° de vértices (V)	Quatro (4)	Oito (8)	Seis (6)	20	12
N° de arestas (A)	Seis (6)	12	12	30	30
Relação de Euler (V+F=A+2)	(4+4=6+2) 8 = 8	(8+6=12+2) 14 = 14	(6+8=12+2) 14 = 14	(20+12=30+2) 32 = 32	(12+20=30+2) 32 = 32

Tabela 8.1: características dos poliedros de Platão

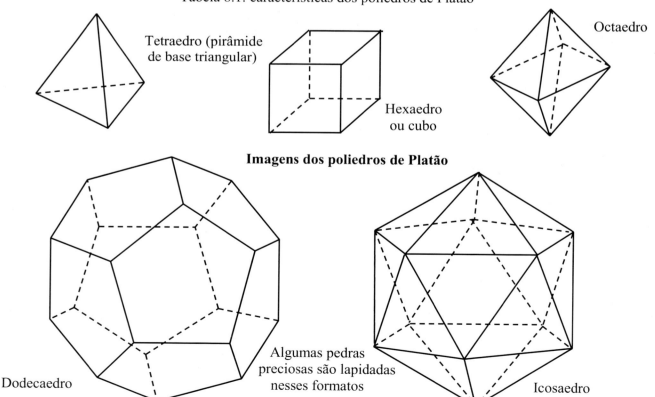

8.3 Classificação dos poliedros, quanto ao número de faces. Poliedros irregulares

Tais e quais os polígonos, os poliedros também utilizam prefixos com palavras de origem grega, como mostrados no quadro a seguir.

N° de faces	Classificação
4	Tetraedro
5	Pentaedro
6	Hexaedro
7	Heptaedro
8	Octaedro
9	Eneaedro
10	Decaedro
11	Undecaedro
12	Dodecaedro
20	Icosaedro

Excetuando-se os cinco poliedros de Platão, que são regulares, os demais são obrigatoriamente irregulares, como mostrados a seguir.

Pentaedro   Heptaedro

Para uma melhor visualização os: eneaedro, decaedro e undecaedro, serão mostrados em outras posições.

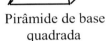

Pirâmide de base quadrada

Prisma de base pentagonal

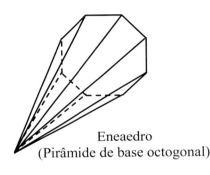
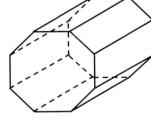
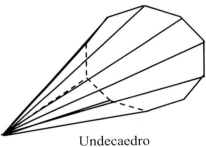

Eneaedro
(Pirâmide de base octogonal)

Decaedro
Prisma de base octogonal

Undecaedro
(Pirâmide de base decagonal)

8.4 Áreas e volumes dos poliedros de Platão

Como esses poliedros são formados por polígonos regulares, é possível estabelecer fórmulas para suas áreas e seus volumes, em função das características dos polígonos geradores, utilizando valores de lados e apótemas, como já detalhados no capítulo dos polígonos.

8.4.1 O tetraedro

O tetraedro de Platão é formado por quatro (tetra) faces, no formato de triângulos equiláteros. Dessa forma, sua área é igual à soma das áreas dos quatro triângulos.

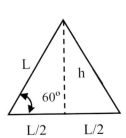

$$\text{Área} = \frac{L \times h}{2}. \ (h = \text{altura do triângulo})$$

$$L^2 = h^2 + (L/2)^2 \Rightarrow h^2 = L^2 - \frac{L^2}{4} \Rightarrow h^2 = \frac{3L^2}{4} \Rightarrow h = \frac{L\sqrt{3}}{2}.$$

$$\text{Área} = \frac{L \times h}{2} = \frac{L \times (L\sqrt{3})/2}{2} = \frac{L^2\sqrt{3}}{4}. \text{ Como são quatro triângulos, então:}$$

Área do tetraedro = $L^2\sqrt{3}$.

O tetraedro é uma pirâmide, e como tal seu volume (veja capítulo 9) é igual a: $V = \frac{1}{3} \times S_B \times H$, onde:

V = volume; S_B = área da base (que é um triângulo equilátero) e H = altura do tetraedro.

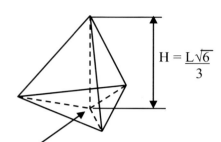

$S_B = \frac{L^2\sqrt{3}}{4}$. $V = \frac{1}{3} \times S_B \times H \Rightarrow V = \frac{1}{3} \times \frac{L^2\sqrt{3}}{4} \times \frac{L\sqrt{6}}{3} \Rightarrow$

$V = \frac{L^3 \times \sqrt{18}}{36} = \frac{L^3 \times \sqrt{9 \times 2}}{36} = \frac{L^3 \times 3\sqrt{2}}{36} = \frac{L^3\sqrt{2}}{12}$.

Centro de gravidade do triângulo da base

Volume do tetraedro = $\frac{L^3\sqrt{2}}{12}$.

Exercício 8.4.1.1) Uma arquiteta quer construir uma sala de exposição de flores, no formato de um tetraedro regular. Para fazer o projeto e calcular os custos envolvidos, ela precisa saber a área lateral do tetraedro, que será construído em placas pré fabricadas, bem como o volume interno, para cálculo da potência do ar condicionado a ser utilizado. Sabendo que a área da base, ou melhor do piso, é igual a 80 m², e que o piso será em concreto, determinar: a) A área lateral das placas do tetraedro; b) A altura máxima da sala e c) O volume do tetraedro.

a) A área total do tetraedro é igual a quatro vezes a área do piso, já que as quatro faces são triângulos equiláteros. Entretanto, como só as paredes laterais serão construídas em placas pré fabricadas, a área dessas placas é 240 m² (3 x 80 m²).

b) A altura máxima da sala é $H = \frac{L\sqrt{6}}{3}$, onde L é o lado do triângulo equilátero.

O valor de L é calculado a partir da área da base, ou seja: $80 \text{ m}^2 = \frac{L^2\sqrt{3}}{4} \Rightarrow L^2 = \frac{320}{\sqrt{3}} \Rightarrow L = 13,59 \text{ m}$.

Portanto: $H = \frac{13,59 \times \sqrt{6}}{3} \Rightarrow H = 11,1 \text{ m}$.

c) Volume do tetraedro = $\frac{L^3\sqrt{2}}{12} = \frac{13,59^3 \times \sqrt{2}}{12} \Rightarrow$ Volume = 295,75 m³.

Conclusão: a) Área das placas = 240 m²; b) Altura máxima da sala = 11,1 m e c) Volume do tetraedro = 295,75 m³.

8.4.2 O hexaedro ou cubo

Como o hexaedro tem seis faces quadradas, sua área é igual a seis vezes a área do quadrado.

Área do hexaedro = $6L^2$.

Considerando o hexaedro como um prisma de base quadrada, seu volume é igual ao produto da área da base (L^2) pela sua altura (L), ou seja:

Volume do hexaedro = L^3.

Exercício 8.4.2.1) Um engenheiro precisa calcular as dimensões das quatro colunas que irão suportar o peso de uma caixa d'água, construída como um cubo de 3 metros de lado. Sabendo que o peso das paredes em concreto da caixa, incluindo o teto, é igual a 10 toneladas e sabendo que cada metro cúbico de água pesa uma tonelada, calcular o peso total que o engenheiro deverá considerar, para calcular as colunas.

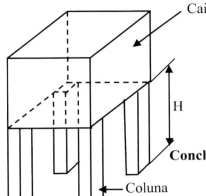

Volume da caixa = $L^3 = 3^3 = 9\ m^3$.

Peso da água = $9\ m^3 \times \dfrac{1\ tonelada}{m^3}$ = 9 toneladas.

Peso total = 9 toneladas + 10 toneladas.

Conclusão: o engenheiro deverá considerar um peso total de 19 toneladas.

(No cálculo das colunas, o engenheiro divide, o peso total por quatro, bem como utiliza a altura H)

8.4.3 O octaedro

O octaedro é formado por oito faces de triângulos equiláteros. Portanto, sua área é igual a oito vezes a área do triângulo equilátero, de lado L. Como visto em 8.4.1, a área de um triângulo equilátero é igual a: $L^2\sqrt{3}/4$. Como são oito triângulos, então:

Área do octaedro = $2L^2\sqrt{3}$.

O volume do octaedro pode ser entendido como a soma dos volumes de duas pirâmides de base quadrada, com lado igual ao lado do triângulo equilátero, que compõe o octaedro. Sabe-se que o volume de uma pirâmide é igual a um terço do volume do prisma de mesma altura e lado da pirâmide. Ou seja, para se obter o volume do octaedro, primeiro precisa-se calcular a altura da pirâmide metade do octaedro, como mostrado a seguir.

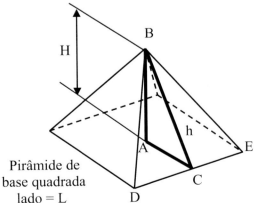

Pirâmide de base quadrada lado = L

AB = altura H da pirâmide superior do octaedro.
BC = hipotenusa do triângulo ABC e altura h do BDE.
BC = h = $\dfrac{L\sqrt{3}}{2}$ (como visto em 8.4.1).
AC = L/2.

$h^2 = H^2 + (L/2)^2 \Rightarrow H^2 = h^2 - (L/2)^2 \Rightarrow H^2 = \dfrac{3L^2}{4} - \dfrac{L^2}{4} \Rightarrow$

$H^2 = \dfrac{2L^2}{4} = \dfrac{L^2}{2} \Rightarrow H = \dfrac{L}{\sqrt{2}} \Rightarrow H = \dfrac{L\sqrt{2}}{2}$.

A altura total do octaedro é: $2 \times H = L\sqrt{2}$.

O volume V do octaedro é um terço do volume do prisma de base quadrada de lado L e altura $H = L\sqrt{2}$. Ou seja:

$V = (1/3) \times L^2 \times L\sqrt{2} = (L^3\sqrt{2})/3$

Volume do octaedro = $\dfrac{L^3\sqrt{2}}{3}$.

Exercício 8..4.3.1) Um silo para armazenar grãos é construído com uma parte superior prismática quadrada de lado 3 metros e fundo no formato da metade de um octaedro regular ou octaedro de Platão. Sabendo que a altura da parte prismática é igual a 5 metros, calcular o volume total máximo de grãos que pode ser estocado nesse silo. (Observe figura a seguir). (Esse tipo de equipamento é construído em chapas metálicas soldadas).

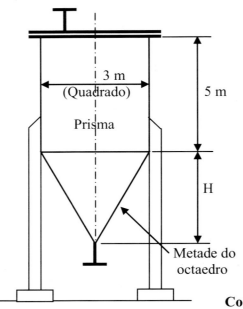

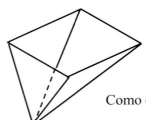

Essa é a imagem tridimensional do fundo do silo, equivalente à metade de um octaedro regular de lado igual a 3 metros.

Como o volume do octaedro é: $V = \dfrac{L^3\sqrt{2}}{3}$:

O volume do fundo (metade) V_F é: $\dfrac{L^3\sqrt{2}}{6}$, ou seja:

$$V_F = \dfrac{3^3\sqrt{2}}{6} = 6,36 \text{ m}^3.$$

Volume da parte prismática = $L^2 \times 5 = 45 \text{ m}^3$.

Volume total = $6,36 \text{ m}^3 + 45 \text{ m}^3 = 51,36 \text{ m}^3$.

Conclusão: o volume máximo de grãos a ser estocado é 51,36 m³.

8.4.4 O dodecaedro

O dodecaedro regular é composto de 12 pentágonos regulares, ou seja, a sua área total é igual a 12 vezes a área de um pentágono regular.

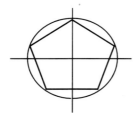
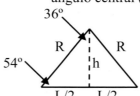

A área do pentágono regular é igual a cinco vezes a área do triângulo formado pelo ângulo central (360°/5 = 72°) e dois vértices consecutivos, ou seja:

tg 54° = $\dfrac{h}{L/2}$ => h = L/2 tg 54° => h = L/2 x 1,376.

Área do triângulo = $\dfrac{L \times h}{2} = \dfrac{L \times L/2 \times 1,376}{2}$ =>

Área do triângulo = $\dfrac{L^2 \times 1,376}{4} = 0,344L^2$. Como são cinco triângulos, a área do pentágono é = $1,72L^2$.

Como o dodecaedro tem 12 pentágonos, sua área é igual a $20,64L^2$.

Área do dodecaedro = $20,64L^2$. (Onde L é o lado do pentágono).

A área do dodecaedro também é expressa pela fórmula: $A = 3L^2\sqrt{25 + 10\sqrt{5}}$.

Uma das maneiras de se analisar a dedução do volume de um dodecaedro, é supor o mesmo sendo decomposto em um cubo central, com seis poliedros irregulares iguais, "colados" a cada uma das seis faces do cubo. Esse poliedro irregular é semelhante ao "telhado de uma casa". Em verdade é um poliedro irregular com cinco faces.

O conceito é esse: o cubo central tracejado e seis poliedros irregulares iguais, colados a cada uma das seis faces do cubo. Dessa forma fica mais direto e fácil a dedução do volume do dodecaedro. Observa-se que, o valor do lado do cubo é igual ao valor do lado do pentágono regular, sendo o dodecaedro composto de 12 pentágonos regulares.

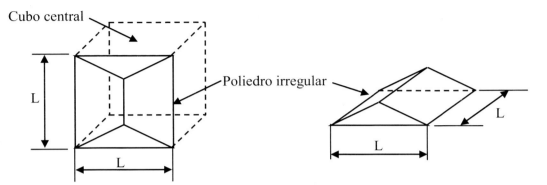

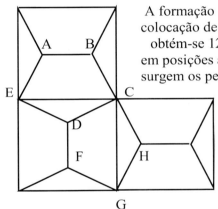

A formação dos pentágonos advém dessa montagem, ou seja, com a colocação de cada poliedro irregular, sobre cada face do cubo central, obtém-se 12 pentágonos regulares, já que os poliedros são colocados em posições alternadas. A montagem à direita, dá uma ideia de como surgem os pentágonos. ABCDE e CDFGH são pentágonos.

No cálculo no volume, o poliedro irregular, de cinco faces é subdividido em outros, permitindo a análise de cada volume para, ao final somar todos.

Como a dedução detalhada do volume de um dodecaedro, além de extensa, supera os objetivos desse livro, voltado para a Educação Básica, apresenta-se a seguir a fórmula final, em função do lado L do pentágono regular, base que compõe cada dodecaedro.

Volume do dodecaedro = $L^3 \left(\dfrac{15 + 7\sqrt{5}}{4} \right)$. Ou ainda **V = 7,663L^3**.

8.4.5 O icosaedro

O icosaedro de Platão é formado por 20 faces, no formato de triângulos equiláteros. Dessa forma, sua área é igual à soma das áreas dos 20 triângulos. Como visto em 8.4.4, a área de um triângulo equilátero de lado L é igual a 0,433L^2. Ou seja, a área do icosaedro é igual a 20 vezes esse valor.

Área do icosaedro = 8,66L^2.

A área do icosaedro também é expressa pela fórmula: A = 5L$^2\sqrt{3}$.

A exemplo do cálculo do volume do dodecaedro, também a dedução do volume do icosaedro, além de extensa, supera os objetivos desse livro, voltado para a Educação Básica, apresenta-se a seguir a fórmula final, em função do lado L do triângulo equilátero, base que compõe cada icosaedro. Apenas como orientação visual, é mostrada uma forma de como decompor um icosaedro, de forma a possibilitar o cálculo de seu volume, a partir de outros poliedros, de volumes conhecidos. Observa-se que existem outras formas de pensar nessa decomposição.

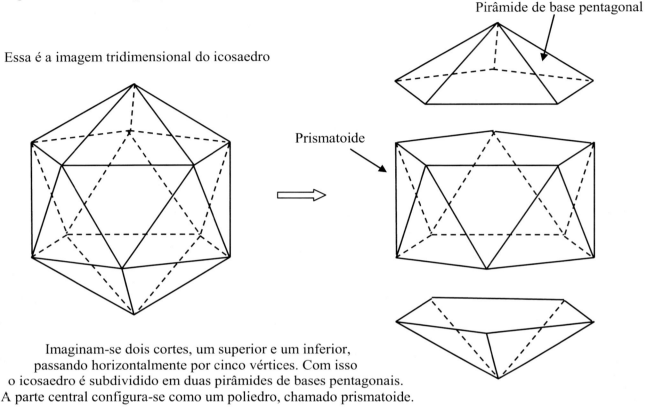

Imaginam-se dois cortes, um superior e um inferior, passando horizontalmente por cinco vértices. Com isso o icosaedro é subdividido em duas pirâmides de bases pentagonais. A parte central configura-se como um poliedro, chamado prismatoide.

Volume do icosaedro $= \dfrac{5(3 + \sqrt{5})L^3}{12}$. ou $V = 2{,}182L^3$.

8.5 Planificação dos poliedros de Platão

Tanto para atividades escolares, quanto para uso na prática, é importante estudar-se a planificação dos poliedros de Platão. Por exemplo, imagina-se que se queira construir um octaedro em papelão ou cartolina, como deve-se cortar o papelão, de forma a se ter o menor número possível de uniões, ou seja, com o máximo de dobras possíveis. Observa-se que, como será mostrado, ao planejar a planificação de um poliedro, a ser construído em papelão, tem-se que deixar determinadas bordas (o mínimo), que permitem a colagem.

Planificação do tetraedro

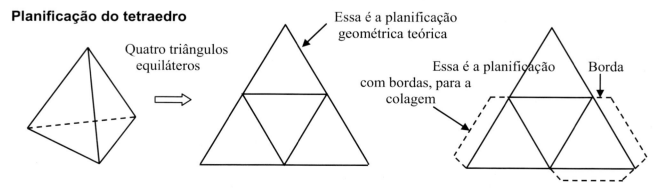

Existem embalagens, nomeadamente de alimentos, feitas a partir de um tetraedro.

Planificação do hexaedro ou cubo

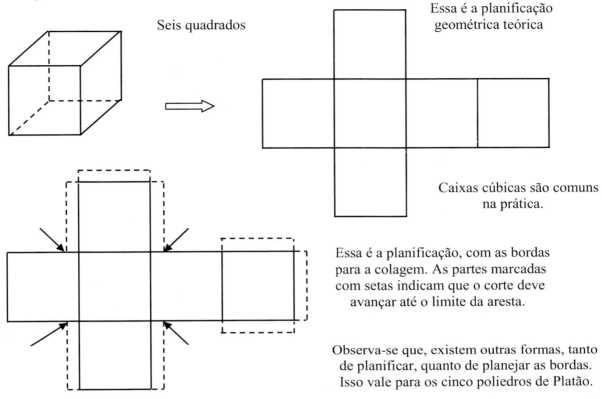

Seis quadrados

Essa é a planificação geométrica teórica

Caixas cúbicas são comuns na prática.

Essa é a planificação, com as bordas para a colagem. As partes marcadas com setas indicam que o corte deve avançar até o limite da aresta.

Observa-se que, existem outras formas, tanto de planificar, quanto de planejar as bordas. Isso vale para os cinco poliedros de Platão.

São comuns, os mais diversos tipos de embalagens no formato cúbico.

Planificação do octaedro

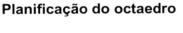

Oito triângulos equiláteros

Essa é a planificação geométrica teórica

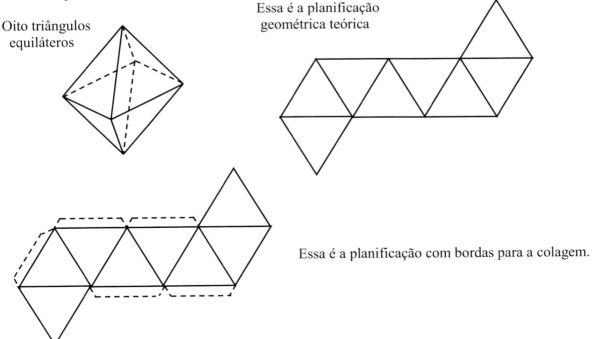

Essa é a planificação com bordas para a colagem.

Planificação do dodecaedro

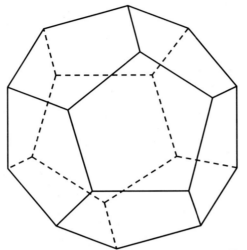

12 pentágonos regulares

O formato tridimensional do dodecaedro oferece boas alternativas de uso prático, em especial para artistas e arquitetos.

Essa é a planificação geométrica teórica

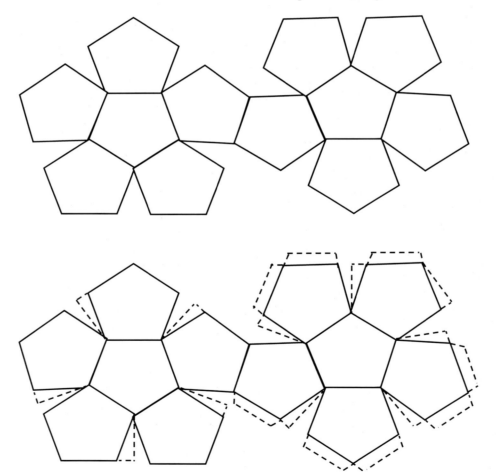

Essa é a planificação com bordas para a colagem

Planificação do icosaedro

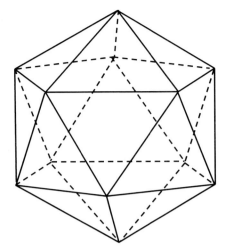

20 triângulos equiláteros

Existem jogos que utilizam um tipo de dado com 20 faces.

Essa é a planificação geométrica teórica

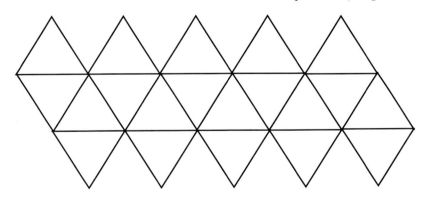

Essa é a planificação com bordas para colagem

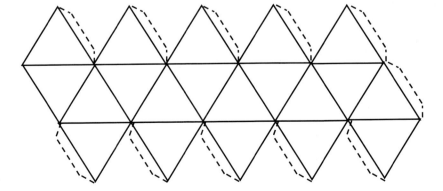

Observação: é muito importante que sejam feitas maquetes em cartolina ou papelão, com as planificações de cada um dos cinco poliedros de Platão. Essa prática, além de melhorar a visão espacial e as habilidades manuais, promove o desenho de vários elementos geométricos.

8.6 Um poliedro irregular, usado como bola de futebol (e também silo para grãos)

Existe um tipo de bola de futebol que é feita a partir da costura de gomos de couro, sendo 20 hexágonos regulares e 12 pentágonos regulares. Ao se colocar uma câmara de ar interna que, ao se inflar, torna-se uma esfera, empurrando os gomos para fora, assumindo o formato da bola esférica.

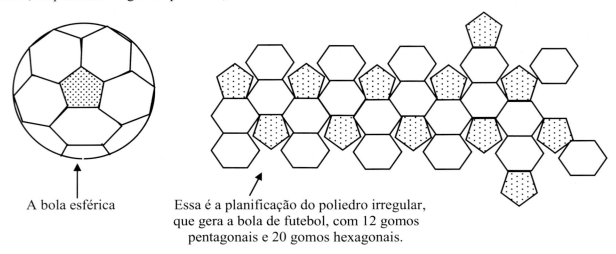

A bola esférica

Essa é a planificação do poliedro irregular, que gera a bola de futebol, com 12 gomos pentagonais e 20 gomos hexagonais.

O exercício a seguir, mostra uma outra utilização desse tipo de poliedro, usado há muito tempo.

Exercício 8.6.1) (UFPEL - 2008). No México, há mais de mil anos, o povo Asteca resolveu o problema da armazenagem de grãos, com um tipo de silo, na forma de um poliedro irregular, apoiado sobre uma base circular de alvenaria no chão. Esse poliedro irregular é obtido juntando-se 20 placas hexagonais e 12 placas pentagonais. Com esses dados, determinar quantas arestas e vértices tem esse poliedro irregular.

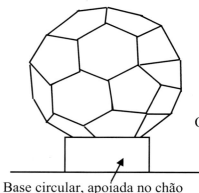

Base circular, apoiada no chão

Número de faces F => F = 20 + 12 => F = 32 faces.

Cada face hexagonal tem 20 x 6 = 120 arestas.
Cada face pentagonal tem 12 x 5 = 60 arestas.
Cada aresta é comum a duas faces, portanto, o número de arestas fica:
N° de arestas = $\frac{120 + 60}{2}$ = 90 arestas.

O número de vértices V é obtido, usando-se a relação de Euler, visto em 8.2.
V + F = A + 2 => V + 32 = 90 + 2 => V = 92 - 32 => V = 60.

Conclusão: esse poliedro irregular tem 90 arestas e 60 vértices.

8.7 Os prismas

Um prisma é um caso particular de poliedro, sendo definido como um sólido geométrico, ou seja, tridimensional, que possuí duas bases poligonais e várias faces laterais. Além dos estudos geométricos, os prismas, nas suas diversas formas, são muito utilizados na prática, em especial na Arquitetura e Engenharia, além dos mais diversos tipos de embalagens. A seguir são mostrados alguns tipos de prismas.

Capítulo 8 – Poliedros e Prismas – 179

Prisma reto de
bases retangulares

Prisma reto de
bases pentagonais

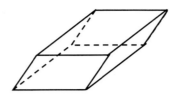
Prisma oblíquo de
bases em paralelogramo

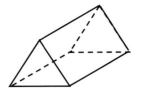
Prisma reto de
bases triangulares

Elementos e características principais

Os prismas podem ser retos ou oblíquos e têm duas bases, na forma de polígonos regulares ou irregulares. Além do polígono da base, e da inclinação, no caso de prisma oblíquo, a altura é uma característica fundamental, permitindo, por exemplo, os cálculos da área e do volume. Tal e qual qualquer poliedro, prismas têm vértices, arestas e faces.

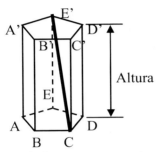

Prisma reto de bases pentagonais

ABCDE => base inferior.
A'B'C'D'E' => base superior.
A, B, C, D, E => vértices.
A', B', C', D', E' => vértices.
AB, BC, CD, DE, EA => arestas.
AB', BC', CD', DE', EA' => arestas.
AA', BB', CC', DD', EE' => arestas.
ABB'A'; BCC'B'; CDD'C'; DED'E'; EAE'A' => faces.
As bases são paralelas.
A altura é medida na vertical da base.
CE' => diagonal.

Diagonal de um poliedro é um segmento de reta que liga dois de seus vértices não pertencentes a uma mesma face.

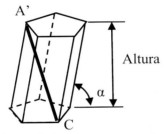

Prisma oblíquo de bases pentagonais

Os elementos são os mesmos e as bases são paralelas.
As faces são inclinadas, em relação às bases.
A altura é medida na vertical da base.

A'C => diagonal.

α é o ângulo de inclinação.

Exercício 8.7.1) Considerando um prisma reto de bases hexagonais, com altura igual a 30 cm e lado do hexágono 3 cm, determinar o comprimento da maior diagonal. Quantas diagonais tem esse prisma?

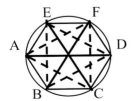

Observa-se que, no hexágono (visto de cima), as maiores diagonais são as três: AD = BF = CE, que são iguais ao diâmetro, que é o dobro do valor do lado, ou seja: diâmetro igual a 6 cm.

O cálculo da maior diagonal envolve, por exemplo, a análise do triângulo retângulo AA'D, como se pode ver na imagem tridimensional a seguir.

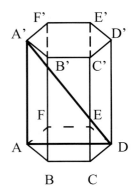 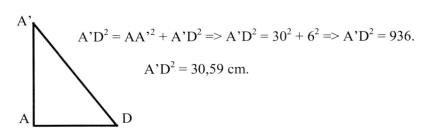

A'D é uma das maiores diagonais

Sabendo que, diagonal de um poliedro é um segmento de reta que liga dois de seus vértices não pertencentes a uma mesma face, constata-se que a partir de cada vértice desse prisma de bases hexagonais, partem três diagonais. Como são seis vértices, em cada base, tem-se 18 diagonais ao todo. As diagonais são:

A'D/A'D/A'E. B'D/B'E/B'F. C'E/C'F/C'A. D'B/D'A/D'F. E'C/E'B/E'A. F'B/F'C/F'D.

Observa-se que analisaram-se as diagonais a partir dos vértices superiores e que partindo-se dos vértices inferiores encontram-se as mesmas diagonais.

Conclusão: a maior diagonal do prisma mede 30,59 cm e ele tem um total de 18 diagonais.

Exercício 8.7.2) Considerando um prisma oblíquo de bases pentagonais, com altura 30 cm, ângulo de inclinação 60° e lado do pentágono igual a 3 cm, pedem-se: a) O valor da maior diagonal e b) O número de diagonais do prisma.

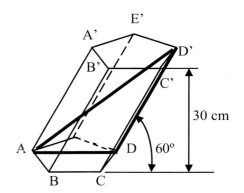 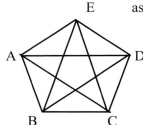

Como já estudado no capítulo dos polígonos, as seis diagonais de um pentágono regular têm o mesmo comprimento*.

AC = AD = BD = BE = CA = CE.

Observando o prisma, vê-se que tem-se que analisar a diagonal AD', pois devido inclinação essa é a maior.

* Os triângulos isósceles: ABC, BCD, CDE e AED são iguais.

A diagonal AD' será analisada pelo triângulo obtusângulo ADD', com auxílio dos triângulos DD'F e ADE.

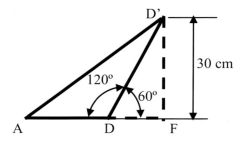 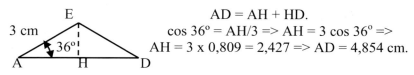

Com os valores de AD, DD' e o ângulo de 120°, aplica-se a lei dos cossenos, no triângulo ADD', ou seja:

AD'^{2} = AD^2 + DD'^{2} - (2)(AD)(DD')(cos 120°) => AD'^{2} = 4,854^2 + 34,64^2 - (2)(4,854)(34,64)(-0,5) =>

AD'^{2} = 23,56 + 1.199,93 + 168,14 => AD'^{2} = 1.391,63 => AD' = 37,3 cm.

A Maior diagonal mede 37,3 cm.

Como as bases são pentagonais, de cada vértice partem duas diagonais, ou sejam: A'C/A'D/B'D/B'E/C'E/C'A/D'A/D'B/E'C/E'B, totalizando 10 diagonais.

Conclusão: a maior diagonal do prisma mede 37,3 cm e ele tem um total de 10 diagonais.

8.7.1 Área e volume dos prismas

No caso dos prismas retos, as faces laterais constituem retângulos e as dos prismas oblíquos são formadas por paralelogramos. A área total de um prisma é calculada somando as áreas das faces e o dobro da área da base. O volume de um prisma é determinado calculando-se a área da base multiplicada pela medida da altura.

Princípio de Cavalieri

Bonaventura Cavalieri (1598 - 1647) foi um matemático italiano, que criou um método capaz de determinar áreas e volumes de sólidos com muita facilidade, denominado princípio de Cavalieri. Esse princípio consiste em estabelecer que dois sólidos com a mesma altura têm volumes iguais se as seções planas de iguais altura possuírem a mesma área.

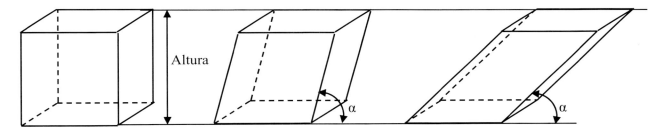

Segundo o princípio de Cavalieri, se esses prismas têm a mesma área da base e a mesma altura, têm o mesmo volume, mesmo com a variação do ângulo α.

Exercício 8.7.1.1) Determinar as áreas e os volumes de dois prismas de altura 50 cm, de bases hexagonais com lado igual a 5 cm, sendo um reto e o outro oblíquo de inclinação 60°.

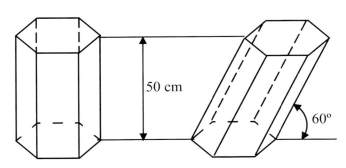

As áreas das bases são iguais, às da área de um hexágono regular de lado 5 cm.

A área do prisma reto é igual a seis vezes a área de um retângulo de 5 cm x 50 cm.

A área do prisma oblíquo é igual a seis vezes a área de um paralelogramo de lado 5cm, altura 50 cm e inclinação de 60°.

Como as bases e as alturas dos retângulos e paralelogramos são iguais, suas áreas também são iguais, ou seja: área de cada prisma = 6 x 5 cm x 50 cm = 1.500 cm^2.

As áreas das bases também são iguais, ou seja, como visto no capítulo dos polígonos: $A_B = \dfrac{3L^2\sqrt{3}}{2}$.

$A_B = \dfrac{3 \times 5^2 \times \sqrt{3}}{2}$ => $A_B = 64{,}95$ cm².

Área total de cada prisma: 1.500 cm² $+ 2(64{,}95$ cm²$) \cong 1.630$ cm².

Segundo o princípio de Cavalieri, como esses prismas têm a mesma área da base e a mesma altura, têm o mesmo volume, ou seja: $V = 64{,}95$ cm² $\times 50$ cm $= 3.247{,}5$ cm³.

Conclusão: os prismas têm áreas iguais a 1.630 cm² e volumes iguais a 3.247,5 cm³.

8.7.2 Planificações de prismas

Além das aplicações matemáticas, existem diversos tipos de prismas utilizados na prática, como já citado. A seguir são mostradas planificações dos principais prismas. Ressalta-se que, na prática, a planificação de um prisma tem duas finalidades. A primeira é permitir que alunos desenhem (com instrumentos ou com *softwares*) a planificação e façam a sua montagem, ou seja, passem do bi para o tridimensional. Para esses casos, são necessárias deixar bordas para permitir a colagem e fechamento do sólido. A segunda é para uso como embalagens de papel e papelão, quando as bordas são em maior número de forma a que, além de permitir a montagem, também dêem mais resistência à caixa, para evitar danos ao produto estocado.

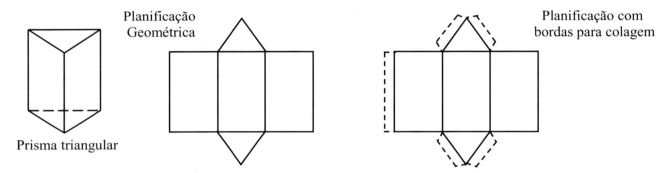

Prisma triangular — Planificação Geométrica — Planificação com bordas para colagem

Planificação de uma caixa de remédio: prisma reto de base retangular

Além de muito utilizada em embalagens, para os mais diversos produtos, a planificação de superfícies é muito utilizada na fabricação de equipamentos industriais da área chamada caldeiraria, com aplicações em vasos de pressão, tanques de estocagem e em dutos de ventilação e ar condicionado. Em todos estes casos chapas metálicas planas são cortadas, dobradas, prensadas e soldadas, transformando-se em superfícies volumétricas. Uma caixa de remédio para comprimidos, feita em papel cartão dobrado e colado em algumas partes é um bom exemplo, ou seja, a partir de um plano obtém-se uma superfície poliédrica. A seguir é mostrada a planificação de uma caixa de remédio, muito comum no mercado, lembrando que existem outras planificações, para as mesmas dimensões:

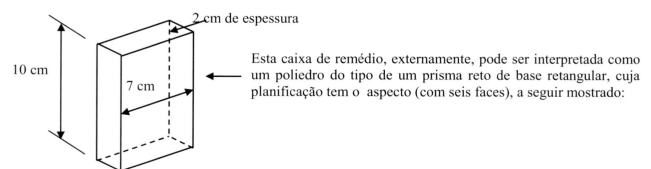

Esta caixa de remédio, externamente, pode ser interpretada como um poliedro do tipo de um prisma reto de base retangular, cuja planificação tem o aspecto (com seis faces), a seguir mostrado:

Pela planificação teórica, embora externamente sejam 6 faces, para fechar e colar a caixa, são necessárias outras partes (A a G), como mostradas adiante.

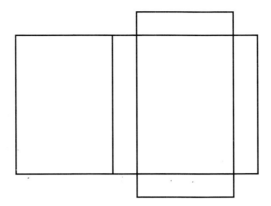

Planificação teórica

Essa é a caixa de remédio planificada

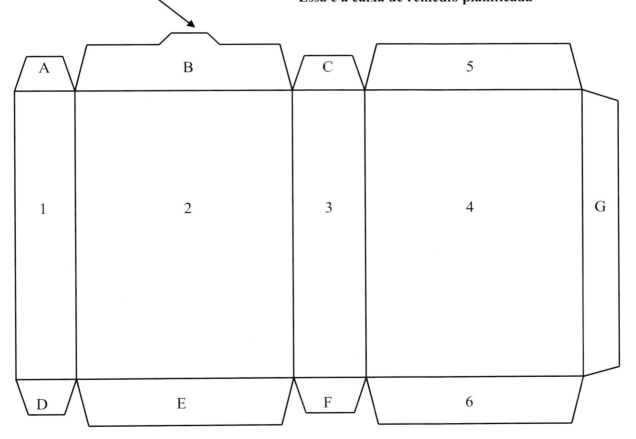

Detalhe para colagem da parte superior por onde se abre a caixa.

As faces numeradas de 1 a 6 são as faces reais do poliedro, que é um prisma reto de base retangular. As "faces" com letras de A a G são para permitir a colagem das partes e fechar a caixa. Observa-se que, o aparente excesso de bordas, em verdade, dá mais resistência mecânica e estrutural à caixa, que não deve amassar facilmente.

Planificação de um tronco de prisma reto de base retangular

O termo tronco, usado em geometria, significa corte. Ao se cortar um prisma reto, com um plano inclinado, em relação às bases, obtém-se uma imagem da base "deformada", como a seguir mostrado. Da planificação para o tridimensional, ocorrem coincidências de letras, que estão marcadas com asterisco (*).

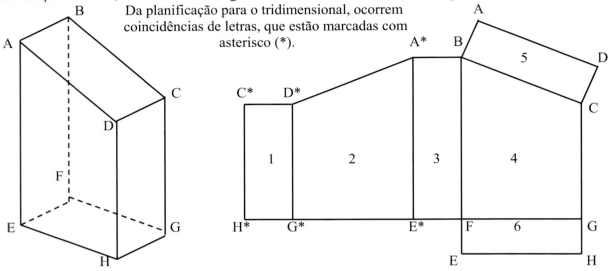

Planificação de um prisma reto de base hexagonal

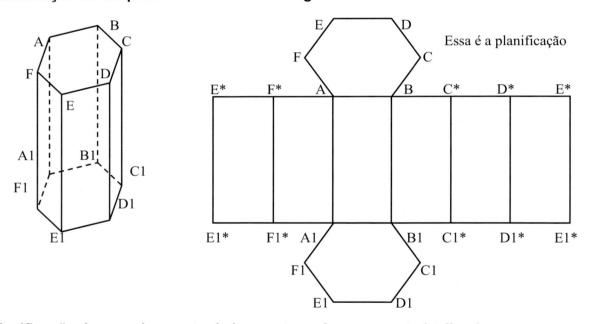

Essa é a planificação

Planificação de um prisma reto de base retangular, com corte inclinado

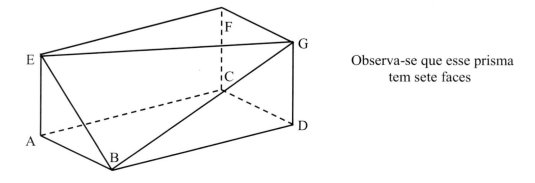

Observa-se que esse prisma tem sete faces

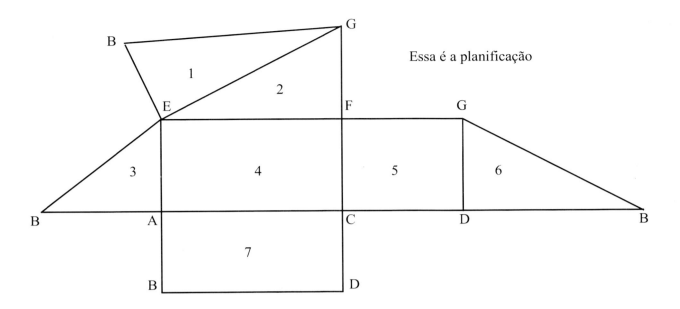

Essa é a planificação

8.8 Observações sobre unidades de volume

A unidade de volume é a unidade básica elevada ao cubo. Por exemplo, um hexaedro (ou cubo), com uma aresta de comprimento 2 metros, tem um volume de 8 metros cúbicos ou 8 m³.

Tal e qual comprimentos e áreas, as unidades de volume também têm múltplos e submúltiplos.

Enquanto na unidade de comprimento "caminha-se" casa a casa decimal e na unidade de área "caminha-se" casas a casas centesimais, na unidade de volume "caminha-se" casas a casas milessimais. Por exemplo: enquanto um metro é igual a 10 dm (1 m = 10 dm) e um metro quadrado é igual a 100 dm² (1 m² = 100 dm²), um metro cúbico (ou 1 m³) é igual a 1.000 dm³. A exemplo das tabelas de unidades de comprimentos e áreas, existe a tabela de equivalências de unidades de volume, a seguir mostrada.

km³	hm³	dam³	m³	dm³	cm³	mm³
006	000	000	000			
000	504	000	000			
300	050	070	000			
			000	006	495	
		019	730	000		
			002	540	000	
				003	700	

← 6 km³ = 6.000 hm³ = 6.000.000.000 m³.
← 0,504 km³ = 504.000 dam³ = 504.000.000 m³.
← 300,0507 km³ = 300.050.070.000 m³.
← 6.495 cm³ = 0,006495 m³.
← 19,730 dam³ = 19.730.000 dm³.
← 2,540 dm³ = 2.540 cm³ = 2.540.000 mm³.
← 3,700 cm³ = 3.700 mm³.

Em termos práticos, a unidade muito utilizada para expressar volume é o litro, sendo que um litro é equivalente a 1 dm³ (um litro é igual a um decímetro cúbico).

8.9 Por que os alvéolos das colmeias das abelhas são prismas hexagonais?

As abelhas produzem mel para alimentar seus descendentes e os depositam em alvéolos. Elas constroem os alvéolos procurando uma forma geométrica que otimize ao máximo a quantidade (volume) de mel estocada, ou seja, a forma (ou geometria) que apresente o maior volume estocado na menor área.

Em termos geométricos algumas formas poligonais se mostram possíveis para tal: triangular, quadrada, pentagonal, hexagonal, etc.

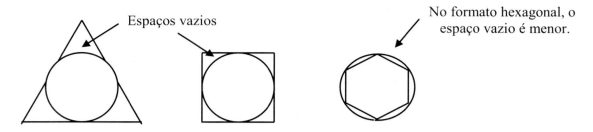

Nessas três figuras, com os círculos de mesmo diâmetro, logo mesma área (e mesmo volume), a que apresenta a melhor utilização de espaço, ou seja, com menos espaços "vazios" é a que tem o hexágono circunscrito. É por isto que as abelhas "escolhem" fazer seus alvéolos no formato hexagonal, ou melhor, como prismas hexagonais. Também deve ser observado que o perímetro do alvéolo hexagonal é menor que os outros, ou seja, a abelha "gasta" menos cera, para obter a melhor utilização de volume (que bichinho inteligente!).

Além do formato hexagonal, o problema realmente interessante acontece no fechamento dos alvéolos (os prismas hexagonais). Em vez de construir um hexágono (plano) para cobrir o fundo, as abelhas economizam cerca de um alvéolo em cada cinquenta (dois porcento), utilizando três losangos iguais colocados inclinadamente. Pode parecer pouco, mas a economia de dois porcento que elas conseguem, com o fechamento de centenas de alvéolos, representa uma grande quantidade. Os ângulos dos losangos de fechamento, inclinados em relação ao eixo radial dos alvéolos, acabaram provocando uma controvérsia que foi didaticamente exposta por Malba Tahan* em seu livro. Ele conta que o físico francês René-Antonie Ferchault de Réaumur (1683-1757) observou que o ângulo agudo e, consequentemente, seu suplemento (obtuso) não variavam. Isto é, suas medidas eram constantes. * Malba Tahan era o pseudônimo do professor brasileiro, natural do Rio de Janeiro, Júlio César de Mello e Souza (1895 - 1974).

Intrigado, Réaumur mandou buscar alvéolos de abelhas em várias partes do mundo, como a Alemanha, Suíça, Inglaterra, Canadá e Guiana. Todos apresentavam losangos de mesmo ângulo. O astrônomo francês Jean-Dominique Maraldi (1709 -1788) efetuou as medições dos ângulos agudos e encontrou o mesmo valor em todos eles: 70º32'. Surpreendido com o resultado, Réaumur propôs ao seu amigo Johann Samuel König (1712 - 1757), matemático alemão, que resolvesse o seguinte problema: "dado um prisma de base hexagonal, devemos fechá-lo em uma das extremidades com três losangos iguais, colocados inclinadamente, para obter o maior volume com um gasto mínimo de material? Qual é o ângulo dos losangos que satisfaz a condição? Do ponto de vista teórico a pergunta pode ser: "Como é possível, no menor espaço, construir células regulares e iguais, com a maior capacidade e solidez, empregando a menor quantidade de matéria?".

Sem saber a origem do problema, König calculou o ângulo como sendo 70º34', ou seja, uma diferença de dois minutos. Embora a diferença fosse insignificante, de apenas dois minutos em relação aos cálculos efetuados por Maraldi, concluiu-se que as abelhas estavam erradas (?). Isso provocou, à época, um verdadeiro rebuliço entre os cientistas que tentavam explicar a questão. O fato chegou ao conhecimento do matemático escocês Colin Maclaurin (1698-1746), que utilizando os recursos do cálculo diferencial recalculou o ângulo e encontrou 70º32', concluindo que as abelhas estavam, realmente, certas. Maclaurin mostrou ainda que o engano de König era explicável: ele havia usado uma tabela de logaritmos contendo um erro, daí a diferença de dois minutos. Na prática, constata-se que as abelhas, na sua intuitiva "sabedoria", descobriram que o formato hexagonal é o que utiliza a menor quantidade de cera para construir o favo.

É interessante destacar, que nem todas as colmeias são formadas por prismas hexagonais. Algumas abelhas silvestres, por exemplo, armazenam o mel em pequenos pontinhos cuja forma é a de um poliedro de Arquimedes, no caso o octaedro truncado, que tem 14 faces, sendo seis quadrados e oito hexágonos. Este poliedro é obtido a partir do truncamento do octaedro regular, que é um dos poliedros de Platão. Quem ensinou tanta Geometria às abelhas?

8.10 Exercícios complementares resolvidos

8.10.1) (PUC - SP). Quantas arestas tem um poliedro convexo de faces triangulares em que o número de vértices é três quintos do número de faces.

Como as faces são triangulares, então o número de arestas é: A = 3F/2. (I).

Pela relação de Euler: V + F = A + 2. (II). Substituindo I em II, tem-se:

$\frac{3F}{5} + F = \frac{3F}{2} + 2 \Rightarrow \frac{3F}{5} + F - \frac{3F}{2} = 2 \Rightarrow \frac{6F + 10F - 15F}{10} = 2 \Rightarrow \frac{F}{10} = 2 \Rightarrow F = 20$. O poliedro tem 20 faces.

Como: A = 3F/2 e F = 20, então: A = 3x 20/2 = 60/2 = 30. O poliedro tem 30 arestas.

Conclusão: o poliedro tem 30 arestas.

8.10.2) No hexaedro a seguir, de lado igual a 2 m, determinar o tipo e a área do polígono IJKL, formado pela ligação dos pontos médios das arestas, conforme mostrado.

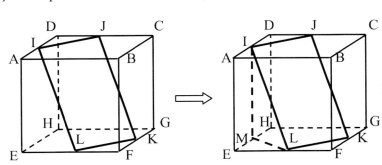

$IL^2 = IM^2 + LM^2$ (I).

$LM^2 = EL^2 + EM^2 \Rightarrow LM^2 = 1^2 + 1^2 \Rightarrow$
$LM = \sqrt{2}$ m.

$IL^2 = IM^2 + LM^2 \Rightarrow IL^2 = 2^2 + (\sqrt{2})^2 \Rightarrow$
$IL^2 = 4 + 2 \Rightarrow IL^2 = 6 \Rightarrow IL = \sqrt{6} \Rightarrow$
IL = 2,45 m.

$IJ^2 = DI^2 + DJ^2 \Rightarrow IJ^2 = 1^2 + 1^2 \Rightarrow IJ^2 = \sqrt{2} \Rightarrow IJ = 1,41$ m.

Área do polígono = 1,41 m x 2,45 m = 3,45 m².

Conclusão: o polígono é um retângulo de área 3,45 m².

8.10.3) (ENEM - 2012). A cerâmica possuí a propriedade da contração, que consiste na evaporação da água existente em um conjunto ou bloco cerâmico submetido a uma determinada temperatura elevada, aparecendo em seu lugar "espaços vazios", que tendem a se aproximar. No lugar antes ocupado pela água vão ficando lacunas e, consequentemente, o conjunto tende a retrair-se. Considerando que no processo de cozimento a cerâmica de argila sofra uma contração em dimensões lineares de 20%, determinar a contração percentual sofrida pelo volume de uma travessa de argila de forma cúbica de aresta "a".

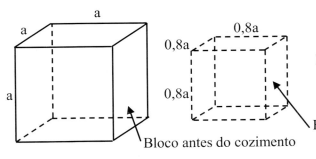

Volume do bloco cúbico frio = a^3.
Volume do bloco após cozimento = $(0,8a)^3 = 0,512a^3$.

Redução do volume do bloco = $a^3 - 0,512a^3 = 0,488\ a^3$.

$0,488\ a^3$ é igual a 48,8% do volume original.

Conclusão: a contração percentual do bloco é de 48,8% do volume original.

8.10.4) Sabendo que um bloco prismático quadrado fabricado em alumínio, pesa 27 kg, tendo 10 cm de lado e um metro de altura, determinar o peso de um outro bloco prismático, também de um metro, em alumínio, porém com bases hexagonais de lado 5 cm.

Inicialmente determina-se o volume do bloco quadrado, para saber o peso por volume (ou peso específico). Como o bloco hexagonal é do mesmo material, então se peso por volume é o mesmo, ou seja, calcula-se o volume do bloco hexagonal que, ao ser multiplicado pelo peso por volume do alumínio, dá o peso do bloco hexagonal.

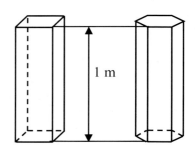

Volume do bloco quadrado = 0,1 m x 0,1 m x 1 m = 0,01 m³.
Peso por volume do bloco quadrado = 27 kg/0,01 m³ = 2.700 kg/ m³.

O volume do bloco hexagonal é igual à área da base vezes a altura de 1m. A área do hexágono da base é igual a seis vezes a área do triângulo equilátero de lado igual a 5 cm.

$5^2 = h^2 + 2,5^2$ => $h^2 = 25 - 6,25$ => h = 4,33 cm.
Área do triângulo = (5 x 4,33)/2 = 10,825 cm².
Área do hexágono = 6 x 10,825 = 64,95 cm².

Volume do bloco hexagonal = 64,95 cm² x 100 cm = 6.495 cm³ = 0,006495 m³.

Peso do bloco hexagonal = 0,006495 m³ x 2.700 kg/ m³ = 17,54 kg.

Conclusão: o bloco prismático hexagonal pesa 17,54 kg.

8.10.5) (ENEM - 2014). Uma lata de tinta, com a forma de um paralelepípedo retangular reto, tem as dimensões, em centímetros, mostradas na figura a seguir. Será produzida uma nova lata, com o mesmo formato e volume de um paralelepípedo retangular reto, porém com as dimensões da base 25% maiores. Determinar a altura H da nova lata, bem como o percentual de alteração dessa altura.

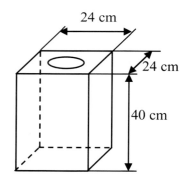

Volume da lata atual = 24 cm x 24 cm x 40 cm = 23.040 cm³.
A nova lata tem esse volume de 23.040 cm³.

Base 25% maior, significa 30 cm por 30 cm, pois 25% de 24 cm = 6 cm.

Área da nova base = 30 cm x 30 cm = 900 cm².

O volume de um paralelepípedo é igual a área da base vezes a altura, portanto o volume da nova lata: V = 900 cm² x H = 23.040 cm³.
900 cm² x H = 23.040 cm³ => H = 23.040 cm³/900 cm² = 25,6 cm.
Nova altura igual a 25,6 cm.

A relação entre as nova e antiga alturas é: 25,6 cm/40 cm = 0,64, ou seja 64%. A nova altura tem 64% da antiga altura. Ou seja, houve uma alteração de 36% (100% - 64%), entre as nova e antiga alturas.

Conclusão: a nova altura é igual a 25,6 cm, ou seja 36% menor do que a antiga altura.

8.10.6) Desenhar a imagem tridimensional e a planificação, sem bordas, de um poliedro irregular composto por um hexaedro regular ou de platão, com um tetraedro regular ou de platão de mesma aresta, com o tetraedro colocado na face superior do hexaedro.

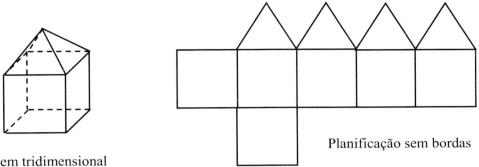

Imagem tridimensional

Planificação sem bordas

8.10.7) (CFO/SP). Sabendo que, no paralelepípedo retângulo ABCDA'B'C'D', da figura a seguir, tem-se AB = AD = a e o ângulo CÂC' = 45°, determinar o volume do paralelepípedo.

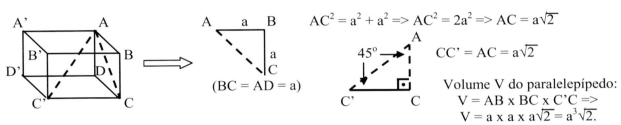

$AC^2 = a^2 + a^2 \Rightarrow AC^2 = 2a^2 \Rightarrow AC = a\sqrt{2}$

$CC' = AC = a\sqrt{2}$

Volume V do paralelepípedo:
$V = AB \times BC \times C'C \Rightarrow$
$V = a \times a \times a\sqrt{2} = a^3\sqrt{2}$.

Conclusão: o volume do paralelepípedo é igual a $a^3\sqrt{2}$.

8.10.8) Uma indústria de fundição recebeu uma encomenda para fundir uma cruz, a partir da fusão de três lingotes de alumínio. Ou seja, a indústria faz o molde da cruz, derrete os três lingotes e preenche o molde da cruz. Sabendo que cada lingote é um prisma reto quadrado de 10 cm de lado e 30 cm de comprimento e considerando as dimensões indicadas da cruz, determinar a espessura da cruz.

Raciocínio lógico:

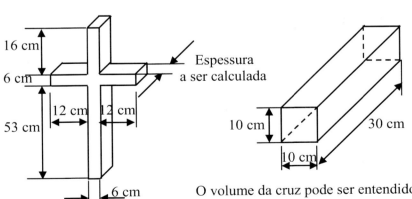

Como serão fundidos (derretidos) os três lingotes, para moldar a cruz, significa que o volume de material da cruz tem que ser igual ao volume dos três lingotes.

Volume dos três lingotes:
V3L = 3 x 10 cm x 10 cm x 30 cm =>
V3L = 9.000 cm³.

O volume da cruz pode ser entendido como o do volume de um prisma reto de base 6 cm x espessura e comprimento: 53 cm + 20 cm + 12 cm + 12 cm, ou seja: comprimento de 97 cm.

O volume de 9.000 cm³ = 97 cm x 6 cm x espessura => 9.000 cm³ = 582 cm² x espessura =>
Espessura = 9.000 cm³/582 cm² = 15,46 cm.

Conclusão: a espessura da cruz é igual a 15,46 cm.

8.10.9) Um reservatório, em forma de prisma reto com bases correspondentes a trapézios equiláteros, conforme figuras a seguir, é abastecido por uma bomba d'água centrífuga, cuja vazão é constante e igual a dois litros de água por segundo (2 l/s). Com esses dados, pedem-se: a) A capacidade em litros do reservatório e b) Em quanto tempo (em horas) a bomba enche o reservatório, completamente, quando ele está vazio. Observa-se que 1 litro = 1 dm³.

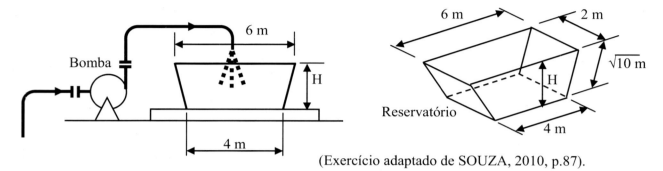

(Exercício adaptado de SOUZA, 2010, p.87).

Inicialmente, calculam-se as dimensões do trapézio, para calcular sua área que, multiplicada pela largura de 2 m resulta no volume do reservatório, que é um prisma de base trapezoidal.

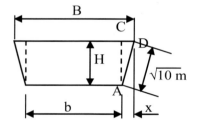

Como já visto, a área de um trapézio é: A = (B + b)H , onde:
                                              2

B = base maior; b = base menor e H = altura.

x = B - b = 6 m - 4 m = 1 m. (H = AC e x = CD).
    2   2

Pelo triângulo retângulo ACD: AD² = AC² + CD² => (√10)² = H² + 1² => H² = 10 - 1 => H = 3 m.

Área do trapézio = (6 + 4)3 = 15 m². Volume do prisma, ou do reservatório: V = 15 m² x 2 m = 30 m³.
                      2
V = 30 m³ = 30.000 dm³ = 30.000 litros.

A vazão da bomba é igual a dois litros de água por segundo (2 l/s), ou seja, a cada segundo enche 2 litros. Para encher 30.000 litros, tem-se:

2 l ⟶ 1 s => y = 30.000 l x 1 s = 15.000 s.   1 minuto ⟶ 60 s   => z = 1 minuto x 15.000 s =>
30.000 l ⟶ y   2 l   z ⟶ 15.000 s   60 s

z = 250 minutos = 4 horas e 10 minutos.

Conclusão: a capacidade do reservatório é de 30.000 litros e a bomba centrífuga enche completamente o reservatório em 4 horas e 10 minutos.

8.10.10) Um fazendeiro tem que colher determinado tipo de grão, usando uma máquina colheitadeira que desbasta 10 metros de largura, a uma velocidade de 10 km por hora. A máquina corta cada pé, que tem 50 cm de altura, sendo que os pés cobrem toda a área. Considerando as dimensões do terreno e os dados citados, pedem-se: a) O volume total desbastado; b) O tempo total gasto para a colheita, sabendo que, ao terminar uma linha, a máquina precisa de um minuto, para fazer a volta e iniciar o desbaste de mais uma linha e c) Por onde se deve começar a colheita, ou seja, por onde a máquina deve começar, para se ter o menor tempo de colheita possível.

Como a máquina desbasta 10 m de largura por vez, serão 20 viagens, ao logo dos 2 km.

*As duas últimas viagem serão na parte inclinada.

Como a máquina trabalha a 10 km por hora, para percorrer os 2 km, gasta 1/5 de hora ou 12 minutos.
Como são 18 viagens na parte retangular, são 18 x 12 = 216 minutos (3 horas e 36 minutos), mais 18 minutos para virar a máquina e passar para outra linha. A parte inclinada é analisada à parte e mais adiante.

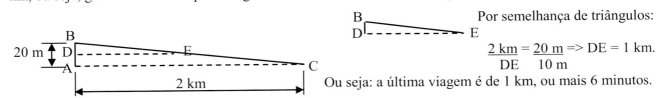

O ideal é que, a máquina tenha sua última viagem nesse ponto**.
2ª viagem

Aqui deve ser a penúltima viagem, pois assim a última será no trecho de menor comprimento.

Início de colheita (1ª viagem).

Na parte retangular, incluindo a virada, a máquina gastará 234 minutos ou 3 horas e 54 minutos.
Na parte inclinada, a penúltima viagem também será ao longo de 2 km, ou seja, mais 12 minutos.
A última viagem (20ª) será iniciada no canto superior esquerdo e percorrerá um trecho menor do que os 2 km, ou seja, gastará menos tempo. A seguir é calculada a última distância percorrida.

Por semelhança de triângulos:

$$\frac{2 \text{ km}}{DE} = \frac{20 \text{ m}}{10 \text{ m}} \Rightarrow DE = 1 \text{ km}.$$

Ou seja: a última viagem é de 1 km, ou mais 6 minutos.

Tempo total para colher todo o material = 234 minutos + 12 minutos + 6 minutos = 252 minutos ou 4 horas e 12 minutos.

O volume a ser colhido é equivalente ao volume de um prisma trapezoidal, como a seguir mostrado:

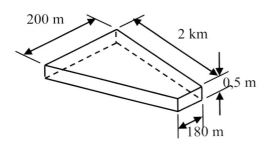

Área da base: $A = \frac{(B+b)H}{2} = \frac{(200 \text{ m} + 180 \text{ m}) \, 2 \text{ km}}{2} \Rightarrow$

$A = 380.000 \text{ m}^2$.

Volume: $V = 380.000 \text{ m}^2 \times 0,5 \text{ m} = 190.000 \text{ m}^3$.

Conclusão: o volume total desbastado é 190.000 m³, tempo total para a colheita igual a 4 horas e 12 minutos e a colheita deve começar pelo canto inferior direito.

8.10.11) Sabendo que a soma das seis distâncias de um ponto P, no interior de um cubo, a cada face é igual a 6 cm, determinar o volume do cubo.

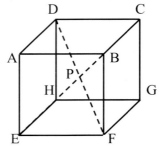 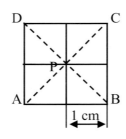 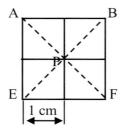

Constata-se que o ponto P está no centro do cubo, ou seja, no encontro das diagonais. A distância do ponto a cada face é igual a 6 cm/6 = 1 cm.

Se a distância do ponto a cada face é igual a 1 cm, e como essa distância é a metade da aresta, logo a aresta é igual a 2 cm e, portanto o volume do cubo é: $V = (2 \text{ cm})^3 = 8 \text{ cm}^3$.

8.10.12) (ENEM - 2018). Uma fábrica comercializa chocolates em uma caixa de madeira, como na figura. A caixa de madeira tem a forma de um paralelepípedo reto retângulo cujas dimensões externas, em centímetro, estão indicadas na figura. Sabe-se também que a espessura da madeira, em todas as suas faces, é de 0,5 cm. Qual é o volume de madeira utilizado, em centímetro cúbico, na construção de uma caixa de madeira como a descrita para embalar os chocolates?

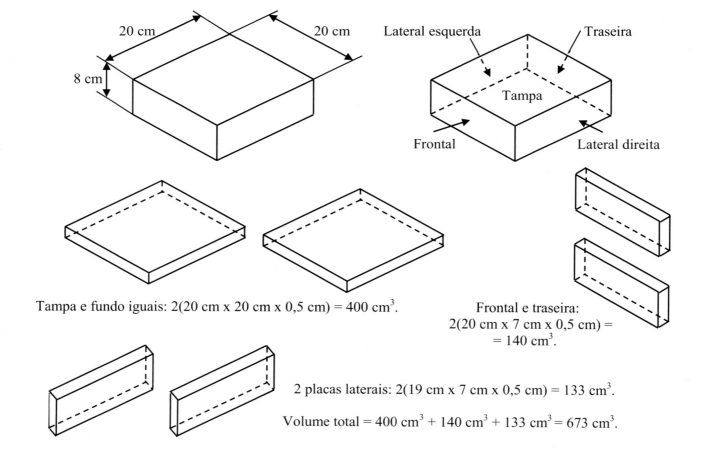

Tampa e fundo iguais: 2(20 cm x 20 cm x 0,5 cm) = 400 cm³.

Frontal e traseira: 2(20 cm x 7 cm x 0,5 cm) = 140 cm³.

2 placas laterais: 2(19 cm x 7 cm x 0,5 cm) = 133 cm³.

Volume total = 400 cm³ + 140 cm³ + 133 cm³ = 673 cm³.

Conclusão: o volume de madeira para construção da caixa de madeira é 673 cm³.

8.10.13) (ENEM - 2017). Um casal realiza sua mudança de domicílio e necessita colocar numa caixa de papelão um objeto cúbico, de 80 cm de aresta, que não pode ser desmontado. Eles têm à disposição cinco caixas, com diferentes dimensões, conforme descrito. O casal precisa escolher uma caixa na qual o objeto caiba, de modo que sobre o menor espaço livre em seu interior. Qual deve ser a caixa escolhida?

• Caixa 1: 86 cm x 86 cm x 86 cm.
• Caixa 2: 75 cm x 82 cm x 90 cm.
• Caixa 3: 85 cm x 82 cm x 90 cm.
• Caixa 4: 82 cm x 95 cm x 82 cm.
• Caixa 5: 80 cm x 95 cm x 85 cm.

O raciocínio lógico mostra que "menor espaço livre" significa o menor volume livre. Outra coisa, como o objeto é um cubo de aresta 80 cm, a caixa 2 não satisfaz, pois tem uma aresta menor do 80 cm (75 cm). Ou seja, as outras quatro caixas satisfazem, devendo ser escolhida a de menor volume.

Caixa 1: V = 86 x 86 x 86 = 636.056 cm³.
Caixa 3: V = 85 x 82 x 90 = 627.300 cm³. ← Essa é a caixa de menor volume.
Caixa 4: V = 82 x 95 x 82 = 638.780 cm³.
Caixa 5: V = 80 x 95 x 85 = 646.000 cm³.

Conclusão: a caixa 3, de dimensões: 85 cm x 82 cm x 90 cm é a que deve ser escolhida.

8.10.14) Uma serraria recebeu uma encomenda de 100 blocos cúbicos de aresta 10 cm, cortados de madeira certificada (*). Com esses blocos, um artista irá criar uma escultura, empilhando os blocos de uma forma toda especial. Sabendo que a serraria irá cortar esses 100 blocos, a partir de varas prismáticas quadradas de lado 10 cm e comprimento dois metros e sabendo que o corte de cada bloco, por serra circular, retira material equivalente a três milímetros de espessura, perguntam-se: a) Quantas varas de madeira terão que ser usadas? b) Quantos pedaços, e de quais comprimentos, sobrarão? c) Qual o volume de serragem ou pó de madeira será produzido, em função do corte dos 100 blocos?
(*) A certificação florestal garante que a procedência de uma madeira é oriunda de um manejamento correto. Madeiras certificadas são aquelas, retiradas de reservas certificadas, que não degradam o meio ambiente e contribuem para o desenvolvimento social e econômico das florestas.

Raciocínio lógico:

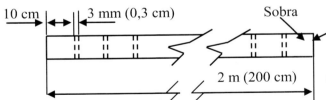

Em cada vara de 2 m (200 cm) serão cortados 19 pedaços de 10 cm e, entre um bloco e outro haverá uma perda de 3 mm (0,3 cm), ou seja, em cada vara serão retirados: 19 x 10 cm + 19 x 0,3 cm = 195,7 cm. Em cada vara sobrarão 4,3 cm (200 - 195,7 = 4,3).

Como a encomenda é de 100 blocos, terão que ser utilizadas seis varas, onde de cinco cortam-se 95 blocos (19 x 5 = 95) e da sexta vara tiram-se cinco blocos, da seguinte forma: 5 cortes x 10,3 cm = 51,5 cm. Ou seja, da sexta vara sobram: 200 cm - 51,5 cm = 148,5 cm.

Quanto ao volume de pó será: 100 x (10 cm x 10 cm x 0,3 cm) = 3.000 cm³ = 3 dm³ = 3 litros.

Conclusão: a) Serão usadas seis varas de 10 cm x 10 cm x 200 cm; b) Sobrarão cinco pedaços de 4,3 cm e um pedaço de 148,5 cm e c) Serão produzidos 3 litros de serragem ou pó de madeira.

8.10.15) A figura a seguir representa um tipo de equipamento metálico, muito utilizado em indústrias químicas que processam líquidos. Baseando-se na figura, nas dimensões e dados, pedem-se: a) O volume total do equipamento e b) Quanto tempo uma bomba centrífuga gasta para encher totalmente o equipamento, sabendo que sua vazão é de 10 litros por segundo.

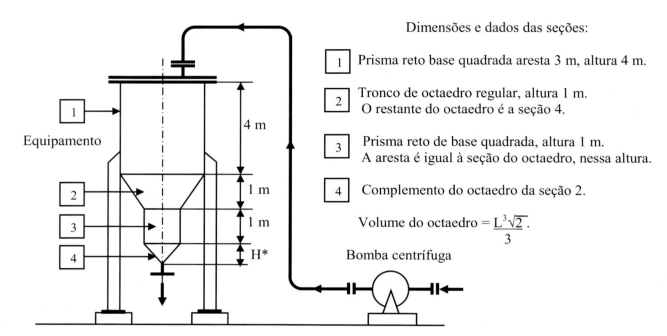

Dimensões e dados das seções:

1	Prisma reto base quadrada aresta 3 m, altura 4 m.
2	Tronco de octaedro regular, altura 1 m. O restante do octaedro é a seção 4.
3	Prisma reto de base quadrada, altura 1 m. A aresta é igual à seção do octaedro, nessa altura.
4	Complemento do octaedro da seção 2.

Volume do octaedro = $\dfrac{L^3\sqrt{2}}{3}$.

Volume da seção 1: $V1 = 3\,m \times 3\,m \times 4\,m = 36\,m^3$.

O octaedro tem aresta igual a 3 m, igual à aresta do prisma. Faz-se o cálculo da metade do volume do octaedro inteiro. Observa-se que, ao calcular o volume de metade do octaedro, calculam-se os volumes das seções 2 e 4. O volume da seção 3 depende do cálculo do valor do tronco do octaedro para a altura de 1 m.

Volume da metade do octaedro $V_{oct.} = \dfrac{L^3\sqrt{2}}{6} = \dfrac{3^3\sqrt{2}}{6} = 6{,}364\,m^3$.

Análise da metade da altura do octaedro DE:

Análise da altura H da seção 4:

AE = 1,5 m.
EB = 2,6 m.

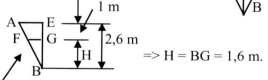

=> H = BG = 1,6 m.

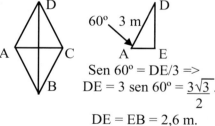

Sen 60° = DE/3 =>
DE = 3 sen 60° = $\dfrac{3\sqrt{3}}{2}$.
DE = EB = 2,6 m.

A aresta da seção 3 é igual ao dobro do lado FG, que é determinado por semelhança de triângulos.

$\dfrac{AE}{FG} = \dfrac{BE}{BG}$ => FG = $\dfrac{AE \times BG}{BE}$ => FG = $\dfrac{1,5\,m \times 1,6\,m}{2,6\,m}$ => FG = 0,923 m.   FG x 2 = 1,85 m.

Ou seja, o prisma inferior tem aresta de 1,85 m e altura de 1 m. Seu volume é $V_{pr.} = 1{,}85\,m \times 1{,}85\,m \times 1\,m = 3{,}423\,m^3$.

Volume total do equipamento: $VT = 36\,m^3 + 6{,}364\,m^3 + 3{,}423\,m^3 = 45{,}787\,m^3 = 45.787$ litros.

Vazão da bomba = $\dfrac{10\,l}{s}$ => 36.000 litros/hora. Ou seja: $\dfrac{36.000\ litros}{45.787\ litros}$ $\dfrac{1\ hora}{x\ horas}$ => x = $\dfrac{45.787\ litros \times 1\ hora}{36.000\ litros}$

Tempo para encher o equipamento = 1,272 horas = 1 hora 16 minutos e 19 segundos.

Conclusão: a) o volume total do equipamento é 45.787 litros e b) A bomba centrífuga gasta 1 hora 16 minutos e 19 segundos, para encher totalmente o equipamento.

8.10.16) Uma piscina, com duas profundidades, será construída nos formatos octogonais. A parte mais rasa tem profundidade 1,7 m, sendo um octógono de lado interno igual a 3 m. A parte mais funda, de profundidade 2,9 m, é um octógono de lado interno igual a 1,5 m. Antes de aplicar os azulejos nas paredes ou faces internas, será feita a aplicação de uma tinta impermeabilizante, muito cara. Com esses dados e conforme a figura a seguir, calcular a área total onde a tinta será aplicada.

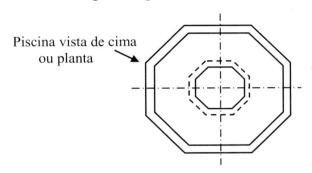

Raciocínio lógico:

A área interna a ser calculada compreende a área da base do octógono de lado 3 m, já que compreende também a área do octógono de lado 1,5 m, como pode ser visto no desenho da piscina vista de cima (ou planta). Também compreende as áreas das oito faces, tanto do octógono maior, quanto do menor.

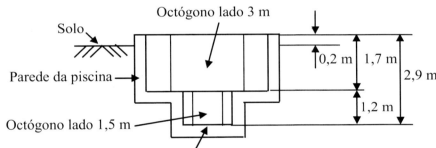

Vista de um corte transversal da piscina ou vista frontal

(A área do fundo desse octógono, se projeta na área total do octógono maior, como se vê na vista de cima)

Área da base do octógono maior: a área é igual a oito vezes a área de um triângulo isósceles, como a seguir:

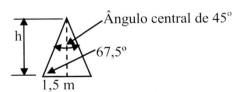

Igual a 2,414

tg 67,5° = h/1,5 m => h = 1,5 m x tg 67,5° => h = 1,5 m x 2,414.
h = 3,621 m.
Área dos oito triângulos = 8 (3 m x 3,621 m) = 43,452 m².
                                          2
Área da base do octógono maior.

Área das oito faces laterais do octógono maior = 8(3 m x 1,7 m) = 40,8 m².

Área das oito faces laterais do octógono menos = 8(1,5 m x 1,2 m) = 14,4 m².

Área total = 43,452 m² + 40,8 m² + 14,4 m² = 98,652 m².

Conclusão: a área total onde a tinta será aplicada é de 98,652 m².

8.10.17) (ENEM - 2019). Um mestre de obras deseja fazer uma laje com espessura de 5 cm utilizando concreto usinado, conforme as dimensões do projeto dadas na figura a seguir. O concreto para fazer a laje será fornecido por uma usina que utiliza caminhões com capacidades máximas de 2 m³, 5 m³ e 10 m³ de concreto. Qual a menor quantidade de caminhões, utilizando suas capacidades máximas, que o mestre de obras deverá pedir à usina de concreto para fazer a laje?

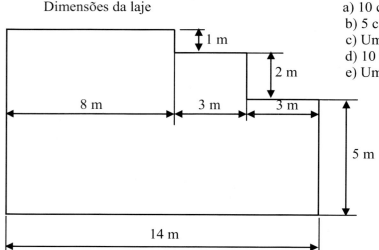

Dimensões da laje

a) 10 caminhões com capacidade máxima de 10 m³.
b) 5 caminhões com capacidade máxima de 10 m³.
c) Um caminhão com capacidade máxima de 5 m³.
d) 10 caminhões com capacidade máxima de 2 m³.
e) Um caminhão com capacidade máxima de 2 m³.

Raciocínio lógico:

Calcula-se o volume total da laje, dividindo-se a mesma em três prismas retos de base retangular, para então analisar as opções disponíveis. Os três prismas têm dimensões: 1) 8 m x 8 m x 0,05 m; 2) 7 m x 3 m x 0,05 m e 3) 5 m x 3 m x 0,05 m.

Volume prisma 1 = 8 m x 8 m x 0,05 m = 3,2 m³. (Base quadrada).
Volume prisma 2 = 7 m x 3 m x 0,05 m = 1,05 m³.
Volume prisma 3 = 5 m x 3 m x 0,05 m = 0,75 m³.
Volume total da laje ⟶ 5 m³.

Conclusão: opção c, ou seja, o mestre de obras deve pedir apenas um caminhão de capacidade 5 m³.

8.10.18) (UERJ - 2015). Um cubo de aresta EF medindo 8 dm contém água e está apoiado sobre um plano a de modo que apenas a aresta EF esteja contida nesse plano. A figura abaixo representa o cubo com a água. Considere que a superfície livre do líquido no interior do cubo seja um retângulo ABCD com área igual a $32\sqrt{5}$ dm². Determine o volume total, em dm³, de água contida nesse cubo.

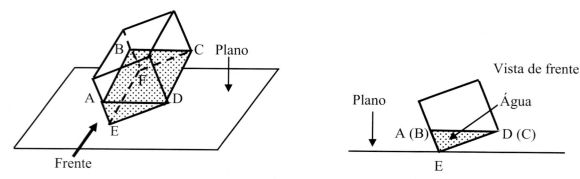

Área do retângulo ABCD = $32\sqrt{5}$ dm². EF = CD = 8 dm.

Área ABCD = $32\sqrt{5}$ = AD x 8 => AD = $(32\sqrt{5})/8$ => AD = $4\sqrt{5}$ dm.

No triângulo retângulo AED: $AD^2 = AE^2 + ED^2$ => $AE^2 = AD^2 - ED^2$ => $AE^2 = (4\sqrt{5})^2 - 8^2$ => $AE^2 = 80 - 64$. $AE^2 = 16$ => AE = 4 dm.

O volume de água no cubo é igual ao volume do prisma de base triangular AED e altura CD, ou seja:

V prisma = $\dfrac{AE \times ED}{2} \times CD = \dfrac{4 \text{ dm} \times 8 \text{ dm} \times 8 \text{ dm}}{2} = 128 \text{ dm}^3$.　　Observações: $\begin{cases} 8 \text{ dm} = 0,8 \text{ m} = 80 \text{ cm}. \\ 128 \text{ dm}^3 = 128 \text{ litros}. \end{cases}$

Conclusão: o volume total de água, contida no cubo é igual a 128 dm³.

8.10.19) Na figura a seguir, tem-se um prisma reto de base hexagonal e altura 60 cm. Sabendo que o lado do hexágono é igual a 5 cm, determinar a área do triângulo na base do prisma, sendo uma projeção ortogonal do triângulo AD'F. (Projeções ortogonais serão estudadas no capítulo de introdução à Geometria Descritiva. As projeções ortogonais dos pontos A e F, ocorrem nos pontos A' e F', originando o triângulo A'D'F').

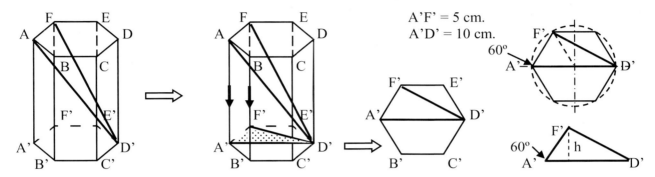

No triângulo A'D'F': sen 60° = h/A'F' => h = A'F' x sen 60° => h = $\dfrac{5\sqrt{3}}{2}$ => h = 4,33 cm.

Área do triângulo A'D'F' = (A'D' x h)/2 => Área = (10 cm x 4,33 cm)/2 => Área = 21,65 cm².

Conclusão: a área do triângulo na base do prisma é 21,65 cm².

8.10.20) (UFMS). Em uma loja de material de construção existe um bloco de mármore, na forma de um paralelepípedo retângulo, cujas dimensões são: 3 m de comprimento, 1,5 m de largura e 0,5 m de altura, pesando 4.320 kg. Quanto pesa outro bloco, do mesmo material e da mesma forma, medindo 2 m de comprimento, 0,5 m de largura e 2 m de altura? (Exercício extraído de SOUZA, 2010, p.107).

O raciocínio lógico indica que, por ser o mesmo material, tem-se o mesmo peso por volume ou kg/m³. Para a solução, calcula-se o volume do bloco que pesa 4.320 kg e acha-se a relação kg/m³. Na sequência, calcula-se o volume do bloco menor e, multiplicando-se esse volume pelo peso em volume, obtém-se o peso do bloco pedido. (A relação peso/volume expressa o que se chama de peso específico).

Volume do bloco maior = 3 m x 1,5 m x 0,5 m = 2,25 m³.
Relação peso/volume do bloco maior = 4.320 kg/2,25 m³ = 1.920 kg/m³.
Volume do bloco menor = 2 m x 0,5 m x 2 m = 2 m³.
Peso do bloco menor = 2 m³ x $\dfrac{1.920 \text{ kg}}{\text{m}^3}$ = 3.840 kg.

Conclusão: o outro bloco (menor) pesa 3.840 kg.

8.11 Exercícios propostos (Veja respostas no Apêndice A)

8.11.1) Uma lajota quadrada pronta em cerâmica tem uma área de 625 cm². Quando foi levada ao forno, para cozimento, a lajota tinha uma área maior, pois durante o cozimento cada dimensão tem uma retração de 15%, devido evaporação da água na massa crua. Com esses dados, determinar a área da lajota, antes do cozimento.

8.11.2) Um icosaedro regular ou de Platão, tem um volume de 2,2 dm³ e pesa 18 kg, em função do material metálico com que foi construído. Calcular o peso de um octaedro regular ou de Platão, com lado igual a 10 cm e construído com o mesmo material do icosaedro.

8.11.3) Determinar o volume máximo de água (até o nível 1,9 m) em litros da piscina, mostrada nas figuras a seguir. Observa-se que essa piscina é um poliedro irregular não convexo.

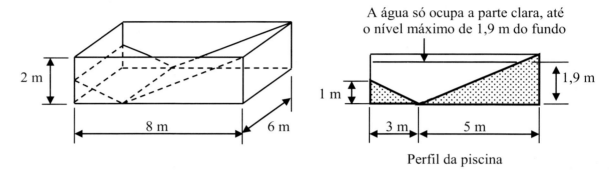

Perfil da piscina

8.11.4) (EsPCEx). O volume de um paralelepípedo retângulo é igual a 864 cm³, sua diagonal mede $2\sqrt{106}$ cm e a soma de suas dimensões vale 32 cm. Um cubo tem área total igual à área total do paralelepípedo. De quanto deve ser diminuída a medida da aresta do cubo, para que seu volume seja igual a 343 cm³.

8.11.5) (AFA). Se a soma das medidas das arestas de um cubo é igual a 72 cm, qual o volume desse cubo?

8.11.6) (ENEM - 2012). Alguns objetos, durante sua fabricação, necessitam passar por um processo de resfriamento. Para que isso ocorra, uma fábrica utiliza um tanque de resfriamento, como mostrado na figura a seguir. O que acontece com o nível da água, quando se coloca no tanque um objeto cujo volume é 2.400 cm³.

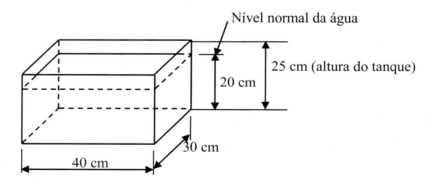

8.11.7) (ENEM - 2016). Um navio petroleiro possuí um reservatório em formato de paralelepípedo retangular com as dimensões dadas por: 60 m x 10 m x 10 m. Com o objetivo de minimizar o impacto ambiental, de um eventual vazamento, esse reservatório é subdividido em três compartimentos A, B e C, de mesmo volume, por duas placas de aço retangulares, com dimensões de 7 m de altura e 10 m de base, de modo que os compartimentos sejam interligados, conforme mostra a figura a seguir. Desse modo, caso haja algum rompimento no casco do reservatório, apenas uma parte de sua carga vazará. Supondo que ocorra um desastre, quando o petroleiro se encontre com sua carga máxima, com um furo no fundo do compartimento C, determine o volume de petróleo derramado, quando o vazamento terminar. Para fins de cálculos, considere desprezíveis as espessuras das placas divisórias.

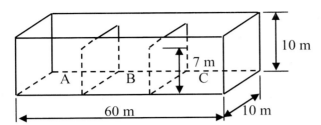

8.11.8) Qual o raio de uma esfera inscrita e tangente às faces de um hexaedro de volume 512 m³?

8.11.9) (ENEM - 2014). Um fazendeiro tem um depósito para armazenar leite formado por duas partes cúbicas que se comunicam, como indicado na figura a seguir. A aresta da parte cúbica de baixo tem medida igual ao dobro da medida da aresta da parte cúbica de cima. A torneira utilizada para encher o depósito tem vazão constante e levou 8 minutos para encher metade da parte de baixo. Quantos minutos essa torneira levará para encher completamente o restante do depósito?

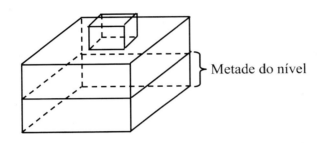

8.11.10) A água possuí uma característica interessante, uma anomalia, quando está no estado sólido ou de gelo. Ao nível do mar e acima de 4° C, o peso específico da água é 1,0 g/cm³. Quando no estado de gelo o peso específico cai para 0,92 g/cm³, ou seja, ocorre uma contração de 8% no seu volume.
Um tanque no formato de um prisma reto de base retangular de dimensões: base = 20 cm x 30 cm e altura 40 cm, está com água até a altura de 25 cm. São colocados dentro desse tanque 30 blocos cúbicos de gelo, de aresta 3 cm. Qual será a alteração da altura da água, devido ao derretimento dos 30 blocos de gelo?

8.11.11) Um arquiteto fez o projeto de um monumento, conforme a figura a seguir, em concreto, a ser colocado em uma praça, conforme o desenho a seguir. Calcular o volume de concreto, para que se calcule o preço do monumento.

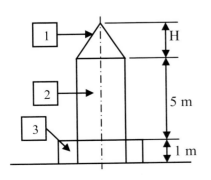

1 — Metade de um octaedro.

2 — Prisma reto base quadrada lado igual a 2 m.

3 — Prisma reto de base hexagonal lado 2 m.

Volume do octaedro = $\dfrac{L^3\sqrt{2}}{3}$.

8.11.12) Devido detalhes de reações químicas, determinado líquido estocado em um tanque cilíndrico vertical de volume 12 m3, deve ser armazenado em um tanque vertical no formato da metade de um octaedro regular. Nesse tanque octaédrico, existe um agitador de pás que, mistura e agita determinado pó ao líquido proveniente do tanque cilíndrico, obtendo-se um outro produto químico. Considerando a figura a seguir, determinar as dimensões do tanque octaédrico. Volume octaedro = $\dfrac{L^3\sqrt{2}}{3}$.

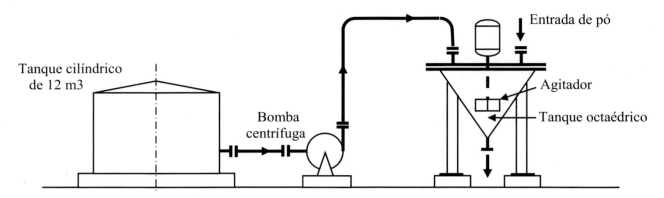

8.11.13) (ENEM - 2017). Viveiros de lagostas são construídos, por cooperativas locais de pescadores, em formato de prismas reto-retangulares, fixados ao solo e com telas flexíveis de mesma altura, capazes de suportar a corrosão marinha. Para cada viveiro a ser construído, a cooperativa utiliza integralmente 100 metros lineares dessa tela, que é usada apenas nas laterais. Quais devem ser os valores de x e y, em metro, para que a área da base do viveiro seja máxima?

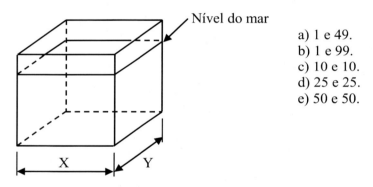

a) 1 e 49.
b) 1 e 99.
c) 10 e 10.
d) 25 e 25.
e) 50 e 50.

8.11.14) (ENCCEJA - 2017). Uma fábrica de parafusos tem uma preocupação especial com as arestas de seus produtos, pois podem causar acidentes quando não lixadas corretamente. Os funcionários precisam lixar manualmente todas as arestas dos parafusos produzidos. A figura representa um tipo desses parafusos produzidos, conhecido como sextavado, que possui a cabeça na forma de um prisma regular hexagonal. O número de arestas na cabeça de um parafuso sextavado que devem ser lixadas é?

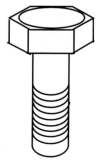

8.11.15) (ENEM - 2015). Para o modelo de um troféu foi escolhido um poliedro P, obtido a partir de cortes nos vértices de um cubo. Com um corte plano em cada um dos cantos do cubo, retira-se o canto, que é um tetraedro de arestas menores do que metade da aresta do cubo. Cada face do poliedro P, então, é pintada usando uma cor distinta das demais faces. Com base nas informações, qual é a quantidade de cores que serão utilizadas na pintura das faces do troféu?

8.11.16) (ENEM - 2015). Uma empresa que embala seus produtos em caixas de papelão, na forma de hexaedro regular, deseja que seu logotipo seja impresso nas faces opostas pintadas conforme a figura. A gráfica que fará as impressões dos logotipos apresentou cinco opções, para a caixa planificada. Qual opção, sugerida pela gráfica, atende ao pedido da empresa.

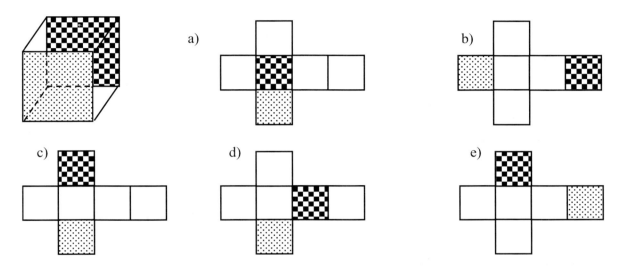

8.11.17) (ENEM - 2014). Um lojista adquiriu novas embalagens para presentes que serão distribuídas aos seus clientes. As embalagens foram entregues para serem montadas e têm forma dada pela figura a seguir. Após montadas, as embalagens formarão um sólido com quantas arestas?

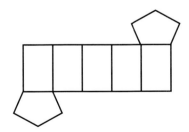

8.11.18) (UERJ - 2020). A imagem a seguir representa um cubo com aresta de 2 cm. Nele destaca-se o triângulo AFC. A projeção ortogonal do triângulo AFC no plano da base BCDE do cubo é um triângulo de área y. Determinar o valor de y, em cm².

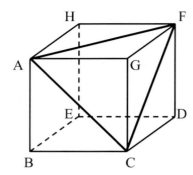

8.11.19) (FEI - SP). Os pontos médios das arestas AB, BC, EF e FG do cubo ABCDEFGH são M, N, P e Q. Quanto vale a razão entre o volume do prisma BMNFPQ e o volume do cubo.

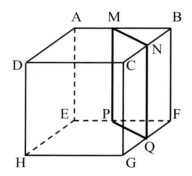

8.11.20) (UFPB - 2010). O reservatório de água de certo edifício tem a forma de um paralelepípedo reto retangular com base de dimensões internas 3m x 4m, conforme a figura a seguir. De acordo com as condições do edifício, por medida de segurança, recomenda-se que, no reservatório, deve ficar retida uma quantidade de água correspondente a 18 m³, para combater incêndio. Para atender essa recomendação, o ponto de saída da água, destinada ao consumo diário dos moradores e do condomínio, deve ficar a uma determinada altura (h) do fundo do reservatório, de modo que a água acumulada no reservatório até essa altura seja destinada para combate a incêndio. Nessas condições, determinar a altura (h) mínima da saída da água para consumo diário.

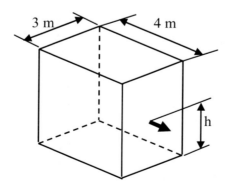

8.11.21) (ENEM - 2016). A prefeitura de uma cidade detectou que as galerias pluviais, que possuem seção transversal na forma de um quadrado de lado 2 m, são insuficientes para comportar o escoamento da água em caso de enchentes. Por essa razão, essas galerias foram reformadas e passaram a ter seções quadradas de lado igual ao dobro das anteriores, permitindo uma vazão de 400 m³/s. O cálculo da vazão V (em m³/s) é dado pelo produto entre a área por onde passa a água (em m²) e a velocidade da água (em m/s). Supondo que a velocidade da água não se alterou, qual era a vazão máxima nas galerias antes das reformas?

8.11.22) Para o poliedro do exercício 8.11.24, determinar a soma de todas as arestas e sua área.

8.11.23) Para o poliedro do exercício 8.11.25, determinar a soma de todas as arestas e sua área.

8.11.24) O poliedro irregular a seguir, foi gerado a partir de um cubo de aresta igual a 10 cm. Determinar a imagem geométrica da sua planificação.

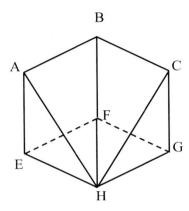

8.11.25) Para a figura a seguir, a partir de um cubo de aresta 10 cm, com o corte passando pelos pontos médios das arestas indicadas, determinar a imagem geométrica da sua planificação.

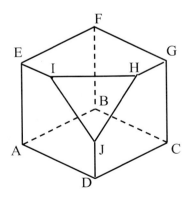

Capítulo 9
As pirâmides

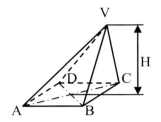

Pirâmide oblíqua
de base retangular

Pirâmide *é um sólido geométrico, também um poliedro, formado pela reunião dos segmentos de reta com uma extremidade em um ponto fixo, chamado vértice, e outra num polígono dado sobre um plano fixo. Além dos problemas teóricos de geometria, as pirâmides têm utilização prática, por exemplo, na Arquitetura, Engenharia e nas Artes. Em geral, problemas de pirâmides envolvem cálculos de triângulos.*

9.1 Pirâmides: definições e elementos

Pirâmides são sólidos geométricos formados por segmentos de reta, com os seguintes elementos:

Faces: são os polígonos que constituem esse tipo de poliedro. Exemplo VAB;
Arestas: são os segmentos de reta formados pelas interseções das faces. Exemplo AV e AB;
Vértices: são os pontos de encontro de três ou mais arestas. Exemplo A e B.
Vértice "V" da pirâmide: é o ponto fora do plano que contém a base da pirâmide;
Base: polígono usado na base da pirâmide;
Arestas da base: arestas que pertencem à base. Exemplo AB;
Arestas laterais: arestas que não pertencem à base da pirâmide. Exemplo AV e BV;
Faces laterais: faces que não são da base. Exemplo CV e DV e
Altura "H" da pirâmide: distância entre o vértice da pirâmide e o plano que contém sua base.

Pirâmide reta de base hexagonal

Apótema da base: é a distância entre o centro do polígono da base até um lado (segmento OA abaixo).
Apótema da pirâmide: é o segmento VG, que parte do vértice até a base da lateral, formando um ângulo reto. É a altura dos triângulos das faces laterais.

9.2 Troncos de pirâmides

Troncos são seções em pirâmides, quando se passa um plano, literalmente "cortando" a pirâmide. Os troncos podem ser paralelos ou inclinados, em relação à base da pirâmide.

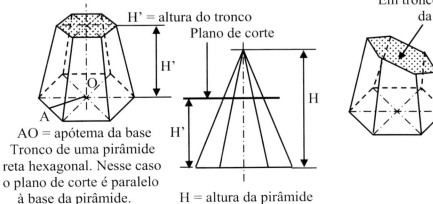

AO = apótema da base
Tronco de uma pirâmide reta hexagonal. Nesse caso o plano de corte é paralelo à base da pirâmide.

H' = altura do tronco
H = altura da pirâmide

Em troncos inclinados, os lados do polígono da base sofrem deformações.

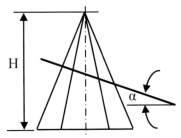

Tronco inclinado de uma pirâmide reta hexagonal, segundo ângulo α

9.3 Área da superfície de uma pirâmide

Como já visto, uma pirâmide é composta de uma base, que é um polígono regular ou irregular, bem como uma série de triângulos ou faces laterais, tantos quantos os lados do polígono da base. A área da superfície de uma pirâmide é igual à soma das áreas da base e das faces. Quando se tem o cálculo da área de um tronco de pirâmide, ao invés de triângulos nas faces laterais, tem-se trapézios. Observa-se que os triângulos das faces laterais são isósceles, com um lado igual ao lado do polígono da base, mas os outros lados têm que ser calculados em função da inclinação, devido altura da pirâmide.

Exercício 9.3.1) Determinar a área da superfície de uma pirâmide de base hexagonal, de lado 5 cm e altura 30 cm.

Raciocínio lógico:

A área de toda a superfície da pirâmide é igual à soma dos seis triângulos isósceles, mais a área da base hexagonal de lado igual a 5 cm.
Os comprimentos dos lados inclinados dos triângulos são calculados considerando-se o raio da circunferência circunscrita e a altura.

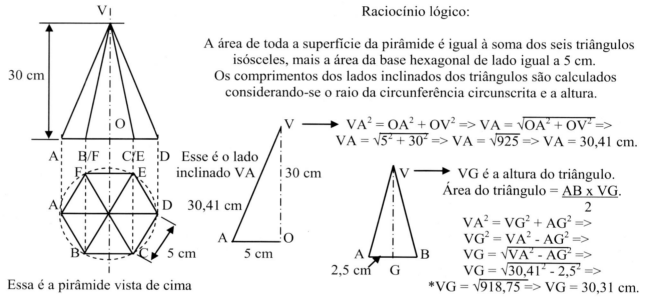

$VA^2 = OA^2 + OV^2 \Rightarrow VA = \sqrt{OA^2 + OV^2} \Rightarrow$
$VA = \sqrt{5^2 + 30^2} \Rightarrow VA = \sqrt{925} \Rightarrow VA = 30,41$ cm.

VG é a altura do triângulo.
Área do triângulo = $\frac{AB \times VG}{2}$.

$VA^2 = VG^2 + AG^2 \Rightarrow$
$VG^2 = VA^2 - AG^2 \Rightarrow$
$VG = \sqrt{VA^2 - AG^2} \Rightarrow$
$VG = \sqrt{30,41^2 - 2,5^2} \Rightarrow$
*$VG = \sqrt{918,75} \Rightarrow VG = 30,31$ cm.

Essa é a pirâmide vista de cima

* VG é o apótema da pirâmide.

Área dos seis triângulos isósceles = $6 \times \frac{(AB \times VG)}{2} = 6 \times \frac{(5 \times 30,31)}{2} = 454,65$ cm².

Área da base hexagonal: é igual a seis vezes a área do triângulo equilátero de lado 5 cm.

Área do hexágono = $\frac{AB \times h}{2}$. $OA^2 = AI^2 + h^2 \Rightarrow h^2 = OA^2 - AI^2 \Rightarrow h = \sqrt{OA^2 - AI^2} \Rightarrow$
$h = \sqrt{25 - 6,25} \Rightarrow h = 4,33$ cm. $\frac{AB \times h}{2} = \frac{5 \times 4,33}{2} = 10,825$ cm².

OI é o apótema da base da pirâmide.

Área do hexágono = $6 \times 10,825$ cm² = $64,95$ cm². Área total = $454,65$ cm² + $64,95$ cm² = $519,6$ cm².

Conclusão: a área da superfície da pirâmide é igual a 519,6 cm².

9.4 Volume de pirâmides

O volume de uma pirâmide está conceituado ao princípio de Cavalieri, bem como na análise do volume de um prisma. A fórmula para cálculo do volume de uma pirâmide, deduzida no nível da Educação Básica, considera um prisma de base triangular, subdividido em três pirâmides, como a seguir descrito.

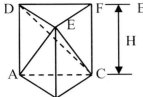 Esse prisma pode ser desmembrado nas seguintes três pirâmides: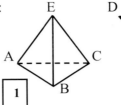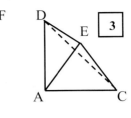

Observa-se que, as pirâmides 1 e 2 possuem bases congruentes (iguais), pois os triângulos ABC e DEF são iguais, bem como alturas iguais, correspondentes à altura do prisma (BE = CF). Dessa forma concluí-se que essas duas pirâmides, 1 e 2, têm o mesmo volume. Elas são rigorosamente iguais, apenas estão em posições diferentes.

De forma semelhante, observa-se que as bases das pirâmides 2 e 3 também são congruentes (iguais), pois os triângulos CDF e ACD são iguais, bem como alturas iguais, que correspondem à distância do ponto E ao retângulo ACFD. Dessa forma concluí-se que essas duas pirâmides, 2 e 3, têm o mesmo volume. Elas são rigorosamente iguais, apenas estão em posições diferentes.

Com essas análises, concluí-se que as três pirâmides: 1, 2 e 3, têm o mesmo volume. Ou seja, o volume do prisma é igual a três vezes o volume de cada pirâmide, ou melhor: o volume de cada pirâmide é igual a um terço do volume do prisma.

V pirâmide = V prisma/3 . No capítulo 8, viu-se que o volume do prisma é igual ao produto da área da base A_b pela altura H. Ou seja: o volume de uma pirâmide = $(A_b \times H)/3$.

Volume de uma pirâmide = $\dfrac{A_b \times H}{3}$.   Lembra-se que, pelo princípio de Cavalieri, pirâmides com áreas das bases iguais, têm volumes iguais.

Essa fórmula se aplica a qualquer tipo de pirâmide, inclusive nas oblíquas.

Exercício 9.4.1) Determinar o volume total do equipamento a seguir, sabendo que é constituído de uma parte superior na forma de um prisma de base quadrada de lado 2m e altura 3 m, e a parte inferior sendo uma pirâmide (invertida) de base quadrada de lado 2 m e altura 3 m.

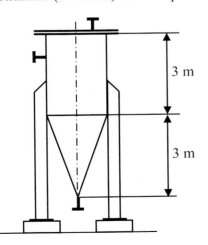

Volume do prisma = 2 m x 2 m x 3 m = 12 m³.

Volume da pirâmide = $\dfrac{2 \text{ m} \times 2 \text{ m} \times 3\text{m}}{3}$ = 4 m³.

Volume total = 16 m³.

Conclusão: o volume do equipamento é igual a 16 m³.

Observação: 16 m³ = 16.000 litros.
Cada 1.000 litros de água, pesam 1 tonelada.
Caso cheio d'água, esse equipamento tem um peso de 16 toneladas, apenas considerando o peso da água.
Esse tipo de equipamento é muito usado em indústrias.

9.4.1 Volumes de troncos de pirâmides

O raciocínio lógico envolvido no cálculo do volume de um tronco de pirâmide é que esse volume é obtido pela diferença dos volumes, da pirâmide toda, incluindo a altura total H (da base ao vértice) pelo volume da pirâmide menor, com altura entre a linha do corte e o vértice (altura H).

208 – A Geometria Básica

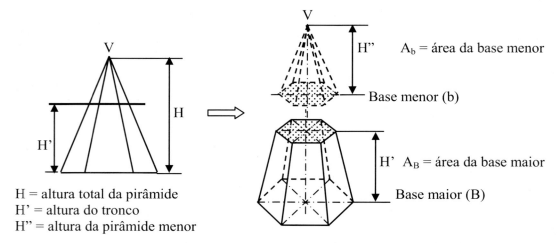

H = altura total da pirâmide
H' = altura do tronco
H" = altura da pirâmide menor

A_b = área da base menor
Base menor (b)
A_B = área da base maior
Base maior (B)

Volume do tronco = Volume da pirâmide toda - Volume da pirâmide menor.

Volume do tronco = $\dfrac{A_B \times H}{3} - \dfrac{A_b \times H''}{3}$ => Volume do tronco = $\dfrac{A_B \times H - A_b \times H''}{3}$.

Exercício 9.4.1.1) Uma arquiteta fez o projeto de uma base, em concreto, de um tronco de pirâmide reta de base hexagonal, onde, na parte superior é chumbada uma escultura, fabricada em tubos de aço inoxidável. Determinar o volume do tronco de pirâmide, conforme as dimensões e detalhes da figura a seguir.

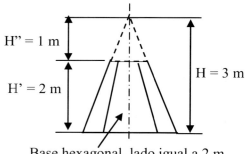

H" = 1 m
H' = 2 m
H = 3 m
Base hexagonal, lado igual a 2 m

Essa é a ideia do monumento, com a base em tronco de pirâmide hexagonal e na parte superior tubos em aço inoxidável.

Uma vez calculado o volume do tronco, calcular o peso, considerando que será utilizado concreto com peso específico de 2.800 kg/m³.

Para aplicar a fórmula, vista no parágrafo anterior, inicialmente, calculam-se as áreas das duas bases, das duas pirâmides: a maior e a menor.

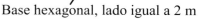

H = 3m
H' = 2 m
Base maior

Por semelhança de triângulos: $\dfrac{H}{2\,m} = \dfrac{H'}{x}$ => $x = \dfrac{2\,m \times 2\,m}{3\,m}$ => x = 1,333 m.

O lado do hexágono menor (base superior) é igual a 1,333 m.

A área de cada base é igual à área de seis triângulos equiláteros, na base maior são triângulos de lado 2 m e na menor de 1,333 m.

2 m, h1, 1 m
1,333 m, h2, 0,667 m
$h2 = \sqrt{(1,333)^2 - (0,667)^2}$
h2 = 1,15 m.

$h1 = \sqrt{(2)^2 - (1)^2}$ => h1 = 1,732 m.

Área da base maior = 6(2 x 1,732)/2 => A_B = 10,392 m²

Área da base menor = 6(1,333 x 1,15)/2 => A_b = 4,6 m².

Volume do tronco = $\frac{A_B \times H - A_b \times H''}{3}$ = $\frac{10,392 \times 3 - 4,6 \times 1}{3}$ = 8,86 m³.

Peso do concreto do tronco = $\frac{2.800 \text{ kg}}{m^3}$ x 8,86 m³ = 24.808 kg = 24,808 toneladas.

Conclusão: o volume do tronco de pirâmide é 8,86 m³, que tem um peso de 24,808 toneladas.

9.5 Planificações de pirâmides e seus troncos

As planificações de pirâmides e seus troncos, têm várias aplicações práticas como, por exemplo, em embalagens e caixas em papel e papelão, bem como equipamentos no formato piramidal, fabricados a partir de chapas metálicas soldadas.

Pirâmide reta de base quadrada

H = altura da pirâmide
h = altura dos triângulos de faces

L = lado do polígono da base

São cinco faces

Tronco oblíquo de pirâmide reta de base quadrada

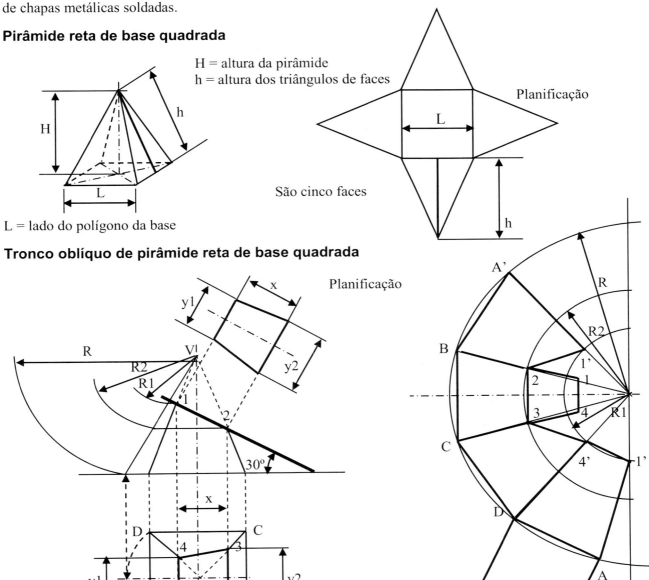

210 – A Geometria Básica

Essas análises são feitas por aplicativos com opções da Geometria Descritiva. O programa *Cabri-Geometry* II possibilita essas análises, inclusive com definições de todas as dimensões.

Tronco oblíquo de pirâmide reta de base hexagonal

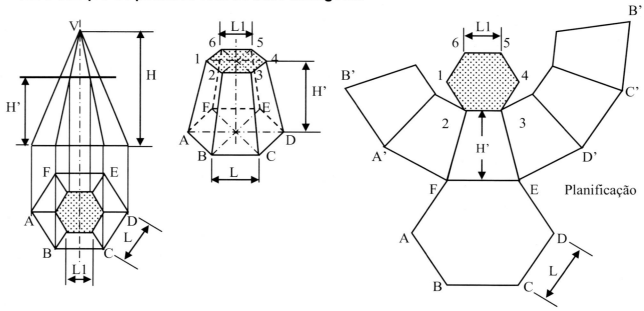

9.6 Exercícios complementares resolvidos

9.6.1) (EPCAR). Sabendo que uma pirâmide quadrangular regular tem as oito arestas iguais a $\sqrt{2}$ m, determinar o seu volume.

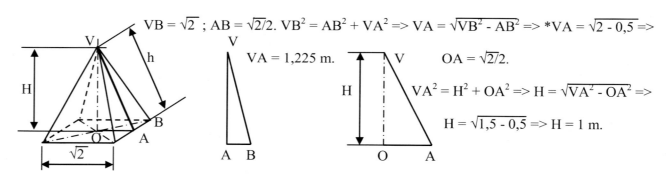

$VB = \sqrt{2}$; $AB = \sqrt{2}/2$. $VB^2 = AB^2 + VA^2 \Rightarrow VA = \sqrt{VB^2 - AB^2} \Rightarrow$ *$VA = \sqrt{2 - 0,5} \Rightarrow$

$VA = 1,225$ m. $OA = \sqrt{2}/2$.

$VA^2 = H^2 + OA^2 \Rightarrow H = \sqrt{VA^2 - OA^2} \Rightarrow$

$H = \sqrt{1,5 - 0,5} \Rightarrow H = 1$ m.

*VA é o apótema da pirâmide.

Volume da pirâmide = $\dfrac{\text{Área da base x Altura}}{3} = \dfrac{(\sqrt{2})(\sqrt{2})(1)}{3} = 2/3$ m³ = 0,667 m³.

Conclusão: o volume da pirâmide é igual a 2/3 m³ = 0,667 m³.

9.6.2) (UERJ - 2019). A pirâmide a seguir, de base quadrada, é seccionada por dois planos paralelos à base, um contendo o ponto A e o outro o ponto B. Esses planos dividem cada aresta em três partes iguais. Determinar o volume compreendido entre os planos paralelos, considerando também as seguintes medidas da pirâmide: altura = 9 cm; aresta de base = 6 cm e volume total = 108 cm³.

Capítulo 9 – As pirâmides – 211

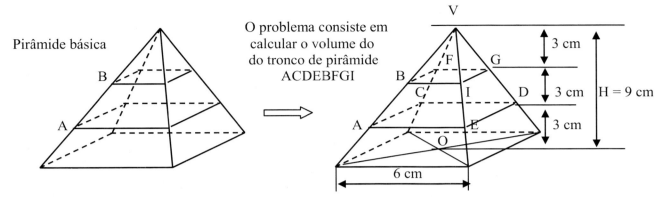

Pirâmide básica

O problema consiste em calcular o volume do do tronco de pirâmide ACDEBFGI

Observa-se que, os planos, além das arestas laterais, também dividem a altura em três partes iguais. Com isso tem-se três pirâmides com as seguintes alturas: BFGI: altura = 3 cm (volume V1); ACDE: altura 6 cm (volume V2) e a pirâmide básica com altura 9 cm e volume V3 = 108 cm³.

Como as três pirâmides são semelhantes, seus volumes são proporcionais ao cubo da razão entre as alturas.

$\frac{V1}{V3} = \left(\frac{3}{9}\right)^3 \Rightarrow \frac{V1}{108} = \frac{1}{27} \Rightarrow V1 = 4$ cm³.

O volume do tronco de pirâmide é: V2 - V1 = 32 cm³ - 4 cm³ = 28 cm³.

$\frac{V1}{V2} = \left(\frac{3}{6}\right)^3 \Rightarrow \frac{4}{V2} = \frac{1}{8} \Rightarrow V2 = 32$ cm³.

Conclusão: o volume do tronco compreendido entre os planos paralelos é igual a 28 cm³.

9.6.3) Considerando uma pirâmide reta de base quadrada, analise quais os tipos de polígonos que podem ser obtidos, pelas interseções de um plano com a pirâmide.

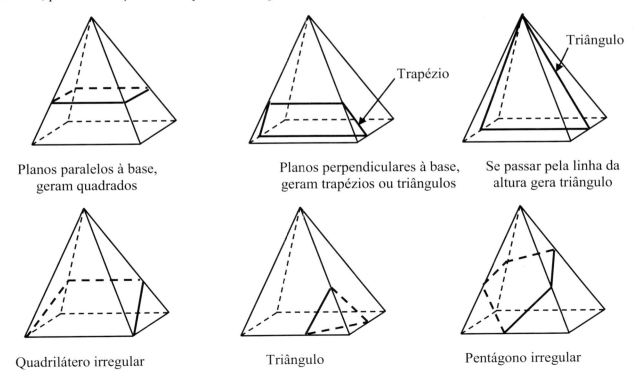

Planos paralelos à base, geram quadrados

Planos perpendiculares à base, geram trapézios ou triângulos

Se passar pela linha da altura gera triângulo

Quadrilátero irregular

Triângulo

Pentágono irregular

Se o plano for oblíquo à base obtêm-se: quadriláteros irregulares, triângulos ou pentágonos irregulares

9.6.4) (ENEM - 2016). A cobertura de uma tenda de lona, como mostrada na figura a seguir, tem formato de uma pirâmide de base quadrada e é formada usando quatro triângulos isósceles de base y. A sustentação da cobertura é feita por uma haste de medida x. Para saber quanto de lona deve ser comprado, deve-se calcular a área da superfície da cobertura da tenda. Qual a área de lona deve ser comprada, em m², para cobrir toda a tenda?

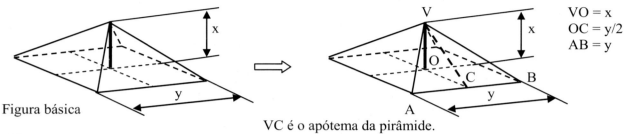

VO = x
OC = y/2
AB = y

Figura básica

VC é o apótema da pirâmide.

$VC^2 = VO^2 + OC^2 \Rightarrow VC^2 = x^2 + (y/2)^2 \Rightarrow VC^2 = x^2 + y^2/4 \Rightarrow VC = \sqrt{x^2 + y^2/4}$

Área de cada triângulo isósceles = $\dfrac{AB \times VC}{2} = \dfrac{(y) \times (\sqrt{x^2 + y^2/4})}{2}$.

Área dos quatro triângulos isósceles = área de cobertura da tenda = $(4) \times \dfrac{(y) \times (\sqrt{x^2 + y^2/4})}{2} = 2y\sqrt{x^2 + y^2/4}$.

Conclusão: deve ser comprada uma área de lona igual a $2y\sqrt{x^2 + y^2/4}$ m².

Observa-se que a área varia em função das medidas x e y.

9.6.5) Para a planificação ao lado, pedem-se:
A) Qual o sólido dessa planificação?
B) Determinar o apótema da base.
C) Determinar o apótema do sólido.
D) Determinar a altura H do sólido.
E) Determinar o volume do sólido.

A) É uma pirâmide reta de base hexagonal, com aresta da base igual a 3 cm e (C) apótema da pirâmide 8 cm.

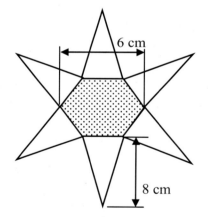

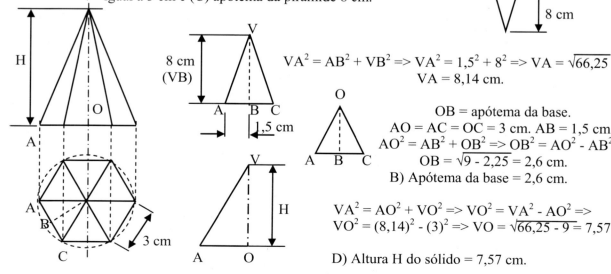

$VA^2 = AB^2 + VB^2 \Rightarrow VA^2 = 1{,}5^2 + 8^2 \Rightarrow VA = \sqrt{66{,}25}$
VA = 8,14 cm.

OB = apótema da base.
AO = AC = OC = 3 cm. AB = 1,5 cm.
$AO^2 = AB^2 + OB^2 \Rightarrow OB^2 = AO^2 - AB^2 \Rightarrow$
$OB = \sqrt{9 - 2{,}25} = 2{,}6$ cm.
B) Apótema da base = 2,6 cm.

$VA^2 = AO^2 + VO^2 \Rightarrow VO^2 = VA^2 - AO^2 \Rightarrow$
$VO^2 = (8{,}14)^2 - (3)^2 \Rightarrow VO = \sqrt{66{,}25 - 9} = 7{,}57$ cm.

D) Altura H do sólido = 7,57 cm.

Área da base = 6 x AC x OB / 2 = 6 x 3 x 2,6 / 2 = 23,4 cm².

Volume da pirâmide = 23,4 x 7,57 / 3 = 59,05 cm³.

Conclusão:
- A) Pirâmide reta hexagonal.
- B) Apótema da base = 2,6 cm.
- C) apótema da pirâmide = 8 cm.
- D) Altura da pirâmide = 7,57 cm.
- E) Volume da pirâmide = 59,05 cm³.

9.6.6) (PUC - SP). A base de uma pirâmide reta é um quadrado cujo lado mede $8\sqrt{2}$ cm. Sabendo que as arestas laterais da pirâmide medem 17 cm, determinar o seu volume.

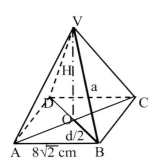
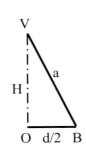

$DB^2 = AB^2 + AD^2 \Rightarrow DB = \sqrt{(8\sqrt{2})^2 + (8\sqrt{2})^2} \Rightarrow$

d = DB = 16 cm => d/2 = 8 cm. a = 17 cm.

$a^2 = H^2 + (d/2)^2 \Rightarrow H^2 = a^2 - (d/2)^2 \Rightarrow$
$H^2 = 17^2 - 8^2 \Rightarrow H^2 = 225 \Rightarrow H = 15$ cm.

Área da base = $(8\sqrt{2})^2 = 128$ cm².

Volume da pirâmide = Área da base x Altura / 3 = 128 cm² x 15 cm / 3 = 640 cm³.

Conclusão: o volume da pirâmide é igual a 640 cm³.

9.6.7) (Mackenzie - SP). Sabendo que a soma dos ângulos de todas as faces de uma pirâmide é 18π rd, determinar o número de lados do polígono de base da pirâmide.

A pirâmide possuí "n" faces triangulares, mais a face da base.
A soma dos ângulos das faces triangulares é: 180° x n = πn rd. (A soma dos ângulos internos de um triângulo é igual a 180°).
A soma dos ângulos da base é 180°(n - 2) = π(n- 2).
Como a soma de todos esses ângulos é igual a 18π rd, então:

πn + π(n- 2) = 18π => πn + πn - 2π = 18π => 2πn = 20π => n = 10. Ou seja, o polígono é um decágono.

Verificação: soma dos ângulos dos 10 triângulos = 10 x 180° = 10π. Soma dos ângulos da base = π(10- 2) = 8π. De fato: 10π + 8π = 18π.

Conclusão: o polígono tem 10 lados, ou seja, é um decágono.

9.6.8) Considerando que o prisma reto regular de base hexagonal, a seguir mostrado, tem altura igual a 50 cm e aresta da base igual a 5 cm, determinar o volume da pirâmide oblíqua VABC.

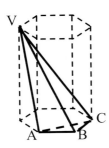
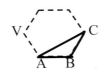

Trata-se de calcular o volume de uma pirâmide oblíqua de base triangular. Esse volume, como o de toda pirâmide, é igual a: V = Área da base x Altura / 3.

Tem-se que calcular a área do triângulo ABC.

214 – A Geometria Básica

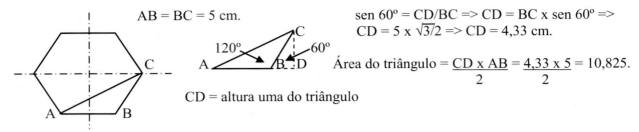

AB = BC = 5 cm.

sen 60° = CD/BC => CD = BC x sen 60° =>
CD = 5 x √3/2 => CD = 4,33 cm.

Área do triângulo = $\frac{CD \times AB}{2}$ = $\frac{4,33 \times 5}{2}$ = 10,825.

CD = altura uma do triângulo

Volume da pirâmide = $\frac{10,825 \text{ cm} \times 50 \text{ cm}}{3}$ = 180,42 cm³.

Conclusão: o volume da pirâmide é igual a 180,42 cm³.

9.6.9) Uma pirâmide reta retangular ABCD tem lados iguais a 8 cm e 5 cm, e altura igual a 10 cm. A partir dos pontos médios dos lados, e mantendo-se a mesma altura, obtêm-se uma nova pirâmide EFGI. Determinar os volumes das duas pirâmides.

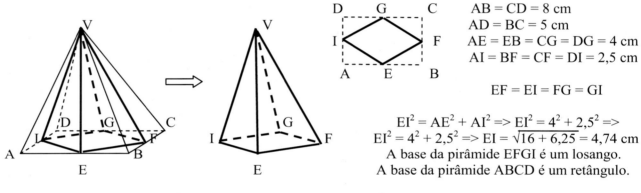

AB = CD = 8 cm
AD = BC = 5 cm
AE = EB = CG = DG = 4 cm
AI = BF = CF = DI = 2,5 cm

EF = EI = FG = GI

$EI^2 = AE^2 + AI^2$ => $EI^2 = 4^2 + 2,5^2$ =>
$EI^2 = 4^2 + 2,5^2$ => EI = $\sqrt{16 + 6,25}$ = 4,74 cm
A base da pirâmide EFGI é um losango.
A base da pirâmide ABCD é um retângulo.

Volume da pirâmide retangular = $\frac{8 \text{ cm} \times 5 \text{ cm} \times 10 \text{ cm}}{3}$ = 400 cm³.

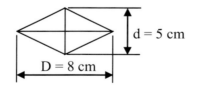

Área do losango = $\frac{D \times d}{2}$ = $\frac{8 \text{ cm} \times 5 \text{ cm}}{2}$ = 20 cm².

Volume da pirâmide de base losango = $\frac{20 \text{ cm}^2 \times 10 \text{ cm}}{3}$ = 66,67 cm³.

Conclusão: pirâmide retangular volume = 400 cm³ e pirâmide de base losango, volume = 66,67 cm³.

9.6.10) Um estagiário de engenharia civil precisa calcular a quantidade mínima de telhas que devem ser compradas, para cobrir um telhado com quatro águas*, conforme mostrado nos desenhos a seguir. Para o tipo especificado, são 24 telhas por metro quadrado, devendo ser comprado 5% a mais, devido quebras e acertos das quinas. * Água de um telhado é a superfície usualmente plana e inclinada, usada como cobertura de uma edificação, que vai do espigão horizontal (cumeeira) ao beiral, sobre a qual escoam as águas pluviais numa única direção.

*O conceito de "águas" de telhados

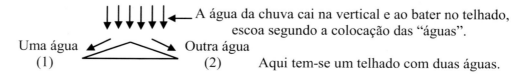

Capítulo 9 – As pirâmides – 215

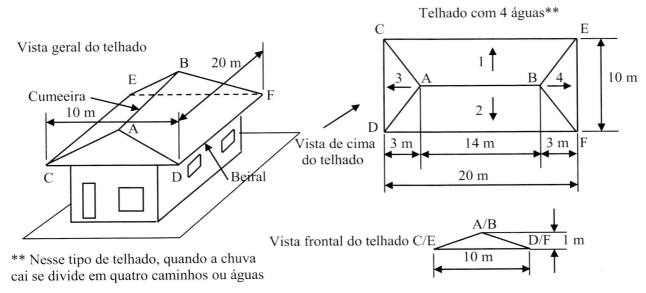

Vista geral do telhado
Cumeeira
Telhado com 4 águas**
Vista de cima do telhado
Vista frontal do telhado

** Nesse tipo de telhado, quando a chuva cai se divide em quatro caminhos ou águas

Raciocínio lógico/espacial: a área a ser coberta com telhas pode ser pensada como pertencentes a dois sólidos: uma pirâmide retangular reta e um prisma triangular reto, onde as telhas só serão colocadas nos quatro triângulos ou faces laterais da pirâmide (na base não) e nos dois retângulos ou faces superiores do prisma.

Telhas nas quatro faces laterais da pirâmide.

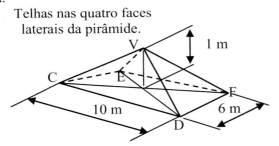

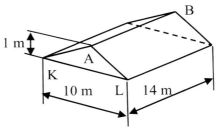

Telhas nos dois retângulos superiores do prisma.

Análise dos retângulos do prisma:

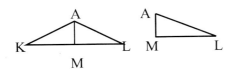

AM = 1 m; ML = 5 m.

$AL^2 = AM^2 + ML^2 \Rightarrow AL^2 = 1^2 + 5^2 \Rightarrow AL = \sqrt{26} = 5{,}1$ m.
São dois retângulos: 14 m x 5,1 m => área = 14 x 5,1 x 2 = 142,8 m².

Análise das quatro faces laterais da pirâmide:

$OD = \sqrt{9 + 25} \Rightarrow OD = 5{,}83$ m.

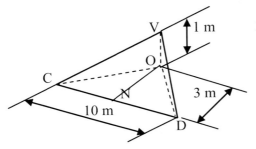

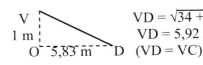

$VD = \sqrt{34 + 1} \Rightarrow$
$VD = 5{,}92$ m.
(VD = VC)

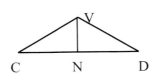

$VD^2 = VN^2 + ND^2 \Rightarrow$
$VN = \sqrt{VD^2 - ND^2} \Rightarrow$
$VN = \sqrt{35 - 25} = 3{,}16$ m.

Área dos dois triângulos VCD e VEF = 2 x (10 m x 3,16 m)/2 = 31,6 m².

Análise dos triângulos VCE e VDF, sabendo que: VD = VC = VE = VF = 5,92 m.

$VD^2 = VP^2 + DP^2 \Rightarrow VP^2 = VD^2 - DP^2 \Rightarrow VP^2 = 5,92^2 - 3^2 \Rightarrow$
$VP = \sqrt{35 - 9} = 5,1$ m.

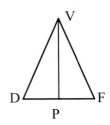

Área dos dois triângulos VCE e VDF = 2 x (6 m x 5,1 m)/2 = 30,6 m².

Áreas a serem cobertas com telhas = 142,8 m² + 31,6 m² + 30,6 m² = 205 m².

Número de telhas: são 24 telhas por metro quadrado, portanto: 205 m² x 24 telhas/m² = 4.920 telhas.

Como tem que ser 5% a mais, então: 4.920 x 1,05 = 5.166 telhas.

Conclusão: terão que ser compradas 5.166 telhas. (Na prática, serão compradas 5.200 telhas).

9.6.11) O poliedro irregular, a seguir descrito*, tem uma parte central na forma de um prisma triangular reto e nas duas extremidades são três faces de uma pirâmide regular reta octogonal, de altura 2 metros, e lados do octógono regular igual a 50 cm. A parte prismática tem comprimento de 2,5 metros. Determinar o volume desse poliedro irregular.

(*Observa-se que existem barracas de *camping*, nesse formato e dimensões)

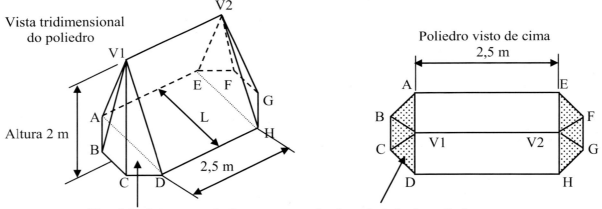

São visíveis apenas três faces octogonais, de cada lado do poliedro

Raciocínio lógico/espacial:

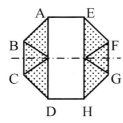

Essa é a visão lógica das seis faces das pirâmides octogonais.
O volume dessas faces é obtido pelo produto da área da base pela altura de 2 m, dividido por três. A área dessa base ABCDEFGH é obtida subtraindo-se da área do octógono a área do retângulo AEDH.
O volume do prisma é igual à área do triângulo V1AD (igual ao V2EH), multiplicada pelo comprimento de 2,5 metros.

Inicialmente calculam-se as dimensões de um octógono regular inscrito, de lado igual a 50 cm.

Observa-se que, o volume do poliedro irregular, pode ser entendido como a soma dos volumes de dois sólidos geométricos, a seguir mostrados: uma pirâmide reta irregular com seis faces laterais, ou seja, sua base é um hexágono irregular, e um prisma reto triangular.

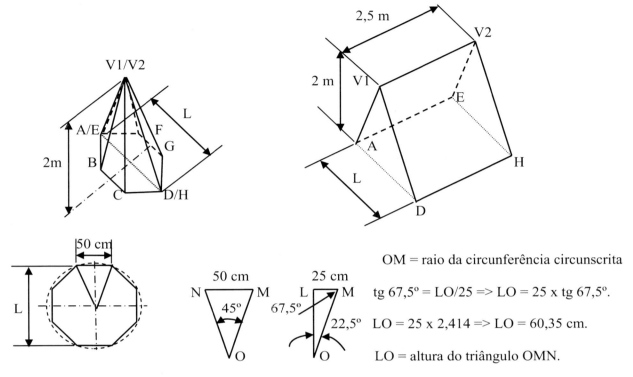

OM = raio da circunferência circunscrita

tg 67,5° = LO/25 => LO = 25 x tg 67,5°.

LO = 25 x 2,414 => LO = 60,35 cm.

LO = altura do triângulo OMN.

Área dos oito triângulos = 8 x (50 cm x 60,35 cm) = 12.070 cm².
                                      2

Área do retângulo AEDH = 50 cm x 120,7 cm = 6.035 cm².

Área da base da pirâmide irregular = 12.070 cm² - 6.035 cm² = 6.035 cm².

Volume da pirâmide irregular = 6.035 cm² x 200 cm = 1.207.000 cm³.
                                       3

1.207.000 cm³ = 1,207 m³.

Área da base do prisma = 1,207 m x 2 m = 1,207 m².
                              2

Volume do prisma = 1,207 m² x 2,5 m = 1,006 m³.
                          3

Conclusão: o poliedro irregular tem um volume de 2,213 m³.

9.6.12) Determinar o volume da pirâmide estrelada, a seguir descrita, sabendo que foi gerada a partir de um hexágono regular de lado igual a um metro.

218 – A Geometria Básica

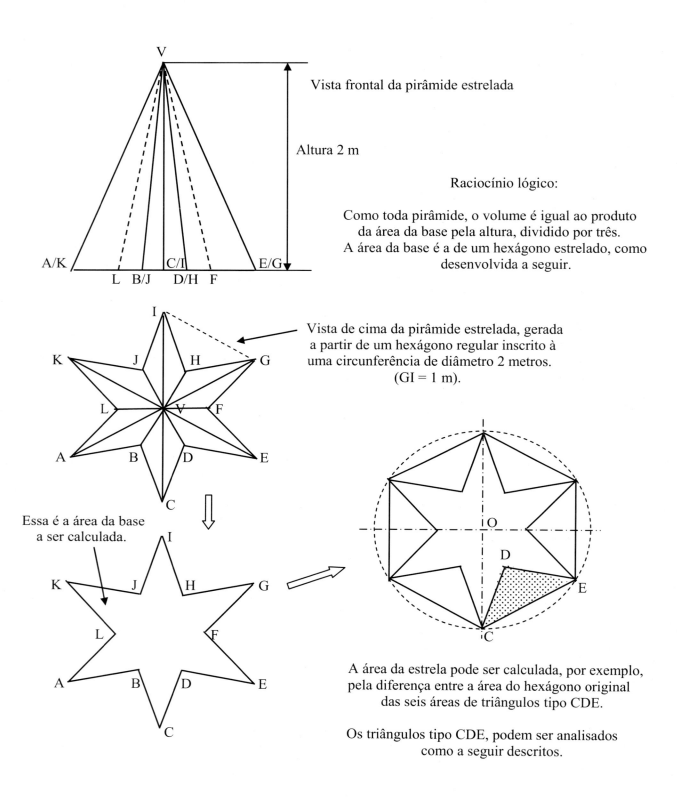

Vista frontal da pirâmide estrelada

Altura 2 m

Raciocínio lógico:

Como toda pirâmide, o volume é igual ao produto da área da base pela altura, dividido por três.
A área da base é a de um hexágono estrelado, como desenvolvida a seguir.

Vista de cima da pirâmide estrelada, gerada a partir de um hexágono regular inscrito à uma circunferência de diâmetro 2 metros.
(GI = 1 m).

Essa é a área da base a ser calculada.

A área da estrela pode ser calculada, por exemplo, pela diferença entre a área do hexágono original das seis áreas de triângulos tipo CDE.

Os triângulos tipo CDE, podem ser analisados como a seguir descritos.

Observa-se que o triângulo CDE tem área igual a um terço da área do triângulo OCE, sendo que a área de OCE é um sexto da área do hexágono original, como um todo.

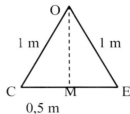

OM é a altura do triângulo

$OC^2 = CM^2 + OM^2 =>$
$OM^2 = OC^2 - CM^2 =>$
$OM = \sqrt{OC^2 - CM^2} =>$
$OM = \sqrt{1^2 - 0,5^2} => OM = 0,866$ m.

Área do triângulo OCE = $\dfrac{1 \text{ m} \times 0,866 \text{ m}}{2} = 0,866$ m².

Área do triângulo CDE = 0,866 m²/3 = 0,289 m².

Área do hexágono original = 6 x 0,866 m² = 5,196 m².

Área de seis triângulos tipo CDE = 6 x 0,289 m² = 1,734 m².

Área da estrela, base da pirâmide = 5,196 m² - 1,734 m² = 3,462 m².

Volume da pirâmide estrelada = $\dfrac{3,462 \text{ m}^2 \times 2 \text{ m}}{3}$ = 2,308 m³.

Conclusão: o volume da pirâmide estrelada é igual a 2,308 m³.

9.7 Exercícios propostos (Veja respostas no Apêndice A)

9.7.1) Determinar a área lateral de octaedro, sabendo que seus vértices estão no centro de cada uma das faces de um cubo de aresta "a".

9.7.2) Considerando o cubo a seguir, de vértices ABCDEFGH, e sabendo que a área do triângulo DEC é igual a √2/2 m2, determinar o volume da pirâmide de vértices DEGH.

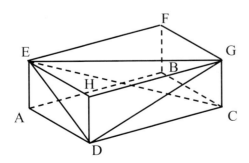

9.7.3) (EsFAO). Determinar o volume de uma pirâmide cuja base é um triângulo equilátero de lado 6 cm e cujas arestas medem √15 cm.
Resposta: O volume da pirâmide é igual a 9 cm³.

9.7.4) (ENEM - 2012). João propôs um desafio a Bruno, seu colega de classe: ele iria descrever um deslocamento pela pirâmide quadrangular, a seguir, e Bruno deveria desenhar a projeção desse deslocamento no plano da base da pirâmide. O deslocamento descrito por João foi: mova-se pela pirâmide, sempre em linha reta, do ponto A ao ponto E, a seguir do ponto E ao ponto M, e depois de M a C. Dentre as cinco opções propostas (a, b, c, d, e), defina qual expressa o deslocamento, proposto por João.

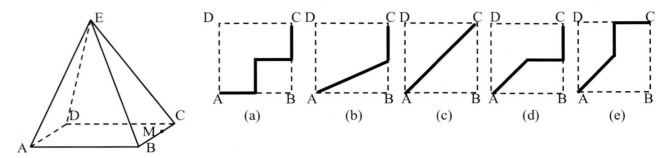

9.7.5) (EsSA - 2015). Determinar a área total de uma pirâmide reta de base quadrada, com 4 metros de altura e uma aresta da base igual a 6 metros.

9.7.6) (SOUZA, 2010, p.109). O plano que intercepta o cubo de aresta 10 dm, passando pelos vértices D e F, e pelos pontos médios das arestas AB e BC, determina o tronco da pirâmide triangular DEFGHB. Calcular a área total desse tronco de pirâmide.

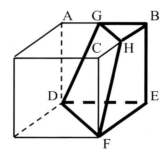

9.7.7) (CEFET - PB). A razão entre a área da base de uma pirâmide regular de base quadrada e a área de uma das faces é 2. Sabendo-se que o volume da pirâmide é de 12 m³, determinar a altura da pirâmide.

9.7.8) (SOUZA, 2010, p.123). A aresta da base da pirâmide quadrangular regular de base II é 4 cm, e o volume 16 cm³. Sabendo que o plano que contém a base I é paralelo ao que contém a base II, e que a altura da pirâmide de base II corresponde a 1/4 da altura da pirâmide de base, qual é o volume da pirâmide de base I?

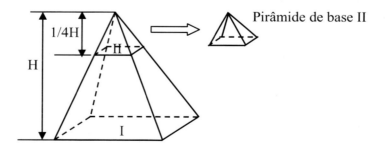

9.7.9) (FEI). São dados dois planos paralelos distantes de 5 cm. Considere em um dos planos um triângulo ABC de área 30 cm², e no outro plano um ponto qualquer O. Qual o volume do tetraedro ABCO?

9.7.10) (Mackenzie - SP). Determinar o volume do sólido da figura a seguir, segundo os dados indicados.

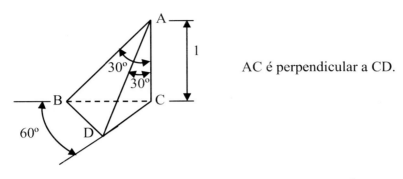

AC é perpendicular a CD.

9.7.11) (UNIFOR). Uma pirâmide regular tem altura igual a $6\sqrt{3}$ cm e a aresta da base mede 8 cm. Determinar o volume da pirâmide, sabendo que a soma de todos os ângulos internos e de todas as faces laterais é igual a 1.800°.

9.7.12) (UNIRIO). As arestas laterais de uma pirâmide reta medem 15 cm, e a sua base é um quadrado cujos lados medem 18 cm. Determinar a altura da pirâmide.

9.7.13) (FUVEST). A base ABCD da pirâmide ABCDE é um retângulo de lados AB = 4 cm e BC = 3 cm. As áreas dos triângulos ABE e CDE são, respectivamente, 410 cm e 2 37 cm. Determinar o volume da pirâmide.

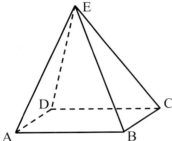

9.7.14) (EsSA - 2013). Determinar o volume de um tronco de pirâmide de 4 dm de altura e cujas áreas das bases são iguais a 36 dm^2 e 144 dm^2.

9.7.15) (SOUZA, 2010, p.108). Um canhão de luz está a 2 metros de distância de um painel retangular, que possui um orifício triangular em sua superfície. Qual é a distância "d" necessária, entre o canhão de luz e a parede, para que a área do triângulo projetado fique 75% maior, em relação ao orifício?

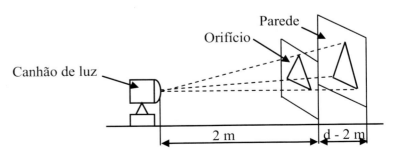

Capítulo 10
Corpos redondos: cilindro, cone e esfera

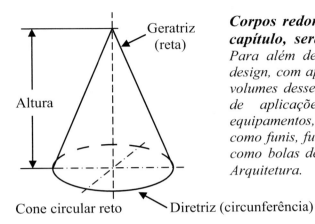

Cone circular reto — Diretriz (circunferência)
Geratriz (reta)
Altura

Corpos redondos são os sólidos que têm partes curvas e, nesse capítulo, serão estudados os cilindros, os cones e as esferas. *Para além de exercícios matemáticos, e aplicações nas artes e no design, com aplicações diretas das fórmulas, especialmente de áreas e volumes desses corpos, aqui também serão citados diversos exemplos de aplicações práticas. Cilindros são usados como tubos, equipamentos, corpos de panelas e embalagens. Cones são usados como funis, fundos de equipamentos e embalagens. Esferas são usadas como bolas de futebol, equipamentos para estocagem de fluidos e na Arquitetura.*

10.1 Cilindros circulares

Cilindros ou superfícies cilíndricas são geradas por uma reta móvel (denominada geratriz) que se apóia sobre uma curva fixa (denominada diretriz), conservando-se paralela a uma direção dada. Observa-se que também existem cilindros elípticos, parabólicos e hiperbólicos, que não são objeto de estudo na Educação Básica.
Cilindros circulares podem ser retos ou oblíquos, conforme seus eixos sejam perpendiculares ou inclinados em relação ao plano de base.
Existem muitos exemplos de utilizações práticas de cilindros, principalmente na forma de tubulações, bem como em latas de refrigerantes, embalagens de óleos vegetais e lubrificantes, copos de vidro, extintores de incêndio e também na Arquitetura, em especial como colunas ou pilotis circulares.

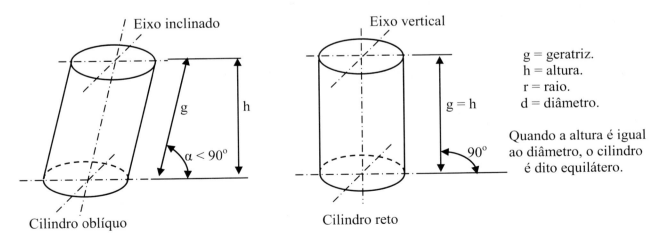

Cilindro oblíquo — Cilindro reto

g = geratriz.
h = altura.
r = raio.
d = diâmetro.

Quando a altura é igual ao diâmetro, o cilindro é dito equilátero.

Exemplo prático de uso de cilindros circulares na Arquitetura/Engenharia Civil

A Arquitetura e a Engenharia Civil usam muito o conceito de cilindros, principalmente na forma de colunas de sustentação ou pilotis. Essas áreas também utilizam cilindros metálicos, no formato de tubulações, fabricados a partir de chapas planas. No Rio de Janeiro existe um belo exemplo de como a arquitetura utiliza estruturas metálicas, com tubos metálicos, aqui se fala da estação Cidade Nova, do Metrô, no Centro da Cidade e em frente à sede da Prefeitura do município.

10.1.1 Planificação de cilindros e troncos de cilindros

Do ponto de vista de aplicações práticas, os cilindros podem ser fechados, como numa lata de óleo vegetal, abertos, como em tubulações ou com fundo e parte superior aberta, como numa lata de lixo circular. Cilindros abertos, por exemplo, tubos, são planificados a partir da retificação de uma circunferência.

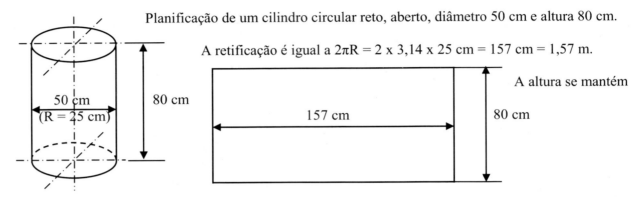

Planificação de um cilindro circular reto, aberto, diâmetro 50 cm e altura 80 cm.

A retificação é igual a $2\pi R = 2 \times 3,14 \times 25$ cm $= 157$ cm $= 1,57$ m.

A altura se mantém

Uma interpretação prática dessa planificação é que, caso se queira fabricar um cilindro aberto, com 80 cm de altura e diâmetro 50 cm, precisa-se de uma chapa plana com 157 cm de comprimento e 80 cm de largura.

Caso se queira a planificação do cilindro anterior, porém fechado no fundo e no topo, tem-se o corpo igual ao anterior e duas circunferências, encima e embaixo, como a seguir mostrado à esquerda.

Tronco inclinado de cilindro reto

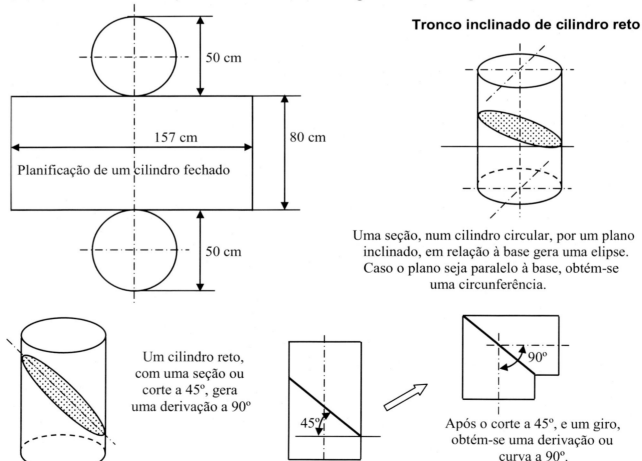

Uma seção, num cilindro circular, por um plano inclinado, em relação à base gera uma elipse. Caso o plano seja paralelo à base, obtém-se uma circunferência.

Um cilindro reto, com uma seção ou corte a 45°, gera uma derivação a 90°

Após o corte a 45°, e um giro, obtém-se uma derivação ou curva a 90°.

Planificação de um tronco inclinado de um cilindro reto fechado

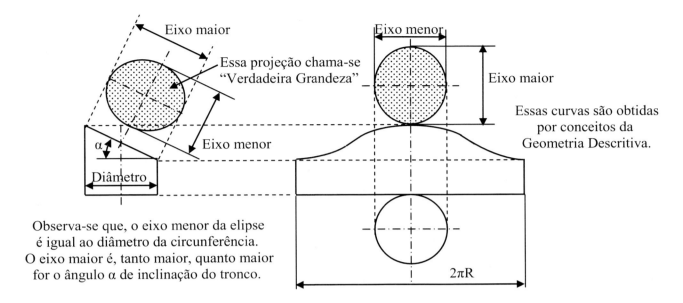

Observa-se que, o eixo menor da elipse é igual ao diâmetro da circunferência. O eixo maior é, tanto maior, quanto maior for o ângulo α de inclinação do tronco.

Exercício 10.1.1.1) Determinar as dimensões máximas (eixos maior "2a" e menor "2b") de uma elipse, gerada por uma secção em um cilindro de diâmetro 50 cm e altura 1 m. A secção ocorre por um plano inclinado a 45° em relação à base do cilindro.

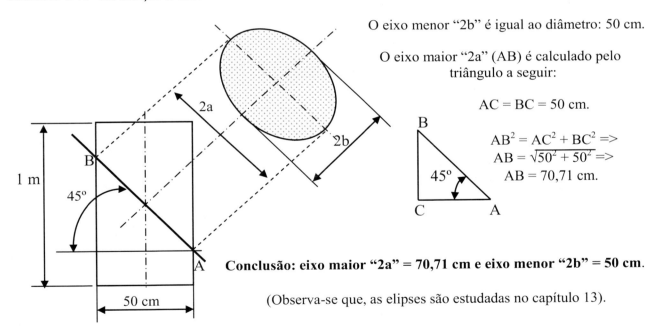

O eixo menor "2b" é igual ao diâmetro: 50 cm.

O eixo maior "2a" (AB) é calculado pelo triângulo a seguir:

AC = BC = 50 cm.

$AB^2 = AC^2 + BC^2$ =>
$AB = \sqrt{50^2 + 50^2}$ =>
AB = 70,71 cm.

Conclusão: eixo maior "2a" = 70,71 cm e eixo menor "2b" = 50 cm.

(Observa-se que, as elipses são estudadas no capítulo 13).

10.1.2 Área da superfície de um cilindro reto fechado

Observando-se a planificação do cilindro reto fechado, mostrada no parágrafo 10.2, observa-se que esse cilindro é composto de uma chapa retangular e dois círculos, que são o fundo e o topo. Ou seja, para calcular a área da superfície de um cilindro reto basta calcular a área da chapa retangular e somar com as áreas dos círculos de fundo e topo.

226 – A Geometria Básica

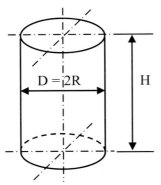

Área do corpo cilíndrico = $2\pi RH$.

Área do fundo e do topo = $2(\pi R^2)$.

Soma das áreas = $2\pi RH + 2\pi R^2 = 2\pi R(H + R)$.

Área da superfície de um cilindro reto fechado = $2\pi R(H + R)$.

Exercício 10.1.2.1) Considerando uma chapa metálica de 2 metros de comprimento e um metro de largura, determinar e comparar as áreas dos dois cilindros retos que podem ser obtidos, curvando-se a chapa ou no sentido do comprimento ou no sentido da largura. Fazer o desenho de cada cilindro. Considere que os cilindros serão fechados no fundo e no topo (considerar $\pi = 3{,}14$).

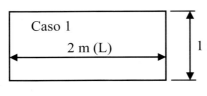

Quando se curva uma chapa, para obter um cilindro, o comprimento L da chapa é a retificação da circunferência de raio R, ou seja: $L = 2\pi R$. Isso significa que: $R = L/2\pi$.

No caso 1: $R = L/2\pi \Rightarrow R = 2\,m/2\pi \Rightarrow R = 0{,}3185\,m = 31{,}85\,cm$.
Área da superfície do cilindro = $2\pi R(H + R) = 2.\pi.31{,}85(1 + 31{,}85) \Rightarrow$
Área da superfície do cilindro = 6.570,59 cm².

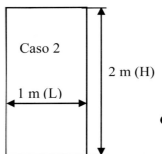

No caso 2: $R = L/2\pi \Rightarrow R = 1\,m/2\pi \Rightarrow R = 0{,}1592\,m = 15{,}92\,cm$.
Área da superfície do cilindro = $2\pi R(H + R) = 2.\pi.15{,}92(2 + 15{,}92) \Rightarrow$
Área da superfície do cilindro = 1.791,6 cm².

Conclusão: quando a chapa é curvada no sentido da largura de 1 m, tem-se um cilindro mais fino e mais alto, comparativamente quando se curva no sentido do comprimento de 2 m.

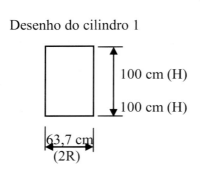

Observa-se a grande diferença entre os dois cilindros obtidos.

10.1.3 Volume de cilindros

O conceito teórico que embasa o cálculo do volume de cilindros é o princípio de Cavalieri. Quando se compara, por exemplo, um prisma com um cilindro, de mesma área de base, baseado em Cavalieri tem-se que ambos têm o mesmo volume. Como o volume de um prisma é igual ao produto da área da base pela sua altura, também para cilindros, retos ou oblíquos, o seu volume é igual ao produto da área da base (πR^2) pela altura H, portanto:

Capítulo 10 – Corpos redondos: cilindro, cone e esfera – 227

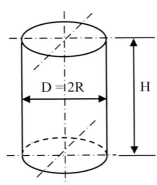

Volume do cilindro = $\pi R^2 H$.

Exercício 10.1.3.1) Determinar os volumes dos dois cilindros estudados no exercício 10.3.1, ou seja: um com raio igual a 31,85 cm e um metro* de altura e outro com raio igual a 15,92 cm e dois metros* de altura.

Volume do cilindro 1 = $\pi R^2 H$ = π.(31,85 cm)².100 cm = 318.528,66 cm³ = 0,31852866 m³ = 0,3185 m³.

Volume do cilindro 2 = $\pi R^2 H$ = π.(15,92 cm)².200 cm = 159.164,33 cm³ = 0,15916433 m³ = 0,1592 m³.

* Observa-se que, os cálculos têm que ser feitos com unidades de mesma medida (1 m = 100 cm).

Exercício 10.1.3.2) Tem-se que estocar 10 m³ (10 mil litros) de um determinado líquido ou num tanque cilíndrico equilátero* ou num tanque no formato cúbico. Determinar qual o tipo de tanque que apresenta a menor área de material e, portanto, custará menos para ser fabricado em chapas de aço.

* Cilindro equilátero tem altura igual ao diâmetro (ou dois raios).

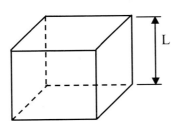

Tanque cúbico: 10 m³ = L³ =>

L = $\sqrt[3]{10\,m^3}$ => L = 2,1544 m.

Área da superfície = 6 (2,1544 m)² =>

Área da superfície do tanque cúbico = 27,85 m².

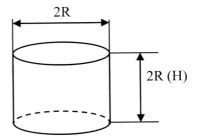

Tanque cilíndrico: 10 m³ = $\pi R^2 H$ = $2\pi R^3$ =>

10 m³ = $2\pi R^3$ => R = $\sqrt[3]{10\,m^3/2\pi}$ =>

R = 1,1677 m. Área da superfície = $2\pi R (H + R)$ =>

Área = $2\pi R (3R)$ = 2.π.1,1677.3.1,1677 = 25,69 m².

Área da superfície do tanque cilíndrico = 25,69 m².

Conclusão: o tanque que apresenta a menor área de material é o tipo cilíndrico equilátero.

10.1.4 Curiosidade: cilindros com planificação no sentido helicoidal

Em geral, a fabricação de cilindros em papelão ou metálicos é feita a partir de chapas planas. Entretanto existe uma outra maneira de planificar um cilindro, muito utilizada quando se usa o papel ou papelão. Nesses casos, recorta-se uma placa retangular, no formato de um paralelogramo que, uma vez curvada gera um cilindro, segundo uma linha helicoidal (tipo hélice) de fechamento. O exemplo a seguir foi retirado do centro de um rolo de papel higiênico, onde o cilindro central, para dar firmeza ao rolo, é fabricado em papelão fino, como mostrado a seguir.

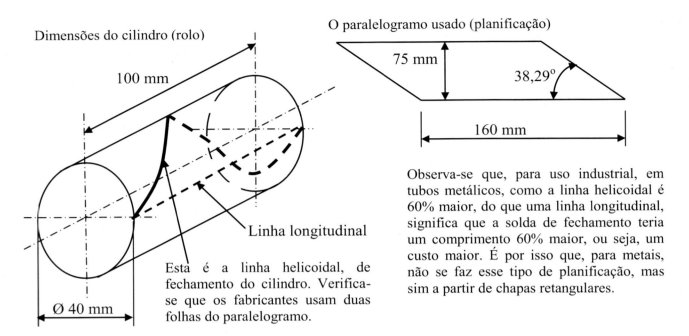

Sugere-se que o leitor pegue o canudo cilíndrico de um rolo de papel higiênico e o coloque imerso em água por alguns minutos. A cola se solta e, então, constatam-se os dois paralelogramos, aqui descritos. Para uma melhor visualização, recomenda-se passar o ferro aquecido sobre os paralelogramos, que ficam planos.

10.2 Superfície cônica. O cone

Uma superfície cônica (genericamente um cone) é uma superfície gerada por uma reta que se move ao longo de uma curva e que passa por um ponto fixo, fora da curva. A reta móvel é chamada de geratriz, a curva denominada de diretriz e o ponto fixo de vértice do cone. Ou seja, um cone é a reunião de retas passando por pontos de uma curva e por um ponto fixo (vértice) fora da curva. O vértice separa o cone em duas partes opostas pelo vértice, denominadas folhas embora, usualmente, representa-se apenas uma das folhas. A superfície cônica assume diversas formas, segundo sua diretriz, podendo-se ter cones: circulares, parabólicos, elípticos ou hiperbólicos. Na Educação Básica estuda-se apenas o cone circular.

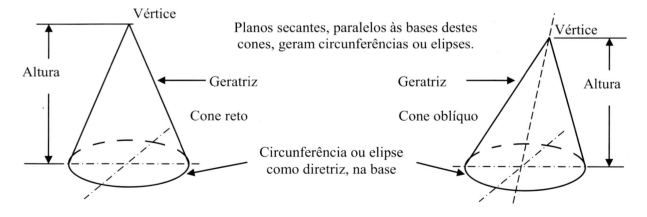

Um cone é equilátero, quando o diâmetro da base é igual ao comprimento da geratriz, ou seja, passando-se um plano secante pelo vértice e perpendicular à base, obtém-se um triângulo equilátero.

Exemplo de aplicação prática de superfície cônica, como fundo de tanque de estocagem

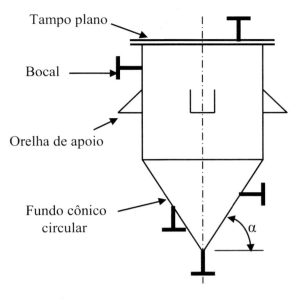

Esse é o desenho esquemático de um tanque cilíndrico vertical, com tampo plano e fundo cônico circular, muito utilizado para a estocagem de materiais granulados ou em pó, inclusive cereais como milho, soja, feijão, etc. O ângulo α é definido em função da maior ou menor facilidade que o material estocado tem para escoar.

10.2.1 Área da superfície dos cones retos

O raciocínio lógico para a determinação da área da superfície de um cone reto, passa pela análise de sua planificação, como a seguir mostrado.

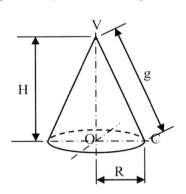 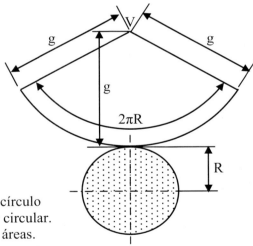 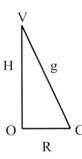

$g = \sqrt{H^2 + R^2}$.

A planificação mostra que a base é um círculo de raio R e a superfície lateral é um setor circular. Ou seja, a área do cone é a soma dessas áreas.

Área da base: $A_B = \pi R^2$.

Área lateral = área do setor circular = A_L => Considerando g como raio do setor circular, tem-se:

$2\pi g \longrightarrow \pi g^2$ => $A_L = \dfrac{2\pi R \times \pi g^2}{2\pi g}$ => $A_L = \pi R g$.
$2\pi R \longrightarrow A_L$

Soma das areas: $A_B + A_L = \pi R^2 + \pi R g = \pi R (R + g)$.

Área da superfície de um cone reto = $\pi R(R + g)$. Área em função do raio R da base e da geratriz g.

Área da superfície de um cone reto = $\pi R(R + \sqrt{H^2 + R^2})$. Área em função do raio R da base e da altura H do cone.

Exercício 10.2.1.1) O tanque de armazenamento, a seguir mostrado, a ser fabricado em chapa metálica em aço, é composto de uma parte cilíndrica com 1 metro de diâmetro e 1 metro de altura, bem como uma parte cônica reta e equilátera com diâmetro da base igual ao do cilindro. O tampo da parte cilíndrica é uma chapa circular de diâmetro 1,1 m. Baseado nesses dados, e no desenho, calcular a área total de chapa, a ser usada para a fabricação desse tanque. (Usar $\pi = 3,14$).

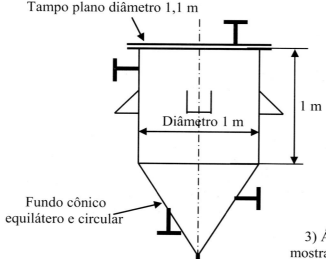

Raciocínio lógico e cálculos:

Existem três áreas a serem calculadas: 1) Área do tampo circular de diâmetro 1,1 m (110 cm); 2) Área do cilindro reto de diâmetro 1 m (100 cm) e altura 1 metro (100 cm) e 3) Área de um cone reto circular equilátero de diâmetro de base 1 m (100 cm).

1) Área do tampo circular = $\pi R^2 = \pi(55 \text{ cm})^2$ =>
Área do tampo circular = 9.498,5 cm^2.

2) Área do cilindro = $2\pi RH = 2\pi(50 \text{ cm})(100 \text{ cm})$ =>
Área do cilindro = 31.400 cm^2.

3) Área do cone: como é um cone equilátero, o desenho mostra um triângulo equilátero de lado igual a 1 m (100 cm).
Área lateral do cone = πRg, onde: R = 50 cm e g = 100 cm.
Área lateral do cone = $\pi(50 \text{ cm})(100 \text{ cm}) = 15.700$ cm^2.

Conclusão: a área total a ser usada, para a fabricação do tanque é igual a 56.598,5 cm^2 = 5,65985 m^2.

Observação: Na prática, seria pensada a compra de, no mínimo 5,7 m^2, de chapa metálica. No mercado, esse tipo de chapa de aço é fornecido pelas siderúrgicas, no formato de 2,4 m de largura por 6,1 m de comprimento, ou seja, cada chapa comercial tem uma área de 14,64 m^2. Em geral, como comercialmente, só se vende ou uma chapa inteira (ou meia chapa), certamente terá que ser comprada meia chapa ou 7,32 m^2. Será usada a área de 5,7 m^2, com uma sobra de 1,62 m^2 (7,32 m^2 - 5,7 m^2 = 1,62 m^2).

10.2.2 Volume dos cones

O conceito lógico espacial para desenvolver o cálculo do volume de um cone, envolve a análise do volume de um prisma e o princípio de Cavalieri, como a seguir detalhado.

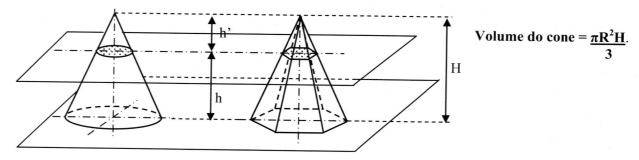

Volume do cone = $\dfrac{\pi R^2 H}{3}$

A figura mostra um cone e uma pirâmide de base hexagonal, ambas com a mesma altura e mesma área de base. Ao se passar um plano paralelo ao de base e à uma altura h, confirma-se que, pelo princípio de Cavalieri as duas seções superiores têm também a mesma área. Ou seja, confirma-se que o cone e pirâmide têm o mesmo volume. Conclusão: o volume de um cone é igual a um terço o produto da área da base (πR^2) pela altura (H).

Exercício 10.2.2.1) Considerando o exercício 10.2.1.1, determinar o volume total, em litros, do tanque de armazenamento.

Tem-se que calcular dois volumes: 1) Volume de um cilindro de diâmetro 1 m e altura 1 m e 2) Volume de um cone equilátero de lado ou geratriz igual a 1 m.

1) Volume do cilindro = $\pi R^2 H = \pi(50\ cm)^2(100\ cm)$ = 785.000 cm³ = 785 dcm3 = 785 litros.
2) Volume do cone = $\dfrac{\pi R^2 H}{3}$. Onde R = 50 cm e a altura H tem que ser calculada, como a seguir.

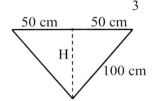

$100^2 = 50^2 + H^2 => H = \sqrt{100^2 - 50^2} => H = 86,6$ cm.

Volume do cone = $\dfrac{\pi R^2 H}{3} = \dfrac{\pi(50\ cm)^2(86,6\ cm)}{3}$ = 226.603,33 cm³ => 226,60333 dcm³ = 226,6 litros.

Conclusão: o volume total do tanque é igual a 1.011,6 litros (ou 1,0116 m³).

10.2.3 Troncos de cones

Uma superfície cônica reta pode ser cortada (seccionada) das seguintes formas: a) Por um plano paralelo à base, gerando uma circunferência ou um círculo (para cones sólidos); b) Por um plano inclinado à base, mas sem passar pela base, gerando uma elipse; c) Por um plano perpendicular à base, e passando pela base, gerando uma hipérbole (em verdade, são duas folhas de hipérbole) e d) Por um plano inclinado à base e passando pela base, gerando uma parábola. Aqui, nesse capítulo, serão estudados dois tipos de troncos de cone: o que gera uma circunferência ou círculo e o que gera uma elipse. Os outros troncos, que geram as curvas cônicas: parábola e hipérbole serão estudados na Unidade III, nos capítulos da Geometria Analítica.

Tronco de cone reto, com corte paralelo à base

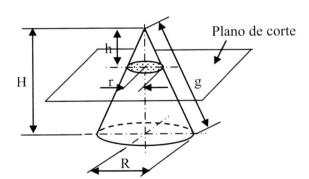

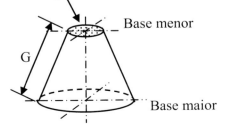

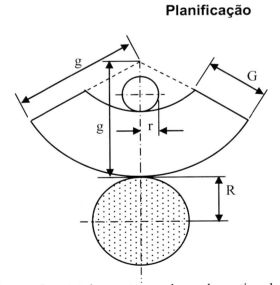

Tanto a área total, quanto o volume desse tipo de tronco de cone, podem ser calculados fazendo-se a diferença entre a área/volume do cone maior de altura H e base raio R e o cone menor de altura h e raio r.

Tronco de cone reto, com corte inclinado em relação à base

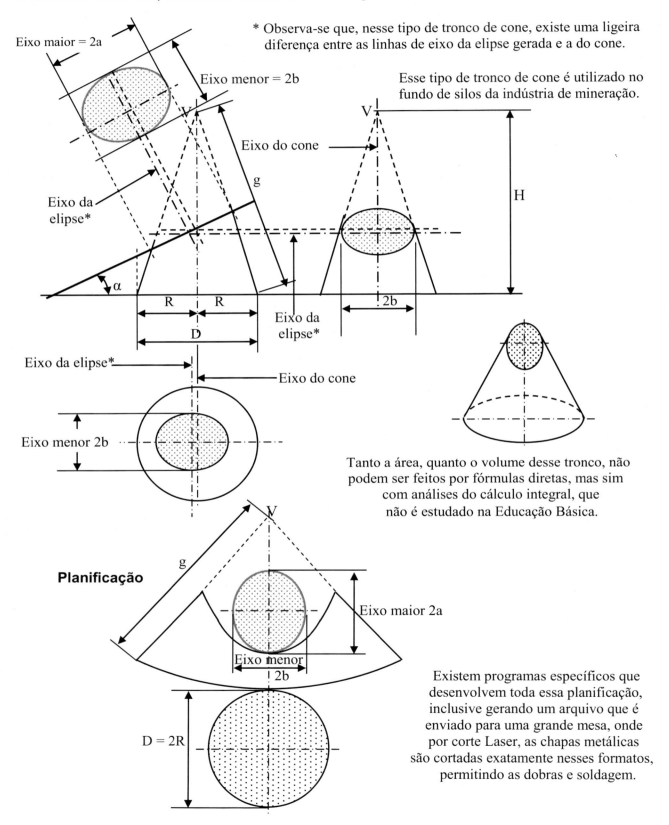

* Observa-se que, nesse tipo de tronco de cone, existe uma ligeira diferença entre as linhas de eixo da elipse gerada e a do cone.

Esse tipo de tronco de cone é utilizado no fundo de silos da indústria de mineração.

Tanto a área, quanto o volume desse tronco, não podem ser feitos por fórmulas diretas, mas sim com análises do cálculo integral, que não é estudado na Educação Básica.

Existem programas específicos que desenvolvem toda essa planificação, inclusive gerando um arquivo que é enviado para uma grande mesa, onde por corte Laser, as chapas metálicas são cortadas exatamente nesses formatos, permitindo as dobras e soldagem.

10.3 Esfera: definição, elementos e particularidades

Superfície esférica (esfera) é aquela de centro C e raio r > 0, sendo o lugar geométrico dos pontos do espaço que mantêm a mesma distância r do centro C. Em termos de características geométricas e nomenclatura uma esfera apresenta os seguintes elementos principais:

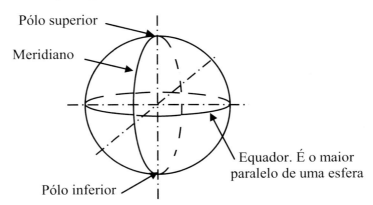

Qualquer corte em uma esfera maciça gera um círculo, com o perímetro sendo uma circunferência. Dois cortes se destacam em uma esfera: quando passa pelo eixo dividi-a em duas metades ou hemisferas e quando passa por outro ponto gera uma calota esférica, como a seguir mostrada. Esferas, hemisferas e calotas esféricas, têm muitas aplicações práticas, sendo uma delas na produção de espelhos ou lentes esféricas. Dependendo da parte considerada, ou seja, como incide o que se quer refletir, o espelho pode ser côncavo (superfície interna) ou convexo (superfície externa), como mostrado a seguir, em uma calota esférica.

Um exemplo prático, e icônico, do uso de calotas esféricas, na Arquitetura/Engenharia, está no prédio do Congresso Nacional, em Brasília, onde existem duas cúpulas na forma de calotas esféricas e posicionadas de formas opostas, ou seja, uma com a concavidade para cima e a outra para baixo. Quando teve essa ideia, na década de 1960, Oscar Niemeyer (1907-2012) não as colocou assim por acaso, mas sim com todo um significado filosófico. O Senado, que se encontra abaixo da cúpula côncava (virada para baixo), pretende transmitir e prevalecer a reflexão, a ponderação, o equilíbrio e o peso da experiência (já que o mandato dos senadores é de 8 anos) àqueles que o seu interior ocupar. Também pode representar a mais alta "cúpula" do país, sendo aquela que irá validar as regras e leis da nação. Já a cúpula convexa (virada para cima), localizada acima da Câmara dos Deputados, é maior e mais aberta; seu vértice vasto está aberto a todas as ideias e ideologias, tendências, anseios e opiniões que compõem o povo brasileiro, representados no interior do edifício pelos deputados.

Outro exemplo prático, de uso de esferas, na área de Engenharia, são as esferas metálicas utilizadas para armazenamento de gases sobre pressão (já citadas no exercício 10.2), por exemplo, o gás utilizado em fogões e aquecimento. Além desses existem muitos outros exemplos do uso de superfícies esféricas e de sólidos esféricos, tais como: bolas de bilhar, bolas de futebol e outros esportes.

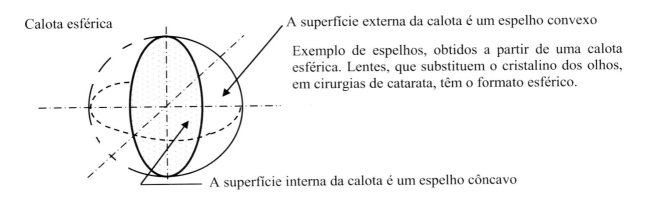

234 – A Geometria Básica

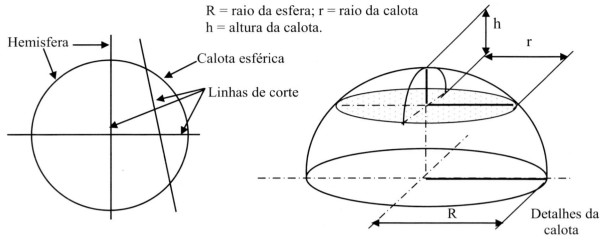

10.3.1 Planificação de superfícies esféricas

Existem diversas formas de se imaginar a planificação de uma superfície esférica, inclusive imaginando-se as bolas de futebol, onde classicamente se faz a planificação a partir de pentágonos e hexágonos, como a seguir mostrado, e como já visto no capítulo 8.

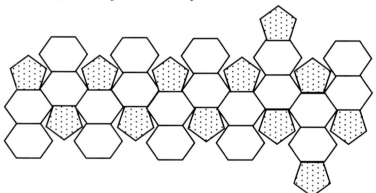

Observe-se que, a forma clássica de se planificar uma esfera, usada como bola de futebol, com gomos em couro, é com a construção de 12 pentágonos regulares e 20 hexágonos regulares.
Também se observa que, mesmo com essa construção, existem outras formas de se unir os gomos pentagonais e hexagonais.

Outra forma é dividindo-se a esfera em gomos, segundo os meridianos, e de forma semelhante a como se corta, por exemplo, uma laranja em gomos.

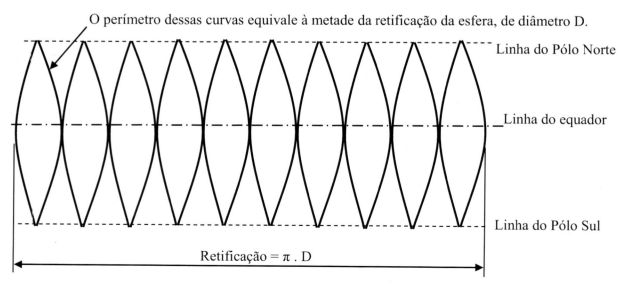

Quando a esfera é utilizada, como um reservatório esférico metálico, devido às soldas entre os gomos, a planificação não permite, por exemplo, que seja segundo os cortes de gomos anteriormente mostrados, pois nos Pólos ocorreria uma junção de várias soldas num único ponto, o que não é possível do ponto de vista da engenharia de fabricação mecânica (pois concentraria muitas tensões térmicas). Para esses tipos de esferas, também existem variações na forma de se planificar, dependendo do diâmetro e da espessura das chapas utilizadas. A planificação a seguir foi utilizada para uma esfera metálica de diâmetro 5 metros.

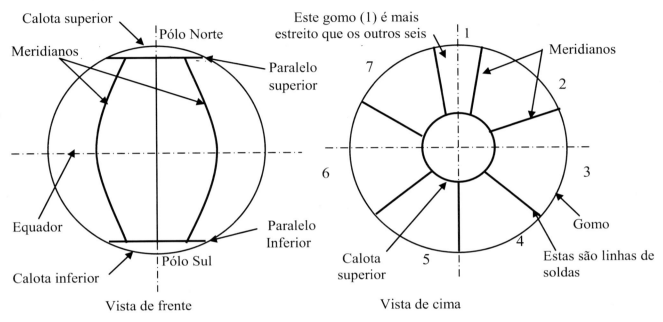

Com diâmetro interno de 5.000 mm, considerando a vista de frente, a circunferência planificada (perímetro) dessa esfera é igual a 15.707,5 mm. Em geral, chapas metálicas são fornecidas com 6.100 mm de comprimento por 2.400 mm de largura. As figuras a seguir mostram as imagens gerais da planificação dessa esfera. Na prática, cada gomo é dimensionado e detalhado, permitindo uma perfeita montagem.

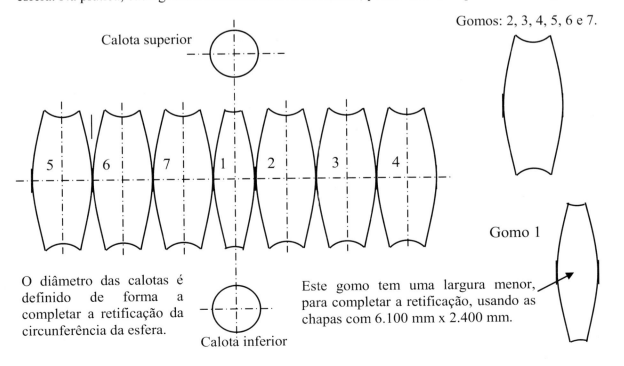

10.3.2 Exemplo de esfera metálica, usada como tanque de armazenamento

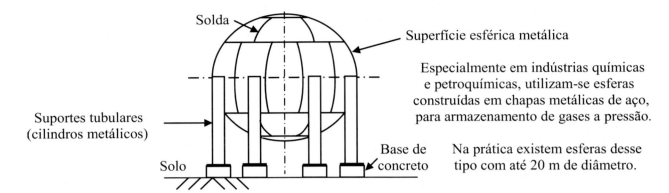

Especialmente em indústrias químicas e petroquímicas, utilizam-se esferas construídas em chapas metálicas de aço, para armazenamento de gases a pressão.

Na prática existem esferas desse tipo com até 20 m de diâmetro.

10.3.3 Volume de uma esfera

O conceito lógico espacial para desenvolver o cálculo do volume de uma esfera, envolve a análise do volume de um cilindro, dois cones e o princípio de Cavalieri, como a seguir detalhado.

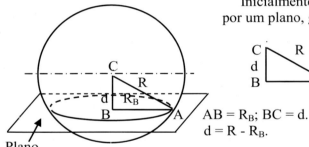

Inicialmente, imagina-se a esfera de centro C e raio R, seccionada por um plano, gerando o círculo de raio R_B e o triângulo retângulo ABC.

$R^2 = BC^2 + R_B^2 \Rightarrow R_B^2 = R^2 - d^2$.

Área do círculo de raio $R_B = \pi R_B^2 = \pi(R^2 - d^2)$.

$AB = R_B$; $BC = d$.
$d = R - R_B$.

Na sequência, considera-se um sólido Y, gerado a partir de um cilindro reto equilátero, ou seja, a altura é igual a diâmetro, sendo esse igual ao diâmetro da esfera ou duas vezes o raio R. Esse sólido Y é obtido retirando-se os volumes dos dois cones, como a seguir mostrado.

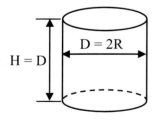 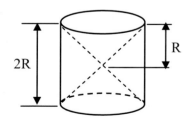 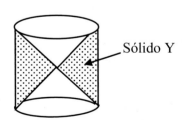

O volume do sólido Y é igual à diferença entre o volume do cilindro e dos volumes dos dois cones.

Volume do cilindro = $\pi R^2 2R = 2\pi R^3$. Volume do cone = $\dfrac{\pi R^2 2R}{3} = \dfrac{2\pi R^3}{3}$. Volume de dois cones = $\dfrac{2\pi R^3}{3}$.

Volume do sólido Y = $2\pi R^3 - \dfrac{2\pi R^3}{3} = 2\pi R^3(1 - \dfrac{1}{3}) = 2\pi R^3 \dfrac{2}{3} = \dfrac{4\pi R^3}{3}$.

Utilizando o princípio de Cavalieri, para obter o volume da esfera, considera-se a esfera e o cilindro apoiados no mesmo plano e seccionados por um novo plano, com a distância entre os planos igual à medida E.

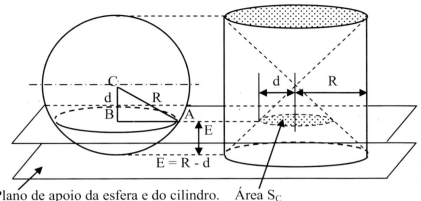

A área S_C da seção no sólido Y é igual à área da coroa circular, de raios d e R.

$$S_C = \pi R^2 - \pi r^2 = \pi(R^2 - d^2).$$

Observa-se que essa área da coroa é igual à área do círculo de raio R_B na esfera. Ou seja, as duas áreas são iguais, e pelo princípio de Cavalieri, tanto o volume da esfera, quanto o volume do sólido Y são iguais.

Portanto: $V_{esfera} = \dfrac{4\pi R^3}{3}$.

Plano de apoio da esfera e do cilindro.
E = distância entre os dois planos.
Área S_C

Volume de uma esfera = $\dfrac{4\pi R^3}{3}$.

10.3.4 Área da superfície de uma esfera

O raciocínio lógico espacial para desenvolver o cálculo da área da superfície da esfera é imaginá-la composta por uma infinidade de minúsculas pirâmides, por exemplo, de base hexagonal, com todos os vértices V coincidentes com o centro C da esfera e altura H igual ao raio R da esfera.

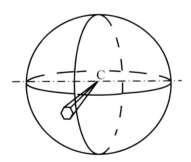

O volume de cada pirâmide é: $V_i = \dfrac{1}{3} A_i \times R$.

A_i = área da base da pirâmide.

Considerando "n" pirâmides o volume da esfera é: $V = V_1 + V_2 + ... + V_n$. Como: $V = \dfrac{4\pi R^3}{3}$, então:

$V = \dfrac{1}{3} A_1 R + \dfrac{1}{3} A_2 R + ... + \dfrac{1}{3} A_n R \Rightarrow V = \dfrac{4\pi R^3}{3} = \dfrac{1}{3} R \underbrace{(A_1 + A_2 + ... + A_n)}_{= A}$.

Quando "n" tende ao infinito, a soma das áreas das bases das pirâmides é igual à área A da superfície esférica, ou seja:

$\dfrac{4\pi R^{\cancel{3}2}}{\cancel{3}} = \dfrac{1}{\cancel{3}} \cancel{R} A \Rightarrow A = 4\pi R^2$, portanto:

Área da superfície esférica: $A_{esf.} = 4\pi R^2$.

10.4 Exercícios complementares resolvidos

10.4.1) (EsPCex - 2019). Sabendo que uma esfera de raio 10 cm está inscrita em um cone equilátero, determinar o volume, em litros, desse cone.

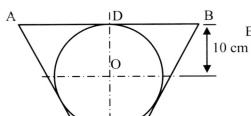

Raciocínio lógico e cálculos:

Estando inscrita, significa que a esfera é tangente aos lados do cone.

Como CD é uma das alturas do triângulo, OC que é igual ao raio, é um terço de CD. Ou seja: CD = 30 cm (30 cm/3 = 10 cm)
Nesse caso, CD é a altura do cone, portanto o volume é dado por:

$V = \dfrac{\pi R^2 H}{3}$.   R = raio do cone = AD = DB. H = 30 cm.

AB = AC = BC = lados do triângulo equilátero.

$L^2 = 30^2 + (L/2)^2$ => $L^2 = 900 + L^2/4$ => $3L^2/4 = 900$ =>

$L^2 = \dfrac{4.900}{3}$ => $L^2 = 1.200$ => L = 34,64 cm. R = L/2 => R = 17,32 cm.

$V = \dfrac{\pi R^2 H}{3} = \dfrac{\pi (17{,}32 cm)^2 (30\ cm)}{3} = 9.420\ cm^3 = 9{,}42\ dcm3 = 9{,}42$ litros.

Conclusão: o volume do cone é igual a 9,42 litros.

10.4.2) Em 2021 já era possível técnica e comercialmente imprimir, pela impressão 3D, os mais diversos objetos, bem como peças de máquinas, nos mais diferentes tipos de materiais, inclusive metais, como alumínio. Uma das vantagens de imprimir, por exemplo, peças em metais, é que não existe desperdício de material, usando-se exatamente a quantidade necessária. Uma empresa industrial recebeu um pedido para fabricar 10 peças, conforme o desenho a seguir, através da impressão em um tipo de liga de alumínio. Sabendo que essa impressão é feita com pó de alumínio, misturado com determinado material em pó de liga, determinar o volume total de pó a ser utilizado, em litros, bem como o peso total*, para imprimir as 10 peças. (Usar π = 3,14). (Ø: esse símbolo é a letra grega fi e significa diâmetro).
Observa-se que o processo de solidificação da mistura de pó, após a impressão tridimensional, é feito através de um processo de fabricação mecânica chamado sinterização.

* Esse pó tem peso específico de 670 kg/m³.

Uma análise lógico espacial mostra que terão que ser calculados quatro volumes: 1) De um tronco de cone reto; 2) De um cilindro reto; 3) De uma esfera e 4) De uma pequena calota esférica.

1) Volume do tronco de cone: inicialmente, determinam-se as dimensões do cone, para depois por diferenças, calcular o volume do tronco.

Capítulo 10 – Corpos redondos: cilindro, cone e esfera – 239

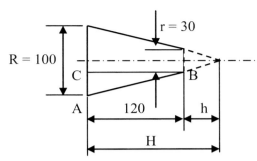

AC = $\frac{100 - 30}{2}$ = 35. Por semelhança de triângulo:

$\frac{H}{100} = \frac{120}{35}$ => H = $\frac{100 \times 120}{35}$ => H = 342,86 mm.

h = H - 120 => h = 342,86 - 120 => h = 222,86 mm.

Volume tronco = Volume cone maior - Volume cone menor.

Volume cone maior = $\frac{\pi R^2 H}{3}$ = $\frac{\pi (50 \text{ mm})^2 (342,86 \text{ mm})}{3}$ = 897.150,33 mm³.

Volume cone menor = $\frac{\pi r^2 h}{3}$ = $\frac{\pi (15 \text{ mm})^2 (222,86 \text{ mm})}{3}$ = 52.483,53 mm³.

Volume do tronco = 897.150,33 cm³ - 52.483,53 mm³ = 844.666,8 mm³ = 844,6668 cm³ = 0,8446668 dcm³.

Volume do tronco = 0,8447 litros.

2) Volume do cilindro: V = πr²h = π(15 mm)²(60 mm) = 42.390 mm³ = 42,390 cm³ = 0,04239 dcm³.

Volume do cilindro = 0,0424 litros.

3) Volume da esfera: V = $\frac{4\pi R^3}{3}$ = $\frac{4\pi (50 \text{ mm})^3}{3}$ = 523.333,33 mm³ = 523,33333 cm³ = 0,52333333 dcm³.

Volume da esfera = 0,5233 litros.

4) Volume da calota esférica: como esse volume envolve o conceito de ângulo sólido que, normalmente, não é estudado no Ensino Médio, aqui será mostrada apenas a fórmula e a solução para esse problema.

R = 50 mm
r = 15 mm

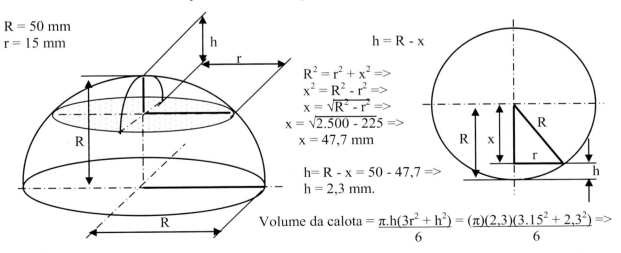

h = R - x

R² = r² + x² =>
x² = R² - r² =>
x = $\sqrt{R^2 - r^2}$ =>
x = $\sqrt{2.500 - 225}$ =>
x = 47,7 mm

h = R - x = 50 - 47,7 =>
h = 2,3 mm.

Volume da calota = $\frac{\pi \cdot h(3r^2 + h^2)}{6}$ = $\frac{(\pi)(2,3)(3 \cdot 15^2 + 2,3^2)}{6}$ =>

Volume da calota = 818,84 mm³ = 0,81884 cm³ = 0,00081884 dcm³ = 0,00082 litros.

Como o volume da calota tem que ser subtraído do volume da esfera, portanto:

Volume da parte esférica = 0,5233 litros - 0,00082 litros = 0,52248 litros.

Observa-se que o volume da calota é mínimo. Na prática é desconsiderado.

Volume de cada peça = 0,8447 litros + 0,0424 litros + 0,52248 litros.

Volume de cada peça = 1,40958 litros = 1,41 litros = 1,41 dcm³.

Cálculo do peso de cada peça:

Peso específico do pó = 670 kg/m³ = 0,67 kg/dcm³.

0,67 kg/dcm³, significa que um cubo desse material, com aresta de 10 cm, pesa 0,67 kg ou 670 gramas.

Peso de cada peça = 1,41 dcm³ x $\dfrac{0,67 \text{ kg}}{\text{dcm}^3}$ = 0,9447 kg. Ou seja: cada peça pesa cerca de 950 gramas.

Conclusão: serão necessários 14,1 litros de pó, equivalentes a cerca de 9,5 kg, para imprimir as 10 peças.

10.4.3) O sistema a seguir é composto de um tanque cilíndrico horizontal com tampos hemisféricos, uma bomba centrífuga e uma esfera de armazenamento. As manobras a serem feitas compreendem: a bomba aspira o fluido do tanque cilíndrico horizontal (pelo fundo) e envia para a esfera maior (pela parte superior). Baseando-se nas dimensões do tanque cilíndrico, determinar o diâmetro interno da esfera maior, em metros, de modo que seu volume seja 5% maior do que o volume total do tanque cilíndrico. Observa-se que, esses equipamentos são fabricados a partir do corte, dobramento e soldas de chapas planas de aço. (Usar π = 3,14).

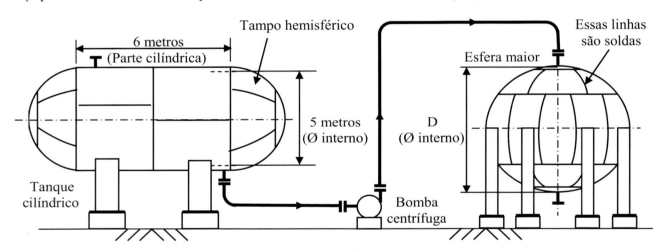

O raciocínio lógico espacial mostra que primeiro calcula-se o volume do tanque cilíndrico horizontal, aumenta-se esse volume em 5% e, então, calcula-se o diâmetro da esfera maior. O volume do tanque cilíndrico compreende: 1) o volume de um cilindro de 5 metros de diâmetro e 6 metros de comprimento e 2) o volume de duas hemisferas de diâmetro 5 metros, sendo que duas hemisferas iguais (uma em cada extremidade) equivalem a uma esfera. Ou seja, calculam-se os volumes de um cilindro e o de uma esfera.

Volume da parte cilíndrica = π r²L = π(2,5 m)²(6 m) = 117,75 m³.

Volume da esfera menor = $\dfrac{4\pi R^3}{3}$ = $\dfrac{4.\,\pi.(2,5 \text{ m})^3}{3}$ = 65,417 m³.

Volume total do tanque cilíndrico = 117,75 m³ + 65,417 m³ = 183,167 m³. Mais 5% = (183,167 m³)(1,05) =

= 192,33 m³. Volume da esfera maior = $\dfrac{4\pi R^3}{3}$ = 192,33 m³ => R³ = $\dfrac{3.(192,33 \text{ m}^3)}{4\pi}$ => R = $\sqrt[3]{45,94 \text{ m}^3}$ =>

R = 3,5815 m. Diâmetro D = 7,163 m = 7.163 mm.

Conclusão: o diâmetro D da esfera maior é igual a 7,163 m ou 7.163 mm.

10.4.4) Uma pirâmide reta tem base quadrada de aresta igual a 60 cm e altura 52 cm. Considerando um furo circular de diâmetro 20 cm, localizado a 25 cm da base, como mostrado, determinar o volume da pirâmide furada. (Usar $\pi = 3,14$).

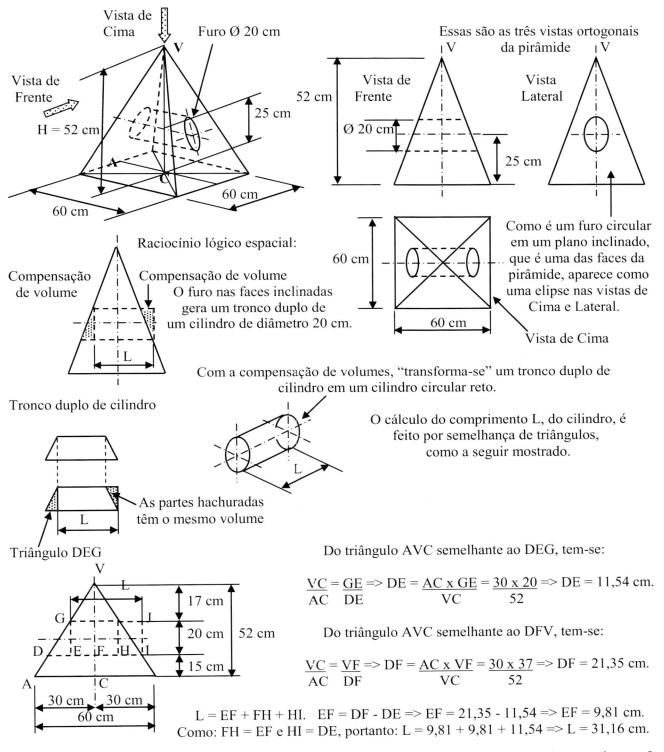

Do triângulo AVC semelhante ao DEG, tem-se:

$$\frac{VC}{AC} = \frac{GE}{DE} \Rightarrow DE = \frac{AC \times GE}{VC} = \frac{30 \times 20}{52} \Rightarrow DE = 11,54 \text{ cm}.$$

Do triângulo AVC semelhante ao DFV, tem-se:

$$\frac{VC}{AC} = \frac{VF}{DF} \Rightarrow DF = \frac{AC \times VF}{VC} = \frac{30 \times 37}{52} \Rightarrow DF = 21,35 \text{ cm}.$$

L = EF + FH + HI. EF = DF - DE => EF = 21,35 - 11,54 => EF = 9,81 cm.
Como: FH = EF e HI = DE, portanto: L = 9,81 + 9,81 + 11,54 => L = 31,16 cm.

O volume da pirâmide furada é igual ao volume da pirâmide menos o volume do cilindro de comprimento L igual a 31,16 cm e diâmetro 20 cm.

Volume da pirâmide = $\frac{\text{Área da base} \times \text{Altura}}{3}$ = $\frac{60 \text{ cm} \times 60 \text{ cm} \times 52 \text{ cm}}{3}$ = 62.400 cm³.

Volume do cilindro = $\pi r^2 L$ = $\pi (10 \text{ cm})^2 (31,16 \text{ cm})$ = 9.784,24 cm³.

Volume da pirâmide furada = 62.400 cm³ - 9.784,24 cm³ = 52.615,76 cm³.

Conclusão: o volume da pirâmide furada é igual a 52.615,76 cm³.

10.4.5) (UERJ - 2020). No cilindro circular reto, mostrado a seguir, observam-se dois cones congruentes, de mesmo vértice, cujas bases coincidem com as bases do cilindro. Sabendo que o raio do cilindro é 10 cm e sua altura é 20 cm, pedem-se: a) A altura de um desses cones e b) O volume, em cm³, da região interior ao cilindro e exterior aos cones, mostrada como hachurada. (Usar π = 3,14).

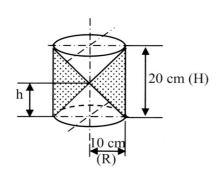

Raciocínio lógico espacial e cálculos:

Considerando V1 como a região a ser calculada, tem-se que:
V1 = Volume do cilindro - 2(Volume do cone).

Como os cones são congruentes, a altura de cada um é igual a 10 cm.
Volume do cilindro = $\pi R^2 H$ = $\pi (10 \text{ cm})^2 (20 \text{ cm})$ = 6.280 cm³.
Volume de um cone = $\frac{\pi R^2 h}{3}$ = $\frac{\pi (10 \text{ cm})^2 (10 \text{ cm})}{3}$ = 1.046,67 cm³.
Volume dos dois cones = 2.093,34 cm³.

V1 = 6.280 cm³ - 2.093,34 cm³ = 4.186,67 cm³.

Conclusão: a) A altura de cada cone é igual a 10 cm e b) O volume da área hachurada é igual a 4.186,67 cm³.

10.4.6) A peça a seguir, será fabricada a partir de um tarugo circular de aço, com diâmetro 100 mm e comprimento 200 mm. A fabricação ocorrerá numa máquina chamada torno mecânico, onde o tarugo gira e uma ferramenta de corte vai removendo material, conforme os diâmetros e comprimentos necessários. Com esses dados, calcular o volume de material, em dcm³, que será removido do tarugo original.

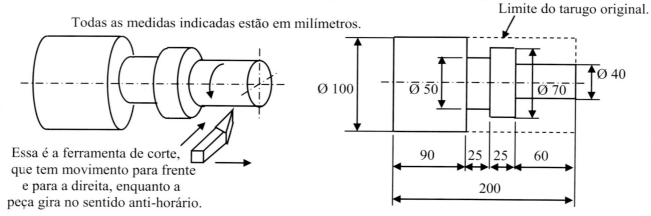

O raciocínio lógico espacial mostra que o volume de material a ser removido, será igual à diferença dos volumes do tarugo original, ou seja, um cilindro reto de diâmetro 100 mm e comprimento 200 mm pelos volumes de cada parte, que são quatro cilindros de diâmetros e comprimentos diferentes.
Os quatro cilindros têm as seguintes dimensões: 1) Ø 100 mm e comprimento 90 mm; 2) Ø 50 mm e comprimento 25 mm; 3) Ø 70 mm e comprimento 25 mm e 4) Ø 40 mm e comprimento 60 mm. O tarugo original tem diâmetro 100 mm e comprimento 200 mm.

1) Volume do cilindro 1: $\pi R^2 L = \pi(50\text{ mm})^2(90\text{ mm}) = 706.500\text{ mm}^3 = 706{,}500\text{ cm}^3 = 0{,}7065\text{ dcm}^3$.

2) Volume do cilindro 2: $\pi R^2 L = \pi(25\text{ mm})^2(25\text{ mm}) = 49.062{,}5\text{ mm}^3 = 49{,}0625\text{ cm}^3 = 0{,}0490625\text{ dcm}^3$.

3) Volume do cilindro 3: $\pi R^2 L = \pi(35\text{ mm})^2(25\text{ mm}) = 96.162{,}5\text{ mm}^3 = 96{,}1625\text{ cm}^3 = 0{,}0961625\text{ dcm}^3$.

4) Volume do cilindro 4: $\pi R^2 L = \pi(20\text{ mm})^2(60\text{ mm}) = 75.360\text{ mm}^3 = 75{,}36\text{ cm}^3 = 0{,}07536\text{ dcm}^3$.

5) Volume do tarugo original $= \pi R^2 L = \pi(50\text{ mm})^2(200\text{ mm}) = 1.570.000\text{ mm}^3 = 1.570\text{ cm}^3 = 1{,}5\text{ dcm}^3$.

Volume do material que será removido:

$V = 1{,}5\text{ dcm}^3 - (0{,}7065\text{ dcm}^3 + 0{,}0490625\text{ dcm}^3 + 0{,}0961625\text{ dcm}^3 + 0{,}0961625\text{ dcm}^3) = 0{,}572915\text{ dcm}^3$.

Conclusão: o volume do material a ser removido é igual a cerca de 0,573 dcm³.

Observação: a partir do tarugo original, cerca de 38% será removido, ou melhor, desperdiçado. Se essa peça for produzida a partir de uma impressão tridimensional, só será utilizado o material necessário.

10.4.7) (AFA). Determinar o volume de um cilindro, cuja base está circunscrita a um triângulo equilátero de lado $2\sqrt{3}$ m, e cuja altura é a mesma do triângulo Inscrito em sua base.

Raciocínio lógico espacial:

Como o triângulo é equilátero, as linhas das três alturas passam pelo centro da circunferência e o raio R da circunferência é, portanto, igual a 2/3 de H.

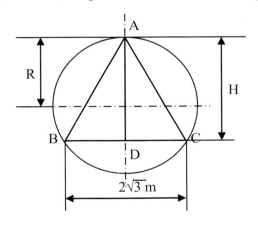
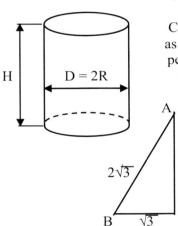

$AB^2 = AD^2 + BD^2 \Rightarrow$
$H^2 = AB^2 - BD^2 \Rightarrow$
$H^2 = (2\sqrt{3})^2 - (\sqrt{3})^2 \Rightarrow$
$H^2 = (4)(3) - 3 = 9 \Rightarrow$
$H = 3$ m.

Como $R = 2/3\,H \Rightarrow R = 2$ m.

O volume do cilindro $= \pi R^2 H = \pi(2\text{ m})^2(3\text{ m}) = 12\pi\text{ m}^3$.

Conclusão: o volume do cilindro é igual a 12π m³ ou 37,68 m³.

10.4.8) (UFF). No paralelogramo a seguir, determinar o volume do sólido gerado, quando o paralelogramo é girado em torno da reta suporte do lado MQ.

Os triângulos mostrados são iguais.

Raciocínio lógico espacial:

Devido igualdade dos triângulos, o paralelogramo se transforma num retângulo que, ao ser girado, se transforma num cilindro de raio h e comprimento ou altura L.
Volume $= \pi h^2 L$.

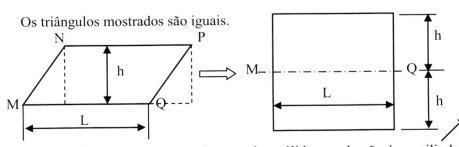

Esse raciocínio é apenas para o volume, pois o sólido gerado não é um cilindro.

Conclusão: o volume do sólido gerado é igual a πh²L.

Esse é o sólido gerado, pela rotação do paralelogramo.

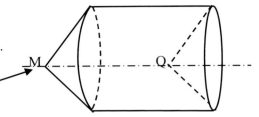

10.4.9) (ENEM - 2019). Uma construtora pretende conectar um reservatório central (R_C) em formato de um cilindro, com raio interno igual a 2 m e altura interna igual a 3,3 m, a quatro reservatórios cilíndricos auxiliares (R_1, R_2, R_3 e R_4), os quais possuem raios internos e alturas internas medindo 1,5 m.

As ligações entre o reservatório central e os auxiliares são feitas por tubos cilíndricos com 0,10 m de diâmetro interno e 20 m de comprimento, conectados próximos às bases de cada reservatório. Na conexão de cada um desses canos, com o reservatório central, há registros que liberam ou interrompem o fluxo de água. (Considerar π = 3,14).

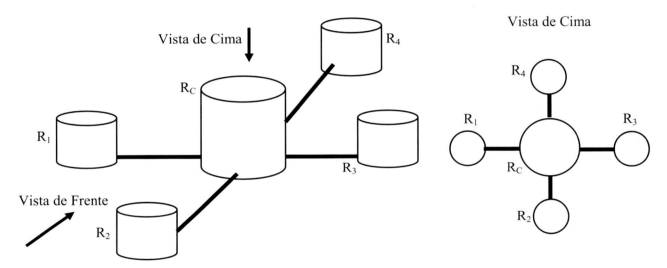

No momento em que o reservatório central está cheio, e os auxiliares vazios, abrem-se os quatro registros e, após algum tempo, as alturas dos colunas de água nos reservatórios se iguala, assim que cessa o fluxo de água entre eles, pelo princípio dos vasos comunicantes. Determinar a medida, em metro, das alturas das colunas de água nos reservatórios auxiliares, após cessar o fluxo de água entre eles.

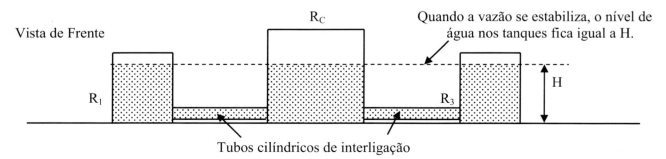

Raciocínio lógico: Existem nove lugares onde todo o volume de água, que inicialmente é igual ao volume do reservatório central, é distribuído até que todos os reservatórios fiquem no mesmo nível, altura H.

Capítulo 10 – Corpos redondos: cilindro, cone e esfera – 245

Raciocínio matemático: O volume do reservatório central será distribuído pelos quatro tubos cilíndricos, pelos quatro reservatórios menores e também haverá água no reservatório central. Os cálculos matemáticos compreendem determinar os seguintes volumes: 1) Do reservatório Central; 2) Dos quatro reservatórios menores, considerando altura H e 3) Dos quatro tubos de interligação entre o reservatório central e os outros reservatórios.

Volume do reservatório central = π(2 m)²(3,3 m) = 41,448 m³.
Volume dos quatro trechos de tubos = 4[π(0,1 m)²(20 m)] = 2,512 m³.

Como o volume do reservatório central será distribuído para todo o sistema, então:

4[π(1,5 m)²(H m)] + π(2 m)²(H m) + 2,512 m³ = 41,448 m³.
9πH m² + 4π H m² + 2,512 m³ = 41,448 m³ => 13πH m² = 38,936 m³ => H = 38,936 m³ => H = 0,954 m.
                                                                                    13π m²

Conclusão: a medida, em metro, das alturas das colunas de água nos reservatórios auxiliares, após cessar o fluxo de água entre eles é igual a 0,954 m ou 954 mm.

10.4.10) (ENEM - 2019). Muitos restaurantes servem refrigerantes em copos contendo limão e gelo. Suponha um copo de formato cilíndrico, com as seguintes medidas: diâmetro = 6 cm e altura = 15 cm. Nesse copo, há três cubos de gelo, cujas arestas medem 2 cm cada, e duas rodelas cilíndricas de limão, com 4 cm de diâmetro e 0,5 cm de espessura cada. Considere que, ao colocar o refrigerante no copo, os cubos de gelo e os limões ficarão totalmente imersos. (Use 3 como aproximação para π). Determinar o volume máximo de refrigerante, em centímetros cúbicos, que cabe nesse copo contendo as rodelas de limão e os cubos de gelo, com suas dimensões inalteradas.

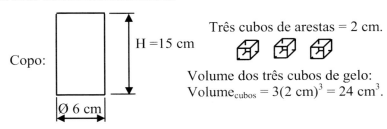

Volume do copo = π(3 cm)²(15 cm) = 405 cm³.

O raciocínio lógico mostra que o volume máximo de refrigerante é igual ao volume do copo menos a soma dos volumes dos três cubos de gelo e das duas rodelas de limão.

Volume$_{máximo}$ = 405 cm³ - (24 cm³ + 12 cm³) = 369 cm³.

Conclusão: o volume máximo de refrigerante que cabe no copo é igual a 369 cm³.

10.4.11) (ENEM - 2018). A figura a seguir mostra uma anticlepsidra (partes hachuradas), que é um sólido geométrico obtido ao se retirar dois cones opostos pelos vértices de um cilindro equilátero, cujas bases coincidam com as bases desse cilindro. A anticlepsidra pode ser considerada, também, como o sólido resultante da rotação de uma figura plana em torno de um eixo.

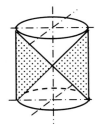

Determinar a figura plana que, ao ser girada, em torno de um eixo da origem à anticlepsidra.

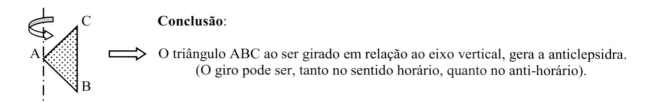

Conclusão:

O triângulo ABC ao ser girado em relação ao eixo vertical, gera a anticlepsidra.
(O giro pode ser, tanto no sentido horário, quanto no anti-horário).

10.4.12) Uma das formas de se obter uma mola em espiral cilíndrica é enrolando, por exemplo, um arame em um cilindro, segundo um determinado ângulo constante. Tendo-se um cilindro com diâmetro 1 cm, enrola-se um arame segundo um ângulo de 30°. Quantas voltas (n) se deve dar, ao redor do cilindro, para se ter uma mola com comprimento de 31,4 cm. (Considerar $\pi = 3,14$).

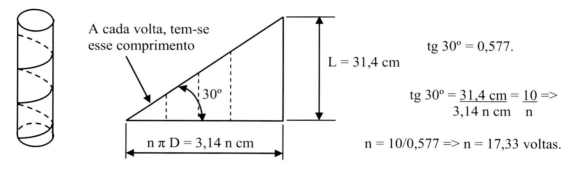

tg 30° = 0,577.

tg 30° = $\frac{31,4 \text{ cm}}{3,14 \text{ n cm}} = \frac{10}{n}$ =>

n = 10/0,577 => n = 17,33 voltas.

Conclusão: para se ter uma mola com 31,4 cm de comprimento, tem-se que dar 17 voltas e mais um terço de volta (0,33 voltas ou o equivalente a mais 120° de volta).

10.4.13) (ENEM - 2014). Para fazer um pião, brinquedo muito apreciado pelas crianças, um artesão utilizará o torno de madeira para trabalhar um pedaço de madeira em formato de cilindro reto, cujas medidas do diâmetro e da altura estão ilustradas na Figura 1. A parte de cima desse pião será uma semiesfera (ou hemiesfera), e a parte de baixo, um cone com altura 4 cm, conforme Figura 2. O vértice do cone deverá coincidir com o centro da base do cilindro. Como o artesão deseja fazer um pião com a maior altura que esse pedaço de madeira possa proporcionar, e de modo a minimizar a quantidade de madeira a ser descartada, determinar a quantidade de madeira, em cm³, a ser descartada. (Considerar $\pi = 3,14$).

Raciocínio lógico espacial:

Para visualizar como a madeira cilíndrica pode gerar o pião, basta fazer uma sobreposição das vistas frontais dos dois sólidos, como a seguir.

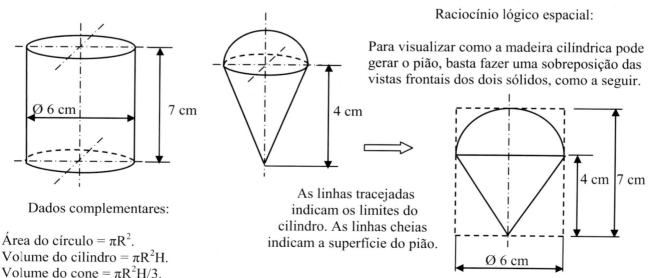

As linhas tracejadas indicam os limites do cilindro. As linhas cheias indicam a superfície do pião.

Dados complementares:

Área do círculo = πR^2.
Volume do cilindro = $\pi R^2 H$.
Volume do cone = $\pi R^2 H/3$.
Volume da esfera = $4\pi R^3/3$.

Capítulo 10 – Corpos redondos: cilindro, cone e esfera – 247

O raciocínio lógico matemático mostra que a quantidade de madeira a ser descartada é igual à diferença do volume do cilindro pelos volumes somados do cone e da hemisfera.

Volume do cilindro = $\pi R^2 H = \pi(3\ cm)^2(7\ cm) = 197{,}82\ cm^3$.
Volume da hemiesfera = $4\pi R^3/6 = 4\pi(3\ cm)^3/6 = 56{,}52\ cm^3$.
Volume do cone = $\pi R^2 H/3 = \pi(3\ cm)^2(4\ cm)/3 = 37{,}68\ cm^3$.

Volume a ser descartado = $197{,}82\ cm^3 - (56{,}52\ cm^3 + 37{,}68\ cm^3) = 103{,}62\ cm^3$.

Conclusão: a quantidade de madeira a ser descartada é igual a 103,62 cm³ ou 52,38% do volume do cilindro de madeira original.

10.4.14) (ENEM - 2015). Uma fábrica brasileira de exportação de peixes vende para o exterior atum em conserva, em dois tipos de latas cilíndricas: uma de altura igual a 4 cm e raio 6 cm, e outra de altura desconhecida e raio de 3 cm, respectivamente, conforme figuras. Determinar a altura X desconhecida, sabendo-se que a medida do volume da lata que possui raio maior, V1, é 1,6 vezes a medida do volume da lata que possui raio menor, V2. (Considerar $\pi = 3{,}14$).

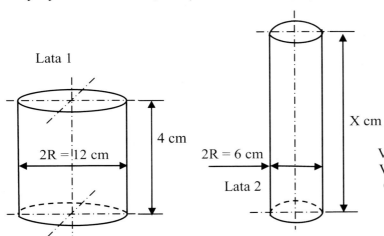

Raciocínio lógico matemático:

Calcula-se o volume V1 da lata 1, com as medidas conhecidas e multiplica-se por 1,6. Como o volume V1 = (1,6)V2, então: V2 = V1/1,6. Com o volume V2 calculado, e sabendo que: V2 = $\pi(3\ cm)^2(X)$, acha-se: X cm = V2 $cm^3/9\pi\ cm^2$.

Volume V1 = $\pi(6\ cm)^2(4\ cm) = 452{,}16\ cm^3$.
Volume V2 = V1/1,6. = $452{,}16\ cm^3/1{,}6$ =>
Como Volume V2 = $282{,}6\ cm^3$, portanto:
X cm = $282{,}6\ cm^3/9\pi\ cm^2 = 10\ cm$.

Conclusão: a altura X da lata 2 é igual a 10 cm.

10.4.15) (ENEM - 2014). Enchem-se, segundo vazões constantes e idênticas, dois reservatórios, um em forma de um cilindro circular reto e outro em forma de prisma reto de base quadrada, cujo lado da base tem a mesma medida do diâmetro da base do primeiro reservatório. Com esses dados, desenhar o gráfico que representa a variação das alturas dos níveis da água do reservatório cilíndrico (h1) e do reservatório em forma de prisma (h2), em função do volume de água contido em cada um dos reservatórios (V).

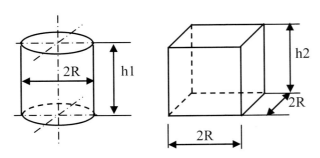

Raciocínio lógico espacial:

Como o diâmetro do círculo do cilindro é igual ao lado do quadrado base do prisma, é lógico que a área do quadrado é maior do que a do círculo, ou seja, para um mesmo volume, a altura de líquido no reservatório prismático é menor do que a altura no reservatório cilíndrico, como nas figuras.

Raciocínio matemático:

Volume cilindro = $\pi R^2 h1$.
Volume prisma = $(2R)^2 h2 = 4R^2 h2$.

$V = \pi R^2 h1 \Rightarrow h1 = V/\pi R^2$.
$V = 4R^2 h2 \Rightarrow h2 = V/4R^2$.

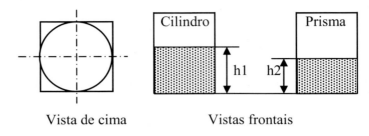
Vista de cima   Vistas frontais

Para volumes iguais, é lógico que: h1 > h2. O gráfico da variação das alturas, em função do volume é:

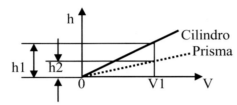

Conclusão: para o mesmo volume V, h1 é maior do que h2.

10.5 Exercícios propostos (Veja respostas no Apêndice A)

10.5.1) Uma caixa cúbica tem um volume de 27 dcm³ e no seu interior são colocadas esferas, todas de mesmo diâmetro, conforme mostra uma visão de uma das faces do cubo. Baseado nisso pedem-se: a) Qual o diâmetro de cada esfera? b) Quantas esferas podem ser colocadas, dessa forma? e c) Qual a relação percentual entre a soma dos volumes de todas as esferas, em relação ao volume da caixa? (Usar $\pi = 3{,}14$).

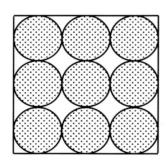

10.5.2) Uma esfera, a seguir mostrada, tem diâmetro de 50 cm e o furo que passa por toda a esfera, do Pólo Norte ao Pólo Sul, tem diâmetro 20 cm. Determinar o volume da esfera furada, em dcm³. (Usar $\pi = 3{,}14$).

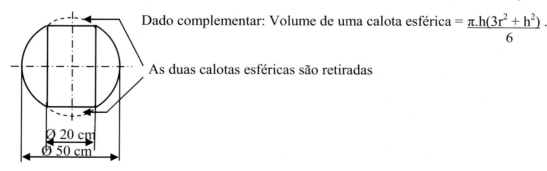

Dado complementar: Volume de uma calota esférica = $\dfrac{\pi . h(3r^2 + h^2)}{6}$.

As duas calotas esféricas são retiradas

10.5.3) (UERJ - 2018). Duas latas contêm 250 ml e 350 ml de um mesmo suco e são vendidas, respectivamente, por R$ 3,00 e R$ 4,90. Tomando por base o preço por mililitro do suco, determinar quantos por cento a lata maior é mais cara do que a lata menor.

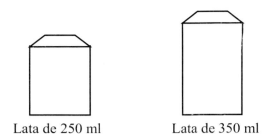

Lata de 250 ml   Lata de 350 ml

10.5.4) (UFOP). Um circo tem sua cobertura no formato de um cone reto, com 24 metros de raio de base e 7 metros de altura. A parte cilíndrica tem, por óbvio, 24 metros de raio e 3 m de altura. Com esses dados, determinar a área de lona necessária para cobrir totalmente o circo.

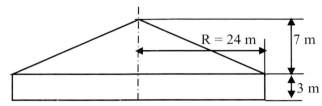

10.5.5) (UFRN). Um tronco de madeira, em forma de cilindro, de altura H e raio R, é transformado em uma barra de madeira, em forma de um paralelepípedo de base quadrada, com aproveitamento máximo da madeira. Sabendo que o volume original do tronco era $V = \pi R^2 H$, determinar o volume da barra.

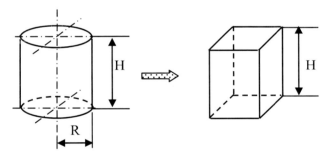

10.5.6) (ENEM - 2014). Um sinalizador de trânsito, para uso noturno, tem o formato de um cone circular reto, fabricado em plástico, devendo ser revestido externamente com um adesivo fluorescente, desde sua base até a metade de sua altura. O responsável pela colocação do adesivo precisa fazer o corte do material de maneira que a forma do adesivo corresponda exatamente à parte da superfície lateral a ser revestida. Das cinco opções a seguir, qual deverá ser a forma do adesivo?

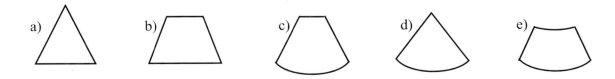

10.5.7) (ENEM - 2016). Uma indústria de perfumes embala seus produtos, atualmente, em frascos esféricos de raio R, com um volume dado por: $V_{esfera} = (4/3)(\pi R^3)$. Observou-se que haverá redução de custos se forem utilizados frascos cilíndricos com raio de base igual a R/3, cujo volume é: $V_{cilindro} = (R/3)^2(\pi H)$, sendo H a altura da nova embalagem. Para que seja mantida a mesma capacidade do frasco esférico, qual deve ser a altura H do frasco cilíndrico, em função do raio R?

250 – A Geometria Básica

10.5.8) (EsSA - 2012). Dobrando-se a altura de um cilindro circular reto e triplicando o raio de sua base, determinar por quanto seu volume será multiplicado.

10.5.9) (EsSA - 2014). Dobrando o raio da base de um cone e reduzindo sua altura à metade, o que acontece com seu volume?

10.5.10) Qual o volume de uma esfera, colocada dentro de uma caixa cúbica de volume 64 m³, sabendo que a superfície da esfera encosta nas faces internas da caixa?

10.5.11) (EEAR - 2017). Uma esfera está inscrita num cilindro equilátero, cuja área lateral é igual a 16πcm². Qual o volume dessa esfera?

10.5.12) Considerando o triângulo a seguir, determinar os tipos e os volumes dos sólidos gerados, quando se gira a figura, das seguintes maneiras: a) Em relação ao lado de 4 cm e b) Em relação ao lado de 3 cm.

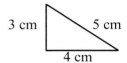

10.5.13) Considerando o trapézio retângulo a seguir, determinar o tipo do sólido gerado, quando o trapézio é girado em torno do lado AB.

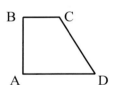   AB = 5 cm; BC = 2 cm e AD = 5 cm.

10.5.14) (ENEM - 2016) Uma artesã confecciona dois diferentes tipos de vela ornamental a partir de moldes feitos com cartões de papel retangulares de 20 m x 10 cm (conforme ilustram as figuras abaixo). Unindo dois lados opostos do cartão, de duas maneiras, a artesã forma cilindros e, em seguida, os preenche completamente com parafina. Supondo que o custo da vela seja diretamente proporcional ao volume da parafina empregada, determinar o custo da vela do tipo I, em relação ao custo da vela do tipo II.

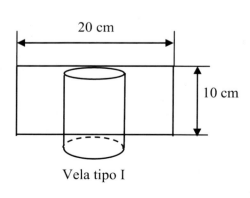
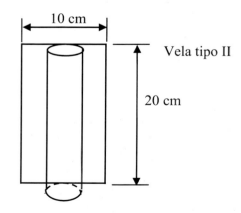

10.5.15) Qual é o volume de um cilindro cuja altura H é igual ao dobro do seu raio R?

10.5.16) (ENEM - 2016). Em regiões agrícolas, é comum a presença de silos para armazenamento e secagem de grãos, no formato de um cilindro reto sobreposto por um cone, como mostrado no desenho a seguir. Com o silo cheio, o transporte de grãos é feito em caminhões de carga, cuja capacidade é de 20 m³. Uma região possuí um silo cheio e apenas um caminhão para transportar os grãos, para a usina de beneficiamento. Qual o número mínimo de viagens que o único caminhão, que existe, deverá fazer para escoar todo o volume de grãos armazenado no silo? (Considerar π = 3).

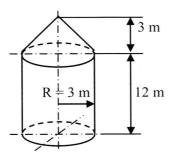

10.5.17) (EEAR - 2017). Um escultor irá pintar completamente a superfície de uma esfera de 6 metros de diâmetro, utilizando uma tinta que, para essa superfície, rende 3 m² por litro. Determinar quantos litros de tinta o escultor irá gastar.

10.5.18) (EsFAO). Em uma cavidade cônica, como figura a seguir, cuja abertura tem um raio de 8 cm e profundidade 32/3 cm, deixa-se cair uma esfera de 6 cm de raio R. Determinar a distância H do vértice A da cavidade cônica ao centro da esfera.

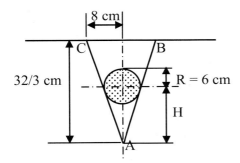

10.5.19) (EsPCEX). Um trapézio isósceles, cujas bases medem 2cm e 4 cm, e cuja altura é 1 cm, sofre uma rotaçãode 180° em torno do eixo que passa pelos pontos médios das bases. Determinar o volume, em cm3 do sólido gerado por essa rotação.

10.5.20) (ENEM - 2015). Em um prédio, para resolver o problema de abastecimento de água foi decidido, numa reunião do condomínio, a construção de uma nova cisterna. A cisterna atual tem formato cilíndrico, com 3 m de altura e 2 m de diâmetro e, estimou-se que a nova cisterna deverá comportar 81 m³ de água, mantendo o formato cilíndrico e a altura da atual. Após a inauguração da nova cisterna a antiga será desativada. Considerando π igual a 3, determinar o aumento em metros, no raio da cisterna para atingir o volume desejado.

10.5.21) (ENEM - 2015). O índice pluviométrico é utilizado para mensurar a preciptação da água da chuva, em milímetros, em determinado período de tempo. Seu cálculo é feito de acordo com o nível de água da chuva acumulada em 1 m², ou seja, se o índice for de 10 mm, significa que a altura do nível de água acumulada em tanque aberto, em formato de um cubo com 1 m² de área de base, é de 10 mm. Em uma região, após um forte temporal, verificou-se que a quantidade de chuva acumulada em uma lata de formato cilíndrico, com raio 300 mm e altura 1.200 mm, era de um terço da sua capacidade. Considerando π igual a 3, determinar o índice pluviométrico da região, em milímetros, durante o período do temporal.

10.5.22) (EsSA - 2016). Duas esferas de raios 3 cm e $\sqrt[3]{51}$ cm são fundidas para formar uma nova esfera. Determinar o raio da nova esfera.

10.5.23) (EsSA - 2017). Sabendo que a geratriz de um cone circular reto de altura 8 cm é 10 cm, determinar a área da base desse cone.

10.5.24) Determinar a altura H do nível máximo (em relação à parede interna do fundo) de um produto químico, dentro de um equipamento cilíndrico vertical, com tampos hemisféricos, quando é transferido, por meio de uma bomba centrífuga, de um silo cilíndrico vertical com tampo plano e fundo cônico. Considere-se que o silo de fundo cônico esteja totalmente cheio, e o equipamento com tampos hemisféricos esteja vazio. (Considerar $\pi = 3,14$).

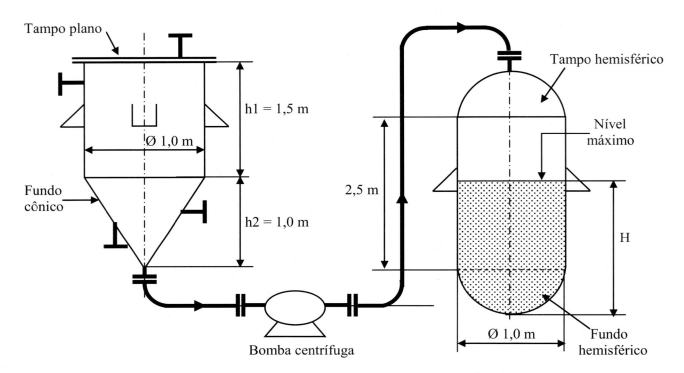

10.5.25) (ENEM - 2014). Uma empresa farmacêutica produz medicamentos em pílulas, cada uma na forma de um cilindro, com uma semiesfera (ou hemiesfera) com o mesmo raio do cilindro, em cada uma de suas extremidades. Essas pílulas são moldadas por uma máquina programada para que os cilindros tenham sempre 10 mm de comprimento, adequando o raio de acordo com o volume desejado. Um medicamento é produzido em pílulas com 5 mm de raio. Para facilitar a deglutição, deseja-se produzir esse medicamento diminuindo o raio R para 4 mm, e, por consequência, seu volume. Isso exige a reprogramação da máquina que produz essas pílulas. Usando 3 como valor aproximado para π, determine a redução de volume da pílula, em milímetros cúbicos, após a reprogramação da máquina.

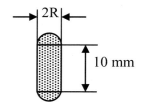

UNIDADE III

A GEOMETRIA ANALÍTICA NO ESPAÇO BIDIMENSIONAL (X, Y) OU ESPAÇO R^2. O PLANO E AS COORDENADAS CARTESIANAS. ESTUDO DAS RETAS

Capítulo 11
Ponto, reta e plano. Plano cartesiano. Sistema de coordenadas cartesianas (x; y). Distâncias entre pontos

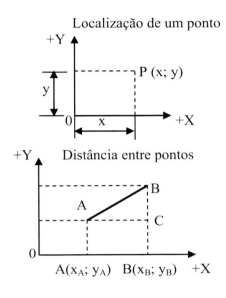

Há cerca de 400 anos, René Descartes (1596-1650) idealizou uma forma de localizar pontos no espaço bidimensional (R^2), propondo um sistema de coordenadas, com dois eixos ortogonais (X; Y), possibilitando também valores positivos e negativos de abscissas (x) e ordenadas (y). Com o sistema de coordenadas, chamado de Cartesiano, foi possível, não só o cálculo da distância entre pontos, em especial resolvendo problemas de polígonos, mas também permitindo e facilitando o estudo de diversas curvas e funções, tais como: circulares, elípticas, parabólicas, hiperbólicas, trigonométricas, exponenciais, logarítmicas, etc. Os modernos braços robóticos industriais, que localizam e usinam furos em chapas planas, bem como a movimentação de peças no plano XY, utilizam programas baseados nos sistemas de coordenadas cartesianas e polares.

$$AB^2 = AC^2 + BC^2 \Rightarrow |\overline{AB}| = \sqrt{(x_B - x_A)^2 + (y_B - y_A)^2}$$

11.1 O ponto

Um ponto pode ser interpretado como o lugar geométrico da interseção de duas retas, tanto no plano bidimensional (X, Y), quanto no tridimensional (X, Y, Z). Também se pode interpretar um ponto como a interseção de três planos. Observe a figura abaixo (um hexaedro ou cubo) que, embora esteja representada na folha plana (X, Y), deste livro, dá a impressão de ser uma coisa sólida ou tridimensional (X, Y, Z).

O hexaedro ou cubo

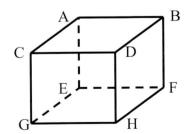

Nesta figura, cada um dos oito pontos: A, B, C, D, E, F, G, H, é o resultado da interseção de três planos.

Também deve ser observado que, estes oito pontos surgem do posicionamento de seis planos: ABCD, EFGH, ACGE, BDHF, ABEF e CDGH.

Considerando esta figura como um sólido, no caso um hexaedro ou cubo, cada ponto é chamado vértice. Este sólido lembra um dado de brincar, com números de um a seis, um em cada face ou plano.

Imagine um ponto na folha desse livro? Esse ponto está num espaço bidimensional, pois o plano da folha só tem largura (X) e altura (Y). Imagine um ponto dentro de uma sala de aula? Este ponto está num espaço tridimensional (X, Y, Z), pois a sala tem volume, ou melhor: comprimento, largura e altura.

11.2 O que é um segmento de reta?

Segmento de reta é a linha que representa a menor distância entre dois pontos. Marque dois pontos em uma folha qualquer, una-os com uma régua; pronto, tem-se um segmento de reta. A menor distância entre dois pontos é uma reta. Uma reta é a linha contínua que passa por dois pontos, no plano bidimensional (X, Y) ou no espaço tridimensional (X, Y, Z), representada por letra minúscula, é uma linha ilimitada unidimensional, ou seja, só possui comprimento. Num plano bidimensional (X, Y) uma reta pode se apresentar em três posições: horizontal, vertical e inclinada (para a esquerda ou para a direita). Uma reta também pode ser interpretada como resultado da interseção de dois planos. No espaço tridimensional uma reta pode assumir infinitas posições.

Observando a figura do hexaedro, pode-se constatar que, os seis planos se interceptam, dois a dois, formando 12 retas. Quais são essas retas? AB, AC, AE, BD, BF, CD, CG, DH, EG, EF, FH e GH.

Ainda observando a figura, podem ser imaginadas muitas outras retas, sobre cada um dos planos, por exemplo, unindo dois pontos, ou melhor, vértices opostos. Por exemplo: AD, BC, CH, DG, etc. Em verdade estas novas retas, que unem vértices opostos, neste caso podem ser chamadas de diagonais, já que a cada quatro vértices formou-se uma figura geométrica plana.

Quando se consideram duas ou mais retas sobre um mesmo plano, elas podem ser paralelas, perpendiculares e inclinadas. Por exemplo, no cubo citado, no plano ABCD temos os seguintes casos: AB e CD, AC e BD são retas paralelas. AC é perpendicular a AB; CD é perpendicular a BD, etc. Ainda no plano ABCD, podemos imaginar as retas inclinadas: AD e BC. Considerando-se a geometria dos poliedros, todas as retas citadas no cubo são chamadas de arestas.

11.3 O que é um plano?

Um plano é um elemento geométrico infinito com duas dimensões. Essa folha, desse livro, é um exemplo prático de um plano, que também pode ser expresso das seguintes formas: duas retas definem um plano e três pontos não colineares (ou seja, não alinhados) definem um plano. Analisando o hexaedro da figura a seguir, constata-se que, realmente, existem vários planos, que passam somente por uma reta. Ainda na figura, confirma-se que, um plano (ACFH) passa apenas por duas retas.

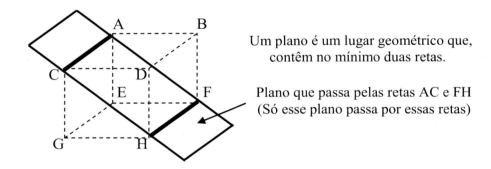

Um plano é um lugar geométrico que, contêm no mínimo duas retas.

Plano que passa pelas retas AC e FH (Só esse plano passa por essas retas)

11.4 Sistema de coordenadas cartesianas: abscissa (x) e ordenada (y)

Um sistema de coordenadas cartesianas corresponde a uma superfície plana bidimensional, ou seja, possui duas dimensões: comprimento (X) e largura (Y). É no plano (X, Y) que se formam e se estudam as figuras geométricas planas. Chama-se sistema de coordenadas cartesianas ou espaço cartesiano, um esquema ou diagrama reticulado que localiza pontos num determinado plano com dimensões. As coordenadas cartesianas foram propostas pelo filósofo e matemático francês René Descartes (1596-1650) há cerca de 400 anos, sendo há muito um sistema usado na Geometria Analítica e na Geometria Descritiva para localizar um ponto em relação a dois (X, Y) ou três eixos (X, Y e Z). Considerando os estudos de Descartes, Isaac Newton (1643-

1727) e Gottfried Wilhelm Leibniz (1646-1716) muito contribuíram para o desenvolvimento do Cálculo Diferencial e Integral, bem como Gaspard Monge (1746-1818) aprofundou os estudos da Geometria Descritiva.

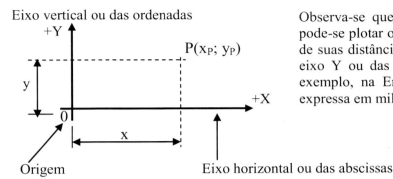

Observa-se que, a partir da origem (0) ou ponto (0; 0), pode-se plotar ou definir a posição de um ponto, em função de suas distâncias em relação ao eixo X ou das abscissas e eixo Y ou das ordenadas. Dependendo da aplicação, por exemplo, na Engenharia, a unidade de medida pode ser expressa em milímetro, centímetro ou metro.

Na prática da Geometria Analítica, quando se tem a notação P (+5; +2), significa que o ponto P está à direita e distante 5 Unidades de Medida (um) do eixo Y, ou seja, sua abscissa é x = +5, bem como está acima e distante 2 um do eixo X, ou seja, sua ordenada é y = +2. A partir desse conceito, o espaço bidimensional (X, Y), pode ser imaginado como dividido em quatro partes, chamadas quadrantes (numerados no sentido anti-horário), inclusive com coordenadas x e y assumindo valores negativos. A figura 11.1 mostra esse conceito, com os pontos A, E, J e H (valores na tabela 11.1), plotados, um em cada quadrante.

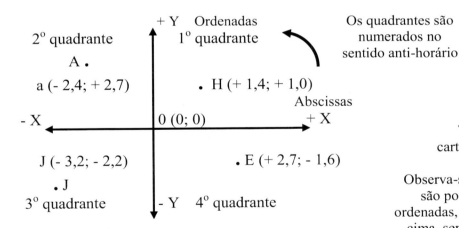

	x	y
A	-2,4	+2,7
E	+2,7	-1,6
J	-3,2	-2,2
H	+1,4	+1,0

Tabela 11.1: coordenadas cartesianas de quatro pontos

Observa-se que abscissas, eixo X, são positivas para a direita e ordenadas, eixo Y, são positivas para cima, sendo negativas no sentido inverso.

Figura 11.1: sistema de coordenadas cartesianas (Com os quatro quadrantes)

11.5 Distância entre dois pontos num sistema cartesiano XY

Baseado no simples conceito de coordenadas cartesianas, muitas análises podem ser feitas, inclusive com aplicações práticas, como por exemplo, na fabricação de peças mecânicas. Imaginando a figura a seguir e, baseando-se no conceito exposto, calcula-se a distância entre os pontos A e B, que são respectivamente os centros dos furos circular e quadrado. Deve ser esclarecido que, na prática, caso se tivesse que realizar estes furos, por exemplo, numa chapa metálica, com esta geometria, a máquina localizaria, através de comandos numéricos programáveis, cada centro, exatamente como programado e considerando um sistema de coordenadas, como detalhado a seguir.

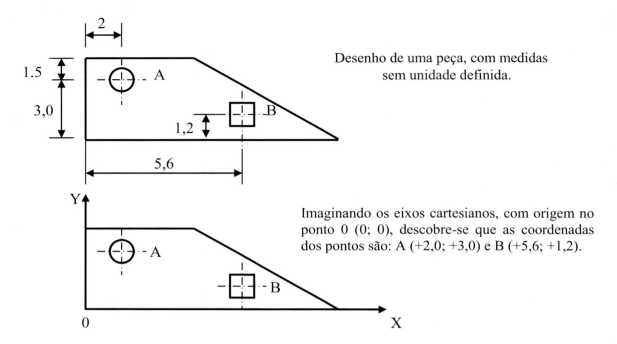

Desenho de uma peça, com medidas sem unidade definida.

Imaginando os eixos cartesianos, com origem no ponto 0 (0; 0), descobre-se que as coordenadas dos pontos são: A (+2,0; +3,0) e B (+5,6; +1,2).

Analisando as diferenças entre as coordenadas tem-se: $x_A - x_B = + 3,6$ e $y_A - y_B = + 1,8$. Disso resulta um triângulo retângulo ABC, onde a distância a ser calculada é a hipotenusa AB, sendo conhecidos os dois catetos. Pelo teorema de Pitágoras acha-se AB.

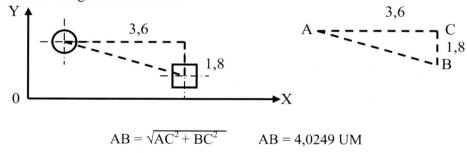

$$AB = \sqrt{AC^2 + BC^2} \qquad AB = 4,0249 \text{ UM}$$

Observa-se que, na prática, tem que ser definida uma medida específica, por exemplo, centímetro. Ou seja, a distância entre os centros dos furos A e B é igual a 4,0249 centímetros ou 40, 249 milímetros, ou seja, 40 milímetros e 249 milésimos. Na prática da Engenharia Mecânica, existem instrumentos (por exemplo, os micrômetros) que medem, com precisão, até milésimos de milímetro. Um milésimo de milímetro (10^{-3} mm) é chamado de micron (μ): 1 μm = 10^{-6} m, ou seja: um milionésimo de metro. O plural de mícron é micra.

Já há anos que a precisão de medidas chegou à casa do bilionésimo de metro (10^{-9} m), com o denominado nanômetro ou nm. 1 nm = 10^{-9} m.

No espaço bidimensional (X, Y) ou espaço R^2, sempre que for preciso calcular a distância entre dois pontos, pode-se determinar o triângulo retângulo no interior do plano cartesiano, a partir das diferenças entre abscissas e ordenadas, para então ser utilizado o teorema de Pitágoras (a distância é a hipotenusa). A fórmula adiante sintetiza a distância entre dois pontos A e B, independentemente de em qual quadrante ou posição estejam. O que importa é a diferença em módulo ou tamanho entre as coordenadas, não o sinal positivo ou negativo. Considerando os pontos, a seguir: A (x_A; y_A) e B (x_B; y_B), tem-se:

Capítulo 11 – Ponto, reta e plano. Plano cartesiano. Sistema de coordenada cartesianas... – 259

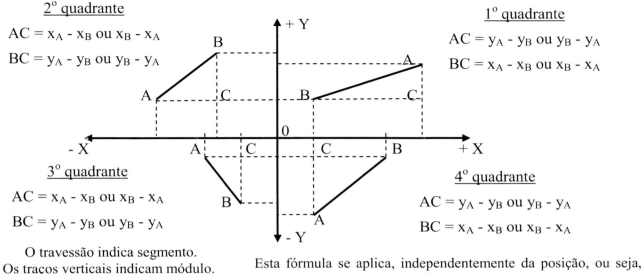

$|AB| = \sqrt{(x_B - x_A)^2 + (y_B - y_A)^2}$ ⇐ Fórmula geral da distância entre dois pontos.

Exercício 11.5.1: a) Informar o quadrante onde os pontos adiante se encontram. b) Calcular as distâncias entre os pares de pontos (que formam segmentos de retas). Dados CD, onde C (+ 2; + 3) e D (+ 3; + 5), EF, onde E (- 4; + 2) e F (- 1; + 6), GH, onde G (+ 2; - 4) e H (+ 3; - 7) e IJ, onde I (- 6; - 4) e J (-1; -1). c) Esquematicamente, representar as retas formadas pelos pontos. Observa-se que não foi definida a unidade de medida ou UM.

1) Quadrantes:

CD estão no 1° quadrante, já que abscissas e ordenadas são positivas.
EF estão no 2° quadrante, já que abscissas são negativas e ordenadas são positivas.
GH estão no 4° quadrante, já que abscissas são positivas e ordenadas são negativas.
IJ estão no 3° quadrante, já que abscissas e ordenadas são negativas.

2) Distâncias entre os pontos (ver observação*)

$\overline{|CD|} = \sqrt{(x_C - x_D)^2 + (y_C - y_D)^2}$; $\overline{|CD|} = \sqrt{[+2 - (+3)]^2 + [+3 - (+5)]^2}$; $\overline{|CD|} = \sqrt{5} = 2{,}2361$

$\overline{|EF|} = \sqrt{(x_E - x_F)^2 + (y_E - y_F)^2}$; $\overline{|EF|} = \sqrt{[-4 - (-1)]^2 + [+2 - (+6)]^2}$; $\overline{|EF|} = \sqrt{25} = 5{,}0000$

$\overline{|GH|} = \sqrt{(x_G - x_H)^2 + (y_G - y_H)^2}$; $\overline{|GH|} = \sqrt{[+2 - (+3)]^2 + [-4 - (-7)]^2}$; $\overline{|GH|} = \sqrt{10} = 3{,}1623$

$\overline{|IJ|} = \sqrt{(x_I - x_H)^2 + (y_I - y_H)^2}$; $\overline{|IJ|} = \sqrt{[-6 - (-1)]^2 + [-4 - (-1)]^2}$; $\overline{|IJ|} = \sqrt{34} = 5{,}8309$

3) Representação esquemática (imagem geométrica) das retas formadas pelos pontos.

260 – A Geometria Básica

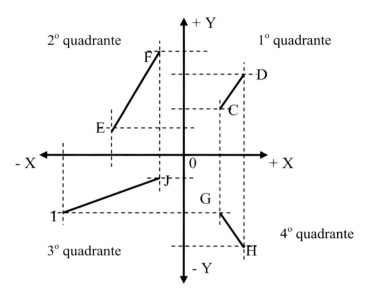

Exercício 11.5.2) Calcular a distância entre os pontos K e L, onde K (- 3; + 4) e L (+ 2; - 6).

Pelas coordenadas cartesianas, vê-se que o ponto K está no 2º quadrante e o ponto L está no 4º quadrante. A solução é obtida, tanto com aplicação da fórmula, quanto com a representação gráfica dos pontos e a translação da origem, criando-se os pontos K' e L'.

Cálculo da distância, com aplicação direta da fórmula:

$\overline{|KL|} = \sqrt{(x_K - x_L)^2 + (y_K - y_L)^2}$ => $\overline{|KL|} = \sqrt{[(-3) - (+2)]^2 + [(+4) - (-6)]^2}$ => $\overline{|KL|} = \sqrt{125} = 11{,}1803$.

Cálculo da distância, com translação da origem (0; 0):

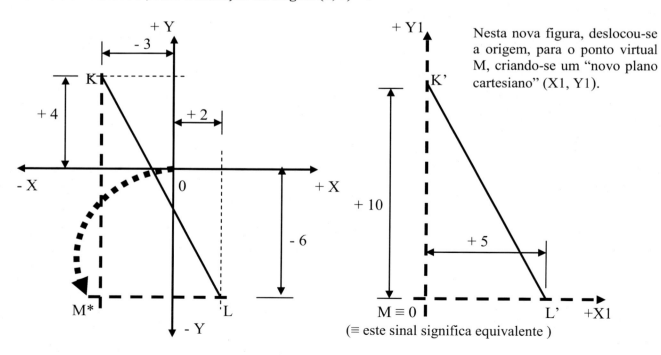

Nesta nova figura, deslocou-se a origem, para o ponto virtual M, criando-se um "novo plano cartesiano" (X1, Y1).

(≡ este sinal significa equivalente)

Capítulo 11 – Ponto, reta e plano. Plano cartesiano. Sistema de coordenada cartesianas... – 261

Ao se criar um "novo plano cartesiano", nota-se que, em relação à nova origem (≡ M), as coordenadas dos pontos passam a ser K' (0; + 10) e L' (+ 5; 0), ou seja:

K'L' = $\sqrt{(x_K - x_L)^2 + (y_K - y_L)^2}$ => K'L' = $\sqrt{[0 - (+5)]^2 + (+10 - 0)^2}$ => K'L' = $\sqrt{125}$ = 11,1803

** Ao deslocamento da origem, chama-se: translação da origem dos eixos cartesianos.

Exercício 11.5.3) Os pontos EFG, formam um triângulo. Dados: E (+4; 0), F (+2; +6) e G (+5; +5), pergunta-se: a) Quanto aos lados, que tipo de triângulo é formado? b) Calcular as coordenadas cartesianas do circuncentro, ou seja, o centro da circunferência que passa pelos três vértices E, F, e G. Considerar medidas em centímetros (cm).

Inicialmente faz-se a representação gráfica (plotagem) dos três pontos, que estão no 1º quadrante, já que abscissas e ordenadas são positivas.

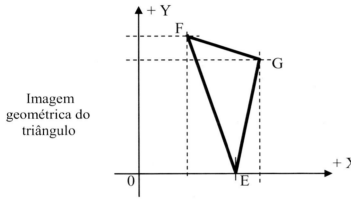

Imagem geométrica do triângulo

A imagem geométrica do triângulo sugere que seja escaleno, ou seja, cada lado com um comprimento diferente. A confirmação analítica ou exata tem que ser feita, calculando-se o valor de cada lado. Esse cálculo é feito com a distância entre os pontos: EF, EG e FG.

E (+4; 0); F(+2; +6) e G(+5; +5)

Fórmula das distâncias entre os pontos:

EF = $\sqrt{(x_E - x_F)^2 + (y_E - y_F)^2}$ => EF = $\sqrt{(4 - 2)^2 + (0 - 6)^2}$ => EF = $\sqrt{40}$ = 6,324 cm.

EG = $\sqrt{(x_E - x_G)^2 + (y_E - y_G)^2}$ => EG = $\sqrt{(4 - 5)^2 + (0 - 5)^2}$ => EG = $\sqrt{26}$ = 5,099 cm.

FG = $\sqrt{(x_F - x_G)^2 + (y_F - y_G)^2}$ => FG = $\sqrt{(2 - 5)^2 + (6 - 5)^2}$ => FG = $\sqrt{10}$ = 3,162 cm.

⟹ **Como os lados são diferentes, confirma-se: o triângulo é escaleno.**

Como já estudado, o circuncentro de um triângulo é determinado pelo encontro das mediatrizes de cada lado, sendo mediatriz o lugar geométrico dos pontos equidistantes aos extremos de um segmento de reta, ou seja, a mediatriz passa pelo ponto médio do segmento de reta.
Dependendo do tipo de triângulo, o circuncentro pode ocorrer, ou melhor, se localizar, interna ou externamente, e até sobre um determinado lado. Triângulos equiláteros (três lados iguais) e isósceles (dois lados iguais), têm o circuncentro no interior. Triângulos escalenos (os três lados são diferentes) têm o circuncentro no exterior ou lado de fora do triângulo. Quando o triângulo é retângulo (ou seja, com um ângulo reto), o circuncentro ocorre exatamente sobre o ponto médio da hipotenusa (que é o maior lado).
As figuras a seguir mostram uma aproximação gráfica, tanto do traçado das mediatrizes dos três lados do triângulo, quanto da circunferência, que passa pelos três vértices. Observa-se que estas figuras apenas dão uma ideia visual, ou seja, sem precisão matemática. A verdadeira posição do circuncentro, e o traçado correto da circunferência, só são possíveis, após o cálculo analítico preciso, como será feito adiante.

Observa-se que existem aplicativos que determinam, de forma gráfica e exata, todas essas medidas e características, por exemplo, os programas AutoCad©, GeoGebra e CABRI©.

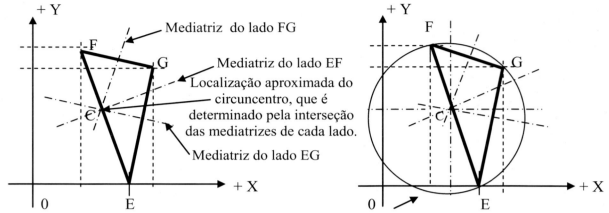

Circunferência que passa pelos três vértices, com centro em C (x_C; y_C).

A premissa básica para a determinação das coordenadas cartesianas do circuncentro é que a distância entre este centro e os vértices tem que ser igual, ou seja: CE = CF = CG. Dessa forma determinam-se as três distâncias, sendo que as coordenadas de C, aparecerão como incógnitas x e y. Em verdade será determinado um sistema de equações lineares, com três equações e duas incógnitas, cuja solução (valores de x e y) são os valores das coordenadas cartesianas de C. Sabendo que: E (+4; 0), F (+2; +6) e G (+5; +5), tem-se:

$CE = \sqrt{(x_C - x_E)^2 + (y_C - y_E)^2}$ => $CE = \sqrt{(x_C - 4)^2 + (y_C - 0)^2}$.

$CE = \sqrt{x_C^2 - 8 x_C + 16 + y_C^2}$ => $CE^2 = x_C^2 - 8 x_C + 16 + y_C^2$.

$CF = \sqrt{(x_C - x_F)^2 + (y_C - y_F)^2}$ => $CF = \sqrt{(x_C - 2)^2 + (y_C - 6)^2}$:
$CF = \sqrt{x_C^2 - 4 x_C + 4 + y_C^2 - 12 y_C + 36}$ => $CF^2 = x_C^2 - 4 x_C + 4 + y_C^2 - 12 y_C + 36$

$CG = \sqrt{(x_C - x_G)^2 + (y_C - y_G)^2}$; $CG = \sqrt{(x_C - 5)^2 + (y_C - 5)^2}$

$CG = \sqrt{x_C^2 - 10 x_C + 25 + y_C^2 - 10 y_C + 25}$; $CG^2 = x_C^2 - 10 x_C + 25 + y_C^2 - 10 y_C + 25$

A solução deste sistema, mostra as coordenadas cartesianas do circuncentro do triângulo de vértices E, F e G.
$\begin{cases} CE^2 = x_C^2 - 8 x_C + y_C^2 + 16 \\ CF^2 = x_C^2 - 4 x_C + y_C^2 - 12 y_C + 40 \\ CG^2 = x_C^2 - 10 x_C + y_C^2 - 10 y_C + 50 \end{cases}$

Como as três distâncias são iguais, ou seja, CE = CF = CG, podemos definir um sistema de duas equações e duas incógnitas, fazendo: $CE^2 = CF^2$ e $CE^2 = CG^2$. O novo sistema de equações fica da seguinte forma:

A solução deste sistema, mostra as coordenadas cartesianas do circuncentro do triângulo de vértices: E, F e G.
$\begin{cases} x_C^2 - 8 x_C + y_C^2 + 16 = x_C^2 - 4 x_C + y_C^2 - 12 y_C + 40 \\ x_C^2 - 8 x_C + y_C^2 + 16 = x_C^2 - 10 x_C + y_C^2 - 10 y_C + 50 \end{cases}$

$\begin{cases} x_C^2 - 8 x_C + y_C^2 + 16 = x_C^2 - 4 x_C + y_C^2 - 12 y_C + 40; \text{ou:} - 8 x_C + 16 = - 4 x_C - 12 y_C + 40. \\ x_C^2 - 8 x_C + y_C^2 + 16 = x_C^2 - 10 x_C + y_C^2 - 10 y_C + 50; \text{ou:} - 8 x_C + 16 = - 10 x_C - 10 y_C + 50. \end{cases}$

$\begin{cases} -8x_C + 16 = -4x_C - 12y_C + 40 \quad \Rightarrow \quad -4x_C + 12y_C - 24 = 0 \quad \Rightarrow \quad x_C = +3y_C - 6. \\ -8x_C + 16 = -10x_C - 10y_C + 50 \quad \longleftarrow \text{Aqui substituindo } x_C = +3y_C - 6, \text{ tem-se:} \\ -8(3y_C - 6) + 16 = -10(3y_C - 6) - 10y_C + 50, \text{ que fatorado fica:} \end{cases}$

$-24y_C + 48 + 16 = -30y_C + 60 - 10y_C + 50$.

$-24y_C + 40y_C = 46 \Rightarrow +16y_C = +46 \Rightarrow$ $\boxed{y_C = +2{,}875}$ Confirma-se que essas coordenadas são positivas, pois o circuncentro C está no 1^0 quadrante.

Como $x_C = +3y_C - 6 \Rightarrow x_C = +3(+2{,}875) - 6 \Rightarrow$ $\boxed{x_C = +2{,}625}$

Conclusão: As coordenadas cartesianas do circuncentro do triângulo EFG são: abscissa $x_C = +2{,}625$ e ordenada $y_C = +2{,}875$.

O exercício 11.5.3 mostrou o cálculo analítico exato da posição de um ponto equidistante a três outros, no mesmo plano e que não sejam colineares. Na prática, esse problema pode ocorrer, por exemplo, quando uma rede de supermercados quer construir um depósito central, equidistante, ou seja, à mesma distância, em relação a três lojas localizadas em três municípios diferentes, com o objetivo de os caminhões de entrega percorrerem as mesmas distâncias.

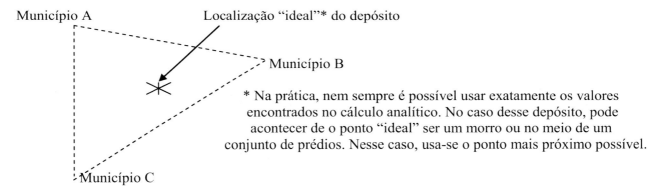

* Na prática, nem sempre é possível usar exatamente os valores encontrados no cálculo analítico. No caso desse depósito, pode acontecer de o ponto "ideal" ser um morro ou no meio de um conjunto de prédios. Nesse caso, usa-se o ponto mais próximo possível.

11.6 Cálculo das coordenadas cartesianas do ponto médio de um segmento de reta

Dado um segmento de reta, existe uma linha (outra reta) que lhe é perpendicular e, quando passa pelo ponto médio do segmento, recebe o nome de mediatriz. Do ponto de vista da Geometria, a mediatriz é definida como "o lugar geométrico dos pontos equidistantes aos extremos de um segmento de reta". A figura a seguir mostra esses detalhes:

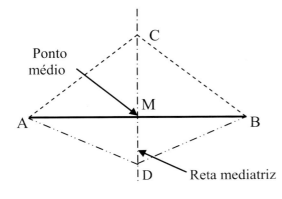

Se a reta que passa por C e D é a mediatriz do segmento AB, então se pode afirmar:

$AM = MB \Longrightarrow$ M é o ponto médio de AB
$CA = CB$
$DA = DB$

$CA = CB \neq DA = DB$

264 – A Geometria Básica

Considerando um segmento de reta AB, em um sistema de coordenadas cartesianas, pode-se analisar onde se situa o ponto médio (M) do segmento, utilizando a semelhança de triângulos, como a seguir mostrado.

$A(x_A; y_A); \quad B(x_B; y_B); \quad M(x_M; y_M)$

Nessa figura tem-se três triângulos semelhantes: AVB, AWM e MTB.

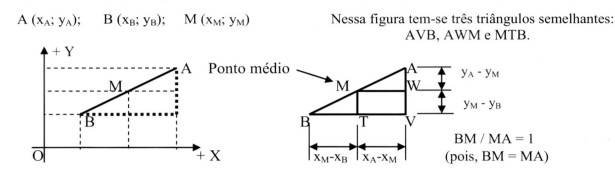

$BM/MA = 1$ (pois, $BM = MA$)

Baseando-se nas semelhanças entre os três triângulos ABV e MBT:

$$\frac{BM}{MA} = \frac{x_M - x_B}{x_A - x_M} \Rightarrow 1 = \frac{x_M - x_B}{x_A - x_M} \Rightarrow x_A - x_M = x_M - x_B \Rightarrow x_M = \frac{x_A + x_B}{2}$$

$$\frac{BM}{MA} = \frac{y_M - y_B}{y_A - y_M} \Rightarrow 1 = \frac{y_M - y_B}{y_A - y_M} \Rightarrow y_A - y_M = y_M - y_B \Rightarrow y_M = \frac{y_A + y_B}{2}$$

Conclusão: as coordenadas cartesianas do ponto médio (M) de um segmento AB são:

$$M_{AB} = \left(\frac{x_A + x_B}{2} ; \frac{y_A + y_B}{2} \right)$$ ← **Fórmula para cálculo do ponto médio de um segmento de reta**

Exercício 11.6.1) Uma indústria metalúrgica é especializada no corte de chapas de metais, utilizando máquinas que fazem o corte a partir de um sistema computadorizado e utilizando um sistema de coordenadas cartesianas, para marcação dos pontos de mudança de direção. Ou seja, a parte "inteligente" ou programa da máquina transforma as medidas do desenho técnico em coordenadas de cada ponto. O programa também aceita e processa informações relacionadas a detalhes geométricos. A indústria recebeu o desenho técnico a seguir, com a informação de que o ponto B tem que ser localizado no ponto médio da face AC. "Pensando" como a máquina, determine as coordenadas cartesianas dos pontos F e G. Os pontos marcados com asteriscos (*), não precisam ter suas localizações definidas, já que, uma vez com a localização do ponto B e com o valor da abertura de 30mm, esses pontos "surgem" como consequência. Observa-se que, todas as medidas são em milímetros (mm).

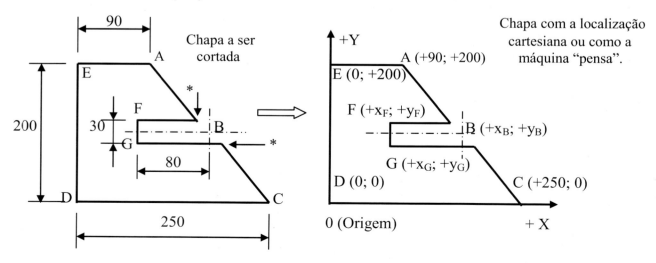

A figura à direita mostra como a máquina localiza a origem dos eixos cartesianos e "define" as coordenadas em X e Y. Os pontos A, C, D e E, são imediatamente definidos. Na sequência, define-se o ponto B, permitindo as definições dos pontos F e G.

$B = \left(\dfrac{x_A + x_C}{2} ; \dfrac{y_A + y_C}{2} \right)$ Fórmula definida anteriormente.

$B = \left(\dfrac{90 + 250}{2} ; \dfrac{200 + 0}{2} \right)$ => B = (+170mm; +100mm).

F = (x_B - 80 ; y_B + 15)   =>   F = (170 - 80; 100 + 15)   =>   F = (+ 90mm; + 115mm).

G = (x_B - 80 ; y_B - 15)   =>   G = (170 - 80; 100 - 15)   =>   G = (+ 90mm; + 85mm).

11.7 Cálculo do centroide, pelo conceito da distância entre pontos

Baricentro ou centro de gravidade ou centro de equilíbrio é uma característica importantíssima de figuras planas (e sólidos), sendo muito utilizada por engenheiros e arquitetos. A palavra "baricentro" é de origem grega (*bari* = peso) e designa o "centro dos pesos". Baricentro de um corpo é o ponto onde se considera a aplicação da força de gravidade de todo o corpo formado por um conjunto de partículas, ou seja, sua massa/peso. Esta massa/peso é atraída para o centro da Terra. Baricentro, portanto, é o ponto onde podem ser equilibradas todas essas forças de atração. É neste ponto onde o objeto está em seu perfeito equilíbrio, não importando como seja virado ou girado ao redor desse ponto.

Já o centroide ou centro geométrico de figuras planas ou de sólidos, não está relacionado às propriedades de massa, sendo um conceito relacionado apenas às características geométricas de figuras.

Se uma figura geométrica plana ou espacial possui um eixo ou plano de simetria, então o centroide situa-se obrigatoriamente nesse plano de simetria. Se existirem dois planos de simetria, o centroide situa-se, naturalmente, sobre a linha de interseção dos dois planos.

De forma bem simples, pode-se dizer que, a localização do centroide de um corpo está relacionada à geometria da mesma. Isto significa que cada forma tem uma localização de centroide. As figuras a seguir mostram alguns exemplos da posição do centroide (ponto G), em figuras planas, ou seja, no espaço R^2 (X, Y).

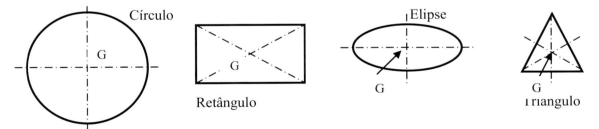

11.7.1 Centroide de um triângulo

No espaço R^2 (X, Y), o centroide de um triângulo é determinado pelo encontro das suas três medianas. Dessa forma, independentemente do tipo de triângulo (isósceles, equilátero ou escaleno), o seu centroide sempre estará no interior da figura. Mediana é a linha que une o ponto médio de um lado ao vértice oposto. Ou seja, para se traçar ou definir uma mediana, primeiro tem que ser determinado o ponto médio (por onde passa a mediatriz) do segmento ou lado.

266 – A Geometria Básica

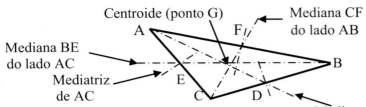

Observa-se que, nesse triângulo foram gerados sete pontos: três vértices (A, B, C), três pontos médios (D, E, F) e um centroide (G).

As medianas: AD, BE e CF, devido cruzamento com o centroide no ponto G, são divididas em dois segmentos, de forma que um é o dobro do outro. Dessa forma podemos escrever as seguintes relações:

AD = AG + GD e AG = 2 GD, ou ainda AD = 3 GD
BE = BG + GE e BG = 2 GE, ou ainda BE = 3 GE
CF = CG + GF e CF = 2 GF, ou ainda CF = 3 GF

AG = 2/3 de AD. BG = 2/3 de BE. CG = 2/3 de CF.

Exercício 11.7.1.1) Sabendo que três pontos A, B e C, formam um triângulo, pede-se o cálculo das coordenadas cartesianas do seu centroide. A (-2; +6), B (+3; -1) e C (+6; +2).

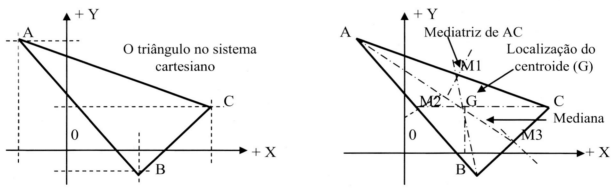

As coordenadas cartesianas do centroide são: $G(x_G; y_G)$. M_1 é o ponto médio de AC, M_2 de AB e M_3 de BC.

$M_1 = \left(\dfrac{x_A + x_C}{2} ; \dfrac{y_A + y_C}{2} \right)$; ou seja: $x_{M1} = \dfrac{x_A + x_C}{2}$ e $y_{M1} = \dfrac{y_A + y_C}{2}$

Como já citado, $BG = 2GM_1$, portanto:

$\begin{cases} x_B - x_G = 2(x_G - x_{M1}) \text{ logo } x_B - x_G = 2x_G - 2x_{M1} \text{ ou } 3x_G = 2x_{M1} + x_B \\ x_G = (2x_{M1} + x_B)/3 \text{ ; Substituindo o valor de } x_{M1} = (x_A + x_C)/2 \text{ encontra-se:} \\ x_G = (x_A + x_B + x_C)/3 \end{cases}$

$\begin{cases} y_B - y_G = 2(y_G - y_{M1}) \text{ logo } y_B - y_G = 2y_G - 2y_{M1} \text{ ou } 3y_G = 2y_{M1} + y_B \\ y_G = (2y_{M1} + y_B)/3 \text{ ; Substituindo o valor de } y_{M1} = (y_A + y_C)/2 \text{ encontra-se:} \\ y_G = (y_A + y_B + y_C)/3 \end{cases}$

Fórmula para cálculo das coordenadas cartesianas do centroide de um triângulo:

$G = \left(\overbrace{\dfrac{x_A + x_B + x_C}{3}}^{x_G} ; \overbrace{\dfrac{y_A + y_B + y_C}{3}}^{y_G} \right)$ ⟶ x_A, x_B, x_C, y_A, y_B e y_C são as coordenadas cartesianas dos vértices.

Considerando os dados: A (-2; +6), B (+3; -1) e C (+6; +2), calcula-se:

$x_G = (-2 + 3 + 6) / 3$ => $x_G = +7/3$ => $x_G = +2,33$
$y_G = (+6 - 1 + 2) / 3$ => $y_G = +7/3$ => $y_G = +2,33$

} Essas são as coordenadas cartesianas do centroide do triângulo ABC.

Observação: é importante não confundir os conceitos de centroide e baricentro, também chamado de centro de gravidade ou centro de massa. O centro de massa de um corpo é onde se supõe esteja concentrada toda a massa do corpo. É nesse ponto que atua a força da gravidade. Também é importante observar que o baricentro não precisa coincidir com o centroide e nem mesmo precisa estar dentro do corpo analisado (por exemplo, em uma aliança de ouro o baricentro está no centro da circunferência, logo fora da área do metal).

Aplicações práticas gerais das coordenadas cartesianas

O conceito de coordenadas cartesianas é utilizado, na prática, em várias áreas e situações. Em topografia, uma das áreas da Engenharia Civil, é utilizado para marcar limites de terrenos, bem como posições em relação aos pontos cardeais: Norte, Sul, Leste e Oeste. Máquinas operatrizes como tornos mecânicos, fresadoras e furadeiras, já há muitos anos utilizam o sistema de Controle Numérico, onde as peças são fabricadas, segundo as coordenadas cartesianas detalhadas nos Desenhos Técnicos.

Coordenadas cartesianas também são utilizadas em programas (*softwares*), tanto de representação gráfica (Desenhos Técnicos), quanto para análise de esforços em peças e estruturas.

11.8 Exercícios complementares resolvidos

11.8.1) Representar a imagem geométrica dos pontos: A (-2,5; +3), B (-3; -4), C (+2; +5) e D (+3; -3).

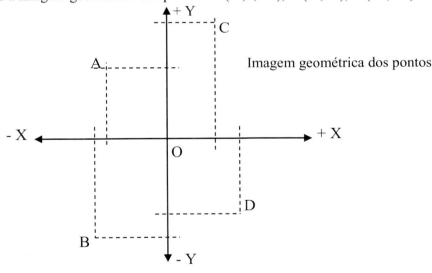

Imagem geométrica dos pontos

11.6.2) Calcular as distâncias AB e CD, do exercício anterior.

$AB = \sqrt{(x_A - x_B)^2 + (y_A - y_B)^2}$ => $AB = \sqrt{[(-2,5) - (-3)]^2 + [3 - (-4)]^2}$ => $AB = \sqrt{49,25} = 7,02$

$CD = \sqrt{(x_C - x_D)^2 + (y_C - y_D)^2}$ => $CD = \sqrt{(2 - 3)^2 + [(5 - (-3)]^2}$ => $CD = \sqrt{65} = 8,06$

11.8.3) Determinar as coordenadas cartesianas (x; y) dos pontos onde o prolongamento do segmento AB corta os eixos X e Y. Sabe-se que: A (+5; +4) e B (-1; +2).

O primeiro passo é fazer a imagem geométrica dos pontos, para entender o segmento AB.

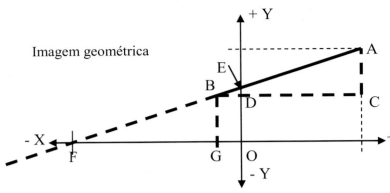

Imagem geométrica

Da imagem geométrica, três triângulos se destacam: ABC, BFG e EBD.

Como são semelhantes, algumas relações podem ser obtidas:

Triângulo ABC: $\dfrac{BC}{BD} = \dfrac{AC}{ED}$; $\dfrac{6}{1} = \dfrac{2}{ED}$; $ED = \dfrac{2}{6}$; $ED = \dfrac{1}{3}$; $ED = 0{,}33$.

$\begin{cases} \text{No ponto E o segmento AB corta o eixo Y, sua ordenada é: } y_E = y_C + 0{,}33;\ y_E = +2{,}33. \\ \text{No ponto E a abscissa é zero, ou seja: } x_E = 0. \end{cases}$

Triângulo BFG: $\dfrac{BC}{FG} = \dfrac{AC}{BG}$; $\dfrac{6}{FG} = \dfrac{2}{2}$; $FG = 6$.

$\begin{cases} \text{No ponto F o segmento AB corta o eixo X, sua ordenada é: } |x_F| = x_B + 6;\ x_F = -7. \\ \text{No ponto F a ordenada é zero, ou seja: } y_F = 0. \end{cases}$

As coordenadas onde o segmento AB corta os eixos X e Y são: E (0; +2,33) e F (-7; 0).

11.8.4) Analise a figura a seguir e calcule as coordenadas cartesianas do ponto E (x_E; y_E), sabendo que A (+2; +3) e que o ponto E está no meio do segmento CD.

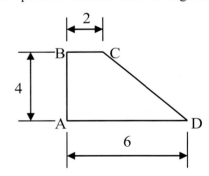

Inicialmente tem-se que definir as coordenadas cartesianas dos pontos C e D:
C [($x_A + 2$; $y_A + 4$)]; C (+2 + 2; +3 + 4); C (+4; +7)
D [($x_A + 6$; $y_A + 0$)]; D (+2 +6; +3 +0); D (+8; +3)

As coordenadas cartesianas do ponto médio (E) do segmento CD são:

$E = \left(\dfrac{x_C + x_D}{2} ; \dfrac{y_C + y_D}{2} \right)$; $E = \left(\dfrac{+4 + 8}{2} ; \dfrac{+7 + 3}{2} \right)$. **E = (+6; +5)**

11.8.5) (ENEM - 2016). Observou-se que todas as formigas de um formigueiro trabalham de maneira ordeira e organizada. Foi feito um experimento com duas formigas e os resultados obtidos foram esboçados em um plano cartesiano no qual os eixos estão graduados em quilômetros. As duas formigas partiram juntas do ponto O, origem do plano cartesiano xOy. Uma delas (formiga A) caminhou horizontalmente para o lado direito, a uma velocidade de 4 km/h. A outra (formiga B) caminhou verticalmente para cima, à velocidade de 3 km/h. Após 2 horas de movimento, quais as coordenadas cartesianas das posições de cada formiga?

Capítulo 11 – Ponto, reta e plano. Plano cartesiano. Sistema de coordenada cartesianas... – 269

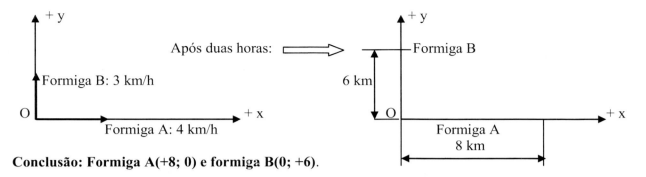

Conclusão: Formiga A(+8; 0) e formiga B(0; +6).

11.8.6) Fazer a imagem geométrica dos pontos A; B e C, citando e comprovando qual tipo de figura geométrica surge, quando os pontos são unidos, dois a dois. A (-3; +1); B (+3; -4) e C (+4; +5).

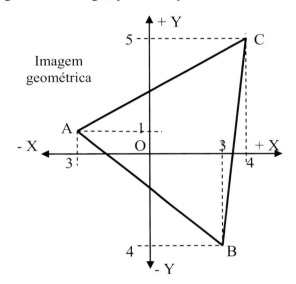

A figura é um triângulo, mas, como pelo desenho não dá afirmar se é equilátero ou isósceles ou escaleno, é necessário fazer o cálculo do valor de cada lado, utilizando a fórmula da distância entre dois pontos, que é igual a:

$|AB| = \sqrt{(x_A - x_B)^2 + (y_A - y_B)^2}$; portanto:

AB = 7,81;   AC = 8,06;   BC = 9,06.

Conclusão: é um triângulo escaleno, pois os três lados têm valores diferentes.

11.8.7) (ENEM - 2017). Um menino acaba de se mudar para um novo bairro e deseja ir à padaria. Pediu ajuda a um amigo que lhe forneceu um mapa com pontos numerados, que representam cinco locais de interesse, entre os quais está a padaria. Além disso, o amigo passou as seguintes instruções: a partir do ponto em que você se encontra, representado pela letra X, ande para oeste, vire à direita na primeira rua que encontrar, siga em frente e vire à esquerda na próxima rua. A padaria estará logo a seguir. Com esses dados determinar em que ponto está a padaria.

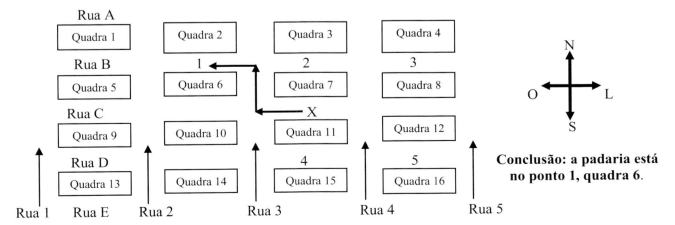

Conclusão: a padaria está no ponto 1, quadra 6.

11.8.8) (ENEM - 2016). Em uma cidade será construída uma galeria subterrânea que receberá uma rede de canos para o transporte de água de uma fonte F até o reservatório de um novo bairro B. Após avaliações, foram apresentados dois projetos para o trajeto de construção da galeria: um segmento reto de reta, que atravessaria outros bairros ou uma semi circunferência que contornaria esses bairros, conforme ilustrado no sistema de coordenadas xOy, da figura a seguir. Estudos de viabilidade técnica mostraram que, pelas características do solo, a construção de 1 m de galeria via segmento de reta demora uma hora, enquanto que 1 m de galeria via semi circunferência demora 0,6 hora. Há urgência em disponibilizar água para esse bairro. Considerando a unidade de medida o quilômetro, determinar o menor tempo possível, em horas, para conclusão da construção da galeria, para atender às necessidades de água do bairro. Marque a resposta correta em uma das cinco opções a seguir. Considere $\pi = 3$ e $\sqrt{2} = 1,4$.

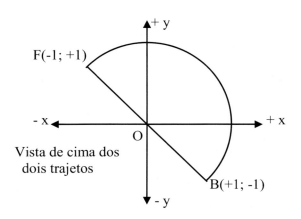

Raciocínio lógico espacial:

Calculam-se as distâncias entre os pontos B e F, primeiro considerando como um segmento de reta e depois como uma semi circunferência. Após isso, multiplica-se cada comprimento pelo tempo que demora, em cada situação.

Raciocínio matemático:

Primeiro determina-se o trecho reto, usando-se a fórmula da distância entre dois pontos, e depois calcula-se o raio da circunferência, para poder retificar meio perímetro.

Distância FB = $\sqrt{(x_F - x_B)^2 + (y_F - y_B)^2}$ => FB = $\sqrt{[(-1)-(+1)]^2 + [(+1)-(-1)]^2}$ => FB = $\sqrt{8}$ => FB = $2\sqrt{2}$ km

Raio da circunferência = distância OB = OF = $\sqrt{[(-1)-0]^2 + [(+1)-0]^2}$ => Raio = $\sqrt{2}$ km

Comprimento da semi circunferência FB = $\dfrac{2\pi R}{2}$ = πR = $3\sqrt{2}$ km

Tempo para construção segundo a reta FB = (1 m) ⟶ 1 hora => X horas = $\dfrac{2\sqrt{2} \text{ km} \times 1 \text{ hora}}{1 \text{ m}}$ =>
$2\sqrt{2}$ km ⟶ X horas

=> $\dfrac{2\sqrt{2} \cdot 1.000 \text{ m} \times 1 \text{ hora}}{1 \text{ m}}$ => $2 \times 1,4 \times 1.000 \times 1$ hora = 2.800 horas.

Tempo para construção semi circular = (1 m) ⟶ 0,6 hora => Y horas = $\dfrac{3\sqrt{2} \text{ km} \times 0,6 \text{ hora}}{1 \text{ m}}$ =>
$3\sqrt{2}$ km ⟶ Y horas

=> $\dfrac{3\sqrt{2} \cdot 1.000 \text{ m} \times 0,6 \text{ hora}}{1 \text{ m}}$ => $3 \times 1,4 \times 1.000 \times 0,6$ hora = 2.520 horas.

Conclusão: o menor tempo será de 2.520 horas, escavando na forma semi circular.

11.8.9) (UFF - RJ). Determine o(s) valor(es) que "r" deve assumir, para que o ponto (r; +2) diste cinco unidades do ponto P(0; -2).

Raciocínio lógico espacial: inicialmente desenha-se o plano cartesiano, localizando o ponto P e onde possa estar a abscissa "r", sabendo que a ordenada é +2.

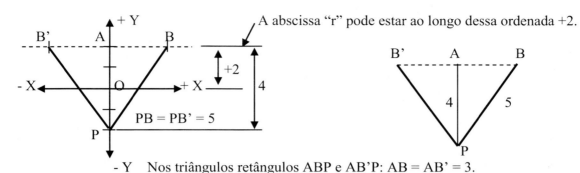

Nos triângulos retângulos ABP e AB'P: AB = AB' = 3.

Conclusão: a abscissa "r" pode ter os valores +3 ou -3.

11.8.10) (UFRJ - RJ). Sabendo que: M1(+1; +2), M2(+3; +4) e M3(+1; -1), são os pontos médios de um triângulo, determinar as coordenadas cartesianas dos vértices desse triângulo.

Inicialmente marcam-se os pontos M1, M2 e M3, num sistema cartesiano, para iniciar o raciocínio espacial.

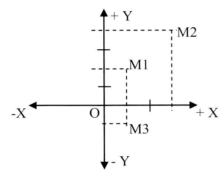

Observa-se que fica difícil imaginar a correta posição dos lados, ou seja, dos vértices, apenas com a localização dos pontos médios. Com isso, inicia-se o raciocínio pela parte algébrica, a partir das fórmulas dos pontos médios.

Raciocínio lógico: supondo que os vértices sejam $A(x_A; y_A)$, $B(x_B; y_B)$ e $C(x_C; y_C)$, seus pontos médios podem ser, respectivamente: M1, M2 e M3. Com isso, escrevem-se as fórmulas dos pontos médios:

$M_1 = \left(\dfrac{x_A + x_B}{2} ; \dfrac{y_A + y_B}{2} \right) \Rightarrow M_1(+1; +2) \Rightarrow$ $\dfrac{x_A + x_B}{2} = +1 \Rightarrow x_A + x_B = +2.$ (A)

$\dfrac{y_A + y_B}{2} = +2 \Rightarrow y_A + y_B = +4.$ (B)

$M_2 = \left(\dfrac{x_B + x_C}{2} ; \dfrac{y_B + y_C}{2} \right) \Rightarrow M_2(+3; +4) \Rightarrow$ $\dfrac{x_B + x_C}{2} = +3 \Rightarrow x_B + x_C = +6.$ (C)

$\dfrac{y_B + y_C}{2} = +4 \Rightarrow y_B + y_C = +8.$ (D)

$M_3 = \left(\dfrac{x_A + x_C}{2} ; \dfrac{y_A + y_C}{2} \right) \Rightarrow M_3(+1; -1) \Rightarrow$ $\dfrac{x_A + x_C}{2} = +1 \Rightarrow x_A + x_C = +2.$ (E)

$\dfrac{y_A + y_C}{2} = -1 \Rightarrow y_A + y_C = -2.$ (F)

Aqui tem-se várias equações, ou seja podem ser montados vários sistemas com duas equações e duas incógnitas.

(A) $x_A + x_B = +2 \Rightarrow x_A = +2 - x_B \Rightarrow +2 - x_B = +2 - x_C \Rightarrow x_B = x_C.$ (G)
(E) $x_A + x_C = +2 \Rightarrow x_A = +2 - x_C$

(C) $x_B + x_C = +6$, como (G): $x_B = x_C \Rightarrow x_B = x_C = +3.$ ←

(B) $y_A + y_B = +4 \Rightarrow y_A = +4 - y_B \Rightarrow +4 - y_B = -2 - y_C \Rightarrow y_B = +6 + y_C$
(F) $y_A + y_C = -2 \Rightarrow y_A = -2 - y_C$

(D) $y_B + y_C = +8$, como $y_B = +6 + y_C \Rightarrow +6 + y_C + y_C = +8 \Rightarrow 2y_C = +2 \Rightarrow y_C = +1.$ ←

$2y_C = +1$, como $y_B = +6 + y_C$, portanto: $y_B = +6 + 1 \Rightarrow y_B = +7$. ←

(A) $x_A + x_B = +2$, como $x_B = +3 \Rightarrow x_A + 3 = +2 \Rightarrow x_A = -1$. ←

(B) $y_A + y_B = +4$, como $y_B = +7 \Rightarrow y_A + 7 = +4 \Rightarrow y_A = -3$. ←

Finalmente tem-se as coordenadas dos vértices:

conclusão: coordenadas dos vértices: A(-1; -3), B(+3; +7) e C(+3; +1).

Essa é a imagem geométrica do triângulo

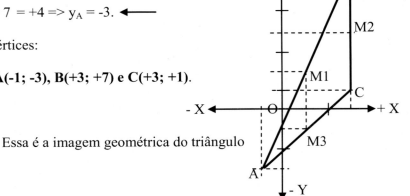

11.8.11) Determinar a área do triângulo ABC, sabendo que: A(+1; +3), B(+1; -3) e C(-3; 0), com medidas em centímetros.

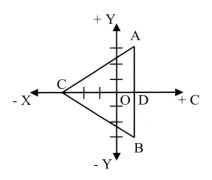

Raciocínio lógico espacial matemático:

Quando se faz a imagem geométrica do triângulo, observa-se que o lado AB mede 6cm e que o segmento CD, que mede 4 cm, é a altura em relação ao lado AB. Com isso concluí-se que a área S é:

$$S = \frac{AB \times CD}{2} = \frac{6 \text{ cm} \times 4 \text{ cm}}{2} = 12 \text{ cm}^2.$$

Conclusão: a área do triângulo ABC é igual a 12 cm².

11.8.12) (PUC - Rio). Sabendo que os pontos A(0; +8), B(+3; +1) e C(+1; y) são colineares, determinar o valor de y, considerando o centímetro como unidade de medida.

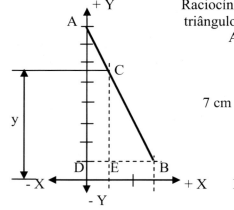

Raciocínio lógico espacial: a imagem geométrica dos pontos conduz a dois triângulos semelhantes: ABD e BCE.

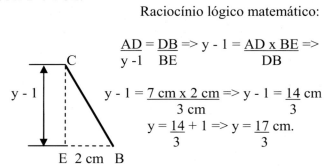

Raciocínio lógico matemático:

$$\frac{AD}{y-1} = \frac{DB}{BE} \Rightarrow y - 1 = \frac{AD \times BE}{DB} \Rightarrow$$

$$y - 1 = \frac{7 \text{ cm} \times 2 \text{ cm}}{3 \text{ cm}} \Rightarrow y - 1 = \frac{14}{3} \text{ cm}$$

$$y = \frac{14}{3} + 1 \Rightarrow y = \frac{17}{3} \text{ cm}.$$

Conclusão: y igual a 17/3 cm ou 5,67 cm. Ou seja: C(+1 cm, + 5,67 cm).

Capítulo 11 – Ponto, reta e plano. Plano cartesiano. Sistema de coordenada cartesianas... – 273

11.8.13) (IBMEC). Considere o triângulo ABC, onde A(+2; +3), B(+10; +9) e C(+10; +3) representam as coordenadas dos seus vértices, no plano cartesiano. Se M é o ponto médio do lado AB, determinar a medida MC. Considere as medidas em centímetros.

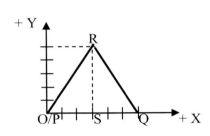

Raciocínio lógico espacial matemático:

Calculam-se as coordenadas cartesianas do ponto M. Com essas coordenadas x_M e y_M, calcula-se a distância entre M e C.

$$x_M = \frac{x_A + x_B}{2} = \frac{+2 + 10}{2} = +6 \text{ cm.}$$

$$y_M = \frac{y_A + y_B}{2} = \frac{+3 + 9}{2} = +6 \text{ cm.}$$

$$MC = \sqrt{(x_M - x_C)^2 + (y_M - y_C)^2} = \sqrt{(6-10)^2 + (6-3)^2} =>$$

MC = $\sqrt{25}$ => MC = 5 cm. **Conclusão: a medida MC é igual a 5 cm**.

11.8.14) (UNESP). Determinar qual o tipo do triângulo PQR, cujos vértices são: P(0; 0), Q(+6; 0) e R(+3; +5).

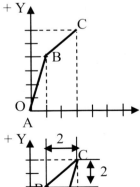

Raciocínio lógico espacial matemático:

A imagem geométrica mostra que existem dois triângulos retângulos iguais: PRS e QSR. Como se sabe que o lado PQ é igual a 6, o lado OS é igual a 2,5 e o lado RS é igual a 5, basta calcular a hipotenusa PR, que é igual à hipotenusa QR.

$$PR^2 = PS^2 + RS^2 => PR = \sqrt{2,5^2 + 5^2} => PR = 5,59.$$

Resumo: PR = QR = 5,59 e PQ = 6. **Conclusão: trata-se de um triângulo isósceles acutângulo**.

11.8.15) (PUC - Campinas). Sabendo que os pontos A(0; 0), B(+1; +4) e C(+3; +6), são vértices consecutivos do paralelogramo ABCD, determinar o comprimento da diagonal BD.

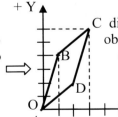

Raciocínio lógico espacial: como é um paralelogramo, o lado CD é paralelo ao lado AB e, portanto, a imagem do paralelogramo fica assim:

Através do paralelismo e das diferenças de abscissas e ordenadas obtém-se as coordenadas do ponto D, como na figura a seguir e abaixo.

Constata-se que o ponto D tem as seguintes coordenadas: D(+2; +2).
A diagonal BD é calculada pela distância entre os pontos B e D, ou seja:

$$BD = \sqrt{(x_B - x_D)^2 + (y_B - y_D)^2} = \sqrt{(1-2)^2 + (4-2)^2} = \sqrt{5} = 2,236.$$

Conclusão: a diagonal BD é igual a $\sqrt{5}$ ou 2,236.

274 – A Geometria Básica

11.9 Exercícios propostos (Veja Respostas no Apêndice A)

11.9.1) Calcular as coordenadas cartesianas do centroide do triângulo ABD, onde: A (-2; +2), B (-1; -2) e D (+3; +4).

11.9.2) (ENEM - 2016). Uma família resolveu comprar um imóvel num bairro cujas ruas estão representadas na figura. As ruas com nomes de letras são paralelas entre si e perpendiculares às ruas identificadas com números. Todos os quarteirões são quadrados, com as mesmas medidas, e todas as ruas têm a mesma largura, permitindo caminhar somente nas direções vertical e horizontal. Desconsidere a largura das ruas. A família pretende que esse imóvel tenha a mesma distância de percurso até o local de trabalho da mãe, localizado na rua 6 com a rua E, o consultório do pai, na rua 2 com a rua E, e a escola das crianças, na rua 4 com a rua A. Com base nesses dados, determine onde deverá ser localizado o imóvel que atende as pretensões da família.

11.9.3) Utilizando os conceitos de coordenadas cartesianas e de área de figura plana, calcular a área do triângulo ABC, onde: A (-1; +2), B (+3; +2) e C (+1; +7). Considere as medidas em centímetros.

11.9.4) (UNIFESP). Um ponto do plano cartesiano é representado pelas coordenadas: (+x +3y; -x -y) e também por (+4 +y; +2x +y). Qual o valor do produto (x).(y)?

11.9.5) Dados os pontos E (-4; +2) e F (+1; -3) e considerando as medidas em metros, pedem-se: a) informar o quadrante onde cada um se localiza. b) calcular a distância entre os pontos e c) calcular o ângulo que a "reta" EF faz com o eixo X.

11.9.6) Qual tipo de figura geométrica surge, quando os seguintes pontos são unidos, dois a dois. A (-3; +1); B (+3; -4) e C (+4; +5).

11.9.7) Determinar as coordenadas cartesianas do centroide G do triângulo formado pelos pontos: A (0; -3), B (+4; +2) e C (-3; +3).

11.9.8) (FGV). Sabendo que no plano cartesiano, o triângulo de vértices A(+1; -2), B(m; +4) e C(0; +6) é retângulo em A, determinar o valor de m.

11.9.9) (UFRGS). Se a distância entre os pontos A(-2; y) e B(+6; +7) é igual a 10, determinar o valor de y.

11.9.10) (UFMG). A figura a seguir representa um quadrado de vértices ABCD. Determinar a soma (a + b) das coordenadas do vértice D, sabendo que: A(0; 0) e B(+3; +4).

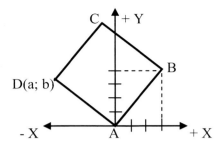

11.9.11) (ENEM - 2013) Nos últimos anos, a televisão tem passado por uma verdadeira revolução, em termos de qualidade de imagem, som e interatividade com o telespectador. Essa transformação se deve à conversão do sinal analógico para o sinal digital. Entretanto, muitas cidades ainda não contam com essa nova tecnologia. Buscando levar esses benefícios a três cidades, uma emissora de televisão pretende construir uma nova torre de transmissão, que envie sinal às antenas A, B e C, já existentes nessas cidades. As localizações das antenas estão representadas no plano cartesiano: Sabendo que a torre deve estar situada em um local equidistante das três antenas, determinar as coordenadas do local adequado para a construção dessa torre.

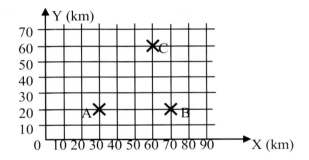

11.9.12) (UFRGS). Se um ponto P, situado no eixo das abscissas, é equidistante dos pontos A(+1; +4) e B(-6; +3), determinar a abscissa do ponto P.

11.9.13) Dados os pontos A (+2; 0), B (+4; +3) e C (+7; -1), pedem-se as coordenadas cartesianas dos pontos médios dos lados AB (M_{AB}), AC (M_{AC}) e BC (M_{BC}).

11.9.14) Um triângulo ABC tem seus vértices definidos por: A(+1; +3), B(+3; +5) e C(+7; +1). Sabendo que esse triângulo é retângulo no vértice B, determinar a área desse triângulo, considerando a unidade em dcm.

11.9.15) O losango ABCD, a seguir, tem 4 cm de lado, ângulos menores de 60°, o vértice A coincide com a origem e o lado AB coincide com o eixo cartesiano X, das abscissas. Com esses dados, determinar as coordenadas cartesianas dos quatro vértices.

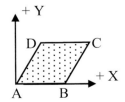

Capítulo 12
Estudo das retas

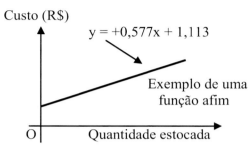

y = Custo (R$); x = Quantidade estocada

Baseando-se *no conceito do cálculo da distância entre pontos, localizados em um sistema de coordenadas cartesianas, foi possível o estudo e desenvolvimento das* **retas**, *permitindo às mais diversas áreas, a expressão de fenômenos e ocorrências, por meio de uma equação do 1º grau ou função linear. É através de funções afins, por exemplo, que empresas analisam as suas variações de custos de armazenamento de produtos, em função da quantidade estocada. Além de aplicações teóricas, esse capítulo mostra aplicações práticas de retas tipo funções lineares e afins.*

12.1 Introdução: reta definida por dois pontos

No espaço bidimensional ou R^2 ou X, Y, por dois pontos quaisquer, definidos por suas coordenadas cartesianas, passa uma e somente uma reta, sendo que estes dois pontos definem um segmento de reta, cujo comprimento ou módulo ou distância foi estudado no capítulo 11.

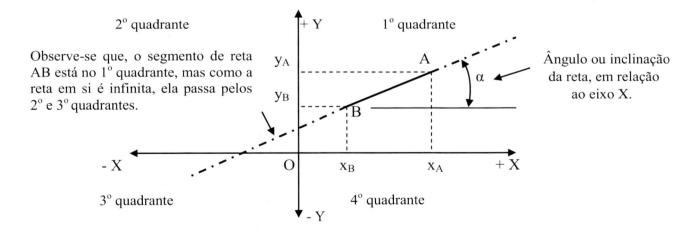

Exercício 12.1.1) Imagine a equação $2x + 3y = 8$. Atribuindo valores a x, determine o valor correspondente de y. Plote, ou represente a imagem geométrica, dos resultados num sistema de coordenadas cartesianas, analise o "desenho" e tire conclusões.

O primeiro passo é criar uma tabela, atribuindo-se valores a x e calculando os valores correspondentes de y. Pode-se, inicialmente, pensar valores de x entre - 3 + 3. Uma vez definido o valor de x, resolve-se algebricamente a equação, para achar o valor de y.
$2x + 3y = 8$; significa que $y = (8 - 2x) / 3$. Calculando-se o valor de y, em função de x, tem-se a seguinte tabela:

x	y
-3	+14/3
-2	+4
-1	+10/3
0	+8/3
+1	+2
+2	+4/3
+3	+2/3

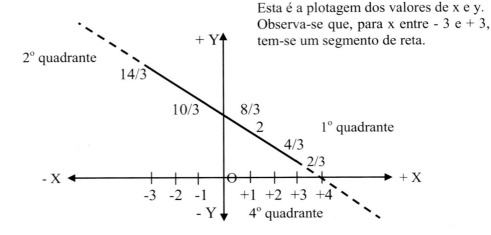

Esta é a plotagem dos valores de x e y. Observa-se que, para x entre -3 e +3, tem-se um segmento de reta.

Conclusão: essa reta tem como trajetória os 2º, 1º e 4º ou 4º, 1º e 2º ou quadrantes.

Outra análise que pode ser feita é quanto ao ângulo ou inclinação dessa reta, representada pela equação do primeiro grau: 2x + 3y = 8. O cálculo do ângulo é feito através da resolução de um triângulo retângulo (ABC), por exemplo, como mostrado a seguir.

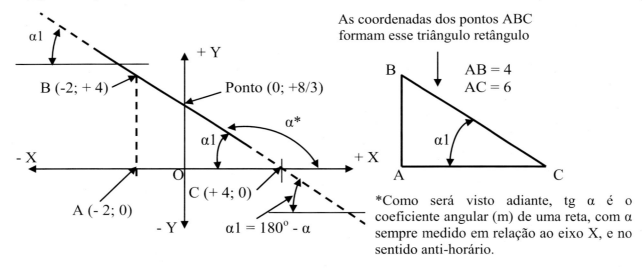

As coordenadas dos pontos ABC formam esse triângulo retângulo

*Como será visto adiante, tg α é o coeficiente angular (m) de uma reta, com α sempre medido em relação ao eixo X, e no sentido anti-horário.

Pela trigonometria tem-se que: tg α1 = AB/AC (tangente = cateto oposto sobre cateto adjacente). Isso significa que α1 = arc tg AB/BC; ou seja: α1 = arc tg 4/6, logo: α1 = 33,69º.
O ângulo α1 também pode ser expresso como 33º 41' 24", ou seja: 33 graus, 41 minutos e 24 segundos. Em cálculos de Engenharia, são expressos em decimais, ou seja: α1 = 33,69º.
Toda equação do tipo ax + by = c, representa uma reta no espaço R^2, desde que a e b sejam diferentes de zero. A seguir são mostradas algumas retas, com características próprias e a partir da reta 2x + 3y = 8.

- Quando c é igual a zero? Por exemplo: 2x + 3y = 0, significa: 2x = -3y, logo: y = -(2/3)x.
- Quando a é igual a zero? Por exemplo: 3y = 8, significa que y = 8/3 (?).
- Quando b é igual a zero? Por exemplo: 2x = 8, significa que x = 4 (?).
- Como são representadas essas retas? (imagem geométrica).

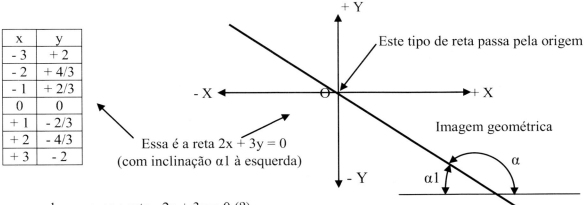

x	y
-3	+2
-2	+4/3
-1	+2/3
0	0
+1	-2/3
+2	-4/3
+3	-2

Essa é a reta 2x + 3y = 0 (com inclinação α1 à esquerda)

Como se pode escrever a reta - 2x + 3y = 0 (?).

- 2x = - 3y, logo 2x = 3y ou seja: y = + (2/3)x ou y = +0,666x ou ainda: + 2x - 3y = 0.

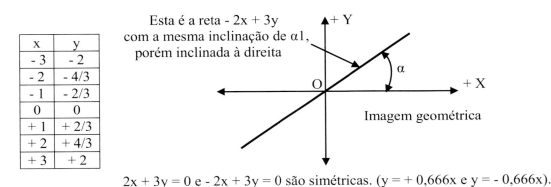

x	y
-3	-2
-2	-4/3
-1	-2/3
0	0
+1	+2/3
+2	+4/3
+3	+2

2x + 3y = 0 e - 2x + 3y = 0 são simétricas. (y = + 0,666x e y = - 0,666x).

Considerando uma reta de equação ax + by = c, quando a ou b são iguais a zero, existe uma reta paralela ou ao eixo X ou ao Y. Em verdade, nesses casos diz-se que existe um lugar geométrico de abscissa ou ordenada constante. Veja a seguir:

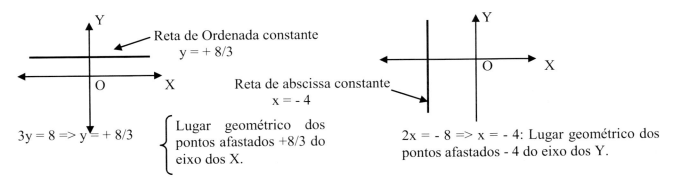

3y = 8 => y = + 8/3

{ Lugar geométrico dos pontos afastados +8/3 do eixo dos X.

2x = - 8 => x = - 4: Lugar geométrico dos pontos afastados - 4 do eixo dos Y.

12.2 Coeficiente angular, coeficiente linear e equações de uma reta

O coeficiente angular "m" de uma reta é igual à tangente do seu ângulo de inclinação (ou declividade) α. A seguir estuda-se a reta S, que passa pelos pontos AB.

Considerando o triângulo ABC, tem-se que: tg α = AC/BC.

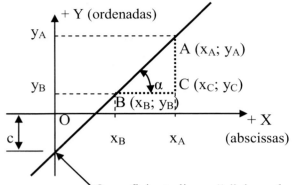

Considerando o triângulo ABC, tem-se que: tg α = AC/BC.

AC = $y_A - y_B$ BC = $x_A - x_B$

tg α = m = $(y_A - y_B) / (x_A - x_B)$

$y_A - y_B = \Delta y$ e $x_A - x_B = \Delta x$

m = $\Delta y / \Delta x$ (coeficiente angular)

O coeficiente linear "c" é o valor numérico (constante), por onde a reta intercepta o eixo das ordenadas (Y), ou seja, onde a abscissa é nula (x = 0).

Equação fundamental da reta

m = $\dfrac{y_A - y_B}{x_A - x_B}$ isto significa que: $\boxed{y_A - y_B = m(x_A - x_B)}$ Esta é a equação fundamental da reta.

Analisando a fórmula, conclui-se que, pode-se definir uma reta quando se conhece o seu coeficiente angular m e as coordenadas cartesianas de um ponto qualquer, pertencente à reta. Também se define uma reta, quando são conhecidos dois pontos pertencentes à mesma.

Exercício 12.2.1) uma reta tem uma inclinação (α) de 60°. Sabendo que o ponto A (+3; +5) pertence à reta, pede-se escrever sua equação.

α = 60°, logo m = tg α = + 1,732

$y_A - y_B = m(x_A - x_B)$,   logo: + 5 - y_B = + 1,732 (3 - x_B); + 5 - y_B = + 5,196 - 1,732 x_B ou
+ 5 - 5,196 = - 1,732 x_B + y_B;
+ 1,732 x_B - y_B = 0,196, como o ponto B também pertence à reta, a equação fica:

+1,732 x - y = 0,196 ou +1,732x - y - 0,196 = 0 ou: **y = +1,732x - 0,196** ◄—— **Equação da reta solicitada**.

Quando se faz x = + 3 tem-se: +1,732 . 3 - y = +0,196: y = +5,196 - 0.196: y = + 5.

A representação gráfica ou imagem geométrica dessa reta fica da seguinte forma:

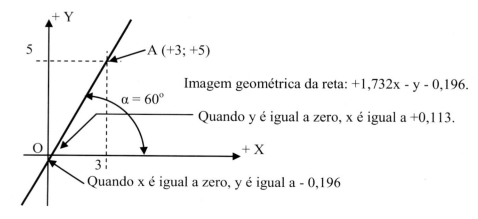

Exercício 12.2.2) determine a equação da reta que passa pelos pontos: A (- 1; - 3) e B (+ 3; + 4). Calcule a sua inclinação α ou sua declividade.

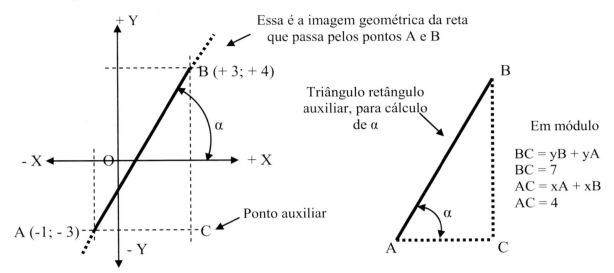

Tg α = BC / AC; Tg α = 7 / 4; Tg α = 1,75; α = arc tg 1,75; α = 60,255° ou α = 60° 15' 18".

Sabe-se que a tg α é igual ao coeficiente angular m, ou seja: m = +1,75.

Como a equação fundamental de uma reta é: $y_A - y_B = m(x_A - x_B)$, só é preciso escolher um ponto, por exemplo o A, substituir na equação e operar:

- 3 - y_B = +1,75 (- 1 - x_B);
- 3 - y_B = - 1,75 - 1,75 x_B;
+1,75 x_B - y_B + 1,75 - 3 = 0;
+1,75 x_B - y_B - 1,25 = 0;

A equação da reta é: y = +1,75x - 1,25.

Uma forma de verificar se a equação está correta é substituindo os valores das coordenadas dos pontos A e B, para se confirmar a igualdade, já que os pontos A e B pertencem à reta.

Ponto A: +1,75 x - y - 1,25 = 0; +1,75.(- 1) - (- 3) - 1,25 = 0; - 1,75 + 3 - 1,25 = 0; + 3 - 3 = 0.
Ponto B: +1,75 x - y - 1,25 = 0; +1,75 . (+ 3) - (+ 4) - 1,25 = 0; + 5,25 - 5,25 = 0.

Como as igualdades se confirmaram, a equação está correta.

Exercício 12.2.3) analise as duas retas R e S, mostradas a seguir e discorra sobre características dos seus coeficientes angulares.

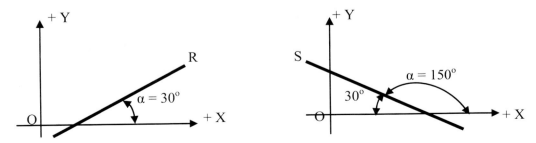

Coeficiente angular m de R = tg 30° = + 0,577. Coeficiente angular de m S = tg 150° = - 0,577

Constata-se que: os coeficientes angulares têm o mesmo valor numérico (módulo), porém têm sinais trocados, pois os ângulos de inclinação são suplementares (soma = 180°). A imagem do círculo trigonométrico, com a visão das tangentes esclarece esta diferença.

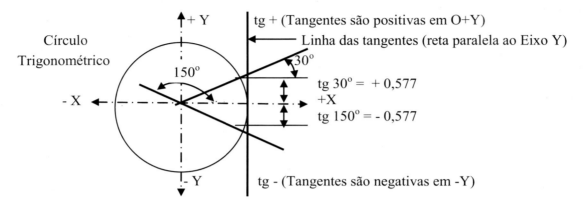

Equação reduzida da reta (y = mx + c)

A equação reduzida de uma reta é expressa por: $y = mx + c$, onde x e y são os pontos pertencentes à reta, "m" é o coeficiente angular da reta e "c" o coeficiente linear. Essa forma reduzida da equação da reta expressa uma função entre x e y, isto é, as duas variáveis possuem uma relação de dependência: $y = f(x)$. No caso dessa expressão, ao atribuirmos valores a x (eixo das abscissas), obtemos valores para y (eixo das ordenadas).

Exercício 12.2.4) determinar a equação reduzida da reta que passa pelos pontos E (+ 5; +2) e F (-1; - 6).

Inicialmente faz-se a imagem geométrica da reta.   Cálculo da equação reduzida

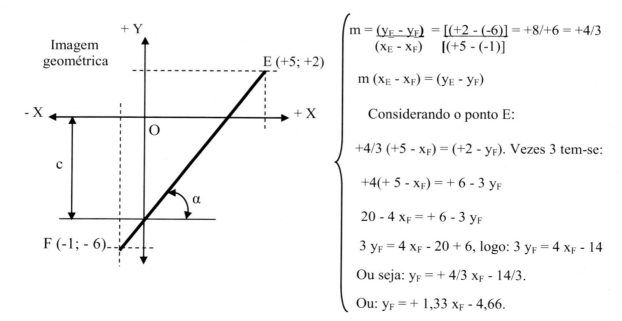

Conclusão: a equação reduzida é: y = +1,33x - 4,66. (e o coeficiente linear c = - 4,66). De fato, quando x é igual a zero, y = - 4,66.

12.3 Análise geométrica de um sistema de equações lineares, composto por duas retas

Um sistema de equações é um conjunto finito de equações com as mesmas variáveis. Retas (linhas) podem ser expressas na forma de um sistema de equações. Resolver um sistema linear no plano bidimensional ou X, Y, significa encontrar o valor das variáveis x e y, que satisfaçam às equações, ao mesmo tempo.

Exercício 12.3.1) Analisar se as retas $+2x + 3y = 5$ e $+x - 4y = 8$, se interceptam, ou seja, se têm um ponto em comum. Caso haja interseção, determinar as coordenadas cartesianas do ponto comum às retas.

Inicialmente, faz-se a imagem geométrica das retas. Nesse caso tem-se que montar, primeiro, uma tabela, com valores de x e y, como já foi visto.

reta: $+2x + 3y = 5$

x	y
-3	+11/3
-2	+3
-1	+7/3
0	+5/3
+1	+1
+2	+1/3
+3	-1/3

reta: $+x - 4y = 8$

x	y
-3	-11/4
-2	-10/4
-1	-9/4
0	-2
+1	-7/4
+2	-6/4
+3	-5/4

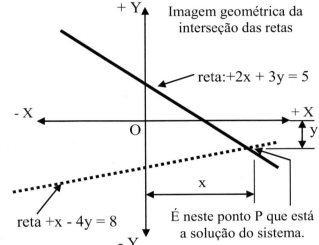

Imagem geométrica da interseção das retas

reta: $+2x + 3y = 5$

reta $+x - 4y = 8$

É neste ponto P que está a solução do sistema.

Onde as retas se cruzam, no ponto P (x; y), está a solução do sistema, ou seja, este ponto é comum às duas retas.

Algebricamente as raízes x e y serão calculadas pelo método da substituição, já que são duas equações (duas retas) e duas incógnitas.

$$\begin{cases} +2x + 3y = 5 \Rightarrow x = (5 - 3y)/2 \\ +x - 4y = 8 \Rightarrow (5 - 3y)/2 - 4y = 8 \Rightarrow 5 - 3y - 8y = 16 \Rightarrow +11y = -11 \\ y = -1 \\ x = (5 - 3(-1))/2 \Rightarrow x = 8/2 \\ x = +4 \end{cases}$$

Solução do sistema: $x = +4$ e $y = -1$

Conclusão: **as coordenadas cartesianas do ponto P são: P (+ 4; - 1).**

Pode acontecer que, ao invés de duas, existam três ou mais retas passando pelo mesmo ponto. Nesse caso é montado um sistema de equações com três ou mais equações e duas incógnitas (x, y), que pode ser resolvido através da teoria das Matrizes que, normalmente, é estudada na disciplina Álgebra Linear (veja capítulo 11).

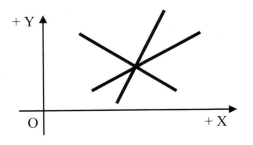

Exemplo de três retas que se cruzam no mesmo ponto.

12.3.1 Sistemas de equações lineares aplicados à Engenharia de Produção Industrial

A produção industrial exige uma série de controles, dentre os quais o de custos, relacionados ao que se chama de Contabilidade Industrial. Um dos controles utilizados é quanto aos custos de matéria prima e do consumo de energia elétrica. Por exemplo, uma indústria de produção mecânica em série, após anos de atividades parametrizou seus custos de matéria prima, *versus* o consumo de energia elétrica. O gráfico a seguir mostra esses consumos, na forma de duas funções afins, ou seja, retas.

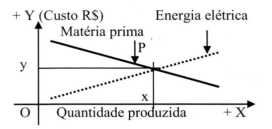

Este gráfico mostra que, de forma linear, quanto maior a quantidade de itens produzidos, maior é o consumo de energia elétrica (reta tracejada) e menor é o custo da matéria prima (reta contínua).

O ponto P (x; y) indica os valores ótimos das variáveis, ou seja, x é a quantidade máxima de itens produzidos, com o menor custo de energia elétrica. A explicação para essas duas retas, com inclinações diferentes é a seguinte: quando se compra uma maior quantidade de matéria prima, consegue-se um preço menor por quilo. Por exemplo, quem compra uma tonelada de material paga R$ 5.000,00 (cinco mil Reais), ou seja, cinco Reais por quilo. Mas quando compra duas toneladas, paga R$ 8.000 (oito mil Reais), ou seja, quatro Reais por quilo. Conclusão, pagou-se menos por quilo. Já o consumo de energia elétrica, nesse exemplo, aumenta, à medida que se produz mais. Para esse caso, o ótimo é o ponto P, onde ocorre o custo mínimo das duas variáveis.

Apesar de ser mostrado um gráfico sem valores, o mesmo expressa o que acontece, por exemplo, em muitas indústrias metalúrgicas. Em alguns casos os custos não variam linearmente, mas sim segundo uma determinada curva. Também é normal os custos de energia elétrica variar linearmente, ou seja, segundo uma reta, e os custos de matéria prima variar segundo uma determinada curva. O importante é a empresa conhecer "suas curvas", e estar sempre as atualizando, para procurar trabalhar com o ponto ótimo, ou seja, otimizando seus custos. O gráfico a seguir mostra um exemplo do que se chama de Lote Econômico de Compra - LEC.

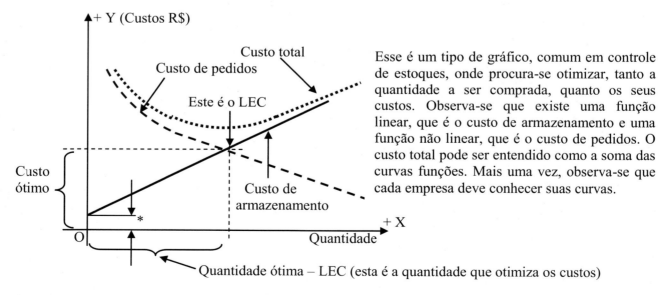

Esse é um tipo de gráfico, comum em controle de estoques, onde procura-se otimizar, tanto a quantidade a ser comprada, quanto os seus custos. Observa-se que existe uma função linear, que é o custo de armazenamento e uma função não linear, que é o custo de pedidos. O custo total pode ser entendido como a soma das curvas funções. Mais uma vez, observa-se que cada empresa deve conhecer suas curvas.

* A reta do custo de armazenamento é uma função afim, ou seja não parte da origem ou custo zero, uma vez que, mesmo sem produto ou matéria prima estocada, existem custos, por exemplo, de manutenção do espaço.

12.4 Distância entre um ponto e uma reta

A distância entre um ponto e uma reta é calculada unindo o próprio ponto à reta através de um segmento, que deverá formar com a reta um ângulo reto (90°). Para estabelecer a distância entre os dois necessitamos da equação geral da reta e da coordenada do ponto. A figura a seguir estabelece a condição gráfica da distância entre o ponto P e a reta r, sendo o segmento PQ a distância "d" entre eles.

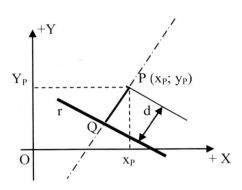

Se a equação da reta r é: $ax + by + c = 0$;

Se o ponto P é definido por $P(x_P; y_P)$;

A distância d, entre P e r é dada por:

$$d = \frac{|ax_P + by_P + c|}{\sqrt{a^2 + b^2}}$$

Na prática, uma distância é expressa em unidade linear como: metro, centímetro ou milímetro.

Exercício 12.4.1) calcular a distância entre o ponto G (+3; +4) e a reta: $+2x + 3y - 5 = 0$.

$ax + by + c = 0$

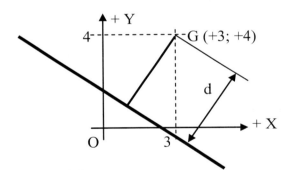

$a = +2; \quad b = +3; \quad c = -5$

$x_G = +3; \quad y_G = +4$

$d = \frac{|ax_G + by_G + c|}{\sqrt{a^2 + b^2}}$

$d = \frac{2.3 + 3.4 - 5}{\sqrt{13}}$; $d = 13 / 3,605$

$d = 3,606$ ← **Esta é a distância.**

12.5 Retas paralelas

Duas retas são paralelas se possuem a mesma inclinação (α), ou seja, o mesmo coeficiente angular m (onde m = tg α).

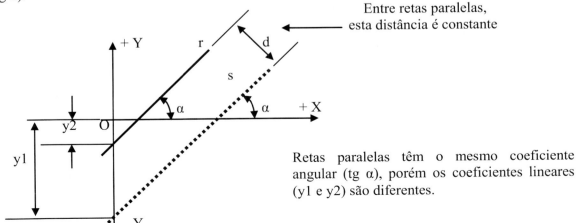

Entre retas paralelas, esta distância é constante

Retas paralelas têm o mesmo coeficiente angular (tg α), porém os coeficientes lineares (y1 e y2) são diferentes.

Exercício 12.5.1) Analise se são paralelas as retas: s: (+2x + 3y -7 = 0) e r: (- 10x -15y + 45 = 0)

Basta calcular-se o coeficiente angular de cada reta e, se: m s = m r, as retas são paralelas. No parágrafo 12.2 foi visto que: tg α = m = $(y_A - y_B) / (x_A - x_B)$.
Para calcular o coeficiente angular de cada reta, primeiro determinam-se dois pontos (A e B) em cada uma, ou seja, pontos A1, B1 e A2, B2, que pertençam às retas.

s: (+2x + 3y -7 = 0)   => $x_{A1} = 0$; $y_{A1} = +7/3$;   => $x_{B1} = +2$; $y_{B1} = +1$

r: (- 10x -15y + 45 = 0) => $x_{A2} = 0$; $y_{A2} = +3$;   => $x_{B2} = +3$; $y_{B2} = +1$

m s = (+7/3 -1) / (0 - 2) => m s = - 2/3
m r = (+3 -1) / (0 - 3) => m r = - 2/3   } Como os coeficientes angulares* são iguais, as retas são paralelas.

m = - 2/3; significa m = - 0,666. α = arc tg - 0,666: α = - 33,69°: esse é o ângulo α1. O ângulo α, que é o coeficiente angular das retas, é igual a 146,31° (+ 180° - 33,69° = + 146,31°).

Exercício 12.5.2) traçar a imagem geométrica das retas paralelas, estudadas no exercício 12.5.1.

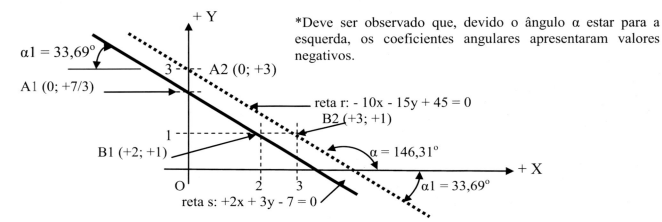

*Deve ser observado que, devido o ângulo α estar para a esquerda, os coeficientes angulares apresentaram valores negativos.

Exercício 12.5.3) Determinar a distância d, entre as retas paralelas, estudadas anteriormente.

Nesse caso, pode-se calcular a distância d entre a reta 2x + 3y - 7 = 0 e o ponto B (+3; +1), que pertence à reta -10x - 15y + 45 = 0. Como as retas são paralelas essa distância é constante, ou seja, soluciona o problema. Como citado no parágrafo 2.4, a distância d entre um ponto e uma reta é determinada pela fórmula a seguir, e os dados são:

$$d = \frac{|ax_0 + by_0 + c|}{\sqrt{a^2 + b^2}}$$ $\begin{cases} 2x + 3y - 7 = 0 => a = +2; b = +3; c = -7. \\ B (+3; +1) => x_0 = +3; y_0 = +1. \end{cases}$

d = (2.3 + 3.1 – 7) / $\sqrt{13}$; d = 2 / 3,605   =>   d = 0,555.

Conclusão: a distância entre as retas é 0,555, só faltando especificar a unidade de medida, que pode ser em metros, centímetros ou milímetros.

Exercício 12.5.4) Desenhe a imagem geométrica da reta r: +8x - 2y + 9 = 0. Plote o ponto P (+1; +2). Determine a equação geral da reta que passa pelo ponto P e que seja paralela à reta r.

Inicialmente determinam-se dois pontos A e B, pertencentes à reta r.

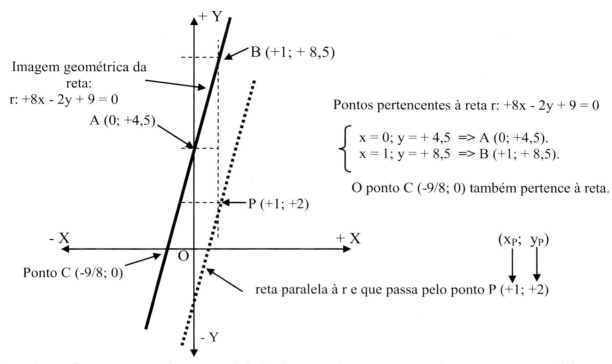

Imagem geométrica da reta:
r: +8x - 2y + 9 = 0

A (0; +4,5)

Ponto C (-9/8; 0)

Pontos pertencentes à reta r: +8x - 2y + 9 = 0

$$\begin{cases} x = 0; y = +4,5 \Rightarrow A\,(0; +4,5). \\ x = 1; y = +8,5 \Rightarrow B\,(+1; +8,5). \end{cases}$$

O ponto C (-9/8; 0) também pertence à reta.

reta paralela à r e que passa pelo ponto P (+1; +2)

Para determinar a equação da reta paralela à r basta conhecer um ponto dessa reta e seu coeficiente angular (m). O ponto é P (+1; +2) e como as retas são paralelas têm mesmo coeficiente angular m, logo inicialmente calcula-se este coeficiente da reta r (mr).

Sabe-se que: m = $(y_A - y_B)/(x_A - x_B)$; A (0; +4,5) e B (+1; +8,5). m = (4,5 - 8,5)/(0 - 1) => m = - 4/- 1 = +4.

Para determinar a equação da reta paralela pode-se fazer: m (x - x_P) = (y - y_P).

+4 (x - 1) = (y - 2) => +4x - 4 = y – 2 => **+4x - y - 2 = 0** ◄──── **Esta é a equação da reta paralela à reta r**.

12.6 Retas perpendiculares

Duas retas serão perpendiculares se possuírem um ponto P (x_P; y_P) comum, e por esse ponto passar uma reta que faça 90° com a outra. Veja a imagem geométrica, a seguir, que mostra a perpendicularidade entre as retas: r: +x - y + 3 = 0 e s: +x + y - 3 = 0

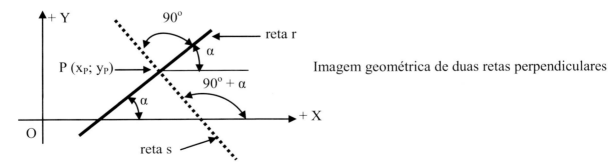

Imagem geométrica de duas retas perpendiculares

Analisando a imagem geométrica das duas retas perpendiculares, pode-se dizer que o coeficiente angular da reta r é mr = tg α e o coeficiente da reta s é ms = tg (90° + α). Utilizando o conceito de adição de arcos tem-se:

tg (90° + α) = sen (90° + α) ;   ; tg (90° + α) = sen90°. cos α + sen α . cos 90° ;
             cos (90° + α)   cos90°. cos α - sen 90°. sen α

tg (90° + α) = cos α ;   Finalmente: tg (90° + α) = -1   ou seja: ms = tg α e mr = - 1 / tg α.
              - sen α   tg α

Conclusão: duas retas são perpendiculares quando o coeficiente angular de uma é igual ao oposto (sinal oposto) do inverso do outro coeficiente, no caso estudado: mr = - 1 / ms.

Exercício 12.6.1) Dadas as retas r: +4x - 2y + 12 = 0 e s: +x + 2y - 1 = 0, pedem-se: a) Desenhar a imagem geométrica das retas; b) Analisar se essas retas são perpendiculares e c) Determinar as coordenadas cartesianas do ponto P (x_P; y_P) de encontro ou interseção das retas.

a) Inicialmente são determinados alguns pontos pertencentes a cada reta, de modo a permitir a sua representação gráfica ou imagem geométrica.

r: 4x - 2y + 12 = 0

x	y	Ponto
- 2	+ 2	A
- 1	+ 4	B
0	+ 6	C
+ 1	+ 8	D
+ 2	+ 10	E

s: x + 2y - 1 = 0

x	y	Ponto
- 2	+ 3/2	F
- 1	+ 1	G
0	+ 1/2	H
+ 1	0	I
+ 2	- 1/2	J

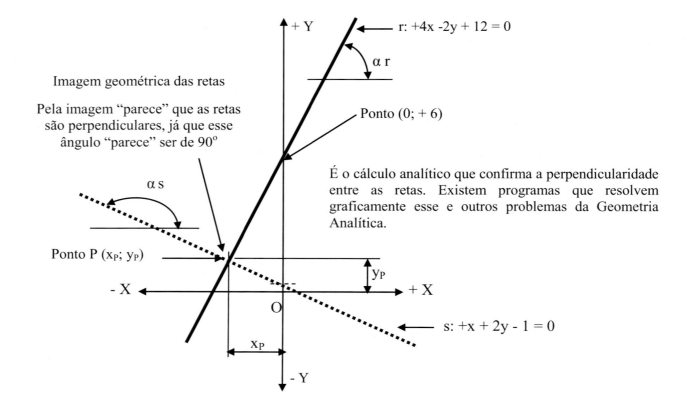

Imagem geométrica das retas

Pela imagem "parece" que as retas são perpendiculares, já que esse ângulo "parece" ser de 90°

É o cálculo analítico que confirma a perpendicularidade entre as retas. Existem programas que resolvem graficamente esse e outros problemas da Geometria Analítica.

Capítulo 12 – Estudo das retas – 289

b) Cálculo analítico da perpendicularidade entre as retas

Se essas retas são perpendiculares, o coeficiente angular de uma é igual ao oposto (sinal oposto) do inverso do outro coeficiente. Ou seja: m r = - 1 / m s. Isto significa que devemos calcular o coeficiente angular de cada uma das retas.

m r = $(y_A - y_B) / (x_A - x_B)$; m r = (+2 - 4) / [- 2 - (-1)]; m r = -2 / - 1; m r = + 2.

m s = $(y_F - y_G) / (x_F - x_G)$; m s = (+ 3/2 - 1) / (- 2 - (-1)); m s = (+ 1/2) / - 1; m s = - 1/2.

Como o inverso, com sinal negativo de + 2 é igual a -1/2, confirma-se que m r = - 1 / m s, ou seja, as retas r e s são perpendiculares.

c) Determinação das coordenadas cartesianas do ponto P $(x_P; y_P)$ de encontro ou interseção das retas.

O ponto P pertence às duas retas. Isto significa que, ao se resolver algebricamente o sistema de duas equações das retas, com duas incógnitas cada uma (x e y), os valores encontrados serão as coordenadas cartesianas da interseção das retas, ou seja, do ponto P.

s: x + 2y - 1 = 0; x = - 2y + 1

r: 4x - 2y + 12 = 0; substituindo o valor de x temos: 4 (- 2y + 1) - 2y + 12 = 0;

- 8y + 4 - 2y + 12 = 0; - 10 y = - 16; y = + 16 / 10 $\longrightarrow$ y = + 1,6

x = - 2y + 1; x = - 2 (+ 1,6) + 1; x = - 3,2 + 1 $\longrightarrow$ x = - 2,2

$\left.\begin{array}{l}\\\\\end{array}\right\}$ P (-2,2; +1,6)

Estas são as coordenadas cartesianas do ponto P:

Exercício 12.6.2) Considere a reta r de equação +3x + 5y +1 = 0 e um ponto P de coordenadas (+5; +5). a) Determine a equação da reta s perpendicular a r, e que passa pelo ponto P. b) Desenhe a imagem geométrica das retas r e s.

a) Determinação da equação da reta s.

Como são retas perpendiculares, o coeficiente angular de uma é igual ao oposto (sinal oposto) do inverso do outro coeficiente. Ou seja: m r = - 1 / m s. Isto significa que devemos calcular o coeficiente angular de cada uma das retas.

r: +3x + 5y +1 = 0 $\longrightarrow$ ponto A (+ 1; - 4/5) e ponto B (+ 3; - 2), pertencem a essa reta.

$\begin{cases} \text{m r} = (y_A - y_B) / (x_A - x_B);\ \text{m r} = [- 4/5 - (- 2)] / (+ 1 - 3);\ \text{m r} = -4/5 + 2 / - 2;\ \text{m r} = - 3/5. \\ \text{m r} = - 1 / \text{m s};\ -3/5 = -1 / \text{m s};\ - 3\ \text{m s} = - 5;\ \text{m s} = + 5/3. \end{cases}$

Tendo o coeficiente angular m s = + 5/3 e um ponto P (+5; +5) da reta s, fazemos:

$\begin{cases} y - y_P = \text{m s} (x - x_P);\ y - 5 = +5/3 (x - 5);\ y - 5 = (5x - 25) / 3;\ 3y - 15 = 5x - 25; \\ 5x - 3y - 25 + 15 = 0\ \Rightarrow\ 5x - 3y - 10 = 0 \longleftarrow \text{Essa é a equação da reta s.} \end{cases}$

b) Representação gráfica ou imagem geométrica das retas r e s.

$\begin{cases} \text{r: } +3x + 5y + 1 = 0 \longrightarrow \text{ponto A (+ 1; - 4/5) e ponto B (+ 3; - 2).} \\ \text{s: } +5x - 3y - 10 = 0 \longrightarrow \text{ponto C (+ 1; -5/3) e ponto D (+ 3; + 5/3) ou D (+ 3; + 1,667).} \end{cases}$

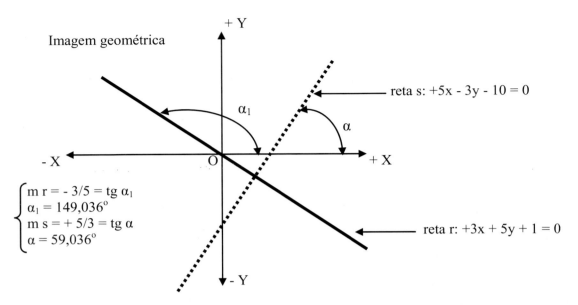

12.7 Determinação da imagem geométrica das coordenadas cartesianas do ortocentro de um triângulo

Todo triângulo tem três alturas e o encontro dessas alturas chama-se ortocentro (O). Em qualquer triângulo, a altura em relação a um lado é igual à distância entre um vértice e o lado oposto. Dependendo do tipo de triângulo o ortocentro muda de posição, como mostrado a seguir. Com relação aos ângulos os triângulos podem ser: retângulo (um ângulo reto), acutângulo (três ângulos agudos) ou obtusângulo (um ângulo obtuso). O exercício 12.7.1.1 incorpora todos os conceitos estudados nesse capítulo.

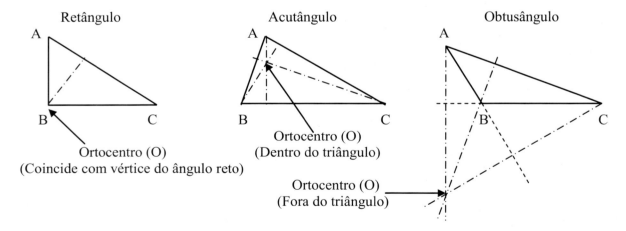

12.7.1 Imagens geométricas e cálculos analíticos sobre retas, envolvendo triângulos

Exercício 12.7.1.1) Dados os pontos: A (+3; +8), B (+ 9; +3) e C (+5; +4), pedem-se:

a) A representação gráfica ou imagem geométrica do triângulo ABC e do ortocentro (O), que é o encontro das alturas.

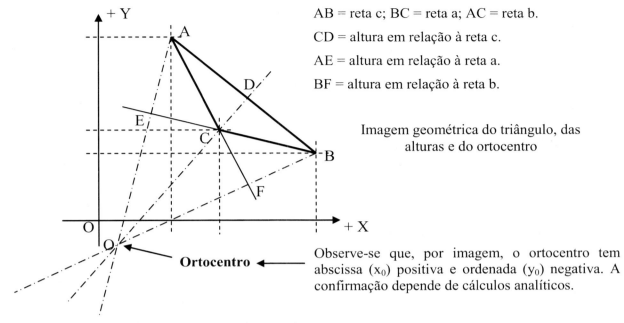

AB = reta c; BC = reta a; AC = reta b.
CD = altura em relação à reta c.
AE = altura em relação à reta a.
BF = altura em relação à reta b.

Imagem geométrica do triângulo, das alturas e do ortocentro

Observe-se que, por imagem, o ortocentro tem abscissa (x_0) positiva e ordenada (y_0) negativa. A confirmação depende de cálculos analíticos.

b) Calcular os valores dos lados AB, AC e BC.

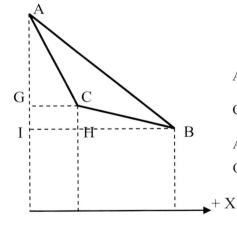

O valor dos lados serão calculados, em função dos triângulos retângulos ACG, CBH e ABI.

AG = 4; CG = 2: AC = $\sqrt{(4^2 + 2^2)}$; => **AC = 4,472**.

CH = 1; BH = 4: CB = $\sqrt{(1^2 + 4^2)}$; => **BC = 4,123**.

AI = 5; BI = 6: AB = $\sqrt{(5^2 + 6^2)}$; => **AB = 7,810**.

O cálculo também pode ser feito pela distância entre pontos.

c) Determinar as equações das retas: AB (reta c), AC (reta b) e BC (reta a).

Como já visto, a equação de uma reta pode ser determinada pela fórmula geral a seguir:

m = (y_A - y_B) / (x_A - x_B); m é o coeficiente angular e A e B são pontos da reta.

Inicialmente calcula-se o coeficiente angular:

$\begin{cases}
\text{m c} = (y_A - y_B) / (x_A - x_B)\text{: m c} = (8 - 3) / (3 - 9) => \text{m c} = 5 / -6 => \text{m c} = -0{,}833. \\
\text{Esse coeficiente angular é negativo, pois o ângulo da reta é maior que } 90^0. \\
(y - y_B) = \text{m c} (x - x_B)\text{: y} - 3 = -0{,}833 (x - 9) => y - 3 = -0{,}833x + 7{,}500; \\
+0{,}833x + y - 10{,}500 = 0 \longleftarrow \text{ Essa é a equação da reta c (lado AB).}
\end{cases}$

$\begin{cases} \text{m b} = (y_A - y_C) / (x_A - x_C)\text{: m b} = (8 - 4) / (3 - 5) => \text{m b} = 4 / -2 \quad => \text{m b} = -2. \\ \text{Esse coeficiente angular é negativo, pois o ângulo da reta é maior que } 90°. \\ (y - y_C) = \text{m b} (x - x_C)\text{: } y - 4 = -2 (x - 5) => y - 4 = -2x + 10; \\ \mathbf{+2x + y - 14 = 0} \quad \longleftarrow \quad \textbf{Essa é a equação da reta b (lado AC).} \end{cases}$

$\begin{cases} \text{m a} = (y_B - y_C) / (x_B - x_C)\text{: m a} = (3 - 4) / (9 - 5) => \text{m a} = -1 / 4 \quad => \text{m a} = -0{,}250. \\ \text{Esse coeficiente angular é negativo, pois o ângulo da reta é maior que } 90°. \\ (y - y_C) = \text{m a} (x - x_C)\text{: } y - 4 = -0{,}250 (x - 5) => y - 4 = -0{,}250x + 1{,}250; \\ \mathbf{+0{,}250x + y - 5{,}250 = 0} \quad \longleftarrow \quad \textbf{Essa é a equação da reta a (lado BC).} \end{cases}$

d) Calcular os ângulos internos do triângulo ABC.

Esses ângulos podem ser calculados pelos coeficientes angulares de cada uma das três retas, como adiante descrito:

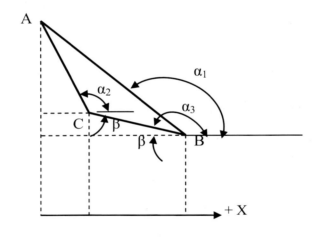

$\begin{cases} \text{m c} = -0{,}833 \text{ é o coeficiente de AB.} \\ \text{tg } \alpha_1 = -0{,}833; \alpha_1 = 140{,}206° \\ \text{m b} = -2 \text{ é o coeficiente de AC.} \\ \text{tg } \alpha_2 = -2; \alpha_2 = 116{,}565° \\ \text{m a} = -0{,}250 \text{ é o coeficiente de BC.} \\ \text{tg } \alpha_3 = -0{,}250; \alpha_3 = 165{,}964° \end{cases}$

$\begin{cases} \beta = 180° - \alpha_3 = 180° - 165{,}964°. \\ \beta = 14{,}036°. \end{cases}$

$\begin{cases} \alpha_3 - \alpha_1 = 25{,}758° \ (25° \ 45' \ 29"); \text{ que é o ângulo formado pelo vértice B.} \\ \alpha_2 + 14{,}036° = 130{,}601° \ (130° \ 36' \ 04"); \text{ que é o ângulo formado pelo vértice C.} \\ 180° - (130{,}601° + 25{,}758°) = 23{,}641° \ (23° \ 38' \ 28") \text{ que é o ângulo formado pelo vértice A.} \end{cases}$

e) Determinar as equações das retas AO, BO e CO (que passam pelo ortocentro).

A reta AO é perpendicular à reta BC (Reta a). A reta BO é perpendicular à reta AC (reta b). A reta CO é perpendicular à reta AB (reta c).

A solução consiste em determinar equações de retas que são perpendiculares a retas já conhecidas e que passam por pontos, cujas coordenadas cartesianas são conhecidas.

Esse conceito de solução foi desenvolvido no exercício 12.7.2, sabendo-se que: duas retas são perpendiculares quando o coeficiente angular de uma é igual ao oposto (sinal oposto) do inverso do outro coeficiente.

Equação da reta AO, perpendicular à reta a:

$\begin{cases}
\text{m a} = = -1 / \text{m AO} \Rightarrow \text{m AO} = -1 / \text{m a} \\
\text{m a} = -0,250 \Rightarrow \text{m AO} = -1 / -0,250; \text{ logo m AO} = +4. \\
\text{Nesse caso, o ponto conhecido é A } (+3; +8). \\
\text{m AO} = (y - y_A) / (x - x_A): +4 = (y - 8) / (x - 3) \Rightarrow +4 (x - 3) = y - 8 \Rightarrow +4x - 12 = y - 8; \\
\textbf{+4x - y - 4 = 0} \longleftarrow \textbf{Essa é a equação da reta AO}.
\end{cases}$

Equação da reta BO, perpendicular à reta b:

$\begin{cases}
\text{m b} = = -1 / \text{m BO} \Rightarrow \text{m BO} = -1 / \text{m b} \\
\text{m b} = -2 \Rightarrow \text{m BO} = -1 / -2; \text{ logo m BO} = +0,5. \\
\text{Nesse caso, o ponto conhecido é B } (+9; +3). \\
\text{m BO} = (y - y_B)/(x - x_B); +0,5 = (y - 3)/(x - 9) \Rightarrow +0,5 (x - 9) = y - 3 \Rightarrow +0,5 x - 4,5 = y - 3; \\
\textbf{+0,5x - y - 1,5 = 0} \longleftarrow \textbf{Essa é a equação da reta BO}.
\end{cases}$

Equação da reta CO, perpendicular à reta c:

$\begin{cases}
\text{m c} = = -1 / \text{m CO} \Rightarrow \text{m CO} = -1 / \text{m c} \\
\text{m c} = -0,833 \Rightarrow \text{m CO} = -1 / -0,833 \Rightarrow \text{m CO} = +1,2. \\
\text{Nesse caso, o ponto conhecido é C } (+5; +4). \\
\text{m CO} = (y - y_C)/(x - x_C): +1,2 = (y - 4)/(x - 5) \Rightarrow +1,2 (x - 5) = y - 4 \Rightarrow +1,2 x - 6 = y - 4; \\
\textbf{+1,2x - y - 2 = 0} \longleftarrow \textbf{Essa é a equação da reta CO}.
\end{cases}$

f) Calcular as coordenadas cartesianas do ortocentro (ponto O).

Observa-se que as retas AO, BO e CO se interceptam no ponto O, ou seja, esse ponto é comum às três retas. Isto significa que pode-se montar um sistema de três equações, com duas incógnitas (x, y). A solução, ou melhor, o cálculo de x_O e y_O, virá da resolução das equações duas a duas, por exemplo: AO com BO ou BO com CO. Será feito AO com BO e depois os valores de x_O e y_O serão substituídos em CO, para confirmação.

$\begin{cases} + 4 x_O - y_O - 4 = 0 \quad \text{(AO)} \\ + 0,5 x_O - y_O - 1,5 = 0 \quad \text{(BO)} \end{cases}$ Em princípio, bastaria resolver apenas um sistema, mas serão resolvidos os dois, até para confirmar os valores.

$\begin{cases}
+ 4 x_O - y_O - 4 = 0 \quad \text{(AO)} \Rightarrow -y_O = +4 - 4 x_O \Rightarrow y_O = -4 + 4 x_O \\
+ 0,5 x_O - y_O - 1,5 = 0 \quad \text{(BO)}; \\
\text{Substituindo } y_O \text{ em BO: } + 0,5 x_O - (-4 + 4 x_O) - 1,5 = 0 \Rightarrow + 0,5 x_O + 4 - 4 x_O - 1,5 = 0 \\
- 3,5 x_O + 2,5 = 0 \Rightarrow -3,5 x_O = -2,5 \Rightarrow x_O = -2,5 / -3,5, \text{ logo } x_O = +0,714. \\
y_O = -4 + 4 x_O \Rightarrow y_O = -4 + 4.\,0,714 \Rightarrow y_O = -4 + 2,856, \text{ logo } y_O = -1,144. \\
\text{Ou seja: O } (+0,714; -1,144)
\end{cases}$

Substituindo os valores de $x_O = +0,714$ e $y_O = -1,144$. $y_O = -1,144$, na equação de CO:

$+1{,}2\ x_O - y_O - 2 = 0 \Rightarrow +1{,}2\ (+0{,}714) - (-1{,}144) - 2 = 0$, confirma-se $0 = 0$.

Conclusão: as coordenadas cartesianas do ortocentro são: O (+ 0,714; - 1,144).

g) Calcular as alturas do triângulo, em relação a cada um dos lados.

Analisando-se a imagem geométrica do triângulo, observa-se que as três alturas são os segmentos: CD (altura em relação ao lado AB), AE (altura em relação ao lado BC) e BF (altura em relação ao lado AC). Analiticamente, a altura CD é calculada pela distância entre os pontos C e D, o mesmo ocorrendo com as outras alturas. Ou seja, para o cálculo de cada altura é necessário saber as coordenadas cartesianas de cada dois pontos, pois a altura será a distância entre cada um dos dois pontos.

As coordenadas cartesianas dos pontos D, E e F, serão obtidas pela resolução da interseção entre as retas que contêm o ponto.

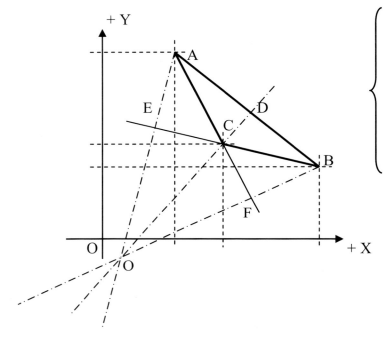

CD = altura em relação a AB. O ponto C é conhecido e o ponto D será obtido pela interseção das retas AB e OC.

AE = altura em relação a BC. O ponto A é conhecido e o ponto E será obtido pela interseção das retas AC e OA.

BF = altura em relação a AC. O ponto B é conhecido e o ponto F será obtido pela interseção das retas AC e OB.

Altura CD, em relação ao lado AB (interseção das retas AB e OC):

$$\begin{cases} AB: 0{,}833x + y - 10{,}5 = 0 \Rightarrow y = -0{,}833x + 10{,}5 \text{ (substituir em OC)}. \\ OC: +1{,}2x - y - 2 = 0 \end{cases}$$

$+1{,}2x - (-0{,}833x + 10{,}5) - 2 = 0 \Rightarrow +1{,}2x + 0{,}833x - 12{,}5 = 0 \Rightarrow +2{,}033x = +12{,}5 \Rightarrow x = +6{,}149$.

$y = -0{,}833x + 10{,}5 \Rightarrow y = -0{,}833 (+6{,}149) + 10{,}5 \Rightarrow y = -5{,}122 + 10{,}5 \Rightarrow y = +5{,}378$.

Ponto D (+ 6,149; + 5,378). Ponto C (+5; +4).

Altura CD $= \sqrt{(x_C - x_D)^2 + (y_C - y_D)^2}$ ⟵ Fórmula da distância entre pontos C e D.

Altura CD $= \sqrt{(+5 - 6{,}149)^2 + (+4 - 5{,}378)^2}$ ⟹ **Altura CD = 1,794.**

Altura AE, em relação ao lado BC (interseção das retas BC e OA):

$$\begin{cases} \text{BC: } 0{,}250x + y - 5{,}250 = 0 \Rightarrow y = -0{,}25x + 5{,}25 \text{ (substituir em OA)}. \\ \text{OA: } +4x - y - 4 = 0 \end{cases}$$

+4x - (- 0,25x + 5,25) -4 = 0 => +4x + 0,25x - 5,25 -4 = 0 => +4,25x = +9,25 => x = +2,176.

y = - 0,25x + 5,25 => y = - 0,25(+ 2,176) + 5,25 => y = - 0,544 + 5,25 => y = + 4,706.

Ponto E (+ 2,176; + 4,706). Ponto A (+ 3; + 8).

Altura AE = $\sqrt{(x_A - x_E)^2 + (y_A - y_E)^2}$ ⟵ Fórmula da distância entre pontos A e E.

Altura AE = $\sqrt{(+3 - 2{,}176)^2 + (+8 - 4{,}706)^2}$ => **Altura AE = 3,395**.

Altura BF, em relação ao lado AC (interseção das retas AC e OB):

AC: 2x + y - 14 = 0 => y = - 2x + 14 (substituir em OB) ⟶ OB: + 0,5 x - y - 1,5 = 0.

+0,5x - (- 2x + 14) - 1,5 = 0 => +0,5x +2x - 14 - 1,5 = 0 => +2,5x - 15,5 = 0 => x = + 6,2.

y = - 2(+ 6,2) + 14 => y = - 12,4 + 14 => y = + 1,6.

Ponto F (+ 6,2; + 1,6). Ponto B (+ 9; +3).

Altura BF = $\sqrt{(x_B - x_F)^2 + (y_B - y_F)^2}$ ⟵ Fórmula da distância entre pontos A e E.

Altura BF = $\sqrt{(+9 - 6{,}2)^2 + (+3 - 1{,}6)^2}$ => **Altura BF = 3,13**.

h) Calcular a área do triângulo ABC.

Em todo e qualquer triângulo, a sua área é determinada pelo produto entre o valor de um lado (denominado base, ou melhor, lado de referência) e a sua altura correspondente. Isolando apenas o triângulo ABC, na sua posição no plano cartesiano, temos os três lados (bases) e as respectivas alturas, nos seguintes pares:
AB com CD; AC com BF e BC com AE. Em verdade, ao invés de falar em "base", tem-se que falar em lado de referência. Dessa forma a área desse triângulo pode ser obtida das seguintes formas: (AB x CD) / 2 ou (AC x BF) / 2 ou (BC x AE) / 2.

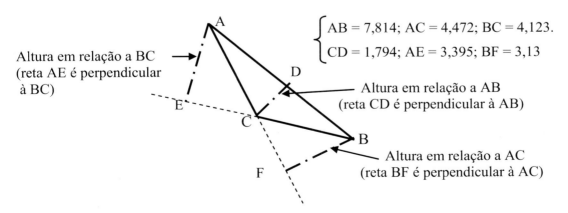

Área 1 = (AB x CD) / 2 = (7,814 x 1,794) / 2 => Área 1 = 7,009*.

Área 2 = (AC x BF) / 2 = (4,472 x 3,13) / 2 => Área 2 = 6,999.

Área 3 = (BC x AE) / 2 = (4,123 x 3,395) / 2 => Área 3 = 6,999.

*A pequena diferença de 0,01 (um centésimo), entre as áreas 1, 2 e 3, ocorreu "matematicamente" devido aproximações, ao longo de todos os cálculos desse exercício, referente ao triângulo ABC. Do ponto de vista dos cálculos de Engenharia, pode-se dizer que a área desse triângulo é igual a 7 unidades de área, que pode ser m^2 ou cm^2 ou mm^2.

12.8 Aplicações práticas dos conceitos de retas, tipos funções lineares e afins

As aplicações mais notáveis são na elaboração de programas (*softwares*), tanto os relacionados à computação gráfica (especialmente para Desenhos Técnicos), quanto os de cálculos específicos, por exemplo, os de cálculo estrutural, bem como os de elementos finitos, para sistemas de equações lineares. Além dessas, existem muitas outras aplicações de uso de retas, com funções lineares e afins, como os exemplos, a seguir mostrados. Observa-se que uma reta que passa pela origem (0; 0) é chamada de função linear, caso não passe pela origem é chamada função afim.

Gráfico conceitual da dilatação linear de uma barra metálica

Se pegarmos uma barra metálica de comprimento L_0, à temperatura T_1 e a submetermos a uma temperatura maior T_2, quando houver a estabilização térmica, a barra terá um comprimento L_1, maior do que o inicial L_0. A variação da temperatura é calculada pela diferença entre a temperatura final e a inicial: $\Delta T = T_2 - T_1$. Da mesma forma, podemos calcular a variação de comprimento causada por essa variação da temperatura: $\Delta L = L_1 - L_0$.

A dilatação linear sofrida pela barra é proporcional ao aumento de temperatura, de forma que quanto maior for esse aumento, maior será a dilatação. Ela também depende do comprimento inicial e do material que constitui a barra, uma vez que cada material apresenta um comportamento diferente ao ser submetido a variações de temperatura.

Segundo os conceitos da Física, existe uma relação matemática para calcular a dilatação, chamada de Lei da dilatação linear, que é expressa pela equação: $\Delta L = \alpha \cdot L_0 \cdot \Delta T$, onde a letra grega α representa o coeficiente de dilatação linear do material que constitui a barra e assume um valor específico para cada tipo de material. Sua unidade de medida é 1/° C ou °C^{-1}.

Essa função linear, da variação do comprimento, em função da temperatura, pode ser representada por uma reta, como a seguir mostrada. Deve ser ressaltado que, o material se dilata, ou seja, aumenta seu comprimento com o aumento da temperatura, mas também diminuí de comprimento, ou seja, se contrai quando a temperatura decresce.

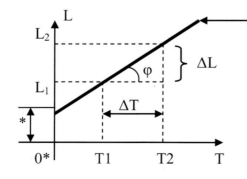

Essa reta representa a variação L x T

$\Delta L = \alpha \cdot L_0 \cdot \Delta T. \longrightarrow (\Delta L / \Delta T = \alpha \cdot L_0)$.

tg $\varphi = \Delta L / \Delta T$. Logo: tg $\varphi = \alpha \cdot L_0$ (isto significa que a inclinação φ varia conforme o tipo de material).

* Essa reta da dilatação linear não passa pelo ponto zero (0), já que, mesmo a baixa temperatura ela tem um comprimento inicial.

Exemplo prático de dilatação linear (trilho de uma ferrovia)

Exercício 12.8.1) Um trilho em aço de uma ferrovia tem 10 m de comprimento. Qual o acréscimo de comprimento desse trilho, sabendo-se que nesta região no inverno a temperatura mínima é de 5° C e no alto verão pode chegar a 45° C? (dado: coeficiente de dilatação linear do aço: $\alpha = 1,1 \cdot 10^{-5}$ °C^{-1}).

$\Delta L = \alpha \cdot L_0 \cdot \Delta T.$ $\begin{cases} \alpha = 1,1 \cdot 10^{-5} \text{ °}C^{-1} \\ L_0 = 10 \text{ m.} \\ \Delta T = 40° \text{ C.} \end{cases}$ $\Delta L = 1,1 \cdot 10^{-5}$ °$C^{-1} \cdot 10$ m $\cdot 40$°C.

$\Delta L = 1,1 \cdot 10^{-4}$ m $\longrightarrow \Delta L = 0,00011$ m $\longrightarrow \Delta L = 0,11$ mm.

O alongamento de uma mola, como exemplo prático da equação de uma reta

A Física mostra que, ao se aplicar uma força de tração à uma mola metálica, por exemplo, cilíndrica com espiras circulares, o comprimento da mola se alonga, proporcionalmente à força (F) aplicada. A equação que rege este conceito é: $F = -kx$, onde F é a força aplicada, x é o alongamento e k é a constante elástica da mola, que varia em função de vários fatores, dentre os quais: material da mola, temperatura de operação, diâmetro médio da mola e diâmetro do arame da espira da mola. Observa-se que, o sinal negativo de x ($F = -kx$) significa que o sentido da força elástica de reação da mola é oposto ao deslocamento da mola. Para molas na vertical, a força elástica de reação é para cima, enquanto o deslocamento (x) é para baixo.

Exercício 12.8.2) Um engenheiro precisa descobrir a constante elástica de uma mola, que está sendo retirada de uma máquina, para uso em outra. Ele foi ao laboratório e aplicou forças (F) na mola, medindo cuidadosamente o deslocamento (x) para cada força aplicada. Após a aplicação de seis forças crescentes, entre 1N e 6N, o engenheiro tabulou os deslocamentos (x), para cada força. A tabela a seguir resume os dados encontrados. Com estes dados pedem-se: a) o gráfico da experiência, onde no eixo das Abscissas (X) estão os deslocamentos (x) em metros e no eixo das Ordenadas estão as forças (F) em Newton. b) calcular a constante elástica (k) desta mola. c) Qual será o alongamento quando for aplicada uma força de 11 N?

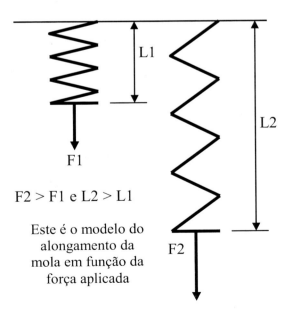

F2 > F1 e L2 > L1

Este é o modelo do alongamento da mola em função da força aplicada

Força (N)	Deslocamento (x) (Metros)
0*	0*
1	0,02
2	0,04
3	0,06
4	0,08
5	0,10
6	0,12

* F = 0 e x = 0, significa que a mola está em repouso, com o seu comprimento L original.

b) Cálculo da constante elástica k

$F = |kx|$; logo: $|k| = F/x$.

$\dfrac{6}{0,12} = \dfrac{5}{0,10} = \dfrac{4}{0,08} = \dfrac{3}{0,06} = \dfrac{2}{0,04} = \dfrac{1}{0,02} = 50$

A constante elástica k = 50 (N/m).

c) Cálculo de x, para F = 11 N.

$F = kx$; $x = F/k$: $x = 11$ N/50; $x = 0,22$ m.

O alongamento será de 0,22 m, para F = 11N

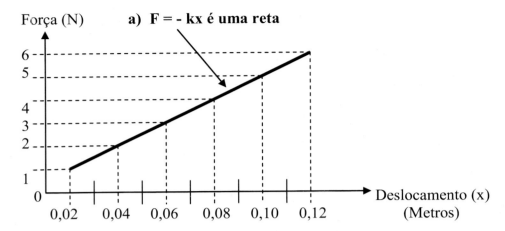

Relação entre temperaturas em graus Celsius (°C) e graus Fahrenheit (°F)

No Brasil e em vários países as temperaturas são expressas em graus centígrados (Celsius), enquanto nos Estados Unidos e Inglaterra usam-se graus Fahrenheit. Na escala Celsius existem duas temperaturas características, considerando-se a pressão ao nível do mar. Como zero grau tem-se a temperatura de fusão do gelo e como 100 graus, a temperatura de ebulição da água. Ou seja, tem-se um intervalo de 100 ou centígrado. Na escala Fahrenheit este mesmo intervalo é dividido em 180 partes. Com isso zero grau Celsius equivale a 32 graus Fahrenheit e 100 graus Celsius equivalem a 212 graus Fahrenheit.

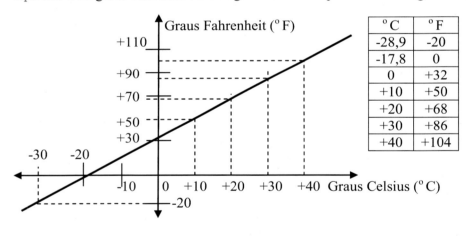

°C	°F
-28,9	-20
-17,8	0
0	+32
+10	+50
+20	+68
+30	+86
+40	+104

Com essas características pode-se dizer que existe a seguinte função afim:
°F = 1,8 °C + 32, ou seja:
y = 1,8x + 32.

Aplicação na Engenharia Agrícola

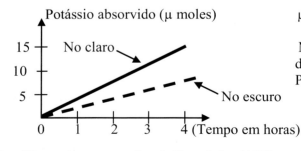

μ = mícron = 10^{-6}.

Mol é uma unidade de medida que expressa a quantidade de matéria microscópica, como átomos e moléculas.
Por exemplo: 1 mol de feijão = $6,02 \cdot 10^{23}$ grãos de feijão.

O gráfico acima, transcrito de Batschelet (1978, p. 65 e 66), mostra a absorção do mineral Potássio (K) pelo tecido das folhas do pé de milho (*zea mays*), em duas situações: a) quando a planta está no escuro (por exemplo, à noite) e quando está exposta à claridade.

Observa-se que a planta absorve o Potássio (K) do solo, que pode ou não ter adição de fertilizante sintético que, em geral são os compostos chamados "NPK", onde N é Nitrogênio, P é Fósforo e K é Potássio. Batschelet concluí (como o gráfico mostra) que a taxa de absorção de Potássio, para essa planta, é cerca de duas vezes quando no claro, em relação a quando está no escuro.

Exercício 12.8.3) Sabe-se que 100 g de soja seca contém 35 g de proteínas e que 100 g de lentilha seca contém 26 de proteína. Em geral, homens de estatura média, vivendo em clima moderado (por exemplo, no Sul da Europa) necessitam diariamente de 70 g de proteínas. Supondo que um indivíduo queira adquirir essas 70 g, comendo simultaneamente soja e lentilha, sendo x gramas de soja e y gramas de lentilha, pergunta-se qual a relação entre x e y, para satisfazer às 70 gramas diárias.

Inicialmente tem-se: 35x + 26y = 70 ou expressando y como uma função de x: $y = \frac{-35x}{26} + \frac{70}{26}$ =>

y = -1,346x + 2,69, que representa uma função afim, como mostrada a seguir.

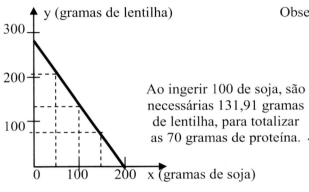

Observa-se que essa função só existe nesse trecho mostrado.

A tabela a seguir mostra algumas combinações, entre lentilha e soja, de modo a que o indivíduo adquira as 70 gramas diárias de proteína.

x (gramas de soja)	y (gramas de lentilha)
0	269
50	201,7
100	**131,91**
200	0

Ao ingerir 100 de soja, são necessárias 131,91 gramas de lentilha, para totalizar as 70 gramas de proteína.

12.9 A Regra de Sarrus aplicada ao alinhamento de três pontos (configurando uma reta), através da resolução de determinantes de 3ª ordem

Especialmente no espaço bidimensional ou R^2 ou X, Y, é fácil e direto, verificar graficamente se três pontos estão alinhados, ou seja, se estão sobre uma mesma reta. Uma vez feito o desenho ou gráfico da Reta com os três pontos, pode-se com a resolução de alguns triângulos retângulos e suas semelhanças, confirmar ou não este alinhamento. Outra maneira de verificar este alinhamento é através do cálculo de um tipo de determinante de terceira ordem, pela regra de Sarrus. Supondo três pontos A (x_A; y_A), B (x_B; y_B) e C (x_C; y_C), o alinhamento dos três pontos será confirmado se o determinante a seguir for igual a zero (0).

$D = \begin{vmatrix} x_a & y_a & 1 \\ x_b & y_b & 1 \\ x_c & y_c & 1 \end{vmatrix} = 0$ Se esta igualdade se verifica os três pontos estão alinhados.

Exercício 12.9.1) Utilizando a Regra de Sarrus, verifique se os pontos A (+2; +5), B (+3; +7) e C (+5; +11), estão alinhados, ou seja, se pertencem à mesma reta.

$D = \begin{vmatrix} 2 & 5 & 1 \\ 3 & 7 & 1 \\ 5 & 11 & 1 \end{vmatrix} \begin{matrix} 2 & 5 \\ 3 & 7 \\ 5 & 11 \end{matrix}$

D = [(2.7.1) + (5.1.5) + (1.3.11)]+[- (5.3.1) - (2.1.11) - (1.7.5)].
D = +14 + 25 + 33 - 15 - 22 - 35;   D = 0 (zero).

Como o Determinante é nulo (igual a zero), os três pontos estão alinhados.

Confirmação gráfico/analítica do alinhamento dos três pontos e cálculo da equação da reta

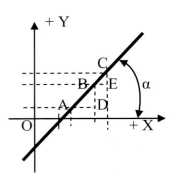

As seguintes análises mostram que essa é uma reta que forma um ângulo de 45° com o Eixo +X, e não passa pela origem (0; 0).

$\triangle ABD$: $\begin{cases} AD = 2 \\ BD = 2 \\ \alpha = 45° \end{cases}$ $\triangle BCE$: $\begin{cases} BE = 2 \\ CE = 2 \\ \alpha = 45° \end{cases}$

Análise da equação da reta:

$m = \tan \alpha = \tan 45° = +1$. $m(x - x_A) = y - y_a$.
$+1(x - 3) = y - 1 \Rightarrow \mathbf{y = +x - 2}$ ← **Equação da reta**.
Quando $x = 0 \Rightarrow y = -2$ e quando $y = 0 \Rightarrow x = +2$

12.10 Cálculo da área de um triângulo, utilizando determinante de 3ª ordem

Um triângulo pode ser definido, tanto pela posição de três pontos não alinhados, quanto pela interseção de três Retas não paralelas e não perpendiculares entre si e não coincidente. Quando se define, no espaço R^2, um triângulo por três pontos, via suas Coordenadas Cartesianas, é possível simplificar o cálculo da área "S" do mesmo, utilizando um determinante de 3ª ordem, como a seguir mostrado.

Considerando um triângulo definido pelos pontos A $(x_a; y_a)$, B $(x_b; y_b)$ e C $(x_c; y_c)$, a sua área S pode ser calculada pela seguinte relação:

$$S = \frac{1}{2} \begin{vmatrix} x_a & y_a & 1 \\ x_b & y_b & 1 \\ x_c & y_c & 1 \end{vmatrix}$$

Exercício 12.10.1) Dados os pontos: A (+3; +8), B (+9; +3) e C (+5; +4), determinar a área do triângulo ABC. Considere o centímetro como unidade de medida.

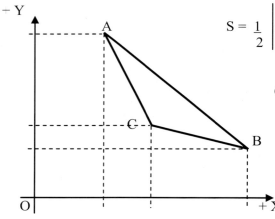

$S = \frac{1}{2} \begin{vmatrix} +3 & +8 & 1 \\ +9 & +3 & 1 \\ +5 & +4 & 1 \end{vmatrix} \Rightarrow S = \frac{1}{2} \begin{vmatrix} +3 & +8 & 1 & +3 & +8 \\ +9 & +3 & 1 & +9 & +3 \\ +5 & +4 & 1 & +5 & +4 \end{vmatrix} \Rightarrow S = -7\ cm^2$.

$(-15\ -12\ -72) + (+9\ +40\ +36)$

Observa-se que, seguindo a Regra de Sarrus, o resultado* do determinante mostra um valor negativo. Como não existe área negativa, a resposta é: área igual a 7 cm².

*Pela 7ª propriedade dos determinantes, vista no parágrafo 11.9.1, sabe-se que, ao trocar de posição uma linha ou coluna, o resultado do determinante muda de sinal.

12.11 Exercícios complementares resolvidos

Exercício 12.11.1) Analisar se as retas, a seguir citadas, se interceptam. Caso haja interseção, calcular as coordenadas cartesianas do ponto de interseção, inclusive mostrando a imagem geométrica das retas.

(A) $+x + 4y - 7 = 0 \Rightarrow x = 7 - 4y$.   (B) $+3x + y + 1 = 0$.

Mesmo sem plotar a imagem geométrica das retas, basta analisar se este sistema de duas equações e duas incógnitas tem uma solução comum. Ou seja, valores de x e y que satisfaçam ambas as equações. Será usado o método da substituição.

Substituindo o valor de x, obtido em (A), na equação (B), tem-se:

3 (7 - 4y) + y + 1 = 0;   21 - 12y + y + 1 = 0;   22 - 11y = 0; 11y = 22; y = + 2.

(De A): x = 7 -4y ; logo: x = 7 - 4.2; x = + 7 - 8; x = -1.

O ponto de interseção destas retas é P (-1; +2): que satisfaz às equações.

Imagem Geométrica das retas: faz-se uma tabela, para cada reta, com valores de x e y.

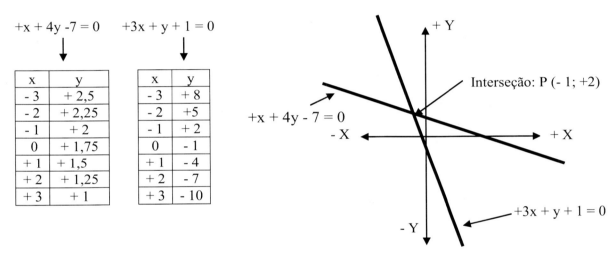

Exercício 12.11.2) Plote a imagem geométrica da reta +2x + 3y + 4 = 0, determinando seus coeficientes angular e linear. Analise a trajetória dessa reta.

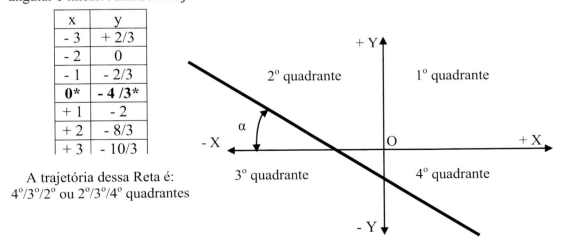

A trajetória dessa Reta é:
4°/3°/2° ou 2°/3°/4° quadrantes

Cálculo dos coeficientes angular e linear

O coeficiente angular "m" de uma reta é igual à tangente do seu ângulo α de inclinação (ou declividade): m = tg α.

tg α = m = (y_A - y_B) / (x_A - x_B). Serão analisados os pontos A(-2; 0) e B (0; - 4/3).

m = [(0 - (- 4/3)]/[(- 2) - 0)] => m = +4/3 / -2 => m = - 0,666. ◄—— Coeficiente angular da reta.

Esse valor negativo de "m" mostra a reta no sentido da direita para a esquerda.

arc tg (- 0,666) = 33,69°. ◄—— Essa é a inclinação ou declividade da reta.

O coeficiente linear "c" é o valor numérico (constante), por onde a reta intercepta o eixo das ordenadas (Y), ou seja, onde a abscissa é nula (x = 0). Nessa reta o coeficiente linear é igual a - 4/3 = - 1,33. (*Veja tabela anterior).

Exercício 12.11.3) Analise as retas r e s a seguir mostradas e: a) Determine suas equações reduzidas. b) Determine o ângulo Θ formado entre as duas retas. c) As coordenadas cartesianas do ponto de interseção das retas.

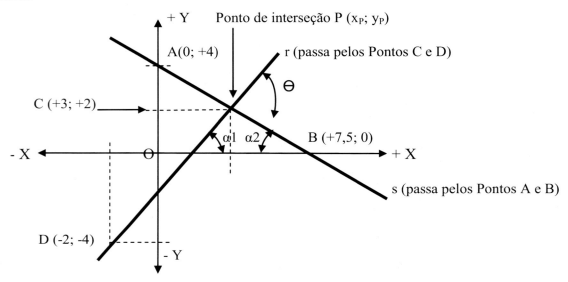

a1) Equação reduzida da reta r, que passa pelos pontos C (+3; +2) e D (-2; -4):

A equação reduzida de uma reta é expressa por: $y = mx + c$, onde x e y são os pontos pertencentes à reta, "m" é o coeficiente angular da reta e "c" o coeficiente linear. Essa forma reduzida da equação da reta expressa uma função entre x e y, isto é, as duas variáveis possuem uma relação de dependência. No caso dessa expressão, ao atribuirmos valores a x (eixo das abscissas), obtemos valores para y (eixo das ordenadas).

O coeficiente angular $mr = \frac{y_C - y_D}{x_C - x_D}$ => $mr (x_C - x_D) = y_C - y_D$.

$mr = [2 - (-4)]/[3 - (-2)]$ => $mr = +6/+5$ => $mr = +1,2$ => $mr = tg\alpha 1$ => $\alpha 1 = arc\ tg\ +1,2$ => $\alpha 1 = 50,19°$.
$mr (x_C - x_D) = y_C - y_D$; considerando o ponto C (+3; +2) => $1,2 (+3 - x_D) = +2 - y_D$ => $+3,6 - 1,2 x_D = +2 - y_D$
=> $-1,2 x_D = -3,6 +2 - y_D$ => $-1,2 x_D = -1,6 - y_D$; $1,2 x_D = 1,6 + y_D$ ou $y_D = 1,2 x_D - 1,6$.

Ou seja: a equação reduzida da reta r é: $y = +1,2 x - 1,6$.

a2) Equação reduzida da reta s, que passa pelos pontos A (0; +4) e B (+7,5; 0):

O coeficiente angular $ms = \frac{y_A - y_B}{x_A - x_B}$; logo: $ms (x_A - x_B) = y_A - y_B$.

ms = 4 - 0 / 0 - 7,5 => ms = - 4/7,5 => ms = - 0,533 => ms = tgα2; α2 = arc tg - 0,533; α2 = 28,07° => ms (x_A - x_B) = y_A - y_B ; considerando o ponto A (0; +4) => - 0,533 (0 - x_B) = +4 - y_B => + 0,533 x_B = +4 - y_B ou y_B = - 0,533 x_B + 4. **Ou seja: a equação reduzida da reta s é: y = - 0,533 x + 4.**

b) Cálculo do ângulo ϴ formado entre as duas retas:

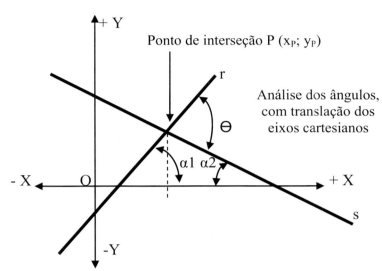

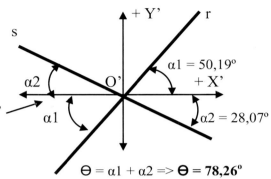

ϴ = α1 + α2 => **ϴ = 78,26°**

A interseção das duas retas, em relação aos eixos cartesianos, permite que o ângulo ϴ seja analisado pelo conceito de ângulos opostos pelos vértices.

c) Cálculo das coordenadas cartesianas do ponto P (x_P; y_P), interseção das retas:

Basta resolver o sistema com as duas equações reduzidas: $\begin{cases} y = +1,2 x - 1,6 \quad (A) \\ y = - 0,533 x + 4 \quad (B) \end{cases}$

Fazendo a substituição de (A) em (B) tem-se:

+1,2 x - 1,6 = - 0,533 x + 4 => + 1,733 x = + 5,6 => x = + 5,6 / 1,733 => x = + 3,23.

y = 1,2 x - 1,6 => y = (1,2 . 3,23) - 1,6 => y = + 2,28. As Coordenadas do ponto P são; (+3,23; + 2,28).

Exercício 12.11.4) (EsSA - 2011). Determinar o valor de K para que as retas r: +2x - Ky = +3 e s: +3x + 4y = +1, sejam perpendiculares.

Raciocínio lógico: duas retas são perpendiculares quando, o coeficiente angular (m) de uma é igual ao inverso do coeficiente angular (m) da outra, com o sinal trocado. Ou seja, essas retas serão perpendiculares quando mr = - 1/ms.

Raciocínio matemático: obtém-se cada uma das retas na forma de y = mx + b, onde m é o coeficiente angular. Determinam-se os dois coeficientes angulares mr e ms e, com mr = -1/ms, tem-se o valor de K.

r: +2x - Ky = +3 => Ky = +2x - 3 => y = +2x/K - 3/K. Ou seja: mr = 2/K.

s: +3x + 4y = +1 => 4y = -3x +1 => y = -3/4x + 1/4. Ou seja: ms = -3/4.

Como mr = -1/ms, logo: $\underline{2} = -\underline{1}$ => K = + 2($\underline{3}$) => K = + $\underline{3}$ ou K = +1,5.
$\quad\quad\quad\quad\quad\quad\quad\quad\quad$ K   -3/4 $\quad\quad\quad\quad$ 4 $\quad\quad\quad\quad$ 2

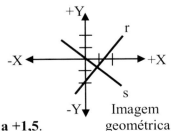

Imagem geométrica das retas

Conclusão: para que as retas sejam perpendiculares K tem que ser igual a +1,5.

Com K = +1,5, as retas ficam r: y = +1,333x -2 e s: y = -0,75x + 0,25.

Observa-se que: (- 1/-0,75) = + 1,333. Ou seja, confirma-se a perpendicularidade.

Exercício 12.11.5) (ENEM - 2019). Uma empresa, investindo na segurança, contrata uma firma para instalar mais uma câmera de segurança no teto de uma sala. Para iniciar o serviço, o representante da empresa informa ao instalador que nessa sala já estão instaladas duas câmeras e, a terceira, deverá ser colocada de maneira a ficar equidistante destas. Além disso, ele apresenta outras duas informações: (A) um esboço em um sistema de coordenadas cartesianas, do teto da sala, onde estão inseridas as posições das câmeras 1 e 2, conforme a figura a seguir e (B) cinco relações entre as coordenadas (x ; y) da posição onde a câmera 3 deverá ser instalada: R1: y = x; R2: y = -3x + 5; R3: y = -3x + 10; R4: y = 1/3 x + 5/3 e R5: y = 1/3 x + 1/10. O instalador, após analisar as informações e as cinco relações, faz a opção correta dentre as relações apresentadas para instalar a terceira câmera. Determinar a relação escolhida pelo instalador.

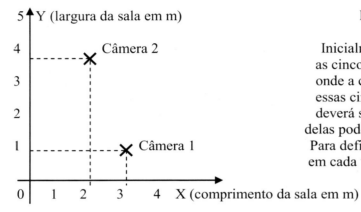

Raciocínio lógico espacial matemático:

Inicialmente, copia-se a figura à esquerda e plotam-se as cinco relações entre as coordenadas x e y, da posição onde a câmera 3 deverá ser instalada. Observa-se que essas cinco relações são cinco retas. Ou seja, cada reta deverá ser desenhada na figura, para se descobrir qual delas pode conter o ponto equidistante das Câmeras 1 e 2. Para definir a posição de cada reta, serão definidos dois em cada uma, atribuindo-se um valor para x e achando y.

R1: y = x => significa uma reta inclinada a 45° para a direita e que passa pela origem.

R2: y = -3x + 5 => Reta que passa pelos pontos: C(0; +5) e D(+1; +2).

R3: y = -3x + 10 => Reta que passa pelos pontos E(+2; +4) e F(+3; +1). É a reta que liga as duas câmeras.

R4: y = 1/3 x + 5/3 => Reta que passa pelos pontos G(0; +5/3) e H(+3; +8/3).

R5: y = 1/3 x + 1/10 => Reta que passa pelos pontos I(0; +1/10) e J(+3; 11/10).

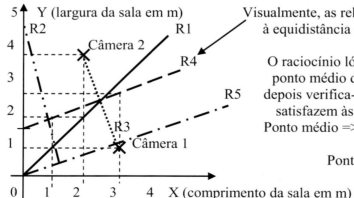

Visualmente, as relações R1 e R4 podem atender à equidistância entre as câmeras 1 e 2.

O raciocínio lógico matemático sinaliza que se deve achar o ponto médio do segmento de reta entre as câmeras 1 e 2 e depois verifica-se se as coordenadas x e y desse ponto médio satisfazem às equações das relações R1 ou R4.
Ponto médio => x = (3 + 2)/2 = 2,5 e y = (1 + 4)/2 = 2,5.
Ponto médio (+2,5; +2,5), ou seja: x = y.

Conclusão: A relação a ser escolhida pelo instalador é a R1, onde y = x.

Exercício 12.11.6) (UFRN). A figura a seguir mostra um terreno às margens de duas estradas X e Y, que são perpendiculares. O proprietário deseja construir uma tubulação reta, passando pelos pontos P e Q. O ponto P

dista 6 km da estrada X e 4 km da estrada Y. O ponto Q está a 4 km da estrada X e a 8 km da estrada Y. Considerando todos esses dados, pedem-se:
a) As coordenadas dos pontos P e Q, em relação ao sistema de eixos formado pelas margens da estrada.
b) A quantos km da margem da estrada X a tubulação vai cortar a margem da estrada Y.
c) A quantos km da margem da estrada Y a tubulação vai cortar a margem da estrada X.

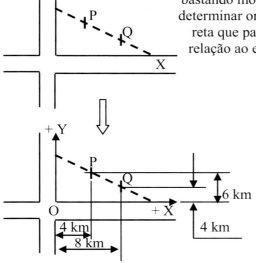

Raciocínio lógico espacial matemático: a definição das coordenadas é direta, bastando montar os eixos X e Y, analisando as distâncias de cada ponto. Para determinar onde a tubulação cortar as margens, basta determinar a equação da reta que passa pelos pontos P e Q e, quando se iguala x a zero, acha-se em relação ao eixo X e quando se iguala y a zero, acha-se em relação ao eixo Y.

a) Coordenadas: P(+4 km; +6 km) e Q(+8 km; +4 km).

Determinação da equação da reta que passa por P e Q:

$m(x - x_Q) = y - y_Q.$ $m = \dfrac{y_Q - y_P}{x_Q - x_P}$

$m = \dfrac{4 - 6}{8 - 4} = \dfrac{+2}{-4} \Rightarrow m = -0,5.$

Equação da reta

$-0,5(x - 8) = y - 4 \Rightarrow -0,5x + 4 = y - 4 \Rightarrow y = -0,5x + 8.$

Quando $x = 0 \Rightarrow y = -0,5(0) + 8 \Rightarrow y = +8$.   Quando $y = 0 \Rightarrow 0 = -0,5(x) + 8 \Rightarrow x = +16$.

b) **A tubulação vai cortar a margem da estrada Y a 8 km da margem X.**

c) **A tubulação vai cortar a margem da estrada X a 16 km da margem Y.**

Exercício 12.11.7) Determinar a equação da reta t que faz 60º com o eixo X e que passa pelo ponto de interseção P das retas r: +x + 2y = 0 e s: -2x + 3y +7 = 0.

Raciocínio lógico espacial matemático: primeiro determinam-se as coordenadas x e y do ponto de interseção e depois determina-se a equação da reta que passa por esse ponto e que tem um coeficiente angular mt igual à tangente de 60º. O ponto de interseção das retas r e s é obtido resolvendo-se o sistema de equações das duas retas.

$+x + 2y = 0 \Rightarrow +2y = -x \Rightarrow y = -0,5x.$

$-2x + 3y + 7 = 0 \Rightarrow +3y = +2x - 7 \Rightarrow y = +2/3x - 7/3.$

$-0,5x = +2/3x - 7/3 \Rightarrow +\dfrac{7}{6}x = +\dfrac{7}{3} \Rightarrow x = \dfrac{6 \times 7}{3 \times 7} = +2.$

$x = +2 \Rightarrow y = -0,5(+2) \Rightarrow y = -1$. Ponto de interseção P(+2; -1).

mt = tg 60º = $\sqrt{3}$ = +1,732. Equação da reta t: +1,732(x - 2) = y - (-1) => +1,732x - 3,464 = y + 1, ou seja:

y = +1,732x - 4,464. Essa é a equação da reta t.

Como as três retas se interceptam, ao substituir x = +2 e y = -1, em cada equação, a igualdade se comprova:

r: +x + 2y = 0 => (+2) + 2(-1) = 0, ou seja: 0 = 0. Está comprovado.

s: -2x + 3y +7 = 0 => -2(+2) + 3(-1) + 7 = 0, ou seja: 0 = 0. Está comprovado.

y = +1,732x - 4,464 => -1 = +1,732(+2) - 4,464 => -1 = + 3,464 - 4,464, ou seja: -1 = -1. Está comprovado.
Conclusão: a equação da reta t é: y = +1,732x - 4,464.

12.11.8) (UERJ – 2016). O resultado de um estudo para combater o desperdício de água, em certo município, propôs que as companhias de abastecimento pagassem uma taxa à agência reguladora sobre as perdas por vazamento nos seus sistemas de distribuição. No gráfico, a seguir, mostra-se o valor a ser pago por uma companhia, em função da perda por habitante. Calcule o valor V, em reais (R$), representado no gráfico, quando a perda for igual a 500 litros por habitante.

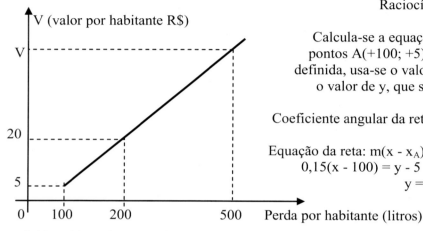

Raciocínio lógico matemático:

Calcula-se a equação da reta, considerando os dois pontos A(+100; +5) e B(+200; +20). Com a equação definida, usa-se o valor de x igual a 500, determinando-se o valor de y, que será o valor V, em reais (R$).

Coeficiente angular da reta: $m = \frac{y_B - y_A}{x_B - x_A} = \frac{20 - 5}{200 - 100}$ => m = 0,15.

Equação da reta: $m(x - x_A) = y - y_A$ = 0,15(x - 100) = y - 5 =>
0,15(x - 100) = y - 5 => +0,15x - 15 + 5 = y =>
y = +0,15x - 10.

y = +0,15x - 10, onde: y = valor em reais e x = perda por habitante em litros. Fazendo x = 500, tem-se:
y = +0,15(500) - 10 = 75 - 10 => y = R$ 65,00 (sessenta e cinco reais).

Conclusão: quando a for igual a 500 litros por habitante, a agência pagará uma taxa de R$ 65,00.

12.11.9) (UFRJ). Sejam A(+1; 0) e B(+5; +4√3) $\overline{dois}$ vértices de um triângulo equilátero ABC. Sabendo que o vértice C está no segundo quadrante, determine as coordenadas cartesianas do vértice C.

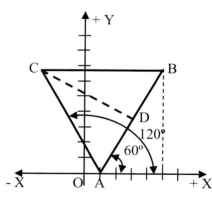

Raciocínio lógico espacial matemático:
Com os dados apresentados e a figura à esquerda, tem-se:

1) Determina-se a equação da reta AB; 2) Determina-se o comprimento do segmento AB; 3) Determina-se o ponto médio de AB, ponto D;
4) Determina-se a equação da reta CD, que é perpendicular à AB;
5) Determina-se a equação da reta AC e 6) A interseção das retas AC e CD, determina as coordenadas cartesianas do vértice C.

1) m_{AB} = tg 60° = +1,732.

1) Reta AB: +1,732(x - 1) = y - 0 => y = +1,732x - 1,732.

2) Comprimento de AB = $\sqrt{(5-1)^2 + (4\sqrt{3}-0)^2} = \sqrt{16+48}$ => AB = 8.

3) Ponto médio de AB: $D(\frac{x_A + x_B}{2}; \frac{y_A + y_B}{2}) = (\frac{1+5}{2}; \frac{0+4\sqrt{3}}{2})$ => D(+3; +3,464)

4) Equação da reta CD: como é perpendicular à AB: $m_{CD} = \frac{-1}{m_{AB}}$ => $m_{CD} = \frac{-1}{+1,732}$ => m_{CD} = -0,577.

Reta CD: -0,577(x - 3) = y - 3,464 => y = -0,577x + 5,196.

5) Equação da reta AC: m_{AC} = tg 120° = -1,732. -1,732(x -1) = y - 0 => y = -1,732x + 1,732.

6) Interseção entre as retas CD e AC:

$\begin{cases} y = -0,577x + 5,196. \\ y = -1,732x + 1,732. \end{cases}$ => -0,577x + 5,196 = -1,732x + 1,732 => +1,155x = -3,464 => x = -3.
x = -3 => y = -1,732(-3) + 1,732 = +5,196 + 1,732 => y = +6,928.

Conclusão: as coordenadas cartesianas do vértice C são x = -3 e y = +6,928.

12.11.10) Utilizando o conceito da equação de uma reta no plano XY, demonstre que a bissetriz dos quadrantes ímpares é perpendicular à bissetriz dos quadrantes pares.

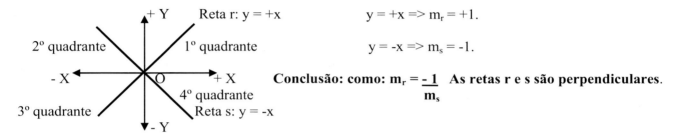

12.12 Exercícios propostos (Veja respostas no Apêndice A)

12.12.1) (UERJ – 2014). No gráfico a seguir, o reservatório A perde água a uma taxa constante de 12 litros por hora. No gráfico estão representados, no eixo y os volumes em litros de água contida em cada um dos reservatórios, em função do tempo em horas, representado no eixo x. Determinar o tempo x_0, em horas, indicado no gráfico.

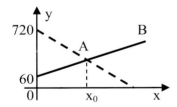

12.12.2) Determine a equação da reta s, que passa pelo ponto P(+2; -4), e é perpendicular à reta r: y = - 2x.

12.12.3) Considerando a imagem geométrica da reta r, a seguir, determine a equação da reta s, perpendicular a r e que passa pelo ponto P (+ 5; -2).

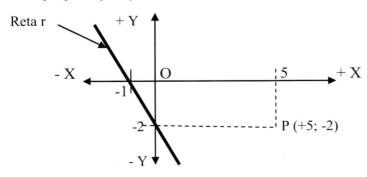

12.12.4) Um professor de Física realizou uma experiência, relacionada à aplicação de uma força de tração, aplicada à uma barra metálica de seção circular. Após 10 testes, ele encontrou os resultados mostrados na tabela a seguir. Pedem-se: a) A equação da reta que representa este conjunto de dados e b) Qual será o alongamento da barra, quando for aplicada uma força de 42 N?

Força (N)	Alongamento (mm)	Força (N)	Alongamento (mm)
10	2	20	7
12	3	22	8
14	4	24	9
16	5	26	10
18	6	28	11

12.12.5) Determinar o valor de "a" para que as retas r: ax + y - 4 = 0 e s: +3x +3y - 7 = 0, sejam paralelas.

12.12.6) (UFRN) Na figura a seguir, tem-se o gráfico de uma reta que representa a quantidade, medida em mL, de um medicamento que uma pessoa deve tomar em função de seu peso, dado em kgf, para tratamento de determinada infecção. O medicamento deverá ser aplicado em seis doses. Determinar, para uma pessoa que pesa 85kgf, quanto será aplicado por dose.

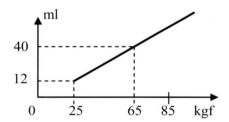

12.12.7) Dada a reta r: +8x -2y +9 = 0, determine a equação da reta s, paralela à r e que passa pelo ponto P (+3; +1).

12.12.8) (UERJ - 2018). No projeto de construção de uma estrada retilínea entre duas vilas, foi escolhido um sistema referencial cartesiano, em que os centros das vilas estão nos pontos A(+1; +2) e B(+11; +7). O trecho AB é atravessado por um rio que tem seu curso em linha reta, cuja equação, nesse sistema, é +x +3y = +17. Observando a figura a seguir, e desprezando as larguras da estrada e do rio, determine as coordenadas do ponto de interseção I.

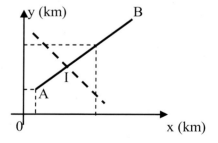

12.12.9) Sabendo que os pontos A (-3; +1); B (+3; -4) e C (+4; +5), determinam um triângulo, pedem-se: a) Determinar a equação da reta que passa pelos pontos A e B e b) Calcular a distância entre o ponto C e a reta que lhe é oposta.

12.12.10) (UEMG) Na figura, tem-se representada, em um sistema de coordenadas cartesianas, a trajetória de um móvel que parte de uma cidade A e vai para a cidade D, passando por B e C. Sendo os 4 pontos pertencentes a reta de equação 5x - 3y - 15 = 0 e B e C pontos de interseções, respectivamente, com os eixos y e x. Determine: a) As coordenadas de B e C e b) A distância entre as duas cidades B e C

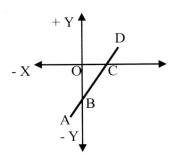

12.12.11) (ENEM - 2012). As curvas de oferta e de demanda de um produto representam, respectivamente, as quantidades que vendedores e consumidores estão dispostos a comercializar em função do preço do produto. Em alguns casos, essas curvas podem ser representadas por retas. Suponha que as quantidades de oferta e de demanda de um produto sejam, respectivamente, representadas pelas equações: $Q_O = -20 + 4P$ e $Q_D = 46 - 2P$, em que Q_O é quantidade de oferta, Q_D é a quantidade de demanda e P é o preço do produto, em reais (R$). A partir dessas equações, de oferta e de demanda, os economistas encontram o preço de equilíbrio de mercado, ou seja, quando Q_O e Q_D se igualam. Para a situação descrita, qual o valor do preço de equilíbrio?

12.12.12) (EEAR - 2018). Seja a equação geral da reta: ax + by + c = 0. Definir as características dessa reta quando: a = 0, b ≠ 0 e c ≠ 0.

12.12.13) Determinar a equação da reta que passa pelo ponto P(-1; -2) e tem coeficiente angular igual a -1.

12.12.14) Determinar o valor de K para que as retas r: +4x - y - 2 = 0 e s: +Kx - 2y + 9 = 0, sejam paralelas.

12.12.15) (UFG). Considere o triângulo cujos vértices são os pontos A, B e C, sendo que suas coordenadas no plano cartesiano são: A(+4; 0), B(+1; +6) e C(+7; +4). Sendo PC a altura relativa ao lado AB, calcular as coordenadas do ponto P.

12.12.16) (EEAR - 2018, modificado). Estudar as retas r e s a seguir, incluindo as coordenadas do ponto de interseção, caso sejam concorrentes. r: +y + x - 4 = 0 e s: +2y = +2x - 6.

12.12.17) (SOUZA, p.161). Calcular a área do triângulo delimitado pelo eixo Y e pelas retas: y = +x - 4 e y = -2x + 5.

12.12.18) (UERJ - 2019). As retas r, u e v, pertencem a um mesmo sistema de coordenadas cartesianas ortogonais, e têm as seguintes equações: r: +4x - 3y = +20; u: +2x + 3y = +28 e v: +3x + y = +27. Determinar se as três retas são concorrentes em um único ponto, justificando a resposta.

12.12.19) Determine a equação da reta r, que passa pelo ponto P(-1; +8) e é perpendicular à bissetriz dos quadrantes ímpares.

12.12.20) (UNEB - 2009). Determinar a distância entre os pontos, onde a reta +6x + 8y - 48 = 0, intercepta os eixos X e Y.

310 – A Geometria Básica

12.12.21) Determine a área do triângulo determinado pela interseção das retas r; s, v, onde r: $y = +1,667x - 5,334$, s: $y = y = +0,2x - 2,4$ e v: $y = +2x + 1$.

12.12.22) Verificar se os pontos A(+1; -2), B(+3; -1) e C(+7; +1), são colineares.

12.12.23) Determine o valor de a, para que os pontos a seguir estejam sobre a mesma reta: M(+9; +2), N(+4; -3) e P(a; -6).

12.12.24) (SOUZA, p.173). Verificar se o triângulo ABC é retângulo, sabendo que: A(-4; -1), B(-1; +4) e C(+4; +1).

12.12.25) (EsFAO). Determinar a área do triângulo, cujos vértices são os pontos P(+4; -2), Q(-1; +3) e R(+1; +4).

UNIDADE IV

AS CURVAS CÔNICAS:
CIRCUNFERÊNCIA, ELIPSE, PARÁBOLA E HIPÉRBOLE

Origem das curvas cônicas

O termo cônica significa proveniente ou com origem em uma superfície cônica, que é gerada por uma reta inclinada que se move no espaço, passando sempre por um mesmo ponto fixo, chamado vértice. A superfície cônica compõe-se de duas partes, chamadas de folhas, opostas pelo vértice. Observa-se que, foi o matemático inglês John Walesa (1616-1703), um dos pioneiros a tratar as cônicas como curvas de segundo grau, em vez de considerá-las, apenas, como secções de um cone.

Imagens geométricas das cônicas: circunferência, elipse, parábola e hipérbole

Antes de detalhar cada uma das curvas cônicas é importante mostrar as suas origens. Passando-se um plano secante por uma superfície cônica, conforme a posição deste plano, em relação à base do cone, obtém-se as seguintes curvas ou linhas: circunferência, elipse, parábola e hipérbole (ou até um triângulo).

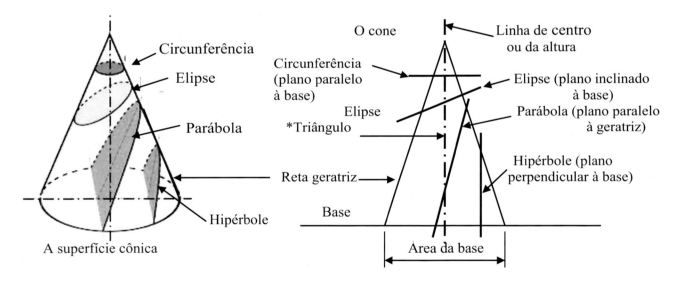

Circunferência: é obtida quando um plano corta a superfície cônica, paralelamente à base.

Elipse: é obtida quando um plano corta a superfície cônica, de forma inclinada à base, mas sem atingir a superfície na área da base. Também se obtém uma elipse ao passar um plano inclinado à base de uma superfície cilíndrica, como mostrado no capítulo 4.

Parábola: é obtida quando um plano corta a superfície cônica, de forma inclinada à base, atingindo a superfície na área da base e paralela à reta geratriz.

Hipérbole: é obtida quando um plano corta a superfície cônica, de forma perpendicular à base, atingindo a superfície na área da base. É a única seção cônica que corta as duas folhas.

***Triângulo**: é obtido quando se passa um plano perpendicular à base e coincidente com a linha de centro ou da altura da superfície cônica.

Capítulo 13
A circunferência

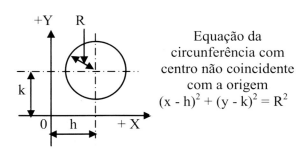

Equação da circunferência com centro não coincidente com a origem
$(x - h)^2 + (y - k)^2 = R^2$

A Circunferência, *como uma linha ou perímetro permite, por exemplo, cálculos de planificações de tubulações e equipamentos cilíndricos. Também a partir de um disco circular é possível fabricar, por exemplo, uma panela de pressão. Várias áreas profissionais usam muitos elementos circulares, como a Arquitetura e a Engenharia.*

13.1 Origem, definições, elementos e relações geométricas

Circunferência é o Lugar Geométrico dos pontos equidistantes a um determinado ponto. Ou seja, circunferência é uma linha, ou melhor, um perímetro. Círculo é a área contida no interior de uma circunferência.

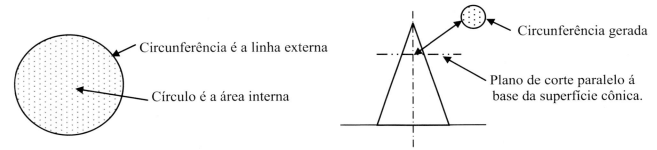

Elementos principais de uma circunferência

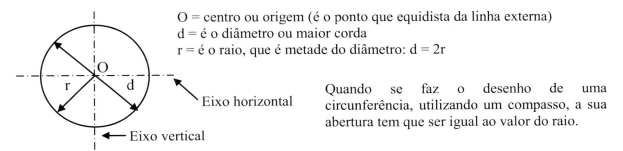

O = centro ou origem (é o ponto que equidista da linha externa)
d = é o diâmetro ou maior corda
r = é o raio, que é metade do diâmetro: d = 2r

Quando se faz o desenho de uma circunferência, utilizando um compasso, a sua abertura tem que ser igual ao valor do raio.

Elementos característicos de uma circunferência e suas relações geométricas

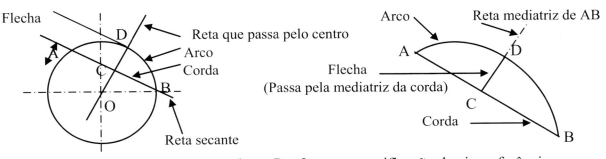

Perímetro (P) → $P = \pi \cdot d$ ou $P = 2 \cdot \pi \cdot r$ ou retificação da circunferência.

13.2 Equações da circunferência, em função da posição do seu centro

Caso o centro C esteja na origem dos eixos cartesianos, ou seja, C(0; 0), a equação da circunferência é deduzida da seguinte forma, considerando-se um ponto $P(x_P; y_P)$, situado na linha da circunferência:

$r = d(P; C) = \sqrt{(x_P - x_C)^2 + (y_P - y_C)^2}$ => $r = \sqrt{(+x_P - 0)^2 + (y_P - 0)^2}$ => $\mathbf{r^2 = x^2 + y^2}$

Equação da circunferência, com centro na origem (0; 0).

Desenvolvendo a equação reduzida $(x - a)^2 + (y - b)^2 = r^2$, considerando o centro C(a; b) obtém-se:

$x^2 - 2ax + a^2 + y^2 - 2by + b^2 - r^2 = 0$.

Portanto, $x^2 + y^2 - 2ax - 2by + a^2 + b^2 - r^2 = 0$ é a equação geral da circunferência.

Observação: A equação geral da circunferência também pode ser apresentada na forma

$x^2 + y^2 + Ax + By + C = 0$, onde: $A = -2a$, $B = -2b$ e $C = a^2 + b^2 - r^2$

Considerando o centro C(h; k), não coincidente com a origem, tem-se:

$\mathbf{r^2 = (x - h)^2 + (y - k)^2}$ ⟸ Equação reduzida da circunferência (com centro fora da origem).

$\mathbf{r^2 = x^2 + y^2}$ ⟸ Esta é a equação, quando o centro coincide com a origem (0; 0)**.

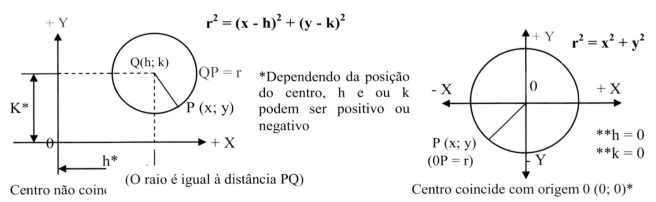

Centro não coinc(ide)   (O raio é igual à distância PQ)   Centro coincide com origem 0 (0; 0)*

Exercício 13.2.1) a) Determine as equações reduzida e geral, da circunferência de centro C(+1, +3) e raio 2.
b) Plote a imagem geométrica da circunferência e c) Analise se a circunferência corta os eixos X e ou Y, determinando as coordenadas cartesianas desse(s) ponto(s).

a1) Equação reduzida: $r^2 = (x - h)^2 + (y - k)^2$, sabendo-se que: $r = 2$; $h = +1$; $k = +3$.

$\mathbf{4 = (x - 1)^2 + (y - 3)^2}$ ← **equação reduzida**.

a2) Equação geral:

$4 = (x - 1)^2 + (y - 3)^2$ => $4 = +x^2 + 1 - 2 \cdot x \cdot 1 + y^2 + 9 - 2 \cdot y \cdot 3$ => $4 = +x^2 + y^2 - 2x - 6y + 10$.

Ou seja: $+ x^2 + y^2 - 2x - 6y + 6 = 0$ ← **equação geral**.

Capítulo 13 – A Circunferência – 315

b) Imagem geométrica

Análise da interseção nos eixos X e Y

Observa-se que a circunferência corta apenas o eixo Y*, em dois pontos (A e B) e na parte positiva, ou seja: + Y. Nesses pontos as coordenadas x são iguais a zero. * Pois, o raio da circunferência é menor que a ordenada do centro. (2 < 3).

c) Cálculo das coordenadas dos pontos de interseção A e B.

Para calcularmos as coordenadas dos pontos A e B, basta, na equação geral, fazermos x = 0.

$+ x^2 + y^2 - 2x - 6y + 6 = 0$ ⟶ Se x = 0: => $+ y^2 - 6y + 6 = 0$;

$y = \dfrac{- (-6) +/- \sqrt{[(-6)^2 - 4.1.6]}}{2}$ $\begin{cases} yA = + 4{,}732 \\ yB = + 1{,}268 \end{cases}$ **Conclusão: A (0; + 4,732) e B (0. + 1,268).**

Exercício 13.2.2) Calcular o raio da circunferência, cujo centro está no ponto C (+1 cm; -2 cm), sendo que o ponto P (+5 cm; -3 cm) pertence à circunferência. Fazer Imagem geométrica da circunferência.

$r = d (P; Q) = \sqrt{(x_P - x_Q)^2 + (y_P - y_Q)^2}$ => $r = \sqrt{(+5 - 1)^2 + [- 3 - (- 2)]^2}$ => r = 4,123 cm.

Imagem geométrica da circunferência de raio 4,123 cm e centro no ponto C(+1 cm; -2 cm)

Raciocínio lógico matemático:

Como na circunferência todos os pontos equidistam do centro, a solução advém da fórmula da distância entre pontos.

*Na prática, por exemplo, da Engenharia, considera-se o centro coincidente com a origem (0; 0), sempre que possível.

Exercício 13.2.3) Considerando a imagem geométrica, e as características, da circunferência do exercício 13.2.2, calcular as coordenadas cartesianas dos pontos A, B, D e E, que cortam os eixos X e Y.

Raciocínio lógico: inicialmente sabe-se que: $A(0; y_A)$, $B(x_B; 0)$, $D(0; y_D)$, $E(x_C; 0)$ e C(+1 cm; -2 cm). Como os quatro pontos pertencem à circunferência, cada um estará à mesma distância em relação ao centro C, ou melhor, a distância entre cada ponto e o centro C, que é igual ao raio = 4,123, como já calculado.

$\begin{cases} \text{Ponto A: } r^2 = 17 = (x_A - x_C)^2 + (y_A - y_C)^2 => 17 = (0 - x_C)^2 + [y_A - (- 2)^2] => \\ 17 = 0^2 + x_C^2 + y_A^2 + y_C^2 - 2. y_A . y_C => 17 = 1 + y_A^2 + 4 + 4. y_A : \text{(Equação do 2}^o \text{ grau)} \\ y_A^2 + 4. y_A - 12 = 0 => y_A = [- 4 +/- \sqrt{(16 + 48)}] / 2 => y_A1 = + 2 \text{ e } y_A2 = - 6. \end{cases}$

A raiz válida é $y_A 1 = + 2$ (a imagem geométrica confirma); logo: A (0; +2 cm).

$$\begin{cases} \text{Ponto B: } r^2 = 17 = (x_B - x_C)^2 + (y_B - y_C)^2 \Rightarrow = 17 = (x_B - 1)^2 + [0 - (-2)2] \Rightarrow \\ 17 = x_B^2 + 1 - 2 \cdot x_B \cdot 1 + 0^2 + (-2)^2 - 2 \cdot 0 \cdot (-2) \Rightarrow 17 = x_B^2 - 2 \cdot x_B + 5 \text{: (Equação do 2º grau)} \\ x_B^2 - 2 \cdot x_B - 12 = 0 \Rightarrow x_B = [-(-2) +/- \sqrt{(4+48)}] / 2 \Rightarrow x_B 1 = +4{,}606 \text{ e } x_B 2 = -2{,}606. \\ \text{A raiz válida é } x_B 2 = -2{,}606 \text{ (a imagem geométrica confirma); logo: B (-2,606 cm; 0).} \end{cases}$$

$$\begin{cases} \text{Ponto D: } r^2 = 17 = (x_D - x_C)^2 + (y_D - y_E)^2 \Rightarrow 17 = (0 - x_C)^2 + [y_D - (-2)^2] \Rightarrow \\ 17 = 0^2 + 1^2 - 2 \cdot 0 \cdot 1 + y_D^2 + (-2)^2 - 2 \cdot y_D \cdot (-2) \Rightarrow 17 = y_D^2 + 4 \cdot y_D + 5 \text{; (Equação do 2º grau)} \\ y_D^2 + 4 \cdot y_D - 12 = 0 \Rightarrow y_D = [-4 +/- \sqrt{(16+48)}] / 2 \Rightarrow y_D 1 = +2 \text{ e } y_D 2 = -6. \\ \text{A raiz válida é } y_D 2 = -6 \text{ (a imagem geométrica confirma); logo: D (0; -6 cm).} \end{cases}$$

$$\begin{cases} \text{Ponto E: } r^2 = 17 = (x_E - x_C)^2 + (y_E - y_C)^2 \text{ ;} \\ 17 = x_E^2 + 1^2 - 2 \cdot x_E \cdot 1 + 0^2 + (-2)^2 - 2 \cdot 0 \cdot (-2) \Rightarrow 17 = x_E^2 - 2 \cdot x_E + 5 \text{; (Equação do 2º grau)} \\ x_E^2 - 2 \cdot x_E^2 - 12 = 0 \Rightarrow y_A = [-(-2) +/- \sqrt{(4+48)}] / 2 \Rightarrow x_E 1 = +4{,}606 \text{ e } x_E 2 = -2{,}606. \\ \text{A raiz válida é } x_E 1 = +4{,}606 \text{ (a imagem geométrica confirma); logo: E (+4,606 cm; 0).} \end{cases}$$

Conclusão: A (0; +2 cm), B (-2,606 cm; 0), D (0; -6 cm) e E (+4,606 cm; 0).

Outra forma de achar os pontos é desenvolver a equação dessa circunferência, com centro fora da origem, ou seja: $r^2 = (x - a)^2 + (y - b)^2$, com $r = 4{,}123$; $r^2 = 17$; $a = +1$ cm e $b = -2$ cm.

Ou seja: $17 = (x - 1)^2 + [y - (-2)]^2$; resultanto em: $+x^2 + y^2 - 2x + 4y - 12 = 0$.

$x = 0$ resulta: $y^2 + 4y - 12 = 0$. Onde $y1 = -6$ e $y2 = +2$.
$y = 0$ resulta: $+x^2 - 2x - 12 = 0$. Onde $x1 = +4{,}606$ e $x2 = -2{,}606$. $\}$ Estes foram os valores já encontrados.

13.3 Posições relativas entre retas e circunferências

Existem três posições entre retas e circunferências. 1 - a reta está localizada fora da circunferência e não cruza com a mesma. 2 - a reta toca em apenas um ponto da circunferência, ou seja, é uma reta tangente à mesma. 3 - A reta é secante à circunferência, ou seja, corta a mesma em dois pontos.

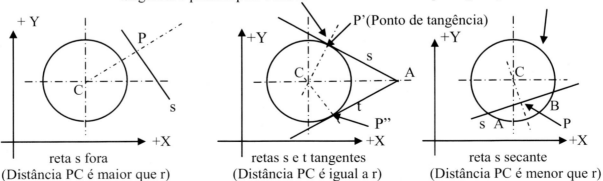

As retas P'C e P"C são perpendiculares às tangentes e passam pelo centro.

A reta PC é perpendicular à reta s e passa pelo ponto médio da corda AB.

reta s fora
(Distância PC é maior que r)

retas s e t tangentes
(Distância PC é igual a r)

reta s secante
(Distância PC é menor que r)

O estudo pela Geometria Analítica, da posição entre uma reta (s) e uma circunferência, é feito pela análise da distância entre a reta e o centro da circunferência. Ou seja, faz-se a análise da distância entre um ponto (no caso o centro da circunferência) e uma reta. Foi visto que: se a equação da reta s é: ax + by + c = 0; se o ponto 0 é definido por 0 $(x_0; y_0)$, então a distância d, entre r e 0 é dada por:

$$d = \frac{|ax_0 + by_0 + c|}{\sqrt{(a^2 + b^2)}}$$ $\Big\{$ reta fora d > r; reta tangente d = r e reta secante d < r.

13.3.1 Exemplos de retas secantes a circunferências

Exercício 13.3.1.1) Verifique analiticamente a posição relativa entre a reta 3x + y - 13 = 0 e a circunferência de equação: $(x - 3)^2 + (y - 3)^2 = 25$.

Comparando 3x + y - 13 = 0 com ax + by + c = 0, obtém-se: a = + 3; b = +1 e c = - 13.

Comparando $(x - 3)^2 + (y - 3)^2 = 25$ com $r^2 = (x - h)^2 + (y - k)^2$; obtém-se: h = + 3; k = +3, ou seja, o centro da circunferência é C(+ 3; + 3) e o raio = 5.

Aplicando a fórmula da distância tem-se:

$$d = \frac{|3.3+1.3+(-13)|}{\sqrt{(3^2 + 1^2)}}$$ logo: d = 1 / $\sqrt{10}$, ou seja: d = 0,316. (d < r).

Como a distância d, entre o centro C(+ 3; + 3) e a Reta 3x + y - 13 = 0, é menor que o raio r = 5 da circunferência, conclui-se que a reta é secante à circunferência.

Exercício 13.3.1.2) Para a reta e a circunferência do exercício anterior, apenas com cálculos algébricos, calcular as coordenadas cartesianas dos pontos, onde a reta corta a circunferência.

Raciocínio lógico: onde a reta e a circunferência se interceptam, as coordenadas x e y destes pontos, têm que satisfazer às duas equações: a da reta e a da circunferência. Em verdade, tem-se um sistema com duas equações e duas incógnitas, perfeitamente resolvível.

$$\begin{cases} 3x + y - 13 = 0 \ \Rightarrow \ x = (13 - y) / 3 \longrightarrow \text{esse x será substituído na equação abaixo.} \\ (x - 3)^2 + (y - 3)^2 = 25^*: x^2 - 6x + 9 + y^2 - 6y + 9 - 25 = 0 \Rightarrow [+x^2 + y^2 - 6x - 6y - 7 = 0]. \end{cases}$$

$[(13 - y)/3]^2 + y^2 - 6[(13 - y)/3] - 6y - 7 = 0 \Rightarrow (169 - 26y + y^2)/9 - 26y + 2y + y^2 - 6y - 7 = 0.$

Que resulta em: $+10 \, y^2 - 62y - 128 = 0$; ou melhor: $+ 5y^2 - 36y - 64 = 0$.

$+ 5y^2 - 36y - 64 = 0 \ \Rightarrow y = [- (-36)]+/- \sqrt{(-36)^2 - 4.5.(-64)]} / 10.$

y = (+ 36 +/- 50,754) / 10 $\Rightarrow$ $\begin{cases} y1 = + 8,675 \\ y2 = - 1,475 \end{cases}$ Estas duas raízes satisfazem, pois a reta corta a circunferência em dois pontos.

Para calcular x1 e x2, basta substituir os valores de y1 e y2 na equação da reta.

3x + y - 13 = 0 $\begin{cases} 3x1 + y1 - 13 = 0 \ \Rightarrow 3x1 + 8,675 - 13 = 0 \ \Rightarrow \ x1 = + 1,442. \\ 3x2 + y2 - 13 = 0 \ \Rightarrow 3x2 - 1,475 - 13 = 0 \ \Rightarrow \ x2 = + 4,825. \end{cases}$

Conclusão: os pontos onde a reta e a circunferência se cortam são: $\begin{cases} \textbf{P (+ 4,825; - 1,475).} \\ \textbf{P' (+ 1,442; + 8,675).} \end{cases}$

Exercício 13.3.1.3) Plotar a imagem geométrica da reta e da circunferência do exercício 13.3.1.1, mas também usando os pontos de interseção, da reta com os eixos x e y.

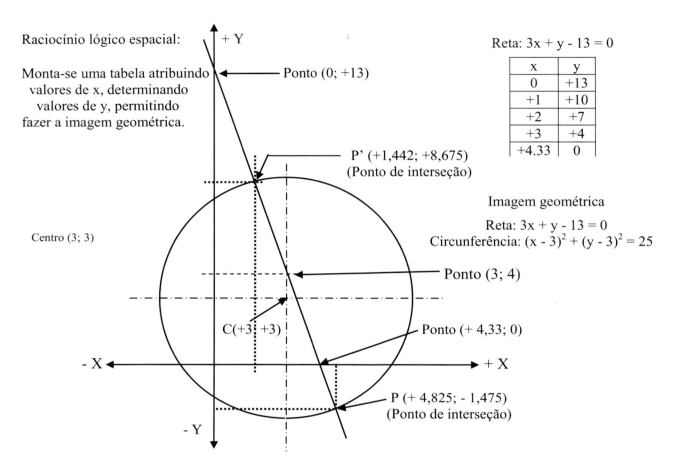

Raciocínio lógico espacial:

Monta-se uma tabela atribuindo valores de x, determinando valores de y, permitindo fazer a imagem geométrica.

Reta: $3x + y - 13 = 0$

x	y
0	+13
+1	+10
+2	+7
+3	+4
+4.33	0

Imagem geométrica

Reta: $3x + y - 13 = 0$
Circunferência: $(x - 3)^2 + (y - 3)^2 = 25$

13.3.2 Reta tangente à circunferência

Para que uma reta seja tangente a uma circunferência, a distância entre o ponto de tangência e o centro da circunferência tem que ser igual ao raio da mesma.

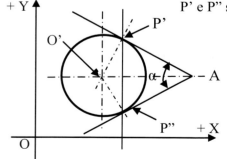

P' e P" são pontos de tangência e têm a mesma abscissa

Por um ponto A, externo à uma circunferência é possível traçar duas retas tangentes, formando um ângulo α. A reta que passa pelo ponto A e pelo centro 0', é a bissetriz do ângulo α. As distâncias P'0' e P"0' são iguais ao raio e as retas que passam pelos pontos de tangências e o centro da circunferência, são perpendiculares às retas tangentes.

Exercício 13.3.2.1) Na figura a seguir, o centro da circunferência tem coordenadas C(+4; +3) e seu raio é 1,5. Determinar a equação da reta S tangente à circunferência e que passa pelo ponto T indicado e segundo o ângulo α de 60° mostrado.

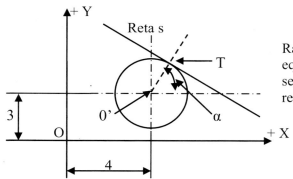

Raciocínio lógico: tem-se que determinar, primeiro, a equação da reta 0'T (que é perpendicular à reta S), para na sequência determinar a equação da reta S. As equações das retas serão obtidas conforme o estudado no capítulo 12.

Inicialmente calcula-se o valor das coordenadas cartesianas (x; y) do ponto T de tangência.

$\begin{cases} 0\text{'}T = \text{raio} = 1,5 \\ xT = x0\text{'} + 0\text{'}W \\ yT = y0\text{'} + WT \end{cases}$ $\begin{cases} \text{sen } 60° = WT / 1,5; \; WT = \text{sen } 60°. \; 1,5; \; WT = 1,299. \\ \cos 60° = 0\text{'}W / 1,5; \; 0W = \cos 60°. \; 1,5; \; 0\text{'}W = 0,75. \\ xT = 4 + 0,75; \; xT = 4,75. \\ yT = 3 + 1,299; \; yT = 4,299. \end{cases}$ $\begin{cases} T (+4,75; +4,299) \end{cases}$

Como as retas 0'T e s são perpendiculares, seus coeficientes angulares têm a relação: ms = - 1 / m 0'T.

O coeficiente angular m 0'T é igual à tg 60°. Logo m 0'T = +1,732.

A equação fundamental de uma reta é: $y_A - y_B = m (x_A - x_B)$.

Assim tem-se: $y - y_0 = m \; 0\text{'}T(x - x_O)$ ou $y - 3 = 1,732 (x - 4)$;

- 1,732x + y + 3,928 = 0 ◄──────── Equação da reta 0'T (ou: +1,732x - y - 3,928 = 0).

ms = - 1 / 1,732; ms = - 0,577.

Assim tem-se: $y - y_T = ms(x - x_T)$ ou $y - 4,299 = - 0,577 (x - 4,75)$;

Conclusão: y = - 0,577x + 7,04 ◄──────── **Equação da reta s**

13.4 Interseção entre circunferências

Especialmente nas práticas da Arquitetura, Engenharia e Desenho Industrial, acontece a necessidade de se analisar a interseção entre circunferências, tanto de mesmo diâmetro, quanto de diâmetros diferentes. Analisar os pontos de interseção entre duas circunferências, significa analisar quais pontos satisfazem, ao mesmo tempo, a ambas as equações.

Exercício 13.4.1) Dadas as circunferências: A: $x^2 + y^2 = 9$ e B: $(x - 4)^2 + y^2 = 4$, pedem-se: a) As coordenadas cartesianas dos pontos de interseção das mesmas. b) Plotar a imagem geométrica do conjunto.

a) Cálculo das coordenadas cartesianas dos pontos de interseção.

Monta-se o sistema com as duas equações, achando-se os valores de x e y.

> Raciocínio lógico matemático:
> Monta-se um sistema com as duas equações, com as duas incógnitas.

$\begin{cases} x^2 + y^2 = 9 \; (I) \\ (x - 4)^2 + y^2 = 4 \end{cases}$ => $x^2 - 8x + 16 + y^2 - 4 = 0$ => $x^2 + y^2 - 8x + 12 = 0$.

$(x^2 + y^2) - 8x + 12 = 0$ => $+ 9 - 8x + 12 = 0$ => $+ 8x = + 21$ => $x = + 21/8$ => $x = +2,625$.

Substituindo o valor de x na equação I: $2,625^2 + y^2 = 9 \Rightarrow y^2 = 9 - 6,891 \Rightarrow y^2 = +2,109$.

$y^2 = 2,109 \Rightarrow y = +/- \sqrt{2,109} \Rightarrow \begin{cases} \textbf{y1} = \textbf{+ 1,452}. \\ \textbf{y2} = \textbf{- 1,452}. \end{cases}$ **Coordenadas dos pontos de interseção**.

Observa-se que, as circunferências se interceptam de tal forma que, só existe uma coordenada x (+2,625) e duas y. A imagem geométrica, a seguir, mostra esse detalhe.

b) Imagem geométrica do conjunto das duas circunferências

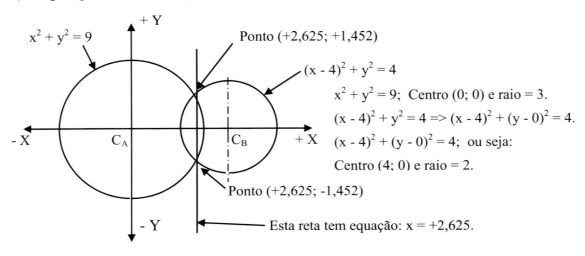

$x^2 + y^2 = 9$; Centro (0; 0) e raio = 3.
$(x - 4)^2 + y^2 = 4 \Rightarrow (x - 4)^2 + (y - 0)^2 = 4$.
$(x - 4)^2 + (y - 0)^2 = 4$; ou seja:
Centro (4; 0) e raio = 2.

Esta reta tem equação: $x = +2,625$.

Exercício 13.4.2) a) Plotar a imagem geométrica da interseção entre as circunferências: $(x - 1)^2 + (y - 2)^2 = 9$ e $x^2 + y^2 = 4$. b) determinar as coordenadas cartesianas dos pontos de interseção das circunferências, caso exista interseção.

$\begin{cases} (x - 1)^2 + (y - 2)^2 = 9 \\ x^2 + y^2 = 4 \end{cases}$ ← É uma circunferência (círculo) de Centro (+1; +2) e Raio = 3.
← É uma circunferência (círculo) de Centro (0; 0) e Raio = 2.

a) **Imagem geométrica da interseção**

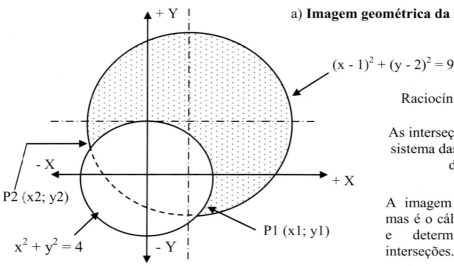

Raciocínio lógico matemático:

As interseções advém da solução do sistema das duas equações, com as duas incógnitas.

A imagem mostra que existe interseção, mas é o cálculo analítico que irá confirmar e determinar as coordenadas das interseções.

b) Coordenadas cartesianas dos pontos de interseção

(A) $(x - 1)^2 + (y - 2)^2 = 9 \Rightarrow x^2 - 2x + 1 + y^2 - 4y + 4 = 9$; $\underbrace{(x^2 + y^2)}_{=4} - 2x - 4y = 4 \Rightarrow x = -2y$.
(B) $x^2 + y^2 = 4 \longrightarrow (-2y)^2 + y^2 = 4 \Rightarrow y = +/- 0{,}8944$. Substitui em B
$x = -2y$, em B: logo: $x = +/- 1{,}7888$.

Coordenadas cartesianas da interseção: P1 (+1,7888; -0,8944), P2 (-1,7888; +0,8944).

13.5 Exercícios sobre polígonos inscritos e circunscritos à circunferências

Especialmente na Engenharia, é comum cálculos envolvendo triângulos, quadrados e hexágonos, inscritos e circunscritos à circunferências. Os exercícios a seguir mostram alguns exemplos.

Exercício 13.5.1) Uma circunferência de equação $16 = x^2 + y^2$ contém um triângulo ABC, equilátero, inscrito, com o vértice A localizado sobre o eixo Y e na posição equivalente ao ângulo $\pi/2$ (ou 90°) e o vértice B localizado no trecho negativo da abscissa (x) e da ordenada (y). Com esses dados pedem-se: 1a) O valor do diâmetro da circunferência; 1b) o valor do lado do triângulo; 1c) o valor da área do triângulo; 1d) as equações das três retas que formam os lados AB, AC e BC.

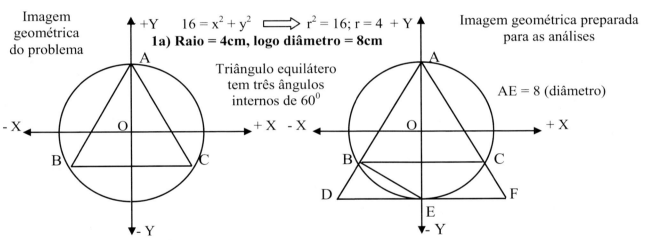

Análise dos triângulos complementares:

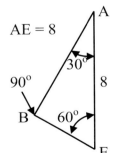

Triângulo ABE:

Cos 60° = BE/8
BE = 8 . 60°; Logo BE = 4cm

Sen 60° = AB/8
AB = 8.Sen 60°; Logo AB = 6,93cm

1b) Lado do triângulo igual a 6,93cm.

Triângulo BGE:

BG = Lado / 2
BG = 3,46cm
BE = 4cm
$BG^2 + GE^2 = BE^2$
GE = $\sqrt{(4^2 - 3{,}46^2)}$

GE = 2cm

A altura do triângulo é igual a AG = AE – GE; Logo: AG = 8 – 2 = 6. Altura = 6cm.
A área do triângulo é igual a: (Base x Altura) / 2: Área = (Lado x Altura) / 2:
Área = (6,93 x 6) / 2: **1c) Área do triângulo igual a 20,79cm².**

1d) Para calcular as equações das três retas que formam os lados do triângulo inscrito, primeiro determinam-se as coordenadas cartesianas dos pontos A, B e C. Para essas coordenadas usam-se os valores já conhecidos de BC = AB = 6,93. Portanto: BG = GC = 6,93/2 = 3,46, bem como de AG = 6. Com esses valores tem-se as seguintes coordenadas cartesianas: A (0; + 4), B (- 3,46; -2) e C (+ 3,46; -2), calculando-se os coeficientes angulares e as equações.

$$\begin{cases} mAB = (yA - yB) / (xA - xB); mAC = (yA - yC) / (xA - xC); mBC = (yB - yC) / (xB - xC): \\ mAB = [+4 - (-2)] / [0 - (-3,46)] => mAB = + 1,734. \\ + 1,734 (x - 0) = y - 4 => \quad \mathbf{+ 1,734x - y + 4 = 0} \; \longleftarrow \; \text{Equação da reta AB.} \\ \\ mAC = [+4 - (-2)] / [0 - (+3,46)] => mAC = - 1,734. \\ - 1,734 (x - 0) = y - 4 => \quad \mathbf{- 1,734x - y + 4 = 0} \; \longleftarrow \; \text{Equação da reta AC.} \\ \\ mBC = [-2 - (-2)] / [-3,46 - (+3,46)]: mAB = 0 \text{ (Zero)}. \\ 0 [x - (-3,46)] = y - (-2) => \quad \mathbf{y = -2} \; \longleftarrow \; \text{Equação da reta BC.} \end{cases}$$

Observe-se que a reta BC é paralela ao Eixo Y

Exercício 13.5.2) Uma circunferência de equação $16 = x^2 + y^2$ contém um quadrado, inscrito, com o vértice A localizado no ângulo 3π/4 (ou 135°), o vértice B localizado no ângulo π/4 (ou 45°), o vértice C localizado no ângulo 7π/4 (ou 315°) e o vértice B localizado no ângulo 5π/4 (ou 225°). Com esses dados pedem-se: 2a) O valor do diâmetro da circunferência; 2b) O valor do lado do quadrado inscrito; 2c) As equações das retas que passam pelas diagonais do quadrado inscrito e 2d) A área do triângulo formado pelo centro O (0; 0) da circunferência e os vértices A e D.

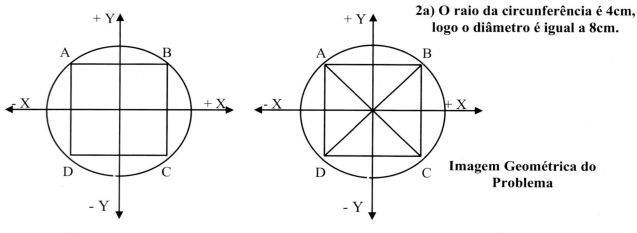

2a) O raio da circunferência é 4cm, logo o diâmetro é igual a 8cm.

Imagem Geométrica do Problema

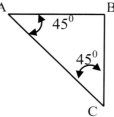

$AB^2 + BC^2 = AC^2$: Como AB = BC: $2AB^2 = AC^2$ e AC = 8; tem-se $8^2 = (2AB)^2 => AB^2 = 32 => AB = 5,657$.

2b) AB = 5,657cm é o Lado do quadrado.

5,657 / 2 = 2,83. Com isso as Coordenadas dos pontos A, B, C e D, são:

A (-2,83; +2,83), B (+2,83; +2,83), C (+2,83; -2,83) e D (-2,83; -2,83).

Com isso calculam-se os coeficientes angulares e as equações das retas, que são as diagonais AC e BD.

mAC = (yA - yC) / (xA - xC); mAC = [+2,83 - (-2,83)] / [-2,83 - (+2,83)] = +5,66/-5,66 = -1.
-1[x - (-2,83)] = y - (+2,83) => -x - 2,83 = +y - 2,83 => -x -y = 0: + x + y = 0.

2c) Equação da reta AC: + x + y = 0 ou + x = - y.

mBD = (yB - yD) / (xB - xD); mBD = [+2,83 - (-2,83)] / [+2,83 - (-2,83)] = +5,66/+5,66 = +1.
+1[x - (+2,83)] = y - (+2,83) => + x - 2,83 = y - 2,83 => +x - y = 0.

2c) Equação da reta BD: + x - y = 0 ou + x = + y.

Cálculo da área do triângulo 0AD

AD = 5,657cm.   AE = ED = 2,83cm.   0E é a altura do triângulo = ED = 2,83.

Área = (Base x Altura) / 2: Área = (5,657 x 2,83) / 2.

2d) Área do triângulo = 8 cm².

Exercício 13.5.3) Uma circunferência de equação $16 = x^2 + y^2$ contém um triângulo ABC, equilátero, circunscrito, com o vértice A localizado sobre o eixo Y e na posição equivalente ao ângulo π/2 (ou 90°). Com esses dados pedem-se: 3a) O valor do diâmetro da circunferência; 3b) o valor do lado do triângulo; 3c) o valor da área do triângulo; 3d) as equações das três retas que formam os lados AB, AC e BC.

A Geometria mostra que, polígonos circunscritos à circunferências, têm pontos de tangências, onde o lado intercepta a curva da circunferência. No caso do triângulo citado, existem três retas 0D, 0E e 0F, que são perpendiculares a cada respectivo lado.

$16 = x^2 + y^2 \longrightarrow r^2 = 16; r = 4$ e   **3a) O Diâmetro é igual a 8cm.**

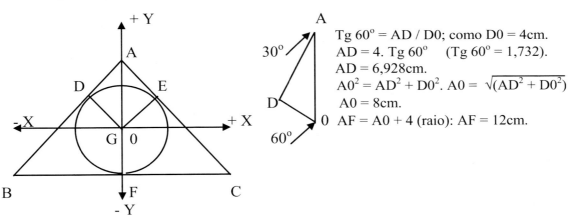

Tg 60° = AD / D0; como D0 = 4cm.
AD = 4. Tg 60°   (Tg 60° = 1,732).
AD = 6,928cm.
A0² = AD² + D0². A0 = √(AD² + D0²)
A0 = 8cm.
AF = A0 + 4 (raio): AF = 12cm.

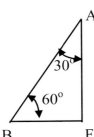

Tg 60° = AF / BF; como AF = 12cm.
BF = 12 / Tg 60° como: Tg 60° = 1,732: BF = 12/1,732 => BF = 6,928cm.
AB² = AF² + BF²: AB é o lado do triângulo circunscrito.

AB = √(AF² + BF²) => AB = 13,856cm.

3b) O lado do triângulo circunscrito é 13,856cm.

A área do triângulo é: (Base x Altura) / 2: (13,856 x 12) / 2 = 83,136.

3c) Área do triângulo é 83,136cm².

3d) Cálculo das equações dos lados:

Para calcular as outras equações, é necessário saber as coordenadas cartesianas dos pontos A, B e C. A (0; +8), B (-6,928; -4) e C (+6,928; -4)

A equação da reta do lado BC é: y = - 4cm; pois, o lado BC é paralelo ao Eixo OY.

mAB = (yA - yB) / (xA - xB); mAB = [+8 - (-4)] / [0 - (-6,928)] = +12 / +6,928 = +1,732*.
+1,732 (x-0) = y – 8 => +1,732x -y +8 = 0.
A equação da reta AB é: +1,732x - y +8 = 0.

mAC = (yA - yC) / (xA - xC); mAC = [+8 - (-4)] / [0 - (+6,928)] = +12 / -6,928 = - 1,732*.
- 1,732 (x - 0) = y - (+8) => - 1,732x = y – 8 => - 1,732x - y + 8 = 0.
A equação da reta AC é: + 1,732x + y - 8 = 0.

* Observa-se que os coeficientes angulares das retas AB e AC têm o mesmo valor numérico, porém de sinais trocados. Isto se explica, pelo fato de ambas as retas formarem ângulos com o eixo Y, de forma que têm o mesmo valor numérico das tangentes, porém com os sinais trocados.

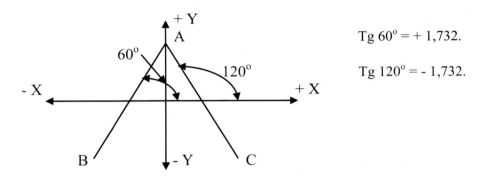

Tg 60º = + 1,732.

Tg 120º = - 1,732.

13.6 Exercícios complementares resolvidos

Exercício 13.6.1) Considerando as duas inequações a seguir, analise qual região do plano XY satisfaz a ambas. $x^2 + y^2 \leq 16$ e $(x - 2)^2 + y^2 > 4$.

A equação: $x^2 + y^2 = 16$, refere-se a uma circunferência de raio 4 e centro na origem O (0; 0).

A equação: $(x - 2)^2 + y^2 = 4$, refere-se a uma circunferência de raio 2 e centro (+2; 0).

A representação gráfica destas circunferências tem a seguinte imagem geométrica:

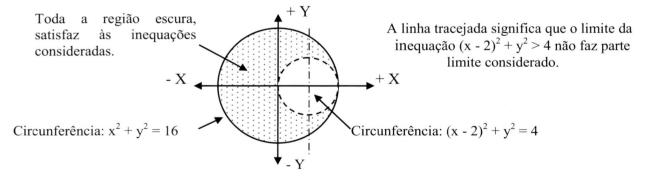

Exercício 13.6.2) (UERJ - 2020). A figura à esquerda, a seguir, representa duas circunferências F e B, tangentes entre si. Sabendo que a circunferência F tem equação: $x^2 + y^2 = +4$, e que a circunferência B também é tangente aos eixos coordenados X e Y, determinar o raio e a equação da circunferência B.

Como já citado, sempre se inicia pela imagem geométrica, com os dados disponíveis.

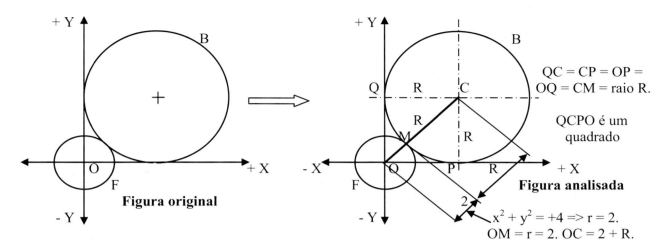

Raciocínio lógico espacial matemático: como OC = 2 + R, é a diagonal do quadrado QCPO, basta calcular o valor da diagonal OC ($OC^2 = R^2 + R^2$), para se obter o raio R e, consequentemente, as coordenadas cartesianas do centro da circunferência maior C, obtendo-se a equação da circunferência B.

$OC^2 = (R + 2)^2 + (R + 2)^2 \Rightarrow OC^2 = 2R^2 \Rightarrow OC = R\sqrt{2}$. Como: OC = 2 + R, então: $2 + R = R\sqrt{2} \Rightarrow$
$2 = R\sqrt{2} - R \Rightarrow 2 = R(\sqrt{2} - 1) \Rightarrow R = 2/(\sqrt{2} - 1) \Rightarrow R = 4,83$. Coordenadas cartesianas: C(+4,83; +4,83).

Conclusão: raio da circunferência B = 4,83.
Equação da circunferência B: $(x - 4,83)^2 + (y - 4,83)^2 = 4,83^2$.

Exercício 13.6.3) (EN). Considerando o ponto $P(x_P; y_P)$, pertencente à circunferência $+x^2 + y^2 - 6x - 8y + 24 = 0$, determinar a soma das coordenadas cartesianas de P, que é o ponto mais próximo da origem.

Raciocínio lógico espacial matemático: inicialmente, observa-se que foi dada a equação da circunferência, na sua forma geral, portanto, tem-se que escreve-la na forma reduzida, para se poder fazer a imagem geométrica e, então descobrir a localização do ponto P. Também se observa que o centro da circunferência não coincide com a origem dos eixos cartesianos.

A equação reduzida, nesse caso, fica como: $(x - h)^2 + (y - k)^2 = R^2 \Rightarrow +x^2 - 2xh + h^2 + y^2 - 2yk + k^2 - R^2 = 0$.

Para achar os valores de h e k, compara-se a equação dada, com a equação deduzida em h e k, ou seja:

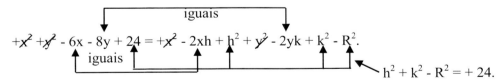

Comparando-se, fator a fator, tem-se:

$-6x = -2xh \Rightarrow -2x = -6 \Rightarrow h = +3$.
$-8y = -2yk \Rightarrow -2y = -8 \Rightarrow k = +4$.

Como: $h^2 + k^2 - R^2 = +24$, então: $+9 + 16 - R^2 = +24$:
$R^2 = +25 - 24 \Rightarrow R^2 = +1 \Rightarrow R = +1$.
R = 1, pois ão existe raio negativo.

Com os dados: h = +3, k = +4 e R = 1,
faz-se a imagem da circunferência:

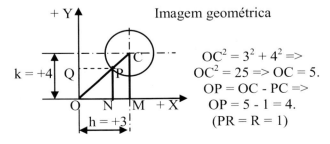

Analisando a semelhança dos triângulos OCM e OPN, acham-se os valores de $x_P = ON$ e $y_P = PN$.

$\dfrac{OC}{OP} = \dfrac{CM}{PN} = \dfrac{OM}{ON} \Rightarrow \dfrac{5}{4} = \dfrac{4}{PN} = \dfrac{3}{ON} \Rightarrow PN = \dfrac{4 \times 4}{5} \Rightarrow PN = \dfrac{16}{5} = 3{,}2 = y_P$.

$ON = \dfrac{4 \times 3}{5} \Rightarrow ON = \dfrac{12}{5} = 2{,}4 = x_P$. Soma das coordenadas $= \dfrac{16}{5} + \dfrac{12}{5} = \dfrac{28}{5} = 5{,}6$.

Conclusão: a soma das coordenadas cartesianas do ponto P é igual a 28/5 ou 5,6.

Exercício 13.6.4) (UERJ - 2013). Conforme a figura a seguir, um objeto de dimensões desprezíveis, preso por um fio inextensível, gira no sentido anti-horário, em torno de um ponto O. Esse objeto percorre uma trajetória, cuja equação é $+x^2 + y^2 = +25$. Admitindo que o fio arrebente no instante em que o objeto se encontra no ponto P(+4; +3), seguindo uma trajetória tangente à equação, determinar a equação dessa reta tangente no ponto P.

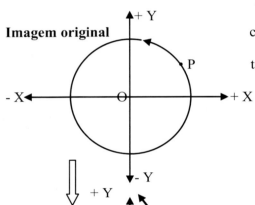

Raciocínio lógico espacial matemático: 1) A equação refere-se a uma circunferência de raio igual a 5 e com o centro coincidente com a origem O. 2) Determina-se a equação da reta que passa pelos pontos O(0; 0) e P(+4; +3) 3) Determina-se a equação da reta tangente à circunferência no ponto P, observando-se que essa reta é perpendicular à reta que passa pelos pontos O e P.

Resolução matemática:

2) Equação da reta que passa pelos pontos O e P:

$m_{OP}(x - x_O) = y - y_O$. $m_{OP} = \dfrac{y_P - y_O}{x_P - x_O} = \dfrac{+3 - 0}{+4 - 0} \Rightarrow m_{OP} = +0{,}75$.

$+0{,}75(x - 0) = y - 0 \Rightarrow y = +0{,}75x$. ← Equação da reta OP.

3) Equação da reta tangente T:

Como reta T é tangente à OP: $m_T = -1/m_{OP} = -1/+0{,}75 \Rightarrow m_T = -1{,}333$.
Reta T: $-1{,}333(x - 4) = y - 3 \Rightarrow -1{,}333x + 5{,}332 + 3 = y$.
$y = -1{,}333x + 8{,}332$.

Conclusão: a reta T, tangente à trajetória tem equação: y = -1,333x + 8,332.

Exercício 13.6.5) (UFRGS – RS, 2012). Analise a figura a seguir e defina qual das cinco opções representa a equação da circunferência desenhada.

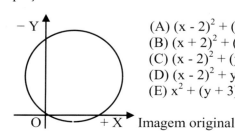

(A) $(x - 2)^2 + (y - 3)^2 = +10$.
(B) $(x + 2)^2 + (y + 3)^2 = +13$.
(C) $(x - 2)^2 + (y - 3)^2 = +13$.
(D) $(x - 2)^2 + y^2 = +10$.
(E) $x^2 + (y + 3)^2 = +13$.

Raciocínio lógico espacial:

Trata-se de uma circunferência com centro C, não coincidente com a origem C (+2; +3).

Esse tipo de circunferência tem como equação: $(x - h)^2 + (y - k)^2 = R^2$.
Como h = +2 e k = +3, então a equação fica: $(x - 2)^2 + (y - 3)^2 = R^2$.

Analisando as cinco opções, eliminam-se três B, D e E, ficando a resposta entre A e C, dependendo do raio.

Na equação A, $R^2 = +10$, ou seja: raio R = 3,16.   Analisando a proporcionalidade da figura, conclui-se que
Na equação C, $R^2 = +13$, ou seja: raio R = 3,61.   a mais indicada é a com raio igual a 3,61 (C).

Conclusão: a opção que melhor representa é a da equação C: $(x - 2)^2 + (y - 3)^2 = +13$.

Exercício 13.6.6) Sabendo que uma circunferência tem equação: $+x^2 +y^2 - 6x - 4y + 9 = 0$, e no seu interior tem-se um quadrado inscrito, cujos lados são paralelos aos eixos cartesianos, determinar o perímetro desse quadrado, considerando o metro como unidade de medida.

Inicialmente tem-se que determinar a equação reduzida da circunferência, que está expressa na sua forma geral. Tem-se que o centro da circunferência não coincide com a origem, ou seja: $(x - h)^2 + (y - k)^2 = R^2$.

$+x^2 +y^2 - 6x - 4y + 9 = +x^2 - 2xh + h^2 + y^2 - 2yk + k^2 - R^2$.

$-2xh = -6x \Rightarrow -2h = -6 \Rightarrow h = +3$.
$-2yk = -4y \Rightarrow -2k = -4 \Rightarrow k = +2$.
$+h^2 + k^2 - R^2 = +9 \Rightarrow +9 + 4 - 9 \Rightarrow R^2 = +4 \Rightarrow R = +2$.

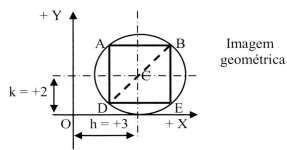
Imagem geométrica

A circunferência tem raio = 2 e centro C(+3; +2).

No quadrado inscrito: DB = 4 e $DB^2 = AB^2 + AD^2 \Rightarrow$

$16 = 2AB^2 \Rightarrow AB^2 = 8 \Rightarrow AB = 2\sqrt{2}$.   O perímetro é: $4AB = 8\sqrt{2} = 11{,}314$ metros.

Conclusão: o perímetro do quadrado inscrito é igual a 11,314 metros.

Exercício 13.6.7) (UFPR, 2015). Considere o círculo C1 de centro na origem, que passa pelo ponto P(+3; +4) e o círculo C2 de raio r = 2, tangente a C1 no ponto P, conforme a figura a seguir. Pedem-se: a) As equações do círculo C1 e da reta que passa pelo centro de C1 e pelo ponto P e b) As coordenadas cartesianas do centro do círculo C2.

Raciocínio lógico espacial matemático:

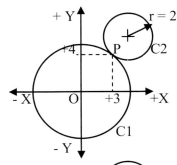

1) Como o ponto P(+3; +4) pertence à equação do círculo C1 (e também de C2), satisfaz à equação: $+x^2 +y^2 = R^2$, ou seja: $(3)^2 + (4)^2 = R^2 \Rightarrow R^2 = 25 \Rightarrow R = 5$. A equação do círculo C1 é: $+x^2 + y^2 = 25$. 2) Determinação da equação da reta OP.
3) Determinação das coordenadas do centro do círculo C2.

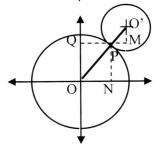

2) Determinação da equação da reta OP:

$m_{OP}(x - x_P) = y - y_P$. $m_{OP} = \dfrac{y_P - y_O}{x_P - x_O} = \dfrac{+4 - 0}{+3 - 0} \Rightarrow m_{OP} = +1{,}333$.

$+1{,}333(x - 3) = y - 4 \Rightarrow +1{,}333x - 4 + 4 = y \Rightarrow$ **y = +1,333x**. ← Reta OP.

As coordenadas cartesianas do centro do círculo C2, serão determinadas,
a partir da semelhança dos triângulos: OPN e PO'M.
$x_{O'} = x_P + PM$ e $y_{O'} = y_P + O'M$.

Considerando: O'P = 2; OP = R = 5; PN = y_P = 4 e ON = x_P = 3, tem-se:

$$\frac{PO}{O'P} = \frac{PN}{O'M} = \frac{ON}{PM} \Rightarrow \frac{5}{2} = \frac{4}{O'M} = \frac{3}{PM} \Rightarrow O'M = \frac{2 \times 4}{5} = \frac{8}{5} . \ PM = \frac{(8/5) \times 3}{4} \Rightarrow PM = \frac{6}{5}.$$

$x_{O'} = x_P + PM \Rightarrow x_{O'} = 3 + 6/5 = 21/5 = 4,2$.
$y_{O'} = y_P + O'M \Rightarrow y_{O'} = 4 + 8/5 = 28/5 = 5,6$.

Conclusão: a) Equação do círculo C1: $+x^2 + y^2 = 25$ e equação da reta OP: y = +1,333x e b) Coordenadas cartesianas do centro do círculo C2: O'(+4,2; +5,6).

Exercício 13.6.8) (ENEM - 2016). Na figura a seguir, estão representadas, em um plano cartesiano, duas circunferências: C1 e C2, onde C1 tem raio 3 e C2 tem raio 1. As circunferências são tangentes entre si e também são tangentes à reta t, nos pontos P e Q. Determinar a equação da reta t.

Raciocínio lógico:

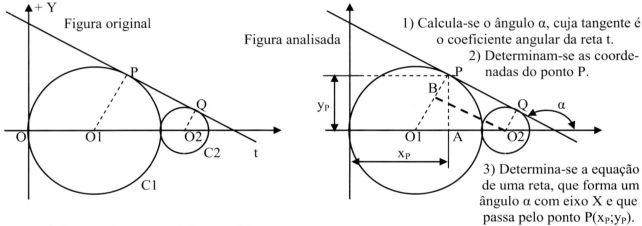

1) Calcula-se o ângulo α, cuja tangente é o coeficiente angular da reta t.
2) Determinam-se as coordenadas do ponto P.
3) Determina-se a equação de uma reta, que forma um ângulo α com eixo X e que passa pelo ponto P(x_P;y_P).

Desenvolvimento lógico espacial matemático:

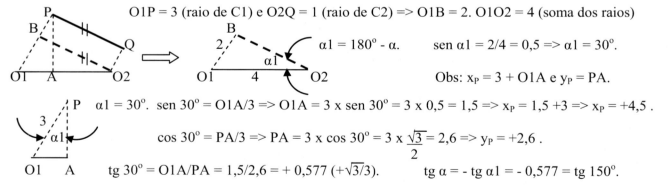

O1P = 3 (raio de C1) e O2Q = 1 (raio de C2) => O1B = 2. O1O2 = 4 (soma dos raios)

α1 = 180° - α.   sen α1 = 2/4 = 0,5 => α1 = 30°.

Obs: x_P = 3 + O1A e y_P = PA.

α1 = 30°. sen 30° = O1A/3 => O1A = 3 × sen 30° = 3 × 0,5 = 1,5 => x_P = 1,5 + 3 => x_P = +4,5.

cos 30° = PA/3 => PA = 3 × cos 30° = 3 × $\frac{\sqrt{3}}{2}$ = 2,6 => y_P = +2,6.

tg 30° = O1A/PA = 1,5/2,6 = + 0,577 (+$\sqrt{3}$/3).   tg α = - tg α1 = - 0,577 = tg 150°.

Equação da reta t: m_t(x - x_P) = y - y_P => - 0,577(x - 4,5) = y - 2,6 => - 0,577x + 2,6 + 2,6 = y.

Conclusão: A equação da reta t é: y = - 0,577x + 5,2.

Observação: no ano de 2016, as questões das provas do ENEM, eram com respostas tipo múltipla escolha e os resultados continham expressões sob raiz e frações. Nesse exercício 13.6.9, a resposta do ENEM indicava a equação igual a: y = - $\sqrt{3}$ x + 3$\sqrt{3}$, que é exatamente igual a y = - 0,577x + 5,2. Como já citado na apresentação desse livro, nas práticas profissionais, os resultados são referentes a unidades, por exemplo, toneladas e, então não tem sentido prático, por exemplo, fazer um pedido de compra de $\sqrt{3}$ toneladas de um tipo de cimento, para uma obra, mas sim 1,732 toneladas ou 1.732 kilogramas.

Exercício 13.6.9) (SOUZA, 2010, p.197). Sabendo que a reta t: +3x - 4y + 1 = 0 é tangente à circunferência de centro C(+6; +1), determinar a equação geral dessa circunferência.

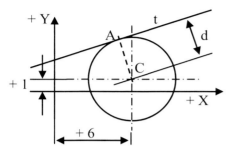

Raciocínio lógico espacial:

A imagem geométrica mostra que a distância d entre o centro C da circunferência e a reta t, é igual ao raio da circunferência.

Desenvolvimento matemático:

Distância entre um ponto e uma reta: $d = \frac{|ax_C + by_C + c|}{\sqrt{a^2 + b^2}}$.

+3x - 4y + 1 = 0: ax + by + c = 0 => a = +3; b = -4 e c = +1. x_C = + 6 e y_C = + 1.

$d = \frac{|3 \times 6 + (-4) \times 1 + 1|}{\sqrt{3^2 + (-4)^2}}$ => $d = \frac{15}{\sqrt{25}}$ => d = 3. Ou seja: o raio da circunferência é igual a 3.

Equação da circunferência: $(x - 6)^2 + (y - 1)^2 = 3^2$ => $+x^2 - 12x + 36 + y^2 - 2y + 1 + 9 = 0$.

Conclusão: a equação geral da circunferência é: $+x^2 + y^2 - 12x - 2y + 28 = 0$.

13.7 Exercícios propostos (Veja respostas no Apêndice A)

13.7.1) (UFPB - 2009). Um anfiteatro, em forma de um círculo, tem um palco que está delimitado por um arco da circunferência que contorna o anfiteatro e por uma corda dessa circunferência, situada sobre a reta, cuja equação é +3x - y + 4 = 0. Sabendo que a equação da circunferência é $+x^2 + y^2 - 10x - 8y + 16 = 0$, determinar o comprimento da corda, considerando o metro como unidade de medida.

13.7.2) Determinar as coordenadas cartesianas dos pontos P1 e P2, de interseção entre a reta x = -3 e a circunferência de centro na origem (0; 0) e raio 4.

13.7.3) (UFRGS - 2014). Determinar a área do quadrado inscrito à circunferência $+x^2 - 2y + y^2 = 0$.

13.7.4) Determinar a equação da reta tangente à circunferência $x^2 + y^2 = +36$ cm², sendo P (0; -6 cm) o ponto de tangência.

13.7.5) Uma circunferência tem raio 5 cm e centro na origem (0; 0). Determinar a equação da reta que corta a circunferência nos pontos U (-5; 0) e J (0; +5).

13.7.6) (UFPB - 2011). O governo pretende construir armazéns com o intuito de estocar parte da produção da safra de grãos, para reduzir desperdícios. A seção transversal da cobertura de um desses armazéns, tem a forma de um arco de circunferência, apoiado em colunas de sustentação, que estão sobre uma viga. O comprimento dessa viga é de 24 metros, e o comprimento da maior coluna de sustentação é de 8 metros, como mostrado na figura a seguir. Considerando um sistema cartesiano de eixos ortogonais XY, com origem no ponto C, de modo que o semi eixo +X esteja na direção CD, e o semi eixo +Y apontando para cima, determinar a equação da circunferência que contém o arco CD da seção transversal do telhado.

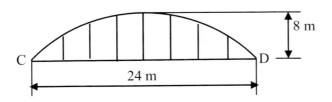

13.7.7) Verificar se as circunferências a seguir têm ponto de interseção e, em caso afirmativo determinar a(s) coordenada(s) cartesiana(s) da interseção: $(x - 3)^2 + (y - 2)^2 = 16$ e $(x - 10)^2 + (y - 2)^2 = 9$.

13.7.8) Dada a equação $(x - 3)^2 + (y - 5)^2 = 25$, pedem-se: a) determinar o tipo de curva e suas características e b) analisar se a curva intercepta os eixos X e ou Y, determinando as coordenadas cartesianas dos pontos de interseção.

13.7.9) (EsFAO). Determinar a equação de uma reta que passa pelo centro da circunferência: $+x^2 + y^2 - 2x + 4y - 4 = 0$, e é perpendicular à reta: $+3x - 2y + 7 = 0$.

13.7.10) (UERJ - 2019). Na figura a seguir, tem-se uma circunferência de centro P e raio 2. Determinar as coordenadas cartesianas do ponto Q, que é o mais afastado da origem.

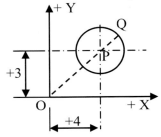

13.7.11) Determinar as coordenadas cartesianas dos pontos P1 e P2, de interseção entre a reta $y = +4$ e a circunferência de centro C (+2; +1), com raio 6.

13.7.12) (UNESP - 2008). Determinar a distância entre o centro da circunferência $+x^2 + y^2 + 2x - 4y + 2 = 0$ e a origem dos eixos cartesianos.

13.7.13) (USP). Na figura a seguir, M é o ponto médio do segmento AB e P é o ponto médio do segmento OM. Determinar a equação da circunferência indicada.

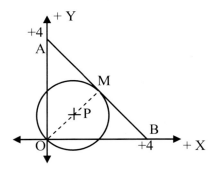

13.7.14) (AFA). Determinar o valor numérico da área do polígono que tem como vértices a interseção da circunferência de centro C(+2; 0), raio 4, com os eixos coordenados.

13.7.15) Sabendo que uma circunferência tem raio igual a 5 e Centro C (- 4; + 3), pedem-se: a) A equação reduzida e a geral da circunferência, b) analisar se existe interseção entre a circunferência e os Eixos X e Y. Caso exista, determinar as Coordenadas Cartesianas dos pontos de interseção, c) Se houver interseção, como solicitada em b, determinar a equação de uma Reta inclinada que passe por dois pontos, sendo um no Eixo X e outro no Eixo Y.

13.7.16) (AFA). Determinar a menor distância, em centímetros, entre o ponto P(-4; +3) e a circunferência: $+x^2 + y^2 - 16x - 16y + 24 = 0$.

13.7.17) Sabendo que um lugar geométrico equidista de quatro (4) unidades de medida de um ponto P(+5; -4), pedem-se: a) O nome do Lugar Geométrico, b) a equação do lugar geométrico, com suas características dimensionais e geometricas, c) Se houver interseção, determine as coordenadas cartesianas onde o lugar geométrico intercepta a reta x = +7.

13.7.18) a) Calcular o raio da circunferência, cujo centro está no ponto Q (+1cm; -2cm), sendo que o ponto P (+5cm; -3cm) pertence à circunferência, b) Determinar a equação reduzida da circunferência e c) Determinar os pontos A e B, onde a circunferência intercepta o eixo Y.

13.7.19) Dada a equação: $(x + 3)^2 + (y + 1)^2 = 25$, pedem-se: a) Qual é o tipo desta curva? e 2b) As Coordenadas Cartesianas onde a curva intercepta os Eixos X e Y, caso intercepte, fazendo as análises algébricas e não apenas análise gráfica/visual.

13.7.20) (AFA). Considerando a figura a seguir, determinar a área do triângulo isósceles ABD, considerando o metro como unidade de medida.

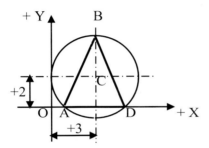

Capítulo 14
A elipse

Entrada de um túnel, rodoviário, no formato elíptico.

A elipse é conhecida desde a Grécia antiga*, sendo inclusive usada em algumas construções do Império Romano. Especialmente a Arquitetura e a Engenharia, utilizam construções e equipamentos no formato elipsoidal. Conchas acústicas, entrada de túneis e tampos de vasos de pressão, são alguns exemplos de aplicações práticas das elipses. Os desenhos a seguir também mostram exemplos do uso real de elipses e elipsoides* circulares*

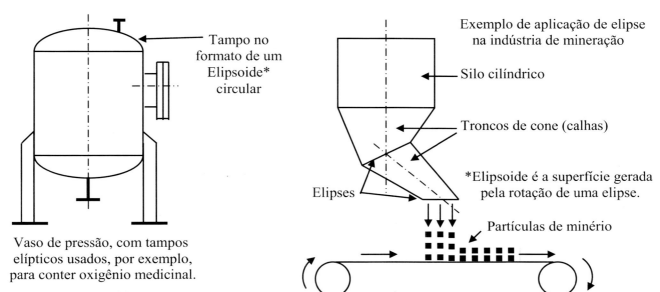

Vaso de pressão, com tampos elípticos usados, por exemplo, para conter oxigênio medicinal.

O desenho acima, e à direita, mostra uma aplicação prática de troncos de cones inclinados, normalmente utilizados como calhas de amortecimento, em indústrias de mineração, quando materiais particulados (minérios) devem ser transferidos de um silo para uma esteira transportadora. Caso a vazão ocorra diretamente, ocorre um impacto muito grande sobre a correia transportadora. Os troncos de cones reduzem a vazão e o impacto. Nesse exemplo, ocorrem duas elipses.

É interessante citar que a grande maioria dos estádios de futebol, tem o formato elíptico, tanto na cobertura, quanto no posicionamento das cadeiras. Isso vem desde o tempo antigo, pois eram no formato elíptico as arenas romanas, onde aconteciam as lutas e outros espetáculos "deprimentes" onde escravos e inimigos capturados eram colocados para lutar entre si e contra animais ferozes. Mas por que eram, e são, elípticos esses estádios? Porque com as cadeiras dispostas no formato elíptico, devido o formato retangular dos gramados de futebol, todas as pessoas têm uma visão melhor. Se o posicionamento das cadeiras fosse circular, muitos torcedores não teriam uma boa visão. Na Engenharia Civil também é comum utilizar-se o conceito de elipse, sendo comum túneis escavados no formato de uma semi elipse.

14.1 Definição, elementos e características

Elipse é o lugar geométrico dos pontos P (x_P; y_P) de um plano cujas distâncias a dois pontos fixos, chamados focos (F_1 e F_2) desse plano, têm soma constante, igual ao eixo maior "2a" ($PF_1 + PF_2 = 2a$). O segmento de reta que passa pelos dois focos (F_1 e F_2) chama-se eixo maior ($A_1A_2 = 2a$), e o segmento de reta que passa pelo ponto médio do eixo maior, e perpendicular a ele, cortando a elipse, chama-se eixo menor ($B_1B_2 = 2b$). As medidas da elipse são dadas pela metade dos eixos maior e menor sendo chamadas, respectivamente, de semi eixo maior (a) e semi eixo menor (b), sendo as outras medidas e características relacionadas a essas.

A elipse e seus elementos

A_1A_2 = eixo maior
B_1B_2 = eixo menor
$2a$ = eixo maior
$2b$ = eixo menor
F_1 e F_2 = focos
$F_1F_2 = 2c$ = distância focal
e = excentricidade = c/a
$DF = 2b^2 / a$ (corda focal)
C = centro
A_1, A_2, B_1, B_2 = vértices

DF = corda focal ou *latus rectum*

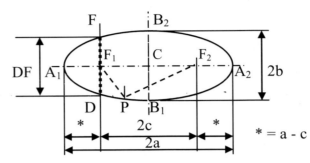

Pela definição de elipse: $|PF_1| + |PF_2| = 2a$

(De fato: $|A_1F_1| + |A_1F_2| = 2a$, pois: $*|A_1F_1| = |A_2F_2|$)

Nesse caso, os focos têm coordenadas
$F_1 (-c ; 0)$ e $F_2 (+c ; 0)$.

Em toda elipse, o semi eixo maior (a) é igual à distância do Foco (F_1 ou F_2) ao ponto onde ocorre o valor do semi eixo menor (B_1 ou B_2). Disso resulta que, no triângulo retângulo F_1CB_2, tem-se a seguinte relação fundamental de uma elipse:

$a^2 = b^2 + c^2$, uma vez que:

$(F_1B_2)^2 = (B_2C)^2 + (F_1C)^2$

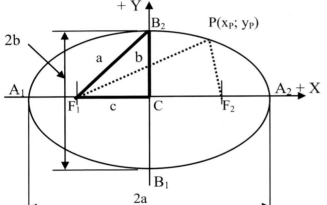

14.2 Dedução da equação da elipse com focos sobre o eixo X e centro coincidente com a origem

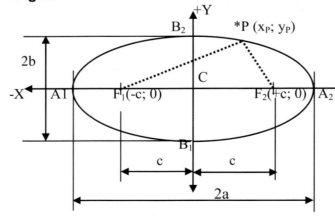

Centro da elipse $C \equiv$ Origem $O\ (0; 0)$

*Quando o ponto $P\ (x_P; y_P)$ coincide com o ponto A_1 ou A_2, tem-se que: $PF_1 + PF_2 = 2a$.

$|A_1F_1| = |A_2F_2|$

Capítulo 14 – A elipse – 335

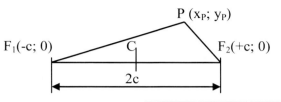

Pela definição de elipse ⟶

*$PF_1 + PF_2 = 2a$. (Distâncias entre pontos).

$$\begin{cases} PF_1 = \sqrt{[x_P - (-c)]^2 + [(y_P - 0)]^2} \\ PF_2 = \sqrt{[(x_P - c)]^2 + [(y_P - 0)]^2} \end{cases}$$

Portanto: $PF_1 + PF_2 = \sqrt{[x_P + (-c)]^2 + [(y_P - 0)]^2} + \sqrt{[(x_P - c)]^2 + [(y_P - 0)]^2} = 2a$. Fazendo: $x_P = x$ e $y_P = y$:

Tem-se: $PF_1 + PF_2 = \sqrt{[(x+c)]^2 + (y^2)} + \sqrt{[(x-c)^2 + (y^2)]} = 2a$, que pode ser escrito como:

$\sqrt{[(x-c)^2 + (y^2)]} = 2a - \sqrt{[(x+c)^2 + (y^2)]}$. Elevando estes dois membros ao quadrado tem-se:

$x^2 - 2cx + c^2 + y^2 = 4a^2 + x^2 + 2cx + c^2 + y^2 - [4a\sqrt{(x+c)^2 + (y^2)}]$. Simplificando tem-se:

$4xc = 4a^2 - 4a[\sqrt{[(x-c)]^2 + (y^2)}]$. Dividindo-se ambos os membros por 4, tem-se:

$cx = a^2 - a[\sqrt{[(x-c)]^2 + (y^2)}] \Rightarrow cx - a^2 = -a\sqrt{[(x-c)]^2 + (y^2)} \Rightarrow a^2 - cx = a\sqrt{[(x-c)^2 + (y^2)}]$

Elevando-se, mais uma vez, ambos os membros ao quadrado, e operando, tem-se:

$a^4 - 2a^2cx + c^2x^2 = a^2[(x-c)^2 + y^2] \Rightarrow a^4 - 2a^2cx + c^2x^2 = a^2(x^2 - 2cx + c^2 + y^2) \Rightarrow$

$a^4 - 2a^2cx + c^2x^2 = a^2x^2 - 2a^2cx + a^2c^2 + a^2y^2 \Rightarrow a^4 + c^2x^2 = a^2x^2 + a^2c^2 + a^2y^2 \Rightarrow$

$a^4 + c^2x^2 - a^2x^2 = a^2c^2 + a^2y^2 \Rightarrow a^4 + x^2(c^2 - a^2) = a^2c^2 + a^2y^2 \Rightarrow$

$x^2(c^2 - a^2) - a^2y^2 = a^2c^2 - a^4$. Multiplicando ambos os membros por -1, tem-se:

$x^2(a^2 - c^2) + a^2y^2 = a^4 - a^2c^2$. Dividindo ambos os membros por -1, tem-se:

$x^2(a^2 - c^2) + a^2y^2 = a^2(a^2 - c^2)$. Dividindo ambos os membros por $a^2(a^2 - c^2)$ tem-se:

$\dfrac{x^2(a^2-c^2)}{a^2(a^2-c^2)} + \dfrac{a^2y^2}{a^2(a^2-c^2)} = \dfrac{a^2(a^2-c^2)}{a^2(a^2-c^2)} \Rightarrow \dfrac{x^2}{a^2} + \dfrac{y^2}{a^2-c^2} = 1$.

Da relação fundamental: $a^2 = b^2 + c^2 \Rightarrow b^2 = a^2 - c^2$. Substituindo na equação acima, tem-se finalmente a equação da elipse:

$$\dfrac{x^2}{a^2} + \dfrac{y^2}{b^2} = 1 \quad \Longleftarrow \quad \text{Equação reduzida da elipse com focos sobre o eixo X e centro C coincidente com a origem (0; 0).}$$

Em toda elipse, existe a seguinte relação fundamental: $a^2 = b^2 + c^2$, que advém do seguinte raciocínio lógico: quando um ponto P qualquer sobre a linha da elipse, coincide com o ponto B_2 ou (B_1), tem-se: $B_2F_1 + B_2F_2 = 2a$. Como B_2F_1 é igual a B_2F_2, logo: $B_2F_1 = B_2F_2 = a$. Desta forma, tem-se o triângulo retângulo B_2CF_2 (ou B_2CF_1), onde $B_2C = b$, $CF_2 = c$ e a hipotenusa B_2F_2 (igual a B_2F_1) é igual a c. Portanto, pelo teorema de Pitágoras: $(CF_2)^2$ ou $(B_2F_2)^2 = (B_2C)^2$, resultando que: $a^2 = b^2 + c^2$.

Essa relação fundamental, relacionada ao triângulo retângulo, no interior de toda e qualquer elipse, permite a resolução de diversos problemas, obviamente conjugada com a equação reduzida.

Esse tipo de elipse, com o eixo maior 2a na horizontal, coincidente com o eixo cartesiano X, é muito utilizado como entrada de túneis rodoviários, que não necessitam de alturas muito grandes.

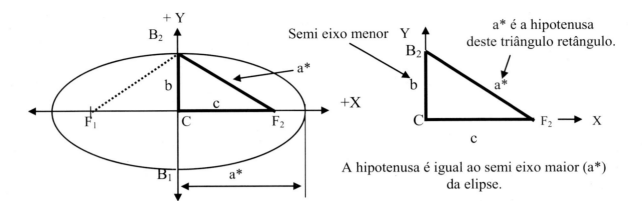

Exercício 14.2.1) a) Determinar a equação da elipse, com focos sobre o eixo X e centro coincidente com a origem (0; 0), sabendo-se que o eixo menor vale 4 e a distância focal é 8. b) Qual o valor da ordenada positiva y, para um ponto P, com Abscissa (x) positiva, exatamente sobre o foco?

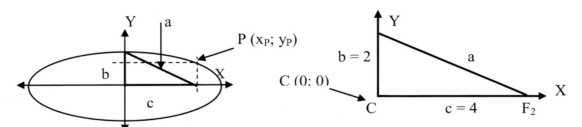

a) Determinação da equação

$a^2 = b^2 + c^2$*; $a^2 = 2^2 + 4^2$ => $a^2 = 20$ => $a = 4{,}472$; aplicando a fórmula tem-se:

$x^2/a^2 + y^2/b^2 = +1$ => $x^2/20 + y^2/4 = +1$ ou $x^2 + 5y^2 - 20 = 0$ ◄— equação geral da elipse.

Quando y = 0, x = +4,472 ou semi eixo maior a, e o eixo maior 2a = 8,944.

Como: $x^2/a^2 + y^2/b^2 = +1$ => **Equação da elipse: $x^2/20 + y^2/16 = +1$**.

> *Observa-se como é importante a relação:
> $a^2 = b^2 + c^2$

b) Cálculo da ordenada do ponto P

Basta na fórmula da equação, substituir x = 4.

$x^2 + 5y^2 - 20 = 0$ => $4^2 + 5y^2 - 20 = 0$ => $16 + 5y^2 - 20 = 0$ => $5y^2 = 4$; logo $y^2 = 4/5$ => $y = +/- 0{,}894$.

Como o ponto P tem ordenada positiva, suas coordenadas cartesianas são: P (+4; +0,894).

14.3 Equação da elipse com focos sobre o eixo Y, e centro coincidente com a origem

A dedução da fórmula segue o mesmo raciocínio da anterior, porém com uma inversão dos fatores, já que a elipse está girada de 90°.

Esse tipo de elipse, com o eixo maior 2a na vertical, coincidente com o eixo cartesiano Y, é muito utilizado como entrada de túneis ferroviários, onde em geral só tem duas linhas e com altura significativa.

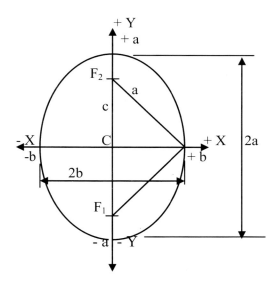
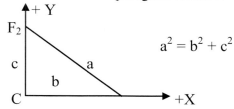

Observa-se que o triângulo está a 90°, em relação ao do parágrafo anterior.

$$a^2 = b^2 + c^2$$

A equação desse tipo de elipse é:

$$\frac{y^2}{a^2} + \frac{x^2}{b^2} = 1 \quad \text{ou} \quad \frac{x^2}{b^2} + \frac{y^2}{a^2} = 1$$

Nesse caso o semi eixo maior (a) está sob y.

14.4 Equações das elipses com centros não coincidentes com a origem

Supondo elipses como mostradas a seguir, com centro C' (h; k), suas equações ficam modificadas, das seguintes formas:

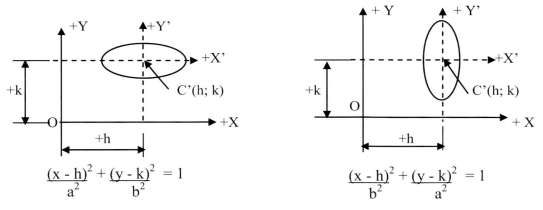

$$\frac{(x - h)^2}{a^2} + \frac{(y - k)^2}{b^2} = 1 \qquad \frac{(x - h)^2}{b^2} + \frac{(y - k)^2}{a^2} = 1$$

Dependendo do quadrante, onde se situa o centro C' da elipse, h e k podem ter valores positivos e ou negativos.

Exemplo de aplicação de cálculos de elipses, usadas em vasos de pressão

Esse tipo de análise/cálculo é muito frequente, na área de Engenharia Mecânica, especificamente nos projetos e cálculos de equipamentos tipo vasos de pressão. Esses equipamentos costumam ser cilindros metálicos em aço, com tampos semi elípticos onde, nos tampos e no corpo, são soldados bocais para entrada/saída dos fluidos.

Esses tipos de equipamentos são muito utilizados, por exemplo, para armazenamento de gases medicinais, como o oxigênio, sendo comum serem vistos em áreas de hospitais e clínicas, sendo facilmente identificável por serem pintados na cor verde. Na prática, tampos semi elípticos usados em vasos de pressão, têm o semi eixo menor b igual a um quarto do eixo maior 2a, ou seja: b = 2a/4.

Exercício 14.4.1) Com os dados do vaso de pressão a seguir, calcular a dimensão Y**.

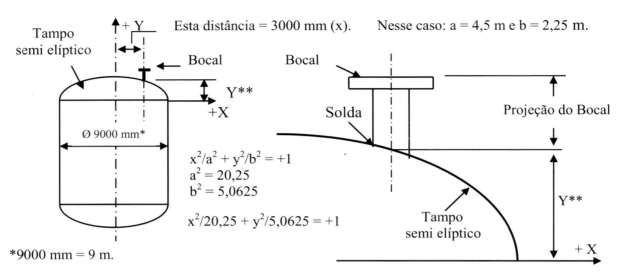

**Os projetistas precisam saber com exatidão esta medida Y, para poder fazer o projeto das tubulações. Essa medida é calculada a partir da resolução da equação da elipse dada.
Na equação da elipse, fazendo x = 3, tem-se: $9/20,25 + y^2/5,0625 = +1$, com **Y** = 1,677 m**.

Exercício 14.4.2) Imagine o cilindro circular, como a seguir mostrado, com diâmetro de 30 centímetros e sendo cortado por um plano a 45° com a horizontal. Desse corte resulta uma elipse. Determinar todas as características dessa elipse, inclusive sua equação.

Esse tipo de problema ocorre na prática, quando se faz uma curva de tubulação a 45°.

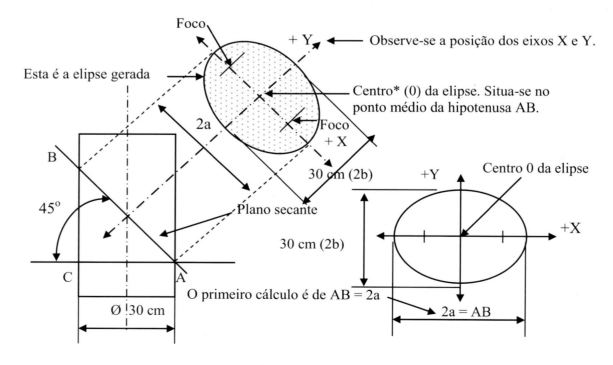

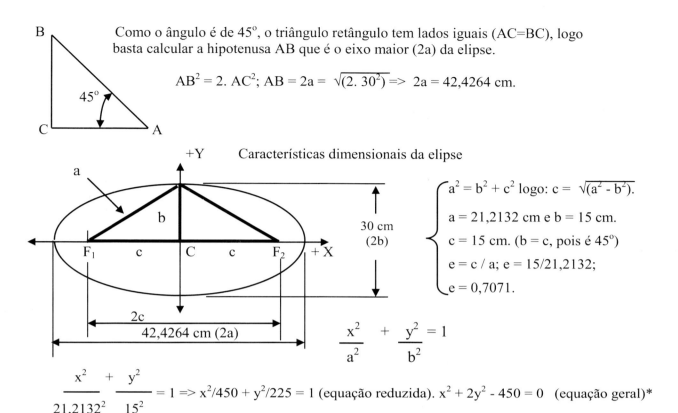

Como o ângulo é de 45°, o triângulo retângulo tem lados iguais (AC=BC), logo basta calcular a hipotenusa AB que é o eixo maior (2a) da elipse.

$$AB^2 = 2 \cdot AC^2; \quad AB = 2a = \sqrt{(2 \cdot 30^2)} \Rightarrow 2a = 42{,}4264 \text{ cm.}$$

Características dimensionais da elipse

$$\begin{cases} a^2 = b^2 + c^2 \text{ logo: } c = \sqrt{(a^2 - b^2)}. \\ a = 21{,}2132 \text{ cm e } b = 15 \text{ cm.} \\ c = 15 \text{ cm. } (b = c, \text{ pois é } 45°) \\ e = c/a; \; e = 15/21{,}2132; \\ e = 0{,}7071. \end{cases}$$

$$\frac{x^2}{a^2} + \frac{y^2}{b^2} = 1$$

$$\frac{x^2}{21{,}2132^2} + \frac{y^2}{15^2} = 1 \Rightarrow x^2/450 + y^2/225 = 1 \text{ (equação reduzida). } x^2 + 2y^2 - 450 = 0 \text{ (equação geral)*}$$

* Essa equação foi obtida, multiplicando-se a equação reduzida por 450, que é o m.m.c entre 450, 225 e 1.

14.5 A propriedade refletora da elipse, e suas aplicações práticas

Em qualquer elipse, um raio emitido de um dos seus focos "reflete-se" na linha da curva, passando pelo outro foco. Essa propriedade pode ser comprovada, por exemplo, quando se está em uma estação de Metrô, onde o túnel seja uma abóbada de forma elíptica. Ouve-se com nitidez a voz de uma pessoa que está do outro lado, na outra plataforma, mesmo que fale em voz baixa.

Outro bom exemplo é a construção de refletores odontológicos, que têm como objetivo concentrar o máximo de luz onde se está trabalhando e também evitar que a luz incida diretamente sobre os olhos do paciente, causando desconforto. Outro exemplo é o aparelho de radioterapia, para tratamento médico. Ele emite raios cujo objetivo é destruir tecidos doentes sem afetar os tecidos sadios que se encontram ao redor. Nesse caso, são usados espelhos elípticos, para concentrar os raios em um determinado ponto.

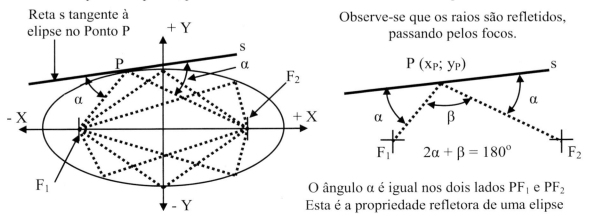

O ângulo α é igual nos dois lados PF₁ e PF₂
Esta é a propriedade refletora de uma elipse

A propriedade refletora da elipse, mostra que em qualquer reta tangente à mesma, pelo ponto de tangência passam retas que se refletem nos focos, sendo que o ângulo α, formado entre a tangente e os raios (retas) refletidos é igual, nos dois lados. Na indústria automotiva existem os faróis com bloco elíptico, que são formados por um refletor em forma de elipse (e não de uma parábola, como nos faróis comuns), uma lente plano convexa (a parte de dentro da lente é plana, a externa é convexa). Esses faróis são mais compactos, ocupando menos espaço no conjunto ótico, porém são mais caros que os do tipo parabólico. Um campo onde também são utilizadas lentes elípticas é o da fotografia, bem como em alguns tipos de telescópios.

14.6 Exercícios complementares resolvidos

Exercício 14.6.1) Sabendo que uma elipse tem equação: $x^2/36 + y^2/16 = 1$, pedem-se: a) Os valores dos semi eixos maior (2a) e menor (2b); b) a imagem geométrica da elipse; c) O valor da distância focal (2c); d) A área do retângulo inscrito à elipse, onde os lados menores são perpendiculares ao eixo maior e passam pelos focos e e) Considerando o lado AB, do retângulo inscrito, como onde as abscissas de A e B são positivas, determinar as equações das retas AC e BC, onde C é o centro da elipse.

a) Comparando $x^2/36 + y^2/16 = 1$, com $x^2/a^2 + y^2/b^2 = 1$, vê-se que: $a^2 = 36$, logo a = 6, ou seja: o semi eixo maior **2a = 12**. Vê-se que $b^2 = 16$, logo b = 4, ou seja: o semi eixo menor **2b = 8**. Estes valores, e a equação, mostram que o eixo maior (2a) da elipse coincide com o eixo X ou das Abscissas.

b) Imagem geométrica da elipse:

c) Cálculo da distância focal = 2c.

$a^2 = b^2 + c^2 \Rightarrow$ a = 6 e b = 4.

$c = \sqrt{(a^2 - b^2)} \Rightarrow c = \sqrt{20} \Rightarrow c = \pm 4{,}472$.

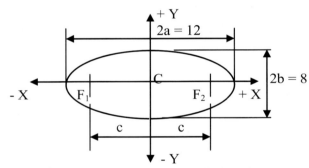

d) Imagem geométrica do retângulo inscrito:

Cálculo do lado AB: na equação da elipse, faz-se x = 4,472.

$x^2/36 + y^2/16 = 1 \Rightarrow (4{,}472)^2/36 + y^2/16 = 1$:

$20/36 + y^2/16 = 1 \Rightarrow y^2/16 = 1 - 20/36 \Rightarrow y^2 = (36 - 20)/36$:

$y^2 = 16/36 \Rightarrow y = +/- 2{,}67$. 2y = AB.

Área do retângulo S = 5,34 x 8,944 => **S = 47,76 unidades de área**.

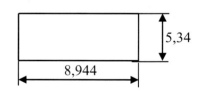

e) Equações das retas:

A (+4,472; +2,67) ; B (+4,472; -2,67); 0 (0; 0).

mAC = $(y_A - y_0)/(x_A - x_0)$ = (+2,67 - 0) / (+4,472 - 0) = +2,67 / + 4,472: mAC = + 0,597.

+ 0,597 (x - 0) = y - 0 => + 0,597x = y

Equação reta AC: y = +0,597x.

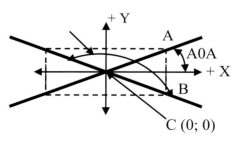

mBC = (y_B - y_O)/(x_B - x_O) => mBC = (-2,67 - 0) / (+4,472 - 0) = -2,67 / + 4,472 => mBC = - 0,597 =

- 0,597 (x - 0) = y - 0 => - 0,597x = y. **Equação da reta BC: y = -0,597x.**

Exercício 14.6.2) Determinar as coordenadas cartesianas dos pontos de interseção da elipse: $x^2/16 + y^2/9 = 1$, e a reta que passa pelo foco da elipse de abscissa positiva e forma 30° com o eixo X. Mostre a imagem geométrica aproximada do conjunto.

Com: $x^2/16 + y^2/9 = 1$; tem-se: a = 4 e 2a = 8; b = 3 e 2b = 6. $c = \sqrt{(a^2 - b^2)}$ => c = 2,646.
As coordenadas do foco positivo são F_2 (+2,646; 0).

Se a reta forma 30° com o eixo X, logo seu coeficiente angular é igual à tangente de 30°, ou seja: mF_2 = + 0,577. Como a reta passa pelo ponto F_2 (+2,646; 0), sua equação é:

$mF_2 = (y - yF_2)/x - xF_2$ => +0,577(x - xF_2) = (y - yF_2) => +0,577(x - 2,646) = y - 0.

A equação da Reta é: +0,577x - y - 1,527 = 0. $x^2/16 + y^2/9 = 1$, também é igual a: $9x^2 + 16y^2 = 144$.

Os pontos de interseção da reta com a elipse, são determinados, resolvendo-se o sistema:

$\begin{cases} +0,577x - y - 1,527 = 0. \\ +9x^2 + 16y^2 = 144. \end{cases}$ As raízes desse sistema são: $\begin{cases} x1 = +3,884; y1 = +0,714. \\ x2 = -1,917 \text{ e } y2 = -2,633. \end{cases}$

As coordenadas cartesianas da interseção são: P1(+3,884; +0,714) e P2(-1,917; - 2,633).

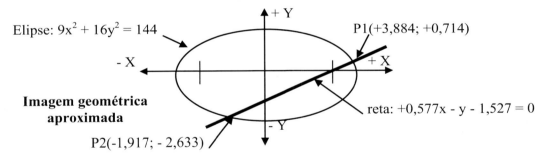

14.6.3) Analise a equação geral da elipse a seguir, deduzindo suas características, seus elementos e representando sua imagem geométrica: $9x^2 + 36y^2 - 49 = 0$.

Análise e características:

> Inicialmente, tem-se que passar da equação geral para a reduzida.

$9x^2 + 36y^2 - 49 = 0$; significa que: $9x^2 + 36y^2 = 49$. Dividindo-se por 49, tem-se:

$\dfrac{9x^2}{49} + \dfrac{36y^2}{49} = \dfrac{49}{49}$ => $\dfrac{9x^2}{49} + \dfrac{36y^2}{49} = 1$ => $\dfrac{x^2}{5,44} + \dfrac{y^2}{1,36} = +1$ ⬅ Equação reduzida.

Considerando: $\dfrac{x^2}{a^2} + \dfrac{36y^2}{b^2} = 1$; concluí-se que $a^2 = 5,44$ (a = ±2,332) e $b^2 = 1,36$ (b = ±1,166).

Como a > b, pode-se afirmar que o eixo maior está no eixo das Abscissas, ou seja, X.

Cálculo dos elementos:

Distância focal (2c): $a^2 = b^2 + c^2$: $c = \sqrt{(a^2 - b^2)}$ => $c = \sqrt{(5,44 - 1,36)}$ => c = ±2,02.

Excentricidade: e = c / a; e = 2,02 / 2,332 => e = 0,866

Corda focal CF = $2b^2$ / a;   CF = (2.1,36) / 2,332 => CF = 1,166.

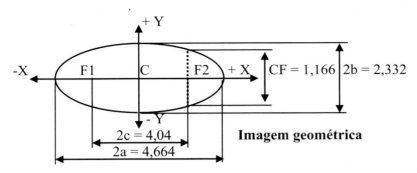

14.6.4) Considerando a elipse, adiante citada, pedem-se: a) calcular o perímetro do quadrilátero formado pelos focos e pelos pontos onde a elipse corta o eixo Y e b) a área do quadrilátero. A equação da elipse é: $x^2/25 + y^2/16 = 1$.

Raciocínio lógico: inicialmente tem-se que calcular os parâmetros da elipse, para entender o problema.

$x^2/25 + y^2/16 = 1$; significa que a = 5 (pois $a^2 = 25$), logo 2a = 10, que é o semi eixo maior. De forma semelhante, b = 4 (pois $b^2 = 16$), logo 2b = 8, que é o semi eixo menor.

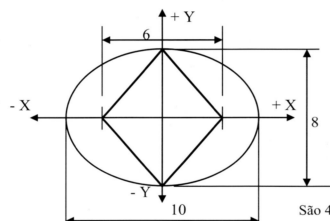

A distância focal "2c" é obtida por:

$c = \sqrt{(a^2 - b^2)} \Rightarrow c = 3$, logo 2c = 6.

Com a imagem geométrica da elipse e do quadrilátero, pode-se calcular o perímetro e a área, definindo-se o tipo de quadrilátero.

Quando o eixo menor 2b é igual à distância focal 2c, esse quadrilátero é um quadrado, e a elipse é chamada de equilátera.

São 4 triângulos pitagóricos ou 3x4x5.

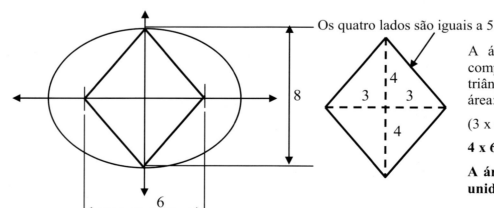

Os quatro lados são iguais a 5

A área desse quadrilátero, é composta pela área dos quatro triângulos. Cada um tem como área: (Base x Altura) / 2

(3 x 4) / 2 = 6.

4 x 6 = 24 UM².

A área do quadrilátero é: 24 unidades de área.

O perímetro do quadrilátero pedido (paralelogramo) é igual a 20 UC (4 x 5 = 20).

14.6.5) Determinar as coordenadas cartesianas dos pontos de interseção da elipse: $x^2/16 + y^2/9 = 1$, e a reta que passa pelo foco da elipse de abscissa positiva e forma 30° com o eixo X. Mostre a imagem geométrica aproximada do conjunto.

Com: $x^2/16 + y^2/9 = 1$; tem-se: a = 4 e 2a = 8; b = 3 e 2b = 6. c = $\sqrt{(a^2 - b^2)}$ => c = 2,646.

As coordenadas do foco positivo são F_2 (+2,646; 0).

Se a reta forma 30° com o eixo X, logo seu coeficiente angular é igual à tangente de 30°, ou seja: mF_2 = + 0,577. Como a reta passa pelo ponto F_2 (+2,646; 0), sua equação é:

$mF_2 = (y - yF_2)/x - xF_2$ => +0,577(x- x F_2) = (y - yF_2) => +0,577(x - 2,646) = y - 0.

A equação da reta é: +0,577x - y - 1,527 = 0.

$x^2/16 + y^2/9 = 1$, também é igual a: $9x^2 + 16y^2 = 144$.

Os pontos de interseção da reta com a elipse, são determinados, resolvendo-se o sistema:

$\begin{cases} +0{,}577x - y - 1{,}527 = 0. \\ +9x^2 + 16y^2 = 144. \end{cases}$ As raízes desse sistema são: $\begin{cases} x1 = +3{,}884;\ y1 = +0{,}714 \\ x2 = -1{,}917\ e\ y2 = -2{,}633. \end{cases}$

As coordenadas cartesianas da interseção são: P1(+3,884; +0,714) e P2(-1,917; - 2,633).

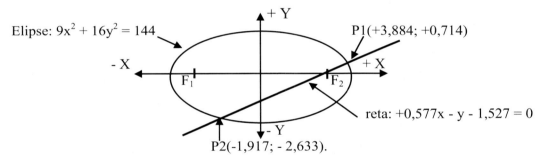

14.6.6) (AFA). Se A(+10; 0) e B(-5; y) são pontos de uma elipse, cujos focos são: F_1(-8; 0) e F_2(+8; 0), determinar o perímetro do triângulo BF_1F_2.

Raciocínio lógico espacial: inicialmente faz-se uma imagem geométrica, com os dados disponíveis, para se ter uma melhor ideia de como será o raciocínio lógico matemático.

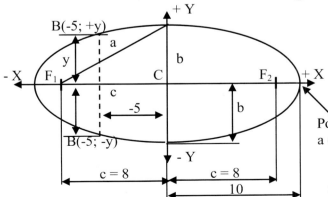

Como: F_1(-8; 0) e F_2(+8; 0), significa que os focos estão sobre o eixo X, ou seja, o eixo maior coincide com o eixo X e o centro da elipse coincide com a origem dos eixos cartesianos. A equação dessa elipse é: $x^2/a^2 + y^2/b^2 = +1$.

Ponto A(+10; 0): isso significa que o semi eixo maior a é igual a 10, pois tem a mesma ordenada de F1 e F2.

Raciocínio lógico matemático: usando-se a relação fundamental: $a^2 = b^2 + c^2$, acha-se b. Com o valor do semi eixo menor b, volta-se à equação $x^2/a^2 + y^2/b^2 = +1$, para calcular as coordenadas do ponto B, uma vez que sua ordenada está definida como igual a y. Uma vez com as coordenadas do ponto B, calculam-se as distâncias BF_1 e BF_2, permitindo o cálculo do perímetro do triângulo BF_1F_2.

$a^2 = b^2 + c^2 \Rightarrow 10^2 = b^2 + 8^2 \Rightarrow b = \sqrt{100 - 64} \Rightarrow b = \sqrt{36} \Rightarrow b = \pm 6$.

$x^2/a^2 + y^2/b^2 = +1 \Rightarrow x^2/100 + y^2/36 = +1$. Substituindo as coordenadas do ponto B(-5; y), nessa equação tem-se:

$(-5)^2/100 + y^2/36 = +1 \Rightarrow 25/100 + y^2/36 = +1 \Rightarrow y^2 = 36(1 - 25/100) \Rightarrow y^2 = 27 \Rightarrow y = \pm 3\sqrt{3}$.

Ou seja, B(- 5; ± 3√3). Com B definido, calculam-se as distâncias BF1 e BF2.

$|BF_1| = \sqrt{(xF_1 - x_B)^2 + (yF_1 - y_B)^2} \Rightarrow |BF_1| = \sqrt{[(-8) - (-5)]^2 + (0 - 3\sqrt{3})^2} \Rightarrow |BF_1| = \sqrt{9 + 27} \Rightarrow |BF_1| = 6$.

$|BF_2| = \sqrt{(xF_2 - x_B)^2 + (yF_2 - y_B)^2} \Rightarrow |BF_2| = \sqrt{[(+8) - (-5)]^2 + (0 - 3\sqrt{3})^2} \Rightarrow |BF_2| = \sqrt{169 + 27} \Rightarrow |BF_2| = 14$.

Perímetro do triângulo $BF_1F_2 = |BF_1| + |BF_2| + |F_1F_2| = 6 + 14 + 16 = 36$.

Conclusão: o perímetro do triângulo BF_1F_2 é igual a 36 unidades de comprimento.

14.6.7) Dada a equação: $x^2/16 + y^2/9 = 1$, pedem-se: a) O tipo de curva, todas as suas características dimensionais e sua imagem geométrica e b) A equação da reta que passa pelo foco de abscissa positiva e forma um ângulo de 30^0 com o eixo X.

a) Trata-se de uma elipse, com equação do tipo: $x^2/a^2 + y^2/b^2 = 1$, ou seja: $a^2 = 16$, logo a = 4, $b^2 = 9$, logo, b = 3, com eixo maior 2a = 8 e eixo menor 2b = 6. O centro C dessa elipse coincide com a origem dos eixos cartesianos (0; 0). O eixo maior 2a = 8 coincide com o eixo cartesiano X.

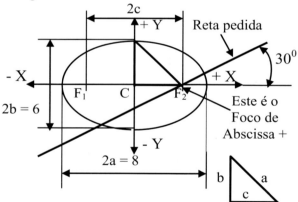

Imagem Geométrica

O foco de abscissa positiva é o F_2, ou direito.
$a^2 = b^2 + c^2$. $c^2 = a^2 - b^2$; $c = \sqrt{a^2 - b^2}$; c = ±2,646.
F_1 (-2,646; 0) e F_2 (+2,646; 0). 2c = 5,292.
Como a Reta faz 30^0 com o Eixo X, seu coeficiente angular m é igual a tg 30^0 = +0,577.

m (x - 0) = y - 2,646. +0,577x = +y - 2,646.

b) Equação da reta: y = +0,577x + 2,646.

$a^2 = 16$ e $b^2 = 9 \Rightarrow a = \pm 4$ e b = ±3

Esse é o triângulo fundamental de toda elipse.

14.6.8) (CEFET - CE). Dada a equação: $+4x^2 + 3y^2 = +12$, onde x e y são variáveis reais, ou seja pertencem ao conjunto dos números reais, determine qual lugar geométrico é representado pela equação.

Raciocínio lógico matemático: dividindo-se toda a equação por 12 tem-se: $\frac{+4x^2}{12} + \frac{3y^2}{12} = \frac{+12}{12} \Rightarrow \frac{+x^2}{3} + \frac{y^2}{4} = +1$. Que representa uma elipse de centro C coincidente com a origem (0; 0) e eixo maior 2a coincidente com o eixo cartesiano Y. Essa é uma elipse do tipo:
$\frac{+x^2}{b^2} + \frac{y^2}{a^2} = +1$, onde: $a^2 = 4 \Rightarrow a = \pm 2$; $b^2 = 3 \Rightarrow = \pm\sqrt{3}$.
Como: $a^2 = b^2 + c^2 \Rightarrow c = \pm\sqrt{a^2 - b^2} \Rightarrow c = \pm\sqrt{4 - 3} \Rightarrow c = \pm 1$.

Conclusão: o lugar geométrico é essa elipse

14.6.9) Uma elipse tem equação: $+(x-4)^2/36 + (y+1)^2/9 = +1$. A partir da mesma, pedem-se: a) Sua imagem geométrica, mostrando todas as dimensões e b) As coordenadas cartesianas dos focos.

Raciocínio lógico matemático: como $a^2 = 36 \Rightarrow a = 6$ e $2a = 12$. $b^2 = 9 \Rightarrow b = 3$ e $2b = 6$. O eixo maior está paralelo ao eixo X, pois o maior denominador está sob x. O centro da elipse tem abscissa $x = +4$ e ordenada $y = -1$, pois trata-se de uma elipse do tipo: $+(x-h)^2/a^2 + (y-k)^2/b^2 = +1$, onde $h = +4$ e $k = -1$.

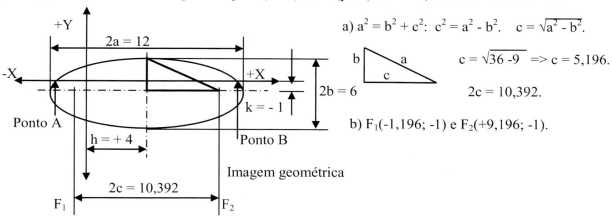

a) $a^2 = b^2 + c^2$: $c^2 = a^2 - b^2$. $c = \sqrt{a^2 - b^2}$.

$c = \sqrt{36-9} \Rightarrow c = 5{,}196$.

$2c = 10{,}392$.

b) $F_1(-1{,}196; -1)$ e $F_2(+9{,}196; -1)$.

14.6.10) Determinar a área do círculo circunscrito a uma elipse equilátera onde o círculo inscrito tem área igual a 9π.

Raciocínio lógico espacial: como visto no exercício 14.6.4, elipse equilátera é a que o eixo menor $2b$ é igual à distância focal $2c$. Inicialmente faz-se a imagem geométrica preliminar da elipse, com indicação do que é pedido, observando-se que a posição do eixo maior $2a$ será colocado coincidente com o eixo cartesiano X, embora também possa ser coincidente com o eixo Y, pois estuda-se área e não a equação da elipse em si.

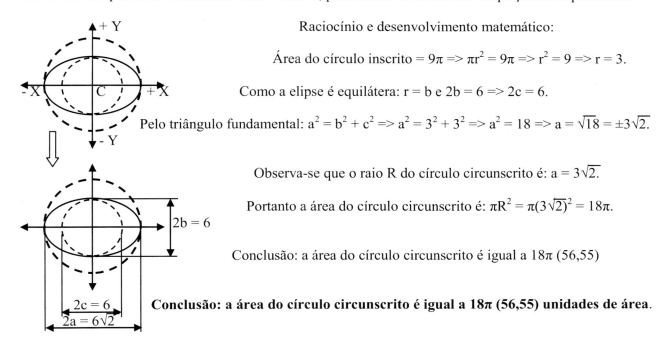

Raciocínio e desenvolvimento matemático:

Área do círculo inscrito $= 9\pi \Rightarrow \pi r^2 = 9\pi \Rightarrow r^2 = 9 \Rightarrow r = 3$.

Como a elipse é equilátera: $r = b$ e $2b = 6 \Rightarrow 2c = 6$.

Pelo triângulo fundamental: $a^2 = b^2 + c^2 \Rightarrow a^2 = 3^2 + 3^2 \Rightarrow a^2 = 18 \Rightarrow a = \sqrt{18} = \pm 3\sqrt{2}$.

Observa-se que o raio R do círculo circunscrito é: $a = 3\sqrt{2}$.

Portanto a área do círculo circunscrito é: $\pi R^2 = \pi(3\sqrt{2})^2 = 18\pi$.

Conclusão: a área do círculo circunscrito é igual a 18π (56,55)

Conclusão: a área do círculo circunscrito é igual a 18π (56,55) unidades de área.

14.6.11) Determinar as equações reduzida e geral da elipse que passa pelos pontos $A(+6; +4)$ e $B(-8; +3)$, e tem centro C na origem $(0; 0)$.

Raciocínio lógico matemático: esse problema não é entendido, inicialmente, apenas com a imagem geométrica dos pontos fornecidos. A solução vem da análise da equação reduzida geral dessa elipse que é igual a: $+\frac{x^2}{a^2} + \frac{y^2}{b^2} = +1$, substituindo-se x e y, pelos valores de A e de B.

$+\frac{x^2}{a^2} + \frac{y^2}{b^2} = +1$. Considerando o ponto A: $\frac{(+6)^2}{a^2} + \frac{(+4)^2}{b^2} = +1 \Rightarrow \frac{36}{a^2} + \frac{16}{b^2} = +1$ (I)

$+\frac{x^2}{a^2} + \frac{y^2}{b^2} = +1$. Considerando o ponto B: $\frac{(-8)^2}{a^2} + \frac{(+3)^2}{b^2} = +1 \Rightarrow \frac{64}{a^2} + \frac{9}{b^2} = +1$ (II)

Observa-se que: (I) = (II).

(I) = (II) $\Rightarrow \frac{36}{a^2} + \frac{16}{b^2} = \frac{64}{a^2} + \frac{9}{b^2} \Rightarrow 36b^2 + 16a^2 = 64b^2 + 9a^2 \Rightarrow 16a^2 - 9a^2 = 64b^2 - 36b^2 \Rightarrow +7a^2 = +28b^2 \Rightarrow$

$a^2 = 4b^2$ ou $a = 2b$. Substituindo $a^2 = 4b^2$ na equação (I), tem-se:

$\frac{36}{4b^2} + \frac{16}{b^2} = +1 \Rightarrow \frac{9}{b^2} + \frac{16}{b^2} = +1 \Rightarrow 9 + 16 = b^2 \Rightarrow b^2 = 25 \Rightarrow b = \pm 5$. Como $a = 2b$: $a = \pm 10$.

Conclusão: equação reduzida: $+\frac{x^2}{100} + \frac{y^2}{25} = +1$ e equação geral: $+x^2 + 4y^2 - 100 = 0$.

14.6.12) (EsFAO). Determinar os focos da elipse: $\frac{(x-1)^2}{16} + \frac{(y+2)^2}{25} = +1$.

Raciocínio lógico matemático espacial: observa-se que é uma elipse com centro C(+1; -2), com eixo maior 2a paralelo ao eixo cartesiano Y, sendo: $a^2 = 25 \Rightarrow a = \pm 5$ e $2a = 10$; $b^2 = 16 \Rightarrow b = \pm 4$ e $2b = 8$. Pelo triângulo fundamental: $a^2 = b^2 + c^2 \Rightarrow c^2 = a^2 - b^2 \Rightarrow c = \sqrt{a^2 - b^2} \Rightarrow c = \sqrt{25 - 16} \Rightarrow c = \pm 3$. Como o centro C não coincide com a origem, é via imagem geométrica da elipse, que se deduz a posição dos focos.

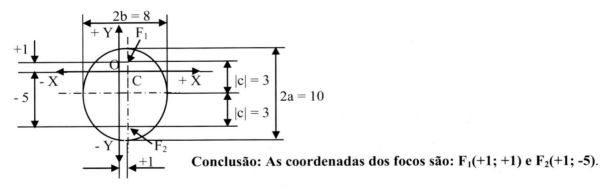

Conclusão: As coordenadas dos focos são: $F_1(+1; +1)$ e $F_2(+1; -5)$.

14.6.13) (UNIRIO). Determinar a área do triângulo PF_1F_2, onde P(+2; -8) e F1 e F2 são os focos da elipse: $+x^2/25 + y^2/9 = +1$.

Raciocínio lógico matemático: inicialmente calculam-se as medidas da elipse, depois faz-se sua imagem geométrica, com a localização do ponto P(+2; -8), entendendo-se a posição do triângulo.

$+x^2/25 + y^2/9 = +1 \Rightarrow a^2 = 25 \Rightarrow a = \pm 5$. $b^2 = 9 \Rightarrow b = \pm 3$.

$a^2 = b^2 + c^2 \Rightarrow c^2 = a^2 - b^2 \Rightarrow c = \sqrt{a^2 - b^2} \Rightarrow c = \pm 4$.

Tem-se um triângulo de base 8 e altura 8.
Área = (8 x 8)/2 = 32.

Conclusão: A área do triângulo é igual a 32 unidades de área.

14.6.14) Um engenheiro tem as seguintes duas opções para o projeto de um tipo de túnel escavado em uma montanha: a) uma entrada ou boca semi elíptica com altura máxima de 5 metros e largura de 20 metros e b) uma entrada semi circular, com a mesma área da entrada semi elíptica. Com esses dados pedem-se: a) A equação da elipse e a área de entrada do túnel; b) A equação da circunferência do túnel semi circular, de forma que sua área seja igual à área da entrada elíptica e c) Após os cálculos, fazer a imagem geométrica das entradas dos túneis semi elíptico e semi circular, de forma tal que, mesmo visualmente se consiga ver as diferenças entre as duas entradas ou bocas. Observa-se que, a área de uma elipse é dada por: $S = \pi.a.b$.

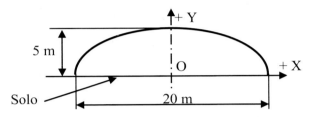

Raciocínio lógico:

Trata-se de uma elipse com centro coincidente com a Origem O(0; 0), eixo maior $2a = 20$ ($a = 10$) coincidente com Eixo X e eixo menor $2b = 10$ ($b = 5$). Equação: $x^2/a^2 + y^2/b^2 = +1$. Ou seja:

a) $x^2/100 + y^2/25 = +1$ ← **Equação da elipse.**

Área da semi elipse: $S = (\pi.a.b)/2$. $S = (\pi.10.5)/2$. **a) Área da entrada semi elíptica: $S = 78,54$ m².**

b) Área do círculo = $\pi.D^2/4$; Como é um semi círculo tem-se: $\pi.D^2/8$, que será igual a 78,54 m², ou seja, igual à área da entrada elíptica:

$\pi.D^2/8 = 78,54$. Ou seja: $D^2 = (8.78,54) / \pi$. $D = 14,14$ metros. **Diâmetro D do túnel = 14,14 metros**.

$D = 14,14 \Rightarrow R = 7,07$ m. $R^2 = 49,98$ m². **Equação da circunferência: $x^2 + y^2 = 49,98$ m².**

Desenho esquemático comparativo:

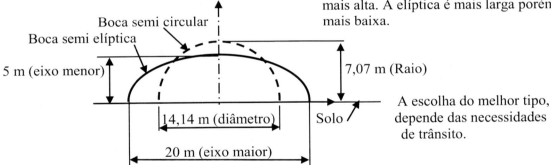

A entrada circular é mais estreita porém, mais alta. A elíptica é mais larga porém, mais baixa.

A escolha do melhor tipo, depende das necessidades de trânsito.

14.7 Exercícios propostos (Veja respostas no Apêndice A)

14.7.1) A elipse a seguir representada tem equação: $x^2/25 + y^2/9 = 1$. Calcular a área do triângulo indicado, segundo detalhes da figura a seguir. Todas as dimensões são em metros.

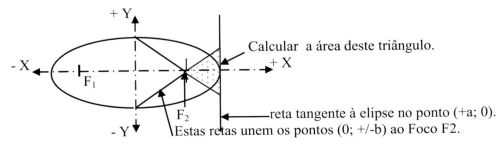

14.7.2) Determinar as coordenadas cartesianas dos pontos (P) de interseção das elipses: $x^2/25 + y^2/16 = 1$ e $x^2/16 + y^2/25 = 1$.

14.7.3) Determinar as equações reduzida e geral da elipse de centro C(-2; +3), com eixo maior igual a 8 e paralelo ao eixo X, e eixo menor igual a 6.

14.7.4) Considerando o metro como medida, e dada a elipse $x^2/9 + y^2/36 = 1$, pedem-se: as coordenadas cartesianas dos pontos de interseção entre a elipse e a reta x = y.

14.7.5) (UFPB - 2011). A secretaria de infraestrutura de um município contratou um arquiteto para fazer o projeto de uma praça, conforme o desenho a seguir. Trata-se de uma praça no formato retangular medindo 80 metros por 120 metros, onde deverá ser construído um jardim em forma de elipse na parte central. Na figura estão destacados os segmentos AC e BD, que são, respectivamente, o eixo maior e o menor da elipse, bem como os pontos F1 e F2, que são os focos da elipse, onde serão colocados dois postes de iluminação (um em cada foco). Com base nesses dados, determinar a distância entre os postes.

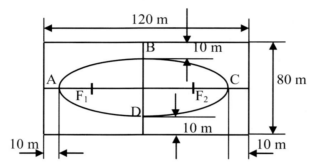

14.7.6) Uma elipse tem equação: $+(x+5)^2/36 + (y-4)^2/9 = +1$. A partir da mesma, pedem-se: a) As coordenadas cartesianas dos focos. b) As coordenadas cartesianas dos pontos A e B, onde a elipse é interceptada pela reta de equação: y = +5.

14.7.7) Sabendo que uma elipse tem seu eixo maior coincidente com o eixo cartesiano Y, tem a distância entre focos igual a 1 (um) e excentricidade igual a 0,5, determinar a equação reduzida dessa elipse.

14.7.8) (ENEM - 2015). A bola de futebol americano é um elipsoide obtido pela rotação de uma elipse em torno do seu eixo maior 2a. Sabe-se que a e b são, respectivamente, a metade do seu comprimento horizontal e a metade do seu comprimento vertical. Para esse tipo de bola, a diferença entre os comprimentos horizontal e vertical é igual à metade do comprimento vertical. Sabendo que o volume V dessa bola é aproximadamente igual a $V = 4ab^2$, determine o volume dessa bola, apenas em função de b.

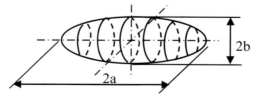

14.7.9) Dada a equação: $x^2/16 + y^2/36 = 1$, pedem-se: a) O tipo de curva, todas as suas características dimensionais e sua Imagem Geométrica. b) A equação da Reta que passa pelo Foco de Ordenada positiva e forma um ângulo de $30°$ com o Eixo X.

14.7.10) (UFPB). Nos focos de uma elipse, que contorna uma praça, estão dois quiosques representados pelos pontos A(+2; +80) e B(+2; -80). Um terceiro quiosque, sobre a elipse, está representado pelo ponto C(+2; -100). Nesse contexto, determinar a equação dessa elipse.

14.7.11) Um engenheiro civil está projetando um canal de perfil geométrico elíptico, para escoamento de água de uma grande barragem de uma hidrelétrica. A elipse estudada segue a equação $x^2/16 + y^2/36 = 1$.

Como largura do canal ele irá utilizar a distância da corda focal superior e a altura será igual à distância entre o foco superior e a extremidade do semi eixo maior. Considerando o metro como unidade de medida, pedem-se as medidas da largura e altura deste canal, fazendo um rascunho da imagem geométrica do canal.

14.7.12) (FUVEST). Determinar a equação da circunferência com centro na origem e cujo raio é igual ao semi eixo menor da elipse: $x^2 + 4y^2 = +4$.

14.7.13) Determine as coordenadas cartesianas do centro C, as medidas dos eixos menor e maior e a distância focal da elipse: $+16x^2 + 25y^2 - 400 = 0$.

14.7.14) A órbita da Terra é uma elipse e o Sol ocupa um dos focos. Sabendo que o semi eixo maior tem 153.493.000 km, e que a excentricidade é de 0,0167, calcular a menor e a maior distância da Terra ao Sol.

14.7.15) Determinar a distância entre o centro da circunferência $+x^2 + y^2 + 8x - 6y = 0$ e o foco de coordenada positiva da elipse: $\dfrac{+x^2}{25} + \dfrac{y^2}{16} = +1$.

14.7.16) Determinar o tipo e a área do quadrilátero cujos vértices são as interseções da elipse: $+9x^2 + 25y^2 - 225 = 0$, com os eixos cartesianos.

14.7.17) Identifique qual é a curva cônica de equação: $+4x^2 + 9y^2 - 16x + 18y - 11 = 0$, bem como os valores dos seus principais elementos.

14.7.18) (AFA). Determinar a equação da elipse de centro C(-2; +1), excentricidade igual 0,6 e eixo maior horizontal com comprimento igual a 20.

14.7.19) (USP). Determinar as coordenadas cartesianas dos focos da elipse: $+9x^2 + 25y^2 = +225$.

14.7.20)) (PUC - SP). Sabendo que um ponto P da elipse $x^2/9 + y2/^4 = +1$ dista 2 unidades de medida de um dos focos, determinar a distância de P ao outro foco.

Capítulo 15
A parábola

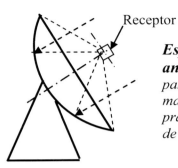

Exemplo de uma antena parabólica (mostrando sua propriedade refletora).

* O receptor fica no foco da parábola.

Espelhos, faróis, coberturas de igrejas e antenas, *são algumas aplicações práticas da função parabólica. Além das definições e deduções matemáticas, este capítulo apresenta vários exemplos práticos de usos de parábolas, em especial nas áreas de Arquitetura e Engenharia.*

15.1 Definição e elementos

Visualmente uma parábola é obtida quando um plano corta a superfície cônica, de forma inclinada à base, sendo paralelo à reta geratriz e interceptando a superfície cônica na área da base. Analiticamente, parábola é a curva plana aberta definida como o conjunto dos pontos (ou lugar geométrico) que são equidistantes, ao mesmo tempo, de um ponto fixo (chamado de foco F) e de uma reta também fixa, chamada diretriz "d", que é perpendicular ao eixo da parábola. Dessa definição, e segundo a figura a seguir, tem-se que: FP = PP' e FP1 = P1P1'.

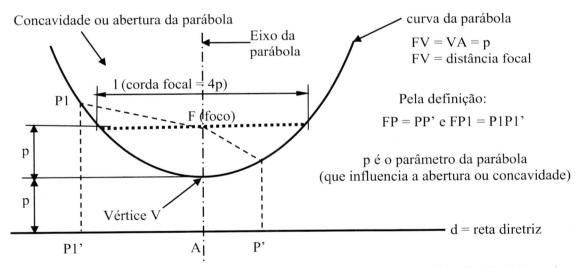

Um bom exemplo de estrutura arquitetônica, parabólica, é a ponte Juscelino Kubitschek, sobre o lago Paranoá, em Brasília. Inaugurada em 15 de dezembro de 2002, a estrutura da ponte tem um comprimento total de 1.200 metros, largura de 24 metros com duas pistas, cada uma com três faixas de rolamento, duas passarelas nas laterais para uso de ciclistas e pedestres com 1,5 metros de largura e comprimento total dos três vãos de 720 metros. A estrutura da ponte tem quatro apoios com pilares submersos no Lago Paranoá e os três vãos de 240 metros são sustentados por três arcos assimétricos e localizados em planos diferentes, com cabos tensionados de aço colocados em forma cruzada, o que geometricamente faz com que os cabos formem um plano parabólico (ou sob a forma de catenária).

Algumas entradas de túneis têm o formato parabólico e algumas construções, especialmente de igrejas católicas, têm a sua cobertura (telhado) no formato de uma parábola, como a Igreja Católica de São Francisco, na Pampulha, Minas Gerais, uma das primeiras obras de Oscar Niemeyer, construída na década de 1940. A abóbada dessa Igreja é no formato parabólico, e toda em concreto armado, sem alvenaria (tijolo).

15.2 Equação reduzida da parábola de eixo horizontal (ou coincidente com eixo X), vértice na origem (0; 0) e cavidade voltada para a direita ($y^2 = + 4px$)

A parábola é uma curva aberta, de forma infinita. A própria imagem da origem de uma parábola, já mostrada, indica isso, visto que a superfície cônica é infinita, ou melhor, cada folha é infinita. Na prática, por exemplo, em espelhos e antenas parabólicas, por óbvio, é feita uma limitação na altura.

Dedução da equação dessa parábola

Pela definição de parábola: PF = PP' e AV = VF = p.
Coordenadas cartesianas: P(x; y); F(+p; 0); P'(-p; y); B(+p; y).
$|PF| = \sqrt{(x-p)^2 + (y-0)^2} = \sqrt{(x-p)^2 + y^2}$.
$|PP'| = \sqrt{[(x-(p)]^2 + (y-y)^2} = \sqrt{(x+p)^2}$.
Como |PF| = |PP'| tem-se: $\sqrt{(x-p)^2 + y^2} = \sqrt{(x+p)^2}$,
Que elevado ao quadrado fica: $(x-p)^2 + y^2 = (x+p)^2$, ou:

$x^2 - 2px + p^2 + y^2 = x^2 + 2px + p^2$, que resulta em:

$-2px + y^2 = +2px$ ou $y^2 = +4px$

$y^2 = + 4px$ ←——— Equação da parábola

Observa-se que: $y = +/- \sqrt{+4px}$ (Não existindo o valor negativo de x).

Detalhes de parábolas simétricas, com eixos coincidentes com eixo cartesiano X:

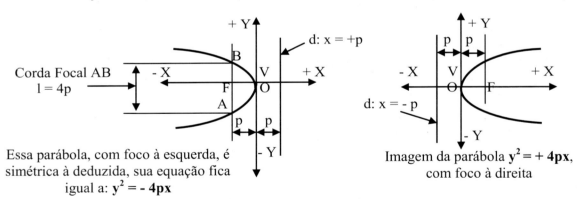

Corda Focal AB
l = 4p

Essa parábola, com foco à esquerda, é simétrica à deduzida, sua equação fica igual a: $y^2 = - 4px$

Imagem da parábola $y^2 = + 4px$, com foco à direita

Os conceitos matemáticos envolvidos na dedução da equação $y^2 = + 4px$, também são válidos para as outras três posições, mostradas no parágrafo 15.5.

15.3 Equação reduzida da parábola de eixo vertical (ou coincidente com eixo Y), vértice na origem (0; 0) e cavidade voltada para cima ($x^2 = + 4py$)

Se o foco de uma parábola é colocado sobre o eixo Y e se a diretriz d é paralela ao eixo X, e localizada a p unidades abaixo dele, a parábola resultante é representada, graficamente, como a seguir e sua equação é dada por: $x^2 = + 4py$ (figura acima e à esquerda). A dedução dessa equação é análoga à da parábola de eixo horizontal e vértice na origem.

Da equação $x^2 = + 4py$, obtém-se: $x = +/- \sqrt{4 \cdot p \cdot y}$ (Não existindo o valor negativo de y).

Da definição: PF = PQ

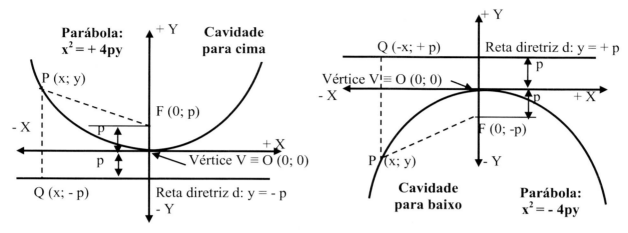

15.4 Equação geral e particularidades sobre a abertura (ou cavidade) de uma parábola

A função $y = ax^2 + bx + c$, também expressa uma parábola, onde o valor do coeficiente "a" está ligado à abertura ou cavidade da parábola. À medida que o valor absoluto do coeficiente "a" do termo x^2 aumenta de valor, a abertura abre, ou seja, fica mais achatada, e à medida que diminui, a abertura se torna menor, ou seja, a parábola fica mais fechada.

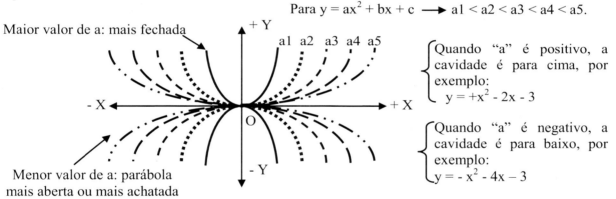

Para $y = ax^2 + bx + c \longrightarrow a1 < a2 < a3 < a4 < a5$.

Quando "a" é positivo, a cavidade é para cima, por exemplo:
$y = +x^2 - 2x - 3$

Quando "a" é negativo, a cavidade é para baixo, por exemplo:
$y = -x^2 - 4x - 3$

15.5 Principais posições de uma parábola, em relação aos eixos cartesianos X e Y, e com o vértice V coincidindo com a origem (0; 0)

Em relação aos eixos cartesianos X e Y, uma parábola pode assumir diversas posições. As a seguir mostradas, são as mais comuns na prática, especialmente em cálculos de Engenharia.

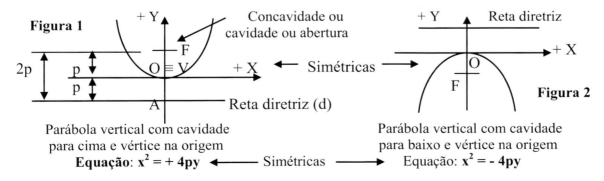

Quando nessas posições, figuras 1 e 2, a parábola é nominada função parabólica, pois, como cita a definição, só é função, quando qualquer reta paralela ao eixo Y, só corta a curva em um ponto.

Nessas posições, qualquer reta paralela ao eixo Y, corta a curva em dois pontos. Não é uma função.

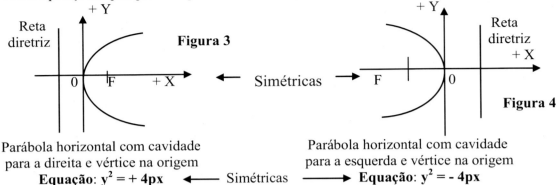

Parábola horizontal com cavidade para a direita e vértice na origem
Equação: y² = + 4px ←—— Simétricas ——→ **Equação: y² = - 4px**
Parábola horizontal com cavidade para a esquerda e vértice na origem

15.6 A função do segundo grau representando uma parábola [f (x) = + ax² + bx + c]

A função f (x) = + ax² + bx + c é considerada do segundo grau e possui como gráfico representativo uma parábola, que assume concavidade voltada para cima quando o coeficiente "a" é maior que zero, ou seja, positivo, e concavidade voltada para baixo quando o coeficiente a é menor que zero, ou seja, negativo. O cálculo das raízes de uma função do segundo grau é feito pelo método de Bhaskara II*, igualando-se a função a zero, como visto a seguir. *(Bkaskara Akaria ou Baskara II. Matemático indiano: 1114 - 1185).
A parábola: f(x) = + x² - 2x - 3, tem como raízes: x1 = +3 e x2 = -1. Isto significa que a curva dessa parábola corta o eixo X nos pontos P1 (+3; 0), e P2 (-1; 0). Também se deduz que, essa curva corta o eixo Y no ponto P3 (0; -3). Como nessa função a = +1, valor positivo, a abertura ou cavidade da parábola é para cima.
A parábola: f(x) = - x² - 4x - 3, tem como raízes: x1 = -3 e x2 = -1. Isto significa que a curva dessa parábola corta o eixo X nos pontos P1 (-3; 0), e P2 (-1; 0). Também se deduz que, essa curva corta o eixo Y no ponto P3 (0; -3). Como nessa função a = -1, ou seja, valor negativo, a abertura ou cavidade da parábola é para baixo.

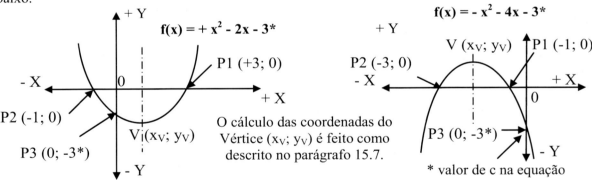

15.6.1 Características das raízes de uma equação do segundo grau (+ ax² + bx + c = 0)

Segundo o método de Bhaskara II, a resolução de uma equação do segundo grau do tipo f (x) = ax² + bx + c, com o cálculo de suas raízes, é dada por: x = (- b +/- √Δ), onde Δ ou discriminante é dado por: Δ = b² - 4.ac.
                                                                            2a
A análise do valor do discriminante Δ mostra como a curva da parábola se desenvolve em relação aos Eixos X e Y, da seguinte maneira:

Parábola com duas raízes: A equação: + x² - 2x - 3 = 0, possuí duas raízes: x1 = +3 e x2 = -1, pois: Δ = b² - 4.ac = +16. Ou seja, quando o discriminante é positivo, tem-se duas raízes. Como "a" é positivo, a cavidade é para cima. Já a equação - x² - 4x - 3 = 0 (x1 = +1 e x2 = +3), também tem duas raízes, mas a cavidade é para baixo, pois "a" é negativo.
Obs: a raiz de uma equação do segundo grau, ou seja de uma parábola, é onde a curva intercepta o eixo X.

A parábola intercepta o eixo em dois pontos diferentes

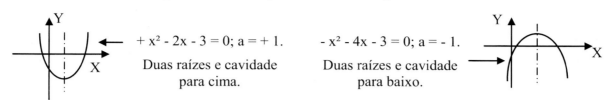

$+ x^2 - 2x - 3 = 0$; $a = + 1$.
Duas raízes e cavidade para cima.

$- x^2 - 4x - 3 = 0$; $a = - 1$.
Duas raízes e cavidade para baixo.

Parábola com apenas uma raiz: A equação: $+ x^2 - 8x + 16 = 0$, possuí apenas uma raíz: $x = + 4$, pois: $\Delta = b^2 - 4.ac = 0$ e cavidade para cima, pois "a" é positivo. Já a equação $- x^2 - 8x - 16 = 0$, também só possui uma raiz, $x = - 4$, mas a cavidade é para baixo, pois "a" é negativo.

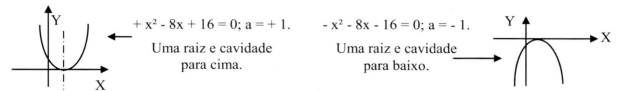

$+ x^2 - 8x + 16 = 0$; $a = + 1$.
Uma raiz e cavidade para cima.

$- x^2 - 8x - 16 = 0$; $a = - 1$.
Uma raiz e cavidade para baixo.

A curva da parábola é tangente ao Eixo X.

Parábola sem raiz, ou seja, que não intercepta o Eixo X: A equação: $+ 10x^2 + 6x + 10 = 0$, não tem raízes reais, pois: $\Delta = b^2 - 4.ac = - 364$, e a cavidade para cima, pois "a" é positivo. Já a equação: $- 2x^2 + 3x - 10 = 0$, não tem raízes reais, pois: $\Delta = b^2 - 4.ac = - 71$, e a cavidade é para baixo, pois "a" é negativo.

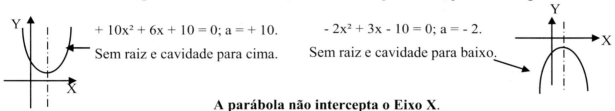

$+ 10x^2 + 6x + 10 = 0$; $a = + 10$.
Sem raiz e cavidade para cima.

$- 2x^2 + 3x - 10 = 0$; $a = - 2$.
Sem raiz e cavidade para baixo.

A parábola não intercepta o Eixo X.

15.6.2 Aplicações da equação do segundo grau na Física

Tanto no cotidiano, envolvendo problemas típicos de Matemática relacionados aos cálculos de máximos e mínimos, quanto na Física, existem muitas aplicações de equações do segundo grau, ou seja, a solução é obtida a partir da definição do problema e resolução de uma equação específica do segundo grau. A seguir serão mostradas duas aplicações na Física.

Movimento Uniformemente Acelerado (MUV)

Nesse tipo de movimento, ocorre variação da velocidade, ou seja, existe uma aceleração constante (por isso é uniforme) e diferente de zero. Esse caso pode ocorrer na prática, quando se consegue dirigir um automóvel de modo a ir acelerando de maneira constante. A fórmula que expressa este movimento é: $S = S_0 + v_o t + 1/2.a.t^2$; onde:

S = espaço total percorrido no tempo t.
S_0 = espaço inicial já percorrido. (Partindo-se do repouso: $S_0 = 0$).
v_o = velocidade inicial. (Quando se inicia a aceleração).
t = tempo considerado.
a = aceleração.

Fica óbvio que as unidades têm que ser compatíveis, por exemplo: para S em metros tem-se: S_0 em metros, v_o em metros por segundo, tempo em segundos e aceleração em m^2/s.

356 – A Geometria Básica

Equação de Torricelli (aplicada às velocidades)

Essa equação, do segundo grau, permite o cálculo da velocidade (m/s) de um corpo, em função de sua aceleração e a variação do espaço percorrido. A equação é:

$v^2 = v_o^2 + 2.a.\ \Delta S$; onde: $\begin{cases} v = \text{velocidade final.} & v_o = \text{velocidade inicial. (Quando se inicia a aceleração).} \\ a = \text{aceleração.} & \Delta S = \text{variação do espaço S percorrido} \end{cases}$

15.7 Cálculo das coordenadas cartesianas (x_V; y_V) do vértice (V) de uma parábola de eixo vertical e da ordenada (y) do ponto onde a parábola corta o eixo Y

O vértice de uma parábola representa o ponto do gráfico em que a função $y = ax^2 + bx + c$, passa de crescente para decrescente (concavidade voltada para baixo) ou quando a função passa de decrescente para crescente (concavidade voltada para cima). Na equação: $ax^2 + bx + c = 0$, quando $a > 0$ a parábola possui ponto de mínimo (concavidade voltada para baixo) e quando $a < 0$, a parábola possui ponto de máximo (concavidade voltada para cima).

As raízes x1 e x2 da equação da parábola, ou seja, quando se iguala a função a zero, são os pontos onde a curva intercepta o eixo X, sendo que a abscissa do vértice (xV) está exatamente no ponto médio entre as raízes, pois é uma curva simétrica. Ou seja: xV = (x1 + x2)/2 (A).

$yV = axV^2 + bxV + c^* => x1 = \dfrac{- b + \sqrt{\Delta}}{2a}$ e $x2 = \dfrac{- b - \sqrt{\Delta}}{2a}$. Substituindo esses valores em A, tem-se:

$xV = \dfrac{\left(\dfrac{- b + \sqrt{\Delta}}{2a}\right) + \left(\dfrac{- b - \sqrt{\Delta}}{2a}\right)}{2} = \dfrac{\dfrac{(- b + \sqrt{\Delta} - b - \sqrt{\Delta})}{2a}}{2} = \dfrac{- 2b}{2a} \cdot \dfrac{1}{2} = \dfrac{- 2b}{2a} \cdot \dfrac{1}{2} = \dfrac{- b}{2a}$. Ou seja: $\boxed{xV = \dfrac{- b}{2a}}$

$yV = axV^2 + bxV + c => yV = a\left(\dfrac{- b}{2a}\right)^2 + a\left(\dfrac{- b}{2a}\right) + c => yV = \dfrac{ab^2}{4a^2} - \dfrac{b^2}{2a} + c => yV = \dfrac{b^2}{4a} - \dfrac{b^2}{a} + c =>$

$yV = \dfrac{b^2}{4a} - \dfrac{2b^2}{4a} + \dfrac{4ac}{4a} => yV = \dfrac{b^2 - 2b^2 + 4ac}{4a} => yV = \dfrac{- 2b^2 + 4ac}{4a} = \dfrac{2b^2 - 4ac}{4a}$. Ou seja: $\boxed{yV = \dfrac{- \Delta}{4a}}$

*O coeficiente "c" indica a Ordenada (valor de y) do ponto de interseção com o eixo Y.

Exercício 15.7.1) Calcular as coordenadas cartesianas (x_V; y_V) do vértice e a ordenada (y) do ponto de interseção com o eixo Y da parábola $y = - 2x^2 + 2x + 4$.

$\begin{cases} \text{Tem-se: } a = - 2;\ b = +2 \text{ e } c = + 4. \\ \text{A parábola tem concavidade para baixo, pois } a < 0\ (a = - 2). \\ \text{A Ordenada y do ponto de interseção com o eixo Y é } = + 4 \text{ (valor de c).} \end{cases}$

$\Delta = b^2 - 4ac$; $\Delta = (2)^2 - 4.(- 2).(+4)$; $\Delta = + 36$, logo $- \Delta = - 36$.

$x_V = \dfrac{- b}{2a}$; $x_V = - (+2) / 2.(-2)$; $x_V = + 0,5$ ⟵ Abscissa do vértice.

$y_V = \dfrac{- \Delta}{4a}$; $y_V = - 36 /-8$; $y_V = + 4,5$ ⟵ Ordenada do vértice

Imagem geométrica da parábola
$y = - 2x^2 + 2x + 4$.

15.8 Equações de parábolas com vértices não coincidentes com a origem (0; 0)

Serão analisadas as parábolas com eixos paralelos a X e Y, embora por teoria uma parábola possa assumir qualquer posição dentro do espaço R^2, ou seja, nos quatro quadrantes.

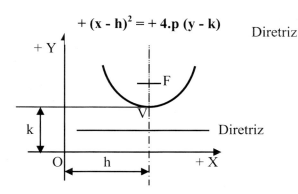

Parábola "A" com eixo paralelo a Y
e no primeiro quadrante

Parábola "B" com eixo paralelo a X
e no primeiro quadrante

Os termos h e k, acrescidos às equações das parábolas com vértices coincidentes com a origem (0; 0), são as distâncias cartesianas, positivas ou negativas, do vértice à origem (0; 0).

Em verdade são usadas as mesmas considerações algébricas e geométricas, das deduções para as parábolas com eixos coincidentes a X ou Y, mas considerando uma translação dos eixos cartesianos.

$$\begin{cases} \text{Parábola A:} \ +(x-h)^2 = +4.p\,(y-k). \\ \text{Parábola B:} \ +(y-k)^2 = +4.p\,(x-k). \end{cases}$$

Estas são as equações a serem utilizadas. Observa-se que, dependendo do quadrante onde se situa o Vértice, h e k podem ser positivo e ou negativo.

A equação: $(x+3)^2 = +8(y-2)$, igual a: $+x^2 + 6x - 8y + 25 = 0$ é um exemplo desse tipo de parábola.

15.9 Propriedade refletora da parábola e suas aplicações práticas

Em qualquer parábola, um raio emitido paralelamente ao seu eixo de simetria reflete-se passando pelo foco. Reciprocamente, todo raio emitido pelo foco, reflete-se paralelamente ao eixo de simetria. Essas propriedades podem ser constatadas, por exemplo, no funcionamento dos seguintes itens: fornos solares, antenas parabólicas, faróis de automóveis e de navegação, antenas de radar e telescópios.

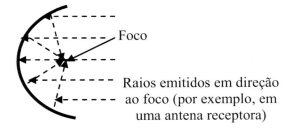
Raios emitidos em direção ao foco (por exemplo, em uma antena receptora)

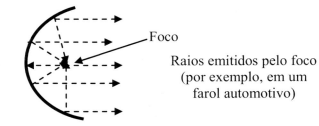
Raios emitidos pelo foco (por exemplo, em um farol automotivo)

Em acústica, o formato parabólico é utilizado para concentrar o som em microfones, permitindo ouvir fontes sonoras distantes, como pássaros sendo observados na natureza. Alguns ambientes utilizam-se do formato parabólico no teto para possibilitar que o som da fala seja ouvido mesmo em grandes espaços onde o som geralmente seria dispersado.

15.10 Aplicações práticas de parábolas

Antena parabólica

Antenas parabólicas são utilizadas para várias finalidades, dentre as quais para recepção de sinais de televisões digitais. A seguir é mostrada uma antena comercial e suas dimensões, sendo comum a sua venda

no mercado. A antena em questão tem 1,2 metros de diâmetro (D), 90 centímetros de distância focal (P) e profundidade de 10 cm (H).
Na prática comercial, a distância focal P é calculada pela equação: $P = D^2/16H$. A antena mostrada atende à esta equação, pois: $(120 cm)^2/16.10 cm = 90 cm = P$.

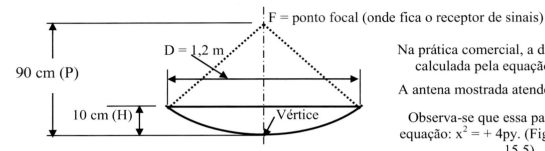

Na prática comercial, a distância focal P é calculada pela equação: $P = D^2/16H$

A antena mostrada atende à essa equação.

Observa-se que essa parábola atende à equação: $x^2 = + 4py$. (Figura 1, parágrafo 15.5).

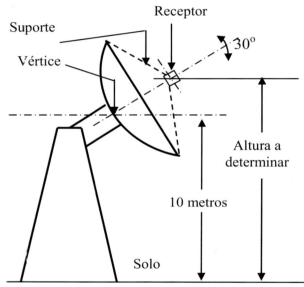

Exercício 15.10.1) Considerando a antena parabólica à esquerda, onde a parábola tem equação $x^2 = +4y$, determinar a altura do Foco, até o solo. Observações: a) trata-se de uma antena parabólica, com posição fixa e segundo o ângulo de 30°, com a horizontal. b) O decodificador fica localizado exatamente na posição do Foco, já que essa antena utiliza o princípio de reflexão da parábola, onde se sabe que os raios (por exemplo, de imagem) que incidem sobre a superfície interna da parábola, convergem para o Foco. Todas as medidas são em metros.

Raciocínio lógico matemático: considerando a equação: $x^2 = +4y$, trata-se de uma parábola com eixo alinhado com o eixo X, e de equação: $x^2 = +4py$. Fazendo $x^2 = +4y$ igual a $x^2 = +4py$, acha-se p = 1 m. Ou seja, a distância entre o foco e o vértice é igual a 1m. A resolução do triângulo AFV, a seguir, é a solução.

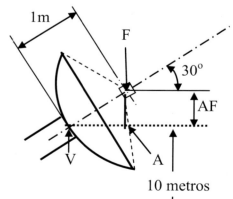

Observação: para esse tipo de cálculo, a inclinação da parábola (30°), não tem nenhuma influência.

O cateto AF, mais 10 metros é a altura solicitada.

sen 30° = AF/VF.
AF = VF . sen 30°.
FV = 1m. sen 30° = 0,5.
AF = 0,5m. Conclusão:

Altura pedida = 10,5m.

Resposta: a altura do solo até o decodificador (que fica no foco) é igual a 10,5 metros.

O fogão solar parabólico

A literatura especializada, da área de energias alternativas, cita que, nesses tipos de fogões solares, a temperatura no foco pode variar entre 150° C e 700° C, dependendo do tipo de material usado no revestimento da superfície parabólica. Como exemplo de revestimento tem-se: espelhos, chapas de alumínio e cerâmicas. Várias referências na WEB, mencionam que fogões desses tipos são utilizados em regiões pobres, sem acesso a energia elétrica ou gás. Também existem citações de estudos acadêmicos, sobre o aproveitamento de antenas parabólicas descartadas, revestidas com placas de vidro coladas ou de folhas de alumínio, para a produção desse tipo de fogão solar popular, permitindo o cozimento de alimentos, sem o consumo de eletricidade ou combustíveis ou lenha. A seguir é detalhado um modelo desse tipo de fogão.

Todas as alturas indicadas estão em relação ao ângulo mínimo de 30°.

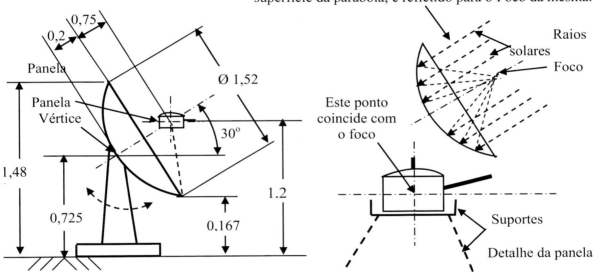

Exemplo de aplicação prática de superfícies cilíndricas parabólicas na geração de energia elétrica. Concentradores solar ou espelhos parabólicos captando raios solares

Desde a década de 1980, usam-se espelhos no formato cilíndrico parabólico, de forma a gerar energia elétrica, usando a luz solar. Tecnicamente esse processo chama-se "tecnologia heliotérmica". A imagem a seguir mostra como funcionam estes espelhos cilíndricos parabólicos.
Em verdade a luz solar incide sobre a superfície espelhada e parabólica, com os raios sendo refletidos para o foco da parábola. Exatamente sobre a linha do foco, passa um tubo circular (cilindro circular), que contém um fluido térmico (sal fundido), que tem a capacidade de se aquecer bastante e transmitir este aquecimento (nesses casos a temperatura chega a 450° C). Esse fluido térmico aquecido passa por um gerador de vapor (um intercambiador de calor) vaporizando a água. Esse vapor de água é enviado para uma turbina a vapor que, finalmente, gera a energia elétrica. Uma usina heliotérmica desse tipo possuí milhares de cilindros parabólicos.
As placas cilíndricas parabólicas são fabricadas em vidro, revestido com películas de prata ou alumínio. O tubo, por onde circula o fluido térmico, possui duas camadas concêntricas, com um espaço vazio a vácuo. O tubo menor, por onde circula o fluido térmico é metálico e o tubo externo é de um tipo de vidro cristal especial.
Apenas como curiosidade, informa-se que essas superfícies cilíndricas parabólicas são de grandes dimensões, com cordas de até mais de 6 metros e profundidade da parábola de até 2,5 metros. Tanto as

360 – A Geometria Básica

placas cilíndricas parabólicas, que refletem a luz do sol, quanto os tubos, por onde circulam o fluido térmico, exigem sofisticados processos de fabricação, de alta tecnologia.

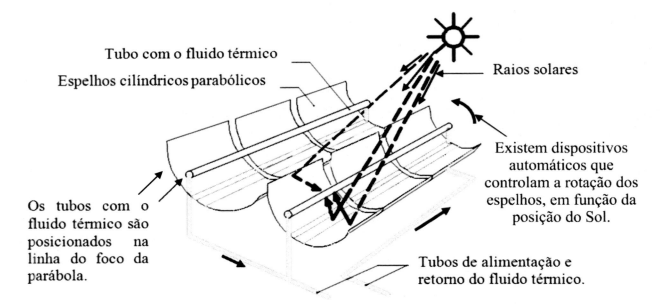

Exercício 15.10.2) (UFPB, 2012, adaptado). A figura a seguir representa uma seção transversal de um concentrador solar (cilindro parabólico), que está sendo projetado por um técnico. Baseado nas dimensões indicadas, determinar a distância h, do vértice V ao foco F.

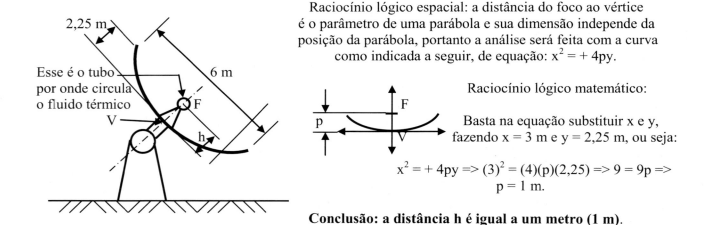

Raciocínio lógico espacial: a distância do foco ao vértice é o parâmetro de uma parábola e sua dimensão independe da posição da parábola, portanto a análise será feita com a curva como indicada a seguir, de equação: $x^2 = + 4py$.

Raciocínio lógico matemático:

Basta na equação substituir x e y, fazendo x = 3 m e y = 2,25 m, ou seja:

$x^2 = + 4py => (3)^2 = (4)(p)(2,25) => 9 = 9p => p = 1$ m.

Conclusão: a distância h é igual a um metro (1 m).

15.11 Exercícios complementares resolvidos

Exercício 15.11.1) Determinar a equação da parábola de vértice V (-3; +2), com parâmetro p = 2, sendo a parábola com eixo paralelo a Y e cavidade voltada para cima. Fazer também a imagem geométrica.

Raciocínio lógico: trata-se de uma parábola do tipo da figura 1, do parágrafo 15.5, com equação: $(x - h)^2 = +4.p (y - k)$; onde h = -3 e K = + 2.

$[x - (-3)]^2 = 4.2 (y - 2); (x + 3)^2 = 8y - 16;$

$x^2 + 6x + 9 = 8y - 16;$

+x^2 + 6x - 8y + 25 = 0 ← Esta é a equação da parábola

Na forma de função a equação é: $y = +\dfrac{x^2}{8} + \dfrac{3x}{4} + \dfrac{25}{8}$.

A reta diretriz coincide com o eixo X -3

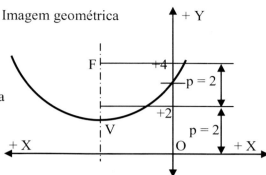

Imagem geométrica

Observa-se que, na equação: +x^2 + 6x - 8y + 25 = 0, fazendo-se y = 0, tem-se: +x^2 + 6x + 25 = 0, onde Δ = -64, ou seja, confirma-se que essa parábola não intercepta o eixo X.

Exercício 15.11.2) Uma parábola tem foco F (0; -5) e vértice V na origem (0; 0). Com esses dados pedem-se:
a) A imagem geométrica da curva, com a reta que passa pelos pontos P1 e P2. 4b) A equação da reta diretriz.
4c) As coordenadas cartesianas dos pontos P3 e P4, de interseção entre a parábola e a reta que passa pelos pontos P1 (+5; +2) e P2 (-3; -4).

Raciocínio lógico espacial: inicialmente faz-se a imagem geométrica, com os dados disponíveis. Em geral, mesmo sem muitos detalhes, a imagem muito ajuda na análise matemática, por exemplo, nesse caso, já definindo a posição, e equação, da reta diretriz.

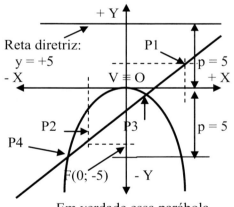

Em verdade essa parábola é bem mais aberta.

b) A equação da reta diretriz é: y = +5.

c) Raciocínio lógico matemático: para determinar os pontos P3 e P4, tem-se que resolver um sistema com as equações da parábola e da reta, que a intercepta. A equação desse tipo de parábola é: x^2 = - 4py.
p = 5; Logo: x^2 = - 4.5.y ; **x^2 = - 20y**. (Parábola).

mP1P2 = (yP1 - yP2) / (xP1 - xP2) = [+2 - (-4)] / [+5 - (-3)]:
mP1P2 = +6 / +8: mP1P2 = +0,75.
+0,75(x - 5) = y – 2 => +0,75x - 3,75 = y - 2.
+0,75x - y - 1,75 = 0. (É a equação da reta).
y = +0,75x - 1,75. Substituindo esse valor de y na equação da parábola: x^2 = - 20y, tem-se: x^2 = - 20(+0,75x - 1,75), ou seja:
x^2 = -15x + 35 ou x^2 + 15x - 35 = 0.

Resolvendo-se essa equação do segundo grau, tem-se: x1 = - 17,053 e x2 = + 2,053. Substituindo os valores de x1 e x2, na equação da reta, acham-se os valores de y1 e y2: y1 = - 14,54 e y2 = - 0,21.

Conclusão: P3 (+2,053; -0,21) e P4 (-17,053; -14,54).

Exercício 15.11.3) Determine a equação da parábola com foco no ponto F (+3; +2) e com a reta diretriz de equação: x = +4.

Raciocínio lógico espacial matemático: uma análise da imagem geométrica mostra que tem-se uma parábola com vértice não coincidente com a origem (0; 0), com eixo paralelo a X e com a cavidade voltada para a esquerda. Esse tipo de parábola tem como equação: $(y - k)^2$ = - 4.p (x - h), e *: p = 0,5; k = +2 e h = + 3,5.

*Como a distância entre o vértice e o foco é igual à distância entre o vértice e a reta diretriz, ambas igual ao parâmetro p, e como a distância entre a reta diretriz e o foco é igual a 1, concluí-se que: p = 1; k = +2; h = +3,5.

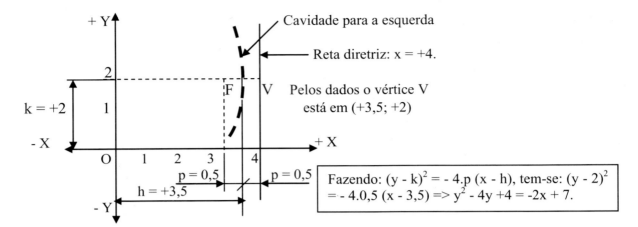

Conclusão: a equação da parábola é: $+y^2 - 4y + 2x - 3 = 0$.

Exercício 15.11.4) Sabendo que uma parábola tem vértice V (+3; -2), eixo paralelo a Y, parâmetro p = 1 e cavidade voltada para cima, pedem-se: a) a equação da parábola; b) a sua imagem geométrica; c) Todas suas características dimensionais e d) As coordenadas cartesianas do foco.

Raciocínio lógico espacial matemático: como o vértice não coincide com a origem (0; 0) e como a parábola tem eixo paralelo a Y, sua equação é do tipo: $(x - h)^2 = +4.p (y - k)$, conforme descrito nos parágrafos 15.5 e 15.8, com h = + 3 e k = - 2.

$(x - h)^2 = +4.p (y - k)$ ou $(x - 3)^2 = +4.1.(y + 2)$ => $+x^2 - 6x + 9 = +4y + 8$ => $+x^2 - 6x - 4y + 1 = 0$.

x	y
-2	+4,25
-1	+2
0	+0,25
+1	-1
+2	-1,75
+3	-2
+4	-1,75
+5	-1
+5,828	0
+6	+0,25
+7	+2

Quando y = 0, tem-se:
$x^2 - 6x + 1 = 0$; com raízes:
x1 = +0,172 e x2 = +5,828.

Quando x = 0; y = +0,25.

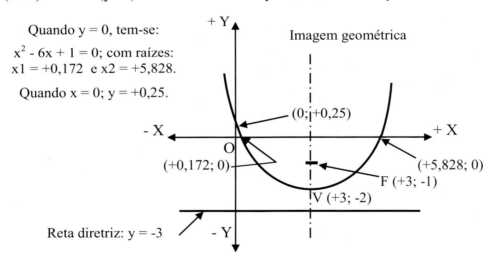

A distância entre o vértice e o foco, bem como do vértice à reta diretriz é igual ao parâmetro (p = 1). Como o vértice está em V (+3; -2), tem-se: F (+3; -1).

Conclusão: a equação, na forma geral, da parábola é: $+x^2 - 6x - 4y + 1 = 0$.

Exercício 15.11.5) A partir da equação da parábola $+x^2 - 2x - 3 = y$, pedem-se: a) Explicar a posição da sua cavidade, b) Determinar os valores de y, para os seguintes valores de x: -3, -2, -1, 0, +1, +2, +3 e +4, c) Fazer a imagem geométrica aproximada da parábola, d) Calcular as coordenadas cartesianas dos seguintes pontos: d1) vértice; d2) raízes da equação, ou seja, os valores onde a parábola corta o eixo X e d3) As coordenadas cartesianas do ponto onde a parábola corta o eixo dos Y.

Raciocínio lógico espacial matemático: de acordo com o parágrafo 15.4, para a equação: y = ax² + bx + c, a) quando o sinal de "a" é positivo, a cavidade da parábola é para cima. Esse é o caso da parábola: +x² - 2x - 3 = y, onde a = + 1, b = - 2 e c = - 3.

b) Valores de x e y:

x	y
-3	+12
-2	+5
-1	0
0	-3
+1	-4
+2	-3
+3	0
+4	+5

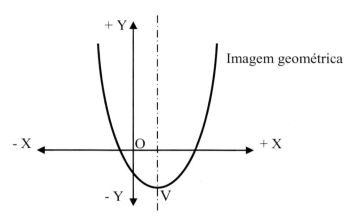

Imagem geométrica

d1) Coordenadas do vértice V:

$\Delta = b^2 - 4ac$; $\Delta = (-2)^2 - 4.1.(-3)$; $\Delta = + 16$, logo $-\Delta = - 16$.

$x_V = \dfrac{-b}{2a}$; $x_V = -(-2)/2.1$; $x_V = +1$ ⬅ Abscissa do vértice.

$y_V = \dfrac{-\Delta}{4a}$; $y_V = -16/4.1$; $y_V = -4$ ⬅ Ordenada do vértice

Portanto: V (+1; -4).

d2) Raízes da equação, ou seja, ordenadas (y) iguais a zero:

Conforme a tabela anterior, vê-se que as raízes são: x1 = -1 (ponto B) e x2 = +3 (ponto C).

d3) Coordenadas cartesianas do ponto onde a parábola corta o eixo dos Y, ou seja, onde x = 0.

$\begin{cases} \text{Para: } y = ax^2 + bx + c, \text{ e: } y = +x^2 - 2x - 3. \\ \text{Tem-se: } a = +1; b = -2 \text{ e } c = -3. \\ \text{A ordenada y do ponto A de interseção com o eixo Y é } = -3 \text{ (valor de c)}. \\ \text{Portanto A }(-3; 0) \end{cases}$

Exercício 15.11.6) (EN). Determinar a equação da parábola cujo foco é o ponto F(+1; +4) e cuja diretriz é a reta y = +3.

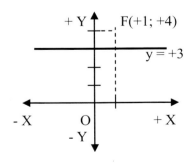

Raciocínio lógico espacial: a simples plotagem do foco e da reta diretriz mostra que: trata-se de uma parábola com abertura para cima, com vértice V(+1; + 3,5), bem como: h = +1, k = +3,5 e p = 0,5. Matematicamente é uma parábola de equação, segundo os parágrafos 15.5 e 15.8, ou seja: $(x - h)^2 = +4p(y - k)$.

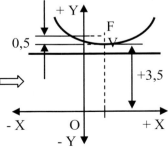

$(x - h)^2 = +4p(y - k) \Rightarrow (x - 1)^2 = +4(0,5)(y - 3,5) \Rightarrow +x^2 - 2x + 1 = +2y - 7 \Rightarrow +x^2 - 2x - 2y + 8 = 0$

Conclusão: a equação da parábola é: +x² - 2x - 2y + 8 = 0.

Exercício 15.11.7) Considerando que uma parábola tem vértice V(+4; +2) e Foco F(+1; +2), pedem-se: a) A imagem geométrica aproximada e b) todas as características da curva.

Raciocínio lógico espacial: apenas com os dados iniciais, já se descobre que essa parábola tem as seguintes características: eixo paralelo a X, vértice não coincidente com a origem (0; 0) e cavidade voltada para a esquerda (devido posições de F e V).
Raciocínio lógico matemático: com essas características, a equação desse tipo de parábola é: $(y - k)^2 = -4p(x-h)$, onde k = +2 e h = +4. Substituindo nessa fórmula, tem-se a equação da parábola:

$(y - 2)^2 = -4p(x-4) => y^2 - 4y +4 = -12x +48 => +y^2 - 4y +12x - 44 = 0$ ◄── Esta é a equação.

Determinação dos pontos, onde a parábola corta os eixos X e Y.

Quando y = 0, tem-se: +12x - 44 = 0 => x = + 44/12 => x = + 3,667. Ponto A (+3,667; 0).
Quando x = 0, tem-se: $y^2 - 4y - 44 = 0$. Resolvendo essa equação do segundo grau, encontram-se as raízes y1 = +8,928 e y2 = - 4,928. Portanto os pontos são: B (0; +8,928) e C (0; -4,928).
Com todos esses dados, pode-se fazer a imagem geométrica aproximada de toda a parábola, como mostrada à direita do esboço.

Esboço da parábola, com os dados iniciais

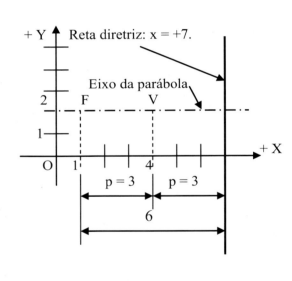

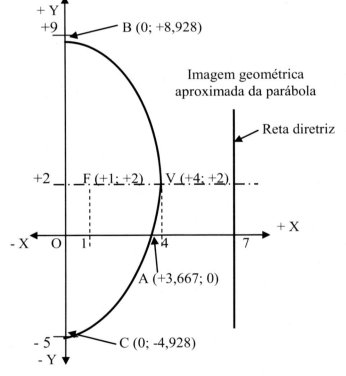

Imagem geométrica aproximada da parábola

Exercício 15.11.8) Uma elipse tem equação: $+ y^2/36 + x^2/16 = + 1$, supondo um parábola, com abertura para a direita, com vértice coincidente com o ponto de menor abscissa da elipse e que passa pelos focos da elipse, pedem-se: a) A imagem geométrica das curvas, b) A equação da parábola, c) As coordenadas cartesianas dos pontos de interseção entre a parábola e a elipse, d) As coordenadas cartesianas do foco da parábola e e) A equação da reta diretriz da parábola.

Raciocínio lógico espacial matemático: essa elipse tem seu eixo maior coincidente com o eixo Y e: eixo maior 2a = 12 (pois, $a^2 = 36$), eixo menor 2b = 8 (pois, $b^2 = 16$). A imagem geométrica do conjunto parábola/elipse, fica da seguinte forma:

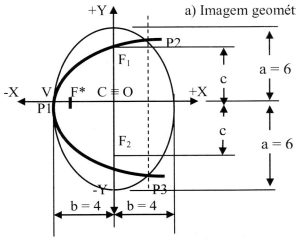

a) Imagem geométrica da interseção elipse/parábola

$a^2 = b^2 + c^2$; $c = \sqrt{(a^2 - b^2)}$; $c = \sqrt{20}$; $c = 4{,}472$.

Coordenadas cartesianas já determinadas:

P1 ≡ V (-4; 0); F1 (0; +4,472); F2 (0; -4,472).

F* é o foco da parábola. xF* = - (4 - p).

b) Equação da parábola que tem vértice V (-4; 0) e passa pelos pontos F1 (0; +4,472) e F2 (0; -4,472). Raciocínio lógico: essa parábola, além de ter cavidade para a direita, tem o vértice fora da origem e seu eixo coincide com o eixo X. Trata-se de uma parábola com fórmula: $(y - k)^2 = +4p(x - h)$, onde k = - 4 e h = 0.

Com esses dados, a equação da parábola fica: $y^2 = +4p(x + 4)$. Como a parábola passa pelos focos da elipse, esses pontos pertencem à mesma e, portanto, têm que satisfazer à equação: $y^2 = +4p(x + 4)$. Considerando o ponto: F1(0; +4,472), tem-se: $(4{,}472)^2 = +4p(0 + 4)$ ou: 20 = 16p. Disso resulta: p = 20/16, ou seja: p = 1,25. Finalmente a equação da parábola fica:

$y^2 = +4 \cdot 1{,}25(x + 4)$ => $\mathbf{y^2 = +5x + 20}$ ou: $\mathbf{+ y^2 - 5x - 20 = 0}$ ◄────── Equação da parábola.

c) Elipse e parábola se interceptam em três pontos: P1, P2 e P3. As coordenadas cartesianas de P1 são: P1 (- 4; 0), que são as mesmas do vértice V. Raciocínio lógico: para determinar P2 e P3, resolve-se o seguinte sistema de duas equações, com duas incógnitas:

$$\begin{cases} y^2 = +5x + 20 \text{ (parábola) (B)}. \\ + y^2/36 + x^2/16 = + 1 \text{ (elipse) (A)}. \end{cases}$$ B, substituindo em A, resulta em:

$+ [(+5x + 20)]/36 + x^2/16 = + 1$ ou: $144(+5x + 20)/36 + 144(x^2)/16 = +1$. Que resulta na equação: $+9x^2 + 20x - 64 = 0$. As raízes dessa equação são: x1 = -4 e x2 = + 1,78, que representam as coordenadas x dos três pontos, ou seja: xP1, xP2 e xP3.

Para calcular as coordenadas y desses pontos, ou seja: yP1, yP2 e yP3, basta substituir cada valor de x na equação da parábola: $y^2 = +5x + 20$, sabendo que: xP1 = - 4 e yP1 = 0, bem como: xP2 = xP3 = +1,78, e ainda yP2 = yP3.

$y^2 = +5(+1{,}78) + 20$ ou $y^2 = + 28{,}29$; ou seja: $y = \pm 5{,}375$.

Finalmente: P1 (-4; 0), P2 (+1,78; +5,375) e P3 (+1,78; -5,375).

d) Como o parâmetro p = 1,25, e com o vértice V (-4; 0), tem-se que o foco da parábola está em xF* = - (4 - p) e yF* = 0, ou seja: **F*(-2,75; 0)**.

e) Equação da reta diretriz da parábola, com V (-4; 0), F* (-2,75; 0) e p = 1,25:

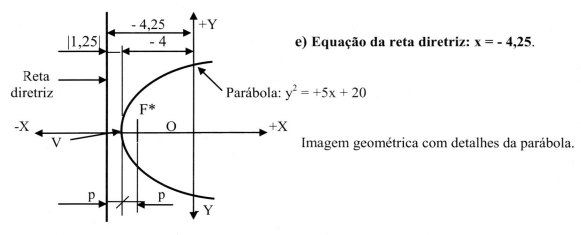

e) **Equação da reta diretriz: x = - 4,25.**

Parábola: $y^2 = +5x + 20$

Imagem geométrica com detalhes da parábola.

Exercício 15.11.9) Uma parábola tem coordenadas do vértice V(0; 0) e do foco F(+2; 0). Pedem-se: a) A equação da parábola. b) A equação da reta diretriz d e c) A imagem geométrica da parábola.

Raciocínio lógico: observa-se que, como o vértice e o Foco têm a mesma ordenada (iguais a zero), pode-se afirmar que a parábola é de eixo horizontal. Como a abscissa do foco é positiva, a concavidade está voltada para a direita, ou seja, no sentido + X. Como o vértice tem abscissa e ordenada iguais a zero, o vértice está na origem (0; 0). A equação dessa parábola é dada por: $y^2 = + 4px$.

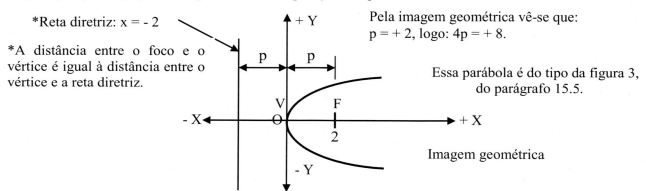

*Reta diretriz: x = - 2

*A distância entre o foco e o vértice é igual à distância entre o vértice e a reta diretriz.

Pela imagem geométrica vê-se que:
p = + 2, logo: 4p = + 8.

Essa parábola é do tipo da figura 3, do parágrafo 15.5.

Imagem geométrica

Conforme parágrafo 15.5, figura 3: $y^2 = + 4px$, logo; $y^2 = + 8x$; ou seja: **$y^2 = + 8x$ é a equação da parábola**

Exercício 15.11.10) a) Determinar os pontos de interseção entre a parábola $y = +x^2 - 3x + 4$ e a reta: $y = x + 1$ e b) Plotar a imagem geométrica da interseção.

a) Raciocínio lógico: as coordenadas cartesianas da interseção são obtidas com a resolução do sistema:

$$\begin{cases} y = +x^2 - 3x + 4. \\ y = +x + 1. \text{ (Este valor de y é substituído na equação da parábola).} \end{cases}$$

$x + 1 = x^2 - 3x + 4$; $\quad x^2 - 4x + 3 = 0$;

$x = \dfrac{-(-4) +/- \sqrt{(-4)^2 - (4.1.3)}}{2}$; $\begin{cases} x_1 = +3. \\ x_2 = +1. \end{cases}$

$y = x + 1$, logo: $\begin{cases} y_1 = x_1 + 1 = +3 + 1; y_1 = +4. \\ y_2 = x_2 + 1 = +1 + 1; y_2 = +2. \end{cases}$

As coordenadas cartesianas dos pontos de interseção são: P1 (+3; +4) e P2 (+ 1: + 2).

b) Imagem geométrica da interseção:

Para cada função, calculam-se pontos x e y, de forma a poder plotar no gráfico esses pontos, por onde passam as funções. São feitas duas tabelas com valores de x e y: uma para a reta e outra para a parábola.

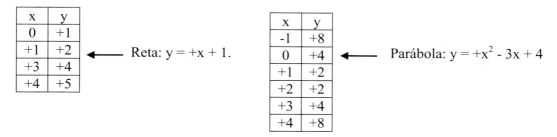

Observa-se que existem *softwares* que fazem, tanto o cálculo dos pontos, quanto o desenho da curva e da reta.

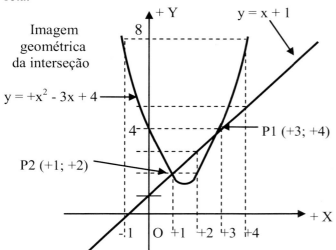

Análise da parábola: $y = +x^2 - 3x + 4$

$$x = \frac{-(-3) \pm \sqrt{(9-16)}}{2} \Rightarrow (\Delta = -7).$$

Como o Discriminante Δ é negativo, significa que essa parábola não intercepta o eixo X, ou seja, não tem raízes.

Também se confirma que, como o valor de "a" é positivo, a abertura é para cima.

Exercício 15.11.11) (UERJ, 2019). Uma ponte com a forma de um arco de parábola foi construída para servir de travessia sobre um rio, com as margens em níveis diferentes. A figura a seguir representa essa ponte em um sistema de coordenadas cartesianas XY. Nesse sistema, os pontos A, B e C correspondem, respectivamente, à margem esquerda, à margem direita e o ponto mais alto da ponte. As distâncias dos pontos A, B e C, até à superfície do rio, são iguais, respectivamente, a 0,5 m, 1,5 m e 2,3 m. Sabendo que o ponto C, nesse sistema, tem abscissa igual a 6 m, calcular, em metros, a largura do rio

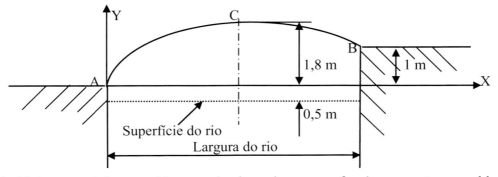

Raciocínio lógico espacial matemático: a primeira coisa que se faz é representar o problema num sistema cartesiano XY, representando as abscissas e ordenadas disponíveis, e entendendo como esse arco de parábola se apresenta, de forma a se saber qual a equação da parábola envolvida.

Essa parábola tem o vértice fora da origem (0; 0), com equação: $(x - h)^2 = -4p(y - k)$.

$h = +6$ e $k = +1,8$

$(x - h)^2 = -4p(y - k) \Rightarrow (x - 6)^2 = -4p(y - 1,8) \Rightarrow +x^2 - 12x + 36 = -4py + 7,2p.$ (I).

Em (I), substituindo o ponto E(+12; 0): $+(12)^2 - 12(12) + 36 = -4p(0) + 7,2p \Rightarrow +7,2p = +36 \Rightarrow p = 5$.

Voltando à equação (I): $+x^2 - 12x + 36 = -4py + 7,2p \Rightarrow +x^2 - 12x + 36 = -4(5)y + 7,2(5) \Rightarrow$

$+x^2 - 12x + 36 = -20y + 36 \Rightarrow +x^2 - 12x + 20y = 0$. Essa equação, considerando o ponto B(+x; +1), fica:

$+x^2 - 12x + 20 = 0$; onde: $x = \dfrac{-(-12) \pm \sqrt{(12)^2 - (4)(+1)(+20)}}{2} \Rightarrow x = \dfrac{+12 \pm \sqrt{144 - 80}}{2} \Rightarrow x = \dfrac{+12 \pm \sqrt{64}}{2} \Rightarrow$

$x = \dfrac{+12 \pm 8}{2} \Rightarrow x_1 = +10$ e $x_2 = +2$.

Como a raiz $x_2 = +2$, está antes do meio da parábola, a raiz a ser usada é $x_1 = +10$, que é a largura do rio.

Conclusão: a largura do rio é igual a 10 metros.

15.12.12) (ENEM - 2013). A parte interior de uma taça foi gerada pela rotação de uma parábola em torno de um eixo z, conforme mostra a figura a seguir. A função real que expressa a parábola, no plano cartesiano da figura, é dada pela lei $f(x) = 3/2\, x^2 - 6x + C$, onde C é a medida da altura do líquido contido na taça, em centímetros. Sabe-se que o ponto V, na figura, representa o vértice da parábola, localizado sobre o eixo x. Nessas condições, determinar o valor, em centímetros da altura C.

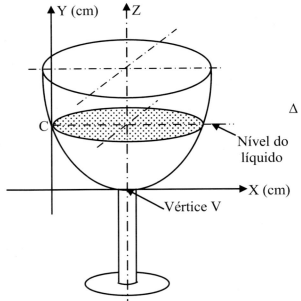

$f(x) = 3/2\, x^2 - 6x + C \Rightarrow y = +1,5x^2 - 6x + C.$

Para que a função $y = +1,5x^2 - 6x + C$, tenha apenas Uma raiz, o seu determinante tem que ser igual a zero.

$\Delta = b^2 - 4aC = 0 \Rightarrow (-6)^2 - (4)(+1,5)(C) \Rightarrow +36 - 6C = 0 \Rightarrow$

$C = 6.$

Conclusão: o valor da altura C é igual a 6 cm.

15.12.13) (UERJ - 2018). No plano cartesiano a seguir, estão representados os gráficos das funções f e g, sendo P e Q seus pontos de interseção. Determine a medida do segmento PQ, sabendo que: $f(x) = +4x - x^2$ e $g(x) = +x^2 + 8x - 6$.

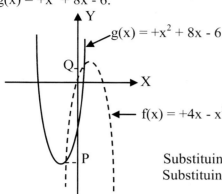

Raciocínio lógico matemático:

As coordenadas dos dois pontos de interseções são determinadas resolvendo-se o sistema das duas equações. Uma vez determinados os pontos, calcula-se a distância entre os pontos.

$+x^2 + 8x - 6 = +4x - x^2 => +2x^2 + 4x - 6 = 0$.
$+2x^2 + 4x - 6 = 0 => x1 = +1$ e $x2 = -3$, ou seja: $x_Q = +1$ e $x_P = -3$.
Substituindo $x_Q = +1$ em $f(x) = +4x - x^2$, tem-se: $y_Q = +4(+1) - (+1)^2 => y_Q = +3$.
Substituindo $x_P = -3$. em $f(x) = +4x - x^2$, tem-se: $y_P = +4(-3) - (-3)^2 => y_P = -21$.
Os pontos são: $P(-3; +21)$ e $Q(+1; -21)$.

Distância $PQ = \sqrt{(x_Q - x_P)^2 + (y_Q - y_P)^2} => |PQ| = \sqrt{(1+3)^2 + (3+21)^2} => |PQ| = \sqrt{16 + 576} => |PQ| = \sqrt{592}$.

Conclusão: a medida do segmento PQ é igual a $\sqrt{592} = 24,331$.

15.12.14) (UERJ - 2016). Observe a função $f(x) = +x^2 - 2kx + 29$, onde k é um número real. Se $f(x) \geq +4$, para todo número real x, o valor mínimo da função é $f(x) = +4$. Determinar o valor positivo de k.

Raciocínio lógico espacial matemático: essa é uma função do tipo: $y = +ax^2 + bx + c$, ou seja, uma parábola. Como "a" é positivo, sua cavidade está para cima e, portanto $y = +4$ é a ordenada do vértice (y_V). Analisando-se a fórmula de $y_V = -\dfrac{\Delta}{4a}$, chega-se ao valor de k.

$+x^2 - 2kx + 29 => a = +1$; $b = -2k$ e $c = +29$.   Ver observação sobre o gráfico

$\Delta = b^2 - 4ac => \Delta = (-2k)^2 - (4)(+1)(+29) => \Delta = 4k^2 - 116$. $P(0; +29)$

Como $4a = +4$ e $y_V = +4$: $y_V = -\dfrac{\Delta}{4a} => +4 = -\dfrac{(4k^2 - 116)}{4} => +16 = -4k^2 + 116 =>$

$V(+5; +4)$

$4k^2 = 100 => k^2 = 25 => k = \pm 5$. Como k tem que ser positivo, logo $k = +5$.

$V(+5; +4)$

Conclusão: o valor de k é igual a +5.   Gráfico da função: $y = +x^2 - 10x + 29$

Observação sobre o exercício: Supondo $k = +5$, a função fica: $f(x) = +x^2 - 10x + 29$, ou seja: $\Delta = b^2 - 4ac => \Delta = 100 - 116 => \Delta = -16$. Como não existe raiz quadrada de número negativo, conclui-se que essa parábola não tem corta o eixo dos X. A figura acima à direita, dá uma ideia da imagem geométrica dessa função.

15.12.15) O deslocamento de um ponto P determina no plano R^2, uma curva tal que, em qualquer posição que se encontre P, a razão entre as suas distâncias à reta $y + 5 = 0$ e ao ponto $(0; +5)$ é igual a 1. Determinar sua equação e características.

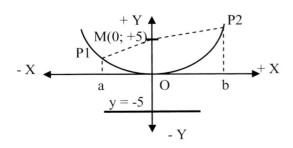

Uma parábola é definida com a curva plana aberta cujo conjunto dos pontos (ou lugar geométrico) que são equidistantes, ao mesmo tempo, de um ponto fixo (chamado de foco F) e de uma reta também fixa, chamada diretriz "d", que é perpendicular ao eixo da parábola.

Observa-se que a curva citada é uma parábola, com foco $F(0; +5)$, vértice coincidente com a origem $O(0; 0)$ e reta diretriz igual a: $y + 5 = 0 => y = -5$.

Esse tipo de parábola tem equação: $x^2 = +4py$. Como nesse caso, o parâmetro p é igual a 5, tem-se:

$x^2 = +4(5)y \Rightarrow x^2 = +20y$, que é equação da curva.

Conclusão: trata-se de uma parábola de equação $x^2 = +20y$, foco F(0; +5) e vértice V(0; 0).

15.12 Exercícios propostos (Veja respostas no Apêndice A)

15.12.1) Determinar a equação da parábola a seguir, que é referente a um tipo de antena parabólica, bem como a profundidade ou altura H, para o diâmetro D = 130 cm.

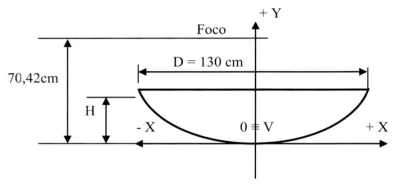

15.12.2) Determine a equação, as coordenadas cartesianas do foco e a equação da reta diretriz, da parábola que atende às seguintes condições: vértice na origem V (0; 0), concavidade ou abertura voltada para a esquerda e passa pelo ponto P (-2; +4).

15.12.3) Determinar as coordenadas cartesianas da interseção entre a parábola $y^2 = -2x$ e a reta que passa pelos pontos P1 (-5; +1,5;) e P2 (+3; +1,5).

15.12.4) Dada uma parábola com vértice V (-5; +3) e foco F (-7; + 3), pedem-se determinar a sua equação e a da reta diretriz.

15.12.5) Dada a parábola $x^2 = + 12y$, determinar as coordenadas cartesianas do foco e a equação da reta diretriz.

15.12.6) Sabendo que, uma parábola tem foco F (-4; 0) e vértice V (+2; 0), pedem-se: a) a equação da parábola; b) a equação da reta diretriz; c) as coordenadas cartesianas, onde a parábola intercepta os eixos X e Y.

15.12.7) Uma parábola tem Vértice V (0; 0) e foco F (0; +4). Com estes dados pedem-se: a) A equação da parábola; b) A equação da sua reta diretriz e c) As coordenadas cartesianas dos pontos de interseção da parábola com a reta: y = +4.

15.12.8) Considerando a parábola de equação $x^2 = + 16y$, determinar: a) As coordenadas cartesianas da interseção entre a parábola e a reta que passa pelo foco F (0; +4), e que faz um ângulo de 150° com o semi eixo OX e b) O parâmetro da parábola.

15.12.9) Dada a equação $x^2/16 + y^2/25 = 1$, determinar: a) A equação da parábola que tem foco coincidente com o foco superior da elipse e vértice coincidente com o centro da elipse e b) As coordenadas cartesianas dos pontos onde a parábola intercepta a elipse.

Capítulo 15 – A parábola – 371

15.12.10) Uma parábola tem foco F (-4; 0) e vértice V (+2; 0). Com esses dados, pedem-se: a) A equação da parábola. b) A equação da reta diretriz e c) as coordenadas cartesianas onde a reta diretriz intercepta a parábola.

15.12.11) Uma parábola tem vértice no ponto V (-3; -2) e reta diretriz de equação y = +2. Com esses dados pedem-se: a) A equação da parábola, b) Caso existam, determinar as coordenadas cartesianas dos pontos de interseção da parábola com os eixos cartesianos X, Y e c) As coordenadas cartesianas do foco.

15.12.12) Determinar a equação da parábola cujo foco F é (0; +3) e reta diretriz y = -3.

15.12.13) (AMAN, adaptado). Estudar o lugar geométrico expresso pela equação: $+x^2 - 5x - 6 = 0$, definindo todas as suas características e mostrando um esboço de sua imagem geométrica.

15.12.14) Determinar a equação da parábola de foco F(+0,5; 0) e cuja reta diretriz tem equação: $+2x + 1 = 0$.

15.12.15) Determinar o valor de k, para que a reta y = +x + k e a parábola $y = +x^2$ tenham um único ponto de interseção.

15.12.16) Determinar as coordenadas cartesianas do foco F e do vértice V da parábola de equação: $x = +2y^2 - 4y + 5$.

15.12.17) Dada a parábola de equação: $+y^2 + 6y - 8x + 17 = 0$, determinar: a) A equação reduzida, b) As coordenadas do vértice V, c) As coordenadas do foco F e d) A equação da reta diretriz.

15.12.18) Dada a parábola: $y = +x^2 + 4x$, pedem-se: a) Sua equação reduzida, b) As coordenadas do vértice, c) Coordenadas do foco e d) A equação da reta diretriz.

15.12.19) Considerando as parábolas 1: $(x - 4)^2 = - 8(y - 6)$ e 2: $(x - 4)^2 = + 8(y - 4)$, pedem-se: a) As equações de suas respectivas Retas Diretrizes: R1 e R2, b) As Coordenadas Cartesianas dos Vértices V1 e V2 e c) As coordenadas cartesianas dos Focos F1 e F2.

15.12.20) (PUC - Rio). Determinar as coordenadas cartesianas dos pontos de interseção entre as parábolas: $y = x^2$ e $y = +2x^2 - 1$.

Capítulo 16
A hipérbole

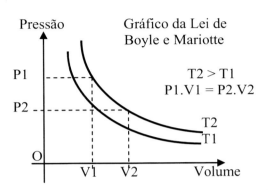

A curva hiperbólica, além de aplicações na Engenharia e Arquitetura, também é utilizada, por exemplo, na explicação de alguns fenômenos físicos, como a Lei de Boyle e Mariotte aplicada aos gases, mostrada à esquerda, bem como na conceituação da trigonometria hiperbólica, muito utilizada nos cálculos, em especial para resoluções de problemas da área de Engenharia. Este capítulo, além de exercícios no nível da Educação Básica, mostra e detalha várias aplicações práticas da hiperbóle.

16.1 Definição e elementos

Como já citado, se uma superfície cônica for cortada por um plano perpendicular à base, portanto paralelo ao eixo da superfície, são geradas duas curvas ou duas folhas, denominadas hipérboles.
Considerando os focos F_1 e F_2, com distância igual a "2c", os vértices V_1 e V_2, com distância igual a "2a", e o ponto P(x; y), define-se hipérbole como o conjunto dos pontos do plano, ou seja, o lugar geométrico, cuja diferença (em módulo) das distâncias aos focos F_1 e F_2 é a constante "2a" ($|V_1V_2|$). Ou seja: $|PF_1| - |PF_2|$ = 2a. Observa-se que: 0 < 2a < 2c. A figura a seguir detalha uma hipérbole, com eixo real coincidente com o eixo cartesiano X e centro C coincidente com a origem (0; 0).

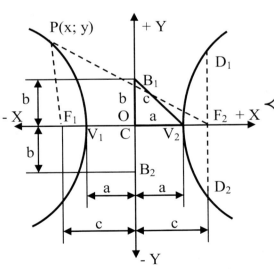

Elementos de uma hipérbole

C = Centro (nesta figura C ≡ 0)
F_1 e F_2 = Focos
V_1 e V_2 = Vértices
F_1, V_1, C, V_2, F_2 = Eixo real ou transverso
B_1, C, B_2 = Eixo imaginário ou reverso
$|D_1D_2|$ = l = Corda focal ou corda principal
CB_1V_2 = Triângulo fundamental (lados a, b, c)
e = Excentricidade
a = distância do centro ao vértice V_1 ou V_2
b = distância do centro C ao ponto B_1 ou B_2

Hipérboles são curvas com dois eixos de simetria um real e um imaginário.
Nesse caso: -XC+X e -YC+Y.

*Observa-se que "a" pode ser maior, menor ou igual a "b".

Relações geométricas de uma hipérbole

$|V_1V_2|$ = 2a
$|B_1B_2|$ = 2b
$|F_1F_2|$ = 2c
$c^2 = a^2 + b^2$ (relação fundamental)
$|D_1D_2|$ = Corda focal l = $|2b^2 / a|$
e = c / a
*Quando a = b a hipérbole é equilátera

16.2 Dedução da equação da hipérbole, com focos sobre o eixo X e centro coincidente com a origem (+x^2 / a^2 - y^2 / b^2 = +1)

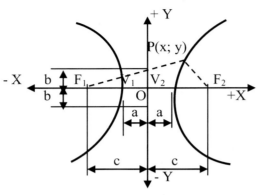

A definição de hipérbole cita que a diferença da distância entre um ponto qualquer P (x; y), que pertence à curva, aos focos F_1 (-c; 0) e F_2 (+c; 0) é constante e igual à distância entre os vértices, ou seja, $|V_1V_2|$ = 2a.

Isso significa que: $|PF_1 - PF_2|$ = 2a.

A dedução a seguir detalhada, parte dessa definição, considerando a distância entre dois pontos e as coordenadas P (x; y), F_1 (-c; 0) e F_2 (+c; 0).

Utilizando a fórmula da distância entre dois pontos, e a definição: $|PF_1 - PF_2|$ = 2a, tem-se:

$|\sqrt{[(x + c)^2 + (y - 0)^2]} - \sqrt{[(x - c)^2 + (y - 0)^2]}|$ = 2a, que pode ser escrita como:

$|\sqrt{[(x + c)^2 + (y - 0)^2]} - \sqrt{[(x - c)^2 + (y - 0)^2]}|$ = +/- 2a, que fatorado fica:

$\sqrt{[(x + c)^2 + y^2]}$ = +/- 2a + $\sqrt{[(x - c)^2 + y^2]}$.   Elevando ambos os membros da igualdade ao quadrado:

$(x + c)^2 + y^2 = 4a^2$ +/- 4a $\sqrt{[(x - c)^2 + y^2]}$ + $(x - c)^2 + y^2$, ou seja:

$4xc = 4a^2$ +/- $4a\sqrt{[(x - c)^2 + y^2]}$. Dividindo ambos os membros da igualdade por 4:

$xc = a^2$ +/- a $\sqrt{[(x - c)^2 + y^2]}$; o que resulta em: $xc - a^2$ = +/- a $\sqrt{[(x - c)^2 + y^2]}$

Elevando novamente ambos os membros ao quadrado:

$x^2c^2 - 2xca^2 + a^4 = a^2[(x - c)^2 + y^2]$; resulta: $x^2c^2 - 2xca^2 + a^4 = a^2x^2 - 2xca^2 + a^2c^2 + a^2y^2$:

$x^2c^2 + a^4 = a^2x^2 + a^2c^2$ a^2y^2; que resulta em: $x^2(c^2 - a^2) - a^2y^2 = a^2c^2 - a^4$;

Dividindo ambos os membros por: $a^2(c^2 - a^2)$; tem-se: $\dfrac{x^2}{a^2} - \dfrac{y^2}{c^2 - a^2} = +1$

Substituindo $c^2 - a^2 = b^2$ (pois, $c^2 = a^2 + b^2$), tem-se a equação na forma mais simples e direta:

$\dfrac{x^2}{a^2} - \dfrac{y^2}{b^2} = 1$ ⬅ Equação da hipérbole com focos sobre o eixo X.
(Esta forma de equação é chamada de canônica)

16.3 Equações da hipérbole com centro na origem e em função da posição do eixo real

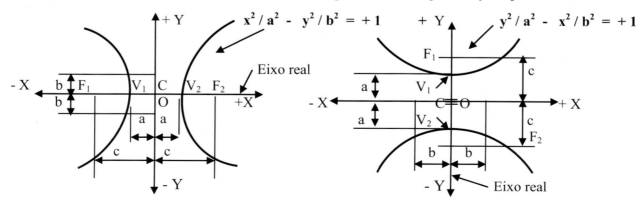

16.4 Equações da hipérbole com focos em eixos paralelos aos eixos cartesianos X ou Y, e centro não coincidente com a origem

Algumas vezes a hipérbole pode ter seus focos em eixos reais não coincidentes com os eixos cartesianos X ou Y, bem como seu centro não estar na origem (0; 0), mas sim no ponto C (h; k). Nesses casos, a equação da hipérbole assume as formas adiante mostradas.

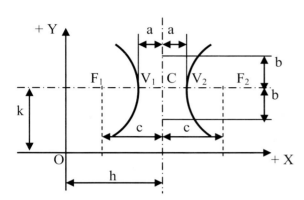

O eixo real é paralelo ao eixo X:

$$\pm \frac{(x-h)^2}{a^2} - \frac{(y-k)^2}{b^2} = 1$$

O eixo real é paralelo ao eixo Y:

$$\pm \frac{(y-k)^2}{a^2} - \frac{(x-h)^2}{b^2} = 1$$

Observa-se que, dependendo da posição do centro da hipérbole, as distâncias h e k, podem ser negativas ou positivas. Ou seja, o centro pode estar localizado em qualquer um dos quatro quadrantes.

16.5 Assíntotas, abertura, excentricidade e características geométricas de uma hipérbole

Toda hipérbole, independente de sua posição, além das já apresentadas, possuí uma série de características e propriedades, que muito podem facilitar, tanto os cálculos teóricos e analíticos, quanto as aplicações práticas. A seguir são apresentadas essas outras características.

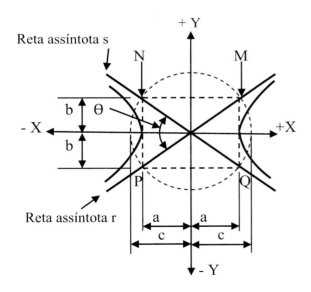

Assíntotas são as retas r e s das quais a hipérbole se aproxima cada vez mais à medida que os pontos se afastam dos focos. Essa aproximação é contínua e lenta de forma que a tendência da hipérbole é tangenciar suas assíntotas no infinito.

Abertura da hipérbole é o ângulo θ, entre as assíntotas.

Excentricidade (e) da hipérbole é o número dado pela relação: $e = c/a$, onde $c > a$ e > 1.

Quando a = b o retângulo MNPQ se transforma num quadrado, tornando as assíntotas perpendiculares e a abertura da hipérbole fica igual a θ = 90°. Nesse caso específico a hipérbole recebe o nome de Hipérbole Equilátera.

Geometricamente, as assíntotas são obtidas da seguinte forma: considera-se uma circunferência de raio CF_1 ou CF_2, cujo centro C é o mesmo centro da hipérbole. Traçam-se pelos vértices A_1 e A_2 cordas perpendiculares ao segmento F_1F_2, marcando as intersecções com a circunferência. Esses pontos são os vértices do retângulo MNPQ inscrito à circunferência. Esse retângulo tem dimensões 2a e 2b. As retas r e s que contém as diagonais desse retângulo são as assíntotas da hipérbole.

A excentricidade da hipérbole está relacionada com sua abertura. Se o segmento "c" for mantido fixo e variar-se apenas o comprimento do segmento "a", ter-se-á uma abertura maior quando "a" é menor e vice-versa. Se diminuirmos o valor de "a" teremos uma excentricidade maior, pois: $e = c/a$.

16.6 Equações das assíntotas de uma hipérbole, com eixo real coincidente com eixo X

As curvas das ~hipérboles são tangentes às retas assintóticas no infinito.

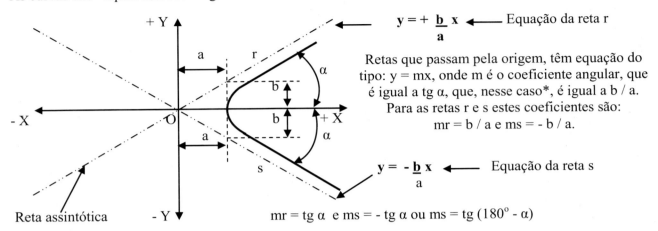

Equação da reta r: $y = +\frac{b}{a}x$

Retas que passam pela origem, têm equação do tipo: $y = mx$, onde m é o coeficiente angular, que é igual a tg α, que, nesse caso*, é igual a b/a. Para as retas r e s estes coeficientes são: $mr = b/a$ e $ms = -b/a$.

Equação da reta s: $y = -\frac{b}{a}x$

$mr = tg\ \alpha$ e $ms = -tg\ \alpha$ ou $ms = tg(180° - \alpha)$

Reta assintótica

* Para a hipérbole com eixo real coincidente com eixo Y, a tangente é igual a a/b, e as equações das retas assintóticas ficam: reta r: $y = +a/b\ x$ e reta s: $y = -a/b\ x$.

16.7 Análise da equação de uma hipérbole equilátera ($+x^2 - y^2 = a^2$)

Uma hipérbole é equilátera quando suas retas assíntotas formam um ângulo de 90°, ou seja, são perpendiculares. Nesse caso as equações dessas retas ficam da seguinte forma: $x + y = 0$ e $x - y = 0$ ou $x = -y$ e $x = y$. Esta condição ocorre quando o semi eixo real ou transverso (a) é igual ao semi eixo imaginário ou conjugado (b). Ou seja: $a = b$.

Equação da hipérbole equilátera ($+x^2 - y^2 = a^2$)

$\frac{x^2}{a^2} - \frac{y^2}{b^2} = 1$ ← Nesta equação fazendo $a = b$, tem-se: $x^2/a^2 - y^2/a^2 = 1$, que multiplicada por a^2, resulta em: $+x^2 - y^2 = a^2$, que é a equação de uma hipérbole equilátera.

Excentricidade (e) da hipérbole equilátera (e = 1,414)

A excentricidade de uma hipérbole é dada por $e = c/a$, onde $b^2 = c^2 - a^2$. Como nas hipérboles equiláteras, temos $a = b$, substituindo tem-se: $a^2 = c^2 - a^2$ ou: $2a^2 = c^2$ e $c = a.\sqrt{2}$. Como $e = c/a$, temos: $e = (a.\sqrt{2})/a$; ou seja: $e = \sqrt{2}$ ou $e = 1,414$. A excentricidade de uma hipérbole equilátera, sempre é igual a 1,414.

16.8 Aplicações práticas das curvas hiperbólicas

A Lei de Boyle e Mariotte

Essa Lei, aplicada aos gases, é usada nos motores de combustão interna, dos automóveis, que funcionam segundo o ciclo termodinâmico de Carnot (Nicolas Leónard Sadi Carnot: 1796-1832), que pode ser representado por meio de uma hipérbole equilátera rotacionada.

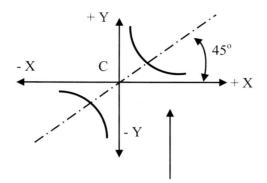
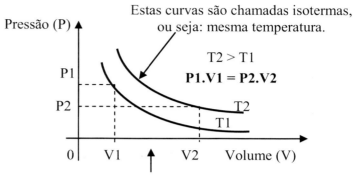

Este é um tipo de hipérbole equilátera, que representa alguns fenômenos físicos, por exemplo, a Lei de Boyle e Mariotte, à direita. Observa-se que, nesse caso o Eixo Real da hipérbole está com uma rotação de 45°.

A Lei de Boyle* e Mariotte**, estabelece que sob temperatura constante, o volume ocupado por uma certa massa de gás, é inversamente proporcional à pressão aplicada. Seja V o volume de um gás submetido a uma pressão P, a uma temperatura constante. A lei de Boyle e Mariotte, estabelece que: P.V = constante = k.

*Robert Boyle (1627-1691), físico e químico irlandês. **Edme Mariotte (1620-1684), cientista e padre francês. Como ambos, sem pesquisarem juntos, chegaram ao mesmo resultado sobre a compressibilidade dos gases, a Lei leva o nome dos dois.

Pontilhão sobre um rio

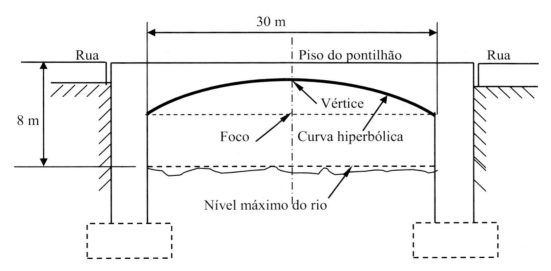

Existem pontes e pontilhões que utilizam uma curva hiperbólica, como elemento estrutural para vencer vãos entre margens de rios. O exemplo citado é uma simulação do autor.

Funções trigonométricas hiperbólicas

Assim como existem funções trigonométricas no círculo, de raio igual a um (r = 1), existem as funções "trigonométricas", em um tipo de hipérbole, e que tem aplicações práticas, por exemplo, na Física e na Engenharia. As funções trigonométricas hiperbólicas, são originárias de uma hipérbole equilátera, com centro C, coincidente com a origem (0; 0) dos eixos cartesianos (C ≡ 0) com eixo real (2a) sobre o eixo cartesiano X, com o semi eixo real igual à unidade (a = 1) e, obviamente, eixo imaginário sobre o eixo cartesiano Y e com semi eixo imaginário também igual à unidade (b = 1).

A partir desse tipo de hipérbole equilátera, e considerando uma rotação de 45^0 ou $\pi/4$, no sentido anti-horário, e com uma série de análises geométricas e cálculos algébricos, chega-se à definição das funções: senh Θ (seno hiperbólico), cosh Θ (cosseno hiperbólico), tgh Θ (tangente hiperbólica) e, consequentemente, às inversas: cossech Θ (cossecante hiperbólica), sech Θ (secante hiperbólica) e cotgh Θ (cotangente hiperbólica), sendo que as inversas têm suas equações exponenciais relacionadas ao Logaritimo Neperiano (base e), já que, para a mesma base, exponenciais e logaritmos são inversos.

Diferentemente do ângulo na trigonometria circular, que varia de 0^0 (0π) a 360^0 (2π), um ângulo hiperbólico é o dobro do valor numérico da área do setor hiperbólico, na figura abaixo representado pela área compreendida pelos pontos 0AM. Ou seja, em teoria um ângulo hiperbólico não é expresso em radianos, mas em unidades de área (VASCONCELOS, 2013, p. 20 a 24).

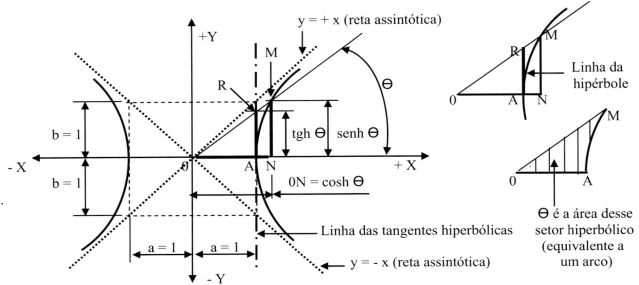

Essa hipérbole tem equação: $+x^2 - y^2 = +1$, onde: 0N = cosseno hiperbólico, MN = seno hiperbólico e AR = tangente hiperbólica.

Principais relações das funções hiperbólicas:

$\text{Cosh}^2\ \Theta - \text{Senh}^2\ \Theta = 1$. $\text{Tgh}\ \Theta = \dfrac{\text{Senh}\ \Theta}{\text{Cosh}\ \Theta}$. $\text{Sech}\ \Theta = \dfrac{1}{\text{Cosh}\ \Theta}$.

$\text{Cotgh}\ \Theta = \dfrac{\text{Cosh}\ \Theta}{\text{Senh}\ \Theta}$. $\text{Cossech}\ \Theta = \dfrac{1}{\text{Senh}\ \Theta}$. $1 - \text{Tgh}^2\ \Theta = \text{Sech}^2\ \Theta$. $\text{Cotgh}^2\ \Theta - 1 = \text{Cossech}^2\ \Theta$.

A trigonometria hiperbólica não é objeto de estudo da Educação Básica.

Cobertura de um pavilhão de exposições

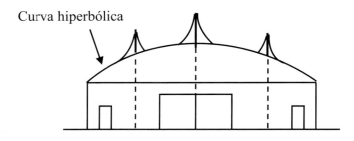

Curva hiperbólica

Nesse caso, a curva hiperbólica ao ser girada, segundo uma circunferência, gera uma superfície no formato de um hiperboloide, constituindo uma cúpula de belo aspecto visual.

Reservatório esférico, suportado por um hiperboloide

Esse tipo de estrutura é muito utilizado para suportar reservatório de água, no formato esférico. Esse conceito é chamado de castelo d'água, sendo comum em fábricas. A água é recebida da concessionária, armazenada na esfera suspensa e, então, é distribuída por gravidade, para todos os locais onde necessário, como por exemplo, para banheiros.

Tanto o reservatório esférico, quanto a estrutura hiperbólica, em geral, são fabricadas a partir de chapas de aço, que são cortadas, curvadas e soldadas. O reservatório aqui mostrado, com diâmetro interno de 5 metros, tem capacidade para armazenar cerca de 65 mil litros de água. O exemplo mostrado foi projetado pelo autor, estimando-se um peso total, cheio de água, em mais de 90 toneladas ou 90 mil quilos. Observa-se que, existe uma escada interna ao hiperboloide, que permite acesso ao fundo do reservatório esférico. As tubulações de entrada e saída de água, também estão localizadas no interior do hiperboloide.

Observa-se que, na prática, a definição da equação da hipérbole é obtida a partir dos dados básicos e após simulações de valores dos parâmetros a e b, até se encontrar valores que atendam às dimensões básicas, como as mostradas à direita.

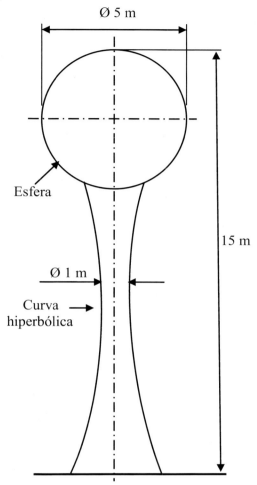

Esfera

Ø 1 m

Curva hiperbólica

Ø 5 m

15 m

Chaminés de usinas térmicas

Usinas térmicas, de geração de energia elétrica, usam um tipo de combustível que, ao ser queimado, gera calor. Esse calor evapora a água e esse vapor passa por uma turbina a vapor, gerando energia elétrica. Tanto os gases da combustão, quanto os vapores residuais, são lançados na atmosfera, a grandes alturas, para que as partículas em suspensão se dispersem o mais possível, diminuindo os danos às pessoas e ao meio ambiente. Como combustível, podem ser utilizados os seguintes materiais: carvão, óleo combustível, gás natural, bem como combustível nuclear (urânio), como é o caso das usinas nucleares localizadas no município de Angra dos Reis, no estado do Rio de Janeiro.

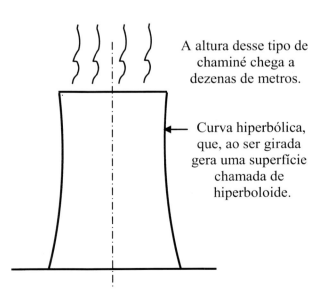

A altura desse tipo de chaminé chega a dezenas de metros.

Curva hiperbólica, que, ao ser girada gera uma superfície chamada de hiperboloide.

16.9 Exercícios resolvidos

Exercício 16.9.1) Determinar as coordenadas cartesianas dos pontos de interseção entre a hipérbole $+x^2 - y^2 = 4$ e a elipse $+x^2/36 + y^2/16 = 1$.

Raciocínio lógico espacial matemático: embora a solução venha da formação e resolução de um sistema de duas equações e duas incógnitas (x e y) é bom, inicialmente fazer-se a imagem geométrica das curvas, de forma a se visualizar e compreender melhor o problema e a solução.

$\begin{cases} x^2 - y^2 = 4, \text{ é equivalente a } x^2/4 - y^2/4 = 1; \text{ hipérbole do tipo } x^2/4 - y^2/4 = 1; \text{ ou seja: } a = 2 \text{ e } b = 2. \\ \text{Trata-se de uma hipérbole equilátera, com eixo real coincidente com eixo cartesiano X.} \end{cases}$

$\begin{cases} x^2/36 + y^2/16 = 1; \text{ é uma elipse do tipo: } +x^2/a^2 + y^2/b^2 = +1. \\ \text{Semi eixo maior } a = 6 \text{ e semi eixo menor } b = 4. \\ \text{Trata-se de uma elipse com o semi eixo maior (a), coincidente com o eixo cartesiano X.} \end{cases}$

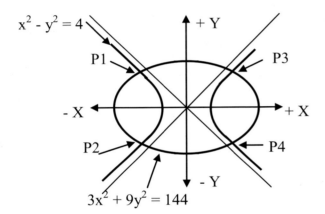

P1, P2, P3 e P4, são os pontos de interseção entre as curvas.

$x^2/36 + y^2/16 = 1$: (multiplicado por 144):
Resulta em: $4x^2 + 9y^2 = 144$.
Montando o sistema de equações tem-se:

$\begin{cases} x^2 - y^2 = 4; \text{ donde: } x^2 = y^2 + 4. \ (1) \\ 3x^2 + 9y^2 = 144. \ (2). \end{cases}$

Substituindo 1 em 2 e desenvolvendo as equações acham-se os seguintes valores:

$x = +/- 3{,}72$ e $y = +/- 3{,}14$.

Conclusão: coordenadas dos pontos de interseção: P1 (-3,72; +3,14); P2 (-3,72; -3,14); P3 (+3,72; +3,14); P4 (+3,72; -3,14).

Exercício 16.9.2) Para a hipérbole a seguir definida, pedem-se: a) Os comprimentos dos semi eixos (a , b), b) A distância focal (2c), c) A excentricidade (e), d) A corda focal (l), e) As coordenadas cartesianas do centro da hipérbole, f) As coordenadas cartesianas dos focos, g) Coordenadas cartesianas dos vértices e h) A Imagem geométrica da hipérbole.

Equação da hipérbole: $\dfrac{+(y - 2)^2}{4} - \dfrac{(x + 4)^2}{9} = +1$

Raciocínio lógico espacial matemático: baseado no parágrafo 16.4, pode-se afirmar que essa hipérbole tem focos em um eixo paralelo ao eixo Y, centro em C (-4; +2) e que sua equação é do tipo: $+(y - k)^2/a^2 - (x - h)^2/b^2 = +1$, com $h = -4$ e $k = +2$.

a) Comparando a hipérbole apresentada com a equação teórica tem-se: $a^2 = 4 \Rightarrow \mathbf{a = \pm 2}$. $b^2 = 9 \Rightarrow \mathbf{b = \pm 3}$.

b) Distância focal 2c: $c^2 = a^2 + b^2 \Rightarrow c = \sqrt{(4+9)} \Rightarrow c = \pm 3{,}606 \Rightarrow \mathbf{2c = 7{,}212}$.

c) Excentricidade e: $e = c/a$; $e = 3{,}606/2 \Rightarrow \mathbf{e = 1{,}803}$. d) **Corda focal l**: $l = 2b^2/a \Rightarrow l = 2 \cdot 9/2 \Rightarrow \mathbf{l = 9}$.

e) Coordenadas cartesianas do centro C da hipérbole: Comparando a equação teórica, com a da hipérbole dada, tem-se que $k = +2$ e $h = -4$, portanto o centro está em: **C (- 4; +2)**.

f) Coordenadas cartesianas dos focos e g) Dos vértices.

Primeiro é importante fazer a imagem geométrica, para ter-se a percepção visual.

g) Em relação ao eixos cartesianos X, Y, as coordenadas dos vértices são: **V1 (-4; +4) e V2 (-4; 0)**.

f) Em relação ao eixos cartesianos X, Y, as coordenadas dos focos são: **F1 (-4; +5,606) e F2 (-4; -1,606)**.

Imagem geométrica

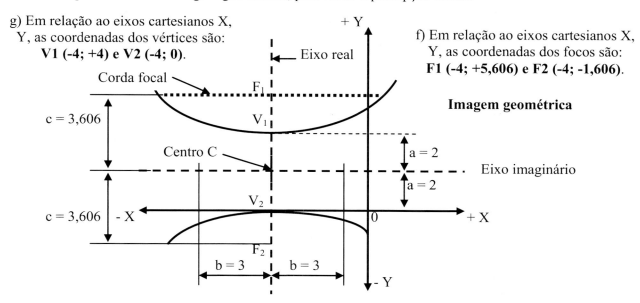

Exercício 16.9.3) O centro de uma hipérbole é o ponto C (+2; -3), um dos vértices é o ponto V_1 (0; -3) e a sua corda focal é 8. Pedem-se: a) A imagem geométrica da hipérbole, b) A equação da hipérbole, c) As equações das retas r e s, assíntotas da hipérbole e d) Ângulo α que cada assíntota faz com o eixo X.

Inicialmente, faz-se um esboço gráfico da hipérbole, com os dados citados, ou seja: C (+2; -3) e V_1 (0; -3).

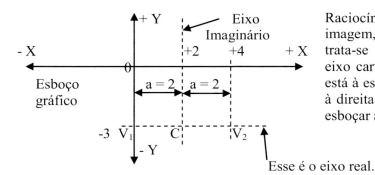

Raciocínio lógico espacial: analisando o esboço da imagem, com apenas os dois dados citados, vê-se que trata-se de uma hipérbole com eixo real paralelo ao eixo cartesiano X. Também se constata que o foco F_1 está à esquerda do vértice V_1, bem como o foco F_2 está à direita do vértice V_2. Com essas conclusões, pode-se esboçar a imagem geométrica real dessa hipérbole.

a) Cálculos iniciais: Corda focal: $l = 2b^2/a$; ou seja: $8 = 2b^2/2 \Rightarrow 2b^2 = 16 \Rightarrow b^2 = 8 \Rightarrow$ **b = ±2,828**.

Cálculo da distância Focal 2c: $c^2 = a^2 + b^2 \Rightarrow c^2 = 4 + 8 \Rightarrow$ **c = ±3,4641 ⇒ 2c = 6,9282**.

As retas assintóticas r e s, são as diagonais do retângulo ABCD, com lados 2a (4) e 2b (5,656), sendo que a tangente do ângulo α (tg α = 5,656/4) é o coeficiente angular da reta r (mr). A tangente do ângulo α1 é o coeficiente angular da reta s (ms) e o ângulo α1 = 180° - α. mr = +1,414 e ms = -1,414.

b) Equação da hipérbole e imagem geométrica: trata-se de uma hipérbole com centro não coincidente com a origem dos eixos cartesianos (0; 0) e com seu eixo real paralelo ao eixo cartesiano X, logo sua equação é do tipo:

$$\frac{(x-h)^2}{a^2} - \frac{(y-k)^2}{b^2} = +1.$$ Onde: a = 2; b = 2,828; h = + 2 e k = - 3.

A equação da hipérbole fica: $\dfrac{(x-2)^2}{2^2} - \dfrac{(y+3)^2}{2{,}8284^2} = 1 \Rightarrow \dfrac{(x-2)^2}{4} - \dfrac{(y+3)^2}{8} = +1$

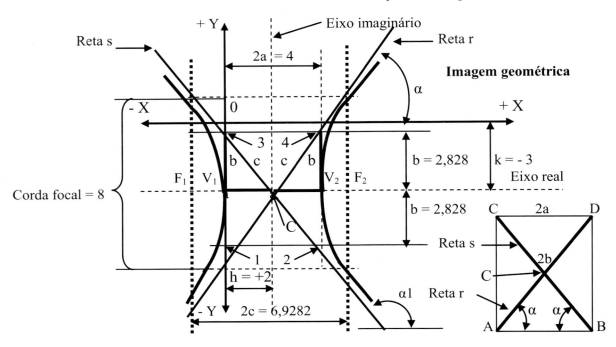

c) Equações das retas r e s, assíntotas da hipérbole, e que passam pelo ponto C (+2; -3):

Reta r ⟶ mr(x - xC) = y - yC. Como mr = + 1,414, tem-se: +1,414(x - 2) = y - (-3);

logo: +1,414x - 2,828 = y + 3.   Ou: **y = +1,414x - 5,828** ⟵ Equação da reta r.

Reta s ⟶ ms(x - xC) = y - yC. Como ms = - 1,414, tem-se: -1,414(x - 2) = y - (-3);

logo: -1,414x + 2,828 = y + 3.   Ou: **y = - 1,414x – 0,172** ⟵ Equação da reta s.

d) Ângulo que cada assíntota faz com o eixo X.

Basta calcular o ângulo de uma das retas, por exemplo, a r: tg α = 5,656/4 = +1,414, portanto α = arctg +1,414: Ou seja: **α = 54,735°**. Ângulo α1 que a reta s forma com o eixo X: α1 = 180° - α. Ou seja: **α1 = 125,265°**.

Exercício 16.9.4) (EsPCEx - 2018). Sabendo que uma hipérbole tem focos $F_1(-5; 0)$, $F_2(+5; 0)$ e passa pelos pontos P(+3; 0) e Q(+4; y), sendo y > 0, determinar a área do triângulo com vértices: F_1, P e Q.

Inicialmente, faz-se a imagem geométrica, com os dados disponíveis, para se entender o problema:

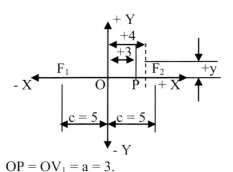

Raciocínio lógico espacial: Como a hipérbole passa pelo ponto P, que está no eixo real, concluí-se que o vértice V_1 coincide com o ponto P. Dessa forma a hipérbole tem a imagem geométrica à direita:

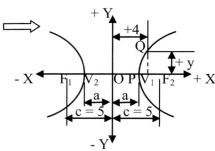

$OP = OV_1 = a = 3$.

Raciocínio lógico matemático: essa é uma hipérbole de equação: $x^2/a^2 - y^2/b^2 = +1$, com $a = 3$, $c = 5$, sabendo-se que: $c^2 = a^2 + b^2$.

$c^2 = a^2 + b^2 \Rightarrow b^2 = c^2 - a^2 \Rightarrow b^2 = 5^2 - 3^2 \Rightarrow b^2 = 16 \Rightarrow b = \pm 4$. A equação fica então: $x^2/9 - y^2/16 = +1$.

Como o ponto Q também pertence à curva da hipérbole, então basta substituir suas coordenadas na equação da hipérbole, para obter o valor da ordenada $+y_Q$, possibilitando a análise da área do triângulo F_1, P e Q.

$x^2/9 - y^2/16 = +1 \Rightarrow (+4)^2/9 - y_Q^2/16 = +1 \Rightarrow y_Q^2/16 = 16/9 - 1 \Rightarrow y_Q^2 = (16)(7/9) \Rightarrow y_Q = \dfrac{4\sqrt{7}}{3}$.

Triângulo F_1PQ $\qquad$ $F_1P = c + a \Rightarrow F_1P = 8$. $QP = y_Q = \dfrac{4\sqrt{7}}{3}$.

Área do triângulo $= \dfrac{(F_1P) \times QP}{2} = \dfrac{(8) \times (4\sqrt{7}/3)}{2} = \dfrac{16\sqrt{7}}{3} = 14,11$.

Conclusão: a área do triângulo com vértices F_1, P e Q é igual a 14,11 unidades de área.

Exercício 16.9.5) Dada a equação: $+y^2 - 3x^2 = +9$, de uma hipérbole, determine todos os seus elementos, com as coordenadas cartesianas dos vértices e focos, bem como sua imagem geométrica.

Raciocínio lógico matemático: como a equação está expressa na forma geral, inicia-se determinando a sua equação reduzida, que já fornece os valores de a e b, possibilitando a determinação de c.
Raciocínio lógico espacial: com os valores de a, b e c, e a posição da hipérbole, faz-se a imagem geométrica determinando-se as coordenadas cartesianas dos vértices e focos.

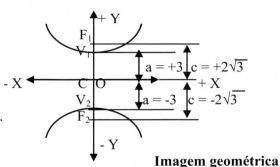

Imagem geométrica

$+y^2 - 3x^2 = +9 \Rightarrow \dfrac{+y^2}{9} - \dfrac{3x^2}{9} = \dfrac{+9}{9} \Rightarrow \dfrac{+y^2}{9} - \dfrac{x^2}{3} = +1$.

Ou seja: $a^2 = +9 \Rightarrow a = \pm 3$. $b^2 = +3 \Rightarrow b = \pm\sqrt{3}$.

$c^2 = a^2 + b^2 \Rightarrow c^2 = 9 + 3 \Rightarrow c^2 = +12 \Rightarrow c = \pm 2\sqrt{3} = \pm 3,464$.

A equação indica uma hipérbole com eixo real coincidente com o eixo cartesiano Y.

Conclusão: $V_1(0; +3)$, $V_2(0; -3)$, $F_1(0; +3,464)$ e $F_2(0; -3,464)$.

Exercício 16.9.6) Sabendo que uma hipérbole tem como equação: $x^2/9 - y^2/16 = 1$, pedem-se: a) A imagem geométrica da curva, com a indicação de todas as suas características dimensionais, b) O valor da distância focal e c) As equações das retas assíntotas à hipérbole.

Raciocínio lógico matemático espacial: inicialmente se analisa a posição da hipérbole: na equação, fazendo $x = 0$, tem-se que $y^2 = -16$, o que é impossível, ou seja, esta hipérbole não corta o Eixo dos Y. Isso significa que o eixo real = 2a está sob o eixo X. Com isto, faz-se a imagem geométrica.

$x^2/9 - y^2/16 = 1$; é da forma: $x^2/a^2 - y^2/b^2 = 1$; logo: $a^2 = 9 \Rightarrow a = \pm 3$ e $2a = 6$; $b^2 = 16 \Rightarrow b = \pm 4$ e $2b = 8$.

a) Imagem geométrica

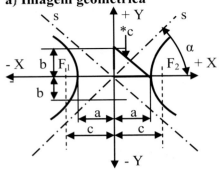

$2a = 6$ é a medida do eixo real.
$2b = 8$ é a medida do eixo imaginário.
$2c$ é a distância focal.

b) Cálculo da distância focal $2c$: $*c^2 = a^2 + b^2 \Rightarrow c = \sqrt{a^2 + b^2} \Rightarrow c = \sqrt{25} \Rightarrow c = \pm 5$ e $\mathbf{2c = 10}$.

c) Equações das retas assíntotas r e s:
Como passam pela Origem O (0; 0), estas retas têm equações:
$y = +/- mx$, onde m é o coeficiente angular ou tg α.
Nesse caso tg $\alpha = b/a$; $b/a = 4/3 = 1{,}33$, portanto:
R: $y = + (b/a)x$ e S: $y = - (b/a)x$.
Logo: **R: y = + 1,33x e S: y = - 1,33x.**

Exercício 16.9.7) (ITA). Considere as afirmações I, II e III, e responda às cinco questões.

I) Uma elipse tem como focos: $F_1(-2; 0)$ e $F_2(+2; 0)$, eixo maior igual a 12 e equação: $+x^2/36 + y^2/32 = +1$.

II) Os focos de uma hipérbole são $F_1(-\sqrt{5}; 0)$ e $F_2(+\sqrt{5}; 0)$, excentricidade é $\sqrt{10}/2$ e equação: $+3x^2 - 2y^2 = +6$.

III) A parábola $+2y = +x^2 - 10x - 100$ tem como vértice o ponto $P(+5; +125/2)$.

Pode-se afirmar que:

a) Todas as afirmações são falsas.
b) Apenas as afirmações II e III são falsas.
c) Apenas as afirmações I e II são verdadeiras.
d) Apenas a afirmação III é verdadeira.
e) Nenhuma das respostas anteriores (n.d.a).

Raciocínio lógico geral:

Resolve-se cada uma das afirmações, concluindo se são falsas ou verdadeiras, para depois comparar com as cinco opções de respostas.

I) Uma elipse tem como focos: $F_1(-2; 0)$ e $F_2(+2; 0)$, eixo maior igual a 12 e equação: $+x^2/36 + y^2/32 = +1$.

Raciocínio lógico espacial: faz-se a imagem geométrica da elipse, obtém-se mais dados e conclui-se.

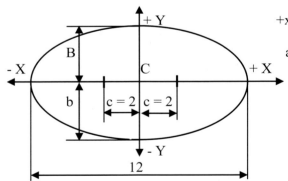

$+x^2/36 + y^2/32 = +1 \Rightarrow a^2 = 36 \Rightarrow a = \pm 6$. $b^2 = 32 \Rightarrow b = \pm 4\sqrt{2}$.

$a^2 = b^2 + c^2 \Rightarrow b = \sqrt{a^2 - c^2} \Rightarrow b = \pm\sqrt{36 - 4} \Rightarrow b = \pm 4\sqrt{2}$.

Ou seja, essa afirmação é verdadeira.

II) Os focos de uma hipérbole são $F_1(-\sqrt{5}; 0)$ e $F_2(+\sqrt{5}; 0)$, excentricidade $\sqrt{10}/2$ e equação: $+3x^2 - 2y^2 = +6$.

Raciocínio lógico espacial: devido coordenadas dos focos, conclui-se que é uma hipérbole de centro C na origem, eixo real coincidente com o eixo cartesiano X e $c = \sqrt{5}$ ($c^2 = 5$).

Excentricidade $e = \sqrt{10}/2 = c/a \Rightarrow a = c/e \Rightarrow a = \dfrac{\sqrt{5}}{\sqrt{10}/2} \Rightarrow a = \dfrac{2 \times \sqrt{5}}{\sqrt{10}} \Rightarrow a^2 = \dfrac{4 \times 5}{10} \Rightarrow a^2 = 2$.

$c^2 = a^2 + b^2 \Rightarrow b^2 = c^2 - a^2 \Rightarrow b^2 = 5 - 2 \Rightarrow b^2 = 3$.

Análise da equação: $+3x^2 - 2y^2 = +6 \Rightarrow \frac{+3x^2}{6} - \frac{2y^2}{6} = \frac{+6}{6} \Rightarrow \frac{+x^2}{3} - \frac{y^2}{3} = +1$.

Essa é a equação de uma hipérbole equilátera, onde: a = b. Como aqui a ≠ b, logo **essa afirmação não é verdadeira**.

III) A parábola $+2y = +x^2 - 10x - 100$ tem como vértice o ponto P(+5; +125/2).

Raciocínio lógico: se o ponto P, que é o vértice, pertence à parábola, então suas coordenadas têm que atender à equação.

$+2y = +x^2 - 10x - 100 \Rightarrow +2(125/2) = +(+5)^2 - 10(+5) - 100 \Rightarrow +125 = +25 - 50 - 100 \Rightarrow +125 = -125$.
Como essa igualdade não se verifica, conclui-se que o ponto P não é o vértice da curva, ou seja, **a afirmação III não é verdadeira.**

Resumo das análises: I) Verdadeira, II) Falsa e III) Falsa.

Conclusão: a opção correta é a e, ou seja, nenhuma das respostas anteriores (n.d.a).

Exercício 16.9.8) Estudar as equações: $y = +x - 4$ e $x^2/4 - y^2/16 = +1$, quanto à interseção entre as curvas, fazendo suas imagens geométricas.

Raciocínio lógico matemático espacial: inicialmente determina-se o tipo de cada curva, depois faz-se a imagem geométrica e finalmente, faz-se uma análise analítica sobre se há interseção.

y = +x - 4, é uma reta.
$x^2/4 - y^2/16 = +1$, é uma hipérbole com centro na origem eixo real coincidente com o eixo cartesiano X e as seguintes características: $a^2 = 4 \Rightarrow a = \pm 2$,
$b^2 = 16 \Rightarrow b = \pm 4$. $c^2 = a^2 + b^2 \Rightarrow c^2 = 4 + 16 \Rightarrow c^2 = 20 \Rightarrow c = \pm 2\sqrt{5}$.

Tabela para reta: y = +x – 4

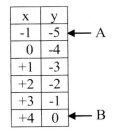

x	y
-1	-5	← A
0	-4
+1	-3
+2	-2
+3	-1
+4	0	← B

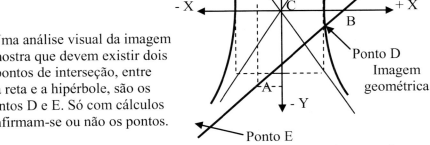

Uma análise visual da imagem mostra que devem existir dois pontos de interseção, entre a reta e a hipérbole, são os pontos D e E. Só com cálculos confirmam-se ou não os pontos.

Ponto D
Imagem geométrica

Ponto E

Raciocínio matemático: para determinar as interseções, resolve-se o sistema constituído pelas duas equações.

$\begin{cases} y = +x - 4. \text{ (I)} \\ x^2/4 - y^2/16 = +1. \text{ (II)} \end{cases}$

Substituindo (I) em (II), tem-se: $\frac{x^2}{4} - \frac{(+x-4)^2}{16} = +1 \Rightarrow +16x^2 - 4(+x-4)^2 = +64 \Rightarrow$

$+16x^2 - 4(+x^2 - 8x + 16) = +64 \Rightarrow +16x^2 - 4x^2 + 32x - 64 = +64 \Rightarrow$
$+12x^2 + 32x - 128 = 0 \Rightarrow x = \frac{-32 \pm \sqrt{(32)^2 - (4)(+12)(-128)}}{(2)(+12)} \Rightarrow x = \frac{-32 \pm \sqrt{7168}}{24} \Rightarrow x = \frac{-32 \pm 84,664}{24} \Rightarrow$

$x_1 = \frac{-32 + 84,664}{24} = +2,194$. $x_2 = \frac{-32 - 84,664}{24} = -4,861$.

$y_1 = x_1 - 4 \Rightarrow y_1 = +2,194 - 4 = -1,806$. $y_2 = x_2 - 4 \Rightarrow y_1 = -4,861 - 4 = -8,861$.

Conclusão: os pontos de interseção são: D(+2,194; -1,806) e E(-4,861; -8,861).

Exercício 16.9.9) (IME). Calcule as coordenadas dos pontos de interseção da elipse com a hipérbole, representadas na figura a seguir, sabendo que: a) Os pontos C e C' são os focos da elipse e os pontos A e A' são os focos da hipérbole, b) BB' é o eixo conjugado (eixo imaginário) da hipérbole e c) OB = OB' = 3 m e OC = OC' = 4 m.

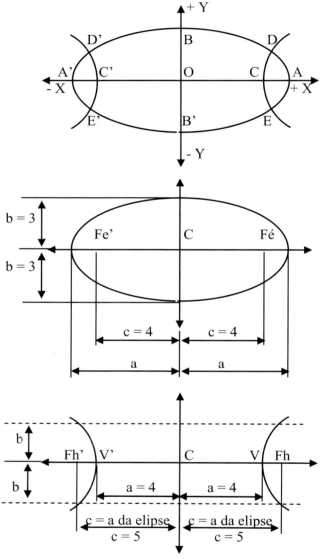

Raciocínio lógico espacial matemático:

Essa figura será desmembrada em duas: uma elipse e uma hipérbole, começando-se o cálculo pela elipse, pois já são dados o semi eixo menor: OB = OB' = b = 3 m e metade da distância focal: OC = OC' = c = 4 m. Quanto à hipérbole, já se conhece metade do eixo real, com a localização do vértice: OC = OC' = 4 m e V(0; +4) e V'(0; -4).

Equação da elipse: $\frac{x^2}{a^2} + \frac{y^2}{b^2} = +1$.

$a^2 = b^2 + c^2 \Rightarrow a^2 = 9 + 16 \Rightarrow a^2 = 25 \Rightarrow a = \pm 5$.

Portanto: $\frac{x^2}{25} + \frac{y^2}{9} = +1 \Rightarrow \frac{y^2}{9} = 1 - \frac{x^2}{25}$ (I)

Equação da hipérbole: $\frac{x^2}{a^2} - \frac{y^2}{b^2} = +1$.

$c^2 = a^2 + b^2 \Rightarrow b^2 = 25 - 16 \Rightarrow b^2 = 9 \Rightarrow b = \pm 3$.

Portanto: $\frac{x^2}{16} - \frac{y^2}{9} = +1 \Rightarrow \frac{y^2}{9} = \frac{x^2}{16} - 1$ (II)

Igualando (I) e (II), tem-se: $1 - \frac{x^2}{25} = \frac{x^2}{16} - 1 \Rightarrow$
$+(25)(16) - 16x^2 = 25x^2 - (25)(16) \Rightarrow$
$+400 + 400 = 41x^2 \Rightarrow x^2 = 19,512 \Rightarrow x = \pm 4,417$.

Substituindo $x^2 = 19,512$, na equação da hipérbole: $\frac{y^2}{9} = \frac{19,512}{16} - 1 \Rightarrow y^2 = \frac{(9)(19,512)}{16} - (9)(1) = 1,976$.

$y^2 = 1,976 \Rightarrow y = \pm 1,405$.

Conclusão: os pontos de interseção são: D(+4,417; +1,405). D'(-4,417; +1,405), E(+4,417; -1,405) e E'(-4,417; -1,405).

Exercício 16.9.10) Analise a equação: $+16x^2 - 9y^2 - 64x - 72y - 224 = 0$, definindo qual o tipo de curva e fazendo sua imagem geométrica.

Raciocínio lógico matemático: como existem fatores de incógnitas negativas, pode-se pensar numa hipérbole com centro não coincidente com a origem. Dessa forma, analisa-se a equação teórica reduzida de uma hipérbole com centro não coincidente com a origem, fazendo-se a comparação com a equação dada.

$\dfrac{+(x-h)^2}{a^2} - \dfrac{(y-k)^2}{b^2} = +1 \Rightarrow +b^2(x-h)^2 - a^2(y-k)^2 = a^2b^2 \Rightarrow +b^2(x^2 - 2xh + h^2) - a^2(y^2 - 2yk + k^2) - a^2b^2 = 0 \Rightarrow$

$+b^2x^2 - 2xb^2h + b^2h^2 - a^2y^2 + 2ya^2k - a^2k^2 - a^2b^2 = 0$. Essa equação, colocada de forma a ser comparada com a equação dada, fica com a seguinte forma:

$+b^2x^2 - a^2y^2 - 2xb^2h + 2ya^2k + \underbrace{b^2h^2 - a^2k^2 - a^2b^2} = 0$.

Dessa forma as equações têm as igualdades abaixo:

$+16x^2 - 9y^2 - 64x - 72y - 224 = 0$. (Equação dada).

$+b^2x^2 = +16x^2 \Rightarrow b^2 = +16 \Rightarrow b = \pm 4$.
$-a^2y^2 = -9y^2 \Rightarrow a^2 = +9 \Rightarrow a = \pm 3$.

Esses valores de a e b serão substituídos nas igualdades a seguir:

$\begin{cases} -2xb^2h = -64x \Rightarrow +2b^2h = +64 \Rightarrow +2(4)^2h = +64 \Rightarrow +32h = +64 \Rightarrow h = +2. \\ +2ya^2k = -72y \Rightarrow +2a^2k = -72 \Rightarrow +2(3)^2k = -72 \Rightarrow +18k = -72 \Rightarrow k = -4. \\ +b^2h^2 - a^2k^2 - a^2b^2 = -224 \Rightarrow +(16)(4) - (9)(16) - (9)(16) = -224 \Rightarrow +64 - 144 - 144 = -224 \Rightarrow -224 = -224. \end{cases}$

Conclusão: $\dfrac{+(x-h)^2}{a^2} - \dfrac{(y-k)^2}{b^2} = +1 \Rightarrow \dfrac{+(x-2)^2}{9} - \dfrac{(y+4)^2}{16} = +1$.

Uma hipérbole com centro C(+2; -4), a = ±3 e b = ±4.

$c^2 = a^2 + b^2 \Rightarrow c^2 = 9 + 16 \Rightarrow c^2 = 25 \Rightarrow \mathbf{c = \pm 5}$.

Coordenadas: F1(-3; -4), F2(+7; -4), V1(-1; -4) e V2(+5; -4).

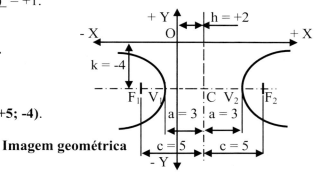

Imagem geométrica

16.10 Exercícios propostos (Veja respostas no Apêndice A)

16.10.1) Para a hipérbole $+9y^2 - x^2 - 36 = 0$, determinar as coordenadas cartesianas de: a) Focos F_1 e F_2 e b) Vértices V_1 e V_2.

16.10.2) Para a hipérbole $+9y^2 - x^2 - 36 = 0$, determinar as equações das suas retas assíntotas r e s, bem como o ângulo que cada uma forma com o eixo X.

16.10.3) Determinar a equação da hipérbole de focos $F_1(-5; 0)$, $F_2(+5; 0)$ e vértices $V_1(-3; 0)$ e $V_2(+3; 0)$.

16.10.4) Determinar a equação da hipérbole de focos $F_1(-3; 0)$, $F_2(+3; 0)$, cujas equações das retas assíntotas são $y = x$ e $y = -x$.

16.10.5) Determinar as medidas dos eixos real e imaginário, bem como as coordenadas cartesianas dos focos, da hipérbole de equação: $+y^2 - 3x^2 - 9 = 0$.

16.10.6) Determinar a equação da hipérbole de centro C(+3; -7), eixo real 2a = 12 e distância focal 2c = 16. Essa hipérbole tem eixo real paralelo ao eixo cartesiano X.

16.10.7) Determinar a equação da hipérbole de focos F1(-3; 0) e F2(+3; 0), sabendo que seu eixo real é igual a 4 unidades de medida.

16.10.8) Determinar as equações geral e reduzida da hipérbole de centro C(+3; -7), eixo real igual a 12, distância focal igual a 16 e com o eixo real paralelo ao eixo cartesiano X.

16.10.9) Determinar as coordenadas cartesianas dos vértices e dos focos da hipérbole: $+16x^2 - 25y^2 = +400$.

16.10.10) Sabendo que uma hipérbole tem como equação: $y^2/9 - x^2/16 = 1$, pedem-se: a) O valor da distância focal e b) As equações das retas r e s assíntotas à hipérbole.

16.10.11) Uma hipérbole tem centro no Ponto C(-4; -3), tem distância focal igual a 12 unidades de medida e um dos vértices está no Ponto V_1(-6; -3). Com estes dados pedem-se: a) O cálculo de todas as medidas da hipérbole e b) A sua equação, na forma geral.

16.10.12) (UFF). As equações: $+y - 2x = 0$, $+y + x^2 = 0$ e $+y^2 - x^2 + 1 = 0$, representam no plano R^2, respectivamente: A) Uma reta, uma hipérbole e uma parábola. B) Uma parábola, uma hipérbole e uma reta. C) Uma reta, uma parábola e uma elipse. D) Uma elipse, uma parábola e uma hipérbole. E) Uma reta, uma parábola e uma hipérbole.

16.10.13) Determinar as coordenadas cartesianas do centro C da hipérbole: $8x^2 + 64x - y^2 - 6y + 87 = 0$.

16.10.14) Dada a curva: $\dfrac{+(x+4)^2}{9} - \dfrac{(y-5)^2}{16} = +1$, pedem-se:

a) Os valores dos elementos e as coordenadas cartesianas de todos os pontos importantes e característicos dessa curva e b) analise, algebricamente, se a reta $y = +x$ intercepta a curva citada e caso haja interseção determinar as coordenadas cartesianas dos pontos de interseção.

16.10.15) Determinar a equação da hipérbole, com a imagem geométrica a seguir:

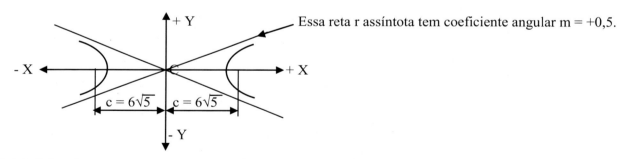

16.10.16) Sabendo que uma curva tem vértices: V_1(-3; -2), V_2(-3; +4) e Foco F_2(-3; +6), pedem-se: a) As equações reduzida e geral da curva, b) as Coordenadas Cartesianas do seu centro C e c) As coordenadas cartesianas do Foco F_1.

16.10.17) Determinar as coordenadas cartesianas dos vértices e dos focos da hipérbole: $-x^2 + y^2 = +25$.

16.10.18) (PUC - SP). Qual a distância entre os focos da hipérbole: $+x^2 - y^2 = +1$?

16.10.19) Determinar as equações das retas r e s, assíntotas da hipérbole: $+x^2/4 - y^2/9 = +1$.

equação reduzida da hipérbole, com focos nos vérti
vértices nos focos da elipse.

UNIDADE V

**A GEOMETRIA DAS PROJEÇÕES CILÍNDRICAS ORTOGONAIS
(INTRODUÇÃO À GEOMETRIA DESCRITIVA)**

Capítulo 17
A geometria das projeções cilíndricas ortogonais.
Introdução à Geometria Descritiva

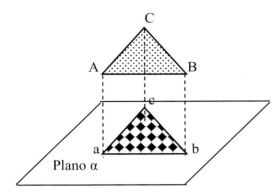

Triângulo ABC com sua projeção cilíndrica ortogonal sobre o plano α

Introdução

A Geometria Descritiva, também chamada de Geometria Mongeana ou método de Monge ou Geometria Espacial, é um ramo da Matemática que tem como objetivo representar objetos do espaço tridimensional ou R^3 no espaço ou plano bidimensional R^2. Para atender aos objetivos da Base Nacional Comum Curricular - BNCC, dos Ensinos Fundamental e Médio, esse capítulo mostra o conceito de projeção cilíndrica ortogonal, permitindo a projeção em duas dimensões, tanto de figuras planas, quanto de alguns poliedros, quanto de corpos e objetos tridimensionais. Observa-se que, as Bases Nacionais Comuns Curriculares – BNCC, citam as projeções cilíndricas ortogonais, tanto no 9º ano do Ensino Fundamental, pela habilidade EF09MA17, quanto no Ensino Médio, pela habilidade EM13MAT407.

A Geometria Descritiva, também chamada de Geometria Mongeana ou método de Monge ou Geometria Espacial, é um ramo da Matemática que tem como objetivo representar objetos do espaço tridimensional ou R_3 no espaço ou plano bidimensional R^2. Esse método foi desenvolvido pelo filósofo e matemático francês Gaspard Monge (1746-1818) e teve grande impacto no desenvolvimento tecnológico industrial, principalmente na engenharia mecânica militar, sendo considerada como a base conceitual do Desenho Técnico Projetivo. Sabe-se que, a 1ª Revolução Industrial, que ocorreu entre 1780 e 1860, foi muito beneficiada pelo desenvolvimento dos primeiros desenhos técnicos projetivos, com base nos conceitos da Geometria Descritiva. Mesmo os atuais modernos programas de representação gráfica, inclusive com imagens tridimensionais que se movimentam, usam os conceitos básicos da Geometria Descritiva criados por Monge há mais de 200 anos. Gaspard Monge também é apontado como grande teórico da Geometria Analítica, bem como considerado o pai da Geometria Diferencial de curvas e superfícies do espaço.

17.1 O conceito de projeções

A Geometria Descritiva usa um sistema de projeção cilíndrica ou paralela e ortogonal, ou seja, como pertencentes a um cilindro e fazendo 90^0 com o plano de projeção. As primeiras ideias de projeção de uma figura sobre um plano, muito provavelmente se originaram da observação da projeção da sombra de uma árvore devido à luz do sol. As primeiras projeções eram cônicas (também chamadas de projeções centrais), exatamente como o olho humano vê as coisas. Isto pode ser confirmado quando se está em um grande corredor ou quando se olha um longo trilho de uma ferrovia. A sensação que se tem é que as linhas se encontram, quando não verdade são paralelas, ou seja, a distância entre os trilhos é constante. Na sequência pensou-se na projeção cilíndrica ou paralela oblíqua, ou seja, inclinada em relação ao plano de projeção, e posteriormente na projeção cilíndrica ou paralela ortogonal ou o método mongeano. As figuras a seguir ilustram estes detalhes.

Nesse capítulo serão desenvolvidos exemplos de projeções cilíndricas ortogonais, tal como citado na Base Nacional Comum Curricular - BNNC, do Ensino Médio, sendo objeto de questões de diversos concursos e exames, por exemplo, pelo Exame Nacional do Ensino Médio – ENEM.

O conceito da projeção cônica ou central

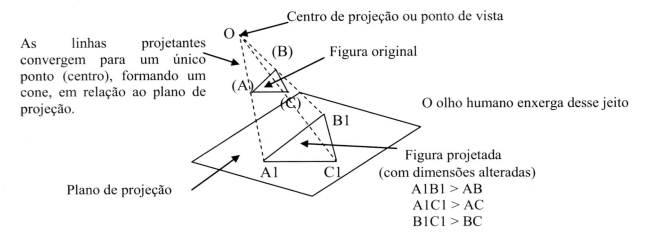

O conceito da projeção cilíndrica ou paralela oblíqua

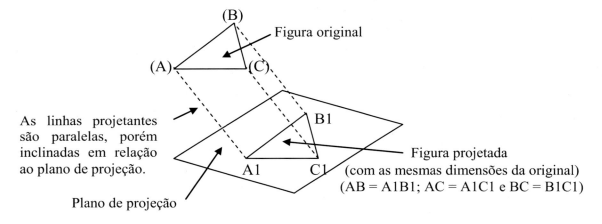

O conceito da projeção cilíndrica ou paralela ortogonal (base do método mongeano)

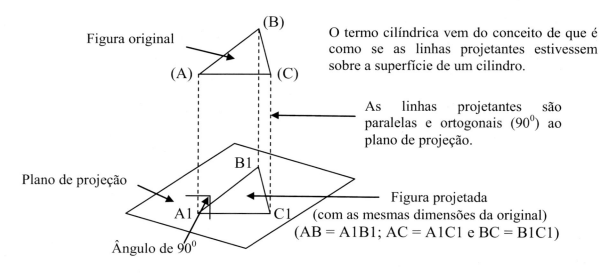

17.2 As projeções cilíndricas ortogonais, em dois planos

Em 1795 Gaspard Monge (1746-1818), aos 49 anos de idade, criou um método baseado na dupla projeção ortogonal de um objeto tridimensional. Estas duas projeções, chamadas de vista de cima ou superior ou planta e a vista de frente ou frontal ou anterior, representadas em dois planos ortogonais ou perpendiculares, passaram a ser representadas em um único plano, através de um rebatimento, gerando o que se chama em Geometria Descritiva de Épura, sendo a base conceitual do Desenho Técnico Projetivo. Como será visto a seguir, o plano horizontal é simbolizado pela letra grega π, e o vertical por π'.

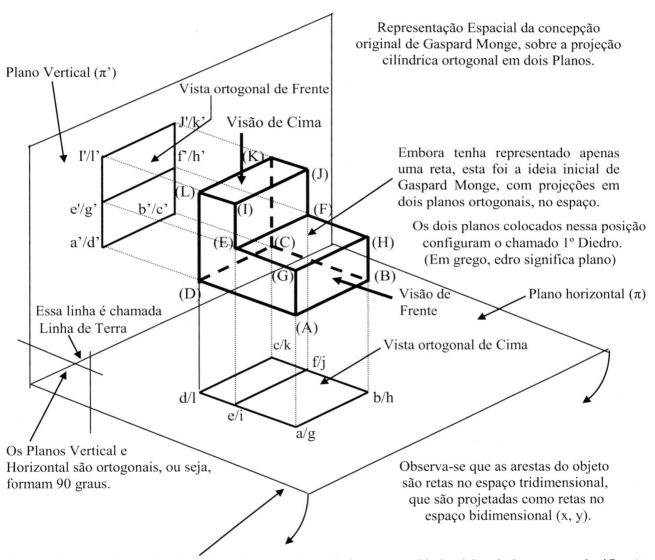

Rebatendo, ou melhor, girando o plano horizontal para baixo, no sentido horário, obtém-se uma planificação, chamada Épura. Ou seja, Monge criou um método para representar um objeto tridimensional em duas projeções ortogonais.

Por convenção, os vértices no espaço tridimensional, são pontos representados por letras maiúsculas e sob parênteses, como: (A), (F), etc. Esses pontos são representados nas projeções do plano vertical π', com letras minúsculas e com a mesma indicação ', como: a', f', etc. No plano horizontal π, as projeções são representadas por letras minúsculas, como: a, f, etc.

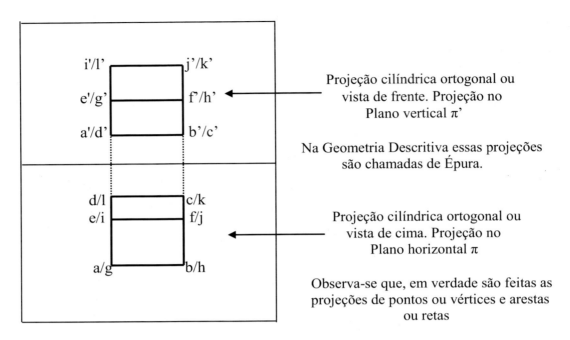

Exercício 17.2.1) Desenhar as projeções cilíndricas ortogonais da pirâmide de base quadrada, a seguir mostrada, considerando as projeções nos planos vertical π' e horizontal π.

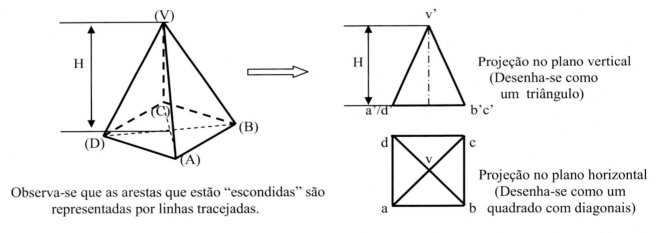

Observa-se que as arestas que estão "escondidas" são representadas por linhas tracejadas.

Exercício 17.2.2) Desenhar as projeções cilíndricas ortogonais do cilindro, a seguir mostrado, considerando as projeções nos planos vertical π' e horizontal π.

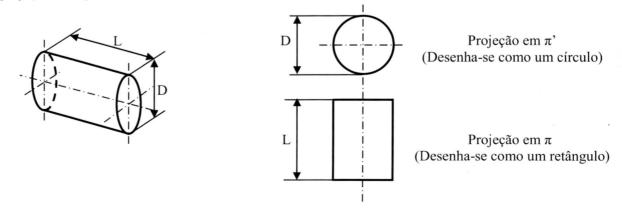

Apesar de seguir regras geométricas, ou seja, matemáticas, existem pessoas que têm mais facilidades que outras, para visualizar como um objeto tridimensional pode ser representado, por exemplo, na folha de papel, ou seja, em duas dimensões.

A prática didático pedagógica, de décadas, mostra que a maioria das pessoas tem mais facilidade de, a partir de um objeto tridimensional, visualizar e desenhar suas projeções em duas dimensões. O exemplo a seguir mostra um exemplo, ou seja, dadas as duas projeções de um objeto, por exemplo, um poliedro irregular, desenhar a sua forma tridimensional.

Dadas as duas projeções cilíndricas ortogonais, em π e π', a seguir, desenhar a forma tridimensional.

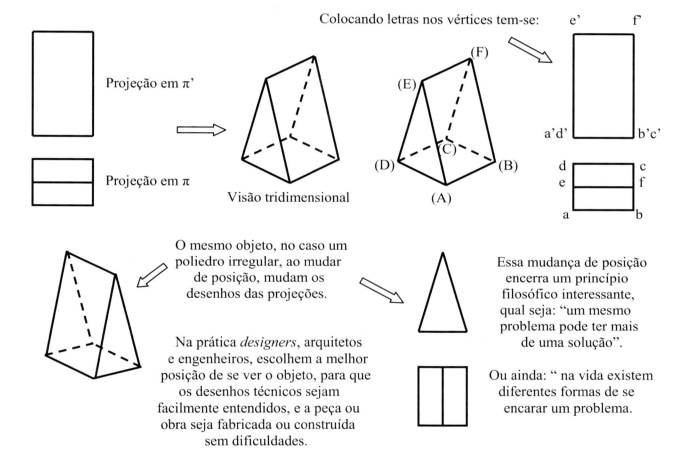

Mesmo considerando as projeções ortogonais, é possível ver um objeto por diferentes ângulos. *Designers*, arquitetos e engenheiros, dispõem de seis formas ortogonais diferentes de observar e representar no papel (pelos desenhos técnicos) um objeto, ou peça ou obra. Como projeção cilíndrica ortogonal no plano vertical π', chamada de vista frente, é escolhida aquela que apresenta o menor número possível de arestas não visíveis, representadas por linhas tracejadas.

17.3 As projeções cilíndricas ortogonais, em três e seis planos

Com a evolução da complexidade das peças a serem desenhadas, apenas duas projeções (em π e π') não davam boa compreensão aos desenhos e, então, foi concebido o terceiro plano de projeção (π") ou plano de perfil, obtendo-se então três projeções ou vistas. Na planificação ou Épura, considerando o terceiro plano de projeções, o plano vertical π' fica fixo, o horizontal π gira para baixo, no sentido horário e o de perfil π" gira para a direita, ou seja, no sentido anti-horário, como pode ser visto na figura a seguir.

17.3.1 Conceito da planificação, a Épura, considerando o terceiro plano de projeções

Os três planos colocados nessa posição configuram o chamado 1º Triedro.

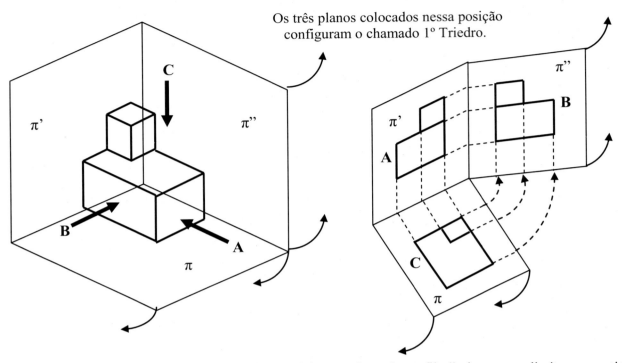

O plano horizontal π gira para baixo, no sentido horário, e o plano de perfil π" gira para a direita, no sentido anti-horário, deixando a planificação ou Épura da forma mostrada abaixo.

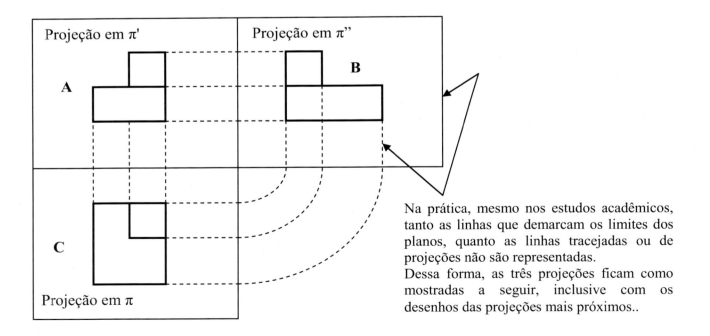

Na prática, mesmo nos estudos acadêmicos, tanto as linhas que demarcam os limites dos planos, quanto as linhas tracejadas ou de projeções não são representadas.
Dessa forma, as três projeções ficam como mostradas a seguir, inclusive com os desenhos das projeções mais próximos..

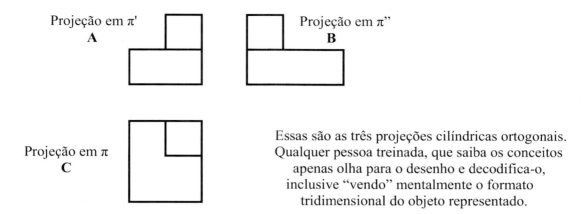

Exercício 17.3.1.1) Dado o objeto a seguir, com desenho tridimensional, representar suas três projeções cilíndricas ortogonais.

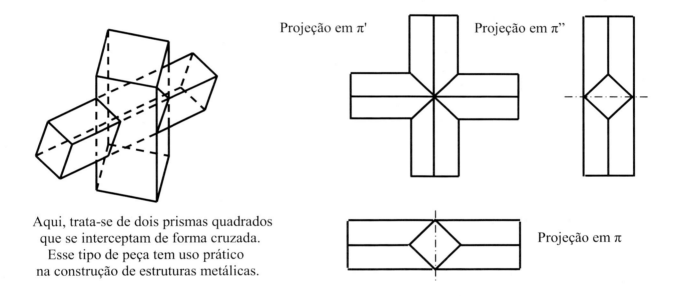

Aqui, trata-se de dois prismas quadrados que se interceptam de forma cruzada. Esse tipo de peça tem uso prático na construção de estruturas metálicas.

17.3.2 As projeções cilíndricas ortogonais em seis planos

Na prática, especialmente de problemas de Engenharias, Arquitetura e Desenho Industrial (*Design*), muitos objetos ou peças têm tal complexidade que apenas três vistas não são suficientes para sua representação e entendimento. Para solucionar esta dificuldade surgiu o conceito de imaginar os objetos ou peças dentro do 1º Triedro, mas com a adição de mais três Planos paralelos, respectivamente, a π, π'e π", formando o Hexaedro Básico (hexa = seis, logo: com seis planos) usado nos Desenhos Técnicos Projetivos e que possibilita a representação gráfica a partir de seis posições, ou melhor, das seis Vistas Ortográficas.

Como mostrado na figura a seguir, os objetos ou peças são imaginados dentro do hexaedro, permitindo que se olhe o mesmo de seis posições (projeções) ortogonais diferentes.

398 – A Geometria Básica

Esse é o hexaedro básico onde, além dos três planos π, π' e π", são acrescidos outros três (em linhas tracejadas), cada um paralelo ao seu oposto.

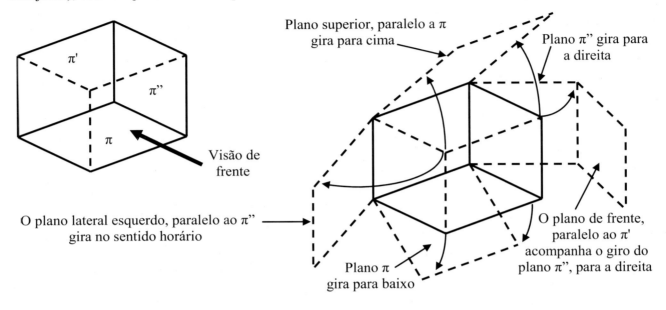

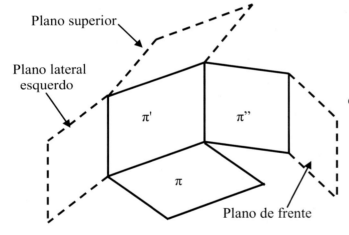

Essa é a imagem dos seis planos sendo girados, permitindo que um objeto ou peça possa ser representado por seis projeções cilíndricas ortogonais, como mostrado a seguir

Essa é a imagem planificada, das seis projeções cilíndricas ortogonais

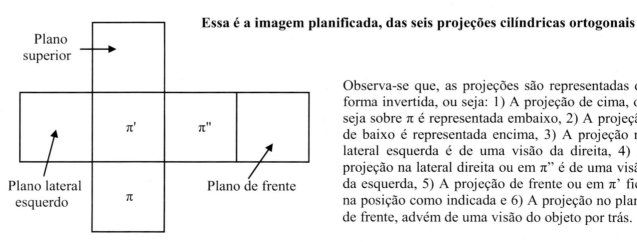

Observa-se que, as projeções são representadas de forma invertida, ou seja: 1) A projeção de cima, ou seja sobre π é representada embaixo, 2) A projeção de baixo é representada encima, 3) A projeção na lateral esquerda é de uma visão da direita, 4) A projeção na lateral direita ou em π" é de uma visão da esquerda, 5) A projeção de frente ou em π' fica na posição como indicada e 6) A projeção no plano de frente, advém de uma visão do objeto por trás.

Considerando-se o objeto a seguir e, considerando-se a face escolhida como a de frente ou frontal ou anterior, as suas seis projeções cilíndricas ortogonais ficam como indicado.

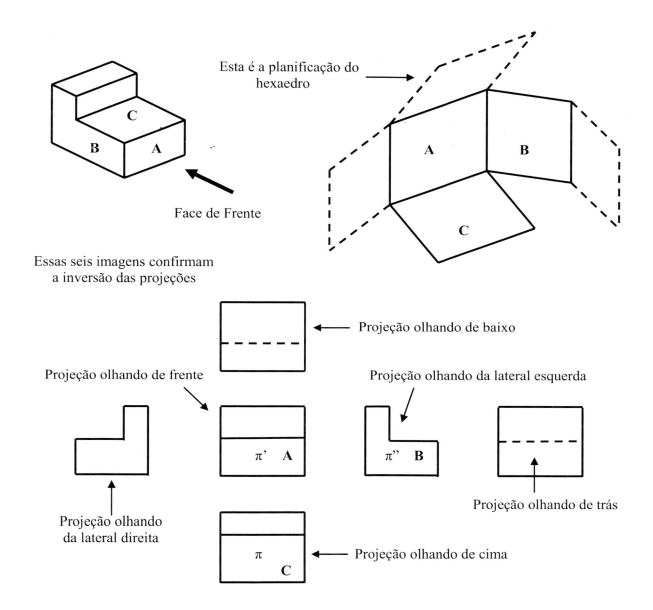

17.4 As coordenadas cartesianas no sistema das três projeções cilíndricas ortogonais: abscissa, afastamento e cota

As coordenadas cartesianas foram propostas pelo filósofo e matemático francês René Descartes (1596-1650) há cerca de 400 anos, sendo há muito um sistema usado na Geometria Analítica e na Geometria Descritiva para localizar um ponto em relação a dois (X, Y) ou três eixos (X, Y e Z). Foi a partir dos estudos de Descartes que Isaac Newton (1643-1727) e Gottfried Leibniz (1646-1716) desenvolveram o Cálculo Diferencial e Integral, bem como Gaspard Monge (1746-1818) aprofundou os estudos da Geometria Descritiva. Na Educação Básica, em especial no Ensino Médio, objetivando o estudo das projeções cilíndricas ortogonais, estudam-se três coordenadas, considerando-se o objeto colocado no 1º Diedro, ou seja, projeções nos planos: π, π' e π".

Conceitualmente, as coordenadas: abscissa, afastamento e cota, possibilitam a localização de pontos no interior do 1º Triedro, limitado pelos três planos: horizontal π, vertical π' e de perfil π".
A abscissa é marcada sobre a Linha de Terra, a partir de uma origem aleatória (ponto O). O afastamento é a distância entre o ponto e o plano vertical π'. A cota é a distância entre o ponto e o plano horizontal π.

17.4.1 O conceito de abscissa

As coordenadas cartesianas, aqui estudadas, estão referenciadas ao 1º Triedro, como a seguir mostrado.

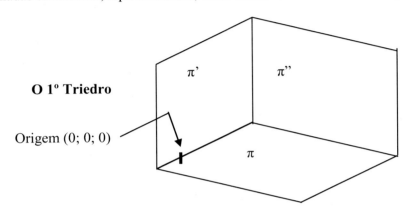

Na Educação Básica, as projeções cilíndricas ortogonais, são estudadas apenas no 1º Triedro.

A localização de um ponto é feita através das coordenadas cartesianas chamadas: abscissa, afastamento e cota. A Abscissa é marcada sobre a Linha de Terra, a partir de uma origem aleatória O(0; 0; 0).

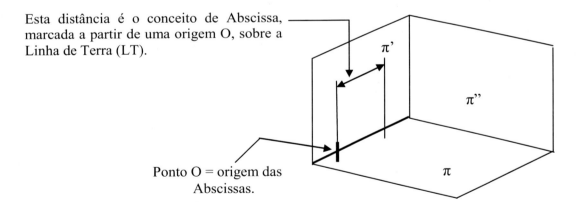

17.4.2 O conceito de afastamento

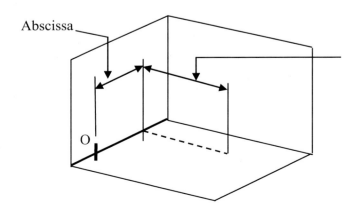

Esta distância é o conceito de afastamento, marcada a partir do plano vertical π', e a partir da abscissa do ponto.

17.4.3 O conceito de cota

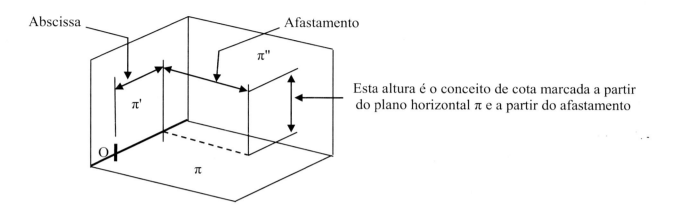

17.4.4 Representação de pontos, através das coordenadas cartesianas: abscissa, afastamento e cota

Na Geometria Analítica, quando se cita o ponto A(+2: +5), significa que esse ponto tem abscissa x = + 2 e ordenada y = +5. No sistema de projeções cilíndricas ortogonais, considerando o 1º Triedro, ou seja, as projeções nos planos π, π' e π", quando se cita (A)(+2; +5; +4), significa que esse ponto tem as seguintes coordenadas: abscissa = +3, afastamento = +5 e cota = +4.
Uma boa forma de "memorizar" como as coordenadas aparecem dentro do parêntese é pensar na ordem alfabética, ou seja: Abscissa, essa palavra inicia por Ab; Afastamento, essa palavra inicia por Af e Cota, essa palavra inicia por CO. Resumindo, a ordem fica: (B)(Ab; Af; Co).

Exercício 17.4.4.1) Representar geometricamente os pontos (A)(+2; +3; +4) e (B)(+5; +3; +1), no 1º Triedro, fazendo as projeções cilíndricas ortogonais do segmento de reta AB, calculando a distância AB e o ângulo que esse segmento de reta forma com o plano horizontal π.

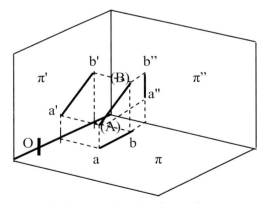

ab = projeção no plano horizontal π
a'b' = projeção no plano vertical π'
a"b" = projeção no plano de perfil π"

Raciocínio lógico espacial:

Observa-se que os pontos têm as seguintes coordenadas:
(A): abscissa +2, afastamento +3 e cota +2.
(B): abscissa +5, afastamento +3 e cota +5.
Plotam-se esses valores no triedro à esquerda.

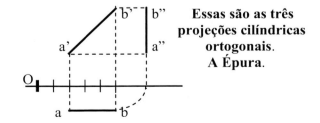

Essas são as três projeções cilíndricas ortogonais. A Épura.

Observa-se que, na parte de cima marcam-se as cotas e na de baixo os afastamentos. Isso significa que, no 1º Triedro, não há necessidade de se fazer a imagem geométrica tridimensional, podendo-se desenhar as projeções diretamente na Épura, como será feito no exercício a seguir.

Raciocínio lógico matemático: como os pontos (A) e (B) têm o mesmo afastamento, significa que o segmento de reta AB é paralelo ao plano vertical π', podendo-se calcular tanto o seu comprimento (dado como a'b'), quanto o ângulo α que forma com o plano horizontal π.

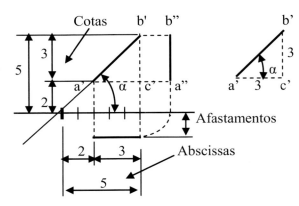

a'b' é o comprimento do segmento AB.

$(a'b')^2 = 3^2 + 3^2 \Rightarrow (a'b')^2 = 18 \Rightarrow (a'b') = \sqrt{18} = 4,24$.

$\operatorname{tg} \alpha = b'c'/a'c' = 3/3 = 1 \Rightarrow \alpha = 45°$.

**Conclusão: comprimento do segmento AB = 4,24.
ângulo que AB forma com plano horizontal = 45°.**

Exercício 17.4.4.2) Desenhar as três projeções cilíndricas ortogonais do segmento CD, sabendo que: (C)(+2; +2; +6), (D)(+7; +8; +3). Calcular o ângulo que o segmento de reta CD faz com o plano horizontal π.

Como visto anteriormente, no 1º Triedro, pode-se fazer as projeções ou Épura, sem a necessidade de se desenhar a imagem tridimensional dos pontos e do segmento de reta CD.

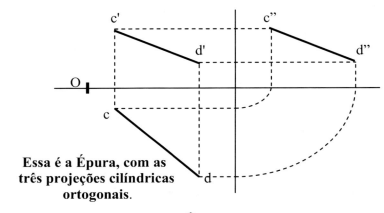

Raciocínio lógico espacial:

Observa-se que, como as abscissas, afastamentos e cotas são diferentes, o segmento de reta CD não é paralelo a nenhum dos três planos. Isso significa que tem que ser feita a imagem tridimensional, para se entender como será o cálculo do ângulo.

Essa é a Épura, com as três projeções cilíndricas ortogonais.

Raciocínio lógico matemático:

Observa-se que, para calcular o ângulo α será necessário determinar as dimensões do triângulo do triângulo retângulo CDE, resolvendo-se primeiro o outro triângulo retângulo cdf.

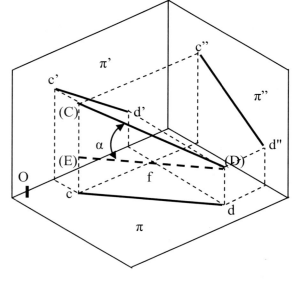

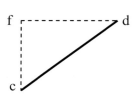

fd é igual à diferença dos afastamentos de D e C, ou seja: fd = 8 - 2 = 6.
fc é igual à diferença das abscissas de D e C, ou seja: fc = 7 - 2 = 5.

$cd^2 = fc^2 + fd^2 \Rightarrow cd = \sqrt{fc^2 + fd^2} \Rightarrow cd = \sqrt{5^2 + 6^2} \Rightarrow cd = \sqrt{25 + 36} \Rightarrow cd = 7,81$.

Obs: cd = (E)(D).

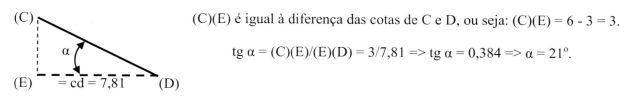

(C)(E) é igual à diferença das cotas de C e D, ou seja: (C)(E) = 6 - 3 = 3.

tg α = (C)(E)/(E)(D) = 3/7,81 => tg α = 0,384 => α = 21°.

Conclusão: o segmento de reta CD forma um ângulo de 21° com o plano horizontal π.

17.5 Exercícios complementares resolvidos

17.5.1) Desenhar as três projeções cilíndricas ortogonais, no 1° Triedro, do objeto a seguir.

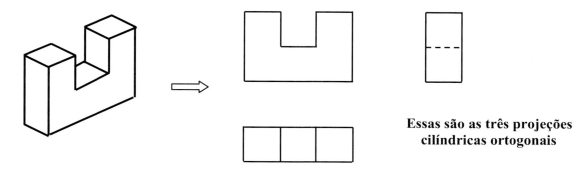

Essas são as três projeções cilíndricas ortogonais

Exercício 17.5.2) Dadas as três projeções cilíndricas ortogonais a seguir, consideradas no 1° Triedro, desenhar a imagem geométrica tridimensional do objeto.

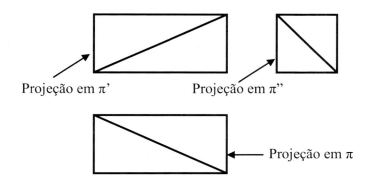

Raciocínio lógico espacial:

Pela geometria das projeções, observa-se que pode-se pensar num paralelepípedo que, certamente tem detalhes de truncamento ou cortes de faces. Por isso, começa-se a imagem tridimensional a partir de um paralelepípedo.

Paralelepípedo básico

Completando cada plano, com as linhas de projeções, vê-se nitidamente como as faces foram truncadas ou cortadas, para gerar as projeções.

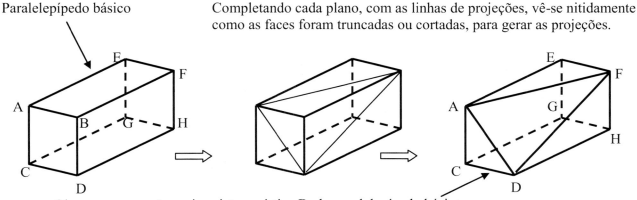

Observa-se que não mais existe o vértice B, do paralelepípedo básico

A confirmação de que a imagem geométrica tridimensional está certa é feita voltando-se às três projeções, colocando-se as letras de cada vértice.

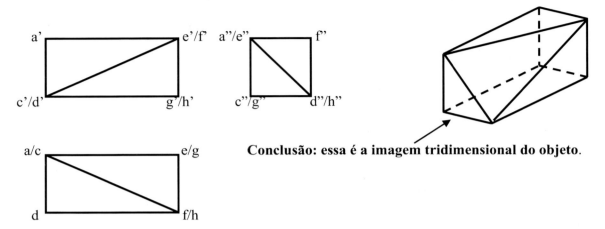

Conclusão: essa é a imagem tridimensional do objeto.

Exercício 17.5.3) (ENEM - 2016). Um grupo de escoteiros mirins, numa atividade no parque da cidade onde moram, montou uma barraca, em forma de um prisma triangular reto, em que foram usadas hastes metálicas, como mostrado a seguir. Após a armação das hastes, um dos escoteiros observou um inseto deslocar-se sobre elas, partindo do vértice A em direção ao vértice B, e deste ao vértice E e, finalmente, fez o trajeto do vértice E ao C. Considere que todos esses deslocamentos foram feitos pelo caminho de menor distância entre os pontos. Com esses dados, a projeção do deslocamento do inseto no plano que contém a base ABCD é dada por:

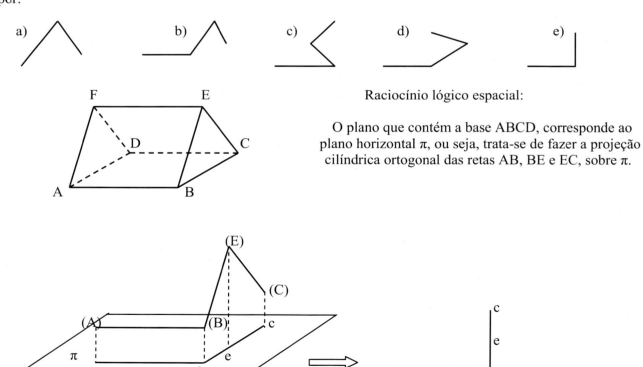

Conclusão: a resposta correta é a opção "e".

Exercício 17.5.4) Um estudante observou que uma mosca pousou no ponto A, bem na linha do equador de uma bola esférica e se movimentou lentamente ao longo da linha na horizontal e parou no ponto B, também sobre a linha do equador, tendo se deslocado 45° no sentido anti-horário. Supondo essa bola apoiada sobre um piso horizontal, determinar a projeção cilíndrica ortogonal da trajetória da mosca.

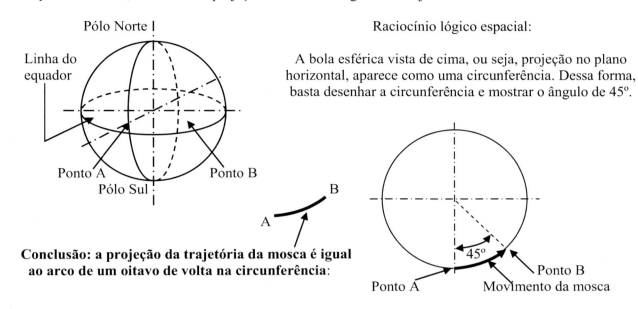

Conclusão: a projeção da trajetória da mosca é igual ao arco de um oitavo de volta na circunferência:

Exercício 17.5.5) (ENEM - 2016). A figura a seguir representa o globo terrestre e nela estão marcados os pontos A, B e C. Os pontos A e B estão localizados sobre um mesmo paralelo, e os pontos B e C, sobre um mesmo meridiano. É traçado um caminho do ponto A até C, pela superfície do globo, passando por B, de forma que o trecho de A até B se dê sobre o paralelo que passa por A e B e, o trecho de B até C se dê sobre o meridiano que passa por B e C. Considerando que o plano α é paralelo à linha do equador na figura, determinar qual opção representa a projeção ortogonal, no plano α, do caminho traçado no globo..

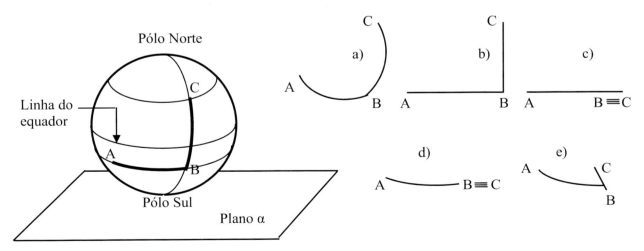

Raciocínio lógico espacial: ao se projetar o globo no plano α, equivalente ao plano horizontal π, tem-se a figura de uma circunferência, como a seguir mostrada, observando-se a projeção do trecho AB. Para a projeção do trecho BC, tem-se que recorrer à projeção no plano de perfil π". Analisando a figura a seguir, conclui-se que esses trechos se projetam como arcos de circunferências, tal e qual mostrado na opção "a".

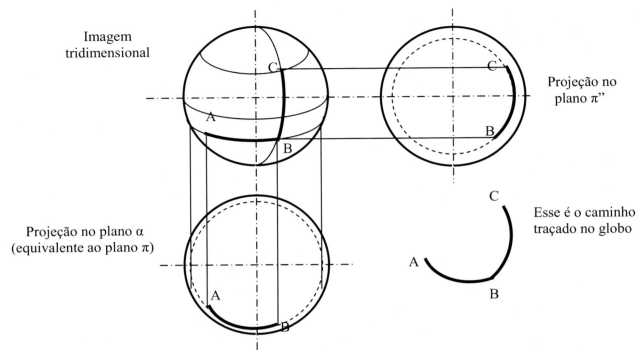

Conclusão: a opção correta é a letra "a".

Exercício 17.5.6) (ENEM – 2013) Gangorra é um brinquedo que consiste de uma tábua longa e estreita equilibrada e fixada no seu ponto central (pivô). Nesse brinquedo, duas pessoas sentam-se nas extremidades e, alternadamente, impulsionam-se para cima, fazendo descer a extremidade oposta, realizando, assim, o movimento da gangorra. Considere a gangorra representada na figura, em que os pontos AA e BB são equidistantes do pivô. A projeção ortogonal da trajetória dos pontos A e B, sobre o plano do chão da gangorra, quando esta se encontra em movimento, é:

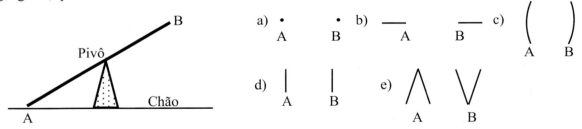

Raciocínio lógico espacial: em verdade, uma gangorra tem movimento alternado (sobe e desce), segundo arcos de circunferências, em cada extremidade (A, B). O raio dessa circunferência é igual à distância entre o pivô e os pontos A ou B. A figura a seguir mostra esses arcos, em função do movimento alternado.

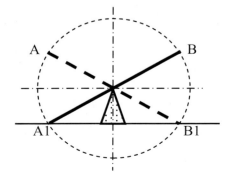

A projeção da trajetória dos pontos A e B, sobre o plano do chão, equivale a projetar a figura à esquerda no plano horizontal π, como detalhado na figura a seguir.

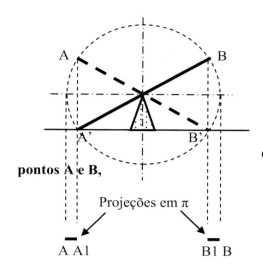

Observa-se que, na projeção em π ou plano do chão, o ponto A varia entre A e A1, assim como, o ponto B varia entre B e B1.

Conclusão: A projeção ortogonal da trajetória dos pontos A e B, sobre o plano do chão da gangorra, quando esta se encontra em movimento, é a opção "b".

Exercício 17.5.7) Considerando o exercício 17.5.6, desenhar a projeção ortogonal da trajetória dos pontos A e B, sobre o plano vertical ou π', quando esta se encontra em movimento.

Raciocínio lógico espacial: a projeção da trajetória sobre o plano vertical ou π' é obtida diretamente da figura anterior, como se vê a seguir.

Essa é a projeção no plano vertical π'

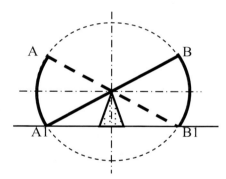
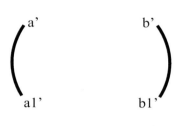

Exercício 17.5.8) (UERJ - 2019). No esquema abaixo, estão representados os planos ortogonais α e β, sendo A um ponto de α e D um ponto de β. Os pontos B e C pertencem à intersecção desses dois planos, sendo BC = 40 cm. Considere, ainda, AB = 30 cm e CD = 20 cm, perpendiculares a β e α, respectivamente. Calcule a distância AD em cm.

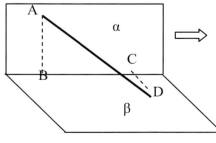

Raciocínio lógico espacial:

Determina-se o triângulo retângulo BCD, onde a hipotenusa BD é um dos catetos do triângulo ABD, cuja hipotenusa AD é a distância a ser calculada.

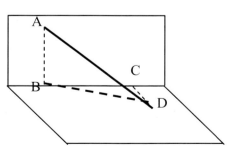

$BD^2 = BC^2 + CD^2 \Rightarrow BD = \sqrt{(40)^2 + (20)^2} \Rightarrow BD = \sqrt{2000} \Rightarrow BD = 44{,}72$ cm.

$AD^2 = AB^2 + BD^2 \Rightarrow AD = \sqrt{(30)^2 + (2000)} \Rightarrow AD = \sqrt{2900} \Rightarrow AD = 53{,}85$ cm.

Conclusão: a distância AD é igual a 53,85 cm (ou $10\sqrt{29}$ cm).

Exercício 17.5.9) A figura a seguir representa a projeção no plano vertical π', do que se chama de hélice cônica, ou seja, uma hélice desenvolvida em uma superfície cônica. No caso em questão, uma partícula se desloca do ponto A, até o vértice V do cone, no sentido anti-horário. Esse deslocamento ocorre com um ângulo α constante, em relação à base do cone, que está apoiada no plano horizontal π. A partícula, sem peso e sem dimensões, se desloca tangenciando a superfície. Com esses dados determinar a imagem tridimensional da hélice, bem como a projeção no plano horizontal π.

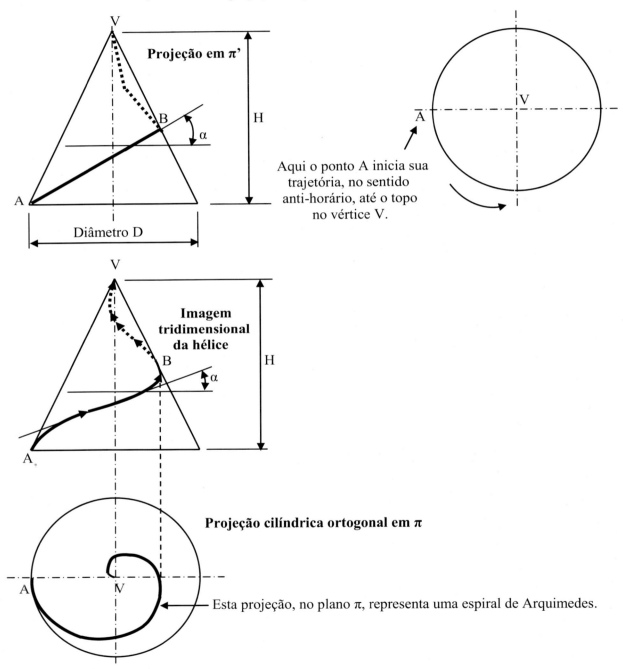

Exercício 17.5.10) A imagem tridimensional a seguir, representa uma espiral esférica (ou curva *loxodrômica), que representa a trajetória seguida por um objeto que se move ao longo da superfície de uma esfera fazendo um ângulo constante com a linha do equador.

Considerando a imagem tridimensional mostrada, representar a sua projeção no plano horizontal π. Observa-se que, nesse caso a hélice se inicia no ponto A, sobre a linha do equador, com trajetória até o ponto do Pólo Norte, sendo que a hélice mantém um ângulo α constante, em relação ao plano π. *Foi o matemático e navegador português Pedro Nunes (1502-1579) quem publicou os primeiros estudos sobre essa curva.

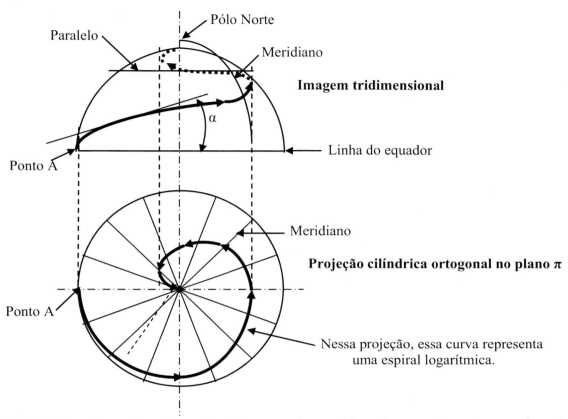

17.5.11) Considerando a figura do dado a seguir, considerando que: a) o número seis está em um plano oposto ao número 1; b) o número quatro está em um plano oposto ao número três e c) o número cinco está em um plano oposto ao número dois, fazer a planificação do dado considerando o 3º Diedro, mostrando os números em cada plano, conforme definido.

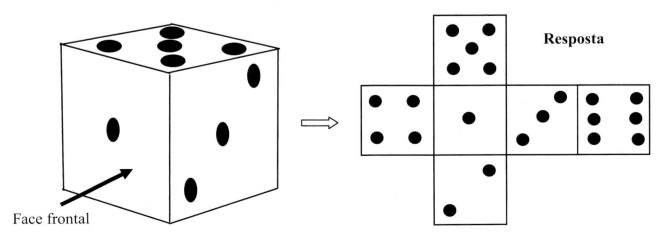

17.6 Exercícios propostos (Veja respostas no Apêndice A)

17.6.1) Determinar a área do triângulo abc, que é a projeção do triângulo (A)(B)(C), no plano horizontal ou plano π, considerando as seguintes medidas: (A)(B) = 10 cm; 12 = 5 cm; 1a'b' = 3 cm; 2c' = 10 cm; a'/b'(A) = 7 cm e c'(C) = 12 cm.

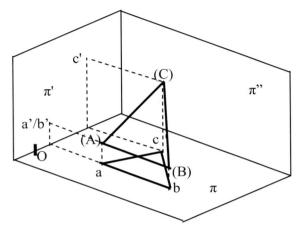

17.6.2) (ENEM - 2017). Uma lagartixa está no interior de um quarto e começa a se deslocar. Esse quarto, apresentando um formato de um paralelepípedo retangular, é mostrado na figura a seguir. A lagartixa parte do ponto B e vai até o ponto A. A seguir, de A, ela se desloca, pela parede, até o ponto M, que é o ponto médio do segmento EF. Finalmente, pelo teto, ela vai do ponto M até o ponto H. Considere que todos esses deslocamentos foram feitos pelo caminho de menor distância, entre os respectivos pontos envolvidos. Marque qual é a projeção ortogonal desses deslocamentos no plano que contém o chão do quarto.

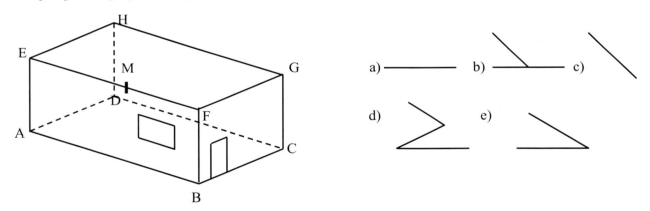

17.6.3) (UERJ – 2020). A projeção ortogonal do triângulo AFC no plano da base BCDE, do cubo de aresta 2 cm, é um triângulo de área y. Determinar essa área em cm².

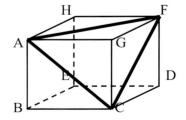

17.6.4) Imagine que a pirâmide regular de base quadrada e altura H, a seguir, é cortada a uma certa altura h por um plano paralelo à sua base, que está apoiada no plano horizontal π. Representar a projeção cilíndrica ortogonal desse tronco de pirâmide, no plano horizontal π.

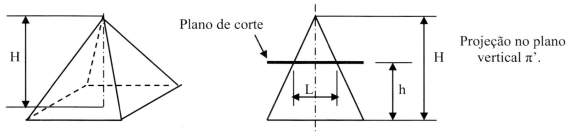

17.6.5) A figura a seguir representa uma pirâmide reta de base quadrada ABCD. Determinar a projeção cilíndrica ortogonal, no plano da base, do percurso de um inseto, desde o ponto E na base, até o vértice V, observando-se que, durante todo o tempo, o inseto se deslocou pela superfície da pirâmide. A trajetória foi a seguinte: 1) partida do ponto E, ponto médio da aresta AB; 2) Ida do ponto E ao ponto F, pela superfície do triângulo ABV, pela linha que une E e V, parando no ponto F; 3) Ida, na horizontal, do ponto F para G, de forma paralela ao trecho EB; 4) Do ponto G, até o ponto H, o inseto caminhou pela aresta BV; 5) Do ponto H ao ponto I, andou paralelamente à aresta BC, até a linha que une J e V, sendo J o ponto médio da aresta BC e 6) Do ponto I, até o vértice V, pela linha que une J a V.

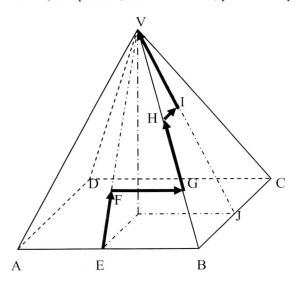

17.6.6) Considerando o objeto a seguir, representar suas projeções cilíndricas ortogonais, a partir das visões de A, B e C.

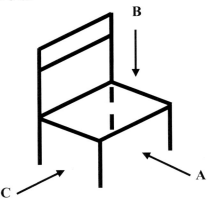

17.6.7) A figura a seguir, representa um cilindro circular reto maciço, apoiado no plano horizontal π. Considerando a projeção cilíndrica ortogonal, no plano vertical π', com o cilindro sendo cortado por um plano inclinado a 30°, representar as projeções cilíndricas ortogonais do cilindro cortado, nos planos horizontal π e de perfil π".

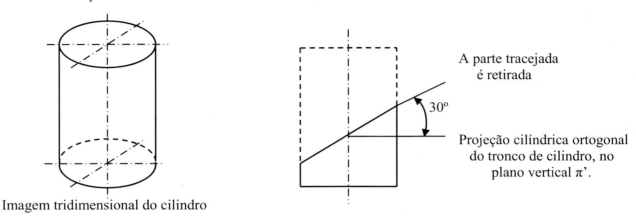

17.6.8) Considere a esfera a seguir, sofrendo um corte parcial, gerando uma calota esférica, com a projeção no plano vertical π' como indicado à direita da esfera, representada tridimensionalmente. Representar as três projeções cilíndricas ortogonais em: π, π' e π". Estudar aspectos geométricos do corte, gerando a calota.

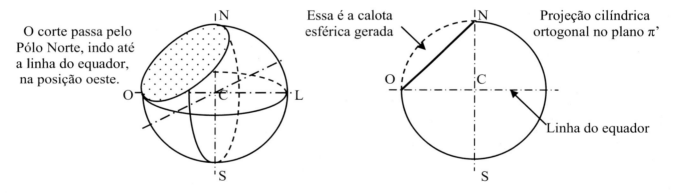

17.6.9) Imagine que um arame flexível é enrolado ao redor de um cilindro maciço de diâmetro D. Sabendo que esse enrolamento segue um ângulo constante de 30°, em relação à base do cilindro, determinar o aspecto tridimensional da mola, após dar-se duas voltas e meia ao redor do cilindro, ou seja, entre os pontos A e B. Observe a figura a seguir.

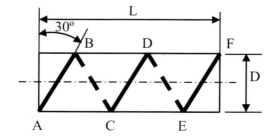

17.6.10) Uma pirâmide reta de base quadrada, apoiada em um plano horizontal, é cortada por um plano inclinado, como indicado na projeção cilíndrica ortogonal no plano π'. Baseando-se nas imagens a seguir, determinar a projeção cilíndrica ortogonal no plano π.

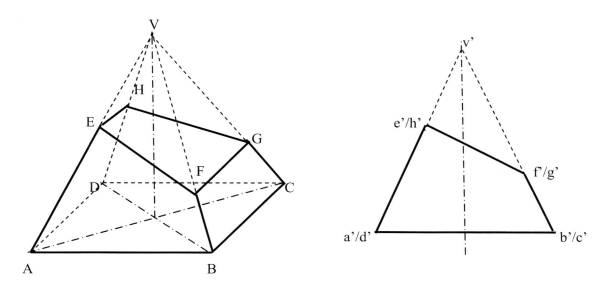

17.6.11) Considerando a figura do dado a seguir, considerando que: a) o número seis está em um plano oposto ao número 1; b) o número quatro está em um plano oposto ao número três e c) o número cinco está em um plano oposto ao número dois, fazer a planificação do dado considerando o 3º Diedro, mostrando os números em cada plano, conforme definido.

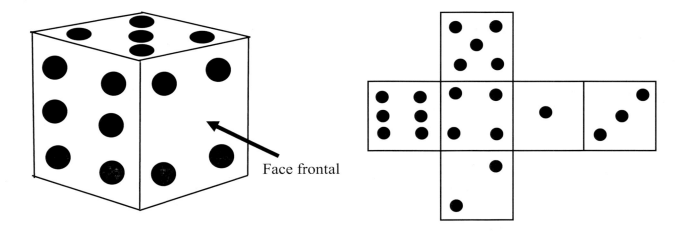

Apêndice A

Respostas dos exercícios propostos

Capítulo 1: Conceitos geométricos primitivos. A geometria euclidiana. Geometrias estudadas na Educação Básica. Geometria dinâmica

Esse capítulo, introdutório, não tem exercícios propostos.

Capítulo 2: Linhas. Retas e ângulos. Triângulos ou triláteros

2.14.1) A ordem é: Circuncentro (C), Baricentro (B), Incentro (I) e Ortocentro (O).

2.14.2) O comprimento da escada é de 5 metros.

2.14.3) O ângulo α é igual a 36,87°.

2.14.4) O lado do triângulo equilátero é igual a 3,722 m.

2.14.5) Quando x = 30°, a intensidade luminosa se reduz a 50% da máxima.

2.14.6) A área do triângulo CAE é igual a 140 cm^2.

2.14.7) A área do triângulo AEF é igual a 30 cm^2.

2.14.8) A área hachurada é igual a 1.562,5 m^2.

2.14.9) X/Y = $^4\sqrt{3}$ / 2.

2.14.10) A área do triângulo é igual a 11 cm^2.

2.14.11) A área da parte hachurada é igual a 10,876 cm^2.

2.14.12) O diâmetro é igual a 10 cm.

2.14.13) A distância y entre o baricentro G e o lado AD, do triângulo é igual a 1,67 cm.

2.14.14) O diâmetro é igual a 3,46 cm.

2.14.15) A altura é igual a 3,86 cm.

2.14.16) A área do triângulo é igual a 2,74 cm^2.

2.14.17) A área do triângulo ADE é igual a 5,196 cm^2.

2.14.18) O ângulo α é igual a 150°.

2.14.19) A area do triângulo é igual a 1,44 cm^2.

2.14.20) A área do triângulo é igual a 11,314 cm^2.

Capítulo 3: Quadriláteros: paralelogramo, retângulo, quadrado e trapézio

3.7.1) A área da figura ABCE é igual a 36 cm².

3.7.2) a) É um losango; b) Perímetro igual a 21,15 cm e c) Área 27,68 cm².

3.7.3) É um losango, de perímetro 80 cm e área 346,41 cm².

3.7.4) x = 56°; ângulos maiores igual a 124°.

3.7.5) x = 5° e y = 28°.

3.7.6) Devem ser comprados, no mínimo, 8 rolos de tela.

3.7.7) Ele conseguirá plantar no máximo 27 arbustos.

3.7.8) A razão entre as larguras é igual a 7/8.

3.7.9) O lado x mede 5 metros.

3.7.10) A razão é igual a 2/3.

3.7.11) O segmento AD é igual a 10 cm.

3.7.12) A área do triângulo GED é igual a 10,83 cm².

3.7.13) A distância AE é igual a 8,66 cm.

3.7.14) São quatro trapézios isósceles, com os seguintes ângulos e dimensões:

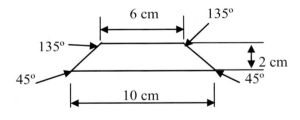

Os lados inclinados medem $2\sqrt{2}$ cm = 2,828 cm.

3.7.15) Os lados são iguais a 30 cm e 40 cm e a área é igual a 300 m².

3.7.16) Devem ser compradas, no mínimo, 232 caixas de azulejos.

3.7.17) A área do trapézio EFGH é igual a 8,12 cm².

3.7.18) O perímetro de cada retângulo é $2\sqrt{3}$ cm = 3,464 cm.

3.7.19) A medida x é igual a 24 metros.

3.7.20) Perímetro igual a 35,12 cm. Área igual a 54,13 cm².

Capítulo 4: Circunferência e círculo

4.9.1) $x = 20$ cm e $y = 18,66$ cm.

4.9.2) O raio aproximado é igual a 11 cm (o cálculo exato é 10,967 cm).

4.9.3) O diâmetro da circunferência menor é 1,54 cm.

4.9.4) Lado do quadrado igual a 4,33 m e lado do triângulo equilátero igual a 6,58 m.

4.9.5) A área total da praça é igual a πK^2.

4.9.6) A área total azulejada é igual a 989,1 m^2.

4.9.7) A área do triângulo é igual a 9 cm^2.

4.9.8) Terão que ser dadas cinco voltas.

4.9.9) Estaria sendo beneficiado o atleta que correu na raia um.

4.9.10) Área total revestida igual a 162,92 cm^2.

4.9.11) A área marcada é igual a 2,28 cm^2.

4.9.12) A área das regiões marcadas é igual a $16\pi/3$ cm^2 (16,75 cm^2).

4.9.13) Área total banhada em ouro igual a 55,15 cm^2.

4.9.14) A área total ocupada pelos três canteiros é 25π m^2 (ou 78,5 m^2).

4.9.15) A área interior à pista circular, excedente à da quadra retangular é igual a $(25\pi - 48)$ m^2 ou 30,5 m^2.

4.9.16) A área do quadrilátero é igual a $8\sqrt{3}$ ou 13,86. (O quadrilátero é um losango).

4.9.17) O raio dos tubos maiores é de $6(1 + \sqrt{2})$ cm ou 14,49 cm.

4.9.18) Ângulo $\alpha = 19,162°$.

4.9.19) É um quadrado de área 52,46 cm^2.

4.9.20) O tambor dará 15 voltas inteiras.

4.9.21) O comprimento total da cinta é de $(2\pi + 6)$ metros ou 12,28 metros.

4.9.22) O comprimento da corrente é $(8\pi + 12\sqrt{3})$ cm ou 45,9 cm.

4.9.23) A área marcada é igual a $47,75\pi$ cm^2 ou 149,94 cm^2.

4.9.24) O raio r é igual a 4,14 cm.

4.9.25) A área marcada é igual a $225(4 - \pi)$ cm^2 ou 193,5 cm^2.

Capítulo 5: A trigonometria no círculo

5.7.1) a) Gráfico a seguir. b) valor máximo y = +3 e c) y = +2.

y \ x	0π	π/6	π/4	π/2	3π/4	π	5π/4	3π/2	7π/4	2π
sen x	0	+0,5	+√2/2	+1	+√2/2	0	-√2/2	-1	-√2/2	0
2|sen x|	0	+1	+√2	+2	+√2	0	+√2	+2	+√2	0
y = 1 + 2|sen x|	+1	+2	1 + √2	+3	1 + √2	+1	1 + √2	+3	1 + √2	+1

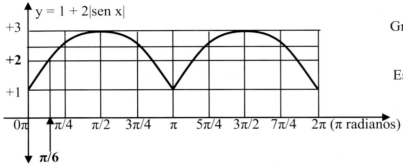

Gráfico da função: y = 1 + 2|sen x|

Essa função varia entre +1 e +3.

5.7.2) Lado igual a 17,32 cm.

5.7.3) $\cos^2(\pi/3) - \text{sen}(\pi/6) + \text{tg}(3\pi/4) = +0,25$.

5.7.4) a) L = 5,176 metros e b) H = 1,34 metros.

5.7.5) A área lateral, incluindo o fundo, é igual a 11,05 m².

5.7.6) O cosseno do menor ângulo é igual a 3/5 (0,6).

5.7.7) A distância entre o farol F e o ponto B é igual a 2√2 km.

5.7.8) BE = 4,243 cm; BG = EG = 5 cm. α = 45°; γ = 36,9°; δ = 53,1°; β = 64,5° e μ = 50,2°.

5.7.9) L = 9,8 cm.

5.7.10) Área 1: cerca de 1.750 m². Área 2 = 4.000 m². Área 3 = 1.500 m².

5.7.11) A área do segmento circular marcado é igual a π/4 - 1/2 cm² (0,285 cm²).

5.7.12) A flecha AB é igual a 0,5 metros.

5.7.13) O perímetro do triângulo ABC é igual a 11,86 metros.

5.7.14) O número m tem que estar no intervalo: +4 ≤ m ≤ +5.

5.7.15) Altura máxima igual a 50 metros e altura mínima igual a 10 metros.

5.7.16) Ângulo α = 15°. (De fato, α = 15° => 2α = 30° => sen 30° = 0,5).

Apêndice – 419

5.7.17) A altura aproximada da queda do telefone é de 14 metros.

5.7.18) Amplitude igual a 8 cm e período igual a 2/3.

5.7.19) O comprimento total RQ + QP da rampa é igual a $5\pi + 2\sqrt{3}$ cm (19,2 cm).

5.7.20) A equação (sen x)^2 + 5(sen x) +6 = 0, não admite raízes. (Fazendo a2 + 5a + 6 = 0, são encontradas as "raízes": a1 = -3 e a2 = -2, o que é impossível).

5.7.21) O ângulo no 2º quadrante, que tem a mesma tangente do ângulo $7\pi/4$ é o de 135º.

5.7.22) O ângulo é igual a $5\pi/6$ (150º).

5.7.23) A roda deu seis (6) voltas e o ponteiro parou no ângulo de 30º.

5.7.24) O ângulo de - $25\pi/4$ radianos está no 4º quadrante e equivale a um ângulo de - 45º. (Lembra-se que, embora na prática não se aplique, ângulos negativos, são os advindos de giro no sentido anti-horário).

5.7.25) O seno de um arco de medida 2.340º é igual a zero. (2.340º equivale a seis voltas completas ou 2160º mais meia volta ou 180º, cujo seno é igual a zero).

Capítulo 6: Polígonos: classificações, tipos e propriedades

6.4.1) Área igual a 60 m^2.

6.4.2) Área igual a 7,25 cm^2.

6.4.3) a) Diâmetro igual a 7,464 cm e b) Área do hexágono igual a 36,184cm^2.

6.4.4) O diâmetro é igual a 5,878 cm.

6.4.5) A área é igual a 1.012,02 cm^2.

6.4.6) O polígono é o undecágono, ou seja, polígono com 11 lados (que tem 44 diagonais).

6.4.7) Área igual a 13,284 cm^2.

6.4.8) Ângulos: α = 135º e ß = 22,5º.

6.4.9) a) O polígono é um eneágono (nove lados) e b) O perímetro é 270 cm.

6.4.10) x = 30º.

6.4.11) O lado do hexágono menor é igual a 4 cm.

6.4.12) O polígono é um quadrilátero.   5.4.13) α = 36º.

6.4.14) A soma dos ângulos internos da estrela é igual a 360º.

6.4.15) Um polígono de 30 lados (seu ângulo central é igual a 12º).

6.4.16) É o polígono de 15 lados ou pentadecágono.

6.4.17) O ângulo α é igual a 150°.

6.4.18) Área igual a 1,3 dm².

6.4.19) O polígono é um hexágono e sua área é $3\sqrt{3}$ ou 5,196 unidades de área.

6.4.20) Área do polígono: $3 + \sqrt{3}$ = 4,732 unidades de área.

6.4.21) A área do hexágono é igual a $18\sqrt{3}$ cm² (31,18 cm²).

6.4.22) O lado do hexágono é igual $\sqrt{3}/3$ cm (0,577 cm).

6.4.23) A área do pentágono regular circunscrito é igual a 60 m².

6.4.24) A área dos três trapézios é igual a $0,225\pi$ m² (0,707 m²).

6.4.25) A área do quadrilátero ABCD é igual a 5,85 cm².

Capítulo 7: Simetria. Isometrias de: rotação, translação e reflexão. Homotetia. Ladrilhamentos e padrões geométricos. Arte geométrica

7.5.1) As figuras simétricas são as da letra C.

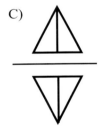

7.5.2) A simetria de rotação do triângulo é:

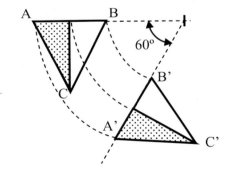

7.5.3) A figura a seguir mostra a simétrica de reflexão.

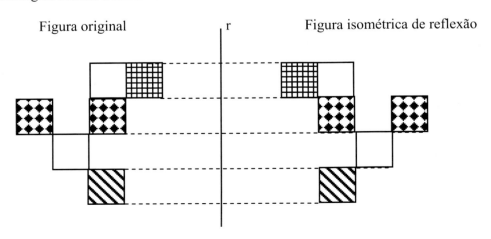

7.5.4) A figura a seguir, mostra a simétrica pedida.

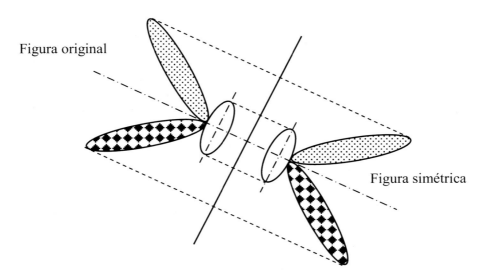

7.5.5) A rotação do trapézio gera a seguinte imagem:

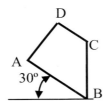

Capítulo 8: Poliedros e prismas

8.11.1) Antes do cozimento, a lojota tinha uma área de 865 cm^2.

8.11.2) O octaedro pesa 3,86 kg.

8.11.3) O volume máximo de água dessa piscina é de 52.125 litros.

8.11.4) A medida da aresta do cubo deve ser diminuída de 3 cm.

8.11.5) O volume do cubo é igual a 216 cm^3.

8.11.6) O nível da água sobe 2 cm, passando a ficar a 22 cm do fundo.

8.11.7) O volume de petróleo derramado é 3,2 x 10^3 m^3 (ou 3.200 m^3 ou 3 milhões e 200 mil m^3).

8.11.8) O raio da esfera é igual a 4 m.

8.11.9) A torneira levará 10 minutos, para encher a parte que falta do reservatório de baixo.

8.11.10) A altura da água, em relação ao fundo, passará de 25 cm para 26,242 cm.

8.11.11) O volume é igual a 32, 7 m^3.

8.11.12) O octaedro tem aresta igual a 2,75 m.

8.11.13) Opção d: X = 25 m e Y = 25 m.

8.11.14) São 18 arestas a serem lixadas.

8.11.15) Serão utilizadas 14 cores na pintura das faces do troféu.

8.11.16) A opção "c" atende ao pedido da empresa.

8.11.17) O sólido terá 15 arestas. Trata-se de um prisma reto de base pentagonal com: cinco arestas na base, cinco arestas no topo e cinco arestas na vertical, iguais à altura.

8.11.18) A área y é igual a 2 cm^2.

8.11.19) A razão entre o volume do prisma e do cubo é 1/8 (0,125).

8.11.20) A altura "h" deve ser de 1,5 m, para se ter 18 m^3 de reserva de água para incêndio.

8.11.21) Antes das reformas, a vazão máxima das galerias era de 100 m^3/s. (Observa-se que a velocidade da água é de 25 m/s, equivalente a 90.000 m/h ou 90 km/h).

8.11.22) O poliedro do exercício 8.11.24 tem a soma de todas as arestas igual a 105,6 cm e uma área de 441,4 cm^2.

8.11.23) O poliedro do exercício 8.11.25 tem a soma de todas as arestas igual a 126,21 cm e uma área de 562,5 cm^2.

8.11.24) Planificação

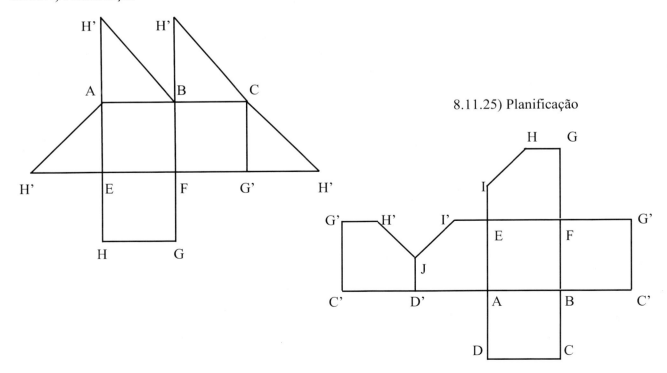

8.11.25) Planificação

Capítulo 9: As pirâmides

9.7.1) A área lateral do octaedro é igual a $a^2\sqrt{3} = 1,732a^2$.

9.7.2) O volume da pirâmide é igual a $1/6 \text{ m}^3 = 0,167 \text{ m}^3$.

9.7.3) O volume da pirâmide é igual a 9 cm^3.

9.7.4) A opção correta é a "d".

9.7.5) A área total da pirâmide é igual a 96 m^2.

9.7.6) A área total do tronco de pirâmide é igual a 325 dm^2.

9.7.7) A altura da pirâmide é igual a 3 metros.

9.7.8) O volume da pirâmide de base I é igual a 1.024 cm^3.

9.7.9) O volume do tetraedro é igual a 50 cm^3.

9.7.10) O volume do sólido (tetraedro irregular) é igual a $\sqrt{3}/36$ unidades de volume.

9.7.11) O volume da pirâmide é igual a 576 cm^3.

9.7.12) Resposta: A altura é igual a $3\sqrt{7}$ cm (7,94 cm).

9.7.13) O volume da pirâmide é 24,58 cm^3.

9.7.14) O volume do tronco de cone é igual a 336 dm^3.

9.7.15) A distância "d" necessária é igual a $\sqrt{7}$ m ou 2,646 m.

Capítulo 10: Corpos redondos: cilindro, cone e esfera

10.5.1) a) Cada esfera tem 1 dcm de diâmetro, b) Podem ser colocadas 27 esferas e c) A relação entre os volumes é de 52,33 %. Ou seja: o volume de todas as esferas é equivalente a 52,33 % do volume da caixa.

10.5.2) A esfera furada, menos os volumes das duas calotas, tem um volume de 50,36 dcm^3.

10.5.3) A lata maior, de 450 ml, é 16,7% mais cara que a lata menor de 250 ml.

10.5.4) São necessários 2.336,16 m^2 de lona, para cobrir o circo.

10.5.5) O volume da barra é igual a $2R^2H$.

10.5.6) A forma correta é a opção e (tronco de cone).

10.5.7) Para obter o mesmo volume, a altura deve ser igual a 12R.

10.5.8) O volume será multiplicado por 18.

10.5.9) O volume do cone dobra.

10.5.10) O volume da esfera é igual a $\frac{32\pi}{3}$ m³ ou 33,493 m³.

10.5.11) O volume da esfera é igual a 32π/3 cm³ ou 33,493 cm³.

10.5.12)

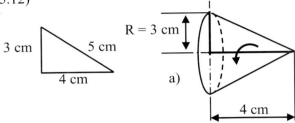
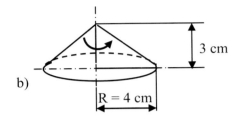

a) Um cone circular de raio de base 3 cm, altura 4 cm e volume 37,68 cm³.

b) Um cone circular de raio de base 4 cm, altura 3 cm e volume 50,24 cm³.

10.5.13)

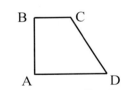
AB = 5 cm; BC = 2 cm e AD = 5 cm.

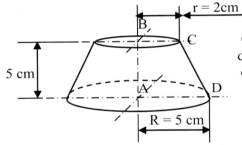
O sólido gerado é um tronco de cone de altura 5 cm e raios da base maior igual a 5 cm e da base menor igual a 2 cm.

10.5.14) O custo da vela tipo I é o dobro do custo da vela tipo II.

10.5.15) O volume do cilindro é igual a $2\pi R^3$.

10.5.16) Terão que ser feitas, no mínimo 18 viagens.

10.5.17) O escultor irá gastar 36 litros de tinta.

10.5.18) A distância H é igual a 10 cm.

10.5.19) O volume do sólido é 7π/3 cm³ ou 7,33 cm³.

10.5.20) O aumento no raio deverá ser de 2 m.

10.5.21) O índice pluviométrico, durante o temporal, foi de 108 mm.

10.5.22) O raio da nova esfera é igual a $\sqrt[3]{78}$ cm ou 4,273 cm.

10.5.23) A área da base do cone é igual a 36 cm².

Apêndice – 425

10.5.24) Altura H = 1,0 m, desde a parte interna do fundo hemisférico.

10.5.25) A redução de volume foi de 514 mm^3.

Capítulo 11: Ponto, reta e plano. Plano cartesiano. Sistema de coordenadas cartesianas (x; y). Distâncias entre pontos

11.9.1) As coordenadas do centroide são: G(0; +1,333).

11.9.2) O imóvel deverá ser localizado no encontro das ruas 4 e D.

11.9.3) A área do triângulo é igual a 10 cm^2.

11.9.4) O produto é igual a -6.

11.9.5) a) Ponto E está no 2º quadrante e o F no 4º quadrante; b) A distância entre os pontos E e F é de 7,071 metros e c) O ângulo que a reta EF faz com o eixo X é de 135º.

11.9.6) Trata-se de um triângulo escaleno acutângulo.

11.9.7) Coordenadas do centroide: G(+0,333; +0,667).

11.9.8) A abscissa m é igual a +49.

11.9.9) Os valores são: y = +1 ou y = +13.

11.9.10) A soma das coordenadas do vértice D é igual a -1, com D(-3; +2).

11.9.11) As coordenadas do local adequado são: (+ 53,33 km; + 30 km).

11.9.12) A abscissa do ponto P é igual a -2.

11.9.13) Os pontos médios são: M_{AB}(+3; +1,5), M_{AC}(+4,5; -0,5) e M_{BC}(+5,5; +1).

11.9.14) A área do triângulo é igual a 8 dcm^2.

11.9.15) As coordenadas são: A(0;0), B(+4; 0), C(+6; +3,46) e D(+2; +3,46).

Capítulo 12: Estudo das retas

12.12.1) Os reservatórios terão o mesmo volume x_0, 30 horas após o início da contagem do tempo.

12.12.2) A equação da reta s é: y = +0,5x - 5.

12.12.3) A equação da reta é: y = +0,5x - 4,5.

12.12.4) a) y = + 2x + 6; fazendo o gráfico com o alongamento (mm) em + X e força (N) em + Y ou y = + 0,5x - 3; fazendo o gráfico com a força (N) em + X e alongamento (mm) em + Y e b) Para a força de 42 N, o alongamento será de 18 mm, independentemente das posições dos eixos X e Y.

12.12.5) Para haver o paralelismo, "a" tem que ser igual a +1.

426 – A Geometria Básica

12.12.6) Em cada dose, a pessoa receberá 9 ml.

12.12.7) A reta s tem equação: $y = +4x - 11$.

12.12.8) Ponto de interseção $I(+5; +4)$.

12.12.9) a) Reta que passa por AB: $y = -1,2x - 0,4$ e b) A distância entre o ponto C e a reta que passa pelos pontos A e B é igual a 5,51 unidades de comprimento.

12.12.10) a) $B(0; -5)$, $C(+3; 0)$ e b) A distância entre as cidades B e C é igual a 5,831.

12.12.11) O valor do preço de equilíbrio é igual a R\$ 11,00 (P = onze reais).

12.12.12) A reta é horizontal, ou seja, é paralela ao eixo cartesiano X.

12.12.13) A equação da reta é $+x + y +3 = 0$.

12.12.14) Para existir paralelismo, K tem que ser igual a +4.

12.12.15) As coordenadas do ponto são: $P(+3; +2)$.

12.12.16) As retas são concorrentes e perpendiculares, se interceptando no ponto $(+3,5; +0,5)$.

12.12.17) A área do triângulo é igual a 13,5 unidades de área.

12.12.18) As três retas não concorrem no mesmo ponto, pois o ponto $(+8; +4)$, interseção das retas r e u, não satisfaz à reta v: $+3x + y = +27$.

12.12.19) A equação da reta r é: $+x + y - 7 = 0$.

12.12.20) A distância é igual a 10 unidades de comprimento.

12.12.21) A área do triângulo é igual a 11 unidades de área.

12.12.22) Os pontos A, B e C, são colineares, ou seja, estão sobre a mesma reta.

12.12.23) A abscissa "a" tem que ser igual a +1.

12.12.24) O triângulo é retângulo, com o ângulo reto no vértice B.

12.12.25) A área do triângulo é igual a 7,5 unidades de área.

Capítulo 13: A circunferência

13.7.1) O comprimento da corda é igual a $\sqrt{10}$ m = 3,162 m = 3.162 mm.

13.7.2) As coordenadas são: $P1(-3; +2,646)$ e $P2(-3; -2,646)$.

13.7.3) A área do quadrado é igual a uma (1) unidade de área.

13.7.4) A equação da reta é: $y = -6$ cm.

13.7.5) A equação da reta é: $y = +x + 5$.

13.7.6) A equação da circunferência é: $(x - 12)^2 + (y + 5)^2 = +169$.

13.7.7) As circunferências são tangentes e as coordenadas do ponto de tangência são: $T(+7; +2)$.

13.7.8) a) Trata-se de uma circunferência com raio 5 e centro $C(+3; +5)$ e b) A circunferência é tangente ao eixo X no ponto $T(+3; 0)$ e intercepta o eixo Y nos pontos $P1(0; +9)$ e $P2(0; +1)$.

13.7.9) A equação da reta é $+2x + 3y + 4 = 0$.

13.7.10) As coordenadas cartesianas do ponto Q são: $Q(+28/5; +21/5)$ ou $Q(+5,6; +4,2)$.

13.7.11) As coordenadas são: $P1(-3,195; +4)$ e $P2(+7,195; +4)$.

13.7.12) A distância é igual a $\sqrt{5}$ ou 2,236 unidades de comprimento.

13.7.13) A equação da circunferência é igual a: $(x - 1)^2 + (y - 1)^2 = 2$.

13.7.14) O polígono tem área igual a 27,713 unidades de área.

13.7.15) a) Equação reduzida: $(x + 4)^2 + (y - 3)^2 = 25$ e equação geral: $x^2 + y^2 + 8x - 6y = 0$, b) Pontos de interseções: $A(-8; 0)$, $B(0; +6)$ e $C(0; 0)$ e c) Equação da reta: $y = +0,75x + 6$ y.

13.7.16) A menor distância é igual a 5 cm.

13.7.17) a) Trata-se de uma circunferência de raio 4 e centro $(+5; -4)$ no quarto quadrante, b) Equação: $(x - 5)^2 + (y + 4)^2 = 16$; centro no 4º quadrante, com a curva tangente ao eixo X, no ponto $(+5; 0)$ e c) A circunferência intercepta a reta $x = +7$, nos pontos $A(+7; -0,536)$ e $B(+7; -7,464)$.

13.7.18) a) Raio igual a 4,123 cm, b) Equação reduzida: $(x - 1)^2 + (y + 2)^2 = 17$ e c) $A (0; +2)$ e $B (0; -6)$.

13.7.19) a) Trata-se de uma circunferência de Raio 5 e Centro C $(-3; -1)$, ou seja, Centro no 3º Quadrante e b) Os pontos de interseção são: $A(0; +2)$, $B(-7,583; 0)$, $C(0; -6)$ e $D(+1,583; 0)$.

13.7.20) A área do triângulo é igual a 11,18 m².

Capítulo 14: A elipse

14.7.1) A área do triângulo é igual a 0,75 m².

14.7.2) As coordenadas são: $P1(+3,123; +3,123)$, $P2(-3,123; +3,123)$, $P3(-3,123; -3,123)$ e $P4(+3,123; -3,123)$.

14.7.3) Equação reduzida: $\dfrac{(x + 2)^2}{16} + \dfrac{(y - 3)^2}{9} = +1$. Equação geral: $+9x^2 + 16y^2 + 36x - 96y + 36 = 0$.

14.7.4) Os pontos de interseção são: $P1(+2,683\ m; +2,683\ m)$ e $P2(-2,683\ m; -2,683\ m)$.

14.7.5) A distância entre os postes é de 80 metros.

14.7.6) a) Coordenadas dos focos: $F_1(-10,196; +4)$ e $F_2(+0,196; +4)$ e b) Coordenadas da interseção: A(-10,657; +5) e B(+0,657; +5).

14.7.7) A equação reduzida da elipse é: $x^2/0,75 + y^2/1 = +1$.

14.7.8) O volume da bola é igual a $6b^3$.

14.7.9) a) Trata-se de uma elipse, de equação do tipo : $x^2/b^2 + y^2/a^2 = +1$, com eixo maior 2a = 12 e eixo menor 2b = 8, uma vez que: $a^2 = 36$ e $b^2 = 16$. O centro C dessa elipse coincide com a origem dos eixos Cartesianos O(0; 0). O eixo maior 2a = 12 está no sentido do eixo cartesiano Y e b) Equação da reta: y = +0,577x + 4,47 = 0.

14.7.10) Resposta: A equação da elipse é: $\dfrac{(x-2)^2}{3.600} + \dfrac{y^2}{10.000} = +1$.

14.7.11) Resposta: A largura é igual a 5,333 m ou 5.333 mm e a altura é igual a 1,528 m ou 1.528 mm.

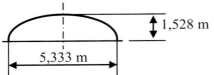

Imagem geométrica do problema

14.7.12) A equação da circunferência é: $x^2 + y^2 = +4$.

14.7.13) Coordenadas do centro C(0; 0), eixo maior 2a igual a 10, eixo menor 2b igual a 8 e distância focal 2c igual a 6.

14.7.14) Menor distância igual a 150.929.660 km e maior distância igual a 156.056.330 km.

14.7.15) O foco de abscissa positiva é o $F_2(+3; 0)$.

14.7.16) O quadrilátero é um losango de área igual a 30 unidades de área.

14.7.17) Trata-se de uma elipse de centro C(+2; -1), com eixo maior 2a = 6, paralelo ao eixo cartesiano X, eixo menor 2b = 4 e distância focal $2c = 2\sqrt{5} = 4,472$.

14.7.18) A equação da elipse é igual a $\dfrac{(x+2)^2}{100} + \dfrac{(y-1)^2}{64} = +1$.

14.7.19) As coordenadas cartesianas dos focos são: $F_1(+4; 0)$ e $F_2(-4; 0)$.

14.7.20) O outro foco dista 4 unidades de medida de P.

Capítulo 15: A parábola

15.12.1) Equação da parábola: $x^2 = +281,68y$ e altura H = 15 cm.

15.12.2) Equação: $y^2 = -8x$, foco F(-2; 0) e reta diretriz: x = +2.

15.12.3) O ponto de interseção é P3(-1,125; +1,5).

15.12.4) Equação: $+y^2 - 6y + 8x + 49 = 0$ e reta diretriz: $x = -3$.

15.12.5) Foco $F(0; +3)$ e reta diretriz: $y = -3$.

15.12.6) a) Equação da parábola: $+y^2 + 24x - 48 = 0$, b) Reta diretriz: $x = +8$ e c) Parábola intercepta eixo Y nos pontos: $P1(0; +6,928)$ e $P2(0; -6,928)$, e a parábola intercepta o eixo X no vértice $V(+2; 0)$.

15.12.7) a) Equação da parábola: $x^2 = +16y$, b) Reta diretriz: $y = -4$ e c) Pontos de interseção: $P1(+8; +4)$ e $P2(-8; +4)$.

15.12.8) a) Pontos de interseção: $P1(+4,62; +1,33)$ e $P2(-13,852; +11,992)$ e b) Parâmetro: $p = 4$.

15.12.9) a) Equação da parábola: $x^2 = +12y$ e b) Pontos de interseção: $P1(+3,87; +1,25)$ e $P2(-3,87; +1,25)$.

15.12.10) a) Equação da parábola: $+y^2 + 8x + 16 = 0$, b) Equação da reta diretriz: $x = 0$ e c) A reta diretriz não intercepta a parábola, pois coincide com o eixo Y.

15.12.11) a) Equação da parábola: $x^2 + 6x + 16y + 41 = 0$, b) Interseção com eixo Y: $(0; -2,563)$; a parábola não intercepta o eixo X e c) Foco $F(-3; -6)$.

15.12.12) A equação da parábola é $x^2 = +12y$.

15.12.13) Trata-se de uma parábola, com cavidade para cima, pois a é positivo (a = +1), de raízes $x1 = -1$ e $x2 = +6$, com o vértice no quarto quadrante e coordenadas $V(+2,5; -12,25)$.

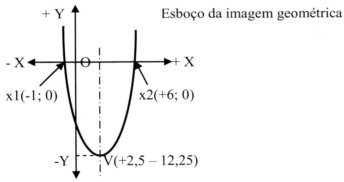

15.12.14) A equação da parábola é: $y^2 = +2x$.

15.12.15) O valor de k tem que ser $-1/4$ ou $-0,25$.

15.12.16) As coordenadas são: $F(+25/8; +1)$ ou $F(+3,125; +1)$ e $V(+3; +1)$.

15.12.17) a) Equação reduzida: $(y + 3)^2 = +8(x - 1)$, b) Vértice $V(-3; +1)$, c) Foco $F(+3; -3)$ e d) Reta diretriz: $x = -1$.

15.12.18) a) Equação reduzida: $(x + 2)^2 = +y + 4$, b) Coordenadas do vértice: $V(-2; -4)$, c) Coordenadas do foco: $F(-2; -3.75)$ e d) Equação da reta diretriz: $y = -4,25$.

15.12.19) a) Reta diretriz R1: $y = +8$ e reta diretriz R2: $y = +2$, b) $V1(+4; +6)$, $V2(+4; +4)$ e c) $F1(+4; +4)$ e $F2(+4; +6)$.

430 – A Geometria Básica

15.12.20) Os pontos de interseção são: P1(+1; +1) e P2(-1; +1).

Capítulo 16: A hipérbole

16.10.1)) Focos: $F_1(0; -6,325)$ e $F_2(0; +6,325)$ e b) Vértices: $V_1(0; -2)$ e $V_2(0; +2)$.

16.10.2) Reta r: $y = +0,333x$, reta s: $y = -0,333x$. A reta r forma um ângulo de 18,435° , com o eixo X e a reta s um ângulo de 161,565°.

16.10.3) Equação: $x^2/9 - y^2/16 = +1$. Também pode ser: $16x^2/ - 9y^2 - 144 = 0$.

16.10.4) As equações são: $+x^2 - y^2 = +4,5$ ou $+2x^2 - 2y^2 - 9 = 0$. É uma hipérbole equilátera.

16.10.5) Eixo real 2a = 6, eixo imaginário 2b = 3,464, distância focal 2c = 6,928, $F_1(0; +3,464)$ e $F_2(0; -3,464)$.

16.10.6) Equação: $\dfrac{(x - 3)^2}{36} - \dfrac{(y + 7)^2}{28} = +1$.

16.10.7) A equação da hipérbole é: $x^2/4 - y^2/5 = +1$.

16.10.8) Equação geral: $+7x^2 - 9y^2 - 42x - 126y - 630 = 0$. Equação reduzida: $(x - 3)^2 - (y + 7)^2 = +1$.

16.10.9) $V_1(-5; 0)$, $V_2(+5; 0)$, $F_1(-6,403; 0)$ e $F_2(+6,403; 0)$.

16.10.10) a) Distância focal 2c = 10 e b) Retas assíntotas: s: $y = + 0,75x$ e r: $y = - 0,75x$.

16.10.11) a) Medidas: a = ±2, b = ±5,657 e c = ±6 e b) Equação: $+8x^2 + 64x - y^2 - 6y + 87 = 0$.

16.10.12) Opção E, ou seja: uma reta, uma parábola e uma hipérbole.

16.10.13) As coordenadas são: C(-4; -3).

16.10.14) a) Elementos: a = ±3, b = ±4 e c = ±5. Coordenadas: C(-4; +5), $V_1(-7; +5)$, $V_2(-1; +5)$, $F_1(-9; +5)$ e $F_2(+1; +5)$ e b) Existe interseção e os pontos são: P1(+0,51; +0,51) e P2(-31,653; -31,653).

16.10.15) Equação: $\dfrac{x^2}{80} - \dfrac{y2}{100} = +1$

16.10.16) a) Equação reduzida: $(y - 1)^2/9 - (x + 3)^2/16 = +1$. Equação geral: $+16y^2 - 9x^2 - 32y - 54x - 209 = 0$, b) Centro C(-3; +1) e c) Foco $F_1(-3; -4)$.

16.10.17) Vértices: $V_1(-5; 0)$, $V_2(+5; 0)$ e focos: $F_1(-5\sqrt{2}; 0)$ e $F_2(+5\sqrt{2}; 0)$.

16.10.18) A distância entre os focos é de $2\sqrt{2}$ (2,828). Essa é uma hipérbole equilátera.

16.10.19) As equações são: r: $y = +1,5x$ e s: $y = -1,5x$.

16.10.20) Equação igual a + $x^2/16 - y^2/9 = +1$.

Capítulo 17: A geometria das projeções cilíndricas ortogonais. Introdução à Geometria Descritiva

17.6.1) A área do triângulo abc é igual a 25 cm².

17.6.2) A opção correta é a "b", ou seja: b) ╲╱

17.6.3) A área do triângulo BCD é igual a 2 cm².

17.6.4) Projeção no plano π, da pirâmide cortada.

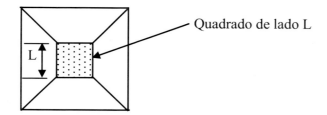

17.6.5) Projeção cilíndrica ortogonal no plano da base (plano π)

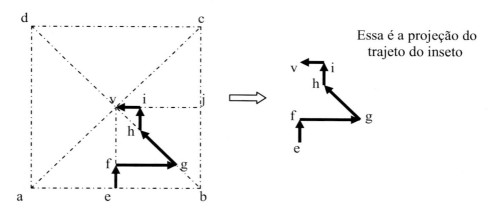

17.6.6) Projeções cilíndricas ortogonais, a partir das visões de A, B e C.

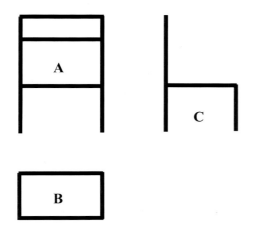

17.6.7) Projeções cilíndricas ortogonais nos planos: π, π' e π".

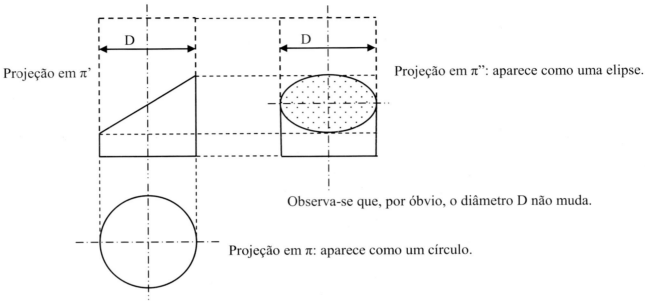

Projeção em π'

Projeção em π": aparece como uma elipse.

Observa-se que, por óbvio, o diâmetro D não muda.

Projeção em π: aparece como um círculo.

17.6.8) Projeções cilíndricas ortogonais da esfera, cortada segundo uma calota esférica:

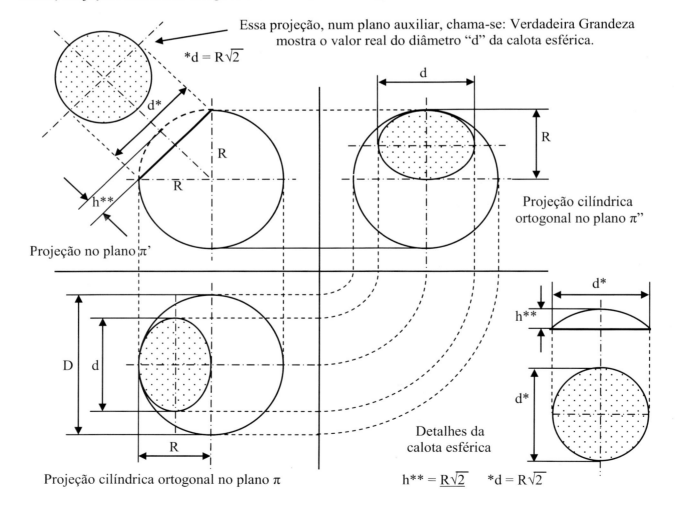

Essa projeção, num plano auxiliar, chama-se: Verdadeira Grandeza mostra o valor real do diâmetro "d" da calota esférica.

*d = R√2

Projeção no plano π'

Projeção cilíndrica ortogonal no plano π"

Projeção cilíndrica ortogonal no plano π

Detalhes da calota esférica

h** = R√2   *d = R√2

17.6.9) Imagem tridimensional da mola que, em verdade é uma hélice circular ou helicoide.

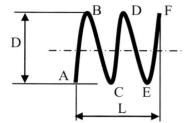

17.6.10) Projeções cilíndricas ortogonais do tronco de pirâmide reta:

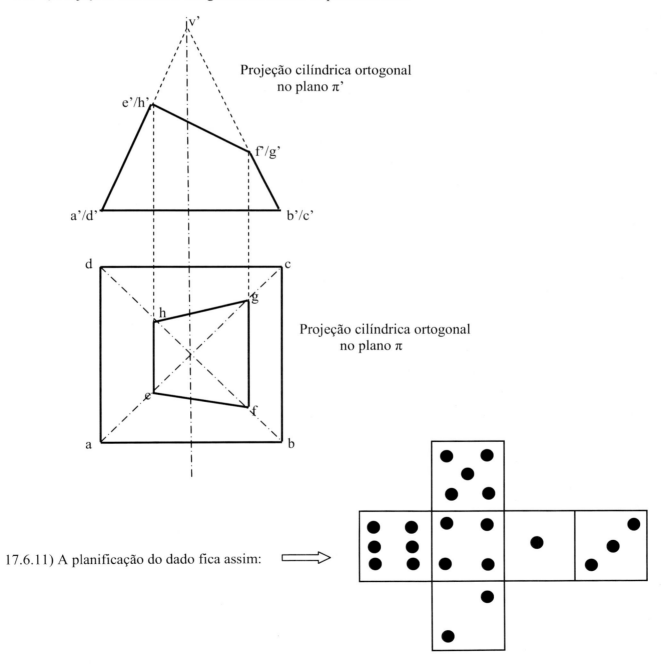

17.6.11) A planificação do dado fica assim:

LISTA DE SIGLAS CITADAS NO LIVRO

A seguir são descritas as siglas, citadas no livro, principalmente em exercícios resolvidos e propostos.

AFA – Academia da Força Aérea.
AMAN – Academia Militar das Agulhas Negras.
BNCC – Base Nacional Comum Curricular.
CAP/UFRJ – Colégio de Aplicação da Universidade Federal do Rio de Janeiro.
Cap/Uerj – Colégio de Aplicação José Rodrigues da Silveira.
CBM/MG – Corpo de Bombeiros Militares de Minas Gerais.
CEFET/CE – Centro Federal de Educação Tecnológica do Ceará.
CEFET/MG – Centro Federal de Educação Tecnológica de Minas Gerais.
CEFET/RJ – Centro Federal de Educação Tecnológica do Rio de Janeiro.
CFO/SP – Curso de Formação de Oficiais da Polícia Militar, SP.
CN – Colégio Naval, RJ.
COPPE/UFRJ – Coordenação do Programa de Pós Graduação em Engenharia da UFRJ.
DMD – Departamento de Matemática e Desenho (Cap/Uerj).
EEAR – Escola de Especialistas de Aeronáutica, SP.
EJA – Educação de Jovens e Adultos.
EPCAR – Escola Preparatória de Cadetes do Ar, MG.
ENCCSEJA – Exame Nacional para Certificação de Competências de Jovens e Adultos
ENEM – Exame Nacional do Ensino Médio.
EN – Escola Naval.
EsFAO – Escola Academia de Bombeiro Militar Dom Pedro II, RJ.
EsPCEx – Escola Preparatória de Cadetes do Exército, SP.
EsSA – Escola de Sargentos das Armas, SP.
FABES – Faculdade Bhétencourt da Silva.
FAETEC – Fundação de Apoio à Escola Técnica.
FAMERP – Faculdade de Medicina de São José do Rio Preto, SP.
FATECs – Faculdades de Tecnologia do Estado de São Paulo.
FEAGRI/UNICAMP – Faculdade de Engenharia Agrícola da Universidade Estadual de São Paulo.
FEI – Centro Universitário da Fundação Educacional Inaciana "Padre Sabóia de Medeiros", SP.
FEPESE – Fundação de Estudos e Pesquisas Socioeconômicos.
FGV – Fundação Getúlio Vargas, RJ.
FRASCE – Fundação de Apoio à Criança Exepcional.
Fundação Ruy Barbosa – Fundação Casa de Ruy Barbosa, Bahia.
FTESM – Fundação Técnico Educacional Souza Marques.
FUNDEP – Fundação de Desenvolvimento de Pesquisas, MG.
FUVEST – Fundação Universitária para o Vestibular, SP.
IBMEC – Faculdades Ibmec, RJ.
IDEB – Índice de Desenvolvimento da Educação Básica.
IME – Instituto Militar de Engenharia.
IME/UERJ – Instituto de Matemática e Estatística da UERJ.
ISEP – Instituto Superior de Estudos Pedagógicos.
ITA – Instituto Tecnológico de Aeronáutica, SP.
Mackenzie – Universidade Presbiteriana Mackenzie, SP.
MEC – Ministério da Educação e Cultura.
NUCEP – Núcleo de Concursos e Promoção de Eventos, Teresina, PI.
PNE – Plano Nacional de Educação.
PUC – RS – Pontifícia Universidade Católica do Rio Grande do Sul.
PUC – Rio – Pontifícia Universidade Católica, Rio de Janeiro.

PUC – SP – Pontifícia Universidade Católica, São Paulo.
UBM – Centro Universitário de Barra Mansa.
UCAM – Universidade Cândido Mendes.
UCS – Universidade de Caxias do Sul, RS.
UDESC – Universidade do Estado de Santa Catarina, SC.
UECE – Universidade Estadual do Ceará, CE.
UEMG – Universidade do Estado de Minas Gerais, MG.
UERJ – Universidade do Estado do Rio de Janeiro.
UFAL – Universidade Federal de Alagoas, AL.
UFAM – Universidade Federal do Amazonas, AM.
UFF – Universidade Federal Fluminense.
UFG – Universidade Federal de Goiás, GO.
UFJF – Universidade Federal de Juiz de Fora, MG.
UFMS – Universidade Federal de Mato Grosso do Sul, MS.
UFOP – Universidade Federal de Ouro Preto, MG.
UFPB – Universidade Federal da Paraíba, PB.
UFPEL – Universidade Federal de Pelotas, RS.
UFPR – Universidade Federal do Paraná, PR.
UFRJ – Universidade Federal do Rio de Janeiro.
UFRGS – Universidade Federal do Rio Grande do Sul, RS.
UFRN – Universidade Federal do Rio Grande do Norte, RN.
UFRRJ – Universidade Federal Rural do Rio de Janeiro.
UFSCar – Universidade Federal de São Carlos, SP.
UFSM – Universidade Federal de Santa Maria, RS.
UNEB – Universidade do Estado da Bahia, BA.
UNEMAT – Universidade do Estado de Mato Grosso, MT.
UNIABEU – Associação Brasileira de Ensino Universitário, RJ.
UNIFENAS – Universidade José do Rosário Vellano, MG.
UNIFOR – Universidade de Fortaleza, CE.
UNIFRA – Universidade Franciscana, RS.
UNIFESP – Universidade Federal de São Paulo.
UNIRIO – Universidade Federal do Estado do Rio de Janeiro.
UNISUAM – Centro Universitário Augusto Motta, RJ.
UPE – Universidade de Pernambuco.
UPF – Universidade de Passo Fundo, RS.
USP – SP
USS – Universidade Severino Sombra.
UniverCidade – Centro Universitário da Cidade, RJ.
VUNESP – Fundação para o Vestibular da Universidade Estadual Paulista, SP.

Referências

ABRANTES, José. **Geometria Analítica Aplicada**. Teorias, estudos e práticas nos Espaços R^2 e R^3. Introdução ao Cálculo Vetorial Aplicado. 5.ed. Rio de Janeiro: Ciência Moderna, 2019.

ABRANTES, José e FILGUEIRAS FILHO, Carleones Amarante. **Desenho Técnico Básico**. Teoria e Prática. Rio de Janeiro: LTC, 2018.

BATSCHELET, Edward. **Introdução à Matemática para Biocientistas**. 2.ed. Tradução: Vera Maria Abud Pacífico da Silva e Junia Maria Penteado de Araújo Quitete. Rio de Janeiro: Interciência; São Paulo: Ed. da Universidade de São Paulo - EDUSP, 1978.

BOYER, Carl B. **História da matemática**.3.ed. São Paulo: Blucher, 2010.

CARVALHO, Benjamin de Araújo. **Desenho Geométrico**. Rio de Janeiro: Imperial Novo Milênio, 2008.

CASTRO, Wilza (org.). **Caderno de Exercícios: Carreiras Militares**. Cascavel, Paraná: Alfacon, 2019.

CORRÊA, Paulo Sérgio Quilelli. **Álgebra Linear e Geometria Analítica**. Rio de Janeiro: Interciência, 2006.

FALCO, Javert. ENEM - **Exame Nacional do Ensino Médio**. Cascavel, Paraná: Alfacon, 2019.

MORI, Iracema e ONAGA, Dulce Satiko. **Matemática: Ideias e Desafios**. (Manual do professor, 6º ano do Ensino Fundamental). 18.ed. São Paulo: Saraiva, 2016.

_____. **Matemática: Ideias e Desafios**. (Manual do professor, 7º ano do Ensino Fundamental). 18.ed. São Paulo: Saraiva, 2016.

_____. **Matemática: Ideias e Desafios**. (Manual do professor, 8º ano do Ensino Fundamental). 18.ed. São Paulo: Saraiva, 2016.

_____. **Matemática: Ideias e Desafios**. (Manual do professor, 9º ano do Ensino Fundamental). 18.ed. São Paulo: Saraiva, 2016.

JANUÁRIO, Antônio Jaime. **Desenho Geométrico**. 2.ed. Florianópolis, Santa Catarina: Editora da Universidade Federal de Santa Catarina, 2006.

JULIANELLI, José Roberto *et all*. **1000 Questões de Matemática**. Escolas Militares e Ensino Médio. Rio de Janeiro: Ciência Moderna, 2009.

REIS, Alcir Garcia. **Geometrias Plana e Sólida**. Introdução e aplicações em Agrimensura. Porto Alegre, Rio Grande do Sul: Bookman, 2014.

SOUZA, Joamir Roberto. **Coleção Novo Olhar Matemática. Ensino Médio**. Vol.1. São Paulo: FTD, 2010.

_____. **Coleção Novo Olhar Matemática. Ensino Médio**. Vol.2. São Paulo: FTD, 2010.

_____. **Coleção Novo Olhar Matemática. Ensino Médio**. Vol.3. São Paulo: FTD, 2010.

Impressão e acabamento
Gráfica da Editora Ciência Moderna Ltda.
Tel: (21) 2201-6662